朝倉物理学大系

荒船次郎|江沢 洋|中村孔一|米沢富美子＝編集

15

多体問題特論

第一原理からの多電子問題——

高田康民

［著］

朝倉書店

編集

荒船次郎
東京大学名誉教授

江沢　洋
学習院大学名誉教授

中村孔一
明治大学名誉教授

米沢富美子
慶応義塾大学名誉教授

まえがき

本書の姉妹本である朝倉物理学大系第9巻『多体問題』を発行してからすでに10年が過ぎてしまった．当初は1, 2年の間隔をおいて本書を発行する予定であったが，まったく予期しなかったことに，この間，フィジカルレビューレターズ誌の編集委員 (DAE: Divisional Associate Editor) をはじめとして，国内外で様々な形での研究評価実施体制に組み込まれてしまい，その結果，毎週何らかの形でレフェリーレポートを1つは書くという状況がここ7, 8年ほど続いていて，とても落ち着いて教科書の原稿を推敲できる環境になかった．このため，本書をまとめ上げることがついつい遅れてしまった．

さて，本書の内容について編集部からの当初の要望は超伝導理論の解説であったと思うが，古典的なBCS理論の解説やその立場からみた超伝導現象の一通りの説明に関しては，たとえば，シュリーファー (J. R. Schrieffer) の "Theory of Superconductivity" (W. A. Benjamin, 1964) をはじめとして，定評のある良書が和洋問わず多数存在している．また，銅酸化物高温超伝導体における物性を要領よくまとめたものもすでに多く出回っている．しかし，その超伝導発現機構については一致した見解が存在しない．

このような状況下で超伝導理論の教科書を上梓する場合，どのような目的や意図を持って書くべきか，その方針の決定はなかなか悩ましいものである．実は，本書の出版が遅れた理由はレフェリーとしての雑用が多くなったからということもさることながら，この方針がなかなか決められなかったからということも少なからずあった．ある一時期においては，提案されているいろいろな機構を並列的に提示して，それらを材料にして読者自身にどれが一番もっともらしいかを判断してもらうという形で書いてみようかということも考えてみた．

ある意味で，これはたいへん“教育的”といえるやり方であるが，すでにその種の試みはなされていること，また，それは一人前の研究者にはよい方法かもしれないが，将来の科学を担うことになる若い人々にはそれほどよいやり方ではないと考え直した．むしろ，読者自身がもっともらしいという判断をする場合に必要となる基準の確立，あるいは，どのような理論が真に価値があるのか，王道を行くものなのかという見方を養成することの方がずっと重要であろうと考えるようになった．

もちろん，物理理論は実験事実から乖離して存在するものではなく，それゆえ，実験をよく説明する理論がもっともらしいということになるのは自明であろう．しかしながら，物事はそのような単一の尺度で測れるほど単純ではない．実際，銅酸化物高温超伝導体の研究を通してよく認識されてきたことは，1つの実験を説明する理論模型や近似はいくらでも (極端にいえば，数十通りも数百通りも) 作り上げられるということである．実験事実を複数個考えたところで，それは単に理論模型を少し複雑にすればよいだけだから，この事情は変わらない．このことは，先に実験事実があって，それを説明する理論模型や近似を考えるというプロセスを取るのでは (その説明者の自己満足は得られるとしても)，必ずしも真に物理を解明したことにならないということである．それでは，物理理論というのは一体どういうものだろうか．

元来，物理とは自然の有様を普遍的な理論でいかに捉えるかという営みであり，その普遍理論開発の途上で仮説としてのある理論体系が自然の実態に合っているかどうかをチェックするのが実験である．この観点からは，実験に合わせる‘理論’を作るというのは主客転倒も甚だしく，物理理論本来の哲学を忘れたものと見なされうる．

ところで，第9巻『多体問題』の1章でも強調したように，自然は階層構造を持ち，その中で物性理論が守備範囲としている階層の特異性を認識すると共に，その下部構造 (原子核物理から素粒子物理が守備範囲とするもの) や上部構造 (生物学や宇宙物理の範疇) との関連の中で理論の諸問題を解明するという視点が重要である．とくに，物性理論の出発点は正の点電荷としての原子核と負の点電荷の電子とが電磁気力で相互作用するという極度に単純化された系である．そして，これを出発点として作り出される上部構造では当然のことながら，予想外にも，この単純な系を生み出している下部構造でも，もっと入り組んだ“複雑系”の様相を持つ世界を取り扱わねばならないことが判明してきた．さらにいえば，素粒子物理の究極は自然界の4つの力の統一であり，その場合，極微の極致は重力場の理論を通して宇宙物理という極大の世界に直接結びつく．この意味で，自然の階層構造は“開放端”ではなく，“周期的”であり，その環状構造の中で物性理論は最も単純な物理系でできた階層に関与し，それゆえ，これを極めることはもっと複雑な系を対象とする他のすべての物理理論にとってもきわめて重要である．

以上のことを鑑みて，本書では，高温超伝導機構の理論も他の階層における物理学の手本となるべく，電磁相互作用をする多数の原子核–電子複合系を第一原理から出発して忠実に解くという立場で構成されるべきであるという主張の下に書くことにした．このため，まず，超伝導からは一見関係ないと思えるような所から出発する．すなわち，たとえ正常状態としても，固体中の第一原理のハミルトニアンをどのように解くか，ということからはじめる．そして，そのハミルトニアンから導かれる“標準的な理論模型”の物理から説き起こして，その延長上に超伝導の微視的機構を考える．もちろん，現在のところ，このやり方で銅酸化物高温超伝導が解明されたという状況ではないが，筆者としては，これができれば，本当の意味で高温超伝導機構がわかったことになり，その先に室温超伝導があるものと期待する．

このようなわけで，本書においては，その最初の1章で不均一密度電子ガス系の問題に対する強力な理論手段である「密度汎関数理論」を多体問題の観点から解説する．この章は第9巻での中心であった連続空間における多体問題の議論から格子の存在を十分に考慮した多体問題のそれへの橋渡しという役割も担っている．なお，原則として，本書では第9巻ですでに導かれている式の導出は行わず，その式を単に参照することにする．(たとえば，第9巻での式 (2.65) は，ここでは式 (I.2.65) として引用する．)

その次の第2章では,「多体摂動理論」を主たる武器にして，第一原理のハミルトニアンで記述されるような格子上の多電子問題を議論する．その際，まず，ハバード模型の有限サイト系や無限サイト1次元系などのように，厳密解がすでに知られている場合を取り扱って，1電子グリーン関数，とくに，電子の自己エネルギーの意味合いとその本来の姿に関する基礎知識の蓄積に努める．そして，それを踏まえて，3 次元系の 1 電子グリーン関数や密度相関関数について，これらの関数を十分な精度で計算する手法開発の詳細も明らかにしつつ，これまでに得られている結果を報告する．

以上の 2 章に含ませるコンテンツの選択にあたって，他の教科書ではあまりカバーされていないものをできるだけ多く (というよりは，優先的に) 選ぶように努力した．その結果，これら 2 章を合わせただけでもすでに 400 ページ近くのボリュームに達し，第 9 巻よりも分厚くなってしまった．そこで，今回，これら 2 章だけに限った分冊を考え，題名も朝倉物理学大系第 15 巻『多体問題特論』とし,『第一原理からの多電子問題』という副題も付けて出版することにした．ちなみに，最近の物性理論分野の研究動向の特徴として，2 つの大きな潮流が認められる．ひとつは「強相関電子系の物理」を模型を基礎に多体問題を丁寧に議論しようという立場のものであり，もうひとつは密度汎関数法を駆使した「第一原理からのアプローチ」で，物質に即して研究しようという立場のものである．本書はこれら 2 つの潮流を統一して 1 つのもっと大きな流れに変えようという試みである．この目的のために本書が一石でも投じることができれば幸いである．

なお，超伝導を議論する続巻は朝倉物理学大系第 22 巻『超伝導』とし，4 つの章から構成され，2 年以内に出版することを予定している．その 4 つのうちの最初の章では，フォノンとしてのイオンの動きとその電子への影響を記述する電子フォノン相互作用の基礎から始めて，電子が 1 個や 2 個の場合の「ポーラロン」や「バイポーラロン」の概念を解説する．また，電子数が巨視的な大きさになった場合の多ポーラロン系の特徴を主に (光子を媒介とする) クーロン斥力とフォノンを媒介とする引力との競合という観点から議論する. (なお，その競合の結果として電荷密度波，スピン密度波，超伝導の各相が隣接して出現する状況は後の章で考察する.) 次の章では，超伝導に関するやや現象論的な議論を含めて BCS 理論を解説する．さらに，3 つ目の章ではエリアシュバーグ理論を始めとして BCS 理論から発展し，派生したいろいろな話題に触れる．そして，最後の章では，主に超伝導転移温度の第一原理計算という立場から，超伝導機構を微視的に議論する．その際，エリアシュバーグ理論を越える試みやクーロン斥力起源の超伝導機構のいくつかを紹介する．なお，この章の内容をより具体的に紹介した“詳細なアブストラクト”といえるものが「固体物理」第44巻6月号(2009年)に解説記事として掲載されているので，興味を持たれた読者はそれを参照されたい．

最後になってしまったが，筆者の3人の恩師である故植村泰忠教授，Al Overhauser 教授，そして，Walter Kohn 教授に改めて感謝したい．特に本書の内容についていえば，1章では Walter との個人的な関係がなければ知り得ないような情報やアイデアに基づいて書かれている部分も多々あるので，密度汎関数理論を研究される読者や密度汎関数法を活用して大規模計算をされる読者にも何らかの新しい視点が与えられることになれば望外の幸せである．また，この章の内容に関して，約四半世紀前に Walter の研究室でポスドク仲間として1年間オフィスを共用して以来，交友のある Hardy Gross 教授に教えられたことがいくつもあった．また，Hardy には密度汎関数超伝導理論の基礎から丁寧に教わったが，それは続巻で紹介する．それから，本書の2章に関しては安原洋教授の影響を語らないわけにはいかない．安原先生との20年を越えるお付き合いの中で教えられた数多の知識，また，物理そのものや研究姿勢に対する先生のご卓見がこの章の後半の内容に(著者風にアレンジしたものになっているが)，反映している．また，2章の内容に関連して，研究室の助教である前橋英明博士が折に触れて発せられる示唆深い言葉は参考になったので，感謝したい．それから，本書に示した図のいくつかは研究室の大学院生であった下元正義博士の助けによって描かれたものであり，下元君には改めてお礼を申し上げる．そして，朝倉書店編集部の諸氏には本書の出版にこぎ着けるまでの諸事についてたいへんお世話になった．

2009年10月

高田康民

目　次

1

密度汎関数理論

1.1 理論の概観

1.1.1 物質の多様性の源泉

凝縮系物理学や化学，そして，生体・生物科学が研究対象としている物質は電子とせいぜい 100 種ほどの原子核から成り立っていて，これら構成要素間にはクーロン力が働いている多体系である．それゆえ，物質を微視的に理解する際の出発点になるハミルトニアンはすでによく分かっていることになる．

実際，第 9 巻『多体問題』において式 (I.2.65) で示したように，非相対論近似，かつ，断熱近似下における物質中の多電子系を記述する第一原理のハミルトニアン $H_{\rm e}$ は (定数項を除けば) 電子場の消滅演算子 $\psi_\sigma(\boldsymbol{r})$ や生成演算子 $\psi_\sigma^+(\boldsymbol{r})$ を用いた第 2 量子化[1] の表現で[2]

$$\begin{aligned} H_{\rm e} &= T_{\rm e} + V_{\rm ei} + U_{\rm ee} \\ &\equiv \sum_\sigma \int d\boldsymbol{r}\, \psi_\sigma^+(\boldsymbol{r})\Big(-\frac{\Delta}{2m}\Big)\psi_\sigma(\boldsymbol{r}) + \sum_\sigma \int d\boldsymbol{r}\, \psi_\sigma^+(\boldsymbol{r}) V_{\rm ei}(\boldsymbol{r})\psi_\sigma(\boldsymbol{r}) \\ &\quad + \frac{1}{2}\sum_{\sigma\sigma'} \int d\boldsymbol{r} \int d\boldsymbol{r}'\, \psi_\sigma^+(\boldsymbol{r})\psi_{\sigma'}^+(\boldsymbol{r}')\, \frac{e^2}{|\,\boldsymbol{r}-\boldsymbol{r}'\,|}\, \psi_{\sigma'}(\boldsymbol{r}')\psi_\sigma(\boldsymbol{r}) \end{aligned} \tag{1.1}$$

と書くことができる[3]．なお，ここで取り扱う多電子系として価電子集団だけを考える場合，価電子とイオン系の相互作用ポテンシャル $V_{\rm ei}(\boldsymbol{r})$ は擬ポテンシャルで記述されることになるが，価電子集団だけではなく，内殻電子集団も含めて物質中のすべての電子を考える (「全電子問題」と呼ばれる) 場合には，j 番目の原子核の位置を $\boldsymbol{R}_j$，その電荷を $Z_j e$ とすると，$V_{\rm ei}(\boldsymbol{r})$ は

$$V_{\mathrm{ei}}(\boldsymbol{r}) = -\sum_j \frac{Z_j e^2}{|\boldsymbol{r} - \boldsymbol{R}_j|} \tag{1.2}$$

で与えられることになる．

ところで，この H_{e} の構成要素の中で，$T_{\mathrm{e}} + U_{\mathrm{ee}}$ はあらゆる物質に共通で普遍的に存在する電子群の性質を規定する部分であるのに対し，残りの V_{ei} だけが原子核 (あるいはイオン) を特徴づける情報を含み，それを通して各物質の特性を規定する部分である．その意味で，V_{ei} が物質の持つ多様性の源泉といえる．さらにいえば，それぞれの物質が持ちうる多様な性質は V_{ei} という電子にとっては外部から与えられたポテンシャルの違いだけによって駆動され，発現させられた多電子系の持ちうる多彩な性格の発露であると考えられる．そして，その駆動・発現機構を微視的に，特に U_{ee} によってもたらされる電子相関効果との関連で定性的にはもちろんのこと，定量的にも正しく解明することが凝縮系物理学の大きな目的 (のひとつ) である．

ちなみに，このような多様性のうちでひとつの特殊例として $V_{\mathrm{ei}}(\boldsymbol{r})$ が空間的に一定の定数であるというケースが考えられる．これは第 9 巻の 4 章で詳しく解説した**一様密度の電子ガス系**にあたる．そこでは無次元化された電子密度 r_s というただ 1 つのパラメータだけでその性格が制御されるというように，たいへん単純な系であるが，同時に $T_{\mathrm{e}} + U_{\mathrm{ee}}$ の本性が最も素朴に出現している系とも見なせる．そして，その素朴性や $T_{\mathrm{e}} + U_{\mathrm{ee}}$ の持つ物質によらない普遍性ゆえに，一様密度電子ガス系についての知識や情報が $V_{\mathrm{ei}}(\boldsymbol{r})$ が空間的に一定でないケース (非均一密度電子ガス系) での研究，とりわけ，密度汎関数理論の展開においてたいへん重要な役割を果たしている．そこで，本章においてはこのことが明確になるように論旨の展開には特に意を注ぐことにする．

1.1.2 波動的世界観

古典力学では，電子は質量 m，電荷 $-e$ を持つ“質点”，あるいは“粒子”，と見なされ (**粒子的世界観**)，N 電子系における各電子の運動は 3 次元空間での位置ベクトル $\boldsymbol{r}_j$ とその変化状況から理解されていた．しかしながら，量子力学では，とりわけシュレディンガーの観点からは，これでは不十分で，電子の実態は“波動”という概念で初めて正しく捉えられる(**波動的世界観**). そして, その波動の状態を正しく記述するためには $3N$ 次元空間での多体波動関数 $\Phi(\boldsymbol{r}_1,\cdots,\boldsymbol{r}_N)$ (スピン自由度も考慮すると, その2倍の $6N$ 次元空間でのそれ) が必要とされる.

特に, $V_{\rm ei}(\boldsymbol{r})$ を指定してハミルトニアンを確定した場合には (実際に解けるかどうかを別にして, 原理的にいえば), シュレディンガー方程式 $H_{\rm e}|\Phi_n\rangle = E_n|\Phi_n\rangle$ を (適当な境界条件の下で) 解くことによってすべての固有状態の波動関数 $\Phi_n(\boldsymbol{r}_1,\cdots,\boldsymbol{r}_N) \equiv \langle\boldsymbol{r}_1,\cdots,\boldsymbol{r}_N|\Phi_n\rangle$ が決定され, こうして得られた完全系の情報, $\{|\Phi_n\rangle\}$ や $\{E_n\}$, を用いれば, 各種の相関関数を含めて如何なる物理情報も手に入れることができる. たとえば, 基底状態 $|\Phi_0\rangle$ における電子密度の3次元空間での分布関数 $n(\boldsymbol{r})$ は

$$n(\boldsymbol{r}) = \langle\Phi_0|\sum_\sigma \psi_\sigma^+(\boldsymbol{r})\psi_\sigma(\boldsymbol{r})|\Phi_0\rangle \tag{1.3}$$

によって計算される.

このように, $n(\boldsymbol{r})$ は $V_{\rm ei}(\boldsymbol{r})$ を与えれば決まるものなので, $V_{\rm ei}(\boldsymbol{r})$ の汎関数と見なせて, $n(\boldsymbol{r}:[V_{\rm ei}(\boldsymbol{r})])$ のように書くことができる. この $V_{\rm ei}(\boldsymbol{r})$ から出発し, 多体波動関数を経由して $n(\boldsymbol{r})$ を導くスキームは図1.1に模式的に示されている.

ここで注意すべき点は, このスキームによれば, 量子力学的に正確な $n(\boldsymbol{r})$ を

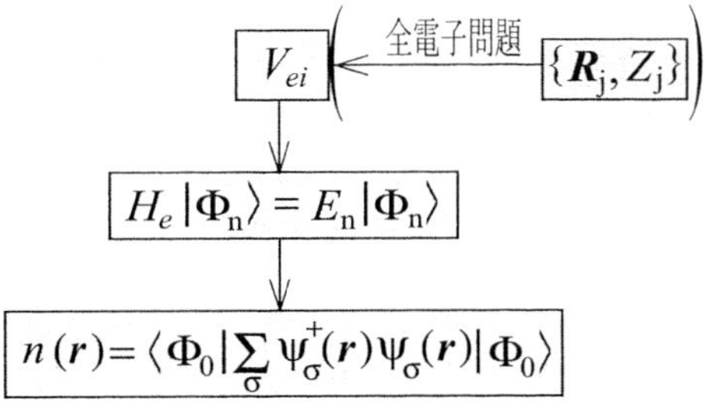

図 1.1 波動的世界観における計算の手続き. 特に全電子問題では, それぞれの原子核の位置 $\boldsymbol{R}_j$ と原子番号 Z_j についての情報の全体, $\{\boldsymbol{R}_j, Z_j\}$, を与えると $V_{\rm ei}(\boldsymbol{r})$ が決定される.

得るためには(抽象空間での波動関数の振舞いについて数学的な洞察はある程度は働くにしても)，決して直接的に五官で感知できないような超高次元(スピン自由度を考えないとしても $3N$ 次元)空間での多体波動関数の正しい情報が根本的に不可欠ということである．言い換えれば，たとえ1粒子分布関数である $n(\boldsymbol{r})$ といえども，その正確な計算には多体波動関数と真正面から向き合わねばならないということを示している．

もっとも，そもそも量子力学では物質波の干渉効果が本質的であるので，物理量の期待値を厳密に正しく計算する上で正確な多体波動関数を軸にしたこのスキームは至極当然なもののはずで，これよりも“はるかに簡便な”，かつ，近似ではなく“厳密な”別のスキームを構築できる可能性があるなどとはとても思いが至らないというのが通常の教育課程で量子力学を学んだものの偽らざる感想であろう．

なお，ファインマン(R. P. Feynman)は，波動的世界観とは一風違って，粒子的世界観を推し進めて経路積分法を開発した．そして，通常の量子力学と同等でありながら，彼の数学手法に基づく別の理論体系を確かに構築した．しかし，その体系では位相空間における多重積分が必要で，そのため，基軸になる計算スキームにおける抽象空間の次元性という観点からは，より高次元を必要としている．したがって，残念ながら，これは“厳密”ではあるものの，“はるかに簡便な”スキームを提供したことにはならなかった．

1.1.3 密度汎関数理論の功績

ところが，この構築されるはずがないスキームがコーン(W. Kohn)らによって提案され[4,5]，「密度汎関数理論(DFT: Density Functional Theory)」[6]と呼ばれている．そして，その枠組みが提出されて約40年を経た現在，このDFTの応用による成功例は伝統的な固体物理学の範疇[7]のみならず，それをはるかに超えて高分子化学や生物学にも見られる[8]ようになり，さらに日々その適用範囲が拡大している．このように，これは“役に立つ計算道具”としてすでに揺るぎない評価を得ているものである．

しかしながら，DFTにはこのような“技法”とか“道具”とかの視点からだけでは捕らえきれない，純粋に知的な挑戦の場としての，そして，系の基底状態を取り扱う基本物理理論のひとつとしての魅力がある．実際，DFT を構成する際の哲学，その基本理論の重厚な厳密性，応用の際に導入される物理的に動機付けられた近似の見事さ，かつ，そのような近似を簡単に組み込める理論構造の柔軟性など，将来，この理論に直接的には関連しない分野の仕事につく人々にとっても十分に賞味に値する点が多々あり，間違いなく読者各人の知的栄養になるものと考えられる．

そこで，本書では主に理論物理学の観点から DFT を解説し，その技術的な側面には余り触れない．これは，そのような側面を重視した教科書がすでに存在すること[9] や，DFT の基礎を押さえている限り，技術や技法などはこの道具を使っている現場に立てば自然に身につくことであると信じるからである．また，最近では DFT に関するいくつかの計算パッケージ[10] が出回っており，しかも，漸次にバージョンアップされているので，もし，DFT に基づく具体的な計算が必要になれば，それらを利用することも検討されたい．

1.1.4 密度的世界観

さて，次節以降でこの DFT を詳しく解説するが，その前に物理的な直感からすればあり得ないはずのこの理論の屋台骨を支える哲学に触れておこう．

まず，DFT では，電子を粒子でも波動でもなく，“密度雲” という概念で捕らえるという根本哲学がある (**密度的世界観**)．なお，この概念，すなわち，電子は (たとえ N 電子系であったとしても 1 電子系の場合と同様に) 3 次元空間での密度分布関数 $n(\boldsymbol{r})$ だけで完全に捉えられるということは決して自明ではない．そこで，コーンはいかにしてこのような概念に到達したか[11]，また，コーンとは別の観点からもこの概念の妥当性を説明できることなどを本節で後述する．それと同時に，次節ではこれを (歴史的な紆余曲折も踏まえながら) 数学的に証明する．

いずれにしても，これらの議論を通して得られる結論としては，基底状態の電子密度 $n(\boldsymbol{r})$ の中には，それ自身を決める際に必要であったすべての量子情報が埋め込まれており，そのため，いったん $n(\boldsymbol{r})$ を与えると，それに対応するポテンシャル $V_{\rm ei}(\boldsymbol{r})$ が定数差を除いて一意的に決まる[4] ということである．模式的にいえば，図 1.1 で表した射影 (写像)，$V_{\rm ei}(\boldsymbol{r}) \longmapsto n(\boldsymbol{r})$，とは逆に，

$$n(\boldsymbol{r}) \longmapsto V_{\rm ei}(\boldsymbol{r}) \tag{1.4}$$

という逆射影 (逆写像) が成立していて，$V_{\rm ei}(\boldsymbol{r})$ は $n(\boldsymbol{r})$ の汎関数と見なせる，つまり，$V_{\rm ei}(\boldsymbol{r}:[n(\boldsymbol{r})])$ と書けることを意味する．

さらにいえば，このように $V_{\rm ei}(\boldsymbol{r}:[n(\boldsymbol{r})])$ が決まるので，同時に $H_{\rm e}$ が，それゆえ，原理的にあらゆる固有状態 $|\Phi_n\rangle$ や対応する固有エネルギー E_n までもが得られしまうことになる．したがって，系の (励起状態が関与するものも含めて) **すべての物理情報は**密度 $n(\boldsymbol{r})$ を与えれば一意的に決まるもの，すなわち，**密度の汎関数**ということになる．これが「密度汎関数理論」という名前が付けられたゆえんである．

1.1.5　簡便さの由来

この電子に対する新たな見方では，系の振舞いを直感的に捉えるために超高次元抽象空間における多体波動関数の姿に思弁を巡らせる必要はなく，具体的に目に見える $n(\boldsymbol{r})$ を単に眺めればよいことになり，確かにかなりの "簡便化" がなされたことになる．

しかしながら，$n(\boldsymbol{r})$ を実際に決定する際に，もし，実質上，基底状態の多体波動関数 $|\Phi_0\rangle$ の情報が必要とされるのならば，図 1.1 で示したスキームよりも "はるかに簡便な" スキームを提供したとは決していえないだろう．

この核心の問題は後節で詳細に解説されることになる「コーン–シャム (KS: Kohn–Sham) の方法」[5] の提案によって見事に解決された．それは $n(\boldsymbol{r})$(と同時に基底状態エネルギー E_0) は基底状態の多体波動関数 $|\Phi_0\rangle$ を正確に知らなくても，適当な "1 体問題の基底波動関数" (それゆえ，正確な波動関数ではなく，疑似波動関数)$|0\rangle$ の知識だけで原理的に "正確に" 決定されうるという提案[12] である．

これは多体問題の視点からはまったく非常識にも見えるほど驚くべき提案であるが，このブレイクスルーによって，電子間クーロン斥力に起因する自己無撞着性の要請を満たすように 1 体波動関数 $|0\rangle$ を決定するだけで基底状態の $n(\boldsymbol{r})$ や E_0 が正しく得られるというように，"たいへん簡便な"，かつ，"厳密な" スキームの存在が明確になったのである．

ちなみに，多体問題の常識では，たとえば，$n(\boldsymbol{r})$ のような 1 電子分布関数を厳密に決める方程式を立てると，その中に未知関数として 2 電子分布関数が含まれることになる．そして，その 2 電子分布関数を決める方程式を立てると 3 電子分布関数が現れるというように，無限に連鎖する方程式群を発生させる結果[13] に終わる．したがって，この無限に続く連鎖を何らかの近似で断ち切らない限り，$n(\boldsymbol{r})$ は具体的には得られるはずがなく，しかも，そうして得られた $n(\boldsymbol{r})$ が厳密に正しいはずがないということになる．

1.1.6 着想の原点

ところで，一般に，新しい物理概念は何の基盤もないところから突如出現するというよりは，それまでの正統的概念から出発して，その困難点を見極め，それを超克することによって初めて発見・確立されることが多いようである．このDFTもその例外ではないと考えられる．

実際，原子における電子状態の研究において，波動関数ではなく，電子密度 $n(\boldsymbol{r})$ だけを変数として計算を遂行するというスキームは「トーマス–フェルミ (TF: Thomas–Fermi) 近似」[14] としてすでに1920年代後半には提出されており，これがDFTの基礎概念である**密度的世界観の原型**である．そして，このスキームでは自己無撞着性による非線形効果を含む複雑な物理を要領よく提示することに成功している．

しかしながら，TF 近似においては，$\Phi_0(\boldsymbol{r}_1, ..., \boldsymbol{r}_N)$ に含まれる複雑な情報を古典流体力学的観点から近似・抽出して $n(\boldsymbol{r})$ の形で取りまとめ，それを用いた“近似理論”を展開するという立場であり，決して厳密理論を目指したものではない．また，この近似自体は粗いもので，たとえば，分子の形成は説明できない (分子の凝集エネルギーが出ない) などの致命的欠陥が明らかになっていた．

このTF近似提出と同じ頃に，波動的世界観に基づいた近似スキームである「ハートリー–フォック (HF: Hartree–Fock) 近似」[15] も提案されていた．ここでは，まず，適当な 1 体波動関数系 $\{\phi_i(\boldsymbol{r})\}$ に基づいて電子系全体の波動関数 $\Phi_0(\boldsymbol{r}_1, \cdots, \boldsymbol{r}_N)$ をスレーター (Slater) 行列式，$\det[\phi_i(\boldsymbol{r}_j)]/\sqrt{N!}$，で近似し，(すなわち，変分法の考え方で 1 つの試行関数形を与え，) それによって $U_{\rm ee}$ の効果を 1 体ポテンシャル (平均場) のそれに簡略化する．そして，その平均場を自己無撞着に決めながら変分的に最適な $\{\phi_i(\boldsymbol{r})\}$ を求めようというものである．この HF 近似は原子や分子の問題では (たとえば，水素負イオン H^- の安定性が説明できないことや一般に分子の凝縮エネルギーが小さくなりすぎるなどの問題点はあるものの) おおむね成功したといえる．

しかし，このスキームを固体に適用した場合には，凝縮エネルギーが小さくなりすぎるなどの定量的な問題点だけではなく，定性的にも金属においてはフェルミ面での電子の状態密度が常にゼロになるという非物理的な結果を得てしまうなどの大きな困難に直面した．

その後，1950 年代に入ると，スレーターはこのような困難を解決すべく，実用的見地から HF 近似を改良して，「$X\alpha$ (エックスアルファー) 法」[16] を提案した．このスキームは DFT 成功の要となった KS 法の原型であり，後に紹介する「局所密度近似」(LDA: Local-Density Approximation) と同等のバンド計算手法である．

この近似スキームをごくごく簡単に解説すれば，HF 近似におけるハートリー・ポテンシャルの部分はそのまま残すものの，交換ポテンシャル (フォック項) の評価においてはその非局所性を無視して，それぞれの場所での密度 $n(\boldsymbol{r})$ に対応した一様密度電子ガス系と見なしてよいと考えた (局所近似)．そして，式 (I.4.38) で与えられた交換エネルギー $\varepsilon_{\mathrm{ex}}$ の表式を参考にして，交換ポテンシャルは $n(\boldsymbol{r})^{1/3}$ に比例するものとし，その比例係数には調整定数 α を導入したが，これは 1 体近似を越えて，ある程度は電子相関の効果を現象論的に取り入れようという意図があるもので，おおむね $\alpha = 2/3$ のときに理論計算と実験との一致は良好であることを見出した．なお，この α の値は DFT に基礎を置く LDA では理論的に自然に導き出せるものである．

1.1.7 近似の統合

以上のような歴史的経緯から，DFT は TF 近似を生み出した概念を用いて HF 近似から派生した $X\alpha$ 法を基礎づけたものと見なせ，この意味で，これはこれら 2 つの近似手法を統合したものであると考えられる．

実際，コーンは $X\alpha$ 法における電子に働く有効 1 体ポテンシャル $V_{\mathrm{s}}(\boldsymbol{r})$ と $n(\boldsymbol{r})$ との自己無撞着な決定サイクルの仕組みをより深く，かつ，広い立場から考察して，すべての物理情報は基底電子密度 $n(\boldsymbol{r})$ の汎関数であるという概念は近似ではなく厳密なものであると気づいたようである[17]．とりわけ注目すべき点は，TF 近似の立場では理論の指針として $n(\boldsymbol{r})$ を如何に精度良く波動関数に結びつけられるかということであったが，これでは近似理論の範疇から抜け出すことは難しく，厳密理論への見通しが立たないが，$n(\boldsymbol{r})$ とそれを作り出すポテンシャルとの間に 1 対 1 対応があることを証明するという立場に立てば展望が開け，これが DFT 開発が成功した秘訣のようである．

なお，基本的に 1 体近似である $X\alpha$ 法を越えて，この 1 対 1 対応の成立をコーンが想像した別の理由は，DFT を構想していた 1964 年の当時，彼は合金理論の研究を遂行していたフリーデル (J. Friedel) 研究室に滞在していて，その研究室における議論から，たとえば，AB 置換型合金の場合，それぞれのサイトでの電荷密度の違いとポテンシャルの違いとの 1 対 1 対応をよく意識するようになったからである．

また，一様密度の電子ガス系において，電子密度を一様な値 $\bar{n}$ からわずかに変化させた場合，この変化量 $n(\boldsymbol{r})-\bar{n}$ を外部から与えられた 1 体ポテンシャル $V_{\rm ext}(\boldsymbol{r})$ に起因する摂動の結果と考えて線形応答理論を適用すると，$n(\boldsymbol{r})-\bar{n}$ と $V_{\rm ext}(\boldsymbol{r})$ は 1 対 1 に対応するという事実もアイデアを展開していく上で重要であったようである．(これに関しては，1.6 節を参照されたい.)

ちなみに，この対応関係の比例係数が式 (I.4.136) で定義した密度応答関数であるので，この 1 対 1 対応は厳密とはいえ，その関数を実際に計算するときには交換相関効果を含む難しい多体問題になり，そこに近似を導入する必要性が生じることになる．このように，理論構成の上で**鍵となる物理量を導入して厳密な定式化を完成**させることと，**その物理量を具体的に評価**することとは**違う段階の問題**とはっきり認識することが理論を定式化する際に大切なことである．

いずれにしても，DFT は TF 近似と $X\alpha$ 法を統合し，それらを包含しつつ，その理論体系自体は近似理論の枠を越えて，より深遠な厳密理論へと飛躍したという位置づけが適切であろう．そして，その飛躍は理論体系を「基礎階層」と「応用階層」というべき **2 層構造**に仕立てる戦略によって，より明確になったといえる．

ここで，第 1 段階の基礎階層では，まず，密度汎関数化の正当性を証明し，次に，基底状態エネルギーの汎関数 $E_0[n(\boldsymbol{r})]$ に関する変分原理を示し，最後に，そのエネルギー汎関数の停留条件を満たす $n(\boldsymbol{r})$ の決定に関して，まったく新しい厳密手法である KS 法を提案した．この際に $E_0[n(\boldsymbol{r})]$ の中で HF 近似を越えた相関効果も含む部分として「交換相関エネルギー汎関数」$E_{\mathrm{xc}}[n(\boldsymbol{r})]$ を導入したが，これが **DFT の理論体系全体の鍵となる物理量**である．

また，第 2 段階の応用階層では，$E_0[n(\boldsymbol{r})]$，なかんずく，$E_{\mathrm{xc}}[n(\boldsymbol{r})]$ に対して様々な精度で近似形を具体的に与えると，それに応じて TF 近似や $X\alpha$ 法などが再現されることを確認すると同時に，基礎階層で展開した枠組みに従えば，計算機の発展状況に呼応して $E_{\mathrm{xc}}[n(\boldsymbol{r})]$ を組織的に改良できることを示唆している．実際，$X\alpha$ 法 (あるいは LDA) 改良のひとつの方向として，「一般化された勾配近似」(GGA: Generalized Gradient Approximation)[18] が提案されている．将来，この GGA に止まらず，より精度の高い，そして，適用範囲のより広い手法の開発 (「ポスト LDA」という言葉で呼ばれているもの) が期待されている．

1.1.8 カスプ定理からの証明

前項では，コーンが実際に考えた道筋に沿って「$n(\boldsymbol{r})$ はすべての物理情報を含む」という命題が物理的に正しそうだということを解説したつもりではあるが，これだけでは誰もが即座に納得したといえるかどうか疑問に感じた．(少なくとも筆者は，36 年前に DFT を初めて勉強したとき，この命題に結びつく直感的な物理像をうまく描けず，それゆえ，完全には納得できなかった．) そこで，少し蛇足ではあるが，本項では式 (I.2.30) で示したカスプ定理を援用すれば，この命題が自明になること[19] を説明しておこう．なお，この説明は**全電子問題の場合**という制限付きであるが，もちろん，元のコーンらの命題はこの制限がなくても成り立つものである．

いま，任意の数と種類の原子核と (電気的中性条件を満たすために) その電荷の総量をちょうど打ち消してしまう数の電子からなる系を考えよう．そして，この系の基底状態の電子分布関数 $n(\boldsymbol{r})$ が決められたとしよう．すると，この $n(\boldsymbol{r})$ は図 1.2 で模式的に示したようなものになるはずである．すなわち，$n(\boldsymbol{r})$ は錐状に尖った特異点 (正のカスプを持つ場所) を持つが，これは原子核がその

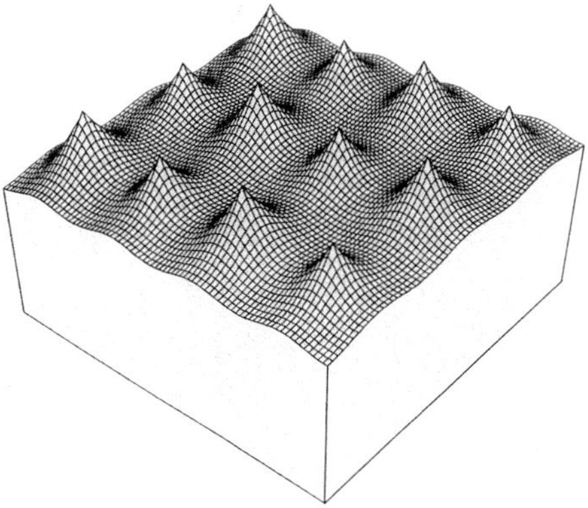

図 **1.2** 全電子問題における $n(\boldsymbol{r})$ の模式図

場所に存在することを意味する．しかも，それぞれの特異点 $\boldsymbol{R}_j$ での原子核の原子価を Z_j とすると，それは (a_{B} をボーア半径として)

$$\lim_{\boldsymbol{r}\to\boldsymbol{R}_j}\frac{1}{n(\boldsymbol{r})}\frac{\partial n(\boldsymbol{r})}{\partial r}=-\frac{2Z_j}{a_{\mathrm{B}}} \tag{1.5}$$

というカスプ定理から導かれる関係式によって，$\boldsymbol{R}_j$ での $n(\boldsymbol{r})$ の尖り具合から一意的に決められることになる．

このように，**すべての原子核の位置と原子価が** $n(\boldsymbol{r})$ **だけの情報から分かってしまうので**，式 (1.2) から $V_{\mathrm{ei}}(\boldsymbol{r})$ がユニークに決定されることになる．すなわち，DFT の基本命題が証明されたことになる．

1.1.9 本章の内容

以上，駆け足ではあったが，少なくともそのキーポイントを明確にしつつ DFT の概要を取りまとめてみた．次節以降においては数学的にもう少し厳密に DFT の理論構成を吟味しつつ解説したいと思う．

その解説の順序は大体において 1.1.7 項の最後の 2 段落に記した通りである．すなわち，次の 1.2 節では基礎階層における「密度汎関数化」と「密度変分原理」という 2 つの「ホーエンバーグ–コーン (HK: Hohenberg–Kohn) の定理」[4] をまず HK の元の論文にしたがう形で証明する．その後，HK 論文では避けられていた縮重基底状態の問題[20]やいわゆる「v 表示可能性」の問題から始まり，「N 表示可能性」の問題を経由して，レヴィ(M. Levy) による「制限つき探索法」の考案[21]に至る発展を解説する．そして，この節の最後に TF 近似やそれを少し拡張した TFD (Thomas–Fermi–Dirac) 近似[22]を紹介する．特に，後で議論することになる LDA の問題にも深く関連しているので，TF 近似を中性原子に適用した場合を少し詳しく述べて，そのある程度の成功とともに，それにまつわるいろいろな問題点やそれらを克服する試みについても触れることにする．

その次の 1.3 節では基礎階層におけるもうひとつの重要な柱である KS 法[5]を詳しく解説する．これは密度変分原理から導かれる停留条件を満たす $n(\boldsymbol{r})$ の決定に際して，TF 近似のように 1 つのオイラー–ラグランジュ方程式を追わずに，N 電子系の場合には N 個の「1 電子軌道」を求める方程式系に焼き直して考えるという技法で，正常状態の電子系に適用できるものである．なお，この 1 電子軌道 (「KS 軌道」とも呼ばれるもの) の物理的意味合いは「イオン化エネルギー」や「電子親和エネルギー」,「分数占有問題」[23, 24]との関連で議論される．また，1.4 節では有限温度での熱平衡状態[25]を，そして，1.5 節ではスピン分極の可能性も考慮した拡張[26, 27]を解説する．さらに，この節の最後には「電流密度汎関数理論」(CDFT: Current Density Functional Theory)[28]についても触れる．

また，1.6 節では応用階層の議論，特に，KS 法の中核である交換相関エネルギー汎関数 $E_{\mathrm{xc}}[n(\boldsymbol{r})]$ を具体的に与える近似法である LDA やそれのスピン分極を考慮した拡張版である「局所スピン密度 (LSD: Local Spin Density) 近似」を中心に解説する．これらは一様密度電子ガス系における密度 (やスピン密度) の関数としての交換相関エネルギーの結果を借用するものである．この LDA や LSD は，その近似の簡潔さに反して基底状態の構造 (結晶構造とその格子定数) に関しておおむね誤差 10% 内外の結果[27, 29]が得られている．この予期以上の成功を導いた理由を知るために，電子ガス中の 1 荷電不純物問題[30](これは第 9 巻の 6.2.3 項でも触れた問題) を通して，LDA における交換相関ポテンシャル $V_{\mathrm{xc}}(\boldsymbol{r})[\equiv \delta E_{\mathrm{xc}}/\delta n(\boldsymbol{r})]$ の物理的な意味合いを明確にする．なお，この問題は DFT を拡張して励起状態をも取り扱う枠組みを構成した (と考えられている)

「時間依存密度汎関数理論」(TDDFT: Time-Dependent Density-Functional Theory)[31,32] へのよい橋渡しとなる．実際，これは TDDFT における静的線形応答理論と直接的に関連する．さらに，密度勾配近似もその初歩から GGA に至る道筋を解説する．そして，この節の最後に，局所密度近似を越える試みに際して，本来，$V_{\mathrm{xc}}(\boldsymbol{r})$ はどうあるべきかを知ることの重要性を鑑みて，「逆コーン–シャム法」[33,34] を説明し，それによって 2 電子系について具体的に得られている正確な $V_{\mathrm{xc}}(\boldsymbol{r})$ の結果[35] を LDA や GGA の結果と比較しながら紹介する．

最後に 1.7 節では TDDFT に触れることにする．現在，この理論の開発と応用は急速に進展しているが，本巻ではその初歩から線形応答理論の展開までに限って解説する．

なお，正常状態ではなく，2 次相転移に伴って出現する各種の秩序状態を密度汎関数理論の枠組みで取り扱うためには，その理論の中に秩序パラメータを導入した形で拡張する必要がある．この観点からいえば，スピン密度汎関数理論とは磁気秩序相を取り扱うための拡張といえる．この他の秩序相としては，たとえば，超伝導状態が考えられ，それを取り扱う DFT として密度汎関数超伝導理論[36] が提案されているが，この解説は本巻ではなく，続巻『超伝導』の最終章で行うことにする．

1.2　ホーエンバーグ–コーンの定理

1.2.1　密度汎関数化

a.　シュレディンガー–リッツの変分原理

当面，われわれが取り扱う多電子系はすでに 1.1.1 項において議論したもので，そのハミルトニアン H_{e} は式 (1.1) で与えられている．しかしながら，今後の論理の展開において便利なように相互作用 U_{ee} の効き方を制御するパラメータ λ を導入して，

$$H_{\mathrm{e}}(\lambda) \equiv T_{\mathrm{e}} + V_{\mathrm{ei}} + \lambda U_{\mathrm{ee}} \tag{1.6}$$

によってハミルトニアン $H_{\mathrm{e}}(\lambda)$ を定義しよう．そして，この $H_{\mathrm{e}}(\lambda)$ で規定される系を考えよう．ここで，λ は区間 $[0, 1]$ 上の任意の実数とする．なお，$H_{\mathrm{e}}(\lambda)$

はこの区間の左端 $\lambda = 0$ のときには相互作用がない仮想的な系に，また，右端 $\lambda = 1$ のときには元々考えたい H_{e} に対応することになる．

さて，1.1.2 項で述べたように，通常の量子力学では，まず V_{ei} を与えて $H_{\mathrm{e}}(\lambda)$ の形を指定してから基底波動関数 $|\Phi_0(\lambda)\rangle$ を決め，そして，式 (1.3) を使ってその基底状態における電子密度 $n_\lambda(\boldsymbol{r})$ を決定する．この意味で，これは $V_{\mathrm{ei}}(\boldsymbol{r}) \mapsto n_\lambda(\boldsymbol{r})$ という射影 (写像) に沿った計算ということになる．

ちなみに，以上の波動関数を軸にした操作は第 9 巻の 2.2.1 項で述べたシュレディンガー–リッツ (Schrödinger–Ritz) の変分原理の形で定式化される．すなわち，規格化条件

$$\langle\Phi|\sum_\sigma \int d\boldsymbol{r}\psi_\sigma^+(\boldsymbol{r})\psi_\sigma(\boldsymbol{r})|\Phi\rangle = N \tag{1.7}$$

を満たす N 電子系を表現する任意の波動関数 $|\Phi\rangle$ に対して，エネルギー汎関数 $E_0(\lambda, V_{\mathrm{ei}} : [\Phi])$ を

$$E_0(\lambda, V_{\mathrm{ei}} : [\Phi]) \equiv \langle\Phi|H_{\mathrm{e}}(\lambda)|\Phi\rangle = \langle\Phi|T_{\mathrm{e}} + \lambda U_{\mathrm{ee}} + V_{\mathrm{ei}}|\Phi\rangle \tag{1.8}$$

で定義すると，それは真の基底状態エネルギー $E_0(\lambda)$ と比べて

$$E_0(\lambda, V_{\mathrm{ei}} : [\Phi]) \geq E_0(\lambda) \tag{1.9}$$

が常に成り立ち，そして，この不等号関係で等号が成り立つのは (基底状態が縮退していない場合)$|\Phi\rangle$ が真の基底状態 $|\Phi_0(\lambda)\rangle$ であるときに限られる．なお，$|\Phi_0(\lambda)\rangle$ 自身はこの変分原理に付随する停留条件から決められるが，それはシュレディンガー方程式にほかならない．

b. 命　　題

ところで，ホーエンバーグ–コーンの第 1 定理とは $V_{\mathrm{ei}}(\boldsymbol{r}) \mapsto n_\lambda(\boldsymbol{r})$ の逆写像が成り立つこと，すなわち，「$n_\lambda(\boldsymbol{r})$ を $H_{\mathrm{e}}(\lambda)$ の基底電子密度とするような $V_{\mathrm{ei}}(\boldsymbol{r})$ は (定数差を除いて) 一意的に決められる」という命題である．歴史的には，これ，および，1.2.2 項で紹介するホーエンバーグ–コーンの第 2 定理の証明に関しては紆余曲折があったので，最終決着に至った証明法だけを示すのが効率的かもしれない．しかしながら，理論から導かれる計算技法を手早く紹介

しようという立場ではなく，理論そのものが第一義的に重要と考えている本章では，あえて歴史の順序に従った証明を行うことにする．それはこの一連の証明過程の変遷を知ることによってDFTがいっそう深く理解されるようになると思われるからである．さらにいえば，物理理論の形成過程のひとつの実例を与えることによって，将来，読者自身が何らかの新理論を作り上げるときの参考になるのではと思ったからである．

c. $\boldsymbol{v}$ 表示可能性

以上のようなわけで，まず，ホーエンバーグとコーンの1964年の論文[4] に沿って議論を展開しよう．このとき，証明に際して次のような2つの重要な仮定をおくことになる．① N 電子系の基底状態が縮退していないこと (**非縮退基底状態の仮定**)，および，② 任意の電子密度 $n_\lambda(\boldsymbol{r})$ を与えると，必ず，それを基底電子密度とするような $V_{\rm ei}(\boldsymbol{r})$ は1つは存在すること (**$\boldsymbol{v}$ 表示可能性の仮定**)，である．なお，①の仮定はHKの論文にも明示されており，しかも，何らかの特別の事情がない限り，大抵の系では満たされると考えられるものである．一方，②の仮定はHKの論文が出された当時は気づかれなかったものの，1970年代になって問題視され，一時は密度汎関数化の厳密性に疑問が呈されたほどに数学的には深刻に考えられたものである．

d. 証　　明

さて，この2つの仮定の下では，密度汎関数化の命題は次のように証明される．いま，基底状態の電子密度を $n_\lambda(\boldsymbol{r})$ とし，(少なくとも1つはある) それに対応するポテンシャルが $V_{\rm ei}(\boldsymbol{r})$ と $V'_{\rm ei}(\boldsymbol{r})$ のように2つあって，それらが定数差以上の違いがあるとしよう．そして，$V_{\rm ei}(\boldsymbol{r})$ に対応する基底状態の波動関数を $|\Phi_0\rangle$，その基底状態エネルギーを E_0 とし，また，$V'_{\rm ei}(\boldsymbol{r})$ のそれらをそれぞれ $|\Phi'_0\rangle$，E'_0 としよう．

このとき，まず，$|\Phi_0\rangle$ と $|\Phi'_0\rangle$ は異なることを証明しよう．仮に，もし，これらが一致するとすると，

$$(T_{\rm e} + \lambda U_{\rm ee})|\Phi_0\rangle + \sum_\sigma \int d\boldsymbol{r}\psi_\sigma^+(\boldsymbol{r})V_{\rm ei}(\boldsymbol{r})\psi_\sigma(\boldsymbol{r})|\Phi_0\rangle = E_0|\Phi_0\rangle \quad (1.10)$$

であるが，同時に，

$$(T_{\rm e}+\lambda U_{\rm ee})|\Phi_0\rangle+\sum_\sigma\int d\boldsymbol{r}\psi_\sigma^+(\boldsymbol{r})V'_{\rm ei}(\boldsymbol{r})\psi_\sigma(\boldsymbol{r})|\Phi_0\rangle=E'_0|\Phi_0\rangle \tag{1.11}$$

であるので，両式の差を取ると，

$$\sum_\sigma\int d\boldsymbol{r}\psi_\sigma^\dagger(\boldsymbol{r})[V_{\rm ei}(\boldsymbol{r})-V'_{\rm ei}(\boldsymbol{r})-E_0+E'_0]\psi_\sigma(\boldsymbol{r})|\Phi_0\rangle=0 \tag{1.12}$$

が得られる．これから，$V_{\rm ei}(\boldsymbol{r})-V'_{\rm ei}(\boldsymbol{r})=E_0-E'_0$ が結論される (この詳しい証明は次ページで項を改めて行う) が，これは 2 つのポテンシャル差は定数差以上であるという仮定に反することになる．すなわち，$|\Phi_0\rangle$ と $|\Phi'_0\rangle$ は異なることが証明されたことになる．

そこで，式 (1.8) で定義したエネルギー汎関数 $E_0(\lambda,V_{\rm ei}:[\Phi])$ について，シュレディンガー–リッツの変分原理を用いると，$E_0=E_0(\lambda,V_{\rm ei}:[\Phi_0])<E_0(\lambda,V_{\rm ei}:[\Phi'_0])$ である (この際，決して等号が成り立たないことが重要である) が，式 (1.3) における $n_\lambda(\boldsymbol{r})$ と $|\Phi_0\rangle$ との関係，および，この $n_\lambda(\boldsymbol{r})$ は $|\Phi_0\rangle$ でも $|\Phi'_0\rangle$ でも同じになるということに注意すると，

$$\begin{aligned}E_0&=\langle\Phi_0|T_{\rm e}+\lambda U_{\rm ee}|\Phi_0\rangle+\int d\boldsymbol{r}V_{\rm ei}(\boldsymbol{r})n_\lambda(\boldsymbol{r})\\&<\langle\Phi'_0|T_{\rm e}+\lambda U_{\rm ee}|\Phi'_0\rangle+\int d\boldsymbol{r}V_{\rm ei}(\boldsymbol{r})n_\lambda(\boldsymbol{r})\\&=E'_0+\int d\boldsymbol{r}[V_{\rm ei}(\boldsymbol{r})-V'_{\rm ei}(\boldsymbol{r})]n_\lambda(\boldsymbol{r})\end{aligned} \tag{1.13}$$

が得られる．一方，ポテンシャル $V'_{\rm ei}(\boldsymbol{r})$ を使って定義したエネルギー汎関数 $E_0(\lambda,V'_{\rm ei}:[\Phi])$ についての変分原理を考えると，上の式でプライムつきとなしとを入れ替えるだけでよいことに注意すれば，

$$E'_0<E_0+\int d\boldsymbol{r}[V'_{\rm ei}(\boldsymbol{r})-V_{\rm ei}(\boldsymbol{r})]n_\lambda(\boldsymbol{r}) \tag{1.14}$$

が得られる．これら 2 つの不等式，(1.13) と (1.14)，を足し合わせると，$E_0+E'_0<E'_0+E_0$ という矛盾を導くので，これは一番はじめにした仮定，すなわち,「$n_\lambda(\boldsymbol{r})$ に対して 2 つの異なるポテンシャル，$V_{\rm ei}(\boldsymbol{r})$ と $V'_{\rm ei}(\boldsymbol{r})$，が存在する」ということが否定されたことになる．したがって，$n_\lambda(\boldsymbol{r})$ に対して $V_{\rm ei}(\boldsymbol{r})$ が一意的であることが証明され，$n_\lambda(\boldsymbol{r})\mapsto V_{\rm ei}(\boldsymbol{r}:\lambda)$ という 1 対 1 の写像 (全射) を定義できることが分かる．

e. 式 (1.12) への補足

上の論理展開では，式 (1.12) から直接的に $V_{\rm ei}(\boldsymbol{r}) - V'_{\rm ei}(\boldsymbol{r}) = E_0 - E'_0$ が導かれるとした．これに疑問を持たれるかもしれないが，これは一般に，

$$\sum_\sigma \int d\boldsymbol{r}\, \psi^+_\sigma(\boldsymbol{r}) w(\boldsymbol{r}) \psi_\sigma(\boldsymbol{r}) |\Phi_0\rangle = \int d\boldsymbol{r}\, \rho(\boldsymbol{r}) w(\boldsymbol{r}) |\Phi_0\rangle = 0 \qquad (1.15)$$

という関係が第 2 量子化の表現で満たされれば，$w(\boldsymbol{r}) = 0$ であるという命題を確認すればよい．それは次のようにできる．

まず，式 (1.15) の関係を第 1 量子化の表現で書くために，左からブラベクトル $\langle \boldsymbol{r}_1, \cdots, \boldsymbol{r}_N|$ を作用させよう．そして，補遺の章における式 (A.28) を参考にし，また，第 1 量子化における N 電子系の基底波動関数 $\Phi_0(\boldsymbol{r}_1, \cdots, \boldsymbol{r}_N)$ を $\Phi_0(\boldsymbol{r}_1, \cdots, \boldsymbol{r}_N) \equiv \langle \boldsymbol{r}_1, \cdots, \boldsymbol{r}_N | \Phi_0\rangle$ のように書けば，式 (1.15) は

$$\sum_{j=1}^{N} w(\boldsymbol{r}_j)\ \Phi_0(\boldsymbol{r}_1, \cdots, \boldsymbol{r}_N) = 0 \qquad (1.16)$$

のように書き直されることが分かる．そこで，この式の意味を考えよう．

たとえば，$N = 1$ の場合，式 (1.16) は

$$w(\boldsymbol{r}_1)\, \Phi_0(\boldsymbol{r}_1) = 0 \qquad (1.17)$$

ということになる．ところで，この式で $\boldsymbol{r}_1$ は任意なので，波動関数 $\Phi_0(\boldsymbol{r}_1)$ がゼロである有限個の節点 (普通は $\Phi_0(\boldsymbol{r}_1)$ は 1 電子系の基底波動関数なので，節点はないはずであるが) を除いて大部分の $\boldsymbol{r}_1$ で $w(\boldsymbol{r}_1) = 0$ でなければならない．しかるに，十分に連続な関数 $w(\boldsymbol{r}_1)$ を考えると，これはあらゆる点で $w(\boldsymbol{r}_1) = 0$ でないと満たされないことになるので，命題は確認される．

一般の N 電子系で考えても，$\boldsymbol{r}_2$, $\cdots$, $\boldsymbol{r}_N$ は単なるパラメータとして式 (1.16) を $\boldsymbol{r}_1$ だけの関数についての関係式と見なすと，上と同様に考えて，たとえ波動関数に節点があったとしても，それはたかだか有限個しかなく，したがって，連続関数 $w(\boldsymbol{r})$ の場合には，任意の点の組 $\{\boldsymbol{r}_1, \cdots, \boldsymbol{r}_N\}$ について

$$\sum_{j=1}^{N} w(\boldsymbol{r}_j) = 0 \qquad (1.18)$$

が成り立たなければならない．そこで，まず，この式 (1.18) ですべての $\boldsymbol{r}_j$ を $\boldsymbol{0}$ と取ると，$Nw(\boldsymbol{0})=0$ となり，これから $w(\boldsymbol{0})=0$ が得られる．次に，$\boldsymbol{r}_1$ は任意とし，それ以外の $\boldsymbol{r}_j$ は $\boldsymbol{0}$ と取ると，

$$w(\boldsymbol{r}_1) = -(N-1)w(\boldsymbol{0}) = 0 \tag{1.19}$$

という結論に至る．このようにして，「式 (1.15) が成り立つならば，$w(\boldsymbol{r})=0$ である」という命題は確認されたことになる．

1.2.2 密度変分原理

a. 命　　題

前項で証明した HK の第 1 定理によって，$n_\lambda(\boldsymbol{r})$ を与えると，それを基底電子密度とするようなポテンシャル $V_{\mathrm{ei}}(\boldsymbol{r}:\lambda;[n_\lambda(\boldsymbol{r})])$ が一意的に決まることになる．そして，そのポテンシャルを使ってシュレディンガー方程式を解くと，対応する基底状態の波動関数 $|\Phi_0(\lambda;[n_\lambda(\boldsymbol{r})])\rangle$ もユニークに決められる．この対応関係を踏まえて，HK の第 2 定理は次のような命題にまとめられる．

「いま，N 電子系の任意の密度を $n(\boldsymbol{r})$ とする．すなわち，空間のすべての点 $\boldsymbol{r}$ で $n(\boldsymbol{r})$ は非負 $(n(\boldsymbol{r}) \geq 0)$ であり，しかも，

$$\int d\boldsymbol{r}\ n(\boldsymbol{r}) = N \tag{1.20}$$

という条件を満たすものとする．すると，この $n(\boldsymbol{r})$ に対応して，上で述べた意味での基底波動関数 $|\Phi_0(\lambda;[n(\boldsymbol{r})])\rangle$ が一意的に与えられるが，それを用いて密度に関するエネルギー汎関数 $E_0(\lambda;[n(\boldsymbol{r})])$ を

$$\begin{aligned} E_0(\lambda;[n(\boldsymbol{r})]) &\equiv \langle\Phi_0(\lambda;[n(\boldsymbol{r})])|T_{\mathrm{e}} + \lambda U_{\mathrm{ee}} + V_{\mathrm{ei}}|\Phi_0(\lambda;[n(\boldsymbol{r})])\rangle \\ &= \langle\Phi_0(\lambda;[n(\boldsymbol{r})])|T_{\mathrm{e}} + \lambda U_{\mathrm{ee}}|\Phi_0(\lambda;[n(\boldsymbol{r})])\rangle \\ &\quad + \int d\boldsymbol{r}\, V_{\mathrm{ei}}(\boldsymbol{r})\, n(\boldsymbol{r}) \end{aligned} \tag{1.21}$$

で定義しよう．なお，このとき，$V_{\mathrm{ei}}(\boldsymbol{r})$ は元々の $H_{\mathrm{e}}(\lambda)$ を指定するときに与えるポテンシャルで，**必ずしも** $V_{\mathrm{ei}}(\boldsymbol{r}:\lambda;[n(\boldsymbol{r})])$ **と一致するわけではない**ことに注意しよう．そして，その元々の $V_{\mathrm{ei}}(\boldsymbol{r})$ のときの $H_{\mathrm{e}}(\lambda)$ の真の基底状態エネル

ギーを $E_0(\lambda)$，その電子密度を $n_\lambda(\boldsymbol{r})$ としよう．すると，

$$E_0(\lambda;[n(\boldsymbol{r})]) \geq E_0(\lambda) \tag{1.22}$$

の不等号関係が成り立ち，しかも，等号は $n(\boldsymbol{r}) = n_\lambda(\boldsymbol{r})$ のときのみである.」

b. 証　　明

この命題の証明は前項の証明における議論を参考にすれば簡単にできる．まず，$n(\boldsymbol{r})$ に対応するポテンシャルを $V_{\mathrm{ei}}(\boldsymbol{r}:\lambda;[n_\lambda(\boldsymbol{r})]) \equiv V'_{\mathrm{ei}}(\boldsymbol{r})$ と書き，また，$|\Phi_0(\lambda;[n(\boldsymbol{r})])\rangle \equiv |\Phi'_0\rangle$ と書こう．

すると，もし，$V'_{\mathrm{ei}}(\boldsymbol{r}) = V_{\mathrm{ei}}(\boldsymbol{r})$ ならば，$|\Phi'_0\rangle$ は本当の基底状態の波動関数 $|\Phi_0(\lambda)\rangle$ にほかならず，したがって，式 (1.21) で定義された $E_0(\lambda;[n(\boldsymbol{r})])$ は $E_0(\lambda)$ に，また，$n(\boldsymbol{r}) = n_\lambda(\boldsymbol{r})$ になるので，式 (1.22) の等号関係は証明された．

また，もし，$V'_{\mathrm{ei}}(\boldsymbol{r}) \neq V_{\mathrm{ei}}(\boldsymbol{r})$ ならば，$|\Phi'_0\rangle$ は $|\Phi_0(\lambda)\rangle$ とは決して一致しないことになる．しかるに，$E_0(\lambda;[n(\boldsymbol{r})])$ の定義式自体はシュレディンガー–リッツの変分原理における $E_0(\lambda, V_{\mathrm{ei}}:[\Phi])$ とまったく同じなので，

$$E_0(\lambda;[n(\boldsymbol{r})]) = E_0(\lambda, V_{\mathrm{ei}}:[\Phi'_0]) > E_0(\lambda, V_{\mathrm{ei}}:[\Phi_0]) = E_0(\lambda) \tag{1.23}$$

が得られる．以上で HK の第 2 定理は証明された．

この証明から分かるように，この定理は波動関数に関するシュレディンガー–リッツの変分原理を，変数を波動関数ではなく，密度 $n(\boldsymbol{r})$ に変換して定式化したもの，すなわち，**密度変分原理**である．それゆえ，もし，$n(\boldsymbol{r})$ の汎関数として $E_0(\lambda;[n(\boldsymbol{r})])$ の形が具体的に分かれば，(多体波動関数を一切経由せずに)$E_0(\lambda;[n(\boldsymbol{r})])$ の $n(\boldsymbol{r})$ に関する停留条件から正確な $E_0(\lambda)$ や $n_\lambda(\boldsymbol{r})$ が決定されうることを示唆している．

c. 普遍汎関数

ところで，$E_0(\lambda;[n(\boldsymbol{r})])$ の定義式 (1.21) のなかで，汎関数 $F_\lambda[n(\boldsymbol{r})]$ を

$$F_\lambda[n(\boldsymbol{r})] \equiv \langle\Phi_0(\lambda;[n(\boldsymbol{r})])|T_{\mathrm{e}} + \lambda U_{\mathrm{ee}}|\Phi_0(\lambda;[n(\boldsymbol{r})])\rangle \tag{1.24}$$

で定義すると，これは物質と 1 対 1 に対応する $V_{\mathrm{ei}}(\boldsymbol{r})$ とはまったく関係なく，単に電子系の性質だけで決まるもの[37] で，すべての物質に共通の**密度の普遍的**

な**汎関数**ということになる．この普遍汎関数を使うと，$E_0(\lambda;[n(\boldsymbol{r})])$ は

$$E_0(\lambda;[n(\boldsymbol{r})]) = F_\lambda[n(\boldsymbol{r})] + \int d\boldsymbol{r}\ V_{\mathrm{ei}}(\boldsymbol{r})n(\boldsymbol{r}) \tag{1.25}$$

と書けることになる．

ちなみに，このエネルギー表式の第 2 項を熱力学的観点から眺めると，一種の**ルジャンドル (Legendre) 変換**と見なせるので，密度汎関数化というのは，単に**独立変数を** $V_{\mathrm{ei}}(\boldsymbol{r})$ **から** $n(\boldsymbol{r})$ **へ変換したもの**という捉え方もできる．あるいは，エネルギーがこのように書けるがゆえに，$V_{\mathrm{ei}}(\boldsymbol{r})$ と $n(\boldsymbol{r})$ との 1 対 1 対応が存在したとも考えられる．

さて，この $F_\lambda[n(\boldsymbol{r})]$ の密度に関する汎関数微分をとると，全電子数を指定する付帯条件 (1.20) を考慮するためのラグランジュの未定係数 (物理的には化学ポテンシャル) を μ_λ として，$E_0(\lambda;[n(\boldsymbol{r})])$ の停留条件から最適化される電子密度を決定する方程式は

$$\begin{aligned}\frac{\delta}{\delta n(\boldsymbol{r})}&\left\{E_0(\lambda;[n(\boldsymbol{r})]) - \mu_\lambda \int d\boldsymbol{r}\ n(\boldsymbol{r})\right\}\\ &= \frac{\delta F_\lambda[n(\boldsymbol{r})]}{\delta n(\boldsymbol{r})} + V_{\mathrm{ei}}(\boldsymbol{r}) - \mu_\lambda = 0\end{aligned} \tag{1.26}$$

のように与えられる．そして，密度汎関数理論における主要課題はこの普遍汎関数 $F_\lambda[n(\boldsymbol{r})]$ を巡るものとなり，特に，その基本的な性質の解明や精度の高い近似形の考案に集約されていくことになる．

なお，$F_\lambda[n(\boldsymbol{r})]$ の普遍性ゆえに，これらの課題は原理的には各物質の特殊性については何も考慮しないモデルである電子ガス系の研究だけで完全に解明されるはずのものである．そして，少なくとも金属密度領域 (電子密度パラメータ r_s が 1.8 から 5.6 程度) の電子ガスでは，その基底状態では $n(\boldsymbol{r})$ が一定になるので，もし，$n(\boldsymbol{r})$ がほぼ一定の場合の $F_\lambda[n(\boldsymbol{r})]$ の汎関数形を議論するときには，電子ガスの基底状態やせいぜい低励起状態についての情報だけを考えればよいことになる．しかしながら，もし，$n(\boldsymbol{r})$ が大きく変化するときの $F_\lambda[n(\boldsymbol{r})]$ の汎関数形が欲しいとなると，それは電子ガス系の高励起状態に対応する情報が必要ということになり，事態は複雑になってくることが予想される．

1.2.3 縮退基底状態

1.2.1 項 c で触れたように，HK の 2 つの定理に対する上述の証明は非縮退基底状態を仮定していたが，この仮定は 1985 年にコーン自身によって取り除かれた[20]ので，ここでその証明を紹介しよう．

a. 基底電子密度の多価性

まず，基底状態が縮退しているということは基底状態エネルギー E_0 に対応する波動関数が複数個，$|\Phi_0^{(1)}\rangle$，$\cdots$，$|\Phi_0^{(m)}\rangle$，存在することを意味する．したがって，ある $n_\lambda(\boldsymbol{r})$ が基底電子密度であるということは，それがこれら m 個の波動関数のある線形結合から作られた波動関数 $|\Phi_0\rangle$ を使って式 (1.3) から得られたものということになる．なお，このような線形結合による $|\Phi_0\rangle$ の作り方は 1 通りではないので，それに対応して，当然，基底電子密度も 1 通りには定まらない．

しかしながら，v 表示可能性を仮定する限り，ある $n_\lambda(\boldsymbol{r})$ を選んだ場合，それを基底電子密度にするポテンシャル $V_{\mathrm{ei}}(\boldsymbol{r})$ は存在し，それに対する基底波動関数 $|\Phi_0\rangle$(1 通りではないかもしれないが，式 (1.3) から $n_\lambda(\boldsymbol{r})$ を再現するうちの適当な 1 つ) も選ぶことができる．

b. 命　　題

そこで，密度汎関数化と関連して問題になるのは，このような状況下でも，$n_\lambda(\boldsymbol{r})$ を再現するポテンシャル $V_{\mathrm{ei}}(\boldsymbol{r})$ は定数差を除いて一意的に決まるかということである．この設問に対する答えはイエスであるが，それは次の命題,「$V_{\mathrm{ei}}(\boldsymbol{r})$ から作られる (その要素が 1 つとは限らない) 基底電子密度の集合 $\{n_\lambda(\boldsymbol{r})\}$ と，それとは定数差以上に違う別のポテンシャル $V'_{\mathrm{ei}}(\boldsymbol{r})$ から作られる基底電子密度の集合 $\{n'_\lambda(\boldsymbol{r})\}$ とは決して共通要素を持たない」が正しいことを確認すればよいことになる．

c. 証　　明

さて，上の命題は次のように証明される．いま，もし，共通要素があるとして，それを $n_\lambda(\boldsymbol{r})$ としよう．そして，その密度を再現する基底波動関数とエネルギーを $V_{\mathrm{ei}}(\boldsymbol{r})$ に対しては $|\Phi_0\rangle$ と E_0，$V'_{\mathrm{ei}}(\boldsymbol{r})$ に対しては $|\Phi'_0\rangle$ と E'_0 としよう．すると，1.2.1 項 d の前半の議論は基底状態の縮退・非縮退には関係がないので，そのまま成立して，$|\Phi_0\rangle$ と $|\Phi'_0\rangle$ は異なることになる．

一方，その後半の議論で，不等式 (1.13) は $E_0(\lambda, V_{\rm ei}:[\Phi_0]) < E_0(\lambda, V_{\rm ei}:[\Phi_0'])$ の不等式に由来するが，縮退のある場合，$E_0(\lambda, V_{\rm ei}:[\Phi_0]) \le E_0(\lambda, V_{\rm ei}:[\Phi_0'])$ としかいえないので，等号が成り立つ場合は注意が必要である．同様に，不等式 (1.14) においても，$E_0(\lambda, V_{\rm ei}':[\Phi_0']) \le E_0(\lambda, V_{\rm ei}':[\Phi_0])$ から出発するので，等号が成り立つ場合は別に考える必要がある．

そこで，まず，どちらかの等号が成り立たない場合を考えてみると，1.2.1 項 d の後半の議論はそのまま通用することが分かり，最終的に $E_0+E_0' < E_0'+E_0$ という矛盾に到達する．また，これらの 2 つの等号が成り立つ場合を考えてみると，どちらの等式を考えても同じような議論ができるが，たとえば，等式 $E_0(\lambda, V_{\rm ei}:[\Phi_0]) = E_0(\lambda, V_{\rm ei}:[\Phi_0'])$ が意味することは，$|\Phi_0'\rangle$ は $|\Phi_0\rangle$ と同じく，エネルギー E_0 をもつハミルトニアン $T_{\rm e}+\lambda U_{\rm ee}+V_{\rm ei}$ の縮退した基底状態の波動関数の 1 つということである．したがって，この基底状態エネルギー E_0 に対応する縮退した基底波動関数系を $\{|\Phi_0^{(i)}\rangle : i=1,\cdots,m\}$ とすると，$|\Phi_0'\rangle$ は適当な数係数 $\{c_i'\}$ を用いて，

$$|\Phi_0'\rangle = \sum_i c_i' |\Phi_0^{(i)}\rangle \tag{1.27}$$

と書けることになる．すると，

$$\begin{aligned}(T_{\rm e}+\lambda U_{\rm ee}+V_{\rm ei})|\Phi_0'\rangle &= \sum_i c_i'(T_{\rm e}+\lambda U_{\rm ee}+V_{\rm ei})|\Phi_0^{(i)}\rangle \\ &= E_0\sum_i c_i'|\Phi_0^{(i)}\rangle = E_0|\Phi_0'\rangle \end{aligned}\tag{1.28}$$

となる．しかるに，もともと，$|\Phi_0'\rangle$ はハミルトニアン $T_{\rm e}+\lambda U_{\rm ee}+V_{\rm ei}'$ のエネルギー E_0' の固有関数であると定義していたので，

$$(T_{\rm e}+\lambda U_{\rm ee}+V_{\rm ei}')|\Phi_0'\rangle = E_0'|\Phi_0'\rangle \tag{1.29}$$

が満たされる．そこで，式 (1.28) から式 (1.29) を差し引くと，

$$\sum_\sigma \int d\boldsymbol{r}\, \psi_\sigma^+(\boldsymbol{r})[V_{\rm ei}(\boldsymbol{r}) - V_{\rm ei}'(\boldsymbol{r}) - E_0 + E_0']\psi_\sigma(\boldsymbol{r})\,|\Phi_0'\rangle = 0 \tag{1.30}$$

が得られ，これから $V_{\rm ei}(\boldsymbol{r}) - V_{\rm ei}'(\boldsymbol{r}) = E_0 - E_0'$ が結論される．これはポテン

シャル差が定数差以上にあるということに矛盾する．このように，いずれの場合にも矛盾を導くので，共通要素があるという仮定が否定され，元の命題が証明されたことになる．

以上をまとめると，**たとえ縮退していたとしても，基底電子密度** $n_\lambda(\boldsymbol{r})$ **に対してポテンシャル** $V_{\rm ei}(\boldsymbol{r})$ **は一意的に定まる**ので，密度汎関数化は可能であることになる．

d.　エネルギー汎関数の一意性

ところで，以上の議論で気になることは，確かに任意に $n(\boldsymbol{r})$ を与えたときに $V_{\rm ei}(\boldsymbol{r}:\lambda;[n(\boldsymbol{r})])$ は一意的に決まることは分かったが，対応する基底波動関数 $|\Phi_0(\lambda;[n(\boldsymbol{r})])\rangle$ は状態の縮退性ゆえに必ずしも一意的には決まらない点である．そのため，密度変分原理の証明の際に導入したエネルギー汎関数 $E_0(\lambda;[n(\boldsymbol{r})])$ が一意的に定義されないのではないかという懸念が起こる．

しかしながら，これも問題にならないことは次のことを確かめてみれば，簡単に分かる．いま，$V_{\rm ei}(\boldsymbol{r}:\lambda;[n(\boldsymbol{r})])$ に対応する縮退した基底状態エネルギーを E_0 としよう．もちろん，これは $|\Phi_0(\lambda;[n(\boldsymbol{r})])\rangle$ の固有エネルギーであるが，同時に，$n(\boldsymbol{r})$ を再現する別の基底状態 $|\Phi_0'(\lambda;[n(\boldsymbol{r})])\rangle$ の固有エネルギーでもある．そこで，エネルギー汎関数 $E_0(\lambda;[n(\boldsymbol{r})])$ を $|\Phi_0(\lambda;[n(\boldsymbol{r})])\rangle$ に準拠して定義する場合とそれとは別の $|\Phi_0'(\lambda;[n(\boldsymbol{r})])\rangle$ に準拠して定義する場合とで違いが生じるかどうかを検討すると，まず，前者の場合，

$$
\begin{aligned}
E_0(\lambda;[n(\boldsymbol{r})]) &= \langle\Phi_0(\lambda;[n(\boldsymbol{r})])|T_{\rm e}+\lambda U_{\rm ee}+V_{\rm ei}|\Phi_0(\lambda;[n(\boldsymbol{r})])\rangle \\
&= E_0+\int d\boldsymbol{r}\,\{V_{\rm ei}(\boldsymbol{r})-V_{\rm ei}(\boldsymbol{r}:\lambda;[n(\boldsymbol{r})])\}\,n(\boldsymbol{r}) \qquad (1.31)
\end{aligned}
$$

となるが，この最終式には $|\Phi_0(\lambda;[n(\boldsymbol{r})])\rangle$ は陽には現れず，したがって，$|\Phi_0'(\lambda;[n(\boldsymbol{r})])\rangle$ に準拠して定義したときの $E_0(\lambda;[n(\boldsymbol{r})])$ とまったく同じ結果になることが分かる．

このように，縮退があっても $V_{\rm ei}(\boldsymbol{r}:\lambda;[n(\boldsymbol{r})])$ と同様に，エネルギー汎関数 $E_0(\lambda;[n(\boldsymbol{r})])$ も一意的に定義される．そして，それを使って密度変分原理も (最小になる密度は必ずしも 1 つとは限らないが) 証明される．また，普遍汎関数 $F_\lambda[n(\boldsymbol{r})]$ の一意性も式 (1.25) の定義式に式 (1.31) を代入すれば，明らかであろう．

1.2.4 制限つき探索法

a. N 表示可能性

1.2.3 項でみたように縮退性にまつわる問題は比較的簡単に解決できたが，もう 1 つの仮定である v 表示可能性は難しい問題である．実際，如何なる数学を使えば，任意の電子密度 $n(\boldsymbol{r})$(すなわち，非負で式 (1.20) を満たすもの) に対して，それを基底電子密度とするようなポテンシャル $V_{\mathrm{ei}}(\boldsymbol{r})$ が存在することを証明できるのか，想像することすら簡単ではないが，試みとしては $n(\boldsymbol{r})$ に何らかの制限，たとえば，運動エネルギーの発散を避けるべく十分になめらかな変化をするように

$$\int d\boldsymbol{r} \left| \nabla n(\boldsymbol{r})^{1/2} \right|^2 < \infty \tag{1.32}$$

の条件を置いて考えてみることも出来よう．しかしながら，v 表示可能でないが物理的にはもっともらしい $n(\boldsymbol{r})$ が (特に縮退基底状態の場合には簡単に) 存在してしまうことが証明された (反例が明示された) こと[38,39] により，このような試みは失敗に終わることになった．

ところで，この失敗は密度変分原理に深刻な影響を及ぼすことになった．なぜなら，これまでの証明法では v 表示可能でない $n(\boldsymbol{r})$ については密度変分原理が成り立つかどうか分からないからである．また，それなら v 表示可能な $n(\boldsymbol{r})$ の範囲でのみ変分探索を実行しようと思っても，$n(\boldsymbol{r})$ が具体的に与えられたときに，それが v 表示可能かどうかが簡単に分からない．そして，仮に分かったとしても基底状態が v 表示可能でない場合には最低エネルギー状態を与える $n(\boldsymbol{r})$ が変分の探索範囲にない (それゆえ，探索が決して終了しないか，たまたま終了したとしても正しい結果が得られない) ことになる．

さて，この困難な状況を打破するために出された概念が「N 表示可能性」である．これは,「ある N 電子系の電子密度 $n(\boldsymbol{r})$ を与えた場合，式 (1.3) の関係からこの $n(\boldsymbol{r})$ を再現するような N 電子系の波動関数 $|\Phi\rangle$ が (基底状態であることは要求せずに) 少なくとも 1 つはあること」という条件で定義される．数学的には，$n(\boldsymbol{r})$ が式 (1.32) を満たせば N 表示可能であること[40] が知られている．そして，次項で紹介するように，この N 表示可能性のアイデアが v 表示可能性を仮定せずに密度変分原理を証明する道を開いた．

b. 密度変分原理の再証明

この N 表示可能性からの密度変分原理の証明に関連して，まず，レヴィによる「制限つき探索法」[21] の解説から始めよう．この探索法の基礎は通常の波動関数空間におけるシュレディンガー–リッツの変分原理であるが，ただ，不等式 (1.9) の形ではなく，それと同等の数学的表現として基底状態エネルギー $E_0(\lambda)$ を与える等式

$$E_0(\lambda) = \min_{\{|\Phi\rangle\}} \Big[\langle\Phi|T_{\mathrm{e}} + \lambda U_{\mathrm{ee}} + V_{\mathrm{ei}}|\Phi\rangle \Big] \tag{1.33}$$

を考えることにする．ここで，$\{|\Phi\rangle\}$ は式 (1.7) の規格化条件を満たす N 電子系の可能なすべての波動関数 $|\Phi\rangle$ から成る集合 (ヒルベルト空間) を表し，その集合のすべての要素におけるエネルギー期待値の最小値がとりも直さず $E_0(\lambda)$ であることを表したものである．ちなみに，何ら特別の注意を払わなくても，この表現方法では縮退基底状態の場合も同様な取扱いができることになる．

そこで，この集合 $\{|\Phi\rangle\}$ をお互いに共通要素を持たない部分集合の和に分解することを考えよう．そのために，集合 $\{|\Phi\rangle\}$ のそれぞれの要素である $|\Phi\rangle$ から式 (1.3) にしたがって電子密度 $n(\boldsymbol{r})$ を計算する．そして，こうして得られる $n(\boldsymbol{r})$ 全体の集合 $\{n(\boldsymbol{r})\}$ を考えると，これは N 表示可能な $n(\boldsymbol{r})$ の全体になるが，同時に，集合 $\{|\Phi\rangle\}$ の各要素はそれがどのような $n(\boldsymbol{r})$ を与えるかによって一意的に分類できる．すなわち，集合 $\{n(\boldsymbol{r})\}$ の任意の要素 $n(\boldsymbol{r})$ を考え，それに対応する $|\Phi\rangle$ の全体を集合 $\{|\Phi\rangle\}_{n(\boldsymbol{r})}$ と書くと，その定義は

$$\{|\Phi\rangle\}_{n(\boldsymbol{r})} \equiv \{|\Phi\rangle : n(\boldsymbol{r}) = \langle\Phi| \sum_{\sigma} \psi_{\sigma}^{+}(\boldsymbol{r})\psi_{\sigma}(\boldsymbol{r})|\Phi\rangle\} \tag{1.34}$$

であり，これは元の $\{|\Phi\rangle\}$ の部分集合で，しかも，$n(\boldsymbol{r})$ を $\{n(\boldsymbol{r})\}$ 全体にわたって動かしたときのこれら部分集合の和が $\{|\Phi\rangle\}$ になる．

さて，式 (1.33) によって規定されている最小値を探索する作業をこの部分集合分解に準拠して考えると，それは

$$E_0(\lambda) = \min_{\{n(\boldsymbol{r})\}} \left[\min_{\{|\Phi\rangle\}_{n(\boldsymbol{r})}} \Big[\langle\Phi|T_{\mathrm{e}} + \lambda U_{\mathrm{ee}} + V_{\mathrm{ei}}|\Phi\rangle \Big] \right] \tag{1.35}$$

のように書き直せるが，これは，まず，電子密度を $n(\boldsymbol{r})$ に制限するという条件

下でエネルギー最小値を求め (**制限つき探索法**)，その後，こうして得られた各 $n(\boldsymbol{r})$ におけるエネルギー最小値を $\{n(\boldsymbol{r})\}$ 全体の中で比較して一番に低い値を求めれば，$E_0(\lambda)$ にほかならないというものである．なお，元々の $|\Phi\rangle$ に対する規格化条件から $n(\boldsymbol{r})$ に対するそれも式 (1.20) で表されるものになっていることは今更いうまでもあるまい．

ところで，

$$F_\lambda[n(\boldsymbol{r})] \equiv \min_{\{|\Phi\rangle\}_{n(\boldsymbol{r})}} \Big[\langle\Phi|T_{\mathrm{e}} + \lambda U_{\mathrm{ee}}|\Phi\rangle\Big] \tag{1.36}$$

という定義で密度 $n(\boldsymbol{r})$ の汎関数 $F_\lambda[n(\boldsymbol{r})]$ を導入すると，式 (1.35) は

$$E_0(\lambda) = \min_{\{n(\boldsymbol{r})\}} \Big[F_\lambda[n(\boldsymbol{r})] + \int d\boldsymbol{r}\, V_{\mathrm{ei}}(\boldsymbol{r})\, n(\boldsymbol{r})\Big] \tag{1.37}$$

のように書き直せる．そして，この $F_\lambda[n(\boldsymbol{r})]$ は v 表示可能な $n(\boldsymbol{r})$ の場合には式 (1.24) で定義された普遍汎関数に一致することは容易に見て取れるので，式 (1.36) は 1.2.2 項 c で考えた普遍汎関数の定義を拡張したものであることが分かる．(なお，その定義から v 表示可能な $n(\boldsymbol{r})$ は必ず N 表示可能であることに注意されたい.)

このように拡張された $F_\lambda[n(\boldsymbol{r})]$ を式 (1.25) に代入してエネルギー汎関数 $E_0(\lambda;[n(\boldsymbol{r})])$ を定義すれば，$E_0(\lambda;[n(\boldsymbol{r})])$ は N 表示可能な任意の電子密度 $n(\boldsymbol{r})$ に対して意味を持つようになり，しかも，それは式 (1.37) から分かるように密度変分原理を (状態の縮退・非縮退にかかわらず) 満たすことになる．

c. ハリマンの構成法

さて，定義式 (1.36) によれば，この普遍汎関数は電子の性格を規定する T_{e} や U_{ee}，そして，密度 $n(\boldsymbol{r})$ だけで決められることは明瞭であるが，まだ心配なことは「任意の電子密度 $n(\boldsymbol{r})$ は N 表示可能なのだろうか?」という点である．これがイエスでないと，v 表示可能な $n(\boldsymbol{r})$ の範囲での変分探索という制限がついたのでは密度変分原理を実際に活用する場面で困難が生じうることを以前に注意したが，それと類似の問題が予想されるからである．実際，もし，任意の $n(\boldsymbol{r})$ を選んで，それが N 表示可能でないならば，式 (1.36) における最小値探索作業では該当する波動関数 $|\Phi\rangle$ が何もないことになる．これは，その $n(\boldsymbol{r})$ に

対して $F_\lambda[n(\boldsymbol{r})]$ が定義不能ということで，定式化をする上での深刻な欠陥といえる．

ところが，まったく幸運なことに，この困難は「ハリマン (J. E. Harriman) の構成法」で見事に解決された．そして，それによって最終的に**任意の電子密度 $n(\boldsymbol{r})$ における密度変分原理が数学的に厳密に証明された**のである．

以下，手短にこのハリマンの構成法に触れておこう．この構成法における基本命題は，「任意の電子密度 $n(\boldsymbol{r})$ を与えた場合，式 (1.3) でその $n(\boldsymbol{r})$ と対応する波動関数 $|\Phi\rangle$ が“スレーター型行列式”の形 (すなわち，1 電子状態の完備な正規直交基底を用意して，それを使って 1 つの $N \times N$ 次元の行列式の形に書いた波動関数) で明示的に与えることができる」ということ[41] である．この命題から，**あらゆる $n(\boldsymbol{r})$ は N 表示可能**ということが分かる．

ここでは，まず，スピン自由度のない (あるいは，すべての電子のスピンが上向きの) 1 次元電子系という簡単な場合に，このハリマンの構成法を具体的に示そう．いま，$-\infty < x < \infty$ で $n(x)$ が任意に与えられたとしよう．すると，この $n(x)$ の性質によって 2 つの場合に大別される．1 つは区間 $(-\infty, \infty)$ のほぼ全域で $n(x)$ が (無限小に小さいとしても) 厳密にはゼロでないときで，これは $n(a) = 0$ となる点 a があるとしても，その近傍 (ε を任意の小さい正の数として区間 $[a-\varepsilon, a+\varepsilon]$) では決して $n(x)$ が恒等的にゼロにはならない場合である．もう 1 つはある有限の区間 $[a, b]$ が少なくとも 1 つはあって，そこでは $n(x) \equiv 0$ であるときである．

最初に前者の場合を考えよう．このとき，非負の関数 $p(x)$ と ($n(x)$ が恒等的にゼロである区間がないということから) 0 から 1 へ単調に増加する関数 $q(x)$ をそれぞれ，

$$p(x) = \frac{n(x)}{N}, \quad q(x) = \int_{-\infty}^{x} dy\ p(y) \tag{1.38}$$

という定義で導入することができる．そして，k は任意の整数，$\xi(x)$ は任意の実関数として関数系 $\{\phi_k(x)\}$ を

$$\phi_k(x) \equiv \sqrt{p(x)}\ e^{2\pi i k q(x) + i\xi(x)} \tag{1.39}$$

で定義すると，

$$\int_{-\infty}^{\infty} dx\ \phi_{k'}^*(x)\phi_k(x) = \int_0^1 dq\ e^{i(k-k')2\pi q} = \delta_{kk'} \tag{1.40}$$

であることが簡単に示されるので，この関数系は正規直交性を満たすことが分かる．また，k の和は整数全体にわたるとして，次の和を考えると，

$$\begin{aligned}\sum_k \phi_k(x)\phi_k^*(y) &= e^{i[\xi(x)-\xi(y)]}\sqrt{p(x)p(y)}\delta\{2\pi[q(x)-q(y)]\} \\ &= \delta(x-y)\end{aligned} \tag{1.41}$$

が得られるので，この関数系は完備性も満たすことが分かる．

そこで，この1電子状態の完備正規直交基底 $\{\phi_k(x)\}$ を用いて，N 電子系のスレーター型行列式 $|\Phi_{k_1,\ldots,k_N}\rangle$ として，

$$\begin{aligned}\langle x_1,\ldots,x_N|\Phi_{k_1,\ldots,k_N}\rangle &= \Phi_{k_1,\ldots,k_N}(x_1,\ldots,x_N) \\ &= \frac{1}{\sqrt{N!}}\det\left(\phi_{k_i}(x_j)\right)\end{aligned} \tag{1.42}$$

を考え，これを用いて電子密度を計算してみると，

$$\begin{aligned}\langle\Phi_{k_1,\ldots,k_N}|\psi^+(x)\psi(x)|\Phi_{k_1,\ldots,k_N}\rangle &= \sum_{i=1}^{N}|\phi_{k_i}(x)|^2 \\ &= \sum_{i=1}^{N} p(x) = n(x)\end{aligned} \tag{1.43}$$

となる．これは元の電子密度 $n(x)$ が任意の $\{k_1,\ldots,k_N\}$ の組について再現されることを示すので，基本命題が証明されたことになる．

次に後者の場合を考えよう．たとえば，1つの区間 $[a,b]$ でのみ $n(x)$ が恒等的にゼロとすると，2つの区間，$(-\infty,a)$ と (b,∞)，のそれぞれで上述した手続きに倣って，それぞれのスレーター型行列式を作り上げ，それらの直積から作られる波動関数を考えると，それが今の目的に適うものであることが簡単に分かる．もう少し具体的にいえば，はじめの区間と後の区間に含まれる電子の総数をそれぞれ N_1，N_2 とすると，式 (1.38)～(1.43) において，それぞれの区間で N を N_i に置き換えて $N_i \times N_i$ 次元のスレーター型行列式を作り上げ，それらの積をとると，それは $N = N_1 + N_2$ なので，ちょうど $N \times N$ 次元の行

列式が，たまたま，2つの部分行列式の積に書き換えられたという形になっているのである．また，2つ以上の区間で $n(x)$ が恒等的にゼロとしても，その区間数に見合った数の部分行列式の直積を考えればよい．

このようにして，いずれの場合も基本命題が証明されることになる．なお，スピン自由度を考慮しても，また，3次元電子系に拡張しても，同じような構成法による証明が可能であるが，(このようにして得られる波動関数で表される状態は一般的にいって多電子系の基底状態からはほど遠いものと思われるので) 数学的な興味以上のものはあまりないと考えられる．それゆえ，ここではこれ以上，この問題に触れないことにする．興味がある読者は原著論文[42]を参考にされたい．なお，3次元系への拡張の仕方は一意的でなく，それゆえ，ハリマン以外の方法もある[43]ので，それも参照されたい．

1.2.5 トーマス–フェルミ近似とその周辺

a. 普遍汎関数への直接的アプローチ

これまでの議論をまとめれば，密度汎関数化と密度変分原理というホーエンバーグ–コーンの定理はきわめて一般的に成り立つことが分かった．そして，その適用範囲は広く，電子系の基底状態が正常状態にあるか，何らかの秩序状態にあるかには無関係である．さらにいえば，その証明で電子がフェルミ統計に従うことが必然的に重要であったわけではないので，ボーズ粒子系についても基本的に同じ定理が成り立つ[44]ことになる．

ところで，この定理を何か実際の系に適用しようとすると，普遍汎関数 $F_\lambda[n(\boldsymbol{r})]$ に対して，より具体的な知識が必要になる．この汎関数形の具体化に際して，最も素直な考え方は定義式 (1.24)，あるいは，より一般的な定義式 (1.36) を基礎にして直接的に何らかの近似形を $F_\lambda[n(\boldsymbol{r})]$ に与えようというもの (**直接的アプローチ**) であろう．

この項では，この線に沿った試みを紹介し，それが古くから知られているトーマス–フェルミ (TF) 近似[14]やその改良形であるトーマス–フェルミ–ディラック (TFD) 近似[22]に自然に還元されることを示そう．それと同時に，TF 近似下での中性原子の問題を取扱い，それを具体例として，その近似の問題点とそれを克服するための改良法を比較的最近のシュヴィンガー (J. Schwinger) の仕事[45]を中心にして議論しておこう．なお，このTF近似における問題点は次節で紹介するKS法が考案されるようになった直接的な動機を与えているばかりではなく，そのKS法を具体的に実行する際に導入されているLDAの問題点とも共通する部分が多く，その意味で項を改めて次項で詳しく議論しておく価値が十分にあると考えられる．

b. 緩やかな密度変化

さて，普遍汎関数 $F_\lambda[n(\boldsymbol{r})]$ の具体的な密度汎関数形を直接的に，そして，厳密に定義式 (1.36) から得ることはほぼ不可能に見える．たとえ，単に近似式を導くだけとしてもたいへん困難なことは間違いない．しかしながら，取り扱おうとしている密度 $n(\boldsymbol{r})$ に何らかの制限条件を付加すれば，比較的精度の良い近似式が得られる可能性がある．

たとえば，$n(\boldsymbol{r})$ の空間変化が "十分に緩やかな" 場合を考えよう．これは $n(\boldsymbol{r})$ が変化する "特徴的な長さ" l $(\approx \langle|\nabla n(\boldsymbol{r})/n(\boldsymbol{r})|\rangle^{-1})$ が微視的な尺度よりは十分に大きいと想定することである．すると，ある小体積領域 $\Delta\Omega$ を考えて，それが $\Delta\Omega \ll l^3$ という条件を満たしながらも同時に微視的な尺度から見れば，まだ十分に大きな領域であるといえるものの存在を仮定することができる．

そこで，この $\Delta\Omega$ を使って，全空間 $\Omega_{\rm t}$ を (非常に大きな数の) M 個の体積領域 $\Delta\Omega$ の部分空間に分割しよう．そして，分割されたそれぞれの部分空間の中心位置を $\boldsymbol{r}_j$，その点 $\boldsymbol{r}_j$ を含む部分空間を Ω_j と書くと，

$$\Omega_{\rm t} = \sum_{j=1}^{M} \Omega_j \tag{1.44}$$

ということになる．

このように分割されたそれぞれの部分空間 Ω_j 中では，実質上，$n(\boldsymbol{r})$ は一定で，$n(\boldsymbol{r}) \approx n(\boldsymbol{r}_j) \equiv n_j$ であることになる．これは Ω_j の中では (すなわち，l の尺度から見れば，"局所的" には) いま考えている電子系を密度が n_j の一様な電子ガス系と見なしてよいことを意味する．なお，このとき，密度 n_j に対応する "局所的なフェルミ波数"$p_{{\rm F}j}$ が定義され，それは式 (I.4.8) によれば，

$$p_{{\rm F}j} = (3\pi^2 n_j)^{1/3} \tag{1.45}$$

となる．そして，この逆数 $p_{\mathrm{F}j}^{-1}$ が微視的な長さの尺度なので，十分に緩やかという条件は $l \gg \Delta\Omega^{1/3} \gg p_{\mathrm{F}j}^{-1}$ の関係を満たすべきであるということになる．この条件は $|\nabla n(\boldsymbol{r})| \approx |n_{j+1}-n_j|/\Delta\Omega^{1/3}$ に注意すれば，

$$l^3 \approx \left|\frac{n_j}{n_{j+1}-n_j}\right|^3 \Delta\Omega \gg \Delta\Omega \gg \frac{1}{p_{\mathrm{F}j}^3} \approx \frac{1}{n_j} \tag{1.46}$$

と書き直すことができる．ちなみに，この右側の不等式から $n_j\Delta\Omega \gg 1$ を得るが，これは部分空間 Ω_j は小さいながらもその中には十分多数個の電子が存在すべしということを意味する．

この空間分割のアイデアで $F_\lambda[n(\boldsymbol{r})]$ を評価してみよう．まず，式 (1.36) の T_{e} や U_{ee} に式 (1.1) にしたがって具体的な演算子形を代入すると，$F_\lambda[n(\boldsymbol{r})]$ の表式は

$$\begin{aligned}
F_\lambda[n(\boldsymbol{r})] = \min_{\{|\Phi\rangle\}_{n(\boldsymbol{r})}} \Bigg\{ \Big\langle \Phi \Big| \sum_j \Bigg[\sum_\sigma \int_{\Omega_j} d\boldsymbol{r} \psi_\sigma^+(\boldsymbol{r}) \Big(-\frac{\Delta}{2m}\Big) \psi_\sigma(\boldsymbol{r}) \\
+ \frac{\lambda}{2} \sum_{\sigma\sigma'} \int_{\Omega_j} d\boldsymbol{r} \int_{\Omega_j} d\boldsymbol{r}' \psi_\sigma^+(\boldsymbol{r}) \psi_{\sigma'}^+(\boldsymbol{r}') \frac{e^2}{|\,\boldsymbol{r}-\boldsymbol{r}'\,|} \psi_{\sigma'}(\boldsymbol{r}') \psi_\sigma(\boldsymbol{r}) \Bigg] \\
+ \sum_{j\neq j'} \frac{\lambda}{2} \int_{\Omega_j} d\boldsymbol{r} \int_{\Omega_{j'}} d\boldsymbol{r}' \frac{e^2}{|\,\boldsymbol{r}-\boldsymbol{r}'\,|} \rho(\boldsymbol{r}) \rho(\boldsymbol{r}') \Big| \Phi \Big\rangle \Bigg\}
\end{aligned} \tag{1.47}$$

のように書き直せる．ここで，電子密度演算子 $\rho(\boldsymbol{r})$ は

$$\rho(\boldsymbol{r}) \equiv \sum_\sigma \psi_\sigma^+(\boldsymbol{r}) \psi_\sigma(\boldsymbol{r}) \tag{1.48}$$

で定義される．

ところで，式 (1.47) で角括弧内の部分は部分空間 Ω_j 中の多電子系を記述するところであり，今はこれを密度 n_j の一様密度電子ガス系と見なすことになる．そこで，第 9 巻の式 (I.4.26) を参照すれば，密度が一定の n でハミルトニアンが $T_{\mathrm{e}} + \lambda U_{\mathrm{ee}}$ で表される (電荷中性条件が満たされるように正の背景電荷による空間的に一定のポテンシャルを加えた) 系の 1 電子あたりの基底状態エネルギー $\varepsilon_0(\lambda; n)$ は

$$\varepsilon_0(\lambda; n) = \varepsilon_{\mathrm{KE}}(n) + \frac{n}{8} \sum_{\sigma\sigma'} \int_0^\lambda d\lambda' \int d\boldsymbol{r}\, \frac{e^2}{r} \left[g_{\sigma\sigma'}(r : \lambda'; n) - 1\right] \tag{1.49}$$

であることが分かっている．ここで，$g_{\sigma\sigma'}(r:\lambda;n)$ は動径分布関数であり，また，$\varepsilon_{\mathrm{KE}}(n)$ は $\lambda=0$ での運動エネルギーで，式 (I.4.7) によれば，

$$\varepsilon_{\mathrm{KE}}(n)=\frac{3}{5}\frac{p_{\mathrm{F}}^2}{2m}=\frac{3(3\pi^2)^{2/3}}{10m}n^{2/3} \tag{1.50}$$

となる．そして，部分空間 Ω_j 中の総電子数は $n_j\Delta\Omega$ なので，この部分空間から $F_\lambda[n(\boldsymbol{r})]$ への寄与は，大体，$\varepsilon_0(\lambda;n_j)n_j\Delta\Omega$ 程度と評価できる．

一方，式 (1.47) 中の残りの相互作用項の評価ではクーロン・ポテンシャルの変化は緩やかであると考えて，$e^2/|\boldsymbol{r}-\boldsymbol{r}'|$ を $e^2/|\boldsymbol{r}_j-\boldsymbol{r}_{j'}|$ で近似すると，その後の積分は自明になり，たとえば，電子密度演算子 $\rho(\boldsymbol{r})$ の波動関数 $|\Phi\rangle$ による平均を部分空間 Ω_j で積分すれば，それは $n_j\Delta\Omega$ を与える．

以上の考察の結果，$F_\lambda[n(\boldsymbol{r})]$ の近似式は

$$F_\lambda[n(\boldsymbol{r})]\approx\sum_j\Delta\Omega\;\varepsilon_0(\lambda;n_j)n_j+\frac{\lambda}{2}\sum_{j\neq j'}\Delta\Omega^2\;\frac{e^2n_jn_{j'}}{|\,\boldsymbol{r}_j-\boldsymbol{r}_{j'}\,|} \tag{1.51}$$

であろうと考えられる．そして，この式で部分空間についての和を ($\Delta\Omega\ll\Omega_{\mathrm{t}}$ なので) 積分で近似してしまうと，最終的に普遍汎関数の近似形として，

$$F_\lambda[n(\boldsymbol{r})]=\int d\boldsymbol{r}\,\varepsilon_0\big(\lambda;n(\boldsymbol{r})\big)\,n(\boldsymbol{r})+\lambda J[n(\boldsymbol{r})] \tag{1.52}$$

が得られることになる．ここで，$J[n(\boldsymbol{r})]$ はハートリー・ポテンシャルを表す汎関数で，

$$J[n(\boldsymbol{r})]\equiv\frac{1}{2}\int d\boldsymbol{r}\int d\boldsymbol{r}'\,\frac{e^2}{|\,\boldsymbol{r}-\boldsymbol{r}'\,|}\,n(\boldsymbol{r})\,n(\boldsymbol{r}') \tag{1.53}$$

のように定義される．

c. トーマス–フェルミ近似とトーマス–フェルミ–ディラック近似

上で得られた式 (1.52) において，$\varepsilon_0\big(\lambda;n(\boldsymbol{r})\big)$ を一番簡単な $\varepsilon_{\mathrm{KE}}\big(n(\boldsymbol{r})\big)$ で近似してしまうと，それが取りも直さず数係数までも含めて TF 近似[14) を再現していることが簡単に分かる．すなわち，TF 近似でのエネルギー汎関数を $E_0^{\mathrm{TF}}(\lambda;[n(\boldsymbol{r})])$ と書くと，それは

$$E_0^{\mathrm{TF}}(\lambda;[n(\boldsymbol{r})])=\frac{3(3\pi^2)^{2/3}}{10m}\int d\boldsymbol{r}\,n(\boldsymbol{r})^{5/3}+\int d\boldsymbol{r}\;V_{\mathrm{ei}}(\boldsymbol{r})\,n(\boldsymbol{r})+\lambda J[n(\boldsymbol{r})] \tag{1.54}$$

ということになる．

これに対して，$\varepsilon_0\bigl(\lambda; n(\boldsymbol{r})\bigr)$ の精度を 1 つ上げて，式 (I.4.38) で与えられた交換エネルギー $\varepsilon_{\rm ex} = -\lambda 3e^2 p_{\rm F}/4\pi$ の効果まで取り込んだものはトーマス–フェルミ- ディラック (TFD) 近似[22] を再現していることは容易に確かめられる．そして，この TFD 近似の場合のエネルギー汎関数 $E_0^{\rm TFD}(\lambda; [n(\boldsymbol{r})])$ はディラックによる交換エネルギー汎関数 $K[n(\boldsymbol{r})]$ を

$$K[n(\boldsymbol{r})] \equiv -\frac{3}{4}\Bigl(\frac{3}{\pi}\Bigr)^{1/3} e^2 \int d\boldsymbol{r}\, n(\boldsymbol{r})^{4/3} \tag{1.55}$$

で定義すると，

$$E_0^{\rm TFD}(\lambda; [n(\boldsymbol{r})]) = E_0^{\rm TF}(\lambda; [n(\boldsymbol{r})]) + \lambda K[n(\boldsymbol{r})] \tag{1.56}$$

で与えられる．

1.2.6 トーマス–フェルミ近似の中性原子への応用

前項で導いた TF 近似の応用例として，原子価 Z の中性原子の問題[46] を考えてみよう．この場合，$V_{\rm ei}(\boldsymbol{r})$ は $r \equiv |\boldsymbol{r}|$ として

$$V_{\rm ei}(\boldsymbol{r}) = -\frac{Ze^2}{r} \tag{1.57}$$

であり，また，全電子数は Z なので，

$$\int d\boldsymbol{r}\; n(\boldsymbol{r}) = Z \tag{1.58}$$

ということになる．そして，式 (1.54) で与えられるエネルギー汎関数の近似式において，$\lambda = 1$ と取る (今後，表記の簡単化のために $E_0^{\rm TF}(\lambda = 1; [n(\boldsymbol{r})])$ を単に $E_0^{\rm TF}[n(\boldsymbol{r})]$ と書く) と，条件式 (1.58) の下での $E_0^{\rm TF}[n(\boldsymbol{r})]$ の停留条件は (前に示した式 (1.26) と同様に) 化学ポテンシャルを μ とすると，

$$\frac{(3\pi^2)^{2/3}}{2m} n(\boldsymbol{r})^{2/3} - \frac{Ze^2}{r} + \int d\boldsymbol{r}'\; \frac{e^2}{|\boldsymbol{r} - \boldsymbol{r}'|} n(\boldsymbol{r}') = \mu \tag{1.59}$$

となる．そこで，この左辺のポテンシャル部分を

$$-e\phi(\boldsymbol{r}) \equiv -\frac{Ze^2}{r} + \int d\boldsymbol{r}' \ \frac{e^2}{|\boldsymbol{r}-\boldsymbol{r}'|} n(\boldsymbol{r}') \tag{1.60}$$

で定義される静電ポテンシャル $\phi(\boldsymbol{r})$ を使って書き直すと，電子密度 $n(\boldsymbol{r})$ は

$$n(\boldsymbol{r}) = \frac{1}{3\pi^2}\Big[2m[\mu + e\phi(\boldsymbol{r})]\Big]^{3/2} \tag{1.61}$$

ということになる．ちなみに，式 (1.60) から $\phi(\boldsymbol{r})$ は

$$\Delta\phi(\boldsymbol{r}) = -4\pi Ze\delta(\boldsymbol{r}) + 4\pi en(\boldsymbol{r}) \tag{1.62}$$

というポアソン方程式を満たすとともに，$r \to \infty$ では式 (1.60) の右辺第 2 項の被積分関数で $1/|\boldsymbol{r}-\boldsymbol{r}'|$ を展開すれば，

$$\phi(\boldsymbol{r}) \approx \frac{e}{r}\Big[Z - \int d\boldsymbol{r}' \ n(\boldsymbol{r}')\Big] + O(r^{-3}) \tag{1.63}$$

となることが分かる．この漸近形 (1.63) と式 (1.58) を組み合わせて考えると，r が大きい極限では $\phi(\boldsymbol{r})$ は $O(r^{-1})$ よりもずっと速やかに (後で分かるように，実際は $O(r^{-4})$ で) ゼロに近づくことになる．

さて，原子は原子核とそれに束縛された電子集団から成り立つ複合系という概念で捕らえられるものである．したがって，この束縛された電子集団の電子密度 $n(\boldsymbol{r})$ は $r \to \infty$ でゼロでなければならない．しかも，この極限では上で見たように $\phi(\boldsymbol{r})$ もゼロなので，式 (1.61) が $r \to \infty$ でも成り立つための条件として

$$\mu = 0 \tag{1.64}$$

が得られる．この条件と式 (1.61) を使うと，式 (1.62) は

$$\Delta\phi(\boldsymbol{r}) = -4\pi Ze\delta(\boldsymbol{r}) + \frac{4e}{3\pi}[2me\phi(\boldsymbol{r})]^{3/2} \tag{1.65}$$

となり，$\phi(\boldsymbol{r})$ を決定する微分方程式が得られたことになる．そして，この $\phi(\boldsymbol{r})$ に対する境界条件としては，① 前に見たように，$r \to \infty$ で $r\phi(\boldsymbol{r}) \to 0$，という条件の他に，② 原子核近傍では核からのポテンシャルが支配的であるはずであるという要請から，$r \to 0$ で $\phi(\boldsymbol{r}) \to Ze/r$，という条件が課せられること

になる．

ところで，このような境界条件の下の微分方程式 (1.65) の解は球対称な解しかないことが分かっている[47)]ので，$\phi(\boldsymbol{r})$ を

$$\phi(\boldsymbol{r}) \equiv \frac{Ze}{r}\chi(x), \quad x \equiv \frac{r}{r_{\mathrm{TF}}} \tag{1.66}$$

のように r だけの関数の形に書こう．ここで，$\chi(x)$ はトーマス–フェルミ関数と呼ばれるもので，式 (1.66) を式 (1.65) に代入すれば容易に分かるように，r_{TF} を

$$r_{\mathrm{TF}} \equiv \left(\frac{9\pi^2}{128}\right)^{1/3} \frac{a_{\mathrm{B}}}{Z^{1/3}} \approx 0.88534\frac{a_{\mathrm{B}}}{Z^{1/3}} \tag{1.67}$$

と選べば，$\chi(x)$ は

$$\frac{d^2}{dx^2}\chi(x) = \frac{1}{\sqrt{x}}\chi(x)^{3/2} \tag{1.68}$$

という微分方程式を満たすことになる．ここで，$\phi(\boldsymbol{r})$ に関する境界条件を $\chi(x)$ のそれに読み替えると，① $\chi(\infty) = 0$，および，② $\chi(0) = 1$ ということになる．なお，原子の種類を指定する Z の情報はこの系における長さの尺度を与える r_{TF} の中だけに完全に取り込まれており，その結果，この関数 $\chi(x)$ は原子の種類によらない普遍的なものになっている．

この微分方程式 (1.68) は解析的には解けないので，基本的には数値的に $\chi(x)$ を求めることになる．図 1.3 には，この $\chi(x)$ の数値解 (実線) とともに，$x \approx 0$ 近傍での展開形

$$\chi(x) = 1 - Ax + \frac{4}{3}x^{3/2} - \frac{2}{5}Ax^{5/2} + \cdots \tag{1.69}$$

(定数 A は 1.588070972 である) や $x \to \infty$ での漸近形

$$\chi(x) = 144x^{-3} \tag{1.70}$$

が一点鎖線で示されている．(なお，式 (1.70) で表される $\chi(x)$ は元の微分方程式 (1.68) の特解ではあるが，このままでは $\chi(0) = 1$ という境界条件を満たさないものである.) また，これらの展開形や漸近形を参考にした内挿公式が

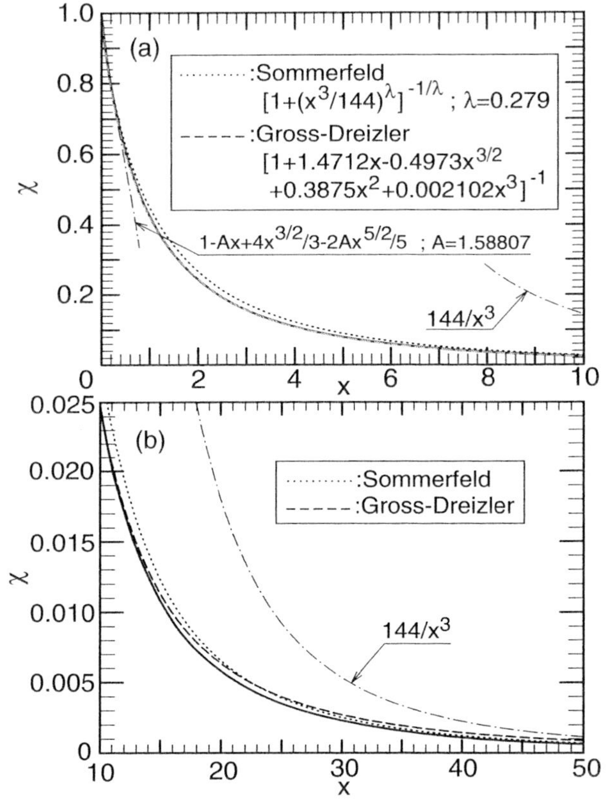

図 1.3　トーマス–フェルミ関数 $\chi(x)$. (a) は $0 < x < 10$ の範囲, (b) は $10 < x < 50$ の範囲を表し, $x \approx 0$ や $x \to \infty$ のときの漸近形とともにゾンマーフェルトやグロス–ドライツラーによって提案された近似形も表してある. なお, (a) の尺度ではグロス–ドライツラーの近似形と厳密な $\chi(x)$ との違いは見られない.

いろいろ提案されている. その中で一番簡単な関数形はゾンマーフェルト (A. Sommerfeld) により提案された[48] が, それは λ を適当な定数として

$$\chi(x) = [1 + (x^3/144)^{\lambda}]^{-1/\lambda} \tag{1.71}$$

というものであり, 後に λ の最適値は 0.279[49] であることが分かった. さらに精度を上げた最近の提案の一例[50] は

$$\chi(x) = [1+1.4712x - 0.4973x^{3/2} + 0.3875x^2 + 0.002102x^3]^{-1} \qquad (1.72)$$

であり，これは正確な数値解との誤差はきわめて小さく，x の全域にわたっても相対誤差は 0.3%以下である．(ただし，この近似式を微分して得られる $\chi'(x)$ までもが同様の高い精度を持つわけではないことに注意されたい．)

このようにして決定された $\chi(x)$ を用いると，式 (1.61) から (式 (1.64) や式 (1.67) にも注意しながら) 電子密度 $n(\boldsymbol{r})$ は

$$n(\boldsymbol{r}) = \frac{32Z^2}{9\pi^3}\left[\frac{\chi(x)}{x}\right]^{3/2} a_{\mathrm{B}}^{-3} = \frac{32Z^2}{9\pi^3}\frac{\chi''(x)}{x}a_{\mathrm{B}}^{-3}, \quad x \equiv \frac{|\boldsymbol{r}|}{r_{\mathrm{TF}}} \qquad (1.73)$$

で与えられることが分かる．そこで，原子核を中心とした半径 r の球体内に存在する電子の総数を $N(r)$ とすると，それは式 (1.73) から

$$\begin{aligned} N(r) &= \int_0^r dr' 4\pi r'^2 n(\boldsymbol{r}') = Z\int_0^{r/r_{\mathrm{TF}}} dx\ x\chi''(x) \\ &= Z\left[1 - \chi\left(\frac{r}{r_{\mathrm{TF}}}\right) + \frac{r}{r_{\mathrm{TF}}}\chi'\left(\frac{r}{r_{\mathrm{TF}}}\right)\right] \end{aligned} \qquad (1.74)$$

ということになる．これから，$r \to \infty$ なら $N(r) \to Z$ であることはただちに分

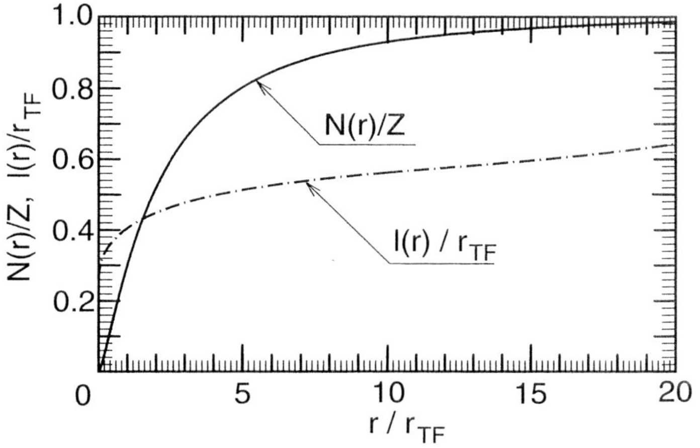

図 1.4　トーマス–フェルミ近似による中性原子における総電子数の分布状況 $N(r)$(実線) と電子密度が変化する特徴的な長さ $l(r)$ の変化状況 (一点鎖線)．なお，前者は全電子数 Z を，後者は式 (1.67) で定義される r_{TF} を単位にしている．

かる．一般の r における $N(r)$ の値は図 1.4 の実線で示されている．ちなみに，$N(r)$ が全電子数 Z の 1 割，5 割，9 割に達するのは，それぞれ，$r/r_{\rm TF} = 0.36$, 1.88[51)]，8.07 である．

次に，全エネルギー $E_0^{\rm TF} \equiv E_0^{\rm TF}[n(\boldsymbol{r})]$ を求めよう．いま，$E_0^{\rm TF}$ を Z の関数と考えて，$E_0^{\rm TF}(Z)$ と書こう．すると，この $E_0^{\rm TF}(Z)$ に関しては，まず，$Z = 0$ の場合はそもそも原子核が存在しないということなので，明らかに全エネルギーはゼロ，すなわち，$E_0^{\rm TF}(Z=0) = 0$ となる．また，一般の Z から原子核の電荷を少しだけ増やして $Z + \delta Z$ にした場合の全エネルギーの変化量を $\delta E_0^{\rm TF}(Z)$ とすると，この変化分は原子核に由来するポテンシャルが変化したことによる直接的な変化量と電子密度 $n(\boldsymbol{r})$ の変化を通した間接的な変化量の 2 つの和になるので，

$$\delta E_0^{\rm TF}(Z) = -\delta Z \int d\boldsymbol{r}\, \frac{e^2}{r} n(\boldsymbol{r}) + \delta Z \int d\boldsymbol{r}\, \frac{\delta E_0^{\rm TF}[n(\boldsymbol{r})]}{\delta n(\boldsymbol{r})}\, \frac{\delta n(\boldsymbol{r})}{\delta Z} \tag{1.75}$$

と書けるが，第 2 項の間接的な寄与はゼロになる．そのわけは $E_0^{\rm TF}[n(\boldsymbol{r})]$ を電子密度で汎関数微分したものは，ちょうど式 (1.59) の左辺に対応し，しかも，式 (1.64) より，それはゼロとなるからである．したがって，

$$\begin{aligned}\frac{\partial E_0^{\rm TF}(Z)}{\partial Z} &= -\int d\boldsymbol{r}\, \frac{e^2}{r}\, n(\boldsymbol{r}) = -\Bigl(\frac{128}{9\pi^2}\Bigr)^{1/3} Z^{4/3} \int_0^\infty dx\, \chi''(x)\, \frac{e^2}{a_{\rm B}} \\ &= \Bigl(\frac{128}{9\pi^2}\Bigr)^{1/3} Z^{4/3}\, \chi'(0)\, \frac{e^2}{a_{\rm B}} \end{aligned} \tag{1.76}$$

が得られる．これを $E_0^{\rm TF}(Z=0) = 0$ という境界条件の下で Z について積分すると，$E_0^{\rm TF}(Z)$ は

$$\begin{aligned} E_0^{\rm TF}(Z) &= \int_0^Z dZ\, \frac{\partial E_0^{\rm TF}(Z)}{\partial Z} = \frac{3}{7}\Bigl(\frac{128}{9\pi^2}\Bigr)^{1/3} Z^{7/3}\, \chi'(0)\, \frac{e^2}{a_{\rm B}} \\ &= -0.768745 Z^{7/3} \ \text{hartree} \end{aligned} \tag{1.77}$$

となる．ここで，原子単位でのエネルギー尺度である 1 ハートリー (hartree: $e^2/a_{\rm B}$) は 27.2116eV に対応する．また，$\chi'(0)$ の値は式 (1.69) から直接的に -1.588071 であると分かっている．

最後に，この $E_0^{\rm TF}(Z)$ を運動エネルギーの寄与 $T^{\rm TF}(Z)$ とポテンシャルエネ

ルギーの寄与 $V^{\mathrm{TF}}(Z)$ に分割して考えてみよう．特に後者では，さらに原子核と電子集団の引力ポテンシャル部分 $V_{\mathrm{ei}}^{\mathrm{TF}}(Z)$ と電子間クーロン斥力ポテンシャル部分 $V_{\mathrm{H}}^{\mathrm{TF}}(Z)$ に分けよう．(なお，この TF 近似では電子間相互作用の部分は静電ポテンシャル $\phi(\boldsymbol{r})$ を使って書き表されるような平均場近似 (ハートリー近似) での取扱いなので，Hartree に因んで添字 H を付けた.) すると，まず，上に述べたような分割の定義から，

$$E_0^{\mathrm{TF}}(Z) = T^{\mathrm{TF}}(Z) + V_{\mathrm{ei}}^{\mathrm{TF}}(Z) + V_{\mathrm{H}}^{\mathrm{TF}}(Z) \tag{1.78}$$

である．また，式 (1.75) を参考にすれば，$V_{\mathrm{ei}}^{\mathrm{TF}}(Z)$ は

$$V_{\mathrm{ei}}^{\mathrm{TF}}(Z) = -\int d\boldsymbol{r}\, \frac{Ze^2}{r}\, n(\boldsymbol{r}) = Z\, \frac{\partial E_0^{\mathrm{TF}}(Z)}{\partial Z} = \frac{7}{3}\, E_0^{\mathrm{TF}}(Z) \tag{1.79}$$

となる．さらに，式 (1.59) の両辺に $n(\boldsymbol{r})$ をかけて全空間で積分すると，容易に

$$\frac{5}{3}\, T^{\mathrm{TF}}(Z) + V_{\mathrm{ei}}^{\mathrm{TF}}(Z) + 2V_{\mathrm{H}}^{\mathrm{TF}}(Z) = 0 \tag{1.80}$$

であることが分かる．これら 3 つの式 (1.78)～(1.80) を連立して解くと，

$$V_{\mathrm{H}}^{\mathrm{TF}}(Z) = -\frac{1}{3}\, E_0^{\mathrm{TF}}(Z) \tag{1.81}$$

であることが分かり，さらに，

$$T^{\mathrm{TF}}(Z) = -E_0^{\mathrm{TF}}(Z) \tag{1.82}$$

$$V^{\mathrm{TF}}(Z) \equiv V_{\mathrm{ei}}^{\mathrm{TF}}(Z) + V_{\mathrm{H}}^{\mathrm{TF}}(Z) = 2E_0^{\mathrm{TF}}(Z) \tag{1.83}$$

などが得られる．この最終結果の式 (1.83) は，TF 近似のひとつの長所として，その近似下で得られる基底状態においてはビリアル定理 (I.2.22) が満たされているということを示している．

1.2.7 トーマス–フェルミ近似の問題点

上で述べてきた“TF 近似による中性原子”というのは，結局のところ，原子内の電子集団を原子核による引力ポテンシャルの箱の中に閉じこめられたほぼ

自由な(すなわち，クーロン相互作用の効果をハートリー近似という最も簡単な 1 体近似で取り込んだ)**電子ガス系**とみなしたものである．そこで，この簡単な描像が実際の中性原子を記述する上でどれほど妥当なものかを検討する必要がある．

もちろん，詳細に検討するまでもなく，この描像では決して説明できない実験事実がいくつもあることはよく知られている．たとえば，式 (1.73) で与えられるように電子の密度分布 $n(\boldsymbol{r})$ の Z 依存性が単に Z^2 に比例しているのであれば，(Z の関数としてのある種の周期性の現れである) 原子の周期表やそれの微視的起源である原子の殻構造の存在などは決して説明できない．また，式 (1.64) に示すように化学ポテンシャルが常にゼロであれば，中性原子にいくつかの電子を加えた負イオンは (中性原子に電子を 1 つ加えるときには，その電子は少なくとも中性原子の化学ポテンシャル μ 以上のエネルギー状態に置かなければならないが，$\mu = 0$ なら，束縛状態に電子を置くことはできないから) 決して安定束縛状態として存在し得ないということになるが，これは H^- イオンの存在を持ち出すまでもなく，事実に反することである．さらに，ここでは詳しくは議論しないが，この近似では分子の形成は説明できないことが分かっている．すなわち，分子状態のエネルギーよりもその成分原子が独立して存在する方が全エネルギーは必ず低くなることが証明されている[52] のである．

このように，TF 近似は原子分子物理学の重要な多くの概念を定性的にすら説明できないので，たいへん不満足なものであることは明らかであるが，ここでは中性原子について得られた結果に基づいて，その精度を定量的に吟味し，この近似の問題点をよりいっそう明確にしよう．そして，それを克服する試みについても触れておこう．

この定量的吟味において最初に考慮すべきことは，その根本的な仮定，すなわち，電子密度 $n(\boldsymbol{r})$ が緩やかに空間変化するという前提条件の妥当性である．そのために，いま，空間の各点 $\boldsymbol{r}$ で $l(r) \equiv |\nabla n(\boldsymbol{r})/n(\boldsymbol{r})|^{-1}$ によって $n(\boldsymbol{r})$ が変化する特徴的な長さ $l(r)$ を見積もっておこう．この量 $l(r)$ についての計算結果は図 1.4 の中の一点鎖線で与えられているが，その図からただちに見て取れるように，これは r にはあまり大きく依存せず，空間のどの点においても

$$l \approx 0.5 r_{\mathrm{TF}} \approx \frac{a_{\mathrm{B}}}{Z^{1/3}} \tag{1.84}$$

と考えてよいことになる．一方，この原子の問題における微視的な尺度は原子を記述するシュレディンガー方程式を特徴づける長さの単位を考えればよいことになるが，標準的な量子力学の教科書[53]によれば，それは a_{B}/Z であることは容易に分かる．したがって，$l \gg a_{\mathrm{B}}/Z$ という基本的な前提条件は $Z \gg 1$ という条件と同じことになる．

さて，ここで出てきた2つの長さの尺度，a_{B}/Z と $a_{\mathrm{B}}/Z^{1/3}(\approx l \approx r_{\mathrm{TF}})$，に関連して，原子の内部は大まかに3つの領域に分けられることになる．すなわち，① 原子核を中心とした半径 a_{B}/Z の球面の内部で，原子のコアといえる領域，② そのコアの外側であるが，同時に，半径約 $a_{\mathrm{B}}/Z^{1/3}$ の球面の内部でもあって多くの電子が存在する領域，③ その外側の球面よりもさらに外側の領域である．

これらの中で，①の領域では正確な $n(\boldsymbol{r})$ は微視的な尺度にしたがって変化するはずなので，TF 近似は妥当な $n(\boldsymbol{r})$ の結果を与えないはずである．実際，式 (1.73) によれば，$r \to 0$ の場合，$n(\boldsymbol{r})$ は $n(\boldsymbol{r}) \propto r^{-3/2}$ の形で正の発散を示し，それゆえ，その対数微分は $\partial[\ln n(\boldsymbol{r})]/\partial r \to -1.5/r \approx -\infty$ となって，式 (I.2.30)，あるいは，式 (1.5) で表されるカスプ定理を満たさないほどに不正確な電子密度であることが分かる．

また，③の領域でも $n(\boldsymbol{r})$ は正確ではあり得ない．それは電子密度はここではたいへん小さい (図 1.4 の $N(r)$ の結果によれば，この領域に含まれる総電子数はごく少数である) ので，TF 近似を導く際に仮定した条件式 (1.46) のうちで，右側の不等式，$n_j \Delta\Omega \gg 1$，は決して満たされないからである．なお，量子力学によれば，この領域③での正しい $n(\boldsymbol{r})$ は指数関数的に減少するはずであるが，式 (1.73) の $n(\boldsymbol{r})$ は $r \to \infty$ では $n(\boldsymbol{r}) \propto r^{-6}$ のようにべき的な減少しか示しておらず，たいへん不正確な結果になっている．(なお，この相違をもたらす原因はまた後で触れる．)

これら領域①や③とは対照的に，領域②では TF 近似は基本的に適用可能ということになる．しかも，$Z \gg 1$ という場合には，この領域は広く，大部分の電子がそこに収容されることになるので，全エネルギーのような全電子が関与

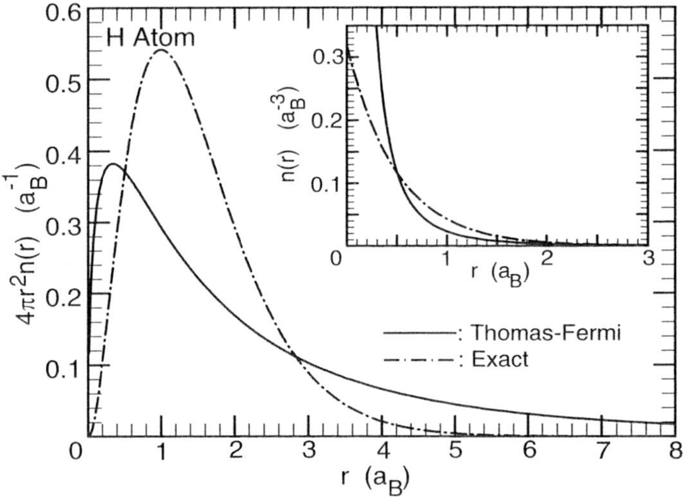

図 1.5　水素原子における電子密度分布関数 $n(r)$(単位は $a_{\rm B}$ をボーア半径として $a_{\rm B}^{-3}$)(挿入図) と $4\pi r^2 n(r)$ (単位は r を $a_{\rm B}$ で測って $a_{\rm B}^{-1}$). なお，実線はトーマス–フェルミ近似，一点鎖線は正確な結果である.

する物理量はかなり正確に求められることになる．実際，この $Z \to \infty$ の極限では，式 (1.77) の $E_0^{\rm TF}(Z)$ は基底状態エネルギーの主要項を係数まで含めて正しく与えていること[52] が知られている.

ところで，$Z = 1$ の水素原子の場合，領域②の部分が実質的になくなるので TF 近似はまったく正当化されず，したがって，この近似の問題点が最も顕著に現れるはずである．それを見るために，図 1.5 には，式 (1.73) で与えられる $n(\boldsymbol{r})$(実線) と通常の量子力学で簡単に得られている正確な $n(\boldsymbol{r}) = \pi^{-1} a_{\rm B}^{-3} e^{-2r/a_{\rm B}}$(一点鎖線) との比較がなされている.

この比較ですぐに目につく違いは TF 近似では電子分布の主要部分が原子核に近づき過ぎているということである．これは，もともと，量子力学では原子核の引力ポテンシャルによる電子の局在化と運動エネルギーによる電子の遍歴化という相反する 2 つの効果を折衷して電子状態が決定されているという原則からいえば，この TF 近似では運動エネルギーの効果が十分に取り込まれておらず，引力ポテンシャルによる原子核への電子の吸引力が強すぎたということになる.

その結果として，得られた全エネルギーは $E_0^{\mathrm{TF}}(Z=1)=-0.7687\,\mathrm{hartree}$ で，正確な値である $-0.5\,\mathrm{hartree}$ よりは 54% も大きな束縛エネルギーを与えていることになる．

このように認識すると，水素原子だけでなく一般の原子価 Z の原子においても TF 近似を改良する際に核心となる一番の課題は式 (1.54) の中の運動エネルギー項を如何に改善するかということであろう．そして，その目標に向けていろいろなアイデアが (主に密度分布の勾配 $\nabla n(\boldsymbol{r})$ を取り込もうとする立場で) 提案[54] され，なかには原子の殻構造が説明できるというものも現れた．しかしながら，精緻な結果を得ようすればするほどに，より複雑な汎関数形が必要になり，その結果として，理論構成から美的要素が失われていくことになる．この美的要素の欠如ということは，展開している理論が本格的なものではなく，単に枝葉末節の改良に堕しているということを示すシグナルともいえるようなものである．

そこで，このような TF 近似の汎関数形の改善という戦略ではなく，そもそも，原子核近くのコア (領域①) では運動エネルギーを量子力学の演算子としてそのまま取り扱うべきで，それ以外に簡便，かつ，十分に正確な結果を導く方法はないという考え方が出てきた．すなわち，a_{B}/Z 程度の半径を持つコアの内部を切り出して，その領域では TF 近似ではなく，量子力学として正確な運動エネルギー演算子を使って計算しようという考え方である．とりわけ，シュヴィンガーら[45] はこの考え方を以下のような形で推し進めた．まず，コア領域で電子に働くポテンシャル $-e\phi(\boldsymbol{r})$ は，式 (1.66) の $\chi(x)$ に式 (1.69) の展開式の最初の 2 項だけを考慮すれば，

$$-e\phi(\boldsymbol{r})=-\frac{Ze^2}{r}+A\frac{Ze^2}{r_{\mathrm{TF}}}=-\frac{Ze^2}{r}+1.7937\,Z^{4/3}\frac{e^2}{a_{\mathrm{B}}} \tag{1.85}$$

であることが分かり，これと電子の運動エネルギーとの拮抗を考えることによってこの領域での電子の量子力学的に正しい運動が決まる．こうして得られたエネルギーの値とすでに TF 近似で得られているそれとの比較から，$E_0^{\mathrm{TF}}(Z)$ に対する第 1 の補正は $0.5Z^2\,\mathrm{hartree}$ であることを導くと同時に，この補正のままではコア領域の運動エネルギーの寄与を取り込み過ぎている (いわば，コア領域に電子を閉じ込め過ぎた) ので，それを修正するための第 2 次補正として

$-0.04907Z^{5/3}$ hartree というエネルギー項も導いた．ただ，このままでは，たとえば，水素原子の場合，$-0.7687 + 0.5 - 0.0491 = -0.3178$ hartree となり，今度は逆に正確な値よりも 36% も小さい束縛エネルギーしか得られないことになり，依然として大きな食い違いが残ることになる．

この食い違いを是正するためには，これまでまったく改善の対象とされずにいたが，物理的には重要な効果を与えるはずのもの，すなわち，電子間クーロン相互作用においてハートリー近似を越えた効果を考慮する必要がある．そして，この方向への第一歩は交換効果を取り込むことであり，その効果の大きさは式 (1.55) で定義されたディラックの交換エネルギー汎関数 $K[n(\boldsymbol{r})]$ に式 (1.73) で与えられた $n(\boldsymbol{r})$ を代入すれば評価できる．実際に代入すると，

$$
\begin{aligned}
K[n(\boldsymbol{r})] &= -\frac{3}{2\pi}\left(\frac{4}{3\pi}\right)^{1/3} Z^{5/3}\frac{e^2}{a_{\mathrm{B}}}\int_0^\infty dx\,\chi(x)^2 \\
&= -0.2208\,Z^{5/3}\,\mathrm{hartree}
\end{aligned}
\tag{1.86}
$$

という結果が得られるが，この $K[n(\boldsymbol{r})]$ の Z 依存性は先にあげたコア領域での運動エネルギーの第 2 次補正項のそれとまったく同じなので，これは無視することができない寄与であることが分かる．これら $Z^{5/3}$ に比例する項を足し合わせて考えると，結局，第 2 次補正項は全体として $-0.2699Z^{5/3}$ hartree ということになる．これから，原子価 Z の中性原子の全エネルギー $E_0(Z)$ は $E_0^{\mathrm{TF}}(Z)$ に 2 次までの補正を加えて

$$
E_0(Z) = -0.7687Z^{7/3} + 0.5Z^2 - 0.2699\,Z^{5/3}\,\mathrm{hartree} \tag{1.87}
$$

で与えられることになり，これはパラメータ $Z^{-1/3}$ の漸近展開という形になっている．ちなみに，この全エネルギー公式は正確な $E_0(Z)$ をよく再現することが知られている．実際，その相対誤差が最も大きくなるのは $Z = 1$ の水素原子の場合であるが，たとえそのときでも式 (1.87) は -0.5386 hartree を与え，これは正確な値，-0.5 hartree，と比べてもその相対誤差は 7.7% 程度しかないことになる．

以上の例から分かるように，クーロン相互作用の取扱いにおいて，ハートリー・ポテンシャルだけでなく，同時に (少なくとも) 交換効果を取り込むことが定量

的改善のためのひとつのキーポイントである．このことに関連して付言すれば，そもそも，ハートリー近似というものは静電気学的な概念で電子間クーロン斥力の効果を平均場的に取り入れていることから，その物理的意味も明瞭であり，“よく制御された近似”(controlled approximation) と考えられる．しかしながら，これは物理的には本来存在しないはずの「自己相互作用エネルギー」の寄与も含んでいるという欠点があることを十分に認識しておかねばならない．ここで，自己相互作用エネルギーと呼んだものは次のような説明で理解できよう．たとえば，$Z = 1$ の場合，系にはもともと電子は 1 個しかないので，電子間クーロン相互作用の効果はまったくないはずであるが，TF 近似のようにハートリー・ポテンシャルの形で取り扱うとそれが誤って勘定されてしまうのである．(これは同じ 1 つの電子の中の相互作用なので自己相互作用と呼ばれる.) このような誤りが起こる理由は，ハートリー近似では電子を電荷 $-e$ の 1 つの粒子と考えるのではなく，無限に小さな負電荷からなる雲 (そして，雲の全体の総電荷が $-e$ となるもの) という描像で捕らえ，その電荷雲が自分自身のものか，他の電子のものかという区別がつけられないからである．ちなみに，この自分自身の雲の各小部分間の見かけ上の斥力効果のため，たとえば，領域③で $n(\boldsymbol{r})$ が速やかにゼロにならずに (r^{-6} というような) べき的にしか小さくならないという不都合が起こったわけである．

ところで，このハートリー近似の弱点はハートリー–フォック近似にすると解消してしまうことはよく知られている．これは，フォック近似でも同じような非物理的自己相互作用エネルギーの項が入ってしまうものの，その項の絶対値はハートリー近似における項の場合とちょうど同じで，符号が正反対になるため，2 つを一緒に考えると都合よくキャンセルして消えてしまうからである．このようなわけで，ハートリー・ポテンシャルの効果とともにフォック近似で取り込まれる交換効果を考慮すると，この好ましくない自己相互作用エネルギーの効果が打ち消され，結果が改善されることになる．もっとも，上で例示したような $K[n(\boldsymbol{r})]$ を用いた交換効果の評価，すなわち，本来は非局所的な演算である交換相互作用を局所近似した取扱いでは，自己相互作用エネルギーが完全にキャンセルされたとは言い難いが，そのような局所近似下でも最終結果が驚くほどに改善されたのである．

最後に2つの注意を与えたい．ひとつは，この種のキャンセルによる結果の改善は第9巻の4.1.6項で述べたような計算上の一般原則，すなわち，パウリ排他則に従う電子系を取り扱う際には「**直接項と交換項を常にペアで考慮すべきこと**」の重要性を示す格好の一例となっていることである．もうひとつは，自己相互作用エネルギーの問題は，固体中の価電子系のように全電子数 N が 10^{23} 個ほどもあり，しかも固体全体に各電子の波動関数が拡がっているときには，たとえそれを誤って入れてしまったとしても，決して重大な誤りを引き起こさないということである．これは，この場合，電子雲全体の中で1つの電子の寄与は空間のどの点で考えたとしてもたかだか $O(N^{-1})$ 程度であり，それゆえ，自分自身との相互作用のエネルギーは無視できるからである．

1.3　コーン–シャムの方法

1.3.1　1電子軌道を用いたアプローチ

前節の後半で，TF 近似を代表例にして，普遍汎関数 $F_\lambda[n(\boldsymbol{r})]$ の具体的な近似形を直接的に与えるアプローチを紹介した．そして，これはある一定程度の成功は収めるものの，定量性を問題にする場合は改良が必要で，その際，原子核近傍のコア領域で運動エネルギー演算子を量子力学的に正しく取り扱うことが一番のキーポイントであった．

しかしながら，コア領域を別扱いにするような改良法というのは，いわば一種のパッチワークを施そうというものであり，これでは決して美しい基本理論とは見なせないだろう．そこで，空間の全領域で常に運動エネルギー演算子を量子力学的に取り扱うように定式化できないものだろうかという課題が浮かび上がる．

本節では密度汎関数理論の第2ステップとして，ホーエンバーグ–コーンの2つの定理によって構築された厳密理論をもう一歩展開・発展させたコーン–シャム (KS) の方法を紹介する．この方法の基本戦略として優れている点は，TF 近似のようにホーエンバーグ–コーンの定理の段階で $F_\lambda[n(\boldsymbol{r})]$ に対して何らかの具体的な近似汎関数形を直接的に与えようとはしないで，まず，$F_\lambda[n(\boldsymbol{r})]$ から「**相互作用のない参照系での運動エネルギー汎関数**」という概念で捉えられる

$T_s[n(\boldsymbol{r})]$ なるものを抽出したことである．このことによって，(後で解説するように，その適用範囲は正常相に限られるものの) 理論全体の厳密性を少しも損なうことなく，上述した運動エネルギー演算子にまつわる課題を解決した．

同時に，$F_\lambda[n(\boldsymbol{r})]$ から $T_s[n(\boldsymbol{r})]$ を取り出すことによって，もともと，この汎関数 $F_\lambda[n(\boldsymbol{r})]$ の中に含まれている多体問題の真髄の部分を「**交換相関エネルギー汎関数**」$E_{xc}[n(\boldsymbol{r})]$ という形に凝縮して定式化したこともたいへんに重要である．そして，この $E_{xc}[n(\boldsymbol{r})]$ 自体に対しては，全体的な定式化が終わった段階で有効な近似を導入しようとするものであり，このお蔭で多体問題研究の進展に応じて柔軟に $E_{xc}[n(\boldsymbol{r})]$ を改良して近似の精度を上げていけることになる．

なお，KS 法を実際の問題に適用した場合，$T_s[n(\boldsymbol{r})]$ を用いたことによって，ハートリー–フォック近似における原子の取扱いや分子軌道法における分子状態の計算からその重要性が明らかになっている「**1 電子軌道**」という概念が自然に理論体系の中に取り込まれることになった．実際，変分原理に基づく停留条件から導かれる関係式は，TF 近似のように $n(\boldsymbol{r})$ を直接的に決定するただ 1 つの方程式になるのではなく，N 個の 1 電子軌道を自己無撞着に決定する方程式群になる．このような意味で，KS 法は $F_\lambda[n(\boldsymbol{r})]$ の中で運動エネルギー部分 (ただし，その全部ではなく，ある一部分) の汎関数形を**間接的に与えたアプローチ**と見なせる．そして，1 電子軌道を陽に取り扱うことできわめて簡単に原子の殻構造が再現されることになった．

1.3.2　断熱接続による普遍汎関数の分解

a.　均一密度の電子ガス系

この項では，KS 法を構築する際の哲学 (あるいは，指導原理) を解説したいが，それに入る前に，第 9 巻の主要テーマのひとつであった均一密度電子ガス (すなわち，λ を区間 $[0,1]$ 内の任意の実数として式 (1.6) で表されるハミルトニアン $H_e(\lambda)$ で $V_{ei}=0$ の系) では，どのように電子間の交換相関効果が取り入れられていたかを復習しておこう．

まず，基本的な認識として，この電子ガス系の電子密度 n が通常の金属のようにあまり薄くないとき (もう少し定量的にいえば，無次元化された密度パラメータ $r_s[\equiv (4\pi n/3)^{-1/3}a_B^{-1}]$ が少なくとも 6 以下では)，この系はフェルミ流

体理論が適用される正常状態にあること[55]が知られている．したがって，この系の基底状態の波動関数 $|\Phi_0(\lambda)\rangle$ は，($\lambda = 0$ の) 相互作用がない系での基底状態を表す $|0\rangle$ (フェルミ球内の波数ベクトル $\boldsymbol{p}$ で特徴づけられる N 個の平面波から作られるスレーター行列式) から出発して，相互作用を断熱的に印加するにつれて (すなわち，λ をゼロから徐々にゆっくりと増加させることによって) 引き起こされる連続的な変換で与えられるものである. (より詳しくは第 9 巻の 5.1.1 項を参照されたい.)

これを数学的にいえば，電子間相互作用 $\lambda U_{\rm ee}$ を摂動パラメータとして書き下した摂動展開のべき級数式 (I.3.105) で定義される $S_\lambda(0,-\infty)$ 行列演算子を用いると，$|\Phi_0(\lambda)\rangle$ は式 (I.3.106) のように $|\Phi_0(\lambda)\rangle = S_\lambda(0,-\infty)|0\rangle$ の形に書けるということである．そして，この $S_\lambda(0,-\infty)$ は全電子数を保存する演算子なので，この λ の増加に伴う基底状態の断熱的連続変換に際して電子数 (それゆえ，均一密度の場合は電子密度 n) は不変であることになる.

次に，この基底波動関数の断熱接続に対応して，電子ガス系の基底状態エネルギー $E_0(\lambda)$ の変化を考えよう．相互作用のない場合には電子密度 n のときのフェルミ波数 $p_{\rm F}[= (3\pi^2 n)^{1/3}]$ を用いると 1 電子あたりの運動エネルギー $\varepsilon_{\rm KE}$ は式 (I.4.7) のように与えられるので，$E_0(0)$ は

$$E_0(0) \equiv \langle 0|T_{\rm e}|0\rangle = N\,\varepsilon_{\rm KE} = N\,\frac{3}{5}\,\frac{p_{\rm F}^2}{2m} \tag{1.88}$$

となる．また，λ がゼロから増加した場合，形式的にはヘルマン–ファインマンの定理に基づいて導かれた式 (1.49) を使って得られる $\varepsilon_0(\lambda;n)$ を用いれば，$E_0(\lambda) = N\varepsilon_0(\lambda;n)$ となる．特に，$\lambda = 1$ の場合の $|\Phi_0(1)\rangle$ に対応しては，スピンで平均した動径分布関数 (いまの場合は $r = |\boldsymbol{r}|$ にしか依存しないので，“動径” と呼ばれるが，一般には規格化された対分布関数とでも呼べる物理量) $g(r\!:\!\lambda;n)[\equiv (1/4)\sum_{\sigma\sigma'} g_{\sigma,\sigma'}(r\!:\!\lambda;n)]$ を用いると，

$$\begin{aligned} E_0(1) &\equiv \langle\Phi_0(1)|T_{\rm e}+U_{\rm ee}|\Phi_0(1)\rangle \\ &= \langle 0|T_{\rm e}|0\rangle + \Big[\langle\Phi_0(1)|T_{\rm e}+U_{\rm ee}|\Phi_0(1)\rangle - \langle 0|T_{\rm e}|0\rangle\Big] \\ &= E_0(0) + N\,\frac{n}{2}\int d\boldsymbol{r}\frac{e^2}{r}\int_0^1 d\lambda\,[g(r\!:\!\lambda;n)-1] \end{aligned} \tag{1.89}$$

のように書き下せることになるが，式 (1.88) の $\varepsilon_{\rm KE}$，式 (I.4.38) で与えられた 1 電子あたりの交換エネルギー $\varepsilon_{\rm x}$[56)]，および，式 (I.4.43) で定義される相関エネルギー $\varepsilon_{\rm c}$ を使って書き直すと，

$$E_0(1) = N\left(\varepsilon_{\rm KE} + \varepsilon_{\rm x} + \varepsilon_{\rm c}\right) \tag{1.90}$$

ということになる．

なお，第 9 巻 140 ページでも注意したが，1 電子あたりの運動エネルギーの期待値 $\varepsilon_{\rm T}[\equiv \langle\Phi_0(1)|T_{\rm e}|\Phi_0(1)\rangle/N]$ は決して $\varepsilon_{\rm KE}$ と同じではない．これら 2 つの差は相互作用による波動関数の変形に伴う運動エネルギーの増加量であり，それは $\varepsilon_{\rm c}$ の中に含まれている．それゆえ，$\varepsilon_x+\varepsilon_{\rm c}$ もクーロン・ポテンシャルの期待値 $\varepsilon_{\rm pot}$ $[\equiv \langle\Phi_0(1)|U_{\rm ee}|\Phi_0(1)\rangle/N]$ ではなく単に $[\langle\Phi_0(1)|T_{\rm e}+U_{\rm ee}|\Phi_0(1)\rangle - \langle 0|T_{\rm e}|0\rangle]/N$ を与えているに過ぎない．

ちなみに，式 (I.4.117) を使うと，$\varepsilon_{\rm T}$ や $\varepsilon_{\rm pot}$ は，それぞれ

$$\varepsilon_{\rm T} = \varepsilon_{\rm KE} - \varepsilon_{\rm c} - r_s\,\frac{d\varepsilon_{\rm c}}{dr_s} \tag{1.91}$$

$$\varepsilon_{\rm pot} = \varepsilon_x + 2\varepsilon_{\rm c} + r_s\,\frac{d\varepsilon_{\rm c}}{dr_s} \tag{1.92}$$

という公式[57)]で計算される．この $\varepsilon_{\rm T}$ と $\varepsilon_{\rm KE}$ のそれぞれの値，それらの相対比，および，$\varepsilon_{\rm pot}/2$ をいくつかの r_s について与えたのが表 1.1 である．

この表の結果に関して，次の 2 つの点に注意されたい．① r_s が 2 を越えると $\varepsilon_{\rm T}-\varepsilon_{\rm KE}$ は $\varepsilon_{\rm KE}$ 自身の 10%以上の大きさになり，特に $r_s=6$ では 35% にも達し，これは決して運動エネルギーの小さな補正というわけではない．② 本来，電子ガスはビリアル定理を満たすはずの系で，それゆえ，$\varepsilon_{\rm T}=-\varepsilon_{\rm pot}/2$ が

表 1.1 均一密度電子ガス系における 1 電子あたりの運動エネルギー $\varepsilon_{\rm T}$，そのハートリー–フォック近似での値 $\varepsilon_{\rm KE}$，それらの相対比，および，クーロン・ポテンシャルの期待値の半分 $\varepsilon_{\rm pot}/2$ を Ry = hartree/2 = 13.61 eV の単位で与えたもの．電子密度パラメータとしては，$r_s=1,2,\cdots,6$ の場合を考えた．

r_s	1	2	3	4	5	6
$\varepsilon_{\rm T}$	2.283	0.6011	0.2824	0.1677	0.1132	0.0826
$\varepsilon_{\rm KE}$	2.210	0.5525	0.2456	0.1381	0.0884	0.0614
$\varepsilon_{\rm T}/\varepsilon_{\rm KE}$	1.03	1.09	1.15	1.21	1.28	1.35
$\varepsilon_{\rm pot}/2$	−0.5547	−0.2981	−0.2080	−0.1611	−0.1322	−0.1123

成立しているべきであるが，この表 1.1 の結果はそれに矛盾しているように見える．この矛盾を解く鍵は，そもそも，この形のビリアル定理は基底状態 (あるいは，外圧のない状況下での熱力学的な安定状態) に対して成り立つものであるということである．電子密度パラメータ r_s を自由に動かした場合の電子ガス系の基底状態は $r_s = 4.18$ で実現される (第 9 巻 159 ページ参照) ので，この r_s の値のとき，$\varepsilon_{\mathrm{T}} = -\varepsilon_{\mathrm{pot}}/2 = 0.155\,\mathrm{Ry}$ となり，確かにビリアル定理が満たされる．いいかえれば，r_s の関数として 2 つの曲線，ε_{T} と $-\varepsilon_{\mathrm{pot}}/2$，をプロットしたときの交点が基底状態の r_s を与えることになる．

b. 不均一密度の電子ガス系

さて，この均一密度電子ガス系に対して有効であった断熱接続，すなわち，電子密度 n が不変のままで λ をゆっくりと増加させていくという手続きを (V_{ei} がゼロというような一定値ではなく，一般の場合である) 不均一密度の電子ガス系にも適用しようというのが KS 法の根本思想である．特に，この断熱接続の際の不変量としては，均一系を特徴づける物理量である n を，不均一系を特徴づけるそれである電子密度分布 $n(\boldsymbol{r})$ に置き換えようという発想である．

このアイデアをもう少し具体的に解説するために，差し当たり v 表示可能性を仮定しよう．すると，HK の第 1 定理によって，ある $n(\boldsymbol{r})$ が与えられると，それをハミルトニアン $H_{\mathrm{e}}(\lambda)$ に関する基底電子密度とするような 1 体ポテンシャル $V_{\mathrm{ei}}(\boldsymbol{r}\!:\!\lambda;[n(\boldsymbol{r})])$ がそれぞれの λ で一意的に定まることになる．そして，この $V_{\mathrm{ei}}(\boldsymbol{r}\!:\!\lambda;[n(\boldsymbol{r})])$ を $H_{\mathrm{e}}(\lambda)$ 内の V_{ei} に代入したときの基底状態の波動関数を $|\Phi_0(\lambda;[n(\boldsymbol{r})])\rangle$ と書くと，$\lambda \in [0,1]$ から $|\Phi_0(\lambda;[n(\boldsymbol{r})])\rangle$ への写像が不変量 $n(\boldsymbol{r})$ を軸に定義されたことになる．また，普遍汎関数 $F_\lambda[n(\boldsymbol{r})]$ を式 (1.24) で計算すれば，これも $\lambda \in [0,1]$ から $F_\lambda[n(\boldsymbol{r})]$ への写像になっている．

そこで，λ の増加に伴うこの写像 $F_\lambda[n(\boldsymbol{r})]$ の変化を追ってみよう．まず，始点である $\lambda = 0$ の場合を考えよう．ここでは $|\Phi_0(0;[n(\boldsymbol{r})])\rangle \equiv |0;[n(\boldsymbol{r})]\rangle$ を決めるためのハミルトニアン $H_{\mathrm{e}}(0)$ は $T_{\mathrm{e}} + V_{\mathrm{ei}}(\boldsymbol{r}\!:\!0;[n(\boldsymbol{r})])$ であり，これは 1 体問題であるので，たとえ，$V_{\mathrm{ei}}(\boldsymbol{r}\!:\!0;[n(\boldsymbol{r})]) \neq 0$ であったとしても，その基底状態の波動関数 $|0;[n(\boldsymbol{r})]\rangle$ は (一般には数値計算に頼ることになるものの，現在のコンピュータではきわめて短時間に任意精度の解が得られるほどに) 厳密に決定される．それゆえに，$F_0[n(\boldsymbol{r})]$ も

$$F_0[n(\boldsymbol{r})] = \langle 0;[n(\boldsymbol{r})]|T_{\rm e}|0;[n(\boldsymbol{r})]\rangle \equiv T_{\rm s}[n(\boldsymbol{r})] \tag{1.93}$$

によって厳密に計算できることになる．なお，この式 (1.93) からただちに分かるように，これは $H_{\rm e}(0)$ で記述される系の運動エネルギー部分であり，また，その最右辺で定義したように，通常，$T_{\rm s}[n(\boldsymbol{r})]$ と書かれ，相互作用のない参照系での運動エネルギー汎関数と呼ばれている．ここで，添字の s は "single-particle" の意味で付けられているが，その理由は，$T_{\rm s}[n(\boldsymbol{r})]$ は $n(\boldsymbol{r})$ だけで決まるとはいえ，その大前提として，**1 体問題の範囲で考えたときの運動エネルギー**というものだからである．(多体問題になると，運動エネルギーの評価自体が複雑な問題になることは前項，特に表 1.1 で示したとおりである.)

次に，終点 $\lambda = 1$ での $F_1[n(\boldsymbol{r})]$ を式 (1.89) のような形式に書き上げるために，一般の λ の値で式 (1.24) で定義された $F_\lambda[n(\boldsymbol{r})]$ を λ で微分してみよう．その結果は

$$\frac{dF_\lambda[n(\boldsymbol{r})]}{d\lambda} = \langle \Phi_0(\lambda;[n(\boldsymbol{r})])|U_{\rm ee}|\Phi_0(\lambda;[n(\boldsymbol{r})])\rangle \tag{1.94}$$

となる．これはヘルマン–ファインマンの定理 (I.2.25) とちょうど同じ形をしているので，そのひとつの応用例ということで特段にここで証明をしなくてもよいのかもしれないが，実際はその定理が証明されている状況と今のそれとは微妙に違っている．そこで，少し紙面を割いて，この式 (1.94) の証明を詳しく述べておこう．

まず，基底波動関数 $|\Phi_0(\lambda;[n(\boldsymbol{r})])\rangle$ の意味を明確にする必要がある．この関数が満たすシュレディンガー方程式は対応するエネルギー固有値を $E_0(\lambda;[n(\boldsymbol{r})])$ とすると

$$\Big[T_{\rm e} + \lambda U_{\rm ee} + V_{\rm ei}(\boldsymbol{r}:\lambda;[n(\boldsymbol{r})])\Big]|\Phi_0(\lambda;[n(\boldsymbol{r})])\rangle = E_0(\lambda;[n(\boldsymbol{r})])|\Phi_0(\lambda;[n(\boldsymbol{r})])\rangle \tag{1.95}$$

である．また，式 (1.24) において，1 体ポテンシャル $V_{\rm ei}(\boldsymbol{r}:\lambda;[n(\boldsymbol{r})])$ の項を付け加えたり，また，同じ項を差し引いたりして少し書き直すと，

$$F_\lambda[n(\boldsymbol{r})] = \langle \Phi_0(\lambda;[n(\boldsymbol{r})])|T_{\rm e} + \lambda U_{\rm ee} + V_{\rm ei}(\boldsymbol{r}:\lambda;[n(\boldsymbol{r})])|\Phi_0(\lambda;[n(\boldsymbol{r})])\rangle - \int d\boldsymbol{r}\, V_{\rm ei}(\boldsymbol{r}:\lambda;[n(\boldsymbol{r})])\, n(\boldsymbol{r}) \tag{1.96}$$

が得られる．

そこで，いま，$\lambda \to \lambda + \delta\lambda$ という変化に伴って式 (1.96) の右辺で変化しうるものを考えてみると，1 つは $\lambda U_{\rm ee} \to (\lambda + \delta\lambda) U_{\rm ee}$ という直接的なものであるが，この他にも波動関数 $|\Phi_0(\lambda; [n(\boldsymbol{r})])\rangle$ や 1 体ポテンシャル $V_{\rm ei}(\boldsymbol{r}:\lambda; [n(\boldsymbol{r})])$ の変化を通した寄与がある．ただ，この場合，電子密度 $n(\boldsymbol{r})$ は変えないので，それに注意しつつ，$F_\lambda[n(\boldsymbol{r})]$ の 1 次の変化量 $\delta F_\lambda[n(\boldsymbol{r})]$ を書き下すと，

$$\begin{aligned}\delta F_\lambda[n(\boldsymbol{r})] &= \langle \Phi_0(\lambda; [n(\boldsymbol{r})])|U_{\rm ee}|\Phi_0(\lambda; [n(\boldsymbol{r})])\rangle\, \delta\lambda \\ &\quad + \langle \Phi_0(\lambda; [n(\boldsymbol{r})])|\delta V_{\rm ei}(\boldsymbol{r}:\lambda; [n(\boldsymbol{r})])|\Phi_0(\lambda; [n(\boldsymbol{r})])\rangle \\ &\quad + E_0(\lambda; [n(\boldsymbol{r})])\delta\Big[\langle \Phi_0(\lambda; [n(\boldsymbol{r})])|\Phi_0(\lambda; [n(\boldsymbol{r})])\rangle\Big] \\ &\quad - \int d\boldsymbol{r}\, \delta V_{\rm ei}(\boldsymbol{r}:\lambda; [n(\boldsymbol{r})])\, n(\boldsymbol{r}) \end{aligned} \tag{1.97}$$

となる．しかるに，この式 (1.97) の右辺の第 2 項と第 4 項はちょうど打ち消しあい，また，第 3 項は波動関数 $|\Phi_0(\lambda; [n(\boldsymbol{r})])\rangle$ の規格化条件からゼロになる．これらのことから，式 (1.94) が導かれることになる．なお，上の証明では明確にいわなかったが，このような計算ができるためには，波動関数 $|\Phi_0(\lambda; [n(\boldsymbol{r})])\rangle$ が λ の関数として連続という仮定に立脚していることに注意されたい．すなわち，常に電子状態は正常相にあることを暗に想定しているのである．

さて，このようにして得られた式 (1.94) を λ について 0 から 1 まで積分し，初期条件として $T_{\rm s}[n(\boldsymbol{r})]$ を取ると，$F_1[n(\boldsymbol{r})]$ は

$$F_1[n(\boldsymbol{r})] = T_{\rm s}[n(\boldsymbol{r})] + \int_0^1 d\lambda\, \langle \Phi_0(\lambda; [n(\boldsymbol{r})])|U_{\rm ee}|\Phi_0(\lambda; [n(\boldsymbol{r})])\rangle \tag{1.98}$$

という公式で計算されることになる．

この式 (1.98) の右辺第 2 項をさらに書き換えるために，式 (1.1) で与えられている $U_{\rm ee}$ の定義を式 (1.48) で導入された電子密度演算子 $\rho(\boldsymbol{r})$ を使って

$$U_{\rm ee} = \frac{1}{2}\int d\boldsymbol{r} \int d\boldsymbol{r}' \frac{e^2}{|\,\boldsymbol{r} - \boldsymbol{r}'\,|}\Big[\rho(\boldsymbol{r})\rho(\boldsymbol{r}') - \delta(\boldsymbol{r} - \boldsymbol{r}')\rho(\boldsymbol{r})\Big] \tag{1.99}$$

と書き直しておこう．そして，$g(r:\lambda; n)$ の概念を不均一系に拡張したものである規格化された対分布関数 $g(\boldsymbol{r}, \boldsymbol{r}':\lambda; [n(\boldsymbol{r})])$ を

$$n(\boldsymbol{r})n(\boldsymbol{r}')g(\boldsymbol{r},\boldsymbol{r}'\!:\lambda;[n(\boldsymbol{r})]) \equiv \langle\Phi_0(\lambda;[n(\boldsymbol{r})])|\rho(\boldsymbol{r})\rho(\boldsymbol{r}') \\ -\delta(\boldsymbol{r}-\boldsymbol{r}')\rho(\boldsymbol{r})|\Phi_0(\lambda;[n(\boldsymbol{r})])\rangle \qquad (1.100)$$

で導入し，式 (1.53) で定義されたハートリー・エネルギー $J[n(\boldsymbol{r})]$ を使うと，

$$\begin{aligned}&\langle\Phi_0(\lambda;[n(\boldsymbol{r})])|U_{\mathrm{ee}}|\Phi_0(\lambda;[n(\boldsymbol{r})])\rangle\\ &\quad=\frac{1}{2}\int d\boldsymbol{r}\int d\boldsymbol{r}'\frac{e^2}{|\boldsymbol{r}-\boldsymbol{r}'|}n(\boldsymbol{r})n(\boldsymbol{r}')g(\boldsymbol{r},\boldsymbol{r}'\!:\lambda;[n(\boldsymbol{r})])\\ &\quad=\frac{1}{2}\int d\boldsymbol{r}\int d\boldsymbol{r}'\frac{e^2}{|\boldsymbol{r}-\boldsymbol{r}'|}n(\boldsymbol{r})n(\boldsymbol{r}')\Big[g(\boldsymbol{r},\boldsymbol{r}'\!:\lambda;[n(\boldsymbol{r})])-1\Big]\\ &\qquad+J[n(\boldsymbol{r})] \qquad (1.101)\end{aligned}$$

が得られる．

上の式 (1.101) を式 (1.98) に代入し，$J[n(\boldsymbol{r})]$ の項は λ に依存しないことに注意すれば，最終的に $F_1[n(\boldsymbol{r})]$ として，

$$F_1[n(\boldsymbol{r})] = T_{\mathrm{s}}[n(\boldsymbol{r})] + J[n(\boldsymbol{r})] + E_{\mathrm{xc}}[n(\boldsymbol{r})] \qquad (1.102)$$

という表式が得られる．ここで，交換相関エネルギー汎関数 $E_{\mathrm{xc}}[n(\boldsymbol{r})]$ は

$$\begin{aligned}E_{\mathrm{xc}}[n(\boldsymbol{r})] \equiv \frac{1}{2}\int d\boldsymbol{r}\int d\boldsymbol{r}'\frac{e^2}{|\boldsymbol{r}-\boldsymbol{r}'|}n(\boldsymbol{r})n(\boldsymbol{r}')\\ \times\int_0^1 d\lambda\Big[g(\boldsymbol{r},\boldsymbol{r}'\!:\lambda;[n(\boldsymbol{r})])-1\Big] \qquad (1.103)\end{aligned}$$

で与えられることになり，式 (1.89) の最終式第 2 項と比較すれば，均一密度系の交換相関エネルギーを不均一密度系に直接的に拡張したものであることが明瞭に見て取れよう．なお，式 (1.103) に現れている $g(\boldsymbol{r},\boldsymbol{r}'\!:\lambda;[n(\boldsymbol{r})])$ は $n(\boldsymbol{r})$ の汎関数であり，その電子密度分布を再現するという条件下で決定された基底波動関数 $|\Phi_0(\lambda;[n(\boldsymbol{r})])\rangle$ に含まれている交換相関効果を記述しているものであることに注意されたい．

これまでは v 表示可能性を仮定して理論の展開を図ってきたが，たとえば，$F_0[n(\boldsymbol{r})] = T_{\mathrm{s}}[n(\boldsymbol{r})]$ 自体は v 表示可能性を仮定せず，直接的に式 (1.36) で定義すればよい．また，$F_1[n(\boldsymbol{r})]$ を 3 つの成分に分解した式 (1.102) を導出す

る際に鍵になった式 (1.94) は，$F_\lambda[n(r)]$ を定義する式 (1.36) において波動関数空間内で最小値を取るという操作自体は λ に依存しないことに注意すれば，もっと直接的に得られたはずのものである．そして，式 (1.100) において，$|\Phi_0(\lambda;[n(r)])\rangle$ での期待値を取るかわりに，同じように波動関数空間内での条件付き最小値選択操作という形式で $g(r,r':\lambda;[n(r)])$ を定義し直せば，v 表示可能性の仮定をしなくても，形式上は何らの問題もなく，式 (1.102) が得られることになる．

本項で解説した概念，すなわち，電子密度 $n(r)$ を一定に保ちながらの断熱接続という考え方を図式的に示すとすれば，図 1.6 のようなスキームとしてまとめられる．なお，この断熱接続は正常状態の記述においてのみ正しいものなので，当然のことながら，超伝導を含む各種の秩序状態を取り扱うためにはさ

(a) 均一密度の電子ガス系

$\lambda : 0 \longrightarrow 1$

・密度
$\quad n \longrightarrow n$ （不変）

・波動関数
$\quad |0\rangle \longrightarrow |\Phi_0(1)\rangle = S_I(0,-\infty)|0\rangle$

・エネルギー
$\quad N\varepsilon_{KE} \longrightarrow N(\varepsilon_{KE}+\varepsilon_x+\varepsilon_c)$

(b) 不均一密度の電子ガス系

$\lambda : 0 \longrightarrow 1$

・密度分布
$\quad n(r) \longrightarrow n(r)$ （不変）

・波動関数
$\quad |0;[n(r)]\rangle \longrightarrow |\Phi_0(1;[n(r)])\rangle$

・普遍汎関数
$\quad T_s[n(r)] \longrightarrow T_s[n(r)]+J[n(r)]+E_{xc}[n(r)]$

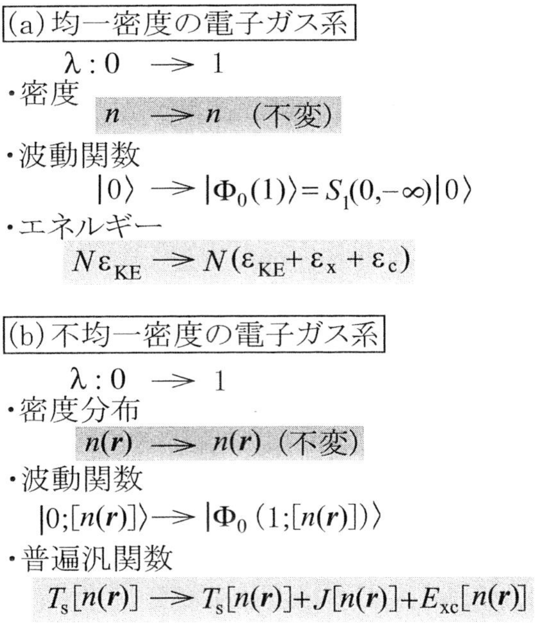

図 1.6　コーン–シャム法の基礎になる断熱接続の概念図．(a) は均一密度の電子ガス系におけるもので，(b) はそれを不均一密度の電子ガス系に拡張したもの．

らなる工夫が必要になる．本章の後節では共直線的 (colinear) な磁気秩序の存在も考慮できるように拡張された定式化に触れるとともに，続巻の最終章では超伝導への応用を意識した拡張についても議論する．

1.3.3 コーン–シャム・ポテンシャル

さて，本来の課題は $\lambda = 1$ において外部から与えられた電子イオンポテンシャル $V_{\mathrm{ei}}(\boldsymbol{r})$ の下で式 (1.25) で定義されるエネルギー汎関数 $E_0(1;[n(\boldsymbol{r})])$ を密度変分原理にしたがって最小にする電子密度 $n(\boldsymbol{r})$ を決定することである．式 (1.26) によれば，そのように最適化された (厳密に正確な) 電子密度 $n(\boldsymbol{r})$ は μ_1 を化学ポテンシャルとし，式 (1.102) を用いれば，

$$\begin{aligned}\mu_1 &= \frac{\delta F_1[n(\boldsymbol{r})]}{\delta n(\boldsymbol{r})} + V_{\mathrm{ei}}(\boldsymbol{r}) \\ &= \frac{\delta T_{\mathrm{s}}[n(\boldsymbol{r})]}{\delta n(\boldsymbol{r})} + \int d\boldsymbol{r}' \, \frac{e^2\, n(\boldsymbol{r}')}{|\boldsymbol{r}-\boldsymbol{r}'|} + V_{\mathrm{xc}}(\boldsymbol{r}:[n(\boldsymbol{r})]) + V_{\mathrm{ei}}(\boldsymbol{r})\end{aligned} \qquad (1.104)$$

の条件を満たすことになる．ここで，$V_{\mathrm{xc}}(\boldsymbol{r}:[n(\boldsymbol{r})])$ は交換相関ポテンシャルと呼ばれ，

$$V_{\mathrm{xc}}(\boldsymbol{r}:[n(\boldsymbol{r})]) \equiv \frac{\delta E_{\mathrm{xc}}[n(\boldsymbol{r})]}{\delta n(\boldsymbol{r})} \qquad (1.105)$$

という汎関数微分で定義される．

ところで，前項で考察した断熱接続は 1 対 1 対応なので，電子密度 $n(\boldsymbol{r})$ を不変のままで λ の変化の向きを逆，すなわち，λ を 1 から 0 に連続的に変換することができる．すると，$\lambda = 0$ で $n(\boldsymbol{r})$ を基底電子密度とする 1 体ポテンシャルを (これまでと同じように) $V_{\mathrm{ei}}(\boldsymbol{r}:0;[n(\boldsymbol{r})])$ と書くと，求めたい $n(\boldsymbol{r})$ はその $V_{\mathrm{ei}}(\boldsymbol{r}:0;[n(\boldsymbol{r})])$ を外部から与えられた電子イオンポテンシャルとして式 (1.25) の中の V_{ei} に代入して定義された $E_0(0;[n(\boldsymbol{r})])$ に関する密度変分原理から導かれる停留条件も満たすことになる．そして，それは具体的には $\lambda = 0$ における化学ポテンシャルを μ_0 とし，式 (1.93) を用いると，

$$\mu_0 = \frac{\delta F_0[n(\boldsymbol{r})]}{\delta n(\boldsymbol{r})} + V_{\mathrm{ei}}(\boldsymbol{r};0;[n(\boldsymbol{r})]) = \frac{\delta T_{\mathrm{s}}[n(\boldsymbol{r})]}{\delta n(\boldsymbol{r})} + V_{\mathrm{ei}}(\boldsymbol{r};0;[n(\boldsymbol{r})]) \qquad (1.106)$$

という条件式になる．

そこで，これら2つの条件式，式 (1.104) と式 (1.106)，の差をとると，

$$V_{\rm ei}(\boldsymbol{r};0;[n(\boldsymbol{r})]) = V_{\rm KS}(\boldsymbol{r}\!:\![n(\boldsymbol{r})]) + \mu_0 - \mu_1 \tag{1.107}$$

が得られることになる．ここで，$V_{\rm KS}(\boldsymbol{r}:[n(\boldsymbol{r})])$ は「コーン–シャム (Kohn–Sham)・ポテンシャル」と呼ばれる1体有効ポテンシャルで，

$$V_{\rm KS}(\boldsymbol{r}\!:\![n(\boldsymbol{r})]) \equiv V_{\rm ei}(\boldsymbol{r}) + \int d\boldsymbol{r}' \, \frac{e^2}{|\boldsymbol{r}-\boldsymbol{r}'|} \, n(\boldsymbol{r}') + V_{\rm xc}(\boldsymbol{r}\!:\![n(\boldsymbol{r})]) \tag{1.108}$$

のように定義される．

このように導入された $V_{\rm KS}(\boldsymbol{r}\!:\![n(\boldsymbol{r})])$ に関連して，以下のような4つの注意を与えておこう．

① $\mu_0 - \mu_1$ は単なる定数なので，式 (1.107) に現れる2つの1体ポテンシャル，$V_{\rm ei}(\boldsymbol{r};0;[n(\boldsymbol{r})])$ と $V_{\rm KS}(\boldsymbol{r}\!:\![n(\boldsymbol{r})])$，は $n(\boldsymbol{r})$ を決定する際に何らの違いを生み出さないので，実質上，これらは同一のものと考えられる．それゆえ，$V_{\rm KS}(\boldsymbol{r}\!:\![n(\boldsymbol{r})])$ が分かれば，(化学ポテンシャルの差は分からなくても) 次項で明示するように，$\lambda = 0$ での系を量子力学的に正確に取り扱うことによって厳密に正しい電子密度 $n(\boldsymbol{r})$ が得られることになる．

② さらに好都合なことに，もし，$V_{\rm ei}(\boldsymbol{r};0;[n(\boldsymbol{r})]) = V_{\rm KS}(\boldsymbol{r}\!:\![n(\boldsymbol{r})])$ と選ぶと，式 (1.107) から分かるように，$\mu_0 = \mu_1$ となるので，現実の物理系における化学ポテンシャル μ_1 自体が μ_0 を計算することによって求められることになる．

③ ところで，もしも，$V_{\rm ei}(\boldsymbol{r};0;[n(\boldsymbol{r})]) = V_{\rm KS}(\boldsymbol{r}\!:\![n(\boldsymbol{r})])$ と選ぶのであれば，式 (1.108) から明らかなように，$V_{\rm ei}(\boldsymbol{r};0;[n(\boldsymbol{r})])$ は $n(\boldsymbol{r})$ 依存性を持っていることになる．すると，$E_0(0;[n(\boldsymbol{r})])$ に関する密度変分原理から停留条件を導くときに，一体，この密度依存性を無視してもよかったのだろうかという疑問を持たれるかもしれない．これはたいへんにトリッキーで，特に次項で述べるような $n(\boldsymbol{r})$ の実際の決定方法を学ぶと余計に混乱してくるところである．実際，$V_{\rm KS}(\boldsymbol{r}:[n(\boldsymbol{r})])$ は変分的に決められるものと誤解している人がバンド計算に従事している研究者の中にもいるように思えるので，この点をもう少し詳しく説明しよう．

この疑問を解消するためには，1.2.2 項 a あたりの議論に立ち戻る必

要がある．そこで示した密度変分原理は，そもそも，非均一性をもたらす電子イオンポテンシャルを外部から与えられたものという立場で導かれているということを思い出してもらいたい．もう少し具体的にいえば，この変分原理を考えるときは $V_{\mathrm{KS}}(\boldsymbol{r}:[n(\boldsymbol{r})])$ は $n(\boldsymbol{r})$ の変分操作とともに変化するものという立場ではなく，(この変分操作の末に決定されるであろう) 真の基底電子密度分布 $n(\boldsymbol{r}) = n_0(\boldsymbol{r})$ に対応する $V_{\mathrm{KS}}(\boldsymbol{r}:[n_0(\boldsymbol{r})])$ であるという立場を取るのである．概念的には，この $V_{\mathrm{KS}}(\boldsymbol{r}:[n_0(\boldsymbol{r})])$ は変分操作の前から決まっている (外部から与えられている) ものなので，その $n(\boldsymbol{r})$ 依存性はないというわけである．

なお，時間依存密度汎関数理論を展開していくと，実は，(基底状態エネルギーだけではなく，) 励起状態エネルギーを正しく求めるためには，この $V_{\mathrm{KS}}(\boldsymbol{r}:[n(\boldsymbol{r})])$ の $n(\boldsymbol{r})$ に対する汎関数依存性の考慮が必須になってくる．そして，密度分布関数の時間依存性も考慮した $n(\boldsymbol{r},t)$ に関するコーン–シャム・ポテンシャル $V_{\mathrm{KS}}(\boldsymbol{r}:[n(\boldsymbol{r},t)])$ をもう一度 $n(\boldsymbol{r}',t')$ で汎関数微分したような関数がこの場合の鍵になる物理量として登場する．(厳密性を犠牲にして大雑把な言い方をすれば，この物理量はフェルミ流体理論におけるランダウ・パラメータのようなものである.)

④ $n(\boldsymbol{r})$ に対応する 1 体有効ポテンシャルが式 (1.108) で定義されるような $V_{\mathrm{KS}}(\boldsymbol{r}:[n(\boldsymbol{r})])$ で具体的に与えられてしまうと，v 表示可能性の問題が解決されてしまっているのではないかという印象を持たれるかもしれない．実際，(連続空間ではなく) 格子系に限定して考えると，v 表示可能性が証明されている[58)]．

しかしながら，ごく一般的に考えると事態はそれほど単純ではなく，問題は $V_{\mathrm{xc}}(\boldsymbol{r}:[n(\boldsymbol{r})])$ が形式的に式 (1.105) で定義されたとしても，そして，$E_{\mathrm{xc}}[n(\boldsymbol{r})]$ 自体は制限つき探索法の考え方で常に存在すると分かっていても，その汎関数微分が (何らの曖昧さもなく) 存在するかどうかは決して自明ではないということである．

もし，ある $n(\boldsymbol{r}) = n_{\mathrm{anomaly}}(\boldsymbol{r})$ に対して $E_{\mathrm{xc}}[n_{\mathrm{anomaly}}(\boldsymbol{r})]$ が何らかの (たとえば，カスプのような) 特異性を持てば，少なくともその $n_{\mathrm{anomaly}}(\boldsymbol{r})$ 近傍の電子密度で $V_{\mathrm{xc}}(\boldsymbol{r}:[n(\boldsymbol{r})])$ が，それゆえ，その $V_{\mathrm{xc}}(\boldsymbol{r}:[n(\boldsymbol{r})])$ を含む

$V_{\mathrm{KS}}(\boldsymbol{r}:[n(\boldsymbol{r})])$ 自体もうまく定義できない可能性がある．実際，1.3.6 項でこのような $E_{\mathrm{xc}}[n(\boldsymbol{r})]$ に現れる特異性の例を見ることになる．ちなみに，普遍汎関数という概念からは，この種の特異性は電子ガス系に内在しているものといえるが，通常の電子ガス系で $n(\boldsymbol{r})$ が一定の場合には顕在化していなかったものが，外部ポテンシャル $V_{\mathrm{ei}}(\boldsymbol{r})$ の効果で発現してきたものとして理解できる．

1.3.4 相互作用のない参照系

前項の④で述べたような留意点はあるものの，もしも $V_{\mathrm{KS}}(\boldsymbol{r}:[n(\boldsymbol{r})])$ が $\boldsymbol{r}$ の関数としてきちんと定義されたものであるとすると，正確な電子密度 $n(\boldsymbol{r})$ は式 (1.1) で与えられた H_{e}，あるいは式 (1.6) における $H_{\mathrm{e}}(1)$，で記述される現実の物理系ではなく，$H_{\mathrm{e}}(0)$ で V_{ei} を V_{KS} とした場合の仮想的な 1 体系を考えても何らの厳密性を損なうことなく決定できることになる．この仮想 1 体系は**「相互作用のない参照系」**と呼ばれる KS 法における重要な基礎概念である．

ちなみに，制限つき探索法の考え方で $T_{\mathrm{s}}[n(\boldsymbol{r})]$ を考えれば，この相互作用のない参照系においては運動エネルギー演算子 T_{e} の期待値 $\langle T_{\mathrm{e}}\rangle$ が最小になり，その最小値が $T_{\mathrm{s}}[n(\boldsymbol{r})]$ であるということが容易に理解されよう．あるいは，“電子密度が $n(\boldsymbol{r})$ であるという条件下で運動エネルギーが最小である系” ということが相互作用のない参照系の定義であるともいえる．そして，現実の相互作用のある物理系では $\langle T_{\mathrm{e}}\rangle$ は必ず $T_{\mathrm{s}}[n(\boldsymbol{r})]$ 以上になり，そのエネルギー差，$\langle T_{\mathrm{e}}\rangle - T_{\mathrm{s}}[n(\boldsymbol{r})]$，は $E_{\mathrm{xc}}[n(\boldsymbol{r})]$ の中に含まれていることになる．

さて，この相互作用のない参照系では，その基底状態の波動関数 $|0;[n(\boldsymbol{r})]\rangle$ や対応する電子密度 $n(\boldsymbol{r})$ が厳密に決定される．実際，この系のハミルトニアン $H_{\mathrm{e}}(0) = T_{\mathrm{e}} + V_{\mathrm{KS}}$ に対して，まず第一に行うことは 1 体問題のシュレディンガー方程式

$$\left[-\frac{\Delta}{2m} + V_{\mathrm{KS}}(\boldsymbol{r}:[n(\boldsymbol{r})])\right]\phi_i(\boldsymbol{r}) = \varepsilon_i\,\phi_i(\boldsymbol{r}) \tag{1.109}$$

を (適当な境界条件の下で，一般的には数値的に) 解くことである．ここで，量子数 i はスピン自由度に関する量子数も含んでいるとし，その番号付けは固有エネルギー ε_i が低い順になされているとする．また，得られた固有関数系 $\{\phi_i(\boldsymbol{r})\}$

は完全正規直交基底を構成しているとする．なお，この $\phi_i(\boldsymbol{r})$ で記述される 1 電子状態は「**コーン-シャム (KS) 軌道**」と呼ばれている．

いま，N 個の電子をこの系に入れることを考えよう．すると，これは相互作用のない系であるので，その基底波動関数 $|0;[n(\boldsymbol{r})]\rangle$ は (縮退がない場合には)KS 軌道にエネルギーが低い方から順番に電子を詰めていくという考え方で構成できる 1 つのスレーター行列式で与えられることになる．そして，その座標表示 $\langle \boldsymbol{r}_1, \boldsymbol{r}_2, \cdots, \boldsymbol{r}_N|0;[n(\boldsymbol{r})]\rangle$ は i を下から順に N 個選ぶと，

$$\langle \boldsymbol{r}_1, ..., \boldsymbol{r}_N|0;[n(\boldsymbol{r})]\rangle = \frac{1}{\sqrt{N!}}\det\Big(\phi_i(\boldsymbol{r}_j)\Big) \tag{1.110}$$

と書き表され，対応する基底電子密度 $n(\boldsymbol{r})$ は

$$n(\boldsymbol{r}) = \langle 0;[n(\boldsymbol{r})]|\sum_\sigma \psi_\sigma^+(\boldsymbol{r})\psi_\sigma(\boldsymbol{r})|0;[n(\boldsymbol{r})]\rangle = \sum_{i=1}^{N}|\phi_i(\boldsymbol{r})|^2 \tag{1.111}$$

で与えられる．また，この系の運動エネルギーの期待値 $\langle 0;[n(\boldsymbol{r})]|T_\mathrm{e}|0;[n(\boldsymbol{r})]\rangle$ である $T_\mathrm{s}[n(\boldsymbol{r})]$ は

$$T_\mathrm{s}[n(\boldsymbol{r})] = \sum_{i=1}^{N}\left\langle\phi_i\middle|-\frac{\Delta}{2m}\middle|\phi_i\right\rangle = \sum_{i=1}^{N}\varepsilon_i - \int d\boldsymbol{r}\, V_\mathrm{KS}(\boldsymbol{r}:[n(\boldsymbol{r})])n(\boldsymbol{r}) \tag{1.112}$$

で計算される．

ところで，前項③で注意したように，式 (1.109) に含まれる $V_\mathrm{KS}(\boldsymbol{r}:[n(\boldsymbol{r})])$ は真の基底電子密度分布 $n(\boldsymbol{r}) = n_0(\boldsymbol{r})$ におけるそれである．そして，$n_0(\boldsymbol{r})$ が始めから分かっている訳ではないので，それに対応する $V_\mathrm{KS}(\boldsymbol{r}:[n_0(\boldsymbol{r})])$ も計算前には分かっていないことになる．したがって，これは解けない問題のように考えられるかもしれないが，もし，(少なくとも $n_0(\boldsymbol{r})$ の近傍を含む関数空間内で) $V_\mathrm{KS}(\boldsymbol{r}:[n(\boldsymbol{r})])$ の $n(\boldsymbol{r})$ に対する汎関数依存性が予め正確に分かっていれば，逐次近似法[59)]の手続きを遂行することによって $n_0(\boldsymbol{r})$ と $V_\mathrm{KS}(\boldsymbol{r}:[n_0(\boldsymbol{r})])$ を自己無撞着に (数値的にではあるが) 厳密に決めることができる[60)]．

このようにして，現実の物理系の真の基底波動関数 $|\Phi_0(1;[n(\boldsymbol{r})])\rangle$ はまったく分からなくても，原理的には基底電子密度分布関数 $n(\boldsymbol{r})$ は厳密に決定されうる．そして，こうして得られた $n(\boldsymbol{r})$ を用いれば，真の基底状態の全エネル

ギー $E_0(1)$ は

$$
\begin{aligned}
E_0(1) &= \langle \Phi_0(1;[n(\boldsymbol{r})])|T_{\rm e}+U_{\rm ee}+V_{\rm ei}|\Phi_0(1;[n(\boldsymbol{r})])\rangle \\
&= T_{\rm s}[n(\boldsymbol{r})]+J[n(\boldsymbol{r})]+E_{\rm xc}[n(\boldsymbol{r})]+\int d\boldsymbol{r}\, V_{\rm ei}(\boldsymbol{r})n(\boldsymbol{r}) \\
&= \sum_{i=1}^{N}\varepsilon_i - J[n(\boldsymbol{r})]+E_{\rm xc}[n(\boldsymbol{r})]-\int d\boldsymbol{r}\, V_{\rm xc}(\boldsymbol{r})n(\boldsymbol{r}) \qquad (1.113)
\end{aligned}
$$

で与えられるので，系の構造安定性をはじめとした多くの問題が解決されることになる．そして，上で述べたようなアルゴリズムに基づいて $E_0(1)$ やそれに対応する $n(\boldsymbol{r})$ を求める計算手法は「**コーン–シャムの方法**」と呼ばれる．

なお，コーン–シャムの逐次近似法の説明で,「$n_0(\boldsymbol{r})$ が始めから分かっている訳ではない」といったが，ヘリウム原子などの簡単な少数多体系では量子モンテカルロ法や量子化学の CI(配位間相互作用) 法を用いて $n_0(\boldsymbol{r})$ が始めから分かっている場合がある．すると，式 (1.109) と式 (1.111) から，

$$
V_{\rm KS}(\boldsymbol{r}:[n_0(\boldsymbol{r})]) = \frac{1}{n_0(\boldsymbol{r})}\sum_{i=1}^{N}\Big[\varepsilon_i\,|\phi_i(\boldsymbol{r})|^2+\phi_i^*(\boldsymbol{r})\frac{\Delta}{2m}\,\phi_i(\boldsymbol{r})\Big] \qquad (1.114)
$$

で $V_{\rm KS}(\boldsymbol{r}:[n_0(\boldsymbol{r})])$ が与えられることになる．この式を使うと，コーン–シャム法の逆，すなわち，正確な電子密度から正確なコーン–シャム・ポテンシャルが構成できることになる[61)]．なお，この「**逆コーン–シャム法**」については，そのもう少し洗練された形[34)] の紹介とそれによって得られている正確な $V_{\rm xc}(\boldsymbol{r}:[n_0(\boldsymbol{r})])$ の特徴[35)] は 1.6.11 項で触れる．

1.3.5 コーン–シャム軌道準位の意味とヤナックの定理

その導入の経緯から明らかなように，式 (1.109) に現れる 1 電子エネルギー準位 ε_i は相互作用のない参照系のそれであるので，実際の相互作用のある系に対し直接の物理的意味を持つものではない．しかし，最高被占有準位 ε_N は化学ポテンシャル μ_1 $(=\mu_0)$ そのものである．また，これは熱力学の関係式から決められる $(T=0\,{\rm K}$ での$)$ N 電子系の化学ポテンシャル $\mu^{(N)}$ とも一致する．本項ではこれらを証明したいが，そのためには少し準備が必要になる．

まず確認すべきは，これまで述べてきたような KS 法では電子の総数を N に

固定したままで電子密度分布 $n(\boldsymbol{r})$ だけを変化させるという立場での変分を行ってきたということである．しかるに，$\mu^{(N)}$ は N 電子系の基底状態エネルギーを $E_0^{(N)}$ と書くと，

$$\mu^{(N)} = \frac{\partial E_0^{(N)}}{\partial N} = \lim_{\eta \to 0^+} \frac{E_0^{(N)} - E_0^{(N-\eta)}}{\eta} \tag{1.115}$$

で与えられることになるが，この式 (1.115) の最右辺を見ると明らかなように，電子総数の変化に伴う基底状態エネルギーの変化を取り扱う方法が確立されなければ，$\mu^{(N)}$ と ε_N との関係が正しく議論できないことになる．

これに関連して，ヤナック (J. F. Janak)[23] は前項で述べた KS 法と整合的でありながら，電子総数の変化も考慮できるように拡張した変分法の定式化を提案した．この提案のポイントは各 KS 軌道に対して占有数 n_i の概念を導入することである．ここで，元の KS 法では式 (1.110) のスレーター行列式から示唆されるように，$1 \leq i \leq N$ なら $n_i = 1$ であり，また，$i > N$ なら $n_i = 0$ となるようにあらかじめ決めていたものであったが，そうは考えずに n_i も変域 $0 \leq n_i \leq 1$ の範囲で変分的に最適化されるパラメータと見なすのである．そして，その変分の際にターゲットになる熱力学ポテンシャル $\Omega(\{n_i\};[n(\boldsymbol{r})])$ を

$$\Omega(\{n_i\};[n(\boldsymbol{r})]) = \tilde{E}_0(\{n_i\};[n(\boldsymbol{r})]) - \mu_1 N \tag{1.116}$$

のように定義する．ここで，エネルギー汎関数 $\tilde{E}_0(\{n_i\};[n(\boldsymbol{r})])$ は式 (1.113) の $E_0(1)$ の形 (最後から 2 番目の式) を参考にして，

$$\begin{aligned}\tilde{E}_0(\{n_i\};[n(\boldsymbol{r})]) \equiv \tilde{T}_{\mathrm{s}}[n(\boldsymbol{r})] + J[n(\boldsymbol{r})] + E_{\mathrm{xc}}[n(\boldsymbol{r})] \\ + \int d\boldsymbol{r}\, V_{\mathrm{ei}}(\boldsymbol{r}) n(\boldsymbol{r})\end{aligned} \tag{1.117}$$

とするが，電子密度 $n(\boldsymbol{r})$ は式 (1.111) ではなく，

$$n(\boldsymbol{r}) = \sum_i n_i \, |\phi_i(\boldsymbol{r})|^2 \tag{1.118}$$

で定義し，それに対応して運動エネルギーの項も式 (1.112) ではなく，

$$\tilde{T}_{\mathrm{s}}[n(\boldsymbol{r})] = \sum_i n_i \left\langle \phi_i \middle| -\frac{\Delta}{2m} \middle| \phi_i \right\rangle \tag{1.119}$$

のように定義する．その他の項は電子密度 $n(\boldsymbol{r})$ だけの汎関数なので，これまでとまったく同じ定義式で与えられる．また，電子の総数 N は

$$N = \int d\boldsymbol{r}\, n(\boldsymbol{r}) = \sum_i n_i \tag{1.120}$$

で計算されるが，ここでは N が一定という条件ではなく，代わりに式 (1.116) ではラグランジュの未定係数として μ_1 を導入して，これが一定の下で $\Omega(\{n_i\};[n(\boldsymbol{r})])$ の最小化を図ることになる．

そこで，独立変数，$\{n_i\}$ と $n(\boldsymbol{r})$，のそれぞれについて，この $\Omega(\{n_i\};[n(\boldsymbol{r})])$ の最適化を考えよう．

① まず，すべての n_i が一定の下で $n(\boldsymbol{r})$ を $n(\boldsymbol{r})+\delta n(\boldsymbol{r})$ のように微小変化させたときの $\Omega(\{n_i\};[n(\boldsymbol{r})])$ の 1 次変化分 $\delta\Omega$ を考えよう．この場合，式 (1.120) から N は変化しないことになるので，$\delta\Omega = \delta\tilde{E}_0$ であるが，さらに $\tilde{E}_0$ の変化分を考えると，

$$\delta\tilde{E}_0 = \delta\tilde{T}_{\mathrm{s}} + \int d\boldsymbol{r}\, V_{\mathrm{KS}}(\boldsymbol{r}:[n(\boldsymbol{r})])\delta n(\boldsymbol{r}) \tag{1.121}$$

となる．ところで，運動エネルギーの変化分 $\delta\tilde{T}_{\mathrm{s}}$ を計算するには $n(\boldsymbol{r})$ の変化によって生じた KS 軌道の変化 $\phi_i(\boldsymbol{r}) \to \phi_i(\boldsymbol{r}) + \delta\phi_i(\boldsymbol{r})$ を考えなくてはならない．すると，$\delta\tilde{T}_{\mathrm{s}}$ は

$$\begin{aligned}
\delta\tilde{T}_{\mathrm{s}} &= \sum_i n_i \int d\boldsymbol{r} \Big\{ \delta\phi_i^*(\boldsymbol{r}) \Big(-\frac{\Delta}{2m}\Big) \phi_i(\boldsymbol{r}) + \phi_i^*(\boldsymbol{r}) \Big(-\frac{\Delta}{2m}\Big) \delta\phi_i(\boldsymbol{r}) \Big\} \\
&= \sum_i n_i \int d\boldsymbol{r} \Big\{ \delta\phi_i^*(\boldsymbol{r}) \Big(-\frac{\Delta}{2m}\Big) \phi_i(\boldsymbol{r}) + \delta\phi_i(\boldsymbol{r}) \Big(-\frac{\Delta}{2m}\Big) \phi_i^*(\boldsymbol{r}) \Big\} \\
&= \sum_i n_i \int d\boldsymbol{r} \Big\{ \delta\phi_i^*(\boldsymbol{r}) \Big(\varepsilon_i - V_{\mathrm{KS}}(\boldsymbol{r}:[n(\boldsymbol{r})])\Big) \phi_i(\boldsymbol{r}) \\
&\quad + \delta\phi_i(\boldsymbol{r}) \Big(\varepsilon_i - V_{\mathrm{KS}}(\boldsymbol{r}:[n(\boldsymbol{r})])\Big) \phi_i^*(\boldsymbol{r}) \Big\} \\
&= \sum_i n_i \varepsilon_i \int d\boldsymbol{r}\, \delta|\phi_i(\boldsymbol{r})|^2 - \sum_i n_i \int d\boldsymbol{r}\, V_{\mathrm{KS}}(\boldsymbol{r}:[n(\boldsymbol{r})])\delta|\phi_i(\boldsymbol{r})|^2 \\
&= -\int d\boldsymbol{r} V_{\mathrm{KS}}(\boldsymbol{r}:[n(\boldsymbol{r})])\delta n(\boldsymbol{r})
\end{aligned} \tag{1.122}$$

となる．ここで，各 KS 軌道の規格化条件から

$$\int d\boldsymbol{r}\,\delta|\phi_i(\boldsymbol{r})|^2 = 0 \tag{1.123}$$

であり，また，

$$\begin{aligned}\delta n(\boldsymbol{r}) &= \sum_i n_i\big(\delta\phi_i^*(\boldsymbol{r})\phi_i(\boldsymbol{r}) + \phi_i^*(\boldsymbol{r})\delta\phi_i(\boldsymbol{r})\big)\\ &= \sum_i n_i\delta|\phi_i(\boldsymbol{r})|^2 \end{aligned}\tag{1.124}$$

であることに注意されたい．式 (1.122) を式 (1.121) に代入すれば，$\delta\Omega = \delta\tilde{E}_0 = 0$，すなわち，

$$\left.\frac{\partial\Omega(\{n_i\};[n(\boldsymbol{r})])}{\partial n(\boldsymbol{r})}\right|_{n_i} = 0 \tag{1.125}$$

が得られるので，電子密度 $n(\boldsymbol{r})$ の変分に関しては前項で述べた KS 法の手続きですでに最適化されていることが分かる．

② 次に，$n(\boldsymbol{r})$ が一定の下で，ある n_i を $n_i + \delta n_i$ と微少変化させたとしよう．一般的にいって，この変化によって KS 軌道は i 番目のものに限らず，任意の j 番目の軌道 $\phi_j(\boldsymbol{r})$ も変化しうる．(もちろん，この j は i の場合も含んでいる．) そこで，その軌道 j の変化量を $\delta\phi_j(\boldsymbol{r})$ と書こう．すると，式 (1.118) によって $n(\boldsymbol{r})$ の 1 次変化量 $\delta n(\boldsymbol{r})$ は

$$\delta n(\boldsymbol{r}) = \delta n_i\,|\phi_i(\boldsymbol{r})|^2 + \sum_j n_j\,\delta|\phi_j(\boldsymbol{r})|^2 \tag{1.126}$$

ということになる．しかるに，$n(\boldsymbol{r})$ が一定という条件下であったので，これはゼロでなければならない．すなわち，

$$\delta n_i\,|\phi_i(\boldsymbol{r})|^2 = -\sum_j n_j\,\delta|\phi_j(\boldsymbol{r})|^2 \tag{1.127}$$

という関係が成り立つ．また，$n(\boldsymbol{r})$ は変化しないので，$\tilde{E}_0$ の 1 次変化分 $\delta\tilde{E}_0$ は運動エネルギーの変化分 $\delta\tilde{T}_{\rm s}$ だけから生じる．そして，この $\delta\tilde{T}_{\rm s}$ の計算はほぼ①の場合と同様の手続きで進められる．その結果，

$$
\begin{aligned}
\delta \tilde{E}_0 = \delta \tilde{T}_{\mathrm{s}} &= \delta n_i \int d\boldsymbol{r}\, \phi_i^*(\boldsymbol{r})\Big(-\frac{\Delta}{2m}\Big)\phi_i(\boldsymbol{r}) \\
&\quad + \sum_j n_j \int d\boldsymbol{r} \Big\{ \delta\phi_j^*(\boldsymbol{r})\Big(-\frac{\Delta}{2m}\Big)\phi_j(\boldsymbol{r}) + \phi_j^*(\boldsymbol{r})\Big(-\frac{\Delta}{2m}\Big)\delta\phi_j(\boldsymbol{r}) \Big\} \\
&= \delta n_i \int d\boldsymbol{r}\, \phi_i^*(\boldsymbol{r})\Big(-\frac{\Delta}{2m}\Big)\phi_i(\boldsymbol{r}) \\
&\quad - \sum_j n_j \int d\boldsymbol{r} V_{\mathrm{KS}}(\boldsymbol{r}:[n(\boldsymbol{r})])\delta|\phi_j(\boldsymbol{r})|^2
\end{aligned} \tag{1.128}
$$

が得られる．この式 (1.128) の第 2 項に式 (1.127) の関係を代入すると，

$$
\begin{aligned}
\delta \tilde{E}_0 &= \delta n_i \int d\boldsymbol{r}\, \phi_i^*(\boldsymbol{r})\Big(-\frac{\Delta}{2m} + V_{\mathrm{KS}}(\boldsymbol{r}:[n(\boldsymbol{r})])\Big)\phi_i(\boldsymbol{r}) \\
&= \varepsilon_i\, \delta n_i
\end{aligned} \tag{1.129}
$$

であることが分かる．この結果と $\partial N/\partial n_i = 1$ ということを使うと，

$$
\frac{\partial \Omega(\{n_i\};[n(\boldsymbol{r})])}{\partial n_i}\bigg|_{n(\boldsymbol{r})} = \varepsilon_i - \mu_1 \tag{1.130}
$$

となる．このようにして得られた式 (1.130) を用いると，$\{n_i\}$ は次のように最適化されることが分かる．

a) まず，$\varepsilon_i < \mu_1$ の場合，n_i によらずに $\partial\Omega(\{n_i\};[n(\boldsymbol{r})])/\partial n_i < 0$ ということになる．これは変域 $[0,1]$ の中で n_i ができるだけ大きい方が $\Omega(\{n_i\};[n(\boldsymbol{r})])$ が小さくなることを意味するので，$n_i = 1$ と選ぶべきであることが分かる．

b) 逆に，$\varepsilon_i > \mu_1$ の場合，n_i によらずに $\partial\Omega(\{n_i\};[n(\boldsymbol{r})])/\partial n_i > 0$ であるので，$n_i = 0$ と選ぶべきであることが分かる．

c) 最後に，$\varepsilon_i = \mu_1$ の場合は $\partial\Omega(\{n_i\};[n(\boldsymbol{r})])/\partial n_i = 0$ が任意の n_i について成り立っているので，n_i はどのように選んでもよいことになる．特に，0 でも 1 でもない n_i を選ぶと，総電子数 N は必ずしも整数でなくなる．これを「分数占有問題」[24] と呼ぶ．この分数占有は，たとえ N が整数としても，この ε_i の準位が縮退しているときには普通に起こることになる．

上の② a)~c) の結果を考慮すると，N が整数で ε_N の準位が縮退していないときには，$\Omega(\{n_i\};[n(\boldsymbol{r})])$ の最小化といっても，それは $1 \leq i \leq N$ では $n_i = 1$，$i > N$ では $n_i = 0$ という KS 法における選び方をした n_i の集合 (それを $\{n_i^{(0)}\}$ と書こう) を用いることなので，元々の KS 法のやり方で式 (1.111) にしたがって最適化された電子密度 $n(\boldsymbol{r})$ を作り上げればよいことになる．そして，この際には最高被占有エネルギー準位 ε_N は化学ポテンシャル μ_1 に等しく，また，$E_0^{(N)}$ はこの $\{n_i^{(0)}\}$ や $n(\boldsymbol{r})$ を使って計算した $\tilde{E}_0(\{n_i^{(0)}\};[n(\boldsymbol{r})])$ で正しく与えられることが証明されたことになる．

なお，一般の KS 軌道について，式 (1.129) は

$$\left.\frac{\partial \tilde{E}_0}{\partial n_i}\right|_{n(\boldsymbol{r})} = \varepsilon_i \tag{1.131}$$

のように書けることになるが，これを**ヤナック (Janak) の定理**といい，各 KS 軌道準位 ε_i の数学的意味づけを与えるものである．そして，この定理は $E_{\mathrm{xc}}[n(\boldsymbol{r})]$ の詳細 (それゆえ，$V_{\mathrm{xc}}(\boldsymbol{r}:[n(\boldsymbol{r})])$ の近似の仕方) には無関係に成り立つものである．

ところで，この $\{n_i^{(0)}\}$ の電子分布状態から $i = N$ の準位にある電子を少し減らすことを考えよう．すなわち，η を正の微少量として，$n_N = 1 \to 1 - \eta$ に変えたとしよう．このとき，この n_N の変化に伴う $n(\boldsymbol{r})$ の 1 次変化量を $\delta n(\boldsymbol{r})$ と書くと，$\Omega(\{n_i\};[n(\boldsymbol{r})])$ の 1 次変化量 $\delta\Omega$ は

$$\begin{aligned}\delta\Omega &= \left.\frac{\partial \Omega(\{n_i^{(0)}\};[n(\boldsymbol{r})])}{\partial n(\boldsymbol{r})}\right|_{n_i^{(0)}} \delta n(\boldsymbol{r}) + \left.\frac{\partial \Omega(\{n_i^{(0)}\};[n(\boldsymbol{r})])}{\partial n_N^{(0)}}\right|_{n(\boldsymbol{r})} (-\eta) \\ &= -\eta(\varepsilon_N - \mu_1)\end{aligned} \tag{1.132}$$

となる．ここで，式 (1.125) や式 (1.130) を使った．

一方，$n_i^{(0)}$ からごく微少に変化したこの電子分布状態 $\{n_i\}$ における $\Omega(\{n_i\};[n(\boldsymbol{r})])$ の最小値は $E_0^{(N-\eta)} - \mu_1(N-\eta)$ であるので，$\delta\Omega$ は $E_0^{(N-\eta)} - \mu_1(N-\eta) - (E_0^{(N)} - \mu_1 N) = E_0^{(N-\eta)} - E_0^{(N)} + \eta\mu_1$ ということでもある．これを式 (1.132) の左辺に代入し，式 (1.115) の $\mu^{(N)}$ の定義式にしたがって $\eta \to 0^+$ とすると，$\mu^{(N)} = \varepsilon_N$ が得られ，結局，

$$\mu^{(N)} = \varepsilon_N = \mu_1 \tag{1.133}$$

という関係式が成り立つことが分かる．なお，混乱を避けるために，この項では $\tilde{E}_0(\{n_i\};[n(\boldsymbol{r})])$ と $E_0(1;[n(\boldsymbol{r})])$ とを区別して書いてきたが，前者は後者の概念を N が一定でない場合に素直に拡張しただけなので，今後は区別せずに前者の方も $E_0(\{n_i\};[n(\boldsymbol{r})])$(あるいは，単に E_0) と書くことにしよう．

1.3.6 バンドギャップの問題と交換相関ポテンシャルの非連続性

前項で議論した基底状態エネルギー $E_0^{(N)}$ を用いると，N 電子系の「イオン化ポテンシャル」(あるいはイオン化エネルギー) $I^{(N)}$ や「電子親和エネルギー」$A^{(N)}$ という化学的な概念が厳密に定義できる．前者は，N 電子系から電子を 1 つ取り出す際に必要なエネルギー量のことなので，

$$I^{(N)} = E_0^{(N-1)} - E_0^{(N)} \tag{1.134}$$

であり，一方，後者は N 電子系に電子を 1 つ付け加える際に放出されるエネルギー量なので，

$$A^{(N)} = E_0^{(N)} - E_0^{(N+1)} \tag{1.135}$$

のように与えられる．

上の定義式に基づいて物理的な観点から素朴に考えれば，これらの量はお互いに等しく，しかも，それは化学ポテンシャルの符号をかえたもの，$-\mu^{(N)}$，のように思える．しかしながら，N が余り大きくないとき (すなわち，$1/N \ll 1$ と見なせないとき) には，式 (1.115) に現れる $E_0^{(N-\eta)}$ と $E_0^{(N-1)}$(あるいは，$E_0^{(N+\eta)}$ と $E_0^{(N+1)}$) とを同一視はできないので，$I^{(N)} = A^{(N)} = -\mu^{(N)}$ という関係式が必ずしも成り立たなくなる．実際，中性原子では常に $I^{(N)} > A^{(N)}$ であり[62)]，温度 T を絶対零度に近づけていくと，$\mu^{(N)} = -(I^{(N)} + A^{(N)})/2$ であることが容易に証明される．

それでは，固体中の多電子系のように N が事実上無限大になれば，$I^{(N)} = A^{(N)} = -\mu^{(N)}$ が成り立つのかといえば，確かに金属の場合はそうであるが，この関係式は (半導体を含む) 絶縁体では成り立たない．そして，この $I^{(N)}$ と $A^{(N)}$ の差がいわゆるバンドギャップ E_{g} を与えることになる．ちなみに，電子のバンド構造という 1 体近似の描像で絶縁体結晶中の多電子系を考えた場合に

は，この E_{g} は空の伝導電子帯の最低エネルギー値と電子で充満した価電子帯の最高エネルギー値との差に対応するものであるが，E_{g} を

$$E_{\mathrm{g}} \equiv I^{(N)} - A^{(N)} = E_0^{(N+1)} + E_0^{(N-1)} - 2E_0^{(N)} \tag{1.136}$$

という式で厳密に定義すれば，このバンドギャップという概念は単にバンド理論のような1体近似に基礎を置くものではなく，それを越えてもっと一般的なものになる．

ところで，いろいろな絶縁体において，この E_{g} をKS法(特に，1.6節で解説する局所密度近似)で計算し，その結果を実験と比較してみたところ，局所密度近似の精度がよくないためというよりはKS法，なかんづく，そのKSポテンシャル $V_{\mathrm{KS}}(\boldsymbol{r}:[n(\boldsymbol{r})])$ の根本的な性質に関わる重要な問題，すなわち,「交換相関ポテンシャルの非連続性」，あるいは，交換相関エネルギー汎関数の微分が全電子数 N が整数値を取るところの前後で跳びがあり得ること[63~65]が明確に認識されるようになったので，ここではその問題を解説しておこう．

いま，N は非常に大きい正整数とし，全電子数が N のときに一番下のKS軌道準位である ε_1 から N 番目の ε_N までと ε_{N+1} 以上の準位は連続的に分布しているが，ε_N と ε_{N+1} の間にはエネルギーギャップがあるような状況(バンド描像における絶縁体)を仮定しよう．そして，系が電子リザーバーと接触していて，全電子数の平均が N よりもごくわずか少なくて，$N-1+x$ である場合を考えよう．ここで，x は $0<x<1$ の条件を満たしているとする．すると，これは分数占有の問題になるので，前項で導入したようなKS法を拡張した変分法で取り扱うべき問題になる．そして，基底状態を与える占有数 n_i については，$i \le N-1$ では $n_i=1$，$i=N$ では $n_N=x$，それより大きな i では $n_i=0$ となる．この占有数に対応して電子密度 $n(\boldsymbol{r})$ は全電子数 $N-1+x$ に依存するが，この $n^{(N-1+x)}(\boldsymbol{r})$ を通して自己無撞着に決定された各KS軌道準位 ε_i やKS軌道波動関数 $\phi_i(\boldsymbol{r})$ も全電子数 $N-1+x$ に依存するので，$\varepsilon_i(N-1+x)$ や $\phi_i^{(N-1+x)}(\boldsymbol{r})$ と書こう．すると，$n^{(N-1+x)}(\boldsymbol{r})$ は具体的には

$$n^{(N-1+x)}(\boldsymbol{r}) = \sum_{i=1}^{N-1} |\phi_i^{(N-1+x)}(\boldsymbol{r})|^2 + x|\phi_N^{(N-1+x)}(\boldsymbol{r})|^2 \tag{1.137}$$

で与えられることになる．また，式 (1.131) のヤナックの定理から，

$$\frac{\partial E_0^{(N-1+x)}}{\partial x} = \frac{\partial E_0^{(N-1+x)}}{\partial n_N} = \varepsilon_N(N-1+x) \tag{1.138}$$

という関係式が成り立つので，この式を x について 0 から 1 まで積分すると，

$$\begin{aligned} I^{(N)} = E_0^{(N-1)} - E_0^{(N)} &= -\int_0^1 dx\, \frac{\partial E_0^{(N-1+x)}}{\partial x} \\ &= -\int_0^1 dx\, \varepsilon_N(N-1+x) \end{aligned} \tag{1.139}$$

ということになる．

さて，式 (1.137) から分かるように，今の場合，連続状態を形成している N 番目の準位以下の KS 軌道状態しか基本的に関与しておらず，しかも，$N \gg 1$ の条件下で考えているので，十分な精度で $n^{(N-1+x)}(\boldsymbol{r})$ は N 電子系における電子密度 $n^{(N)}(\boldsymbol{r})$ と N 番目の KS 軌道波動関数 $\phi_N^{(N)}(\boldsymbol{r})$ を使って，

$$n^{(N-1+x)}(\boldsymbol{r}) \approx n^{(N)}(\boldsymbol{r}) - (1-x)|\phi_N^{(N)}(\boldsymbol{r})|^2 \tag{1.140}$$

と書くことができる．同様に，KS 軌道準位についても，$\varepsilon_N(N-1+x) \approx \varepsilon_N(N)$ と考えてよい[66] ので，式 (1.139) から十分な精度で

$$I^{(N)} \approx -\int_0^1 dx\, \varepsilon_N(N) = -\varepsilon_N(N) \tag{1.141}$$

という見積もりが得られることになる．

次に，全電子数が $N+x$ の場合を考えてみると，今度は占有数 n_i については，$i \leq N$ では $n_i = 1$，$i = N+1$ では $n_{N+1} = x$，それより大きな i では $n_i = 0$ となる．したがって，電子密度や各 KS 軌道準位，KS 軌道波動関数を全電子数 $N+x$ の関数として，それぞれ，$n^{(N+x)}(\boldsymbol{r})$ や $\varepsilon_i(N+x)$，$\phi_i^{(N+x)}(\boldsymbol{r})$ と書くと，$n^{(N+x)}(\boldsymbol{r})$ は

$$n^{(N+x)}(\boldsymbol{r}) = \sum_{i=1}^{N} |\phi_i^{(N+x)}(\boldsymbol{r})|^2 + x|\phi_{N+1}^{(N+x)}(\boldsymbol{r})|^2 \tag{1.142}$$

であり，そして，再びヤナックの定理から，

$$A^{(N)} = E_0^{(N)} - E_0^{(N+1)} = -\int_0^1 dx \frac{\partial E_0^{(N+x)}}{\partial x}$$
$$= -\int_0^1 dx \frac{\partial E_0^{(N+x)}}{\partial n_{N+1}} = -\int_0^1 dx\, \varepsilon_{N+1}(N+x) \qquad (1.143)$$

ということになる．

ところで，式 (1.142) によれば，今度の場合は連続状態を形成している N 番目の準位以下の KS 軌道状態だけでなく，それらからエネルギーギャップを挟んで存在する $(N+1)$ 番目の KS 軌道状態も関与していることになるので，$n^{(N+x)}(\boldsymbol{r})$ は $(N+1)$ 電子系における電子密度 $n^{(N+1)}(\boldsymbol{r})$ と $(N+1)$ 番目の KS 軌道波動関数 $\phi_{N+1}^{(N+1)}(\boldsymbol{r})$ を使って考える必要があり，実際，$N \gg 1$ の条件下では

$$n^{(N+x)}(\boldsymbol{r}) \approx n^{(N+1)}(\boldsymbol{r}) - (1-x)|\phi_{N+1}^{(N+1)}(\boldsymbol{r})|^2 \qquad (1.144)$$

ということになる．また，これに対応し，KS 軌道準位については，$\varepsilon_{N+1}(N+x) \approx \varepsilon_{N+1}(N+1)$ と考えてよいので，式 (1.143) から，

$$A^{(N)} \approx -\int_0^1 dx\, \varepsilon_{N+1}(N+1) = -\varepsilon_{N+1}(N+1) \qquad (1.145)$$

が得られることになる．

さて，このようにして得られた式 (1.141) と式 (1.145) との差を取ると，エネルギーギャップ E_{g} は

$$E_{\mathrm{g}} = \varepsilon_{N+1}(N+1) - \varepsilon_N(N) \qquad (1.146)$$

ということになる．これと式 (1.133) の結果を組み合わせると，E_{g} は $(N+1)$ 電子系の化学ポテンシャル $\mu^{(N+1)}$ と N 電子系の化学ポテンシャル $\mu^{(N)}$ の差であることになるが，これらの化学ポテンシャル自体は密度変分原理から得られる式 (1.104) で $T_{\mathrm{s}}[n(\boldsymbol{r})]$ やハートリー・ポテンシャル，$V_{\mathrm{xc}}(\boldsymbol{r}:[n(\boldsymbol{r})])$，そして，元々の電子イオンポテンシャル $V_{\mathrm{ei}}(\boldsymbol{r})$ を使って書き直せるので，その書き直した結果として，E_{g} は

$$
\begin{aligned}
E_{\mathrm{g}} &= \mu^{(N+1)} - \mu^{(N)} \\
&= \left.\frac{\delta T_{\mathrm{s}}[n(\boldsymbol{r})]}{\delta n(\boldsymbol{r})}\right|_{n(\boldsymbol{r})=n^{(N+1)}(\boldsymbol{r})} - \left.\frac{\delta T_{\mathrm{s}}[n(\boldsymbol{r})]}{\delta n(\boldsymbol{r})}\right|_{n(\boldsymbol{r})=n^{(N)}(\boldsymbol{r})} \\
&\quad + V_{\mathrm{xc}}(\boldsymbol{r}:[n^{(N+1)}(\boldsymbol{r})]) - V_{\mathrm{xc}}(\boldsymbol{r}:[n^{(N)}(\boldsymbol{r})])
\end{aligned} \tag{1.147}
$$

となることが分かる．ここで，ハートリー・ポテンシャル項の寄与の差は，結局のところ，$n^{(N+1)}(\boldsymbol{r}) - n^{(N)}(\boldsymbol{r})$ という弱い摂動による静電ポテンシャルの変化部分であり，これはエネルギーとしてはオーダー N^{-1} の量なので無視した．

この式 (1.147) の中で，$T_{\mathrm{s}}[n(\boldsymbol{r})]$ に起因する部分を $E_{\mathrm{g}}^{\mathrm{KS}}$ と書き，その大きさを考えてみると，これはオーダー N^{-1} の誤差を無視すれば，基本的に $n(\boldsymbol{r}) = n^{(N)}(\boldsymbol{r})$ を一定にして，$(N+1)$ 番目の KS 軌道の占有数を 0 から 1 に変えたときの $T_{\mathrm{s}}[n(\boldsymbol{r})]$ の変化量を知ればよいことになる．この変化量自体は前項の式 (1.128) から式 (1.129) にかけて求めたものであり，それは

$$
\begin{aligned}
E_{\mathrm{g}}^{\mathrm{KS}} &\equiv \left.\frac{\delta T_{\mathrm{s}}[n(\boldsymbol{r})]}{\delta n(\boldsymbol{r})}\right|_{n(\boldsymbol{r})=n^{(N+1)}(\boldsymbol{r})} - \left.\frac{\delta T_{\mathrm{s}}[n(\boldsymbol{r})]}{\delta n(\boldsymbol{r})}\right|_{n(\boldsymbol{r})=n^{(N)}(\boldsymbol{r})} \\
&\approx \left.\frac{\delta T_{\mathrm{s}}[n(\boldsymbol{r})]}{\delta n(\boldsymbol{r})}\right|_{n(\boldsymbol{r})=n^{(N)}(\boldsymbol{r});n_{N+1}=1} - \left.\frac{\delta T_{\mathrm{s}}[n(\boldsymbol{r})]}{\delta n(\boldsymbol{r})}\right|_{n(\boldsymbol{r})=n^{(N)}(\boldsymbol{r});n_{N+1}=0} \\
&= \varepsilon_{N+1}(N) - \varepsilon_N(N)
\end{aligned} \tag{1.148}
$$

ということになる．したがって，この $E_{\mathrm{g}}^{\mathrm{KS}}$ は全電子数が N に固定された場合に自己無撞着に決定された各 KS 軌道のエネルギー準位のうちで，最低空軌道準位 $\varepsilon_{N+1}(N)$ と最高被占有軌道準位 $\varepsilon_N(N)$ との差として与えられるものである．そして，この差は全電子数が N に固定された通常の KS 法で，$V_{\mathrm{xc}}(\boldsymbol{r}:[n(\boldsymbol{r})])$ の汎関数形を適当に与えて式 (1.109) における 1 体のシュレディンガー方程式を自己無撞着に解くことによって (絶縁体では KS 軌道の伝導電子帯の最小エネルギーと価電子帯の最大エネルギーの差として) 得られるので，「**KS エネルギーギャップ**」と呼ばれている．

最後に，E_{g} を決める式 (1.147) の中で $V_{\mathrm{xc}}(\boldsymbol{r}:[n(\boldsymbol{r})])$ に起因する部分 Δ_{g} を考察しよう．この量は

$$
\begin{aligned}
\Delta_{\mathrm{g}} &\equiv E_{\mathrm{g}} - E_{\mathrm{g}}^{\mathrm{KS}} \\
&= V_{\mathrm{xc}}(\boldsymbol{r}:[n^{(N+1)}(\boldsymbol{r})]) - V_{\mathrm{xc}}(\boldsymbol{r}:[n^{(N)}(\boldsymbol{r})])
\end{aligned} \tag{1.149}
$$

で定義されるが，E_{g} に対する式 (1.146) と $E_{\mathrm{g}}^{\mathrm{KS}}$ に対する式 (1.148) の結果を代入すると，

$$\Delta_{\mathrm{g}} \equiv \varepsilon_{N+1}(N+1) - \varepsilon_{N+1}(N) \tag{1.150}$$

ということになる．すなわち，この Δ_{g} は全電子数を N から $N+1$ に微少増加させた (そして，電子密度が $n^{(N)}(\boldsymbol{r})$ から $n^{(N+1)}(\boldsymbol{r})$ に変わった) ときに同じ $(N+1)$ 番目の KS 軌道準位 ε_{N+1} が空であった状態が占有された状態に変わったことに伴うエネルギーの変化量である．

ところで，この Δ_{g} がゼロでないということは考えにくい．実際，$\Delta_{\mathrm{g}} \neq 0$ かもしれないということが認識されたのは DFT が提唱されてから約 20 年も経ってからである．また，$V_{\mathrm{xc}}(\boldsymbol{r}:[n(\boldsymbol{r})])$ の汎関数形を局所密度近似のように (N 依存性を明確にしないままに) $n(\boldsymbol{r})$ に関して連続であるように与えてしまえば，$n^{(N)}(\boldsymbol{r})$ と $n^{(N+1)}(\boldsymbol{r})$ の違いといってもオーダー N^{-1} 程度のはずなので，$\Delta_{\mathrm{g}} = 0$ という結論が容易に得られてしまう．

しかしながら，数学的には，元の HK の第 1 定理では N を与えたときに定数差を除いて 1 体ポテンシャルが一意的に決まることを証明したに過ぎず，そのポテンシャルに付随する定数項の N 依存性については何も言明していないので，もし，ある電子密度 $n(\boldsymbol{r})$ について $V_{\mathrm{xc}}(\boldsymbol{r}:[n(\boldsymbol{r})])$ に付随する定数項が N 依存性を持ったとすると，$\Delta_{\mathrm{g}} \neq 0$ という可能性が残ることになる．

この観点から式 (1.149) を見直すと，その最右辺は $\boldsymbol{r}$ に依存しているように見えるが，式 (1.150) は定数なので，式 (1.149) 最右辺の第 1 項の $\boldsymbol{r}$ 依存性は第 2 項のそれで完全に打ち消されているはずであるということになる．言い換えれば，これら $V_{\mathrm{xc}}(\boldsymbol{r}:[n^{(N+1)}(\boldsymbol{r})])$ と $V_{\mathrm{xc}}(\boldsymbol{r}:[n^{(N)}(\boldsymbol{r})])$ の 2 つの交換相関ポテンシャルは定数差を除いてお互いに等しいことになり，したがって，$\Delta_{\mathrm{g}} \neq 0$ ということは単にポテンシャルの付加定数が N に依存することを示すだけで，それは決して HK の第 1 定理に矛盾しないことが分かる．

それでは，物理的には，どうして $\Delta_{\mathrm{g}} \neq 0$ になるのであろうか．この問題を考える際のヒントとして式 (1.148) を見直そう．その式によれば，そもそも，$E_{\mathrm{g}}^{\mathrm{KS}} \neq 0$ という状況は運動エネルギー演算子の期待値のうちで $T_{\mathrm{s}}[n(\boldsymbol{r})]$ で記述される部分に原因があった．すなわち，運動エネルギー演算子の効果で $E_{\mathrm{g}}^{\mathrm{KS}} \neq 0$

という結果が得られたと考えられるのである．しかるに，1.3.2 項 a で強調したように，相互作用のある系では運動エネルギー期待値の (相互作用に起因する) 波動関数の変形に伴う増加量は $T_s[n(\boldsymbol{r})]$ に含まれるのではなく，交換相関エネルギー部分に含まれている[67]．したがって，もともと，運動エネルギー演算子の効果でバンドギャップが発生するというのであれば，その効果は $T_s[n(\boldsymbol{r})]$ の作用に起因する不連続性だけに現れるのではなく，$V_{xc}(\boldsymbol{r}:[n(\boldsymbol{r})])$ の作用についても同様なことが見られると考えるのが自然であり，そして，この後者の寄与が Δ_g ということになる．さらに，これは運動エネルギーの増加量に関連しているので，一般的にいって $\Delta_g > 0$ ということも予想される[68]．

なお，もっと具体的に Δ_g の値を定量的に求めたいと思えば，これは $E_{xc}[n(\boldsymbol{r})]$ や $V_{xc}(\boldsymbol{r}:[n(\boldsymbol{r})])$ をどのように与えるかという問題と同様に DFT の範囲で解決できる問題ではなくなり，何か別の多体問題を取り扱う手法を適宜用いて考えねばならない．そして，これは今でも (また，今後も，すくなくともしばらくは) 重要な研究対象である[64,69]．

1.4 温度密度汎関数理論

1.4.1 ギブスの変分原理

これまでの議論は $T = 0$ に限って展開してきたが，マーミン (N. D. Mermin) が示したように[25]，熱平衡状態を考える限り，密度汎関数理論は簡単に $T \neq 0$ の場合に拡張できる．この節では，それについて簡単に触れておこう．

まず，$T = 0$ のときには証明の基本になる変分原理は 1.2.1 項のはじめに述べたようにシュレディンガー–リッツのそれであったが，$T \neq 0$ ではそれは第 9 巻の 3.1.3 項で証明したギブスの変分原理に取って代わられる．すなわち，任意の密度行列演算子 ρ に対して，式 (I.3.21) で定義される熱力学ポテンシャル $\Omega[\rho] \equiv \mathrm{Tr}\{\rho(H_e - \mu N + T\ln\rho)\}$ に対して成り立つ不等式 (I.3.22)，$\Omega[\rho] \geq \Omega[\rho_e]$，ということになる．ここで，$\beta = 1/T$ として，等号が成立するのは $\rho = \rho_e \equiv e^{-\beta(H_e-\mu N)}/\mathrm{Tr}\{e^{-\beta(H_e-\mu N)}\}$ のときのみである．

ところで，1 体ポテンシャル $V_{ei}(\boldsymbol{r})$ と (全電子数が N になるように適切に決められた) 化学ポテンシャル μ が与えられた場合，$H_e - \mu N = T_e + U_{ee} + V_{ei} - \mu N$

が規定されたことになるので，ρ_{e} は一意的に決まる．そして，それに対応した電子密度 $n(\boldsymbol{r})$ も (少なくとも形式的には)

$$n(\boldsymbol{r}) = \mathrm{Tr}\left\{\rho_{\mathrm{e}}\Big(\sum_{\sigma}\psi_{\sigma}^{+}(\boldsymbol{r})\psi_{\sigma}(\boldsymbol{r})\Big)\right\} \tag{1.151}$$

によって一意的に計算される．すなわち，$V_{\mathrm{ei}}(\boldsymbol{r})-\mu \mapsto n(\boldsymbol{r})$ という写像がよく定義されていることになる．

1.4.2 有限温度の密度汎関数化

そこで，この写像の逆，$n(\boldsymbol{r}) \mapsto V_{\mathrm{ei}}(\boldsymbol{r})-\mu$ も一意的であることを (v 表示可能性を仮定して) これまでと同じように背理法で証明しておこう．

もし，任意の電子密度 $n(\boldsymbol{r})$ に対して，それを熱平衡状態の電子密度とするような 1 体ポテンシャル (から化学ポテンシャルから差し引いたもの) として，$V_{\mathrm{ei}}(\boldsymbol{r})-\mu$ と $V'_{\mathrm{ei}}(\boldsymbol{r})-\mu'$ というように 2 つの異なるものが存在したとしよう．すると，$\rho_{\mathrm{e}} = e^{-\beta(T_{\mathrm{e}}+U_{\mathrm{ee}}+V_{\mathrm{ei}}-\mu N)}/\mathrm{Tr}\{e^{-\beta(T_{\mathrm{e}}+U_{\mathrm{ee}}+V_{\mathrm{ei}}-\mu N)}\}$ は $\rho'_{\mathrm{e}} = e^{-\beta(T_{\mathrm{e}}+U_{\mathrm{ee}}+V'_{\mathrm{ei}}-\mu' N)}/\mathrm{Tr}\{e^{-\beta(T_{\mathrm{e}}+U_{\mathrm{ee}}+V'_{\mathrm{ei}}-\mu' N)}\}$ とは異なるので，この ρ_{e} について，$\Omega_{V'_{\mathrm{ei}}-\mu'}[\rho] \equiv \mathrm{Tr}\{\rho(T_{\mathrm{e}}+U_{\mathrm{ee}}+V'_{\mathrm{ei}}-\mu' N+T\ln\rho)\}$ に関するギブスの変分原理，$\Omega_{V'_{\mathrm{ei}}-\mu'}[\rho_{\mathrm{e}}] > \Omega_{V'_{\mathrm{ei}}-\mu'}[\rho'_{\mathrm{e}}]$，を適用すると，

$$\begin{aligned}\Omega_{V_{\mathrm{ei}}-\mu}[\rho_{\mathrm{e}}] &= \int d\boldsymbol{r}\, n(\boldsymbol{r})\Big(V_{\mathrm{ei}}(\boldsymbol{r})-\mu\Big) - \int d\boldsymbol{r}\, n(\boldsymbol{r})\Big(V'_{\mathrm{ei}}(\boldsymbol{r})-\mu'\Big)\\ &\quad +\mathrm{Tr}\left\{\rho_{\mathrm{e}}\Big(T_{\mathrm{e}}+U_{\mathrm{ee}}+V'_{\mathrm{ei}}-\mu' N+T\ln\rho_{\mathrm{e}}\Big)\right\}\\ &> \int d\boldsymbol{r}\, n(\boldsymbol{r})\Big(V_{\mathrm{ei}}(\boldsymbol{r})-\mu\Big) - \int d\boldsymbol{r}\, n(\boldsymbol{r})\Big(V'_{\mathrm{ei}}(\boldsymbol{r})-\mu'\Big)\\ &\quad +\Omega_{V'_{\mathrm{ei}}-\mu'}[\rho'_{\mathrm{e}}]\end{aligned} \tag{1.152}$$

が得られる．

さて，この不等式 (1.152) でプライムがついている量とついていない量とを入れ替えて考え，$\Omega_{V_{\mathrm{ei}}-\mu}[\rho'_{\mathrm{e}}] > \Omega_{V_{\mathrm{ei}}-\mu}[\rho_{\mathrm{e}}]$ という不等式を使うと，

$$\begin{aligned}\Omega_{V'_{\mathrm{ei}}-\mu'}[\rho'_{\mathrm{e}}] &> \int d\boldsymbol{r}\, n(\boldsymbol{r})\Big(V'_{\mathrm{ei}}(\boldsymbol{r})-\mu'\Big) - \int d\boldsymbol{r}\, n(\boldsymbol{r})\Big(V_{\mathrm{ei}}(\boldsymbol{r})-\mu\Big)\\ &\quad +\Omega_{V_{\mathrm{ei}}-\mu}[\rho_{\mathrm{e}}]\end{aligned} \tag{1.153}$$

が導かれる．これら 2 つの不等式，(1.152) と (1.153)，を足し合わせると，

$$\Omega_{V_{\rm ei}-\mu}[\rho_{\rm e}] + \Omega_{V'_{\rm ei}-\mu'}[\rho'_{\rm e}] > \Omega_{V'_{\rm ei}-\mu'}[\rho'_{\rm e}] + \Omega_{V_{\rm ei}-\mu}[\rho_{\rm e}] \tag{1.154}$$

という矛盾が導かれるので，$n(\boldsymbol{r})$ に対しては $V_{\rm ei}(\boldsymbol{r}) - \mu$ は一意的に存在することが分かる．そして，これが一意的に決まれば，$\rho_{\rm e}$ も決まることになるので，すべての熱力学量は $n(\boldsymbol{r})$ の汎関数であると結論される．なお，$T = 0$ のときは 1 体ポテンシャルに任意の付加定数がついてもよいことになっていたが，今の場合はそのような任意性は 1 体ポテンシャルと化学ポテンシャルとの差，$V_{\rm ei}(\boldsymbol{r}) - \mu$，の中に吸収されて，なくなってしまったことに注意されたい．

1.4.3　有限温度の密度変分原理

そこで，任意の電子密度 $n(\boldsymbol{r})$ に対応して一意的に定まる $\rho_{\rm e}$ を $\rho[n(\boldsymbol{r})]$ と書こう．そして，与えられた $V_{\rm ei}(\boldsymbol{r}) - \mu$ (すなわち，$n(\boldsymbol{r})$ に対して一意的に決まる $V_{\rm ei}(\boldsymbol{r}) - \mu$ ではなく，系にとっては外部から任意に与えられたもの) に対して，

$$\begin{aligned}\Omega_{V_{\rm ei}-\mu}[n(\boldsymbol{r})] &\equiv {\rm Tr}\left\{\rho[n(\boldsymbol{r})]\Big(T_{\rm e} + U_{\rm ee} + V_{\rm ei} - \mu N + T \ln \rho[n(\boldsymbol{r})]\Big)\right\} \\ &= F[n(\boldsymbol{r})] + \int d\boldsymbol{r}\, n(\boldsymbol{r})\Big(V_{\rm ei}(\boldsymbol{r}) - \mu\Big)\end{aligned} \tag{1.155}$$

の形で熱力学ポテンシャル汎関数を導入しよう．ここで，有限温度における普遍汎関数 $F[n(\boldsymbol{r})]$ は

$$F[n(\boldsymbol{r})] \equiv {\rm Tr}\left\{\rho[n(\boldsymbol{r})]\Big(T_{\rm e} + U_{\rm ee} + T \ln \rho[n(\boldsymbol{r})]\Big)\right\} \tag{1.156}$$

で定義される．すると，この $\Omega_{V_{\rm ei}-\mu}[n(\boldsymbol{r})]$ は $V_{\rm ei}(\boldsymbol{r}) - \mu$ において熱平衡状態で実現される電子密度 $n_{\rm e}(\boldsymbol{r})$ のときに最小になり，それ以外の $n(\boldsymbol{r})$ では $\Omega_{V_{\rm ei}-\mu}[n(\boldsymbol{r})] > \Omega_{V_{\rm ei}-\mu}[n_{\rm e}(\boldsymbol{r})]$ であることがギブスの変分原理から容易に証明される．これが有限温度での密度変分原理である．

1.4.4　有限温度のコーン–シャムの方法

さて，この密度変分原理に基づく最小化操作も $T = 0$ の場合と同様にコーン–シャムの方法によって行うことにしよう．そのための第 1 ステップは普遍汎

関数 $F[n(\boldsymbol{r})]$ を式 (1.102) にならって，

$$F[n(\boldsymbol{r})]=T_{\rm s}[n(\boldsymbol{r})]-TS_{\rm s}[n(\boldsymbol{r})]+J[n(\boldsymbol{r})]+F_{\rm xc}[n(\boldsymbol{r})] \tag{1.157}$$

のように分割して書くことである．ここで注意しなければならないのは，熱力学ポテンシャルにはエントロピー S の効果が $-T\,S$ の形で寄与することであり，そのため，相互作用のない参照系においても，運動エネルギー汎関数 $T_{\rm s}[n(\boldsymbol{r})]$ だけでなく，エントロピーの汎関数 $S_{\rm s}[n(\boldsymbol{r})]$ も考慮しなければならない．そして，それに伴って，交換相関部分の汎関数である $F_{\rm xc}[n(\boldsymbol{r})]$ も式 (1.103) で定義した $E_{\rm xc}[n(\boldsymbol{r})]$ とは違うものになる．

しかしながら，$F[n(\boldsymbol{r})]$ を式 (1.157) のように分割して書くと，式 (1.155) で与えられる熱力学ポテンシャルを最小化する操作は 1.3 節での全エネルギーを最小化する操作と形式的にはまったく同じであるので，以下のような一群のコーン–シャム方程式が得られることになる．

まず，有効 1 体ポテンシャルである $V_{\rm KS}(\boldsymbol{r}:[n(\boldsymbol{r})])$ は，

$$V_{\rm KS}(\boldsymbol{r}:[n(\boldsymbol{r})])\equiv V_{\rm ei}(\boldsymbol{r})+\int d\boldsymbol{r}'\,\frac{e^2}{|\boldsymbol{r}-\boldsymbol{r}'|}\,n(\boldsymbol{r}')+\frac{\delta F_{\rm xc}[n(\boldsymbol{r})]}{\delta n(\boldsymbol{r})} \tag{1.158}$$

で与えられる．そして，それを使って 1 体問題のシュレディンガー方程式

$$\left[-\frac{\Delta}{2m}+V_{\rm KS}(\boldsymbol{r}:[n(\boldsymbol{r})])\right]\phi_i(\boldsymbol{r})=\varepsilon_i\,\phi_i(\boldsymbol{r}) \tag{1.159}$$

を適当な境界条件の下で解いて，固有関数 $\phi_i(\boldsymbol{r})$ と固有エネルギー ε_i が得られる．すると，電子密度 $n(\boldsymbol{r})$ は

$$n(\boldsymbol{r})=\sum_i|\phi_i(\boldsymbol{r})|^2\,f_i \tag{1.160}$$

で計算される．ここで，f_i はフェルミ分布関数 $f(\varepsilon)$ を用いて，

$$f_i\equiv f(\varepsilon_i-\mu)=\frac{1}{1+e^{(\varepsilon_i-\mu)/T}} \tag{1.161}$$

のように定義されている．また，$T_{\rm s}[n(\boldsymbol{r})]$ や $S_{\rm s}[n(\boldsymbol{r})]$ は

$$T_{\rm s}[n(\boldsymbol{r})]=\sum_i\varepsilon_i f_i-\int d\boldsymbol{r}\,V_{\rm KS}(\boldsymbol{r}:[n(\boldsymbol{r})])n(\boldsymbol{r}) \tag{1.162}$$

$$S_{\rm s}[n(\boldsymbol{r})]=-\sum_i\Big\{f_i\ln f_i+(1-f_i)\ln(1-f_i)\Big\} \tag{1.163}$$

の式にしたがって計算される．なお，運動エネルギー項 $T_{\rm s}[n(\boldsymbol{r})]$ と同様に式 (1.163) におけるエントロピー項 $S_{\rm s}[n(\boldsymbol{r})]$ にも "single-particle" を意味する添字 s を付けたことからも分かるように，相互作用のない参照系で定義されたこの $S_{\rm s}[n(\boldsymbol{r})]$ はエントロピー項に対する交換相関効果を含んでいない．

このように，有限温度であっても形式上は $T=0$ の場合とほぼ同じ理論構成が得られることが分かるが，具体的な計算を実行する際には，$T=0$ の場合に問題になる $E_{\rm xc}[n(\boldsymbol{r})]$ の汎関数形にまつわる困難点が存在するだけでなく，$F_{\rm xc}[n(\boldsymbol{r})]$ の汎関数形を考案する場合には任意の温度でのエントロピーへの交換相関効果がどのようなものかをよく知らねばならないという問題点が加わる．もちろん，フェルミ温度に対して十分低温では，そのような効果は電子比熱係数 γ を考察することでうまく捉えられはずである[5)]が，任意の温度で $F_{\rm xc}[n(\boldsymbol{r})]$ のよい汎関数形を得ることはたいへん難しく，今後の問題である[70)]．

1.5　スピン密度汎関数理論

1.5.1　外部磁場中の多電子系

これまでは式 (1.1) のハミルトニアン $H_{\rm e}$(あるいは，式 (1.25) の $E_0(\lambda;[n(\boldsymbol{r})])$ や式 (1.155) の $\Omega_{V_{\rm ei}-\mu}[n(\boldsymbol{r})]$) で示されるように，もっぱら電子密度 $n(\boldsymbol{r})$ を通してのみ電子系が外部ポテンシャル $V_{\rm ei}(\boldsymbol{r})$ と相互作用するような系を考えてきた．しかしながら，空間的に変動する外部磁場 $\boldsymbol{B}(\boldsymbol{r})$ の中に電子系があると，(電子の軌道運動に対する磁場の効果を無視するとしても) この系に働く外部ポテンシャルとしては $\boldsymbol{B}(\boldsymbol{r})$ と電子スピンに由来する磁化密度 $\boldsymbol{m}(\boldsymbol{r})$ との相互作用によるゼーマン (Zeeman)・エネルギーも考慮しなくてはならない．すなわち，$H_{\rm e}$ の中の $V_{\rm ei}$ は

$$V_{\rm ei}=\int d\boldsymbol{r}\ \left[V_{\rm ei}(\boldsymbol{r})\hat{n}(\boldsymbol{r})-\boldsymbol{B}(\boldsymbol{r})\cdot\hat{\boldsymbol{m}}(\boldsymbol{r})\right] \tag{1.164}$$

のように拡張されることになる．ここで，電荷密度演算子 $\hat{n}(\boldsymbol{r})$ はこれまで通りに

$$\hat{n}(\boldsymbol{r})=\sum_{\sigma}\psi_{\sigma}^{+}(\boldsymbol{r})\psi_{\sigma}(\boldsymbol{r}) \tag{1.165}$$

であるが，磁化密度演算子 $\hat{\boldsymbol{m}}(\boldsymbol{r})$ はボーア磁子 $\mu_{\mathrm{B}}(=e/2m)$ やパウリ行列ベクトル $\boldsymbol{\sigma}$ を用いて

$$\hat{\boldsymbol{m}}(\boldsymbol{r}) = -\mu_{\mathrm{B}} \sum_{\sigma\sigma'} \psi_\sigma^+(\boldsymbol{r}) \boldsymbol{\sigma}_{\sigma\sigma'} \psi_{\sigma'}(\boldsymbol{r}) \tag{1.166}$$

のように定義される．なお，この章では，以後，もっぱら温度がゼロ $(T=0)$ の場合のみを扱っていこう．

1.5.2 基底状態の一意性

さて，このように電子系に働く外部ポテンシャルが $V_{\mathrm{ei}}(\boldsymbol{r})$ と 3 つの独立な成分を持つ $\boldsymbol{B}(\boldsymbol{r})$ の合計 4 つのスカラー関数で指定されるようになると，その基底状態 $|\Phi_0\rangle$ (しばらくは非縮退であると仮定しよう) は一般的にいって $\boldsymbol{B}(\boldsymbol{r})$ にも依存するようになり，したがって，電子密度 $n(\boldsymbol{r})(\equiv \langle\Phi_0|\hat{n}(\boldsymbol{r})|\Phi_0\rangle)$ だけでは一意的に指定できなくなる．しかしながら，この基底状態の電子密度 $n(\boldsymbol{r})$ とともに基底状態の磁化密度 $\boldsymbol{m}(\boldsymbol{r})(\equiv \langle\Phi_0|\hat{\boldsymbol{m}}(\boldsymbol{r})|\Phi_0\rangle)$ も指定してしまうと，$|\Phi_0\rangle$ と 4 つの関数の組，$\{n(\boldsymbol{r}), \boldsymbol{m}(\boldsymbol{r})\}$，が 1 対 1 に対応することが 1.2.1 項 d における論理の展開とほぼ平行した議論で証明できる．

実際，与えられた $\{n(\boldsymbol{r}), \boldsymbol{m}(\boldsymbol{r})\}$ に対して，2 つの異なる基底状態，$|\Phi_0\rangle$ と $|\Phi_0'\rangle$，が対応すると仮定し，(さらに v 表示可能性も仮定して) それぞれの基底状態を作り出す外部ポテンシャルの組を $\{V_{\mathrm{ei}}(\boldsymbol{r}), \boldsymbol{B}(\boldsymbol{r})\}$ 及び $\{V_{\mathrm{ei}}'(\boldsymbol{r}), \boldsymbol{B}'(\boldsymbol{r})\}$ としよう．すると，シュレディンガー–リッツの変分原理を $|\Phi_0\rangle$ の場合に適用すれば，不等式 (1.13) は拡張されて，

$$\begin{aligned} E_0 < E_0' &+ \int d\boldsymbol{r}\,[V_{\mathrm{ei}}(\boldsymbol{r}) - V_{\mathrm{ei}}'(\boldsymbol{r})]\, n(\boldsymbol{r}) \\ &- \int d\boldsymbol{r}\,[\boldsymbol{B}(\boldsymbol{r}) - \boldsymbol{B}'(\boldsymbol{r})] \cdot \boldsymbol{m}(\boldsymbol{r}) \end{aligned} \tag{1.167}$$

のようになる．同様に，不等式 (1.14) を拡張して，

$$\begin{aligned} E_0' < E_0 &+ \int d\boldsymbol{r}\,[V_{\mathrm{ei}}'(\boldsymbol{r}) - V_{\mathrm{ei}}(\boldsymbol{r})]\, n(\boldsymbol{r}) \\ &- \int d\boldsymbol{r}\,[\boldsymbol{B}'(\boldsymbol{r}) - \boldsymbol{B}(\boldsymbol{r})] \cdot \boldsymbol{m}(\boldsymbol{r}) \end{aligned} \tag{1.168}$$

という不等式が得られる．これら2つの不等号を足し合わせると，$E_0 + E_0' < E_0' + E_0$ という矛盾を導くので，与えられた $\{n(\boldsymbol{r}), \boldsymbol{m}(\boldsymbol{r})\}$ に対しては基底状態は一通りに決まることが証明されたことになる．

1.5.3 電荷磁化密度変分原理

そこで，$\{n(\boldsymbol{r}), \boldsymbol{m}(\boldsymbol{r})\}$ に一意的に対応する基底状態を $|\Phi_0[n, \boldsymbol{m}]\rangle$ と書けば，1.2.2項における密度変分原理を次のような電子の電荷磁化密度変分原理に拡張できる．すなわち，式(1.24)で定義される普遍汎関数 $F_\lambda[n(\boldsymbol{r})]$ を(表記上の煩わしさを避けるために $\lambda = 1$ の場合だけを考えるとすると)

$$F[n(\boldsymbol{r}), \boldsymbol{m}(\boldsymbol{r})] \equiv \langle \Phi_0[n, \boldsymbol{m}] | T_{\mathrm{e}} + U_{\mathrm{ee}} | \Phi_0[n, \boldsymbol{m}] \rangle \tag{1.169}$$

のように再定義して，電子密度 $n(\boldsymbol{r})$ と磁化密度 $\boldsymbol{m}(\boldsymbol{r})$ に関する全エネルギー汎関数 $E_0[n(\boldsymbol{r}), \boldsymbol{m}(\boldsymbol{r})]$ を

$$E_0[n(\boldsymbol{r}), \boldsymbol{m}(\boldsymbol{r})] = F[n(\boldsymbol{r}), \boldsymbol{m}(\boldsymbol{r})] + \int d\boldsymbol{r} \left[V_{\mathrm{ei}}(\boldsymbol{r}) n(\boldsymbol{r}) - \boldsymbol{B}(\boldsymbol{r}) \cdot \boldsymbol{m}(\boldsymbol{r}) \right] \tag{1.170}$$

で与えると，HKの密度変分原理は全電子数は一定の下で(すなわち，式(1.20)が成り立つ範囲で)与えられた $\{V_{\mathrm{ei}}(\boldsymbol{r}), \boldsymbol{B}(\boldsymbol{r})\}$ に対して，この $E_0[n(\boldsymbol{r}), \boldsymbol{m}(\boldsymbol{r})]$ が $\{n(\boldsymbol{r}), \boldsymbol{m}(\boldsymbol{r})\}$ の変分に関して最小化されるべしという変分原理に拡張される．そして，この最小化の際に得られる最小エネルギーは $\{n(\boldsymbol{r}), \boldsymbol{m}(\boldsymbol{r})\}$ が真の基底状態における電子の電荷密度や磁化密度に等しくなる時のみであることが形式的に証明される．ちなみに，この証明自体は1.2.2項における証明をなぞって考えれば簡単にできるので，読者自らが試みられたい．なお，この変分操作を実際に実行したときに，最初に任意に与える $\{V_{\mathrm{ei}}(\boldsymbol{r}), \boldsymbol{B}(\boldsymbol{r})\}$ が如何なるものでも厳密な最小エネルギーが得られるためには $F[n(\boldsymbol{r}), \boldsymbol{m}(\boldsymbol{r})]$ の汎関数形が正確に分かっていることが必要であることはいうまでもない．

1.5.4 制限つき探索法の拡張

ところで，上の議論は基底状態が非縮退で，かつ，v 表示可能であることを仮定した上でのものであった．しかしながら，1.2.4項で紹介したような制限つき探索法を拡張して電子の電荷磁化密度変分原理の定式化を行えば，このよ

うな仮定は必要でなくなるので，この拡張された制限つき探索法を紹介しよう．

まず，式 (1.33) で示したように，N 電子系の可能なすべての波動関数 $|\Phi\rangle$ から成る集合 $\{|\Phi\rangle\}$ の下でハミルトニアン H_e の期待値の最小値を求めれば，それが基底状態エネルギー E_0 にほかならない．すなわち，(表記の簡単のために $\lambda=1$ の場合だけに限って書くことにして)

$$E_0 = \min_{\{|\Phi\rangle\}}\left[\langle\Phi|T_\mathrm{e}+U_\mathrm{ee}+\int d\boldsymbol{r}\left[V_\mathrm{ei}(\boldsymbol{r})\hat{n}(\boldsymbol{r})-\boldsymbol{B}(\boldsymbol{r})\cdot\hat{\boldsymbol{m}}(\boldsymbol{r})\right]|\Phi\rangle\right] \tag{1.171}$$

ということになる．

次に，集合 $\{|\Phi\rangle\}$ を適当な部分集合に分解することによってこの最小化操作を 2 段階に分けて実行することを考えるが，その際に式 (1.34) のように電子の電荷密度の違いのみによって分けるのではなく，もっと細かく，電子の磁化密度の違いにも注意を払って分解しよう．これを数学的にいえば，

$$\{|\Phi\rangle\}_{n(\boldsymbol{r}),\boldsymbol{m}(\boldsymbol{r})} \equiv \{|\Phi\rangle : n(\boldsymbol{r})=\langle\Phi|\hat{n}(\boldsymbol{r})|\Phi\rangle ; \boldsymbol{m}(\boldsymbol{r})=\langle\Phi|\hat{\boldsymbol{m}}(\boldsymbol{r})|\Phi\rangle\} \tag{1.172}$$

によって $|\Phi\rangle$ の部分集合 $\{|\Phi\rangle\}_{n(\boldsymbol{r}),\boldsymbol{m}(\boldsymbol{r})}$ を定義することになる．すると，式 (1.171) は

$$E_0 = \min_{\{n(\boldsymbol{r}),\boldsymbol{m}(\boldsymbol{r})\}}\left[F[n(\boldsymbol{r}),\boldsymbol{m}(\boldsymbol{r})]+\int d\boldsymbol{r}\left[V_\mathrm{ei}(\boldsymbol{r})n(\boldsymbol{r})-\boldsymbol{B}(\boldsymbol{r})\cdot\boldsymbol{m}(\boldsymbol{r})\right]\right] \tag{1.173}$$

のように書き換えられることが分かる．ここで，普遍汎関数 $F[n(\boldsymbol{r}),\boldsymbol{m}(\boldsymbol{r})]$ を式 (1.169) ではなく，

$$F[n(\boldsymbol{r}),\boldsymbol{m}(\boldsymbol{r})] \equiv \min_{\{|\Phi\rangle\}_{n(\boldsymbol{r}),\boldsymbol{m}(\boldsymbol{r})}}\left[\langle\Phi|T_\mathrm{e}+U_\mathrm{ee}|\Phi\rangle\right] \tag{1.174}$$

によって定義しているが，こうすれば，基底状態の非縮退性も v 表示可能性もともに仮定せずに，この $F[n(\boldsymbol{r}),\boldsymbol{m}(\boldsymbol{r})]$ を導入できたことになる．そして，このようにして得られた式 (1.173) が取りも直さず電子の電荷磁化密度変分原理を与えていることになる．

上で紹介したような理論，すなわち，電子の電荷密度と磁化密度の両方を根本変数として，すべての物理量をそれらの汎関数で与えようという理論は「**スピン密度汎関数理論**」(SDFT: Spin Density Functional Theory) と呼ばれている．

1.5.5　N 表示可能性の問題

このSDFTを式 (1.171) を出発点にした制限つき探索法によって定式化すると，SDFTは元のDFTと同じほどに厳密な理論構造であるかのような印象を与えるが，実はそうではなく，N 表示可能性の問題がクリアされていない．DFTの場合には1.2.4項cで具体的に示したように，任意の $n(\boldsymbol{r})$ は N 表示可能である．したがって，$\{|\Phi\rangle\}$ のいかなる部分集合 $\{|\Phi\rangle\}_{n(\boldsymbol{r})}$ を考えようとも，それは絶対に空集合ではなく，それゆえ，普遍汎関数 $F_\lambda[n(\boldsymbol{r})]$ は常によく定義された物理量である．しかしながら，SDFTでは，この部分集合 $\{|\Phi\rangle\}_{n(\boldsymbol{r})}$ をさらに細かく分けて，任意の $\boldsymbol{m}(\boldsymbol{r})$ に対して $\{|\Phi\rangle\}_{n(\boldsymbol{r}),\boldsymbol{m}(\boldsymbol{r})}$ という部分集合を考えることになるが，これが常に空集合でないという保証はない．いいかえれば，任意の組 $\{n(\boldsymbol{r}),\boldsymbol{m}(\boldsymbol{r})\}$ を選んだ場合，それらが同じ1つのある波動関数 $|\Phi\rangle$ の期待値として表されるかどうか，分からないのである．したがって，式 (1.174) は普遍汎関数 $F[n(\boldsymbol{r}),\boldsymbol{m}(\boldsymbol{r})]$ を形式的に定義しているとはいえ，常にその実在を保証しているわけではなく，その意味でSDFTの理論的基礎付けは完全ではない[71)]．

1.5.6　$\boldsymbol{B}(\boldsymbol{r})$ が z 軸に平行の場合

上で述べたように，一般的な $\boldsymbol{m}(\boldsymbol{r})$ では N 表示可能性の証明は難しいとしても，たとえば，$\boldsymbol{B}(\boldsymbol{r})$ が z 軸に平行 ($\boldsymbol{B}(\boldsymbol{r})=(0,0,B_z(\boldsymbol{r}))$ の場合) で，それゆえ，$\boldsymbol{m}(\boldsymbol{r})$ もそうであるような場合には事態が好転する．このとき，スカラー変数の数は4つではなく，$n(\boldsymbol{r})$ と $m_z(\boldsymbol{r})$ の2つである．あるいは，上向きスピンの電子密度 $n_\uparrow(\boldsymbol{r})$ と下向きスピンのそれ $n_\downarrow(\boldsymbol{r})$ の2つが変数といってもよい．なお，前者と後者は ($\sigma=\pm1=\uparrow$ あるいは $\downarrow$ として)

$$n_\sigma(\boldsymbol{r})=\frac{1}{2}\left[n(\boldsymbol{r})-\frac{\sigma m_z(\boldsymbol{r})}{\mu_{\mathrm{B}}}\right] \tag{1.175}$$

という関係式でお互いに結びついており，また，位置 $\boldsymbol{r}$ でのスピン偏極率 $\zeta(\boldsymbol{r})$ は

$$\zeta(\boldsymbol{r})\equiv\frac{n_\uparrow(\boldsymbol{r})-n_\downarrow(\boldsymbol{r})}{n_\uparrow(\boldsymbol{r})+n_\downarrow(\boldsymbol{r})}=-\frac{m_z(\boldsymbol{r})}{\mu_{\mathrm{B}}n(\boldsymbol{r})} \tag{1.176}$$

で与えられる．

そこで，根本変数を $\{n(\boldsymbol{r}), m_z(\boldsymbol{r})\}$ の組ではなく，$\{n_\uparrow(\boldsymbol{r}), n_\downarrow(\boldsymbol{r})\}$ の組で考えることにしよう．このとき，$n_\sigma(\boldsymbol{r})$ は任意に与えたスピン σ の電子密度ということになるが，任意とはいっても空間のすべての点 $\boldsymbol{r}$ で非負 $(n_\sigma(\boldsymbol{r}) \geq 0)$ であることは要請するとともに，そのスピン σ の総電子数 N_σ を

$$\int d\boldsymbol{r}\, n_\sigma(\boldsymbol{r}) = N_\sigma \tag{1.177}$$

で計算すると，それらの和，$N_\uparrow + N_\downarrow$，は最初に与えられた電子の総数 N であることも要請する．

さて，このように $\{n_\uparrow(\boldsymbol{r}), n_\downarrow(\boldsymbol{r})\}$ で考えると，$n_\sigma(\boldsymbol{r})$ のそれぞれに 1.2.4 項 c で紹介したハリマンの構成法を適用して正規直交 1 体電子基底 $\{\phi_{\boldsymbol{k}}^{(\sigma)}(\boldsymbol{r})\}$ を作り上げ，その基底関数のそれぞれにパウリ行列 σ_z の固有値 σ の固有関数 $\chi_\sigma(\tau)$(τ はスピン変数) をかけて定義した関数の組 $\{\phi_{\boldsymbol{k}}^{(\sigma)}(\boldsymbol{r})\chi_\sigma(\tau)\}$ を 1 体電子基底としてスレーター型行列式の波動関数を考えれば，その波動関数によるスピン σ の電子密度の期待値は $n_\sigma(\boldsymbol{r})$ を再現する (N 表示可能である) ことは容易に分かる．したがって，$|\Phi\rangle$ の如何なる部分集合 $\{|\Phi\rangle\}_{n_\uparrow(\boldsymbol{r}), n_\downarrow(\boldsymbol{r})}$ を考えようとも，その部分集合は決して空集合ではないことが証明されたことになり，この場合の SDFT は DFT と同程度に厳密な理論体系といえる．そして，

$$F[n_\uparrow(\boldsymbol{r}), n_\downarrow(\boldsymbol{r})] \equiv \min_{\{|\Phi\rangle\}_{n_\uparrow(\boldsymbol{r}), n_\downarrow(\boldsymbol{r})}} \Big[\langle\Phi|T_{\mathrm{e}} + U_{\mathrm{ee}}|\Phi\rangle\Big] \tag{1.178}$$

で導入される普遍汎関数 $F[n_\uparrow(\boldsymbol{r}), n_\downarrow(\boldsymbol{r})]$ は常によく定義された物理量ということになる．

1.5.7 SDFT におけるコーン–シャムの方法

この $F[n_\uparrow(\boldsymbol{r}), n_\downarrow(\boldsymbol{r})]$ を使って式 (1.173) を書き改めると，

$$\begin{aligned} E_0 = \min_{\{n_\uparrow(\boldsymbol{r}), n_\downarrow(\boldsymbol{r})\}} \Big[& F[n_\uparrow(\boldsymbol{r}), n_\downarrow(\boldsymbol{r})] \\ & + \sum_\sigma \int d\boldsymbol{r}\, \big[V_{\mathrm{ei}}(\boldsymbol{r}) + \sigma\mu_{\mathrm{B}} B_z(\boldsymbol{r})\big] n_\sigma(\boldsymbol{r})\Big] \end{aligned} \tag{1.179}$$

となる．そして，この式に従って最小化操作を実行すれば，系の基底状態における $\{n_\uparrow(\boldsymbol{r}), n_\downarrow(\boldsymbol{r})\}$ やそのときの基底状態エネルギーは決定されることになる．

ところで，その最小化操作はDFTの場合と同様にコーン–シャム法の考え方を適用して行うことになる．すなわち，$\{n_\uparrow(\boldsymbol{r}), n_\downarrow(\boldsymbol{r})\}$ の組を不変に保ったままで実際の系を相互作用のない参照系に対応させるという操作を行う．この操作自体は1.3節で述べたことを素直に拡張すればよい．

まず，式 (1.102) は

$$F[n_\uparrow(\boldsymbol{r}), n_\downarrow(\boldsymbol{r})] = T_{\rm s}[n_\uparrow(\boldsymbol{r}), n_\downarrow(\boldsymbol{r})] + J[n_\uparrow(\boldsymbol{r}) + n_\downarrow(\boldsymbol{r})] + E_{\rm xc}[n_\uparrow(\boldsymbol{r}), n_\downarrow(\boldsymbol{r})] \tag{1.180}$$

と書き直される．ここで，$T_{\rm s}[n_\uparrow(\boldsymbol{r}), n_\downarrow(\boldsymbol{r})]$ は $F[n_\uparrow(\boldsymbol{r}), n_\downarrow(\boldsymbol{r})]$ を定義する式 (1.178) にならえば，

$$T_{\rm s}[n_\uparrow(\boldsymbol{r}), n_\downarrow(\boldsymbol{r})] \equiv \min_{\{|\Phi\rangle\}_{n_\uparrow(\boldsymbol{r}), n_\downarrow(\boldsymbol{r})}} \Big[\langle\Phi|T_{\rm e}|\Phi\rangle\Big] \tag{1.181}$$

ということになる．そして，式 (1.109) の1体問題のシュレディンガー方程式は

$$\left[-\frac{\Delta}{2m} + V_{\rm KS}^{(\sigma)}(\boldsymbol{r}:[n_\uparrow, n_\downarrow])\right]\phi_{i\sigma}(\boldsymbol{r}) = \varepsilon_{i\sigma}\,\phi_{i\sigma}(\boldsymbol{r}) \tag{1.182}$$

のようにスピンに依存したものに代わる．ここで，スピンに依存したコーン–シャム・ポテンシャル $V_{\rm KS}^{(\sigma)}(\boldsymbol{r}:[n_\uparrow, n_\downarrow])$ は式 (1.108) を拡張して，

$$V_{\rm KS}^{(\sigma)}(\boldsymbol{r}:[n_\uparrow, n_\downarrow]) = V_{\rm ei}(\boldsymbol{r}) + \sigma\mu_{\rm B}B_z(\boldsymbol{r}) + \int d\boldsymbol{r}'\,\frac{e^2}{|\boldsymbol{r}-\boldsymbol{r}'|}\,[n_\uparrow(\boldsymbol{r}')+n_\downarrow(\boldsymbol{r}')] + \frac{\delta E_{\rm xc}[n_\uparrow, n_\downarrow]}{\delta n_\sigma(\boldsymbol{r})} \tag{1.183}$$

で与えられる．また，電子密度の計算は式 (1.111) ではなく，各スピンごとに計算することになる．具体的には，スピン σ の電子密度 $n_\sigma(\boldsymbol{r})$ は

$$n_\sigma(\boldsymbol{r}) = \sum_i |\phi_{i\sigma}(\boldsymbol{r})|^2\theta(\mu - \varepsilon_{i\sigma}) \tag{1.184}$$

で与えられる．ここで，$\theta(x)$ はヘビサイドの階段関数であり，また，μ は化学ポテンシャルで，全電子数が N(すなわち，式 (1.177) で計算される $N_\uparrow$ と $N_\downarrow$

の和が N) になる条件で決められるものである．これに対応して，$T_{\rm s}[n_\uparrow, n_\downarrow]$ も式 (1.112) ではなく，

$$T_{\rm s}[n_\uparrow, n_\downarrow] = \sum_{i\sigma} \left\langle \phi_{i\sigma} \middle| -\frac{\Delta}{2m} \middle| \phi_{i\sigma} \right\rangle \theta(\mu - \varepsilon_{i\sigma}) \tag{1.185}$$

で計算されることになる．なお，全エネルギー E_0 の他の成分は $n_\sigma(\boldsymbol{r})$ が分かれば，それを使って計算できるものなので，ここではあえて書き下す必要もなかろう．

いずれにしても，与えられた最小値探索の問題は式 (1.182)～(1.184) を自己無撞着に解くことに帰着されている．そして，$E_{\rm xc}[n_\uparrow, n_\downarrow]$ の汎関数形が (近似的にせよ) 具体的に与えられていれば，これは実行できるものである．

1.5.8 SDFT と DFT との関係

上で紹介した SDFT において，$B_z(\boldsymbol{r}) = 0$ の場合は元々の DFT で取り扱おうとした物理状況とまったく同じになっているが，この場合，2 つの理論はどのような関係にあるのかという疑問を持たれるかもしれない．特に，直感的にいえば，スピンごとの電子密度を取り扱う SDFT の方がより詳細な記述をしているのであるから，DFT における答えの方が精度が悪いように思える．しかしながら，このことは本章のはじめから 1.3.4 項までにかけて再三強調してきたこと，すなわち，DFT は厳密に正しい結果を与えるものであるという主張に矛盾するかのように見える．

この疑問に対する回答は，$B_z(\boldsymbol{r}) = 0$ のような場合，DFT と SDFT は基本的に同等の解を与えるということである．それゆえ，もしも強磁性状態が基底状態で，SDFT で $N_\uparrow > N_\downarrow$ が得られているとしても，DFT で得られる電子密度 $n(\boldsymbol{r})$ は正確に $n(\boldsymbol{r}) = n_\uparrow(\boldsymbol{r}) + n_\downarrow(\boldsymbol{r})$ であり，また，SDFT と DFT はともに同じ基底状態エネルギーを与えるということである．

さらに，DFT の立場からいえば，スピン σ の電子密度 $n_\sigma(\boldsymbol{r})$ 自体も電子密度 $n(\boldsymbol{r})$ の汎関数，$n_\sigma(\boldsymbol{r}) = n_\sigma(\boldsymbol{r} : [n(\boldsymbol{r})])$，であると見なされる．それゆえ，たとえば，$E_{\rm xc}$ についていえば，その厳密な汎関数形が分かっていれば，$E_{\rm xc}[n(\boldsymbol{r})] = E_{\rm xc}[n_\uparrow[n(\boldsymbol{r})], n_\downarrow[n(\boldsymbol{r})]]$ が成り立つことになる．

なお，現実には $E_{\rm xc}[n(\boldsymbol{r})]$ や $E_{\rm xc}[n_\uparrow(\boldsymbol{r}), n_\downarrow(\boldsymbol{r})]$，$n_\sigma[n(\boldsymbol{r})]$ は近似的にしか分

からないので，近似解を求めるという範囲ではDFTとSDFTはお互いに違う答えを与えることが一般的である．そして，これまで行われてきた近似計算の経験によれば，より細かな情報を $E_{\mathrm{xc}}[n_{\uparrow}(\boldsymbol{r}), n_{\downarrow}(\boldsymbol{r})]$ の近似汎関数形の中に埋め込むことができるSDFTの方がより精度の高い解が得られるようである．したがって，実際の計算では，たとえ $B_z(\boldsymbol{r})=0$ の場合でも，SDFTの定式化にしたがって計算されることがほとんどである．

以上のような近似計算技法の違いという側面だけでなく，概念上の根本的な違いがあることも忘れてはならない．先ほど，強磁性状態について触れたが，DFTにおいてはたとえ正確な電子密度 $n(\boldsymbol{r})$ や基底状態エネルギーが求められたとしても，それだけでは強磁性状態かどうかは分からない．秩序パラメータとしての $N_{\uparrow}-N_{\downarrow}$(局所的には $n_{\uparrow}(\boldsymbol{r})-n_{\downarrow}(\boldsymbol{r})$) がゼロでないことから，はじめてそれが確認されるのである．このように，SDFTはDFTに磁気秩序状態を特徴づけるパラメータも基本変数として加える形で拡張されたものというのが正しい位置づけである．

この立場で見れば，他のいろいろな秩序状態についてもそれぞれに相応しい秩序パラメータを基本変数に加えることでDFTが拡張できるであろうことは容易に想像できよう．

1.5.9　ポテンシャルの一意性の問題とハーフメタル

1.5.2項で，$\{n(\boldsymbol{r}), \boldsymbol{m}(\boldsymbol{r})\}$ と基底状態 $|\Phi_0\rangle$ とは一意的に対応することを述べたが，(v 表示可能性も仮定した上での議論ではあるが) この $|\Phi_0\rangle$ を作り出す外部ポテンシャルの組 $\{V_{\mathrm{ei}}(\boldsymbol{r}), \boldsymbol{B}(\boldsymbol{r})\}$ の一意性については触れなかった．これは一意性を証明しなくても電子の電荷磁化密度変分原理が証明できたことが1つの理由であるが，それ以上に重要な理由はDFTとは対照的にSDFTではこの外部ポテンシャルの組は一意的に定まらないという事情を考慮したからである．

この非一意性の証明はここでは詳しく述べないが，ある外部ポテンシャルの組 $\{V_{\mathrm{ei}}(\boldsymbol{r}), \boldsymbol{B}(\boldsymbol{r})\}$ における基底状態が (定数差以上に異なる) 別の外部ポテンシャルの組 $\{V'_{\mathrm{ei}}(\boldsymbol{r}), \boldsymbol{B}'(\boldsymbol{r})\}$ に対しても基底状態であり続けることが明確に示されている[26)]．

このような事情は $\{n_\uparrow(\boldsymbol{r}), n_\downarrow(\boldsymbol{r})\}$ を根本変数としたSDFTにおいても同じであって，たとえば，完全強磁性で $N_\downarrow = 0$ (したがって，局所的にも $n_\downarrow(\boldsymbol{r}) = 0$) であるような場合，$V_{\mathrm{ei}}(\boldsymbol{r}) + \mu_{\mathrm{B}} B_z(\boldsymbol{r})$ を不変にしたままで $V_{\mathrm{ei}}(\boldsymbol{r}) - \mu_{\mathrm{B}} B_z(\boldsymbol{r})$ を変化させるように $\{V_{\mathrm{ei}}(\boldsymbol{r}), B_z(\boldsymbol{r})\}$ を少しばかり変えても，$n_\downarrow(\boldsymbol{r}) = 0$ という状況は何も変わらず，したがって，上向きスピンの電子に働くポテンシャルは外部ポテンシャルが不変なだけでなく，他の電子との相互作用によるポテンシャルも不変で，それゆえ，電子密度 $n(\boldsymbol{r}) = n_\uparrow(\boldsymbol{r})$ はまったく変化しないことになる．また，全エネルギーも変化しない．このことは外部ポテンシャルの組の非一意性を明示している．

最近，ハーフメタルの電子状態計算に関連して，このSDFTにおける外部ポテンシャルの非一意性とそれにまつわる問題が再認識された[72]．なお，ハーフ

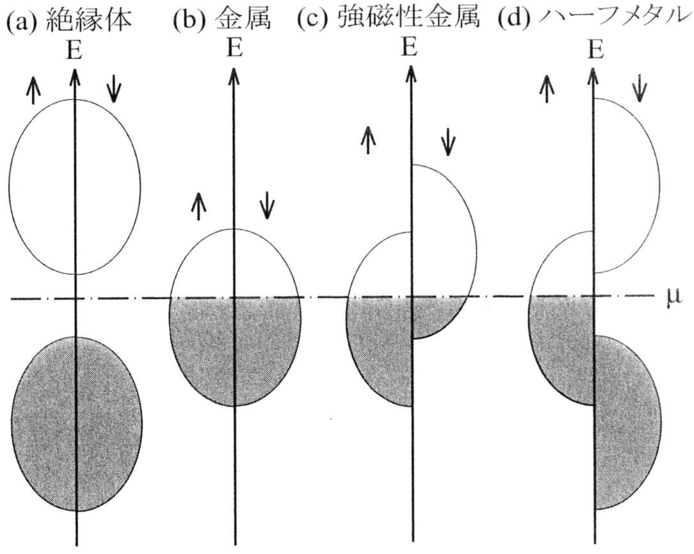

図 1.7 スピンごとの状態密度の模式図．縦軸はエネルギー E で一点鎖線はフェルミ準位 μ の位置を示す．(a) 通常の絶縁体の場合，(b) 通常の金属の場合，(c) 強磁性金属の場合，(鉄やコバルトなどを想定しているが，これらの 3d 遷移金属では，ここで示している 3d 電子バンドの他に 4s 電子バンドもフェルミ準位を横切る) そして，(d) 強磁性ハーフメタルの場合．

メタルとは図 1.7(d) にスピンごとのエネルギー状態密度を模式的に示したように，片方のスピン (たとえば，上向きスピン) の電子は金属的なバンド構造を持ち，もう片方のスピン (下向きスピン) の電子は絶縁体的なバンド構造を持つ物質のことである．このような物質中では電流は上向きスピンの金属的なバンドを通してのみ流れるので，100%スピン偏極した伝導電子ということになるが，一方，静的な帯磁率は絶縁体のように (事実上はゼロと見なせるほどに) 小さいままであるというような著しい特徴があり，スピントロニクスを実現する機能性材料になりうるものとしての期待が大きく，ホイスラー合金や 2 重ペロブスカイト強磁性体を中心に活発に物質探査が行われているものである[73]．

さて，理論の根本的な立場から，なぜこの外部ポテンシャルの非一意性が大問題なのかを解説しておこう．まず，非一意性は外部ポテンシャルが多少変化しても基底波動関数はまったく変化しないということで証明されているが，このことは，逆にいえば，このような外部ポテンシャルの変化に対して，系の基底状態は "堅い" ということである．ちなみに，続巻の 2 つ目の章でマイスナー効果に関連して，超伝導状態の波動関数は外部電磁場に対して "堅い" ということ，すなわち，いわゆる「ロンドンの堅さ」(London rigidity) という概念を説明することになるが，ここでいう "堅さ" もほぼ同様の概念と考えてよい．また，前に説明した完全強磁性状態においても，弱い外部磁場に対して基底波動関数は "堅い" といえるのである．

一方，KS 法を運用して最適解を求める際に外部ポテンシャルの非一意性は $E_{\rm xc}[n_\uparrow(\boldsymbol{r}), n_\downarrow(\boldsymbol{r})]$ を $n_\sigma(\boldsymbol{r})$ で汎関数微分する操作を必ずしも保証しないということである．実際，もし，よく定義された量であると分かっている $E_{\rm xc}[n_\uparrow(\boldsymbol{r}), n_\downarrow(\boldsymbol{r})]$ に対して，その汎関数微分が常に保証されているのならば，式 (1.183) で定義される $V_{\rm KS}^{(\sigma)}(\boldsymbol{r}:[n_\uparrow, n_\downarrow])$ で具体的に示されるように，外部ポテンシャルは一意的に定まってくるのである．したがって，非一意性が問題になる状況，すなわち，基底波動関数が堅いときには常に $E_{\rm xc}[n_\uparrow(\boldsymbol{r}), n_\downarrow(\boldsymbol{r})]$ の $n_\sigma(\boldsymbol{r})$ による汎関数微分はよく定義されないものという結論になる．

ところで，DFT でも $E_{\rm xc}$ の汎関数微分がよく定義されない状況がありうるということは 1.3.3 項における注意④の最後に述べていた．そして，その状況が具体的に問題になった例として，1.3.6 項ではバンドギャップの問題を取り上げた．そして，$V_{\mathrm{xc}}(\boldsymbol{r}:[n(\boldsymbol{r})])$ の跳び Δ_{g} を議論した．この観点からいえば，図 1.7(d) で表されるハーフメタルの状況では，$\delta E_{\mathrm{xc}}[n_{\uparrow}, n_{\downarrow}]/\delta n_{\downarrow}(\boldsymbol{r})$ に跳びがあって当然のように思われる[72]が，これに関する詳しい研究は将来の課題である．また，先に触れた超伝導状態の DFT においても E_{xc} を超伝導の秩序変数 Δ で汎関数微分する際には (とりわけ，$\Delta = 0$ のところでは) 本来，ロンドンの堅さに由来する跳びがあるはずと思われるが，これもまったく手がつけられていない課題である．

1.5.10 電流密度汎関数理論

外部磁場 $\boldsymbol{B}(\boldsymbol{r})$ の効果が電子のスピン分極だけでなく，その軌道運動に対する効果も無視できない場合には，これまで述べてきた SDFT では不十分である．特に，第 9 巻の 4.6.3 項で述べたように，磁気長 $l\ [= (eB)^{-1/2}]$ (単位系として $\hbar = c = 1$ を使っていることに注意されたい) が電子間平均距離と同程度になってランダウ量子化と電子相関とが絡み合うような状況下で，1 体ポテンシャル $V_{\mathrm{ei}}(\boldsymbol{r})$ に起因する空間的不均一性の効果も同時に考えたい場合には，これから紹介する「**電流密度汎関数理論**」(CDFT: Current Density Functional Theory)[28, 74] のような形で DFT を拡張する必要がある．

いま，外場として $V_{\mathrm{ei}}(\boldsymbol{r})$ の他にベクトルポテンシャル $\boldsymbol{A}(\boldsymbol{r})$ が働いている (したがって，外部磁場 $\boldsymbol{B}(\boldsymbol{r}) = \boldsymbol{\nabla} \times \boldsymbol{A}(\boldsymbol{r})$ 下の) 系を考えよう．このとき，電子系に対するハミルトニアン H_{e} は式 (1.1) において電子の運動量 $\boldsymbol{p}(= -i\boldsymbol{\nabla})$ を $\boldsymbol{p} + e\boldsymbol{A}$ に置き換えることによって得られる．具体的には，式 (1.1) で定義されている T_{e} や U_{ee} を使って，

$$
\begin{aligned}
H_{\mathrm{e}} = T_{\mathrm{e}} + U_{\mathrm{ee}} - \int d\boldsymbol{r}\ \hat{\boldsymbol{j}}_{\mathrm{p}}(\boldsymbol{r}) \cdot \boldsymbol{A}(\boldsymbol{r}) \\
+ \int d\boldsymbol{r} \Big\{ \big[V_{\mathrm{ei}}(\boldsymbol{r}) + \frac{e^2}{2m} \boldsymbol{A}(\boldsymbol{r})^2 \big] \hat{n}(\boldsymbol{r}) - \boldsymbol{B}(\boldsymbol{r}) \cdot \hat{\boldsymbol{m}}(\boldsymbol{r}) \Big\}
\end{aligned}
\tag{1.186}
$$

で与えられる．ここで，$\hat{\boldsymbol{j}}_{\mathrm{p}}(\boldsymbol{r})$ は

$$
\hat{\boldsymbol{j}}_{\mathrm{p}}(\boldsymbol{r}) = \frac{-e}{2mi} \sum_{\sigma} \Big\{ \psi_{\sigma}^{+}(\boldsymbol{r}) [\boldsymbol{\nabla} \psi_{\sigma}(\boldsymbol{r})] - [\boldsymbol{\nabla} \psi_{\sigma}^{+}(\boldsymbol{r})] \psi_{\sigma}(\boldsymbol{r}) \Big\} \tag{1.187}
$$

のように定義される**常磁性** (p: paramagnetic) **電流密度演算子**である．なお，

基底状態 $|\Phi_0\rangle$ で実際に観測されうる電流密度 $\boldsymbol{j}(\boldsymbol{r})$ は，単にこの $\hat{\boldsymbol{j}}_{\rm p}(\boldsymbol{r})$ の期待値 $\boldsymbol{j}_{\rm p}(\boldsymbol{r}) \equiv \langle\Phi_0|\hat{\boldsymbol{j}}_{\rm p}(\boldsymbol{r})|\Phi_0\rangle$ だけではなく，$\boldsymbol{A}(\boldsymbol{r})$ に直接的に比例する**反磁性** (d: diamagnetic) **電流密度成分** $\boldsymbol{j}_{\rm d}(\boldsymbol{r})$ と $\boldsymbol{m}(\boldsymbol{r})$ の空間変化に起因する**磁化電流密度成分** $\boldsymbol{j}_m(\boldsymbol{r})$ を加えたもの，すなわち，

$$\begin{aligned}\boldsymbol{j}(\boldsymbol{r}) &= \boldsymbol{j}_{\rm p}(\boldsymbol{r}) + \boldsymbol{j}_{\rm d}(\boldsymbol{r}) + \boldsymbol{j}_m(\boldsymbol{r}) \\ &\equiv \boldsymbol{j}_{\rm p}(\boldsymbol{r}) - \frac{e^2}{m}n(\boldsymbol{r})\boldsymbol{A}(\boldsymbol{r}) + \boldsymbol{\nabla}\times\boldsymbol{m}(\boldsymbol{r})\end{aligned} \tag{1.188}$$

である．そして，この電流密度は電荷保存則 (あるいはゲージ不変性) の結果として

$$\boldsymbol{\nabla}\cdot\boldsymbol{j}(\boldsymbol{r}) = \boldsymbol{\nabla}\cdot\left[\boldsymbol{j}_{\rm p}(\boldsymbol{r}) - \frac{e^2}{m}n(\boldsymbol{r})\boldsymbol{A}(\boldsymbol{r})\right] = 0 \tag{1.189}$$

という (定常状態での) 連続の方程式を満たすことになる．

ところで，このハミルトニアン (1.186) において外部から系を制御している変数の組は $\{V_{\rm ei}(\boldsymbol{r}), \boldsymbol{A}(\boldsymbol{r})\}$ であるが，これまで何度か紹介したように，DFT における基本戦略はこのような外部変数をむしろ従属変数とみなし，それらと直接的に結合している物理量を独立変数に据えること (ルジャンドル変換の観点) である．したがって，今の場合はその独立変数の組として $\{n(\boldsymbol{r}), \boldsymbol{m}(\boldsymbol{r}), \boldsymbol{j}_{\rm p}(\boldsymbol{r})\}$ を取ることになる．そして，SDFT に比べて新たに付け加えられた変数が常磁性電流密度 $\boldsymbol{j}_{\rm p}(\boldsymbol{r})$ であることから，このように拡張された DFT は電流密度汎関数理論 (CDFT) と呼ばれることになった．

このCDFT における変分原理は，1.5.4 項に述べた拡張された制限付き探索法を用いれば，至極簡単に証明される．実際，N 電子系の可能なすべての波動関数 $|\Phi\rangle$ から成る集合 $\{|\Phi\rangle\}$ を分解する際に，式 (1.172) で条件 $\boldsymbol{j}_{\rm p}(\boldsymbol{r}) = \langle\Phi|\hat{\boldsymbol{j}}_{\rm p}(\boldsymbol{r})|\Phi\rangle$ を付け加えて $\{|\Phi\rangle\}_{n(\boldsymbol{r}),\boldsymbol{m}(\boldsymbol{r}),\boldsymbol{j}_{\rm p}(\boldsymbol{r})}$ を定義すれば，式 (1.173) は

$$\begin{aligned}E_0 = \min_{\{n(\boldsymbol{r}),\boldsymbol{m}(\boldsymbol{r}),\boldsymbol{j}_{\rm p}(\boldsymbol{r})\}}\Bigg[&F[n(\boldsymbol{r}),\boldsymbol{m}(\boldsymbol{r}),\boldsymbol{j}_{\rm p}(\boldsymbol{r})] - \int d\boldsymbol{r}\ \boldsymbol{j}_{\rm p}(\boldsymbol{r})\cdot\boldsymbol{A}(\boldsymbol{r}) \\ &+ \int d\boldsymbol{r}\Big\{\Big[V_{\rm ei}(\boldsymbol{r}) + \frac{e^2}{2m}\boldsymbol{A}(\boldsymbol{r})^2\Big]n(\boldsymbol{r}) - \boldsymbol{B}(\boldsymbol{r})\cdot\boldsymbol{m}(\boldsymbol{r})\Big\}\Bigg]\end{aligned} \tag{1.190}$$

という変分原理の表式に書き換えられる．ここで，$F[n(\boldsymbol{r}),\boldsymbol{m}(\boldsymbol{r}),\boldsymbol{j}_{\rm p}(\boldsymbol{r})]$ は普

遍汎関数であり，SDFT の時と同様にその N 表示可能性の問題は解決されていないものの，形式的には

$$F[n(\boldsymbol{r}),\boldsymbol{m}(\boldsymbol{r}),\boldsymbol{j}_{\mathrm{p}}(\boldsymbol{r})] \equiv \min_{\{|\Phi\rangle\}_{n(\boldsymbol{r}),\boldsymbol{m}(\boldsymbol{r}),\boldsymbol{j}_{\mathrm{p}}(\boldsymbol{r})}} \Big[\langle\Phi|T_{\mathrm{e}}+U_{\mathrm{ee}}|\Phi\rangle\Big] \quad (1.191)$$

という式で定義されるものである．

このように定義された CDFT における基底状態エネルギー汎関数，すなわち，式 (1.190) の右辺角括弧内の表式，を最小化する操作を KS 法で実行しようとすれば，式 (1.102) や式 (1.180) で行ったように，$F[n(\boldsymbol{r}),\boldsymbol{m}(\boldsymbol{r}),\boldsymbol{j}_{\mathrm{p}}(\boldsymbol{r})]$ の分解が必要であるが，ハートリー・ポテンシャル汎関数 $J[n(\boldsymbol{r})]$ の部分はこれまで通りに式 (1.53) でよいとしても，相互作用のない系での運動エネルギー汎関数 $T_{\mathrm{s}}[n(\boldsymbol{r}),\boldsymbol{m}(\boldsymbol{r}),\boldsymbol{j}_{\mathrm{p}}(\boldsymbol{r})]$ は

$$T_{\mathrm{s}}[n(\boldsymbol{r}),\boldsymbol{m}(\boldsymbol{r}),\boldsymbol{j}_{\mathrm{p}}(\boldsymbol{r})] \equiv \min_{\{|\Phi\rangle\}_{n(\boldsymbol{r}),\boldsymbol{m}(\boldsymbol{r}),\boldsymbol{j}_{\mathrm{p}}(\boldsymbol{r})}} \Big[\langle\Phi|T_{\mathrm{e}}|\Phi\rangle\Big] \quad (1.192)$$

のように定義し直されることになる．また，これに伴って，

$$\begin{aligned} E_{\mathrm{xc}}[n(\boldsymbol{r}),\boldsymbol{m}(\boldsymbol{r}),\boldsymbol{j}_{\mathrm{p}}(\boldsymbol{r})] &= F[n(\boldsymbol{r}),\boldsymbol{m}(\boldsymbol{r}),\boldsymbol{j}_{\mathrm{p}}(\boldsymbol{r})] \\ &\quad -T_{\mathrm{s}}[n(\boldsymbol{r}),\boldsymbol{m}(\boldsymbol{r}),\boldsymbol{j}_{\mathrm{p}}(\boldsymbol{r})] - J[n(\boldsymbol{r})] \end{aligned} \quad (1.193)$$

で定義される交換相関エネルギー汎関数 $E_{\mathrm{xc}}[n(\boldsymbol{r}),\boldsymbol{m}(\boldsymbol{r}),\boldsymbol{j}_{\mathrm{p}}(\boldsymbol{r})]$ もこれまでとは少し違ったものになる．特に，この際に重要な点はベクトルポテンシャル $\boldsymbol{A}(\boldsymbol{r})$ の持つゲージ不変性の性質がどのようにこの汎関数形に反映しているかということである．

この点を明らかにするために，$\chi(\boldsymbol{r})$ を任意のスカラー関数として，

$$\boldsymbol{A}(\boldsymbol{r}) \longrightarrow \boldsymbol{A}(\boldsymbol{r}) + \boldsymbol{\nabla}\chi(\boldsymbol{r}) \quad (1.194)$$

というゲージ変換を考えよう．これに対応して，N 電子系の任意の波動関数 $\langle\boldsymbol{r}_1,\boldsymbol{r}_2,\cdots,\boldsymbol{r}_N|\Phi\rangle$ は

$$\langle\boldsymbol{r}_1,\boldsymbol{r}_2,\cdots,\boldsymbol{r}_N|\Phi\rangle \longrightarrow \exp\Big[-ie\sum_i \chi(\boldsymbol{r}_i)\Big]\langle\boldsymbol{r}_1,\boldsymbol{r}_2,\cdots,\boldsymbol{r}_N|\Phi\rangle \quad (1.195)$$

のように変換するので，$\boldsymbol{j}_{\mathrm{p}}(\boldsymbol{r})$ は

$$\boldsymbol{j}_{\mathrm{p}}(\boldsymbol{r}) \longrightarrow \boldsymbol{j}_{\mathrm{p}}(\boldsymbol{r}) + \frac{e^2}{m} n(\boldsymbol{r}) \boldsymbol{\nabla}\chi(\boldsymbol{r}) \tag{1.196}$$

のように変わる．すなわち，$\boldsymbol{j}_{\mathrm{p}}(\boldsymbol{r})$ はゲージに依存してしまうことになり，物理的観測量でない．また，普遍汎関数 $F[n(\boldsymbol{r}), \boldsymbol{m}(\boldsymbol{r}), \boldsymbol{j}_{\mathrm{p}}(\boldsymbol{r})]$ は

$$\begin{aligned} F[n(\boldsymbol{r}), \boldsymbol{m}(\boldsymbol{r}), \boldsymbol{j}_{\mathrm{p}}(\boldsymbol{r})] \longrightarrow & F[n(\boldsymbol{r}), \boldsymbol{m}(\boldsymbol{r}), \boldsymbol{j}_{\mathrm{p}}(\boldsymbol{r}) + \frac{e^2}{m} n(\boldsymbol{r}) \boldsymbol{\nabla}\chi(\boldsymbol{r})] \\ = \ & F[n(\boldsymbol{r}), \boldsymbol{m}(\boldsymbol{r}), \boldsymbol{j}_{\mathrm{p}}(\boldsymbol{r})] + \int d\boldsymbol{r}\ \boldsymbol{j}_{\mathrm{p}}(\boldsymbol{r}) \cdot \boldsymbol{\nabla}\chi(\boldsymbol{r}) \\ & + \frac{e^2}{2m} \int d\boldsymbol{r}\ n(\boldsymbol{r}) |\boldsymbol{\nabla}\chi(\boldsymbol{r})|^2 \end{aligned} \tag{1.197}$$

のように変換する．同様に，$T_{\mathrm{s}}[n(\boldsymbol{r}), \boldsymbol{m}(\boldsymbol{r}), \boldsymbol{j}_{\mathrm{p}}(\boldsymbol{r})]$ も

$$\begin{aligned} T_{\mathrm{s}}[n(\boldsymbol{r}), \boldsymbol{m}(\boldsymbol{r}), \boldsymbol{j}_{\mathrm{p}}(\boldsymbol{r})] \longrightarrow & T_{\mathrm{s}}[n(\boldsymbol{r}), \boldsymbol{m}(\boldsymbol{r}), \boldsymbol{j}_{\mathrm{p}}(\boldsymbol{r}) + \frac{e^2}{m} n(\boldsymbol{r}) \boldsymbol{\nabla}\chi(\boldsymbol{r})] \\ = \ & T_{\mathrm{s}}[n(\boldsymbol{r}), \boldsymbol{m}(\boldsymbol{r}), \boldsymbol{j}_{\mathrm{p}}(\boldsymbol{r})] + \int d\boldsymbol{r}\ \boldsymbol{j}_{\mathrm{p}}(\boldsymbol{r}) \cdot \boldsymbol{\nabla}\chi(\boldsymbol{r}) \\ & + \frac{e^2}{2m} \int d\boldsymbol{r}\ n(\boldsymbol{r}) |\boldsymbol{\nabla}\chi(\boldsymbol{r})|^2 \end{aligned} \tag{1.198}$$

のような変換を示すので，定義式 (1.193) にしたがってこれら 2 つの式の差を取って与えられる $E_{\mathrm{xc}}[n(\boldsymbol{r}), \boldsymbol{m}(\boldsymbol{r}), \boldsymbol{j}_{\mathrm{p}}(\boldsymbol{r})]$ は

$$E_{\mathrm{ex}}[n(\boldsymbol{r}), \boldsymbol{m}(\boldsymbol{r}), \boldsymbol{j}_{\mathrm{p}}(\boldsymbol{r}) + \frac{e^2}{m} \boldsymbol{\nabla}\chi(\boldsymbol{r})] = E_{\mathrm{ex}}[n(\boldsymbol{r}), \boldsymbol{m}(\boldsymbol{r}), \boldsymbol{j}_{\mathrm{p}}(\boldsymbol{r})] \tag{1.199}$$

という関係を満たすことになる．

さて，任意の $\chi(\boldsymbol{r})$ について，この式 (1.199) が成り立つということは，$E_{\mathrm{xc}}[n(\boldsymbol{r}), \boldsymbol{m}(\boldsymbol{r}), \boldsymbol{j}_{\mathrm{p}}(\boldsymbol{r})]$ が $\chi(\boldsymbol{r})$ には依存しないこと，言い換えれば，これはゲージ不変量ということになる．したがって，$E_{\mathrm{xc}}[n(\boldsymbol{r}), \boldsymbol{m}(\boldsymbol{r}), \boldsymbol{j}_{\mathrm{p}}(\boldsymbol{r})]$ はゲージに依存する量である $\boldsymbol{j}_{\mathrm{p}}(\boldsymbol{r})$ そのままの汎関数ではあり得ないことになる．そこで，具体的にどのような量の汎関数になるべきかを考えるために，式 (1.196) を

$$\frac{\boldsymbol{j}_{\mathrm{p}}(\boldsymbol{r})}{-e\, n(\boldsymbol{r})} \longrightarrow \frac{\boldsymbol{j}_{\mathrm{p}}(\boldsymbol{r})}{-e\, n(\boldsymbol{r})} - \frac{e}{m} \boldsymbol{\nabla}\chi(\boldsymbol{r}) \tag{1.200}$$

のように書き直してみよう．そして，この式 (1.200) の左辺の回転を取って定

義される「渦度」(vorticity) $\boldsymbol{\nu}(\boldsymbol{r})$ を考えると，いかなる $\chi(\boldsymbol{r})$ であろうと，

$$\boldsymbol{\nu}(\boldsymbol{r}) \equiv \boldsymbol{\nabla} \times \left(\frac{\boldsymbol{j}_{\mathrm{p}}(\boldsymbol{r})}{-e\,n(\boldsymbol{r})} \right) \longrightarrow \boldsymbol{\nabla} \times \left(\frac{\boldsymbol{j}_{\mathrm{p}}(\boldsymbol{r})}{-e\,n(\boldsymbol{r})} - \frac{e}{m} \boldsymbol{\nabla} \chi(\boldsymbol{r}) \right) = \boldsymbol{\nu}(\boldsymbol{r}) \quad (1.201)$$

が成り立つので，ゲージ不変量ということになる．そこで，1 つの可能性として，$E_{\mathrm{xc}}[n(\boldsymbol{r}), \boldsymbol{m}(\boldsymbol{r}), \boldsymbol{j}_{\mathrm{p}}(\boldsymbol{r})]$ を $E_{\mathrm{xc}}[n(\boldsymbol{r}), \boldsymbol{m}(\boldsymbol{r}), \boldsymbol{\nu}(\boldsymbol{r})]$ という形の汎関数で与えることができる．

なお，この汎関数 $E_{\mathrm{xc}}[n(\boldsymbol{r}), \boldsymbol{m}(\boldsymbol{r}), \boldsymbol{\nu}(\boldsymbol{r})]$ の具体的な形については，ランダウの軌道反磁性帯磁率を用いた局所密度近似[28)]が考えられているが，その他にもすでにいくつかの試みがある[75)]．しかしながら，これに関しては，今後，よりいっそうの改良が求められている．とりわけ，2 次元電子ガスに垂直に強磁場をかけて離散的なランダウ準位を形成したような系では，エネルギーギャップの問題が顕在化して，$E_{\mathrm{xc}}[n(\boldsymbol{r}), \boldsymbol{m}(\boldsymbol{r}), \boldsymbol{\nu}(\boldsymbol{r})]$ の汎関数微分における跳びが再び表面化するかもしれない．(この問題は 2 元電子ガスに限られず，ドハース–ファンアルフェン振動が見られる 3 次元電子ガスでも根本的には同じであろうと思われる.) いずれにしても，たいへん興味深い未解決の問題である．

1.6　局所密度近似とその周辺

1.6.1　局所密度近似の導入

これまではできるだけ一般的な観点から密度汎関数理論を展開したいという意図の下に，式 (1.103) で導入された交換相関エネルギー汎関数 $E_{\mathrm{xc}}[n(\boldsymbol{r})]$(あるいは，それを SDFT に拡張した $E_{\mathrm{xc}}[n_{\uparrow}(\boldsymbol{r}), n_{\downarrow}(\boldsymbol{r})]$ や CDFT での $E_{\mathrm{xc}}[n(\boldsymbol{r}), \boldsymbol{m}(\boldsymbol{r}), \boldsymbol{\nu}(\boldsymbol{r})]$ など) の具体的な近似形を与えずに議論してきた．しかしながら，適切な近似形を $E_{\mathrm{xc}}[n(\boldsymbol{r})]$ に与えて，そこから得られる結果を吟味してみることは実用上の観点からだけでなく，密度汎関数理論をよりよく理解する上でもたいへん重要なことである．

さて，1.2.5 項では緩やかな密度変化という条件の下で普遍汎関数 $F_{\lambda}[n(\boldsymbol{r})]$ に対するトーマス–フェルミ (TF) 近似を導びき，1.2.6 項では中性原子系におけるその一定程度の成功を述べた．それと同時に 1.2.7 項ではその TF 近似の一番の問題点は運動エネルギー演算子の取扱い方にあり，その改良が不可欠と

いうことも指摘した．

しかるに，コーン–シャムの方法では $F_\lambda[n(\boldsymbol{r})]$ から相互作用のない参照系での運動エネルギー汎関数 $T_\mathrm{s}[n(\boldsymbol{r})]$ の部分が取り出され，その $T_\mathrm{s}[n(\boldsymbol{r})]$ が正確に取り扱われることになったので，たとえ $F_\lambda[n(\boldsymbol{r})]$ から $T_\mathrm{s}[n(\boldsymbol{r})]$ を取り除いた残りの部分に TF 近似と同等の取扱いをしただけでも，その近似よりも大幅に改善された結果が中性原子系についてはもちろん，かなり広い範囲の物質系についても得られるかもしれないと期待される．

そこで，緩やかな電子密度変化を仮定して $F_\lambda[n(\boldsymbol{r})] - T_\mathrm{s}[n(\boldsymbol{r})]$ に対する汎関数形を求めよう．この際，長距離クーロン斥力に直接的に由来する部分は式 (1.102) の中でハートリー・ポテンシャル汎関数 $J[n(\boldsymbol{r})]$ としてすでにその汎関数形が分かっているので，ここではそれ以外の部分である $E_\mathrm{xc}[n(\boldsymbol{r})]$ が緩やかな密度変化という条件下でどのような汎関数形になるかを式 (1.103) から出発して決定すればよい．

そのために，まず，この式 (1.103) における空間積分の領域を式 (1.44) にしたがって部分空間 Ω_j の和に分割して考えよう．すると，

$$\begin{aligned}E_\mathrm{xc}[n(\boldsymbol{r})] &= \frac{1}{2}\sum_{jj'}\int_{\Omega_j} d\boldsymbol{r}\int_{\Omega_{j'}} d\boldsymbol{r}'\,\frac{e^2}{|\,\boldsymbol{r}-\boldsymbol{r}'\,|}\,n(\boldsymbol{r})n(\boldsymbol{r}') \\ &\quad\times\int_0^1 d\lambda\Big[g(\boldsymbol{r},\boldsymbol{r}' : \lambda;[n(\boldsymbol{r})]) - 1\Big] \\ &\approx \frac{1}{2}\sum_{j}\int_{\Omega_j} d\boldsymbol{r}\int_{\Omega_j} d\boldsymbol{r}'\,\frac{e^2}{|\,\boldsymbol{r}-\boldsymbol{r}'\,|}\,n(\boldsymbol{r})n(\boldsymbol{r}') \\ &\quad\times\int_0^1 d\lambda\Big[g(\boldsymbol{r},\boldsymbol{r}' : \lambda;[n(\boldsymbol{r})]) - 1\Big] \qquad (1.202)\end{aligned}$$

となる．ここで，第 2 式への移行に際して $j \neq j'$ の部分は寄与しないと考えた．その理由は $\boldsymbol{r} \in \Omega_j$ で $\boldsymbol{r}' \in \Omega_{j'}$ のときには $|\,\boldsymbol{r}-\boldsymbol{r}'\,|$ は交換相関ホール領域の大きさに比べて十分に大きく，$g(\boldsymbol{r},\boldsymbol{r}' : \lambda;[n(\boldsymbol{r})]) = 1$ であると考えてよい[76)]からである．

ところで，部分空間 Ω_j において緩やかな密度変化ということを仮定すれば，その部分空間では $n(\boldsymbol{r}) \approx n(\boldsymbol{r}') \approx n_j$(一定) ということになり，その場合，$g(\boldsymbol{r},\boldsymbol{r}' : \lambda;[n(\boldsymbol{r})])$ は第 9 巻の 4 章で求めた一様密度 n_j の電子ガス系における

スピンについて平均化された動径分布関数 $g(|\boldsymbol{r}-\boldsymbol{r}'|:\lambda;n_j)$ に帰着される．なお，一様電子密度 n の電子ガス系において，1 電子あたりの交換相関エネルギー $\varepsilon_{\rm xc}(n)$ はスピンに依存した動径分布関数 $g_{\sigma\sigma'}(r:\lambda;n)$ を用いた式 (I.4.26) によれば，

$$\varepsilon_{\rm xc}(n)=\frac{n}{8}\sum_{\sigma\sigma'}\int_0^1 d\lambda\int d\boldsymbol{r}\,\frac{e^2}{r}\Big[g_{\sigma\sigma'}(r:\lambda;n)-1\Big] \tag{1.203}$$

ということになるが，$g(r:\lambda;n)$ は $(1/4)\sum_{\sigma\sigma'} g_{\sigma\sigma'}(r:\lambda;n)$ であることに注意すれば，

$$\varepsilon_{\rm xc}(n)=\frac{n}{2}\int_0^1 d\lambda\int d\boldsymbol{r}\,\frac{e^2}{r}\Big[g(r:\lambda;n)-1\Big] \tag{1.204}$$

である．この式 (1.204) の結果を式 (1.202) に代入すると，$E_{\rm xc}[n(\boldsymbol{r})]$ は

$$\begin{aligned}E_{\rm xc}[n(\boldsymbol{r})]&\approx\sum_j \Delta\Omega\,n_j\frac{n_j}{2}\int_{\Omega_j}d\boldsymbol{r}\,\frac{e^2}{|\boldsymbol{r}-\boldsymbol{r}_j|}\int_0^1 d\lambda\Big[g(|\boldsymbol{r}-\boldsymbol{r}_j|:\lambda;n_j)-1\Big]\\&=\sum_j \Delta\Omega\,n_j\varepsilon_{\rm xc}(n_j)\approx\int d\boldsymbol{r}\,n(\boldsymbol{r})\varepsilon_{\rm xc}\big(n(\boldsymbol{r})\big)\end{aligned} \tag{1.205}$$

のように与えられることが分かる．ちなみに，式 (1.205) を導く際に，$\boldsymbol{r}'$ の積分においては $\boldsymbol{r}'$ の関数としての被積分関数を部分空間 Ω_j の中心点 $\boldsymbol{r}_j$ での値で近似すると，その後の $\boldsymbol{r}'$ での積分は単に Ω_j の体積 $\Delta\Omega$ を与えているだけになる．また，$\boldsymbol{r}$ の積分においては交換相関ホール領域は Ω_j の内部に十分に含まれているので部分空間 Ω_j の積分を全空間の積分に置き換えてもよい．そして，$\boldsymbol{r}-\boldsymbol{r}_j$ を $\boldsymbol{r}$ に置換すると式 (1.204) の結果がそのまま使えることになる．

このようにして得られる $E_{\rm xc}[n(\boldsymbol{r})]$ の表式 (1.205) は交換相関エネルギー汎関数に対する**局所密度近似** (LDA: Local Density Approximation) と呼ばれている．そして，この近似が DFT を実際の物質に適用する際の代表的なスキーム，すなわち,「標準近似」(canonical approximation) である．なお，式 (1.205) において，$\varepsilon_{\rm xc}\big(n(\boldsymbol{r})\big)$ を交換エネルギー $\varepsilon_{\rm ex}\big(n(\boldsymbol{r})\big)$ に置き換えると，$E_{\rm xc}\big(n(\boldsymbol{r})\big)$ は式 (1.55) で定義されたディラックによる交換エネルギー汎関数 $K[n(\boldsymbol{r})]$ に帰着される．

このLDAの交換相関エネルギー汎関数の場合，式 (1.105) で定義される交換相関ポテンシャル $V_{\mathrm{xc}}(\boldsymbol{r}:[n(\boldsymbol{r})])$ は

$$V_{\mathrm{xc}}(\boldsymbol{r}:[n(\boldsymbol{r})]) = \varepsilon_{\mathrm{xc}}\big(n(\boldsymbol{r})\big) + n(\boldsymbol{r})\frac{\delta\varepsilon_{\mathrm{xc}}\big(n(\boldsymbol{r})\big)}{\delta n(\boldsymbol{r})} \equiv \mu_{\mathrm{xc}}\big(n(\boldsymbol{r})\big) \tag{1.206}$$

ということになる．ここで，$\mu_{\mathrm{xc}}(n)$ は密度が n の一様な電子ガス系の化学ポテンシャルにおける交換相関効果の寄与の部分である．このように，$V_{\mathrm{xc}}(\boldsymbol{r}:[n(\boldsymbol{r})])$ は交換相関エネルギー $\varepsilon_{\mathrm{xc}}\big(n(\boldsymbol{r})\big)$ そのものではなく，$\mu_{\mathrm{xc}}\big(n(\boldsymbol{r})\big)$ を使うことが適当であるということが自然に導かれている．

なお，一様密度 n の電子ガスの $\varepsilon_{\mathrm{xc}}$ は，通常，n の関数ではなく，無次元化された密度パラメータ r_s の関数として与えられている[77]．それを考慮すれば，$n(\boldsymbol{r})$ に対応して局所的な $r_s(\boldsymbol{r})$ を

$$r_s(\boldsymbol{r}) = \left(\frac{4\pi n(\boldsymbol{r})}{3}\right)^{-1/3}\frac{1}{a_B} \tag{1.207}$$

で導入しておくのが便利である．ここで，$a_B(\equiv 1/me^2)$ はボーア半径である．この $r_s(\boldsymbol{r})$ を使うと，式 (1.206) は

$$V_{\mathrm{xc}}(\boldsymbol{r}:[n(\boldsymbol{r})]) = \mu_{\mathrm{xc}}\big(n(\boldsymbol{r})\big) = \varepsilon_{\mathrm{xc}}\big(r_s(\boldsymbol{r})\big) - \frac{r_s(\boldsymbol{r})}{3}\frac{\delta\varepsilon_{\mathrm{xc}}\big(r_s(\boldsymbol{r})\big)}{\delta r_s(\boldsymbol{r})} \tag{1.208}$$

と書き直せる．この式で，特に，相関エネルギーを無視して，$\varepsilon_{\mathrm{xc}}\big(r_s(\boldsymbol{r})\big) \approx \varepsilon_{\mathrm{ex}}\big(r_s(\boldsymbol{r})\big) = -(3/2)(3/2\pi)^{2/3}r_s(\boldsymbol{r})^{-1}$(Ry の単位) とすれば，$\mu_{\mathrm{xc}}\big(n(\boldsymbol{r})\big) = -2(3/2\pi)^{2/3}r_s(\boldsymbol{r})^{-1}$(Ry) となる．この値はスレーターがハートリー–フォック近似のフォック項を平均化して与えた交換項である $-3\alpha(3/2\pi)^{2/3}r_s(\boldsymbol{r})^{-1}$(Ry) の (調整パラメータ α を 1 とした場合の) 2/3 の大きさになっていることが分かる．すなわち，スレーターの $X\alpha$ 法[16] における α を $\alpha = 2/3$ に取るべきことを主張しているものと解釈できる．これが 1.1.6 項の最後で触れていたことである．もっとも，実際は相関エネルギーの効果も取り入れなくてはならないので，実験と比べるときには，この α は 2/3 よりももう少し大きい値 (0.7 から 0.75 程度) の方がよいようである．

1.6.2 電子ガス中の1荷電不純物問題の摂動理論

a. 誘起電子密度と中性化条件

このように導入されたLDAの物理的意味を知るためのひとつの試みとして，第9巻の6.2.3項で考えた問題，すなわち，電子密度がn_0である一様密度電子ガスに電荷Zeの(反陽子などの場合も考えられるので，$Z<0$もありうるとした)“不純物原子核”を(系の原点に)1つだけ置いた系(**原子挿入電子ガス系**)を考えてみよう．この系のハミルトニアンH_{e}も式(1.1)の形に書け，その際，$V_{\mathrm{ei}}(\boldsymbol{r})$としては

$$V_{\mathrm{ei}}(\boldsymbol{r}) = -\frac{Ze^2}{|\boldsymbol{r}|} \tag{1.209}$$

で与えられることになる[78)]．

ところで，もしも$|Z| \ll 1$であるとすると，これは電子ガス系に外部から弱い試験電荷$Ze\delta(\boldsymbol{r})$を挿入した問題と考えられ，そのため，線形応答理論の適用で摂動論的に厳密に正しい解が得られうる問題に還元される．そこで，第9巻の4章(特に，その4.4〜4.5節)や6.2.2項の議論を参考にしながら，この摂動理論を用いた厳密解の結果をまとめて示し，後にそれをLDAの結果と比べてみることにしよう．

まず，この試験電荷による外部静電ポテンシャルのフーリエ成分$\phi_{\mathrm{ext}}(\boldsymbol{q})$は($\Omega_{\mathrm{t}}$を全体積として)

$$\phi_{\mathrm{ext}}(\boldsymbol{q}) = \frac{4\pi Ze}{\Omega_{\mathrm{t}} q^2} \tag{1.210}$$

であるので，それによって誘起される電子密度(のフーリエ成分)は静的電子密度応答関数$Q_{\rho\rho}(\boldsymbol{q},0)$を用いて

$$n_{\mathrm{ind}}(\boldsymbol{q}) = -eQ_{\rho\rho}(\boldsymbol{q},0)\,\phi_{\mathrm{ext}}(\boldsymbol{q}) \tag{1.211}$$

のように与えられる．これをフーリエ逆変換し，$Q_{\rho\rho}(\boldsymbol{q},0)$を$V(\boldsymbol{q}) \equiv 4\pi e^2/\Omega_{\mathrm{t}} q^2$と分極関数$\Pi(\boldsymbol{q},0)$を使って表す(第9巻の式(I.4.156)参照)と，実空間での誘起電子密度$n_{\mathrm{ind}}(\boldsymbol{r})$は

$$n_{\mathrm{ind}}(\boldsymbol{r}) = \frac{Z}{\Omega_{\mathrm{t}}} \sum_{\boldsymbol{q}} e^{i\boldsymbol{q}\cdot\boldsymbol{r}} \frac{V(\boldsymbol{q})\Pi(\boldsymbol{q},0)}{1+V(\boldsymbol{q})\Pi(\boldsymbol{q},0)} \tag{1.212}$$

で与えられることになる．

ちなみに，この誘起電子密度の全量は元の試験電荷をちょうど打ち消すものであること (完全遮蔽条件) は式 (I.6.36) で示した通りである．すなわち，

$$\int d\boldsymbol{r}\ n_{\mathrm{ind}}(\boldsymbol{r}) = Z \lim_{q\to 0} \frac{V(\boldsymbol{q})\Pi(\boldsymbol{q},0)}{1+V(\boldsymbol{q})\Pi(\boldsymbol{q},0)} \tag{1.213}$$

であるが，式 (I.4.182) の圧縮率総和則を参考にすると，$\boldsymbol{q}\to\boldsymbol{0}$ で $\Pi(\boldsymbol{q},0)$ は有限の値になるので，式 (1.213) の右辺は Z になる．また，この不純物挿入による全エネルギーの変化は

$$\begin{aligned}\delta E &= \frac{1}{2}\sum_{\boldsymbol{q}}\big[-e\phi_{\mathrm{ext}}(\boldsymbol{q})\big]^2 Q_{\rho\rho}(\boldsymbol{q},0)\\ &= -\frac{Z^2}{2}\sum_{\boldsymbol{q}}\frac{V(\boldsymbol{q})^2\Pi(\boldsymbol{q},0)}{1+V(\boldsymbol{q})\Pi(\boldsymbol{q},0)}\end{aligned} \tag{1.214}$$

で計算されることになる．

b. カスプ条件

式 (1.212) で得られた $n_{\mathrm{ind}}(\boldsymbol{r})$ は $|Z| \ll 1$ で厳密に正しい式であるので，$n(\boldsymbol{r}) = n_0 + n_{\mathrm{ind}}(\boldsymbol{r})$ として式 (1.5) で与えられるカスプ定理を満たすはずである．少し脇道にそれるが，実際にこのカスプ定理を満たすことを確かめておこう．

今の場合，$|n_{\mathrm{ind}}(\boldsymbol{r})| \ll n_0$ であるので，カスプ定理として確かめるべき関係式は

$$\lim_{r\to 0}\frac{1}{n(\boldsymbol{r})}\frac{\partial n(\boldsymbol{r})}{\partial r} \approx \frac{1}{n_0}\frac{\partial n_{\mathrm{ind}}(\boldsymbol{r})}{\partial r}\bigg|_{r=0} = -\frac{2Z}{a_{\mathrm{B}}} \tag{1.215}$$

である．したがって，$n_{\mathrm{ind}}(\boldsymbol{r})$ の $r=0$ 近傍での振舞いを調べる必要がある．まず，式 (1.212) で $\boldsymbol{q}$ の角度積分を実行すると，

$$n_{\mathrm{ind}}(\boldsymbol{r}) = \frac{Z}{2\pi^2}\frac{1}{r}\int_0^\infty q dq\ \sin(qr)\,\frac{V(\boldsymbol{q})\Pi(\boldsymbol{q},0)}{1+V(\boldsymbol{q})\Pi(\boldsymbol{q},0)} \tag{1.216}$$

が得られる．この式 (1.216) で $\sin(qr)$ を単純に $\sin(qr) \approx qr - (qr)^3/6 + \cdots$ と展開するのでは $r=0$ での値 $n_{\mathrm{ind}}(\boldsymbol{0})$ は ($\sin(qr) \to qr$ と置くことで) 正しく

導出できるが，r に比例する項がうまく出ない．そこで，$\sin(qr)$ を展開する考え方はせず，ゼロ次の球ベッセル関数 $j_0(x) \equiv \sin x/x$ を使って式 (1.216) を書き直すことにしよう．すると，

$$n_{\text{ind}}(\boldsymbol{r}) = \frac{Z}{2\pi^2}\frac{1}{r^3}\int_0^\infty x^2 dx\, j_0(x)\, \frac{V(x/r)\Pi(x/r,0)}{1+V(x/r)\Pi(x/r,0)} \tag{1.217}$$

となるが，$r \to 0$ の状況を考えるので，この式 (1.217) の被積分関数で $x/r \to \infty$ における極限形を代入すると，

$$n_{\text{ind}}(\boldsymbol{r}) \approx \frac{8}{\pi}Zn_0\frac{r}{a_{\text{B}}}\int_0^\infty dx\, j_0(x)\,\frac{x^2}{x^4+16\pi n_0 r^4/a_{\text{B}}} \tag{1.218}$$

が得られる．ここで，$q(=|\boldsymbol{q}|) \to \infty$ での分極関数の極限形，すなわち，

$$\lim_{q\to\infty}\Pi(\boldsymbol{q},0) = \lim_{q\to\infty}\Pi^{(0)}(\boldsymbol{q},0) = 2n_0\Omega_{\text{t}}\,\frac{2m}{q^2} \tag{1.219}$$

という性質を用いている．なお，$\Pi^{(0)}(\boldsymbol{q},0)$ は第 9 巻の式 (I.4.50) で定義された RPA での分極関数である．

ところで，式 (1.218) の右辺に現れる定積分は $y^4 \equiv 4\pi n_0 r^4/a_{\text{B}}$ で r に比例する y (したがって，$y \approx 0$ の定数) を導入すると，

$$\begin{aligned}\int_0^\infty dx\, j_0(x)\,\frac{x^2}{x^4+4y^4} &= \sqrt{\frac{\pi}{2}}\int_0^\infty dx\, J_{1/2}(x)\frac{x^{3/2}}{x^4+4y^4}\\ &= \frac{\pi}{4}\frac{J_{1/2}(y)K_{1/2}(y)}{y}\end{aligned} \tag{1.220}$$

のように計算される．ここで，1/2 次のベッセル関数 $J_{1/2}(y)$ と変形ベッセル関数 $K_{1/2}(y)$ は，それぞれ，$J_{1/2}(y) = \sqrt{2/\pi y}\,\sin y$ と $K_{1/2}(y) = \sqrt{\pi/2y}\,e^{-y}$ であることに注意して $y = 0$ のまわりで展開すると，最終的に

$$n_{\text{ind}}(\boldsymbol{r}) \approx n_0\,\frac{2Z}{a_{\text{B}}}\left(\frac{r}{y} - r + O(r^2)\right) \tag{1.221}$$

が得られる．この式 (1.221) から $r = 0$ での $n_{\text{ind}}(\boldsymbol{r})$ の微係数を求めると，式 (1.215) が成り立つことが確かめられる．この解析的な計算から，今の場合，カスプ条件は静的分極関数 $\Pi(\boldsymbol{q},0)$ の $q \to \infty$ での極限形の反映であることが分かる．

1.6.3　電子ガス中の 1 荷電不純物問題の LDA 計算

次に，まったく同じ問題を LDA で解いてみよう．この場合，コーン–シャム方程式 (1.109) に現れるコーン–シャム・ポテンシャル $V_{\mathrm{KS}}(\boldsymbol{r}:[n(\boldsymbol{r})])$ は式 (1.206) で定義された $\mu_{\mathrm{xc}}\big(n(\boldsymbol{r})\big)$ や式 (1.209) で与えられた $V_{\mathrm{ei}}(\boldsymbol{r})$ を用いて

$$V_{\mathrm{KS}}(\boldsymbol{r}:[n(\boldsymbol{r})])) = V_{\mathrm{ei}}(\boldsymbol{r}) + \int d\boldsymbol{r}' \, \frac{e^2}{|\boldsymbol{r}-\boldsymbol{r}'|} n(\boldsymbol{r}') + \mu_{\mathrm{xc}}\big(n(\boldsymbol{r})\big) \tag{1.222}$$

と書ける．そして，全電子密度 $n(\boldsymbol{r})$ は式 (1.111) によって計算されることになるが，特に Z が小さい場合，これを Z について展開して

$$n(\boldsymbol{r}) = n_0 + n_1(\boldsymbol{r}) \tag{1.223}$$

のように 1 次の変化分まで考えよう．

この電子密度の展開に対応して，$V_{\mathrm{KS}}(\boldsymbol{r}:[n(\boldsymbol{r})])$ も展開すると，その 1 次の変化分 $V_1(\boldsymbol{r})$ は式 (1.222) より

$$V_1(\boldsymbol{r}) = V_{\mathrm{ei}}(\boldsymbol{r}) + \int d\boldsymbol{r}' \, \frac{e^2}{|\boldsymbol{r}-\boldsymbol{r}'|} \, n_1(\boldsymbol{r}') + \frac{\delta\mu_{\mathrm{xc}}(n_0)}{\delta n_0} \, n_1(\boldsymbol{r}) \tag{1.224}$$

で与えられることは容易に分かる．そして，$n_1(\boldsymbol{r})$ と $V_1(\boldsymbol{r})$ のフーリエ成分を，それぞれ，$n_1(\boldsymbol{q})$ と $V_1(\boldsymbol{q})$ と書くと，式 (1.224) は

$$V_1(\boldsymbol{q}) = -ZV(\boldsymbol{q}) + V(\boldsymbol{q})n_1(\boldsymbol{q}) + \frac{\delta\mu_{\mathrm{xc}}(n_0)}{\delta n_0} \, n_1(\boldsymbol{q}) \tag{1.225}$$

と書き換えられる．

ところで，コーン–シャム方程式で取り扱う相互作用のない参照系は $V_{\mathrm{ei}}(\boldsymbol{r})$ が働かない場合は自由電子系となるが，この系に弱い 1 体ポテンシャル $V_1(\boldsymbol{r})$ が印加されたときに，それに伴う (1 次の) 電子密度変化 $n_1(\boldsymbol{r})$ を計算する問題は標準的な教科書[79] ですでに詳しく取り上げられているものである．そして，このときに鍵になる物理量は RPA の分極関数 $\Pi^{(0)}(\boldsymbol{q},0)$ であることはよく知られている．

同じことを前項で紹介した線形応答理論に沿っていえば，$-e\phi_{\mathrm{ext}}(\boldsymbol{q})$ に対応する $V_1(\boldsymbol{q})$ が働くと，一般に，1 次の電子密度変化量 $n_1(\boldsymbol{q})$ は式 (1.211) の形に書けることになるが，自由電子系での静的電子密度応答関数 $Q_{\rho\rho}(\boldsymbol{q},0)$ は

$-\Pi^{(0)}(\boldsymbol{q},0)$ にほかならないので，

$$n_1(\boldsymbol{q}) = -\Pi^{(0)}(\boldsymbol{q},0)V_1(\boldsymbol{q}) \tag{1.226}$$

である．

このようにして得られた2つの式，すなわち，コーン–シャム・ポテンシャルの計算から導かれた式 (1.224) とコーン–シャム方程式を解いて電子密度を計算することから導かれた式 (1.226) を組み合わせて自己無撞着に解くと，

$$V_1(\boldsymbol{q}) = -Z\,\frac{V(\boldsymbol{q})}{1+\big(V(\boldsymbol{q})+\delta\mu_{\rm xc}(n_0)/\delta n_0\big)\Pi^{(0)}(\boldsymbol{q},0)} \tag{1.227}$$

が得られる．これを式 (1.226) に代入してフーリエ逆変換すると，結局，求めていた実空間での誘起電子密度 $n_1(\boldsymbol{r})$ は

$$n_1(\boldsymbol{r}) = \frac{Z}{\Omega_{\rm t}}\sum_{\boldsymbol{q}} e^{i\boldsymbol{q}\cdot\boldsymbol{r}}\frac{V(\boldsymbol{q})\Pi^{(0)}(\boldsymbol{q},0)}{1+\big(V(\boldsymbol{q})+\delta\mu_{\rm xc}(n_0)/\delta n_0\big)\Pi^{(0)}(\boldsymbol{q},0)} \tag{1.228}$$

で与えられることになる．

さて，この式 (1.228) を (Z の 1 次の範囲では厳密な結果である) 対応する式 (1.212) と比べてみると，LDA の計算は静的分極関数 $\Pi(\boldsymbol{q},0)$ を

$$\Pi(\boldsymbol{q},0) \approx \Pi^{\rm LDA}(\boldsymbol{q},0) \equiv \frac{\Pi^{(0)}(\boldsymbol{q},0)}{1+\delta\mu_{\rm xc}(n_0)/\delta n_0\,\Pi^{(0)}(\boldsymbol{q},0)} \tag{1.229}$$

のように近似したものであることが分かる．これは (第 9 巻の 4.5.2 項で説明した) 電荷ゆらぎのチャンネルにおける**局所場補正** $G_+^{\rm LDA}(\boldsymbol{q})$ を

$$G_+^{\rm LDA}(\boldsymbol{q}) \equiv -\frac{1}{V(\boldsymbol{q})}\frac{\delta\mu_{\rm xc}(n_0)}{\delta n_0} \tag{1.230}$$

のように定義すれば，$\Pi^{\rm LDA}(\boldsymbol{q},0)$ は第 9 巻の式 (I.4.213) の形，すなわち，

$$\Pi^{\rm LDA}(\boldsymbol{q},0) = \frac{\Pi^{(0)}(\boldsymbol{q},0)}{1-G_+^{\rm LDA}(\boldsymbol{q})V(\boldsymbol{q})\Pi^{(0)}(\boldsymbol{q},0)} \tag{1.231}$$

のように書き直せる．同様に，式 (1.228) の $n_1(\boldsymbol{r})$ は

$$n_1(\boldsymbol{r}) = Z\sum_{\boldsymbol{q}} e^{i\boldsymbol{q}\cdot\boldsymbol{r}}\frac{V(\boldsymbol{q})\Pi^{(0)}(\boldsymbol{q},0)}{1+[1-G_+^{\rm LDA}(\boldsymbol{q})]V(\boldsymbol{q})\Pi^{(0)}(\boldsymbol{q},0)} \tag{1.232}$$

のように書き直せる．

この $n_1(\boldsymbol{r})$ を用いると，不純物原子挿入による全エネルギーの変化量 δE は次のような工夫で求められる．まず，試験電荷の大きさを Z から $Z+\delta Z$ にわずかに増やしたとき，それに伴って $n_1(\boldsymbol{r})$ が $n_1(\boldsymbol{r})+\delta n_1(\boldsymbol{r})$ に変化したとしよう．すると，式 (1.113) で計算される全エネルギー $E_0(1)$ の $O(\delta Z)$ の変化量 $\delta E_0(1;Z)$ は，① $V_{\mathrm{ei}}(\boldsymbol{r})$ が $V_{\mathrm{ei}}(\boldsymbol{r})+\delta V_{\mathrm{ei}}(\boldsymbol{r})$ へと変化したことによる直接的な寄与 (ここで，$\delta V_{\mathrm{ei}}(\boldsymbol{r})=-\delta Ze^2/|\boldsymbol{r}|=\delta Z\,(V_{\mathrm{ei}}(\boldsymbol{r})/Z)$ である) と② $\delta n_1(\boldsymbol{r})$ を通した寄与，の和になる．しかるに，第 2 の寄与はヤナックの定理を証明した際の式 (1.121) から式 (1.125) へかけての計算を行うとゼロになることが分かるので，結果として，

$$\delta E_0(1;Z)=\int d\boldsymbol{r}\,\delta V_{\mathrm{ei}}(\boldsymbol{r})n_1(\boldsymbol{r})=Z\delta Z\int d\boldsymbol{r}\,\frac{V_{\mathrm{ei}}(\boldsymbol{r})}{Z}\,\frac{n_1(\boldsymbol{r})}{Z} \tag{1.233}$$

が得られる．ところで，この式 (1.233) の最終式で被積分関数は Z に依存しないので，$\delta E_0(1;Z)$ を Z について 0 から Z まで積分すると，δE は

$$\begin{aligned}\delta E&=\int_0^Z dZ\,\frac{\delta E_0(1;Z)}{\delta Z}=\int_0^Z ZdZ\int d\boldsymbol{r}\,\frac{V_{\mathrm{ei}}(\boldsymbol{r})}{Z}\,\frac{n_1(\boldsymbol{r})}{Z}\\&=\frac{1}{2}\int d\boldsymbol{r}\,V_{\mathrm{ei}}(\boldsymbol{r})n_1(\boldsymbol{r})=-\frac{Z^2}{2}\sum_{\boldsymbol{q}}\frac{V(\boldsymbol{q})^2\Pi^{(0)}(\boldsymbol{q},0)}{1+[1-G_+^{\mathrm{LDA}}(\boldsymbol{q})]V(\boldsymbol{q})\Pi^{(0)}(\boldsymbol{q},0)}\\&=-\frac{Z^2}{2}\sum_{\boldsymbol{q}}\frac{V(\boldsymbol{q})^2\Pi^{\mathrm{LDA}}(\boldsymbol{q},0)}{1+V(\boldsymbol{q})\Pi^{\mathrm{LDA}}(\boldsymbol{q},0)}\end{aligned} \tag{1.234}$$

のように与えられる．これは式 (1.214) において $\Pi(\boldsymbol{q},0)=\Pi^{\mathrm{LDA}}(\boldsymbol{q},0)$ と置いたことに対応している．

ちなみに，式 (1.230) で定義された $G_+^{\mathrm{LDA}}(\boldsymbol{q})$ は第 9 巻の 4.2.1 項の式 (I.4.77), (I.4.82), (I.4.83) などを参考にすると，

$$G_+^{\mathrm{LDA}}(\boldsymbol{q})=\left(1-\frac{\kappa_{\mathrm{F}}}{\kappa}\right)\frac{\pi}{\alpha r_s}\left(\frac{q}{2p_{\mathrm{F}}}\right)^2 \tag{1.235}$$

の形に書けることが分かる．ここで，p_{F} は電子密度 n_0 におけるフェルミ波数，κ はその密度の電子ガス系の圧縮率，そして，κ_{F} は同じ電子密度の対応する自由電子ガス系のそれである．この式 (1.235) を式 (1.231) に代入し，

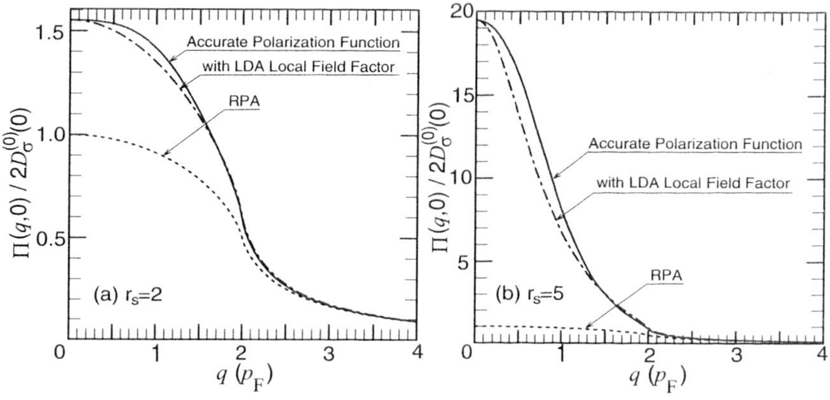

図 1.8 分極関数の比較:電子密度が (a) $r_s = 2$ と (b) $r_s = 5$ の場合に，局所場補正を LDA で行ったもの (一点鎖線) を量子モンテカルロ法で得られた正確と考えられるもの (実線) や RPA での結果 (破線) と比較したもの．なお，分極関数は自由電子系のフェルミ面での状態密度 $2D_\sigma^{(0)}(0) = \Omega_{\rm t} m p_{\rm F}/\pi^2$ で規格化されている．

$\boldsymbol{q} \to \boldsymbol{0}$ で $\Pi^{(0)}(\boldsymbol{q},0) \to n^2\kappa_{\rm F}$ であることに注意すれば，この長波長極限で $\Pi^{\rm LDA}(\boldsymbol{q},0) \to n^2\kappa$ であること (すなわち，式 (I.4.182) の圧縮率総和則を満たすこと) が確かめられるので，LDA では長距離の静的な遮蔽効果が正確に取り入れられていることが分かる．

以上の解析から，少なくとも ($\boldsymbol{q} \to \boldsymbol{0}$ の) 長波長領域では LDA は局所場補正という概念と整合的に物理を正しく捉えていると考えられる．より短波長領域でどの程度の精度があるかを見るために，図 1.8 では，LDA での分極関数 $\Pi^{\rm LDA}(\boldsymbol{q},0)$ (一点鎖線) を正確な分極関数 $\Pi(\boldsymbol{q},0)$ (実線) や RPA での $\Pi^{(0)}(\boldsymbol{q},0)$ (破線) と比較した結果が示されている．ちなみに，“正確な分極関数” は量子モンテカルロ法で得られた (十分に正確であると考えられている) 局所場補正 $G_+(\boldsymbol{q})$ の結果[80] (をパラメータ化して表現したもの[82]) を式 (1.231) の $G_+^{\rm LDA}(\boldsymbol{q})$ の代わりに用いて得たものである．

この図 1.8 を見ると，$\Pi^{\rm LDA}(\boldsymbol{q},0)$ は $|\boldsymbol{q}| \approx 0.5p_{\rm F}$ のあたりを中心に $\Pi(\boldsymbol{q},0)$ との違いが無視できない (前者が後者よりも小さくなり，差が%のオーダーの相対誤差がある) が，q が $1.5p_{\rm F}$ よりも大きくなると前者が後者よりも大きくなっ

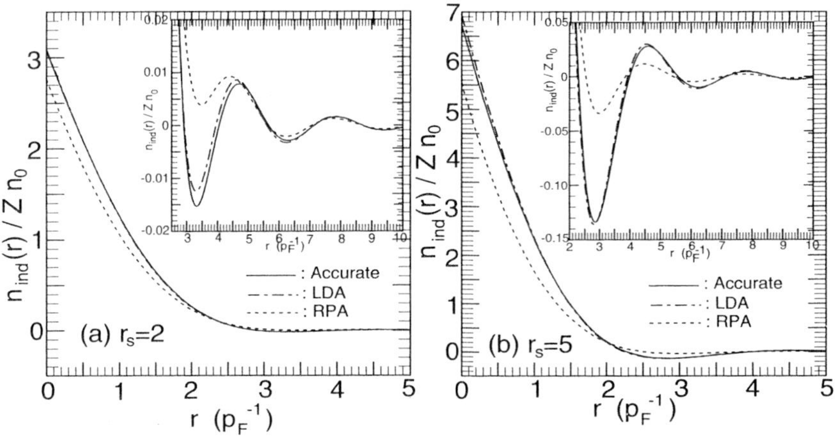

図 1.9　誘起電荷密度 $n_{\mathrm{ind}}(r)$ の (a) $r_s=2$ と (b) $r_s=5$ での結果．計算の際に使用した分極関数は図 1.8 の 3 つの場合に対応している．なお，挿図はフリーデル振動の状況を示したものであり，また，電子密度は Zn_0 で規格化されている．

てくるので，$\boldsymbol{q}$ 全体にわたって積分した結果である誘起電子密度 $n_{\mathrm{ind}}(\boldsymbol{r})$ に関しては誤差の相殺がおこり，その結果，$\boldsymbol{r}$ の全域にわたってほとんどこれら 2 つの差がなくなる．実際にそれを示したのが図 1.9 である．そこでは，式 (1.213) で与えられる正確な誘起電子密度 $n_{\mathrm{ind}}(\boldsymbol{r})$ (実線) を式 (1.232) で与えられる LDA での誘起電子密度 $n_1(\boldsymbol{r})$ (一点鎖線) と比べてある．(参考のために，RPA での結果も破線で示している．) このように，誘起電子密度に関する限り，短波長領域でも LDA は十分に正確な結果を与えていることが分かる．同様に，(ここでは計算結果を明示しないが) 全エネルギー変化 δE も満足すべき結果を与える．

1.6.4　SDFT における局所密度近似

この 1 原子挿入電子ガス系において，Z を任意の強さにすると，もはや線形応答理論は使えない．たとえば，$Z=+1$ の場合の $n_{\mathrm{ind}}(\boldsymbol{r})$ と $Z=-1$ でのそれを比べると，線形応答理論では両者はまったく同じ $n_{\mathrm{ind}}(\boldsymbol{r})/Z$ を与えるが，実際の物理系ではこのようにはならない．この Z の正負における差は非線形効果が端的な形で現れたものである．この非線形効果を取り入れることを考えた場合，摂動論では (非線形的な分極関数を形式的に定義することは可能だとしても) 信頼に足る結果を現実的に得るにはかなりの困難を伴う．

これに対して密度汎関数法では，その出発点で Z を小さいとは仮定していないので，たとえ非線形効果を考慮したとしても，計算上の困難は線形領域の Z の場合とあまり変わらない．(多少，自己無撞着ループの実行回数が増える程度である.) ただし，任意の Z に対しては (特に，奇数の Z に対しては) 電子スピンの取扱い方に注意が必要で，式 (1.205) で与えられた $E_{\rm xc}[n(\boldsymbol{r})]$ に基づく LDA よりも，SDFT の枠内で相関交換エネルギー汎関数 $E_{\rm xc}[n_\uparrow(\boldsymbol{r}), n_\downarrow(\boldsymbol{r})]$ を考え直し，それに LSD (局所スピン密度: Local Spin Density) 近似を導入する方がよい結果が得られる．

ところで，この $E_{\rm xc}[n_\uparrow(\boldsymbol{r}), n_\downarrow(\boldsymbol{r})]$ を考える際には，1.3.2 項 b での議論を見直して，スピンに依存した電子密度分布を取り扱えるようにしなければならない．そのために，まず，式 (1.100) で定義された対分布関数を拡張してスピンに依存した対分布関数 $g_{\sigma\sigma'}(\boldsymbol{r}, \boldsymbol{r}' : \lambda; [n_\uparrow(\boldsymbol{r}), n_\downarrow(\boldsymbol{r})])$ を導入しよう．この定義の拡張は容易で，

$$
\begin{aligned}
n_\sigma(\boldsymbol{r}) n_{\sigma'}(\boldsymbol{r}') g_{\sigma\sigma'}(\boldsymbol{r}, \boldsymbol{r}' : \lambda; [n_\uparrow(\boldsymbol{r}), n_\downarrow(\boldsymbol{r})]) &\equiv \langle \Phi_0(\lambda; [n_\uparrow(\boldsymbol{r}), n_\downarrow(\boldsymbol{r})]) | \\
&\rho_\sigma(\boldsymbol{r}) \rho_{\sigma'}(\boldsymbol{r}') - \delta(\boldsymbol{r} - \boldsymbol{r}') \delta_{\sigma\sigma'} \rho_\sigma(\boldsymbol{r}) | \Phi_0(\lambda; [n_\uparrow(\boldsymbol{r}), n_\downarrow(\boldsymbol{r})]) \rangle
\end{aligned}
\tag{1.236}
$$

のようにすればよい．ここで，演算子 $\rho_\sigma(\boldsymbol{r})$ は

$$
\rho_\sigma(\boldsymbol{r}) \equiv \psi_\sigma^+(\boldsymbol{r}) \psi_\sigma(\boldsymbol{r}) \tag{1.237}
$$

で定義されていて，この演算子の基底波動関数 $|\Phi_0(\lambda; [n_\uparrow(\boldsymbol{r}), n_\downarrow(\boldsymbol{r})])\rangle$ に関する期待値が $n_\sigma(\boldsymbol{r})$ ということになる．

このスピンに依存した対分布関数を用いると，式 (1.103) の交換相関エネルギー汎関数 $E_{\rm xc}[n(\boldsymbol{r})]$ を拡張したものとして，$E_{\rm xc}[n_\uparrow(\boldsymbol{r}), n_\downarrow(\boldsymbol{r})]$ は

$$
\begin{aligned}
E_{\rm xc}[n_\uparrow(\boldsymbol{r}), n_\downarrow(\boldsymbol{r})] &\equiv \frac{1}{2} \int d\boldsymbol{r} \int d\boldsymbol{r}' \frac{e^2}{|\,\boldsymbol{r} - \boldsymbol{r}'\,|} \sum_{\sigma\sigma'} n_\sigma(\boldsymbol{r}) n_{\sigma'}(\boldsymbol{r}') \\
&\times \int_0^1 d\lambda \Big[g_{\sigma\sigma'}(\boldsymbol{r}, \boldsymbol{r}' : \lambda; [n_\uparrow(\boldsymbol{r}), n_\downarrow(\boldsymbol{r})]) - 1 \Big]
\end{aligned}
\tag{1.238}
$$

で与えられる．

この基本式 (1.238) において緩やかな電子密度変化を仮定して，1.6.1 項で式 (1.205) を導く際に行ったような考察をすると，LSD 近似における交換相関エネルギー汎関数として，

$$E_{\mathrm{xc}}[n_\uparrow(\boldsymbol{r}), n_\downarrow(\boldsymbol{r})] \approx \int d\boldsymbol{r}\, \big(n_\uparrow(\boldsymbol{r}) + n_\downarrow(\boldsymbol{r})\big)\varepsilon_{\mathrm{xc}}\big(n_\uparrow(\boldsymbol{r}), n_\downarrow(\boldsymbol{r})\big) \tag{1.239}$$

が導かれる．ここで，上向きスピンの電子密度 $n_\uparrow$ も下向きスピンの電子密度 $n_\downarrow$ もともに空間的に一様であるスピン分極した電子ガス系 (スピン偏極率 ζ が $(n_\uparrow - n_\downarrow)/(n_\uparrow + n_\downarrow)$ である系) における 1 電子あたりの交換相関エネルギー $\varepsilon_{\mathrm{xc}}\big(n_\uparrow, n_\downarrow\big)$ はその系でのスピンに依存した動径分布関数 $g_{\sigma\sigma'}(r:\lambda; n_\uparrow, n_\downarrow)$ を用いると，$n = n_\uparrow + n_\downarrow$ として

$$\varepsilon_{\mathrm{xc}}\big(n_\uparrow, n_\downarrow\big) = \frac{1}{2n}\sum_{\sigma\sigma'} n_\sigma n_{\sigma'} \int_0^1 d\lambda \int d\boldsymbol{r}\, \frac{e^2}{r}\Big[g_{\sigma\sigma'}(r:\lambda; n_\uparrow, n_\downarrow) - 1\Big] \tag{1.240}$$

のように表される．この式 (1.240) で定義される交換相関エネルギー $\varepsilon_{\mathrm{xc}}\big(n_\uparrow, n_\downarrow\big)$ を n (あるいは，式 (1.207) のような関係式で結びつけられる密度パラメータ r_s) と ζ の関数，$\varepsilon_{\mathrm{xc}}(r_s, \zeta)$，として十分に正確に求める問題は第 9 巻の 4 章の主題の 1 つであったので，そこで得られた結果を引用しながら，簡単に $\varepsilon_{\mathrm{xc}}(r_s, \zeta)$ を復習しておこう．

通常，$\varepsilon_{\mathrm{xc}}(r_s, \zeta)$ を考える場合，まず，その交換エネルギーの部分 $\varepsilon_{\mathrm{x}}(r_s, \zeta)$ と相関エネルギーの部分 $\varepsilon_{\mathrm{c}}(r_s, \zeta)$ に分割する．すると，$\varepsilon_{\mathrm{x}}(r_s, \zeta)$ は初等的に計算できる．具体的には，式 (I.4.39) の表式で上向きスピンの電子数が $n_\uparrow = n(1+\zeta)/2$，下向きスピンのそれが $n_\downarrow = n(1-\zeta)/2$ であることに注意すれば，

$$\begin{aligned}\varepsilon_{\mathrm{x}}(r_s, \zeta) &= \varepsilon_{\mathrm{x}}^{\mathrm{P}}(r_s)\frac{(1+\zeta)^{4/3} + (1-\zeta)^{4/3}}{2} \\ &= \varepsilon_{\mathrm{x}}^{\mathrm{P}}(r_s) + [\varepsilon_{\mathrm{x}}^{\mathrm{F}}(r_s) - \varepsilon_{\mathrm{x}}^{\mathrm{P}}(r_s)]f(\zeta)\end{aligned} \tag{1.241}$$

で与えられることが分かる．ここで，$\varepsilon_{\mathrm{x}}^{\mathrm{P}}(r_s)$ は常磁性状態 $(\zeta = 0)$ における 1 電子あたりの交換エネルギーで，式 (I.4.38) で与えられている $\varepsilon_{\mathrm{ex}}$ そのものである．すなわち，

$$\varepsilon_{\mathrm{x}}^{\mathrm{P}}(r_s) = -\frac{3}{2}\left(\frac{3}{2\pi}\right)^{2/3}\frac{1}{r_s}\ \mathrm{Ry} \tag{1.242}$$

である．これを使うと，強磁性状態 ($\zeta = 1$) の 1 電子あたりの交換エネルギー $\varepsilon_{\mathrm{x}}^{\mathrm{F}}(r_s)$ は $\varepsilon_{\mathrm{x}}^{\mathrm{F}}(r_s) = 2^{1/3}\varepsilon_{\mathrm{x}}^{\mathrm{P}}(r_s)$ ということになる．また，関数 $f(\zeta)$ は

$$f(\zeta) \equiv \frac{(1+\zeta)^{4/3} + (1-\zeta)^{4/3} - 2}{2^{4/3} - 2} \tag{1.243}$$

のように定義されていて，$f(0) = 0$，$f(1) = 1$ である．

一方，$\varepsilon_{\mathrm{c}}(r_s, \zeta)$ の計算は容易ではないが，広範囲の r_s について常磁性状態の値，$\varepsilon_{\mathrm{c}}^{\mathrm{P}}(r_s)$，と強磁性状態のそれ，$\varepsilon_{\mathrm{c}}^{\mathrm{F}}(r_s)$，については量子モンテカルロ法でかなり正確に与えられていて，しかも，それらの値を内挿する r_s の関数形もよく分かっている[77)]．また，式 (I.4.94) を使えば，$\zeta = 0$ での $\varepsilon_{\mathrm{c}}(r_s, \zeta)$ の ζ による 2 次微分の値はスピン帯磁率 χ に直接的に関係していることが分かる．特に，χ に対して式 (I.4.303) を使えば，$\partial^2\varepsilon_{\mathrm{c}}(r_s, \zeta)/\partial\zeta^2|_{\zeta=0}$ に対する r_s の関数形も与えられていることになる．

そこで，これらの情報を組み込んだ $\varepsilon_{\mathrm{c}}(r_s, \zeta)$ として，

$$\begin{aligned}\varepsilon_{\mathrm{c}}(r_s, \zeta) = \varepsilon_{\mathrm{c}}^{\mathrm{P}}(r_s) &+ \left.\frac{\partial^2\varepsilon_{\mathrm{c}}(r_s, \zeta)}{\partial\zeta^2}\right|_{\zeta=0}(1-\zeta^4)\,\frac{f(\zeta)}{f''(0)} \\ &+ [\varepsilon_{\mathrm{c}}^{\mathrm{F}}(r_s) - \varepsilon_{\mathrm{c}}^{\mathrm{P}}(r_s)]\,f(\zeta)\,\zeta^4\end{aligned} \tag{1.244}$$

のような内挿公式が考えられている．もちろん，これ以外の内挿公式も可能であるが，この $\varepsilon_{\mathrm{c}}(r_s, \zeta)$ は $\zeta = 0$ の近傍で

$$\varepsilon_{\mathrm{c}}(r_s, \zeta) \approx \varepsilon_{\mathrm{c}}^{\mathrm{P}}(r_s) + \frac{1}{2}\left.\frac{\partial^2\varepsilon_{\mathrm{c}}(r_s, \zeta)}{\partial\zeta^2}\right|_{\zeta=0}\zeta^2 + O(\zeta^4)\ ; |\zeta| \ll 1 \tag{1.245}$$

のような正しい展開式が成り立つように定義されている．

図 1.10 には，LSD の交換相関エネルギー汎関数を規定している式 (1.241) や式 (1.244) の中で導入された 5 つのエネルギー項，$\varepsilon_{\mathrm{x}}^{\mathrm{P}}$，$\varepsilon_{\mathrm{x}}^{\mathrm{F}}$，$\varepsilon_{\mathrm{c}}^{\mathrm{P}}$，$\varepsilon_{\mathrm{c}}^{\mathrm{F}}$，$\partial^2\varepsilon_{\mathrm{c}}/\partial\zeta^2|_{\zeta=0}$，が r_s の関数としてプロットされている．これらの関数値を用いると $\varepsilon_{\mathrm{xc}}(r_s, \zeta)$ を計算できるが，たとえば，$r_s = 2$，4，8 の各場合について，$\varepsilon_{\mathrm{x}}(r_s, \zeta)$ と $\varepsilon_{\mathrm{c}}(r_s, \zeta)$ を ζ の関数として描いたのが図 1.11 である．いずれの r_s

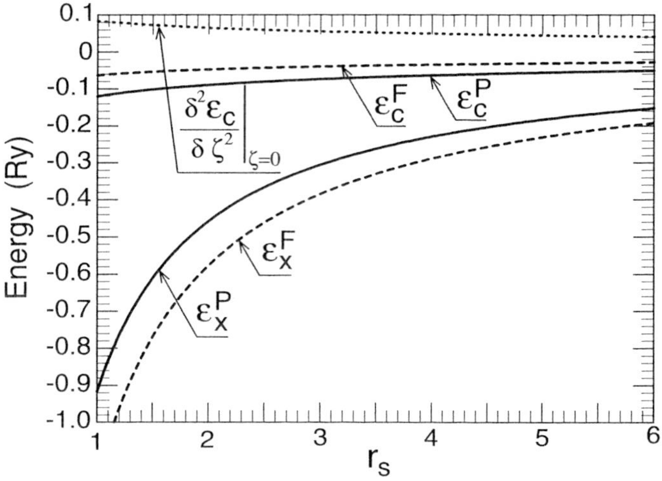

図 1.10 LSD における交換相関エネルギー汎関数を規定するために必要な 5 つのエネルギー項，ε_x^P，ε_x^F，ε_c^P，ε_c^F，$\partial^2\varepsilon_c/\partial\zeta^2|_{\zeta=0}$ を密度パラメータ r_s の関数として描いたもの．単位は Ry．

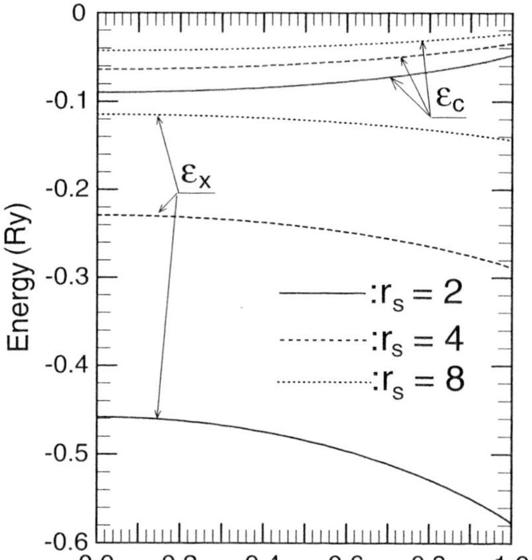

図 1.11 電子密度パラメータ r_s が 2, 4, 8 の各場合について，交換エネルギー $\varepsilon_x(r_s,\zeta)$ と相関エネルギー $\varepsilon_c(r_s,\zeta)$ を ζ の関数として描いたもの．単位は Ry．

についても ζ の増加につれて交換エネルギー $\varepsilon_{\mathrm{x}}(r_s,\zeta)$ は増大するが，相関エネルギー $\varepsilon_{\mathrm{c}}(r_s,\zeta)$ は減少してしまうことが見て取れよう．これは，第 9 巻の 4 章で再三再四強調したように，**交換効果はスピン偏極を促進し，一方，相関効果はそれを抑制する**という物理を反映したものである．

ちなみに，この LSD の交換相関エネルギー汎関数を使って 1 原子挿入電子ガス系を調べたところ，d 電子がない軽原子 (硼素，炭素，窒素，酸素など) を挿入してもホストの電子ガス系が十分に低密度 (たとえば，炭素では $r_s > 3.91$) の場合，挿入された原子のまわりの電子ガスでスピン分極が起こることが示された．詳しくは原著論文[81] を参照されたい．

1.6.5 勾配近似の導入

スピン偏極の効果を取り入れた交換相関エネルギー汎関数の具体形を議論したので，ついでに，LDA(あるいは LSD) を超えて密度の勾配も考慮した汎関数形を求める試みについても (密度勾配がもたらす物理的効果に注目しながら) 多少なりとも触れておこう．

この問題の出発点はホーエンバーグ–コーンの最初の論文[4] にすでに述べられている．いま，一様な密度 n_0 からわずかに変化した電子密度 $n(\boldsymbol{r})$ を考えよう．すなわち，$|\delta n(\boldsymbol{r})| \ll n_0$ として，$n(\boldsymbol{r})$ が

$$n(\boldsymbol{r}) = n_0 + \delta n(\boldsymbol{r}) \tag{1.246}$$

で与えられたとしよう．そして，この $\delta n(\boldsymbol{r})$ をフーリエ変換して，

$$\delta n(\boldsymbol{r}) = \frac{1}{\Omega_{\mathrm{t}}}\sum_{\boldsymbol{q}} \delta n_{\boldsymbol{q}} e^{i\boldsymbol{q}\cdot\boldsymbol{r}} \tag{1.247}$$

と書こう．ここで，フーリエ逆変換は

$$\delta n_{\boldsymbol{q}} = \int d\boldsymbol{r}\, \delta n(\boldsymbol{r}) e^{-i\boldsymbol{q}\cdot\boldsymbol{r}} \tag{1.248}$$

であるが，全電子数は $\Omega_{\mathrm{t}} n_0$ のままであるように $\delta n(\boldsymbol{r})$ を与えるので，

$$\delta n_{\boldsymbol{0}} = \int d\boldsymbol{r}\, \delta n(\boldsymbol{r}) = 0 \tag{1.249}$$

である．

さて，ホーエンバーグ–コーンの第1定理から，この与えられた $n(\boldsymbol{r})$ に対応する外部1体ポテンシャル $v(\boldsymbol{r})$ が存在することになる．この $v(\boldsymbol{r})$ もフーリエ変換して

$$v(\boldsymbol{r})=\frac{1}{\Omega_{\mathrm{t}}}\sum_{\boldsymbol{q}}v_{\boldsymbol{q}}e^{i\boldsymbol{q}\cdot\boldsymbol{r}} \tag{1.250}$$

のように書こう．ここで，

$$v_{\boldsymbol{q}}=\int d\boldsymbol{r}\,v(\boldsymbol{r})e^{-i\boldsymbol{q}\cdot\boldsymbol{r}} \tag{1.251}$$

であるが，$v_{\boldsymbol{q}}$ のうちで $\boldsymbol{q}=\boldsymbol{0}$ の成分 $v_{\boldsymbol{0}}$ を除く部分が $\delta n(\boldsymbol{r})$ を作り上げていることになる．そして，この場合，各 $v_{\boldsymbol{q}}$ が小さいので，$\delta n(\boldsymbol{r})$ は n_0 に比べて小さいままであると考えられる．

ところで，$v_{\boldsymbol{q}}$ が小さく，線形応答理論が適用されるとすると，これはすでに1.6.2項aで考えた問題と同一である．(違いがあるとすれば，そこでは，まず，外部1体ポテンシャルを与えてから誘起電子密度を決めたが，ここでは，逆に，電子密度のゆらぎを与えてから，それを誘起する外部1体ポテンシャルを決めるということである.) 実際，$v(\boldsymbol{r})$ が印加されたときの電子系に働くハミルトニアン H_{ext} は，電子密度演算子 ρ_q を

$$\rho_q=\sum_{\sigma}\int d\boldsymbol{r}\,e^{-i\boldsymbol{q}\cdot\boldsymbol{r}}\psi_{\sigma}^{+}(\boldsymbol{r})\psi_{\sigma}(\boldsymbol{r}) \tag{1.252}$$

で定義すると，

$$H_{\mathrm{ext}}=\sum_{\sigma}\int d\boldsymbol{r}\,\psi_{\sigma}^{+}(\boldsymbol{r})v(\boldsymbol{r})\psi_{\sigma}(\boldsymbol{r})=\sum_{\boldsymbol{q}}\rho_{\boldsymbol{q}}^{+}\frac{v_{\boldsymbol{q}}}{\Omega_{\mathrm{t}}} \tag{1.253}$$

のように書けるが，それぞれの $\boldsymbol{q}$ 成分に久保公式を適用すると，式 (1.211) における静的電子密度応答関数 $Q_{\rho\rho}(\boldsymbol{q},0)$ を用いて，

$$\delta n_{\boldsymbol{q}}=\langle\rho_{\boldsymbol{q}}\rangle=Q_{\rho\rho}(\boldsymbol{q},0)\,\frac{v_{\boldsymbol{q}}}{\Omega_{\mathrm{t}}}\quad\text{あるいは}\quad\frac{v_{\boldsymbol{q}}}{\Omega_{\mathrm{t}}}=Q_{\rho\rho}(\boldsymbol{q},0)^{-1}\delta n_{\boldsymbol{q}} \tag{1.254}$$

のような関係式が得られる．これが与えられた $\delta n(\boldsymbol{r})$ から $v(\boldsymbol{r})$ を決定する関

係式ということになる．

また，式 (1.214) を用いると，一様密度 n_0 の場合の基底状態エネルギー，$E_0[n_0]$，から与えられた $n(\boldsymbol{r})$ の場合のそれ，$E_0[n(\boldsymbol{r})]$，への変化量 δE は

$$\delta E = \frac{1}{2}\sum_{\boldsymbol{q}} Q_{\rho\rho}(\boldsymbol{q},0)\ \frac{v_{\boldsymbol{q}}}{\Omega_{\mathrm{t}}}\ \frac{v_{-\boldsymbol{q}}}{\Omega_{\mathrm{t}}} = \frac{1}{2}\sum_{\boldsymbol{q}} Q_{\rho\rho}(\boldsymbol{q},0)^{-1}\delta n_{\boldsymbol{q}}\delta n_{-\boldsymbol{q}} \tag{1.255}$$

で与えられる．

一方，$E_0[n(\boldsymbol{r})]$ は式 (1.113) の形に分解されているので，それを用いると，

$$\begin{aligned}\delta E &\equiv E_0[n(\boldsymbol{r})] - E_0[n_0] \\ &= G[n(\boldsymbol{r})] - G[n_0] + \frac{1}{2}\int d\boldsymbol{r}\int d\boldsymbol{r}'\frac{e^2\delta n(\boldsymbol{r})\delta n(\boldsymbol{r}')}{|\boldsymbol{r}-\boldsymbol{r}'|} + \int d\boldsymbol{r}\, v(\boldsymbol{r})\delta n(\boldsymbol{r}) \\ &= G[n(\boldsymbol{r})] - G[n_0] + \frac{1}{2}\sum_{\boldsymbol{q}} V(\boldsymbol{q})\delta n_{\boldsymbol{q}}\delta n_{-\boldsymbol{q}} \\ &\quad + \sum_{\boldsymbol{q}} Q_{\rho\rho}(\boldsymbol{q},0)^{-1}\delta n_{\boldsymbol{q}}\,\delta n_{-\boldsymbol{q}}\end{aligned} \tag{1.256}$$

となる．ここで，普遍汎関数 $G[n(\boldsymbol{r})]$ は

$$G[n(\boldsymbol{r})] \equiv T_{\mathrm{s}}[n(\boldsymbol{r})] + E_{\mathrm{xc}}[n(\boldsymbol{r})] \tag{1.257}$$

で定義されている．この式 (1.256) を式 (1.255) と組み合わせ，また，式 (I.4.156) を使って $Q_{\rho\rho}(\boldsymbol{q},0)$ を分極関数 $\Pi(\boldsymbol{q},0)$ を用いた表現に書き直すと，

$$\begin{aligned}G[n(\boldsymbol{r})] - G[n_0] &= -\frac{1}{2}\sum_{\boldsymbol{q}} Q_{\rho\rho}(\boldsymbol{q},0)^{-1}\delta n_{\boldsymbol{q}}\delta n_{-\boldsymbol{q}} - \frac{1}{2}\sum_{\boldsymbol{q}} V(\boldsymbol{q})\delta n_{\boldsymbol{q}}\delta n_{-\boldsymbol{q}} \\ &= \frac{1}{2}\sum_{\boldsymbol{q}} \Pi(\boldsymbol{q},0)^{-1}\delta n_{\boldsymbol{q}}\delta n_{-\boldsymbol{q}}\end{aligned} \tag{1.258}$$

が得られる．すなわち，

$$G[n_0 + \delta n(\boldsymbol{r})] = G[n_0] + \frac{1}{2}\sum_{\boldsymbol{q}} \Pi(\boldsymbol{q},0)^{-1}\delta n_{\boldsymbol{q}}\delta n_{-\boldsymbol{q}} \tag{1.259}$$

ということになるが，これは $\delta n(\boldsymbol{r})$ を小さいとしたときの $G[n_0 + \delta n(\boldsymbol{r})]$ の展開形を与えていることになる．ちなみに，$\delta n(\boldsymbol{r})$ の 1 次の項がないのは，元の

一様電子密度系における運動量保存則 (並進運動の対称性) からの帰結である．実際，もし，そのような 1 次の項があるとすれば，その項は $\delta n_{\mathbf{0}}$ に比例することになり，それは式 (1.249) によってゼロになる．

これまでは $\delta n(\boldsymbol{r})$ をその絶対値が n_0 に比べて小さいというだけでまったく任意に考えてきたが，小さいとともに空間的な変化の仕方がゆっくりとしたものを選ぶとしよう．すると，フーリエ成分 $\delta n_{\boldsymbol{q}}$ は $|\boldsymbol{q}|$ がフェルミ波数 $p_{\rm F}(=(3\pi^2 n_0)^{1/3})$ に比べてずっと小さいときのみ有意の大きさで，それ以上の $|\boldsymbol{q}|$ を持つ $\delta n_{\boldsymbol{q}}$ はまったく無視できることになる．この状況では，式 (1.259) の中の $\Pi(\boldsymbol{q},0)^{-1}$ は $\boldsymbol{q}=\mathbf{0}$ のまわりでのみ必要になるので，そこでの展開形を考えればよい．空間の反転対称性 (あるいは回転対称性) から $\boldsymbol{q}$ の奇数次の項はないということに注意すれば，$\Pi(\boldsymbol{q},0)^{-1}$ は

$$\Pi(\boldsymbol{q},0)^{-1} = A + B\boldsymbol{q}^2 + O(\boldsymbol{q}^4) \tag{1.260}$$

の形に書ける．これを式 (1.259) に代入し，$\boldsymbol{q}^2$ のオーダーの項まで考えると，

$$\begin{aligned} G[n_0+\delta n(\boldsymbol{r})] &= G[n_0] + \frac{1}{2}A\sum_{\boldsymbol{q}} \delta n_{\boldsymbol{q}}\delta n_{-\boldsymbol{q}} + \frac{1}{2}B\sum_{\boldsymbol{q}} \boldsymbol{q}^2 \delta n_{\boldsymbol{q}}\delta n_{-\boldsymbol{q}} \\ &= G[n_0] + a(n_0)\int d\boldsymbol{r}\left[\delta n(\boldsymbol{r})\right]^2 + b(n_0)\int d\boldsymbol{r}\left[\boldsymbol{\nabla}\delta n(\boldsymbol{r})\right]^2 \\ &= G[n_0] + a(n_0)\int d\boldsymbol{r}\left[\delta n(\boldsymbol{r})\right]^2 + b(n_0)\int d\boldsymbol{r}\left[\boldsymbol{\nabla} n(\boldsymbol{r})\right]^2 \end{aligned} \tag{1.261}$$

が得られる．これは電子密度 $n(\boldsymbol{r})$ の勾配 $\boldsymbol{\nabla} n(\boldsymbol{r})$ を使った汎関数形を与えていることになる．特に，一様密度の極限からのアプローチで，密度勾配展開の最低次の項を取り込んだ近似形ということになる．

なお，式 (1.261) で $a(n_0)$ や $b(n_0)$ は，それぞれ，$a(n_0) \equiv \Omega_{\rm t}A/2$ と $b(n_0) \equiv \Omega_{\rm t}B/2$ のように定義された量であり，また，その式の第 2 式から第 3 式への変形は式 (1.247) を使って得られる次のような関係式

$$\int d\boldsymbol{r}\big[\delta n(\boldsymbol{r})\big]^2 = \frac{1}{\Omega_{\rm t}^2}\sum_{\boldsymbol{q},\boldsymbol{q}'}\delta n_{\boldsymbol{q}}\delta n_{\boldsymbol{q}'}\int d\boldsymbol{r}\, e^{i(\boldsymbol{q}+\boldsymbol{q}')\cdot\boldsymbol{r}}$$
$$= \frac{1}{\Omega_{\rm t}}\sum_{\boldsymbol{q}}\delta n_{\boldsymbol{q}}\delta n_{-\boldsymbol{q}} \tag{1.262}$$

$$\int d\boldsymbol{r}\big[\boldsymbol{\nabla}\delta n(\boldsymbol{r})\big]^2 = \frac{i^2}{\Omega_{\rm t}^2}\sum_{\boldsymbol{q},\boldsymbol{q}'}(\boldsymbol{q}\cdot\boldsymbol{q}'\delta n_{\boldsymbol{q}}\delta n_{\boldsymbol{q}'}\int d\boldsymbol{r}\, e^{i(\boldsymbol{q}+\boldsymbol{q}')\cdot\boldsymbol{r}}$$
$$= \frac{1}{\Omega_{\rm t}}\sum_{\boldsymbol{q}}\boldsymbol{q}^2\delta n_{\boldsymbol{q}}\delta n_{-\boldsymbol{q}} \tag{1.263}$$

を用いている.

1.6.6 交換相関エネルギー汎関数と分極関数の関係

このようにして得られた式 (1.261) の各項の意味を理解するために，まず，分極関数 $\Pi(\boldsymbol{q},0)$ を自由電子系でのそれ，$\Pi^{(0)}(\boldsymbol{q},0)$，に置き換えた場合，何が得られるかを見てみよう．この $\Pi^{(0)}(\boldsymbol{q},0)$ の解析形は第 9 巻の 4.4.7 項で議論したように，

$$\Pi^{(0)}(\boldsymbol{q},0) = \Omega_{\rm t} n_0^2 \kappa_{\rm F} P_0(z) \tag{1.264}$$

のように書ける．ここで，$\kappa_{\rm F}$ は一様な電子密度 n_0 の自由電子系の圧縮率で，式 (I.4.82) によれば，$\kappa_{\rm F} = 3m/n_0 p_{\rm F}^2$ である．また，$P_0(z)$ は第 9 巻の式 (I.4.202) で定義されている $P(z,u)$ で $u=0$ と置いたもので，$z = |\boldsymbol{q}|/2p_{\rm F}$ として，

$$P_0(z) = \frac{1}{2} + \frac{1-z^2}{4z}\ln\left|\frac{1+z}{1-z}\right| \approx 1 - \frac{1}{3}z^2 \tag{1.265}$$

という関数である．したがって，この場合の $a(n_0)$ や $b(n_0)$ は

$$a(n_0) = \frac{\Omega_{\rm t} A}{2} = \frac{1}{2n_0^2\kappa_{\rm F}} = \frac{(3\pi^2)^{2/3}}{6n_0^{1/3}}\frac{1}{m} \tag{1.266}$$

$$b(n_0) = \frac{\Omega_{\rm t} B}{2} = \frac{1}{2n_0^2\kappa_{\rm F}}\frac{1}{3}\frac{1}{4p_{\rm F}^2} = \frac{1}{72n_0}\frac{1}{m} \tag{1.267}$$

ということになる.

ところで，物理的な直感からは，このように空間的にゆっくりとした変化における運動エネルギー汎関数 $T_\mathrm{s}[n(\boldsymbol{r})]$ は準古典近似で評価できそうである．その場合，$T_\mathrm{s}[n(\boldsymbol{r})]$ は

$$T_\mathrm{s}[n(\boldsymbol{r})]=\frac{3(3\pi^2)^{2/3}}{10m}\int d\boldsymbol{r}\ n(\boldsymbol{r})^{5/3}+\frac{1}{72m}\int d\boldsymbol{r}\frac{\left[\boldsymbol{\nabla}n(\boldsymbol{r})\right]^2}{n(\boldsymbol{r})} \qquad (1.268)$$

という形になることが分かっている．なお，式 (1.268) の右辺第 1 項は式 (1.54) で表されるトーマス–フェルミ近似の運動エネルギー部分であり，第 2 項はキルズニッツ (D. A. Kirzhnits) によって導かれた密度勾配の寄与の部分[83] である．そこで，この式 (1.268) に $n(\boldsymbol{r})=n_0+\delta n(\boldsymbol{r})$ を代入し，$\delta n(\boldsymbol{r})$ について $O(\delta n(\boldsymbol{r})^2)$ まで展開すると，それは式 (1.261) における $a(n_0)$ や $b(n_0)$ に式 (1.266) や式 (1.267) の値をそれぞれ代入したものとまったく同じになる．

このことから，式 (1.259) において $\Pi(\boldsymbol{q},0)^{-1}$ を $\Pi^{(0)}(\boldsymbol{q},0)^{-1}$ に置き換えたものは $G[n(\boldsymbol{r})]$ の中で $T_\mathrm{s}[n(\boldsymbol{r})]$ の部分を表していることが分かる．したがって，交換相関エネルギー汎関数 $E_\mathrm{xc}[n(\boldsymbol{r})]$ は

$$E_\mathrm{xc}[n_0+\delta n(\boldsymbol{r})]=E_\mathrm{xc}[n_0]+\frac{1}{2}\sum_{\boldsymbol{q}}\Big(\frac{1}{\Pi(\boldsymbol{q},0)}-\frac{1}{\Pi^{(0)}(\boldsymbol{q},0)}\Big)\delta n_{\boldsymbol{q}}\delta n_{-\boldsymbol{q}} \qquad (1.269)$$

で与えられることになる．そして，この式を式 (1.261) のように展開したときの係数 $a(n_0)$ の項は，式 (1.205) で定義された局所密度近似の $E_\mathrm{xc}[n(\boldsymbol{r})]$ において $n(\boldsymbol{r})=n_0+\delta n(\boldsymbol{r})$ を代入したときの $\delta n(\boldsymbol{r})$ の 2 次の展開項にちょうど対応することが第 9 巻の式 (I.4.77) の関係式を使って確かめられる．したがって，今後はもっぱら係数 $b(n_0)$ の項のみに注目していこう．

1.6.7 勾配近似下の交換エネルギー汎関数

この $E_\mathrm{xc}[n(\boldsymbol{r})]$ の中で交換エネルギー汎関数の部分，$E_\mathrm{x}[n(\boldsymbol{r})]$，を考えよう．これは式 (1.269) の中の $\Pi(\boldsymbol{q},0)$ を裸のクーロン相互作用 $V(\boldsymbol{q})(\equiv 4\pi e^2/\Omega_\mathrm{t}\boldsymbol{q}^2)$ で展開したとき，1 次の項まで残したものであると考えられている[84]．すなわち，

$$\frac{1}{\Pi(\boldsymbol{q},0)}-\frac{1}{\Pi^{(0)}(\boldsymbol{q},0)}=\frac{1}{\Pi^{(0)}(\boldsymbol{q},0)+\Pi^{(1)}(\boldsymbol{q},0)}-\frac{1}{\Pi^{(0)}(\boldsymbol{q},0)}$$
$$\approx-\frac{\Pi^{(1)}(\boldsymbol{q},0)}{\Pi^{(0)}(\boldsymbol{q},0)^2} \qquad (1.270)$$

と近似することである．ここで，1 次の項 $\Pi^{(1)}(\boldsymbol{q},0)$ は第 9 巻の 4.4.8 項で示したように 2 つの項，$\Pi^{(1a)}(\boldsymbol{q},0)$（バーテックス補正型）と $\Pi^{(1b)}(\boldsymbol{q},0)$（自己エネルギー挿入型），の和で与えられる．この $\Pi^{(1)}(\boldsymbol{q},0)$ は $\alpha=(4/9\pi)^{1/3}$ や n_0 に対応する無次元化された電子密度パラメータ r_s を使うと，

$$\Pi^{(1)}(\boldsymbol{q},0)=\Omega_{\mathrm{t}}n_0^2\kappa_{\mathrm{F}}\frac{\alpha r_s}{\pi}P_1(z) \tag{1.271}$$

のように書ける．そして，関数 $P_1(z)$ の解析形も分かっていて，それは[85)]

$$\begin{aligned}P_1(z)&=\frac{1-z^4}{48z^3}\Bigl(\ln\Bigl|\frac{1+z}{1-z}\Bigr|\Bigr)^3-\frac{1-z^2}{24z^2}\int_0^z dx\frac{1-x^2}{x^2}\Bigl(\ln\Bigl|\frac{1+x}{1-x}\Bigr|\Bigr)^3\\&\quad+\frac{1}{8}\Bigl(\frac{1}{z}+\frac{1-z^2}{2z^2}\ln\Bigl|\frac{1+x}{1-x}\Bigr|\Bigr)\int_0^z dx\frac{1-x^2}{x^2}\Bigl(\ln\Bigl|\frac{1+x}{1-x}\Bigr|\Bigr)^2\\&\approx 1-\frac{1}{9}z^2\end{aligned} \tag{1.272}$$

である．したがって，係数 $b(n_0)$ は（交換効果の係数なので $b_x(n_0)$ と書いて）

$$\begin{aligned}b_x(n_0)&=-\frac{\Omega_{\mathrm{t}}}{2\Omega_{\mathrm{t}}n_0^2\kappa_{\mathrm{F}}}\frac{\alpha r_s}{\pi}\frac{5}{9}\frac{1}{4p_{\mathrm{F}}^2}\\&=-\frac{5}{216}\frac{\alpha r_s}{\pi}\frac{1}{n_0}\frac{1}{m}=-\frac{5}{216\pi(3\pi^2)^{1/3}}\frac{1}{n_0^{4/3}}e^2\end{aligned} \tag{1.273}$$

となる．この $b_x\bigl(n(\boldsymbol{r})\bigr)$ は常に負であるが，負となる理由は数学的には関数 $P_0(z)$ に比べて関数 $P_1(z)$ の z 依存性がたいへんに弱いからである．

この $b_x(n_0)$ を使うと，交換エネルギー汎関数 $E_x[n(\boldsymbol{r})]$ は LDA の汎関数部分と組み合わせて

$$E_x[n(\boldsymbol{r})]=\int d\boldsymbol{r}\,n(\boldsymbol{r})\varepsilon_{\mathrm{x}}\bigl(n(\boldsymbol{r})\bigr)+\int d\boldsymbol{r}b_x\bigl(n(\boldsymbol{r})\bigr)\bigl[\boldsymbol{\nabla}n(\boldsymbol{r})\bigr]^2 \tag{1.274}$$

で与えられることになる．この表式で物理的に注目すべき点は $b_x\bigl(n(\boldsymbol{r})\bigr)<0$ なので，電子密度勾配が大きいほど，エネルギーは下がるということである．言い換えれば，**交換効果は電子密度勾配を促進する**ことが分かる．

この交換効果の性質は式 (1.55) で与えられた交換エネルギー汎関数 $K[n(\boldsymbol{r})]$ の形からも想像できる．すなわち，電子密度 $n(\boldsymbol{r})$ が一様の n_0 の場合，$K[n(\boldsymbol{r})]=-\Omega_{\mathrm{t}}(3/4)(3/\pi)^{1/3}e^2n_0^{4/3}$ であるが，いま，仮に系が半分に分かれて，n_0 より

も濃くなった部分 (それでもその中では一様のままとして，その密度を n_1 としよう) と薄くなった部分 (一様な密度が n_2 の部分) に分かれたとしよう．もちろん，平均の密度は変化しないので，$n_0 = (n_1 + n_2)/2$ である．すると，どのように n_1 と n_2 に分けようとも，関数 $-n^{4/3}$ は上に凸なので，

$$\begin{aligned} &-\frac{\Omega_{\rm t}}{2}\frac{3}{4}\Big(\frac{3}{\pi}\Big)^{1/3} e^2 n_1^{4/3} - \frac{\Omega_{\rm t}}{2}\frac{3}{4}\Big(\frac{3}{\pi}\Big)^{1/3} e^2 n_2^{4/3} \\ &\quad < -\Omega_{\rm t}\frac{3}{4}\Big(\frac{3}{\pi}\Big)^{1/3} e^2 \Big(\frac{n_1+n_2}{2}\Big)^{4/3} \end{aligned} \tag{1.275}$$

となる．これは n_0 のままよりも n_1 と n_2 に分けた方が全体として交換エネルギーは下がることを意味しているので，交換エネルギーは本質的に電子密度の非一様化を欲していることが分かる．もちろん，同じ結論は $K[n(\boldsymbol{r})]$ の表式に $n(\boldsymbol{r}) = n_0 + \delta n(\boldsymbol{r})$ を代入し，$\delta n(\boldsymbol{r})$ について展開したときの 1 次の係数が負であることからも導かれる．

1.6.8 勾配近似下の相関エネルギー汎関数

次に，$E_{\rm xc}[n(\boldsymbol{r})]$ の中で相関エネルギー汎関数の部分を考えよう．そのために分極関数 $\Pi(\boldsymbol{q},0)$ を $\Pi^{(0)}(\boldsymbol{q},0)$ や電荷ゆらぎのチャネルにおける局所場補正 $G_+(\boldsymbol{q})$ を用いて，

$$\Pi(\boldsymbol{q},0) = \frac{\Pi^{(0)}(\boldsymbol{q},0)}{1 - G_+(\boldsymbol{q})V(\boldsymbol{q})\Pi^{(0)}(\boldsymbol{q},0)} \tag{1.276}$$

のように書き直そう (式 (I.4.213) を参照)．すると，式 (1.269) は

$$E_{\rm xc}[n_0+\delta n(\boldsymbol{r})] = E_{\rm xc}[n_0] - \frac{1}{2}\sum_{\boldsymbol{q}} G_+(\boldsymbol{q})V(\boldsymbol{q})\delta n_{\boldsymbol{q}}\delta n_{-\boldsymbol{q}} \tag{1.277}$$

ということになる．

ところで，$\boldsymbol{q} \to \boldsymbol{0}$ の極限では $G_+(\boldsymbol{q})$ は式 (1.235) で与えられた LDA での局所場補正 $G_+^{\rm LDA}(\boldsymbol{q})$ に近づくことを考慮して，$|\boldsymbol{q}|$ が小さいときの $G_+(\boldsymbol{q})$ の展開形を $z = |\boldsymbol{q}|/2p_{\rm F}$ として，

$$\begin{aligned} G_+(\boldsymbol{q}) &= G_+^{\rm LDA}(\boldsymbol{q})\big(1 - \beta_+(n_0)z^2 + O(z^4)\big) \\ &= \Big(1 - \frac{\kappa_{\rm F}}{\kappa}\Big)\frac{\pi}{\alpha r_s} z^2\big(1 - \beta_+(n_0)z^2 + O(z^4)\big) \end{aligned} \tag{1.278}$$

と表そう．すると，$-G_+(\boldsymbol{q})V(\boldsymbol{q})$ の展開形

$$-G_+(\boldsymbol{q})V(\boldsymbol{q}) = A_{\rm xc} + B_{\rm xc}\boldsymbol{q}^2 + O(\boldsymbol{q}^4) \tag{1.279}$$

において，$A_{\rm xc}$ や $B_{\rm xc}$ は，それぞれ，

$$A_{\rm xc} = -G_+^{\rm LDA}(\boldsymbol{q})V(\boldsymbol{q}) = -\frac{1}{\Omega_{\rm t} n_0^2 \kappa_{\rm F}}\left(1-\frac{\kappa_{\rm F}}{\kappa}\right) \tag{1.280}$$

$$\begin{aligned} B_{\rm xc} &= G_+^{\rm LDA}(\boldsymbol{q})V(\boldsymbol{q})\beta_+(n_0)\frac{1}{4p_{\rm F}^2} \\ &= \frac{1}{\Omega_{\rm t}}\left(1-\frac{\kappa_{\rm F}}{\kappa}\right)\beta_+(n_0)\frac{1}{12n_0}\frac{1}{m} \end{aligned} \tag{1.281}$$

となる．この $B_{\rm xc}$ を使うと，相関エネルギー汎関数の密度勾配項の係数 $b_{\rm c}(n_0)$ は

$$\begin{aligned} b_{\rm c}(n_0) &\equiv \frac{\Omega_{\rm t} B_{\rm xc}}{2} - b_x(n_0) \\ &= \left(1-\frac{\kappa_{\rm F}}{\kappa}\right)\beta_+(n_0)\frac{1}{24n_0}\frac{1}{m} - b_x(n_0) \end{aligned} \tag{1.282}$$

で与えられることになる．この $b_{\rm c}(n_0)$ に関連して，いくつかの注意を与えておこう．

① まず，LDA の段階では $G_+(\boldsymbol{q})$ は $G_+^{\rm LDA}(\boldsymbol{q})$ と近似するので，式 (1.278) 中の係数 $\beta_+(n_0)$ はゼロである．したがって，$b_{\rm xc}(n_0)[\equiv b_x(n_0)+b_{\rm c}(n_0)] = 0$ となり，局所密度近似では交換相関エネルギー汎関数の中に電子密度勾配項は存在しないことが確かめられた．

② 以前に触れたように，分極関数 $\Pi(\boldsymbol{q},0)$ は量子モンテカルロ法で "正確に" 分かっていることになっている[80, 82]が，現在のところ，この式 (1.278) 中の係数 $\beta_+(n_0)$ が正確に決められるほどの精度はない．しかしながら，$\beta_+(n_0)$ はそれほど大きくはなく，しかも，おそらく正であろうという予想はついている．また，第 9 巻の図 4.15 で示されているように，$\kappa_{\rm F}/\kappa < 1$ である．そして，$b_x(n_0)$ は負なので，式 (1.282) で与えられる $b_{\rm c}(n_0)$ は常に正ということになる．すると，交換効果とは対照的に，相関効果の部分は電子密度勾配が大きいほど，エネルギーは上がるということになる．すなわち，**相関効果は電子密度勾配を抑制する**ことが分かる．

③ この交換効果と相関効果の相克関係はスピンゆらぎに関するものとまったく同様の状況であるので，これらの事実を重ね合わせて考えれば，たとえば，界面や表面のような電子密度勾配が大きいところではバルクよりも磁気秩序が発生しやすいのではないかと想像される．

④ もう少し定量的に $b_{\mathrm{c}}(n_0)$ を得たいと思えば，分極関数 $\Pi(\boldsymbol{q},0)$ の $|\boldsymbol{q}|$ が小さいところでの振舞いを正しく計算する必要がある．このような長距離相関が関与する問題は (少なくとも r_s が 5 以下の金属密度領域で長距離遮蔽という概念が有効な場合は)，RPA のレベルでもある程度の精度を持って議論できそうに思える．

このRPA での $b_{\mathrm{c}}(n_0)$ の評価はすでにマー (S.-K. Ma) とブリュックナー (K. A. Brueckner) によってなされている[86]．彼らは RPA での相関エネルギー (図 1.12(a) を参照) の計算に整合的な分極関数の計算は，相関エネルギーの各ダイアグラムを構成する裸の 1 電子グリーン関数線 $G^{(0)}$ に 2 つの電子密度演算子，ρ_q と ρ_q^+，を可能なすべての場合を尽くして取り付けることによって得られる (これは第 9 巻の 3.3.10 項で説明したベイム–カダノフの保存近似の精神でもあるが，本書の 2 章でも触れることにする) として，次のような 3 つのタイプのダイアグラムの組を分極関数として考えた．

まず，1 つのリングダイアグラムの同一の $G^{(0)}$ 線に 2 つの電子密度演算子を取り付けたときにできるダイアグラムは図 1.12(b) に示したような自己エネルギー挿入型を構成する．次に，同じ 1 つのリングダイアグラムではあるが，そのリングを構成する 2 つの $G^{(0)}$ 線のそれぞれに電子密度演算子を 1 つずつ取り付けたときにできるダイアグラムは図 1.12(c) のバーテックス補正型を作り上げる．最後に，2 つの別のリングダイアグラムに電子密度演算子を取り付けると，図 1.12(d) に示す電子電子散乱型か，電子正孔散乱型のダイアグラムを構成する．

これらのダイアグラムの和を取り，交換項として $\Pi^{(1)}(\boldsymbol{q},0)$ の中にすでに取り込んでいる部分を取り除いた (そして，最終的には必要な数値積分を実行した) 結果，マー–ブリュックナーは $b_{\mathrm{c}}(n_0)$ として，

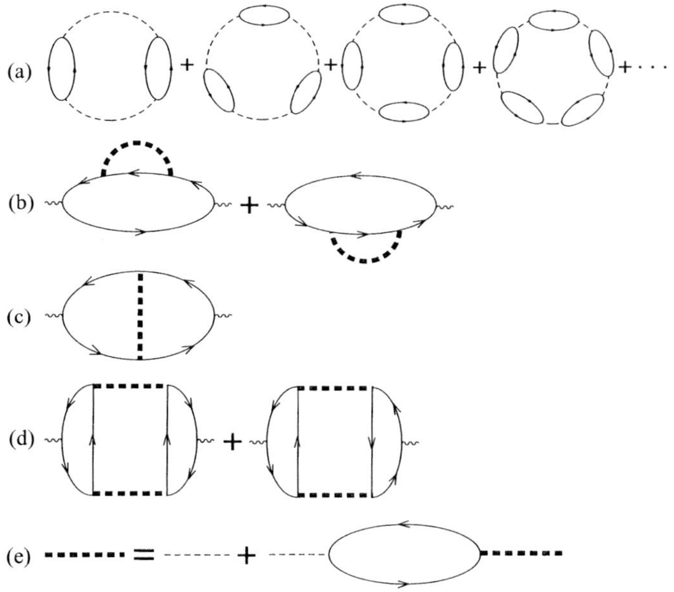

図 1.12　(a) RPA での相関エネルギーを表すファインマン・ダイアグラムで，相互作用線は裸のクーロン相互作用 $V(\boldsymbol{q})$ を表す．(b) 自己エネルギー挿入型の分極関数を表すダイアグラム．(c) バーテックス補正型の分極関数を表すダイアグラム．(d) 電子電子散乱型及び電子正孔散乱型の分極関数を表すダイアグラム．(e) RPA の有効相互作用を決定する方程式のダイアグラム．分極関数のダイアグラム (b)～(d) では，相互作用線は $V(\boldsymbol{q})$ ではなく，この有効相互作用を表している．

$$b_{\mathrm{c}}^{\mathrm{RPA}}(n_0) = 4.23488 \times 10^{-3}\,\frac{1}{n_0^{4/3}}\,e^2 \tag{1.283}$$

を得た．これを式 (1.273) の $b_x(n_0)$ と比べると，

$$\frac{b_{\mathrm{c}}^{\mathrm{RPA}}(n_0)}{b_{\mathrm{xc}}(n_0)} = -1.7781 \tag{1.284}$$

となり，この計算では交換相関効果全体では電子密度勾配があるとエネルギーは増大するということが分かる．

⑤ その後，このマー–ブリュックナーの結果はラゾルト–ゲルダート (M. Rasolt–D. J. W. Geldart)[87] やラングレス–パーデュー (D. C. Langreth–

J. P. Perdew)[88]，クラインマン (L. Kleinman)[89] らによって (単に上で述べた RPA のレベルに止まらず，RPA を若干超える理論も展開しつつ) 検証された．後者は $b_{\mathrm{c}}^{\mathrm{RPA}}(n_0)/b_x(n_0)$ の比は金属密度領域でほとんど変化せず，この密度領域全域で式 (1.284) の値を使ってよいという結論を導いたが，前者はこの比は弱いながらも r_s 依存性があり，特に，r_s が大きくなると -1 に近づく (すなわち，$b_{\mathrm{xc}}(n_0) \to 0$ で交換相関効果全体で完全に打ち消しあう) という結果を得た．

ただ，これらの試みがあるとはいえ，広い r_s パラメータ領域での $b_{\mathrm{c}}(n_0)$(あるいは，同じことであるが，式 (1.278) 中の係数 $\beta_+(n_0)$) の精度の高い決定は，量子モンテカルロ法による再計算の必要性を含めて，大部分は今後の問題と考えられる．

1.6.9　一般化された勾配近似

1.6.5～1.6.8 項にかけての議論で交換相関エネルギー汎関数 $E_{\mathrm{xc}}[n(\boldsymbol{r})]$ の具体的な汎関数形として，式 (1.205)(あるいは式 (1.240)) のように局所密度 $n(\boldsymbol{r})$(あるいは局所スピン密度 $n_\sigma(\boldsymbol{r})$) だけの汎関数ではなく，密度勾配も陽に取り入れた汎関数形が自然に考えられることが分かった．なお，式 (1.261) に見られるような $\boldsymbol{q}$ での展開では $\boldsymbol{\nabla} n(\boldsymbol{r})$ だけでなく，より高次の勾配項も考慮しなければならないことになるが，このような展開の収束性に問題があるので，取りあえずは 1 次までの勾配項を取り入れた汎関数形を考える立場を取ることにしよう．

ところで，密度やスピン密度に関しては，それらの物理量を無次元化したパラメータである r_s や ζ を用いてエネルギー汎関数を具体的に与えてきたが，1 次の密度勾配に関しては次のような無次元パラメータ s が考えられる．

$$s \equiv \frac{|\boldsymbol{\nabla} n(\boldsymbol{r})|}{2p_{\mathrm{F}} n(\boldsymbol{r})} = \frac{|\boldsymbol{\nabla} n(\boldsymbol{r})|}{2(3\pi)^{1/3} n(\boldsymbol{r})^{4/3}} \tag{1.285}$$

これは密度の空間変動を測る長さの尺度として p_{F}^{-1} を採用したことになる．実際，交換エネルギーの密度変動下の増加は交換ホール (第 9 巻の 143 ページを参照) の変化によってもたらされたものという形でも理解できるが，そもそも，この交換ホールの大きさの尺度は p_{F}^{-1} である．ちなみに，密度の空間変動がある方がないときに比べてより短い p_{F}^{-1} を持つ (“交換ホールが縮んだ”) 部分が形成され，それが $b_x\bigl(n(\boldsymbol{r})\bigr) < 0$，すなわち，より大きな交換エネルギーの利得に結びついていると解釈できる．

しかしながら，この s は前項で考えた $b_{\mathrm{c}}\bigl(n(\boldsymbol{r})\bigr) > 0$ の物理を表現する適切なパラメータではない．式 (1.284) の結果は長距離クーロン力による遮蔽効果の帰結であり，電荷密度のゆらぎはこの遮蔽効果で抑制されるというのが $b_{\mathrm{c}}^{\mathrm{RPA}}\bigl(n(\boldsymbol{r})\bigr) > 0$ の物理的内容である．したがって，このプロセスに対する長さの尺度はトーマス–フェルミの遮蔽定数 q_{TF} (式 (I.4.198) を参照) の逆数であり，それゆえ，この側面を重視すれば，s ではなく，

$$t \equiv \frac{|\boldsymbol{\nabla} n(\boldsymbol{r})|}{2q_{\mathrm{TF}} n(\boldsymbol{r})} = \frac{p_{\mathrm{F}}}{q_{\mathrm{TF}}}\, s = \frac{(\pi/2)^{1/3}}{4} \frac{|\boldsymbol{\nabla} n(\boldsymbol{r})|}{r_s(\boldsymbol{r})^{1/2} n(\boldsymbol{r})^{4/3}} \tag{1.286}$$

のように定義される t が密度勾配に関して意味のある無次元パラメータということになる．

以上のことを考慮して，一般化された勾配近似 (GGA: Generalized Gradient Approximation)[18] では，式 (1.240) で与えられる LSD のエネルギー汎関数において，$n = n_\uparrow(\boldsymbol{r}) + n_\downarrow(\boldsymbol{r})$ と書き，また，$\varepsilon_{\mathrm{xc}}\bigl(n_\uparrow(\boldsymbol{r}), n_\downarrow(\boldsymbol{r})\bigr)$ において，交換エネルギー部分 $\varepsilon_{\mathrm{x}}(n)$ と相関エネルギー部分 $\varepsilon_{\mathrm{c}}(n)$ に分解して書いたとき，交換相関エネルギー汎関数は

$$E_{\mathrm{xc}}[n_\uparrow, n_\downarrow] = \int d\boldsymbol{r}\, n\, \varepsilon_{\mathrm{x}}(n) F_x(s) + \int d\boldsymbol{r}\, n \left[\varepsilon_{\mathrm{c}}(n) + H(r_s, \zeta, t)\right] \tag{1.287}$$

の形を持つと仮定された．

ここで新たに現れた関数，$F_x(s)$ や $H(r_s, \zeta, t)$，は数学的に厳密に導かれたものではなく，いろいろな条件を満たすように (いわば人工的に) 構成されたものである．その条件というのは，① 交換ホールや相関ホールに関する総和則 (第 9 巻の 138 ページを参照) を満たすこと，② 前々項や前項で記した $s \to 0$ や $t \to 0$ の極限形を再現すること，特に $t \to 0$ の考察ではスピン偏極の効果を RPA で考え直すことによって[91]，関数 $H(r_s, \zeta, t)$ 中の t は式 (1.286) で定義されたものをそのまま使うのではなく，

$$t \to \frac{2}{(1+\zeta)^{2/3} + (1-\zeta)^{2/3}}\, t \tag{1.288}$$

の変換でスピン偏極効果を取り入れた変数 t に変えるべきこと，③ 逆の極限で密度変動がたいへんに大きい場合には，運動エネルギーの効果が相互作用のそれを大幅に凌駕するので，多体波動関数の相互作用による変形は無視でき，それゆえ，相関エネルギーは全体としてゼロになるべきこと，④ 交換効果についても s の増大に伴う交換エネルギー増加の状況を (少なくとも現実の系で一番重要になる $0 \leq s < 3$ の領域では) 十分に正確に表すこと，⑤ 空間座標のグローバルな尺度変換 ($\boldsymbol{r} \to \lambda\boldsymbol{r}$) の下では電子密度は $n(\boldsymbol{r}) \to \lambda^3 n(\lambda\boldsymbol{r})$ と変化するが[90]，この変換で特に $\lambda \to \infty$ の極限を考えると，電子密度は至る所で増大し，高密度極限といえるようになるので，相関エネルギーは RPA でのそれに還元されること，などである．なお，本書ではこれら $F_x(s)$ や $H(r_s, \zeta, t)$ の具体形を (決して一通りの表現に限定されないという意味もあって) あえて明示しないが，通常使用されている関数形に興味がある読者は GGA-PBE (Perdew–Burke–Ernzerhof) と呼ばれている原著論文[18] を参照されたい．

このように，現在の GGA は相関効果の取扱いにおいて RPA レベルの情報に多分に依存したものになっているので，相関効果が強くなるときには，その正当性に疑問符が付く．とりわけ，$b_c\bigl(n(\boldsymbol{r})\bigr) > 0$ に結びつく物理がそのままでよいかは疑問である．なるほど，$|\boldsymbol{q}|/p_F$ が小さいときは前項でも述べたように正しい物理であるが，より大きな $|\boldsymbol{q}|/p_F$ で短距離相関が効く領域では $b_c\bigl(n(\boldsymbol{r})\bigr) > 0$ とは逆の物理，すなわち，密度勾配が存在するほど相関エネルギーを稼ぐことも期待される．それは交換エネルギーが密度勾配の存在で大きくなったことと似たような理由で，“相関ホールの縮み” も期待されるからである．このことに関連した試みとして，波数空間での考察から非局所的な交換相関ポテンシャルを与えたラングレス–メール (D. C. Langreth–M. J. Mehl) の仕事[92] が挙げられるが，GGA-PBE においても上述の条件①，すなわち，相関ホールに関する総和則を強制的に満足させることによって，RPA レベルを超える相関効果がある程度は正しく取り込まれていると期待されている．

1.6.10 LDA や GGA の評価

局所密度近似にまつわる話題を提供した本節を終わるにあたって，LSD や GGA を実際の物質に適用したときの一般的状況を調べておこう．KS 法に基

表 1.2 LSD，あるいは，GGA を用いた KS 法をいろいろな原子，分子，固体などに適用して得られた計算結果と実験との比較による相対誤差の一般的な大きさと傾向を示したもの．エネルギー障壁は化学反応を断熱近似で追ったとき，反応中間状態と元の基底状態とのエネルギー差をいう．

	LSD	GGA
交換エネルギーの誤差	5%:小さめに出る	0.5%
相関エネルギーの誤差	100%:大きめに出る	5%
結合長の誤差	1%:短めに出る	1% :長めに出る
最適化される構造	最密充填構造を好む	より正しい構造が出る
エネルギー障壁の誤差	100%:低すぎる	30%:低すぎる

づく第一原理計算は，交換相関エネルギー汎関数として LDA (あるいは LSD) を用いたものではモルジ–ヤナック–ウイリアムスの労作[7] から数えたとしても 30 年間，GGA でも少なくとも 10 年間以上にわたって膨大な数の現実系に対して実行されてきた．そして，得られた結果の精度が様々な形で評価され，このような計算が持つ誤差の大きさやその傾向が明らかになっている．それをとりまとめて示したのが表 1.2 である．なお，LSD では相関エネルギーの誤差が大きいが，この誤差と交換エネルギーの誤差は逆符号で相殺する関係にあることと，大抵の場合 (平均の r_s が 2 以下なので) 交換エネルギーの絶対値が相関エネルギーのそれよりもずっと大きいことなどにより，LSD における基底状態エネルギー E_0 の相対誤差はおおむね 10～20%程度で，その一般的傾向として低めの E_0 (すなわち，大きめの $|E_0|$) が得られることが知られている．

この表からも確認できるように，LSD や GGA を用いた KS 法はその近似の簡便さからはとても想像できないほどに信頼性の高い第一原理計算手法であることが分かる．そのため，与えられた新物質に対しては，とりあえず LSD と GGA の両方で計算し，得られる結果をそれぞれの近似の誤差傾向を勘案しながら比較すれば，大抵の場合，その新物質の空間構造や電子構造の概要が得られることになる．

この LSD 成功の理由は交換相関ホールに対する総和則が満たされているからであるという議論がよくなされている[93]．しかしながら，根本的には，その成功の秘訣は 1.2.7 項で述べたことに尽きていると考えられる．すなわち，そこで述べたように，空間を原子核に近いところから順に領域①，領域②，領域③の 3 つに分けて，大多数の価電子が存在する領域②においては，もともと，たとえトーマス–フェルミ近似を用いたとしてもかなりよい結果が得られていたのであるから，それをLSDなりGGAなりのKS法で扱えば，格段によい結果が得られるのは自明であろう．

ちなみに，その領域②から外れた原子核の(カスプ定理が働く)ごく近傍の領域①や電子密度の極端に低い(原子や分子なら原子核からずっと離れた電子雲の裾，固体なら表面の外)領域③ではLSDではもちろんのこと，GGAでも何らの本質的な改善はなされていない[94]．特に領域③では，$E_{\mathrm{xc}}[n(\boldsymbol{r})]$ を構成する際に，相関ホールの長距離成分をどのように取り扱うべきか，そして，それに伴ってファンデルワールス力(分散力)を $n(\boldsymbol{r})$ の如何なる汎関数形で表すべきか，ということが(DNAを含む生体物質へのDFTの十分に正確な応用という観点からも)喫緊の課題となっている[95~97]．

1.6.11　逆コーン–シャム法

1.3節で紹介したコーン–シャム(KS)法は，与えられたKSポテンシャル $V_{\mathrm{KS}}(\boldsymbol{r}:[n(\boldsymbol{r})])$ から基底状態の正確な電子密度 $n(\boldsymbol{r})$ を決定する手法であるが，もともと，$n(\boldsymbol{r})$ と $V_{\mathrm{KS}}(\boldsymbol{r}:[n(\boldsymbol{r})])$ とは1対1の対応関係があるので，$n(\boldsymbol{r})$ を与えれば，それと対になるKSポテンシャル $V_{\mathrm{KS}}(\boldsymbol{r}:[n(\boldsymbol{r})])$ が一意的に決められるはずである．これを「**逆コーン–シャム問題**」といい，具体的に $V_{\mathrm{KS}}(\boldsymbol{r}:[n(\boldsymbol{r})])$ を求める手法を「**逆コーン–シャム法**」という．この逆コーン–シャム法には，いろいろなバージョンがある[33]が，ここでは「ヘイドック–フークス(Haydock–Foulkes)の変分原理」[98]に基づくアルゴリズム[34]を紹介しよう．

いま，考える系の正確な電子密度 $n_0(\boldsymbol{r})$ が何らかの理論手段を用いて得られたとしよう．そして，この $n_0(\boldsymbol{r})$ に対応するKSポテンシャルを $V_0(\boldsymbol{r})$ と書こう．すると，KS法で取り扱うべき1体問題のハミルトニアン H_{e} は $H_{\mathrm{e}} = T_{\mathrm{e}} + V_0$ であり，また，対応するシュレディンガー方程式は1.3.4項の式(1.109)である．すなわち，適当な境界条件下で

$$\left[-\frac{\Delta}{2m} + V_0(\boldsymbol{r})\right]\phi_i(\boldsymbol{r}:[V_0]) = \varepsilon_i[V_0]\,\phi_i(\boldsymbol{r}:[V_0]) \tag{1.289}$$

を解くことである．ここで，1体波動関数 ϕ_i やそのエネルギー固有値 ε_i はポテンシャル V_0 に依存して決まるという意味で，それぞれ，$\phi_i(\boldsymbol{r}:[V_0])$ や $\varepsilon_i[V_0]$ と

表した．この $\varepsilon_i[V_0]$ を小さい順番に並べたエネルギー固有関数系 $\{\phi_i(\boldsymbol{r}\!:\![V_0])\}$ を用いると，N 電子系の $n_0(\boldsymbol{r})$ は

$$n_0(\boldsymbol{r}) = \sum_{i=1}^{N} |\phi_i(\boldsymbol{r}\!:\![V_0])|^2 \tag{1.290}$$

で与えられる.(スピン自由度も考慮する必要があるときは，それも含んだ上で添字 i の番号付けを行ったと解釈されたい.) また，ハミルトニアン $H_{\rm e} = T_{\rm e} + V_0$ の全運動エネルギーの期待値 $T_{\rm s}[V_0]$ は式 (1.112) における変形に注意すると

$$T_{\rm s}[V_0] = \sum_{i=1}^{N} \varepsilon_i[V_0] - \int d\boldsymbol{r}\, V_0(\boldsymbol{r}) n_0(\boldsymbol{r}) \tag{1.291}$$

ということになる．

ところで，1.2.4 項で述べた制限付き探索法の考え方を採用すると，この $T_{\rm s}[V_0]$ は式 (1.34) の形で定義されたヒルベルト空間の部分集合 $\{|\Phi\rangle\}_{n_0(\boldsymbol{r})}$ を用いて，

$$T_{\rm s}[V_0] = \min_{\{|\Phi\rangle\}_{n_0(\boldsymbol{r})}} \Big[\langle\Phi|T_{\rm e} + V_0|\Phi\rangle\Big] - \int d\boldsymbol{r}\, V_0(\boldsymbol{r}) n_0(\boldsymbol{r}) \tag{1.292}$$

のように書き直せるが，この式 (1.292) の右辺において $V_0(\boldsymbol{r})$ を任意の 1 体ポテンシャル $V(\boldsymbol{r})$ に置き換えてみると，それは $V(\boldsymbol{r})$ に依存しないことが容易に分かる．すなわち，

$$\min_{\{|\Phi\rangle\}_{n_0(\boldsymbol{r})}} \Big[\langle\Phi|T_{\rm e} + V|\Phi\rangle\Big] - \int d\boldsymbol{r}\, V(\boldsymbol{r}) n_0(\boldsymbol{r}) = T_{\rm s}[V_0] \tag{1.293}$$

である．しかるに，ハミルトニアン $T_{\rm e} + V$ に対応する基底電子密度 $n(\boldsymbol{r})$ は $V(\boldsymbol{r}) - V_0(\boldsymbol{r})$ が定数でない限り $T_{\rm e} + V_0$ に対応する $n_0(\boldsymbol{r})$ とは違うので，

$$\min_{\{|\Phi\rangle\}_{n_0(\boldsymbol{r})}} \Big[\langle\Phi|T_{\rm e} + V|\Phi\rangle\Big] > \min_{\{|\Phi\rangle\}_{n(\boldsymbol{r})}} \Big[\langle\Phi|T_{\rm e} + V|\Phi\rangle\Big] = \sum_{i=1}^{N} \varepsilon_i[V] \tag{1.294}$$

である．これから，

$$T_{\rm s}[V_0] > \sum_{i=1}^{N} \varepsilon_i[V] - \int d\boldsymbol{r}\, V(\boldsymbol{r}) n_0(\boldsymbol{r}) \tag{1.295}$$

という不等式が得られる．

以上の準備の下に，与えられた $n_0(\boldsymbol{r})$ の下で $V(\boldsymbol{r})$ に関する汎関数 $\varUpsilon[V]$ を

$$\varUpsilon[V] \equiv -\sum_{i=1}^{N} \varepsilon_i[V] + \int d\boldsymbol{r}\, V(\boldsymbol{r}) n_0(\boldsymbol{r}) \tag{1.296}$$

によって定義しよう．すると，$V(\boldsymbol{r})$ が定数差を除いて $V_0(\boldsymbol{r})$ と等しい場合は $\varUpsilon[V_0] = -T_{\mathrm{s}}[V_0]$ であることは定義から明らかである．また，$V(\boldsymbol{r}) - V_0(\boldsymbol{r})$ が定数でない場合は不等式 (1.295) から $\varUpsilon[V] > -T_{\mathrm{s}}[V_0]$ である．したがって，この汎関数 $\varUpsilon[V]$ は関数空間 $\{V(\boldsymbol{r})\}$ における次のような変分原理を満たすことになる．

$$\varUpsilon[V] \geq -T_{\mathrm{s}}[V_0] \quad (\text{等号は } V(\boldsymbol{r}) - V_0(\boldsymbol{r}) \text{ が定数の場合}) \tag{1.297}$$

この $V(\boldsymbol{r})$ に関する $\varUpsilon[V]$ の変分原理から，$V_0(\boldsymbol{r})$ を求めるための１つの重要な方程式として，$\varUpsilon[V]$ に対する停留値条件 $\delta\varUpsilon[V]/\delta V_0(\boldsymbol{r}) = 0$ が得られる．

この停留値条件を使うためには，$\varUpsilon[V]$ の汎関数微分 $\delta\varUpsilon[V]/\delta V(\boldsymbol{r})$ が必要になるが，それは $T_{\mathrm{e}} + V$ の基底電子密度 $n(\boldsymbol{r})$ を使うと，定義式 (1.296) から

$$\begin{aligned}\frac{\delta\varUpsilon[V]}{\delta V(\boldsymbol{r})} &= -\frac{\delta}{\delta V(\boldsymbol{r})}\left[\min_{\{|\Phi\rangle\}_{n(\boldsymbol{r})}}\Big[\langle\Phi|T_{\mathrm{e}} + V|\Phi\rangle\Big]\right] + n_0(\boldsymbol{r}) \\ &= -n(\boldsymbol{r}) + n_0(\boldsymbol{r})\end{aligned} \tag{1.298}$$

のように求められる．なお，式 (1.298) において，第２式から最終式への変形においてはヘルマン–ファインマンの定理を適用している．

この式 (1.298) を基本にすると，与えられた $n_0(\boldsymbol{r})$ から対応する $V_0(\boldsymbol{r})$ を求める具体的な手段として，次のような逐次近似法が考えられる．まず，出発点となる第０次近似の KS ポテンシャル $V^{(0)}(\boldsymbol{r})$ は与えられた外部ポテンシャル $V_{\mathrm{ei}}(\boldsymbol{r})$ の他に $n_0(\boldsymbol{r})$ を用いて

$$V_H(\boldsymbol{r}) = \int d\boldsymbol{r}'\, \frac{e^2}{|\boldsymbol{r} - \boldsymbol{r}'|}\, n_0(\boldsymbol{r}') \tag{1.299}$$

のように計算されるハートリー・ポテンシャル $V_H(\boldsymbol{r})$，および，LDA における交換相関ポテンシャル $V_{\mathrm{xc}}^{(0)}(\boldsymbol{r})[= -(3n_0(\boldsymbol{r})/\pi)^{1/3}$ hartree] の和として与えら

れる．この1体ポテンシャル $V^{(0)}(\boldsymbol{r})$ の下でKS法を実行すれば，ハミルトニアン $T_{\mathrm{e}}+V^{(0)}$ の基底電子密度 $n^{(1)}(\boldsymbol{r})$ が決められる．そこで，$k=1$，$w(r)\equiv 1$ として，

$$f^{(k)}(\boldsymbol{r})=w(r)[n^{(k)}(\boldsymbol{r})-n_0(\boldsymbol{r})] \tag{1.300}$$

のように関数 $f^{(k)}(\boldsymbol{r})$ を定義する．もし，この $f^{(k)}(\boldsymbol{r})$ が ε を与えられた非常に小さな正数として

$$\int d\boldsymbol{r}\,|f^{(k)}(\boldsymbol{r})|<\varepsilon \tag{1.301}$$

の不等式を満たしていれば，すでに $\Upsilon[V]$ の停留値条件を満足しているとして，求める $V_0(\boldsymbol{r})$ は $V^{(0)}(\boldsymbol{r})$ であると考える．

もしも不等式 (1.301) を満たしていなければ，まだまだ停留値条件に遠いということで，$\Upsilon[V]$ の最傾斜方向，すなわち，$f^{(k)}(\boldsymbol{r})$ の方向に $V^{(k-1)}(\boldsymbol{r})$ を変化させることにして

$$V^{(k)}(\boldsymbol{r})=V^{(k-1)}(\boldsymbol{r})+\alpha_k f^{(k)}(\boldsymbol{r}) \tag{1.302}$$

と書き，この形の $V^{(k)}(\boldsymbol{r})$ を使ってKS法を実行して $\Upsilon[V^{(k)}]$ を評価し，それが最小になるように係数 α_k を決める．そして，このようにして決まった $V^{(k)}(\boldsymbol{r})$ を新たなKSポテンシャルとし，それに対応する基底電子密度を逐次近似の次のステップにおける電子密度 $n^{(k+1)}(\boldsymbol{r})$ とする．この $n^{(k+1)}(\boldsymbol{r})$ を式 (1.300) の $n^{(k)}(\boldsymbol{r})$ に代入して $f^{(k+1)}(\boldsymbol{r})$ を定義すれば逐次近似のループが完成するが，この逐次近似ループは不等式 (1.301) の成立時に最終的に終了すればよい．なお，式 (1.300) 中の重み関数 $w(r)$ は，それをどのように取ろうとも停留値条件を変えるわけではないので，基本的に自由に選択できる．そこで，$w(r)$ を変化させて逐次近似の収束性を早める工夫をすればよい．たとえば，原子系では原子核から遠いところの電子密度の収束性を早めるために $w(r)=r^2$ という選択が可能である．

この逆コーン–シャム法を用いて得られる正確な交換相関ポテンシャルの例をヘリウム原子とネオン原子の場合について示しておこう．これらの系では正確

な電子密度 $n(\boldsymbol{r})$ は量子化学的な手法，特に CI (配位間相互作用) 法で高精度に求められている．(逆 KS 法で $V(\boldsymbol{r})$ が十分な精度で決定されるためには，$n(\boldsymbol{r})$ に対しては単に“高精度”というのではなく，4 倍精度で計算されるような“超高精度”が要請されている[35]．) そのような計算結果は図 1.13(a) にプロットされている．なお，ヘリウム原子と比べてネオン原子では $r \approx 0.3a_{\mathrm{B}}$ (a_{B}:ボーア

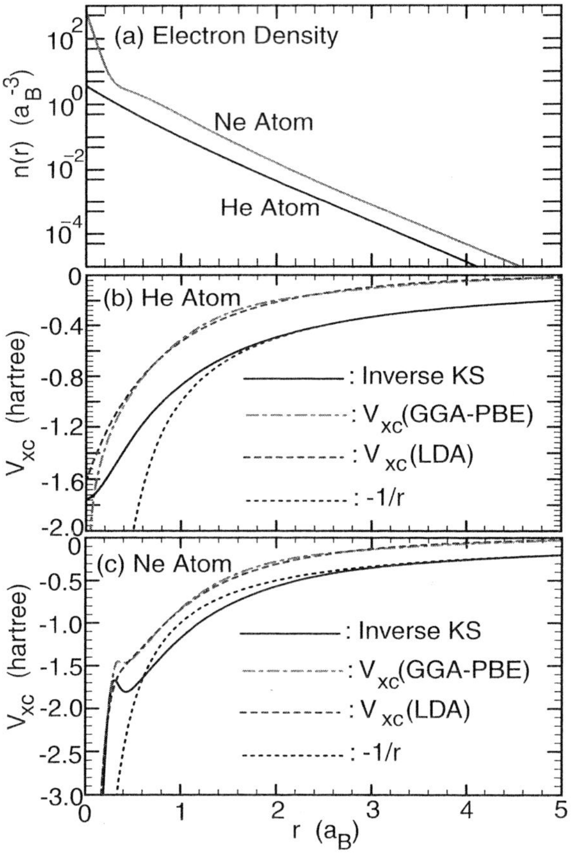

図 1.13　(a) はヘリウム原子とネオン原子に対する正確な電子密度 $n(\boldsymbol{r})$ を動径 $r(\equiv |\boldsymbol{r}|)$ の関数として片対数プロットしたもの．(b) や (c) には，これらの電子密度に対応する正確な交換相関ポテンシャル $V_{\mathrm{xc}}(\boldsymbol{r})$ が LDA や GGA-PBE のものと比較しながら示されている．なお，いずれも原子単位を用いている．

半径) で (片対数プロットの) $n(\boldsymbol{r})$ に傾きの急激な変化が見られるという特徴を持つ．もちろん，これはネオン原子では 1s 殻と 2s2p 殻とがある程度分離しているという原子中の内部構造の存在に起因している．

この $n(\boldsymbol{r})$ に対応した正確な交換相関ポテンシャル $V_{\mathrm{xc}}(\boldsymbol{r})$ は図 1.13(b) ではヘリウム原子に対して，図 1.13(c) ではネオン原子に対して示されている．なお，$V_{\mathrm{xc}}(\boldsymbol{r})$ の定数項は逆コーン–シャム法では決まらないが，ここでは実験的に (あるいは量子化学的な計算で) 得られるイオン化ポテンシャルを再現するように決定されている．いずれにしても，$r > 3a_{\mathrm{B}}$ の漸近領域で電子密度が十分に薄くなったところでは $V_{\mathrm{xc}}(\boldsymbol{r})$ は裸のクーロン・ポテンシャル $-e^2/r$ に速やかに近づいている．

比較のために，この図には LDA (破線) や GGA-PBE (一点鎖線) における $V_{\mathrm{xc}}(\boldsymbol{r})$ も示してある．これらの近似では漸近領域 (前項の最後で触れた領域③) で正しい $V_{\mathrm{xc}}(\boldsymbol{r})$ を与えていない．原子核に近いところでも，(たとえ，前項の最後に触れた領域②であったとしても) ヘリウム原子ではあまりよくない $V_{\mathrm{xc}}(\boldsymbol{r})$ が得られている．しかしながら，ネオン原子のように全電子数が増えて電子密度が高くなってくると，領域②では LDA，GGA ともに驚くほどによい $V_{\mathrm{xc}}(\boldsymbol{r})$ を与えていることが分かる．ちなみに，$r \approx 0.3a_{\mathrm{B}}$ における $V_{\mathrm{xc}}(\boldsymbol{r})$ の小さなピーク構造は LDA では見られないが，密度勾配項 $\boldsymbol{\nabla} n(\boldsymbol{r})$ を持つ GGA-PBE では (定量的に満足できるほどではないが) 見事に再現されている様子がうかがえる．

LDA が (GGA でもほぼ同じであるが，) どの領域でも満足できる $V_{\mathrm{xc}}(\boldsymbol{r})$ を与えていないヘリウム原子について，もう少し詳しく正確な結果との違いを見てみよう[35]．ヘリウム原子の基底状態は 2 電子系のスピン 1 重項 (シングレット) 状態なので，その電子密度 $n(\boldsymbol{r})$ が分かれば，1s の KS 軌道を表す 1 体問題の波動関数 $\phi_{\mathrm{1s}}(\boldsymbol{r})$ は

$$\phi_{\mathrm{1s}}(\boldsymbol{r}) = \sqrt{\frac{n(\boldsymbol{r})}{2}} \tag{1.303}$$

ということになる．したがって，KS ポテンシャルにおける交換部分 $V_{\mathrm{x}}(\boldsymbol{r})$ は (KS 軌道を使えば，ハートリー–フォック近似の交換ポテンシャルと形式上は同じ形で与えられるので[67])

$$V_x(\boldsymbol{r}) = -\int d\boldsymbol{r}' \frac{e^2}{|\boldsymbol{r}-\boldsymbol{r}'|}\phi_{1s}^*(\boldsymbol{r}')\phi_{1s}(\boldsymbol{r}')$$
$$= -\frac{1}{2}\int d\boldsymbol{r}' \frac{e^2}{|\boldsymbol{r}-\boldsymbol{r}'|}n(\boldsymbol{r}) \tag{1.304}$$

で計算される．この $V_x(\boldsymbol{r})$ と逆コーン–シャム法で決定された $V_{xc}(\boldsymbol{r})$ との差，$V_{xc}(\boldsymbol{r}) - V_x(\boldsymbol{r})$，として KS ポテンシャルにおける相関部分 $V_c(\boldsymbol{r})$ も得られる．一方，LDA においては，式 (1.206) あるいは式 (1.208) で $\varepsilon_{xc}(n(\boldsymbol{r}))$ を $\varepsilon_x(n(\boldsymbol{r}))$ に変えたものが $V_x(\boldsymbol{r})$ を，$\varepsilon_c(n(\boldsymbol{r}))$ に変えたものが $V_c(\boldsymbol{r})$ を与える

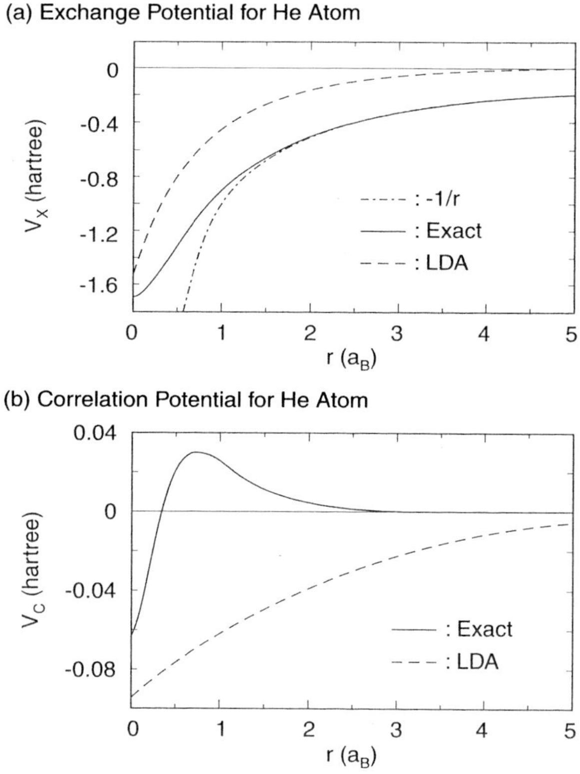

図 1.14　ヘリウム原子に対応する正確な交換相関ポテンシャル $V_{xc}(\boldsymbol{r})$ を (a) 交換部分 $V_x(\boldsymbol{r})$ と (b) 相関部分 $V_c(\boldsymbol{r})$ に分解して描いたもの．

ことになる.

以上のような手続きで求められた $V_{\mathrm{x}}(\boldsymbol{r})$ や $V_{\mathrm{c}}(\boldsymbol{r})$ の結果が，それぞれ，図 1.14(a) と図 1.14(b) に示されている．太い実線が正確な値を，そして，破線がLDA での値を与えている．$V_{\mathrm{x}}(\boldsymbol{r})$ については，漸近領域における違い，すなわち，$V_{\mathrm{x}}(\boldsymbol{r}) \to -1/r$ という正しい極限形を LDA (や GGA) では再現できないが，正確な $V_{\mathrm{x}}(\boldsymbol{r})$ は $n < 0.01a_{\mathrm{B}}^{-3}$ となる $r > 1.5a_{\mathrm{B}}$ ではすでにその極限形に達している．また，$V_{\mathrm{c}}(\boldsymbol{r})$ については，LDA では常にそれは引力的であるのに対して，正確なそれは $r > 0.34a_{\mathrm{B}}$ では斥力的になっていて，電子密度を原子核により近づける効果を持つことがたいへん注目される．

そもそも，ヘリウム原子において，ハートリー–フォック近似を越えて電子間の避け合いの効果 (電子相関) を考慮に入れると，それぞれの電子が感じる原子核の正電荷引力は (電子間の避け合いで遮蔽効果が実効的に減ったため) 大きくなったように見えるので，結果として，電子はより原子核に近づき，正確な電子密度はハートリー–フォック近似のそれよりも原子核により近づいた分布になる．この物理を反映しているのが図 1.14(b) の正確な $V_{\mathrm{c}}(\boldsymbol{r})$ の振舞いであると考えられる．このような $V_{\mathrm{c}}(\boldsymbol{r})$ の面白い振舞いを自然に導き出す汎関数形を考案できれば,「LDA を越えた (すなわち，“Beyond LDA” の)KS 法の完成」という大きな目標に近づけるのだろう.

1.7 時間依存密度汎関数理論

1.7.1 ルンゲ–グロスの定理

これまで解説してきたDFT では，多電子系の基底電子密度 $n(\boldsymbol{r})$ を主役として理論を構成してきたが，このDFT を拡張し，時間に依存した電子密度 $n(\boldsymbol{r}, t)$ を基軸として多電子系のダイナミクスを記述する枠組みが「**時間依存密度汎関数理論**」(TDDFT: Time-Dependent Density Functional Theory) である[32)]．この枠組みで線形応答理論を展開し，密度応答関数を調べれば，多電子系の励起エネルギーも得られることになる．すなわち，もっぱら基底状態に関する情報が得られる DFT とは対照的に，TDDFT では励起状態の情報も調べられることになる.

まず，TDDFT の基礎として，DFT におけるホーエンバーグ–コーンの定理を拡張した「**ルンゲ–グロス (Runge–Gross) の定理**」[31, 99] を紹介しよう．これは系のハミルトニアン $H_\lambda(t)$ を式 (1.1) における $T_{\rm e}$ や $U_{\rm ee}$，そして，

$$V_{\rm ei}(t) = \sum_\sigma \int d\boldsymbol{r}\, \psi_\sigma^+(\boldsymbol{r}) V_{\rm ei}(\boldsymbol{r}, t) \psi_\sigma(\boldsymbol{r}) \tag{1.305}$$

で定義される時間に依存した 1 体外部ポテンシャル $V_{\rm ei}(t)$ を使って，

$$H_\lambda(t) \equiv T_{\rm e} + V_{\rm ei}(t) + \lambda U_{\rm ee} \tag{1.306}$$

と書いた場合，与えられた $n(\boldsymbol{r}, t)$ に対して $V_{\rm ei}(\boldsymbol{r}, t)$ は ($c(t)$ のように，時間には依存するが空間的には一様な項の任意性を除いて) 一意的に決められるというものである．なお，ホーエンバーグ–コーンの第 1 定理の場合と違って，ここでは対象を系の基底状態に限定していないので，いくつかの付随条件を課さないとルンゲ–グロスの定理の厳密な証明ができない．そこで，これらの付随条件も含めて，この定理の命題を明確に書いておこう．

「いま，任意の時間 t_0 を考え，そのとき系は波動関数 Ψ_0 で表される状態にあるとしよう．(ちなみに，この Ψ_0 は任意でよくて，系の基底状態とか，ある固有励起状態とかである必要はまったくない.) このとき，量子力学に従えば，$t > t_0$ における系の状態 $\Psi(t)$ は $\Psi(t_0) = \Psi_0$ という初期条件の下で次のような時間に依存するシュレディンガー方程式

$$i \frac{\partial}{\partial t} \Psi(t) = H_\lambda(t) \Psi(t) \tag{1.307}$$

から決められる．そして，電子密度 $n(\boldsymbol{r}, t)$ は

$$n(\boldsymbol{r}, t) = \langle \Psi(t) | \sum_\sigma \psi_\sigma^+(\boldsymbol{r}) \psi_\sigma(\boldsymbol{r}) | \Psi(t) \rangle \tag{1.308}$$

で与えられる．この際，$V_{\rm ei}(\boldsymbol{r}, t)$ としては，t_0 が ($t_0 = -\infty$ ではなく，) ある有限の値とし，そのまわりで t についてのテイラー展開が可能であるような (しかも，その収束半径がゼロでないような) 関数全体とする．$V_{\rm ei}(\boldsymbol{r}, t)$ に対するこのような制限下では，**もしも同じ Ψ_0 から出発して $t > t_0$ で 2 つの異なる電子密度，$n(\boldsymbol{r}, t)$ と $n'(\boldsymbol{r}, t)$，が得られたとすれば，それぞれに対応する $V_{\rm ei}(\boldsymbol{r}, t)$**

と $V'_{\rm ei}(\boldsymbol{r},t)$ は必ず異なる． すなわち，

$$V_{\rm ei}(\boldsymbol{r},t) \neq V'_{\rm ei}(\boldsymbol{r},t) + c(t) \tag{1.309}$$

である.」

この条件 (1.309) を言い換えると，テイラー展開が可能という仮定から，

$$V_{\rm ei}(\boldsymbol{r},t) = \sum_{k=0}^{\infty} \frac{1}{k!} v_k(\boldsymbol{r})(t-t_0)^k;\ V'_{\rm ei}(\boldsymbol{r},t) = \sum_{k=0}^{\infty} \frac{1}{k!} v'_k(\boldsymbol{r})(t-t_0)^k \tag{1.310}$$

と書いた場合，テイラー級数のどこかの次数 k_0 でこれら 2 つの級数の差が $\boldsymbol{r}$ に依存するということである．すなわち，

$$v_{k_0}(\boldsymbol{r}) - v'_{k_0}(\boldsymbol{r}) = \frac{\partial^{k_0}}{\partial t^{k_0}} \left[V_{\rm ei}(\boldsymbol{r},t) - V'_{\rm ei}(\boldsymbol{r},t) \right] \Big|_{t=t_0} \neq (\text{定数}) \tag{1.311}$$

となるような $k=k_0$ が少なくとも 1 つは存在するというものである．

さて，この定理を証明する際に鍵となる関係式は (流体力学では連続の式とも呼ばれる) **局所電子数保存則**である．すなわち，$n(\boldsymbol{r},t)$ に対応した電子流密度 $\boldsymbol{j}(\boldsymbol{r},t)$ を考えると，これらの間には

$$\frac{\partial n(\boldsymbol{r},t)}{\partial t} + \boldsymbol{\nabla} \cdot \boldsymbol{j}(\boldsymbol{r},t) = 0 \tag{1.312}$$

という関係式が成り立つ. (これは電子密度演算子の時間変化を追うことで簡単に証明できる.) ここで，$\boldsymbol{j}(\boldsymbol{r},t)$ は式 (1.187) で定義された常磁性電流密度演算子 $\hat{\boldsymbol{j}}_{\rm p}(\boldsymbol{r})$ を使って電子流密度演算子 $\hat{\boldsymbol{j}}(\boldsymbol{r}) \equiv \hat{\boldsymbol{j}}_{\rm p}(\boldsymbol{r})/(-e)$ を導入すると，

$$\boldsymbol{j}(\boldsymbol{r},t) = \langle \Psi(t) | \hat{\boldsymbol{j}}(\boldsymbol{r}) | \Psi(t) \rangle \tag{1.313}$$

で定義される．同様に，$n'(\boldsymbol{r},t)$ に対応して $\boldsymbol{j}'(\boldsymbol{r},t)$ も定義できる．

このようにして定義された $\boldsymbol{j}(\boldsymbol{r},t)$ や $\boldsymbol{j}'(\boldsymbol{r},t)$ は時刻 $t=t_0$ では等しい (すなわち，$\boldsymbol{j}(\boldsymbol{r},t_0) = \boldsymbol{j}'(\boldsymbol{r},t_0)$ である) が，条件 (1.309)(あるいは，条件 (1.311)) が成り立つとき，$\boldsymbol{j}(\boldsymbol{r},t)$ と $\boldsymbol{j}'(\boldsymbol{r},t)$ とは $t>t_0$ で常に異なることを証明しよう．そのために，電子流密度の時間変化を追うことにする．式 (1.313) から $\boldsymbol{j}(\boldsymbol{r},t)$ の時間変化は式 (1.307) を用いて，

$$\frac{\partial \boldsymbol{j}(\boldsymbol{r},t)}{\partial t} = i\langle \Psi(t)|[H_\lambda(t), \hat{\boldsymbol{j}}(\boldsymbol{r})]|\Psi(t)\rangle \tag{1.314}$$

で与えられるので，$\boldsymbol{j}(\boldsymbol{r},t) - \boldsymbol{j}'(\boldsymbol{r},t)$ の時間変化の $t = t_0$ での値を知るためには，状態 $\Psi(t)$ と $\Psi'(t)$ は $t = t_0$ でともに Ψ_0 であることに注意すれば，

$$\begin{aligned}\frac{\partial}{\partial t}\left(\boldsymbol{j}(\boldsymbol{r},t) - \boldsymbol{j}'(\boldsymbol{r},t)\right)\Big|_{t=t_0} &= i\langle \Psi_0|[V_{\rm ei}(t_0) - V'_{\rm ei}(t_0), \hat{\boldsymbol{j}}(\boldsymbol{r})]|\Psi_0\rangle \\ &= i\sum_{\sigma'}\int d\boldsymbol{r}'\ \left(V_{\rm ei}(\boldsymbol{r}',t_0) - V'_{\rm ei}(\boldsymbol{r}',t_0)\right) \\ &\quad \times\langle\Psi_0|[\psi^+_{\sigma'}(\boldsymbol{r}')\psi_{\sigma'}(\boldsymbol{r}'), \hat{\boldsymbol{j}}(\boldsymbol{r})]|\Psi_0\rangle \end{aligned} \tag{1.315}$$

を評価すればよいことになる．

しかるに，式 (1.315) に含まれる交換関係は

$$\begin{aligned}[\psi^+_{\sigma'}(\boldsymbol{r}')\psi_{\sigma'}(\boldsymbol{r}'), \psi^+_{\sigma}(\boldsymbol{r})\big(\boldsymbol{\nabla}_{\boldsymbol{r}}\psi_\sigma(\boldsymbol{r})\big)] &= \delta_{\sigma\sigma'}\delta(\boldsymbol{r}-\boldsymbol{r}')\psi^+_{\sigma'}(\boldsymbol{r}')\big(\boldsymbol{\nabla}_{\boldsymbol{r}}\psi_\sigma(\boldsymbol{r})\big) \\ &\quad -\delta_{\sigma\sigma'}\psi^+_{\sigma}(\boldsymbol{r})\psi_{\sigma'}(\boldsymbol{r}')\big(\boldsymbol{\nabla}_{\boldsymbol{r}}\delta(\boldsymbol{r}-\boldsymbol{r}')\big)\end{aligned} \tag{1.316}$$

などの関係式を用いると簡単化されて，

$$\begin{aligned}\frac{\partial}{\partial t}\big(\boldsymbol{j}(\boldsymbol{r},t) - \boldsymbol{j}'(\boldsymbol{r},t)\big)\Big|_{t=t_0} &= \frac{1}{2m}\sum_{\sigma}\int d\boldsymbol{r}'\left(V_{\rm ei}(\boldsymbol{r}',t_0) - V'_{\rm ei}(\boldsymbol{r}',t_0)\right) \\ &\times\langle\Psi_0|\delta(\boldsymbol{r}-\boldsymbol{r}')\psi^+_{\sigma}(\boldsymbol{r}')\big(\boldsymbol{\nabla}_{\boldsymbol{r}}\psi_\sigma(\boldsymbol{r})\big) - \psi^+_\sigma(\boldsymbol{r})\psi_\sigma(\boldsymbol{r}')\big(\boldsymbol{\nabla}_{\boldsymbol{r}}\delta(\boldsymbol{r}-\boldsymbol{r}')\big) \\ &+\big(\boldsymbol{\nabla}_{\boldsymbol{r}}\psi^+_\sigma(\boldsymbol{r})\big)\delta(\boldsymbol{r}-\boldsymbol{r}')\psi_\sigma(\boldsymbol{r}') - \psi^+_\sigma(\boldsymbol{r}')\big(\boldsymbol{\nabla}_{\boldsymbol{r}}\delta(\boldsymbol{r}-\boldsymbol{r}')\big)\psi_\sigma(\boldsymbol{r})|\Psi_0\rangle\end{aligned} \tag{1.317}$$

が得られる．そこで，$\boldsymbol{\nabla}_{\boldsymbol{r}}\delta(\boldsymbol{r}-\boldsymbol{r}') = -\boldsymbol{\nabla}_{\boldsymbol{r}'}\delta(\boldsymbol{r}-\boldsymbol{r}')$ であることに注意し，さらに，デルタ関数 $\delta(\boldsymbol{r}-\boldsymbol{r}')$ の $\boldsymbol{r}'$ に関する微分の部分を部分積分に直して処理すると，最終的に

$$\begin{aligned}\frac{\partial}{\partial t}\big(\boldsymbol{j}(\boldsymbol{r},t) - \boldsymbol{j}'(\boldsymbol{r},t)\big)\Big|_{t=t_0} &= -\frac{1}{m}\sum_{\sigma}\int d\boldsymbol{r}'\delta(\boldsymbol{r}-\boldsymbol{r}')\langle\Psi_0|\psi^+_\sigma(\boldsymbol{r})\psi_\sigma(\boldsymbol{r}')|\Psi_0\rangle \\ &\qquad\times\boldsymbol{\nabla}_{\boldsymbol{r}'}\left(V_{\rm ei}(\boldsymbol{r}',t_0) - V'_{\rm ei}(\boldsymbol{r}',t_0)\right) \\ &= -\frac{n_0(\boldsymbol{r})}{m}\boldsymbol{\nabla}_{\boldsymbol{r}}\left(V_{\rm ei}(\boldsymbol{r},t_0) - V'_{\rm ei}(\boldsymbol{r},t_0)\right)\end{aligned} \tag{1.318}$$

という関係式が導かれる．ここで，$n_0(\boldsymbol{r})$ は初期条件での電子密度で，

$$n_0(\boldsymbol{r}) \equiv n(\boldsymbol{r}, t_0) = \langle \Psi_0 | \sum_\sigma \psi_\sigma^+(\boldsymbol{r}) \psi_\sigma(\boldsymbol{r}) | \Psi_0 \rangle \tag{1.319}$$

で定義されている．

ところで，もし，条件式 (1.311) が $k_0 = 0$ で成り立っているとしよう．すると，式 (1.318) の右辺はゼロではないことになり，$\boldsymbol{j}(\boldsymbol{r}, t)$ と $\boldsymbol{j}'(\boldsymbol{r}, t)$ は $t > t_0$ で違ってくることが証明された．一方，もしも条件式 (1.311) が $k_0 > 0$ でしか成り立たない場合，式 (1.318) の右辺はゼロになってしまうので，さらに高次の時間変化を調べる必要がある．たとえば，2 次の時間変化は式 (1.314) から

$$\begin{aligned}\frac{\partial^2 \boldsymbol{j}(\boldsymbol{r}, t)}{\partial t^2} &= i^2 \langle \Psi(t) | [H_\lambda(t), [H_\lambda(t), \hat{\boldsymbol{j}}(\boldsymbol{r})]] | \Psi(t) \rangle \\ &\quad + i \langle \Psi(t) | [\frac{\partial V_{\mathrm{ei}}(t)}{\partial t}, \hat{\boldsymbol{j}}(\boldsymbol{r})] | \Psi(t) \rangle \end{aligned} \tag{1.320}$$

であるが，これを $t = t_0$ で評価すると，$k_0 > 0$ の場合，定数差を除いて $V_{\mathrm{ei}}(t_0) = V'_{\mathrm{ei}}(t_0)$(それゆえ，$H_\lambda(t_0) = H'_\lambda(t_0)$) であるので，式 (1.320) の右辺第 1 項は $\partial^2 \boldsymbol{j}'(\boldsymbol{r}, t)/\partial t^2$ における対応する項と相殺してしまう．したがって，式 (1.320) の右辺第 2 項の寄与のみが残ることになり，

$$\begin{aligned}\frac{\partial^2}{\partial t^2} (\boldsymbol{j}(\boldsymbol{r}, t) - \boldsymbol{j}'(\boldsymbol{r}, t))\Big|_{t=t_0} &= i \langle \Psi_0 | [\frac{\partial}{\partial t} \Big(V_{\mathrm{ei}}(t) - V'_{\mathrm{ei}}(t) \Big)\Big|_{t=t_0}, \hat{\boldsymbol{j}}(\boldsymbol{r})] | \Psi_0 \rangle \\ &= i \sum_{\sigma'} \int d\boldsymbol{r}' \, \frac{\partial}{\partial t} \Big(V_{\mathrm{ei}}(\boldsymbol{r}', t) - V'_{\mathrm{ei}}(\boldsymbol{r}', t) \Big)\Big|_{t=t_0} \\ &\quad \times \langle \Psi_0 | [\psi_{\sigma'}^+(\boldsymbol{r}') \psi_{\sigma'}(\boldsymbol{r}'), \hat{\boldsymbol{j}}(\boldsymbol{r})] | \Psi_0 \rangle \end{aligned} \tag{1.321}$$

を得る．この結果を式 (1.315) と見比べれば，式 (1.321) は式 (1.318) の形，すなわち，式 (1.310) の $v_1(\boldsymbol{r})$ や $v'_1(\boldsymbol{r})$ を用いれば，

$$\frac{\partial^2}{\partial t^2} \Big(\boldsymbol{j}(\boldsymbol{r}, t) - \boldsymbol{j}'(\boldsymbol{r}, t) \Big)\Big|_{t=t_0} = - \frac{n_0(\boldsymbol{r})}{m} \boldsymbol{\nabla}_{\boldsymbol{r}} \Big(v_1(\boldsymbol{r}) - v'_1(\boldsymbol{r}) \Big) \tag{1.322}$$

に還元されることがただちに分かる．さらに同様の操作を続けると，

$$\frac{\partial^{k_0+1}}{\partial t^{k_0+1}} \Big(\boldsymbol{j}(\boldsymbol{r}, t) - \boldsymbol{j}'(\boldsymbol{r}, t) \Big)\Big|_{t=t_0} = - \frac{n_0(\boldsymbol{r})}{m} \boldsymbol{\nabla}_{\boldsymbol{r}} \Big(v_{k_0}(\boldsymbol{r}) - v'_{k_0}(\boldsymbol{r}) \Big) \tag{1.323}$$

ということになるが，この式 (1.323) の右辺は条件 (1.311) によってゼロでは

ないから，$\boldsymbol{j}(\boldsymbol{r},t)$ と $\boldsymbol{j}'(\boldsymbol{r},t)$ は $t>t_0$ で違ってくることが証明された．

次に，$\boldsymbol{j}(\boldsymbol{r},t)$ と $\boldsymbol{j}'(\boldsymbol{r},t)$ が異なるときは対応する $n(\boldsymbol{r},t)$ と $n'(\boldsymbol{r},t)$ も異なることを証明しよう．そのために，式 (1.312) を使うと，

$$\frac{\partial}{\partial t}\big(n(\boldsymbol{r},t)-n'(\boldsymbol{r},t)\big)=-\boldsymbol{\nabla}\cdot\big(\boldsymbol{j}(\boldsymbol{r},t)-\boldsymbol{j}'(\boldsymbol{r},t)\big) \tag{1.324}$$

が得られるが，この両辺を t で k_0+1 回微分し，式 (1.323) を用いると，

$$\frac{\partial^{k_0+2}}{\partial t^{k_0+2}}\big(n(\boldsymbol{r},t)-n'(\boldsymbol{r},t)\big)\Big|_{t=t_0}=\frac{1}{m}\boldsymbol{\nabla}\cdot\Big(n_0(\boldsymbol{r})\boldsymbol{\nabla}\big(v_{k_0}(\boldsymbol{r})-v'_{k_0}(\boldsymbol{r})\big)\Big) \tag{1.325}$$

ということになる．そこで，もしもこの式 (1.325) の右辺がゼロだとしよう．すると，3 次元空間のある領域 V を考えて，

$$I=\int_V d\boldsymbol{r}\, n_0(\boldsymbol{r})\left|\boldsymbol{\nabla}\big(v_{k_0}(\boldsymbol{r})-v'_{k_0}(\boldsymbol{r})\big)\right|^2 \tag{1.326}$$

のように定義される積分 I を部分積分によって変形すると，

$$\begin{aligned}I=&-\int_V d\boldsymbol{r}\,\big(v^*_{k_0}(\boldsymbol{r})-v'^*_{k_0}(\boldsymbol{r})\big)\boldsymbol{\nabla}\cdot\Big(n_0(\boldsymbol{r})\boldsymbol{\nabla}\big(v_{k_0}(\boldsymbol{r})-v'_{k_0}(\boldsymbol{r})\big)\Big)\\&+\int_{\partial V} d\boldsymbol{S}\cdot\big(v^*_{k_0}(\boldsymbol{r})-v'^*_{k_0}(\boldsymbol{r})\big)n_0(\boldsymbol{r})\boldsymbol{\nabla}\big(v_{k_0}(\boldsymbol{r})-v'_{k_0}(\boldsymbol{r})\big)\end{aligned} \tag{1.327}$$

となるが，この式 (1.327) の右辺第 1 項は式 (1.325) の右辺がゼロという仮定よりゼロになる．また，第 2 項は領域 V の境界 ∂V 上の面積分であるが，V を十分に大きく取って境界上も含めてその外では電子密度 $n_0(\boldsymbol{r})$ がゼロであるように選ぶと，この寄与も消えることになるので，積分 I はゼロになる．しかるに，式 (1.326) に戻って $I\equiv 0$ という意味を考えると，その被積分関数は非負なので，$\boldsymbol{\nabla}\big(v_{k_0}(\boldsymbol{r})-v'_{k_0}(\boldsymbol{r})\big)\equiv 0$ という結論が得られる．しかしながら，これは条件 (1.311) に反する．よって，式 (1.325) の左辺がゼロではないということになるので，$n(\boldsymbol{r},t)$ と $n'(\boldsymbol{r},t)$ は異なることが証明できた．このようにして，$n(\boldsymbol{r},t)$ と $V_{\mathrm{ei}}(\boldsymbol{r},t)$ の 1 対 1 対応が証明された．

このルンゲ–グロスの定理に関連して，次の 3 つの注意を与えておこう．

① 条件 (1.309) に現れる時間 t の関数 $c(t)$ が $n(\boldsymbol{r},t)$ と $V_{\mathrm{ei}}(\boldsymbol{r},t)$ の 1 対 1 対応において意味を持たないことは次のような考察から簡単に分かる．

式 (1.305) の $V_{\mathrm{ei}}(t)$ の定義において，$V_{\mathrm{ei}}(\boldsymbol{r},t)$ を $V_{\mathrm{ei}}(\boldsymbol{r},t)+c(t)$ に変えたとすると，ハミルトニアン $H_\lambda(t)$ は $H_\lambda(t)+c(t)\hat{N}$ に変わる．ここで，$\hat{N}$ は全電子数演算子である．このハミルトニアンの余分の項は対応する波動関数を $\Psi(t)$ から $e^{-i\alpha(t)}\Psi(t)$ に変えることで吸収できる．ここで，波動関数の位相因子 $\alpha(t)$ は

$$\frac{d\alpha(t)}{dt}=c(t)\hat{N} \tag{1.328}$$

という常微分方程式を適当な初期条件で解いて得られるものである．しかるに，このような波動関数の位相因子は式 (1.308) で計算される $n(\boldsymbol{r},t)$ には反映されないので，ルンゲ–グロスの定理でいうところの 1 対 1 対応では関数 $c(t)$ はまったく任意に与えることができる．

② $V_{\mathrm{ei}}(\boldsymbol{r},t)$ として (任意の) 有限の t_0 で収束半径がゼロでないようなテイラー展開が可能ということはかなり強い制限を与えている感じがある．たとえば，$V_{\mathrm{ei}}(\boldsymbol{r},t)$ の摂動を断熱的に印加した場合，その時間依存性は，通常，$\lim_{\eta\to 0^+} e^{\eta t}$ という関数形で $t\to-\infty$ を考えているが，これは $t_0=-\infty$ という選択を暗示しているように思える．しかしながら，関数 $e^{\eta t}$ は $t=-\infty$ で真性特異点を持つのでテイラー展開できない．したがって，ルンゲ–グロスの定理は摂動の断熱印加の問題に適用できないと思うかもしれないが，これは系のその摂動に対する緩和時間を η^{-1} 程度とすれば，t_0 を $-\eta^{-1}$ の 10 倍程度の有限の値を取っておけば，物理的には断熱印加を表現できていると考えられる．すなわち，$\eta\to 0^+$ という極限と $t_0\to-\infty$ という極限の順番を交換して考えようという戦略が取れる[100]．

同様に，$V_{\mathrm{ei}}(\boldsymbol{r},t)$ の時間変化として $\theta(t-t_1)$ のようなステップ関数型である場合も $t_0=t_1$ では問題が起こるが，これも $\theta(t-t_1)$ の代わりに $\lim_{\eta\to+\infty} 1/[1+e^{\eta(t_1-t)}]$ を考えて，有限の η で理論を展開してから最後に $\eta\to+\infty$ の極限を取ると考えればよい．

③ $n(\boldsymbol{r},t)$ と $V_{\mathrm{ei}}(\boldsymbol{r},t)$ の 1 対 1 対応は初期条件 Ψ_0 (というよりも，初期電子密度 $n_0(\boldsymbol{r})$) や相互作用の強さを制御するパラメータ λ に対して何らの仮定も設けずに証明できたが，もちろん，具体的に与えられた $n(\boldsymbol{r},t)$ に対して，それに対応する 1 体ポテンシャルはこれらの条件に依存して決

まるものである．そこで，それらの依存性を明確にしたければ，

$$n(\boldsymbol{r},t) \longmapsto V_{\rm ei}^{(\lambda)}(\boldsymbol{r},t;[n_0(\boldsymbol{r})]:[n(\boldsymbol{r},t)]) \tag{1.329}$$

と書くべきであろう．

1.7.2 時間依存コーン–シャム法

基底状態を取り扱う DFT では，ホーエンバーグ–コーンの第 1 定理に続いて，密度変分原理というホーエンバーグ–コーンの第 2 定理に進んだ．この際，シュレディンガー–リッツの変分原理を基礎にした．しかしながら，時間に依存する現象を (それゆえ，励起状態も) 取り扱う TDDFT では，このシュレディンガー–リッツの変分原理は成り立たない．

そこで，ルンゲとグロスはシュレディンガー方程式 (1.307) をその停留条件の解として導き出す**作用積分汎関数** $\mathcal{A}_\lambda[n(\boldsymbol{r},t)]$ を理論の基礎に選んだ．具体的には，

$$\mathcal{A}_\lambda[n(\boldsymbol{r},t)] \equiv \int_{t_0}^{t_1} dt\, \langle\Psi(t)|i\frac{\partial}{\partial t} - H_\lambda(t)|\Psi(t)\rangle \tag{1.330}$$

を考え，変分の際の境界条件として，

$$\delta\Psi(t_0) = \delta\Psi(t_1) = 0 \tag{1.331}$$

を仮定すれば，$\delta\mathcal{A}_\lambda/\delta\Psi^*(t) = 0$ から式 (1.307) が得られる．ちなみに，この作用積分 $\mathcal{A}_\lambda$ を $\mathcal{A}_\lambda[n(\boldsymbol{r},t)]$ のように $n(\boldsymbol{r},t)$ の汎関数であることを明示している理由は，$n(\boldsymbol{r},t)$ を与えれば，ルンゲ–グロスの定理によって 1 体ポテンシャル $V_{\rm ei}^{(\lambda)}(\boldsymbol{r},t;[n_0(\boldsymbol{r})]:[n(\boldsymbol{r},t)])$ が一意的に決まり，このポテンシャル (と初期条件 $\Psi(t_0) = \Psi_0$) の下でシュレディンガー方程式 (1.307) を解けば，$\Psi(t)$ が一意的に決まるので，式 (1.330) による作用積分も求められるからである．そして，この対応関係から停留条件を Ψ に関してではなく，$n(\boldsymbol{r},t)$ に関するものとして，

$$\frac{\partial\mathcal{A}_\lambda[n(\boldsymbol{r},t)]}{\partial n(\boldsymbol{r},t)} = 0 \tag{1.332}$$

と書き直すことができる．これがDFTにおける式 (1.26) に対応する式である．なお，そこで導入した普遍汎関数 $F_\lambda[n(\boldsymbol{r})]$ に対応して，**普遍作用積分**として，$\mathcal{B}_\lambda[n(\boldsymbol{r},t)]$ を

$$\mathcal{B}_\lambda[n(\boldsymbol{r},t)] \equiv \int_{t_0}^{t_1} dt\, \langle \Psi_\lambda[n(\boldsymbol{r},t)]| i\frac{\partial}{\partial t} - T_{\mathrm{e}} - \lambda U_{\mathrm{ee}} |\Psi_\lambda[n(\boldsymbol{r},t)]\rangle \tag{1.333}$$

のように定義すると，

$$\mathcal{A}_\lambda[n(\boldsymbol{r},t)] = \mathcal{B}_\lambda[n(\boldsymbol{r},t)] - \int_{t_0}^{t_1} dt \int d\boldsymbol{r}\, V_{\mathrm{ei}}(\boldsymbol{r},t) n(\boldsymbol{r},t) \tag{1.334}$$

ということになる．もちろん，この $\mathcal{B}_\lambda[n(\boldsymbol{r},t)]$ は (もともと，$\Psi_\lambda[n(\boldsymbol{r},t)]$ がそれに依存するので) 初期条件 Ψ_0 にも依存して決まってくる．

さて，DFTでコーン–シャム法を議論したときのように，電子密度 $n(\boldsymbol{r},t)$ を不変に保ったままで λ を連続的に変化させて，$\lambda=1$ の物理系から $\lambda=0$ の相互作用のない参照系への変換を考えよう．このとき，各 λ でルンゲ–グロスの定理が成り立つことが証明されているので，$n(\boldsymbol{r},t)$ に対応する1体ポテンシャルは $\lambda=1$ における $V_{\mathrm{ei}}(\boldsymbol{r},t)$ から $\lambda=0$ における $V_{\mathrm{ei}}^{(0)}(\boldsymbol{r},t;[n_0(\boldsymbol{r})]:[n(\boldsymbol{r},t)])$ まで連続的に変化する．そして，特に $\lambda=0$ では1体問題を解くことで $n(\boldsymbol{r},t)$ を決めることができる．具体的には，DFTのコーン–シャム方程式 (1.109) に対応して，**時間に依存したコーン–シャム** (TDKS: Time-dependent Kohn–Sham) **方程式**

$$i\frac{\partial}{\partial t}\phi_i(\boldsymbol{r},t) = \left[-\frac{\Delta}{2m} + V_{\mathrm{ei}}^{(0)}(\boldsymbol{r},t;[n_0(\boldsymbol{r})]:[n(\boldsymbol{r},t)])\right]\phi_i(\boldsymbol{r},t) \tag{1.335}$$

を考え，この方程式の解の組 $\{\phi_i(\boldsymbol{r},t)\}$ を使って $n(\boldsymbol{r},t)$ は

$$n(\boldsymbol{r},t) = \sum_{i=1}^{N} |\phi_i(\boldsymbol{r},t)|^2 \tag{1.336}$$

で与えられる．ここで，式 (1.336) における i は $t=t_0$ での1体ポテンシャルにおける定常状態の最低エネルギー準位 ($i=1$) から第 N 準位までの和を取ることになる．これに関連して，$t=t_0$ では与えられた初期電子密度 $n_0(\boldsymbol{r})$ を再現しなければならない (すなわち，$n(\boldsymbol{r},t_0)=n_0(\boldsymbol{r})$ である) ことに注意しなければ

ならない．通常は Ψ_0 として (時間に依存する摂動が働く前の) 系の基底状態を選ぶことが多いので，$t = t_0$ での初期ポテンシャル $V_{\rm ei}^{(0)}(\boldsymbol{r}, t_0; [n_0(\boldsymbol{r})]:[n(\boldsymbol{r}, t_0)])$ として KS ポテンシャル $V_{\rm KS}(\boldsymbol{r}:[n_0(\boldsymbol{r})])$ を用いればよいが，一般の $n_0(\boldsymbol{r})$ が与えられた場合は，まず，1.6.11 項で解説した逆コーン–シャム法によって初期ポテンシャル (とそのポテンシャル下の基底準位から第 $(N-1)$ 励起準位までの N 個の 1 体波動関数) を決定することが必要になる．

なお，KS ポテンシャルが式 (1.108) の形に書き直されていることに対応して，この $V_{\rm ei}^{(0)}(\boldsymbol{r}, t; [n_0(\boldsymbol{r})]:[n(\boldsymbol{r}, t)])$ も先に導入した作用積分汎関数の表式を参照して，

$$
\begin{aligned}
V_{\rm ei}^{(0)}(\boldsymbol{r}, t; [n_0(\boldsymbol{r})]:[n(\boldsymbol{r}, t)]) &= V_{\rm ei}(\boldsymbol{r}, t) \\
&\quad + \int d\boldsymbol{r}' \, \frac{e^2}{|\boldsymbol{r}-\boldsymbol{r}'|} n(\boldsymbol{r}', t) + V_{\rm xc}(\boldsymbol{r}, t)
\end{aligned}
\tag{1.337}
$$

のように書き換えられる．ここで，**時間に依存した交換相関ポテンシャル** $V_{\rm xc}(\boldsymbol{r}, t)$ は $\mathcal{A}_{\rm xc}[n(\boldsymbol{r}, t)]$ を

$$
\begin{aligned}
\mathcal{A}_{\rm xc}[n(\boldsymbol{r}, t)] &\equiv \mathcal{B}_0[n(\boldsymbol{r}, t)] - \mathcal{B}_1[n(\boldsymbol{r}, t)] \\
&\quad - \frac{1}{2}\int_{t_0}^{t_1} dt \int d\boldsymbol{r} \int d\boldsymbol{r}' \frac{e^2}{|\boldsymbol{r}-\boldsymbol{r}'|} n(\boldsymbol{r}, t) n(\boldsymbol{r}', t)
\end{aligned}
\tag{1.338}
$$

で導入すると，

$$
V_{\rm xc}(\boldsymbol{r}, t) = \frac{\delta \mathcal{A}_{\rm xc}[n(\boldsymbol{r}, t)]}{\delta n(\boldsymbol{r}, t)} \tag{1.339}
$$

のように定義されたものである．

この TDKS を具体的な系に応用する場合，特に，基底状態にある系に時間に依存した摂動を印加するときには，基本的に基底状態が断熱的に変化したような状態を考えればよいのではないかということを期待して，**「断熱局所密度近似」**(ALDA: Adiabatic Local-Density Approximation) を用いることが多い．これは $V_{\rm xc}(\boldsymbol{r}, t)$ に対して，式 (1.206) で定義された $\mu_{\rm xc}\big(n(\boldsymbol{r})\big)$ を使って，

$$
V_{\rm xc}^{\rm ALDA}(\boldsymbol{r}, t) = \mu_{\rm xc}\big(n(\boldsymbol{r}, t)\big) \tag{1.340}
$$

と近似することである．あるいは，スピン依存性も考慮したければ，LSD のポ

テンシャル汎関数に時間に依存したスピン σ の電子密度 $n_\sigma(\boldsymbol{r},t)$ を代入すればよい.

しかしながら，このような近似が実際にどの程度よい結果を与えるかについての評価，この近似を越える汎関数形，また，このポテンシャルの $n_0(\boldsymbol{r})$ 依存性の詳細などは大部分が今後の問題である.

1.7.3 TDDFT に基づく線形応答理論

第 9 巻の 3.4 節では形式的には厳密に正確な線形応答理論が久保公式に沿って展開されたが，同じ理論が TDDFT，特に前項で述べた TDKS 法に沿っても構成される．ここでそれを紹介しておこう.

いま，電子系に働く外部 1 体ポテンシャル $V_{\mathrm{ei}}(\boldsymbol{r},t)$ として，

$$V_{\mathrm{ei}}(\boldsymbol{r},t)=\begin{cases} V_0(\boldsymbol{r}) & (t \leq t_0 \text{の場合}) \\ V_0(\boldsymbol{r})+V_1(\boldsymbol{r},t) & (t > t_0 \text{の場合}) \end{cases} \tag{1.341}$$

を考えよう．ここで，$V_0(\boldsymbol{r})$ は任意の非摂動 1 体ポテンシャル (結晶ならば，価電子イオン相互作用による周期ポテンシャルのようなもの)，$V_1(\boldsymbol{r},t)$ は外部 1 体摂動ポテンシャルとしよう．なお，$V_1(\boldsymbol{r},t)$ はごく弱いという以外に何の制限も付けないが，その時間依存性として階段関数 $\theta(t-t_0)$ を含むような形を仮定しているようにみえるが，1.7.1 項の注意②に述べたような解釈を行って，実際の物理状況に対応させていると考えられたい.

この非摂動ポテンシャル $V_0(\boldsymbol{r})$ 下の多電子系の基底電子密度を $n_0(\boldsymbol{r})$，また，その基底状態の多体波動関数を Ψ_0 として，それが $t>t_0$ で摂動ポテンシャル $V_1(\boldsymbol{r},t)$ の効果で時間発展していくときの電子密度を $n(\boldsymbol{r},t)$ と書こう．すると，この $n(\boldsymbol{r},t)$ はルンゲ–グロスの定理によって $V_{\mathrm{ei}}(\boldsymbol{r},t)$ と 1 対 1 に対応するが，もしも $n(\boldsymbol{r},t)$ を $n_0(\boldsymbol{r})$ とそれからの僅かなずれ $n_1(\boldsymbol{r},t)$ の和として，

$$n(\boldsymbol{r},t)=n_0(\boldsymbol{r})+n_1(\boldsymbol{r},t) \tag{1.342}$$

のように書くとすると，$V_1(\boldsymbol{r},t)$ と $n_1(\boldsymbol{r},t)$ も 1 対 1 に対応する．この対応関係を $V_{\mathrm{ei}}(\boldsymbol{r},t)$ と $n(\boldsymbol{r},t)$ との対応関係の 1 次変化分 (線形対応) と見なすと，汎関数微分の定義そのものから，

$$n_1(\boldsymbol{r},t) \equiv \delta n(\boldsymbol{r},t) = \int d\boldsymbol{r}' \int dt' \left.\frac{\delta n(\boldsymbol{r},t)}{\delta V_{\rm ei}(\boldsymbol{r}',t')}\right|_{V_{\rm ei}=V_0} \delta V_{\rm ei}(\boldsymbol{r}',t')$$
$$= \int d\boldsymbol{r}' \int dt'\, Q^{(R)}_{\rho\rho}(\boldsymbol{r}t,\boldsymbol{r}'t') V_1(\boldsymbol{r}',t') \tag{1.343}$$

が得られる．ここで，$Q^{(R)}_{\rho\rho}(\boldsymbol{r}t,\boldsymbol{r}'t')$ は

$$Q^{(R)}_{\rho\rho}(\boldsymbol{r}t,\boldsymbol{r}'t') \equiv \left.\frac{\delta n(\boldsymbol{r},t)}{\delta V_{\rm ei}(\boldsymbol{r}',t')}\right|_{V_{\rm ei}=V_0} \tag{1.344}$$

のように定義されたものであり，物理的には摂動ポテンシャルの変化によってもたらされる電子密度の変化量ということなので，電子密度応答関数そのものである．実際，これは第 9 巻の式 (I.3.185) で演算子 A や B を電子密度演算子 ρ として定義された $Q^{(R)}_{BA}$，すなわち，

$$Q^{(R)}_{\rho\rho}(\boldsymbol{r}t,\boldsymbol{r}'t') = -i\theta(t-t')\langle[\rho(\boldsymbol{r}t),\rho(\boldsymbol{r}'t')]\rangle \tag{1.345}$$

とまったく同じ物理量である．

この汎関数微分によって得られる関係を $\lambda=0$ の相互作用のない参照系でも考えてみよう．この系では，同じ $n(\boldsymbol{r},t)$ に 1 対 1 に対応する 1 体ポテンシャルは式 (1.337) で与えられる $V^{(0)}_{\rm ei}(\boldsymbol{r},t;[n_0(\boldsymbol{r})]:[n(\boldsymbol{r},t)])$ であるが，ここでは表記を簡単化して $V_{\rm s}(\boldsymbol{r},t)$ と書こう．すなわち，

$$V_{\rm s}(\boldsymbol{r},t) \equiv V^{(0)}_{\rm ei}(\boldsymbol{r},t;[n_0(\boldsymbol{r})]:[n(\boldsymbol{r},t)])$$
$$= V_{\rm ei}(\boldsymbol{r},t) + \int d\boldsymbol{r}' \frac{e^2}{|\boldsymbol{r}-\boldsymbol{r}'|} n(\boldsymbol{r}',t) + V_{\rm xc}(\boldsymbol{r},t) \tag{1.346}$$

であるが，この $V_{\rm s}(\boldsymbol{r},t)$ の無摂動部分 $V_{s0}(\boldsymbol{r})$ は

$$V_{s0}(\boldsymbol{r}) = V_0(\boldsymbol{r}) + \int d\boldsymbol{r}' \frac{e^2}{|\boldsymbol{r}-\boldsymbol{r}'|} n_0(\boldsymbol{r}') + V_{\rm xc}(\boldsymbol{r}:[n_0(\boldsymbol{r})]) \tag{1.347}$$

であり，また，その 1 次変化分 $V_{s1}(\boldsymbol{r},t)$ は単に $V_1(\boldsymbol{r},t)$ ではなく，ハートリー項や交換相関ポテンシャル項の 1 次変化分も含んでいることに注意されたい．ちなみに，このハートリー項の変化分は古典電磁気学におけるポアソン方程式で取り扱われるものであり，一方，交換相関ポテンシャル項の変化分は第 9 巻

の 4.5 節で解説した「局所場補正」で考慮されるものである．

いずれにしても，電子密度の 1 次変化分 $n_1(\boldsymbol{r},t)$ はポテンシャルのそれ $\delta V_{\rm s}(\boldsymbol{r},t) = V_{s1}(\boldsymbol{r},t)$ によって駆動されると考えて，この状況を表す汎関数微分の関係式を書き下すと，

$$
\begin{aligned}
n_1(\boldsymbol{r},t) &= \int d\boldsymbol{r}' \int dt' \left.\frac{\delta n(\boldsymbol{r},t)}{\delta V_{\rm s}(\boldsymbol{r}',t')}\right|_{V_{\rm s}=V_{s0}} \delta V_{\rm s}(\boldsymbol{r}',t') \\
&= \int d\boldsymbol{r}' \int dt'\, Q_{\rho\rho}^{(s:R)}(\boldsymbol{r}t,\boldsymbol{r}'t') V_{s1}(\boldsymbol{r}',t') \qquad (1.348)
\end{aligned}
$$

が得られる．ここで，$Q_{\rho\rho}^{(s:R)}(\boldsymbol{r}t,\boldsymbol{r}'t')$ は相互作用のない参照系での電子密度応答関数であり，

$$
Q_{\rho\rho}^{(s:R)}(\boldsymbol{r}t,\boldsymbol{r}'t') \equiv \left.\frac{\delta n(\boldsymbol{r},t)}{\delta V_{\rm s}(\boldsymbol{r}',t')}\right|_{V_{\rm ei}=V_0} \qquad (1.349)
$$

のように定義されている．

さて，このようにして導入された式 (1.344) の $Q_{\rho\rho}^{(R)}(\boldsymbol{r}t,\boldsymbol{r}'t')$ を式 (1.349) の $Q_{\rho\rho}^{(s:R)}(\boldsymbol{r}t,\boldsymbol{r}'t')$ と関連づけよう．そのために，まず，汎関数を取り扱う数学でよく知られている「鎖則」(chain rule)(通常の関数を微分する際に出てくる合成微分則のようなもの) を用いると，

$$
\begin{aligned}
Q_{\rho\rho}^{(R)}(\boldsymbol{r}t,\boldsymbol{r}'t') &= \left.\frac{\delta n(\boldsymbol{r},t)}{\delta V_{\rm ei}(\boldsymbol{r}',t')}\right|_{V_{\rm ei}=V_0} \\
&= \int d\boldsymbol{x} \int d\tau \left.\frac{\delta n(\boldsymbol{r},t)}{\delta V_{\rm s}(\boldsymbol{x},\tau)} \frac{\delta V_{\rm s}(\boldsymbol{x},\tau)}{\delta V_{\rm ei}(\boldsymbol{r}',t')}\right|_{n=n_0} \qquad (1.350)
\end{aligned}
$$

が得られる．なお，この一連の変換における不変量は電子密度であるので，式 (1.350) においては $n(\boldsymbol{r},t)$ を $n_0(\boldsymbol{r})$ に固定した状況での変分であることを明示した．

次に，式 (1.346) を汎関数微分すれば，

$$
\begin{aligned}
\left.\frac{\delta V_{\rm s}(\boldsymbol{r},t)}{\delta V_{\rm ei}(\boldsymbol{r}',t')}\right|_{n=n_0} =& \delta(\boldsymbol{r}-\boldsymbol{r}')\delta(t-t') + \int d\boldsymbol{x} \int d\tau \left(\frac{e^2\delta(t-\tau)}{|\boldsymbol{r}-\boldsymbol{x}|} \right. \\
&\left. + \frac{\delta V_{\rm xc}(\boldsymbol{r},t)}{\delta n(\boldsymbol{x},\tau)} \right) \left.\frac{\delta n(\boldsymbol{x},\tau)}{\delta V_{\rm ei}(\boldsymbol{r}',t')}\right|_{n=n_0} \qquad (1.351)
\end{aligned}
$$

の関係式が容易に導かれる．この結果を式 (1.350) の右辺に代入して整理すると，

$$Q_{\rho\rho}^{(R)}(\boldsymbol{r}t,\boldsymbol{r}'t') = Q_{\rho\rho}^{(s:R)}(\boldsymbol{r}t,\boldsymbol{r}'t') + \int d\boldsymbol{x}\int d\tau\int d\boldsymbol{x}'\int d\tau'\, Q_{\rho\rho}^{(s:R)}(\boldsymbol{r}t,\boldsymbol{x}\tau) \times\left(\frac{e^2\delta(\tau-\tau')}{|\boldsymbol{x}-\boldsymbol{x}'|}+f_{\mathrm{xc}}(\boldsymbol{x}\tau,\boldsymbol{x}'\tau')\right)Q_{\rho\rho}^{(R)}(\boldsymbol{x}'\tau',\boldsymbol{r}'t') \tag{1.352}$$

という $Q_{\rho\rho}^{(R)}(\boldsymbol{r}t,\boldsymbol{r}'t')$ を決定する (フレッドホルム型の) 積分方程式が得られる．

このようにして導かれた積分方程式で鍵となる物理量は**「交換相関核」** (exchange-correlation kernel) と呼ばれている $f_{\mathrm{xc}}(\boldsymbol{r}t,\boldsymbol{r}'t')$ であり，これは

$$f_{\mathrm{xc}}(\boldsymbol{r}t,\boldsymbol{r}'t') \equiv \left.\frac{\delta V_{\mathrm{xc}}(\boldsymbol{r},t)}{\delta n(\boldsymbol{r}',t')}\right|_{n=n_0} \tag{1.353}$$

のように定義されている．また，この積分方程式 (1.352) は逐次近似法で形式的には解くことができるが，その第 1 近似の解となる $Q_{\rho\rho}^{(s:R)}(\boldsymbol{r}t,\boldsymbol{r}'t')$ は相互作用のない参照系における計算で求められる．具体的には，たとえば，スピンに依存しないポテンシャルの下での N 電子系では (N は偶数として，各スピン当たりの電子数は $N/2$ として)，まず，

$$\left[-\frac{\Delta}{2m}+V_0(\boldsymbol{r})+\int d\boldsymbol{r}'\,\frac{e^2 n_0(\boldsymbol{r}')}{|\boldsymbol{r}-\boldsymbol{r}'|}+V_{\mathrm{xc}}(\boldsymbol{r}:[n_0(\boldsymbol{r})])\right]\phi_i(\boldsymbol{r})=\varepsilon_i\,\phi_i(\boldsymbol{r}) \tag{1.354}$$

で与えられる KS 方程式を $n_0(\boldsymbol{r}) = 2\sum_{i=1}^{N/2}|\phi_i(\boldsymbol{r})|^2$ という条件下で自己無撞着に解いて，(最初の ($N/2$) 準位に限らず，原則的にはすべての 1 電子準位に対して) KS 軌道関数 $\{\phi_i(\boldsymbol{r})\}$ とエネルギー固有値 $\{\varepsilon_i\}$ を求める．得られた基底関数系 $\{\phi_i(\boldsymbol{r})\}$ を使って電子場演算子 $\psi_\sigma(\boldsymbol{r})$ を

$$\psi_\sigma(\boldsymbol{r}) = \sum_i c_{i\sigma}\phi_i(\boldsymbol{r}) \tag{1.355}$$

のように展開する．一方，電子密度演算子 $\rho(\boldsymbol{r}t)$ は

$$\rho(\boldsymbol{r}t) = \sum_\sigma e^{iH_{\mathrm{s}}t}\psi_\sigma^+(\boldsymbol{r})\psi_\sigma(\boldsymbol{r})e^{-iH_{\mathrm{s}}t} \tag{1.356}$$

であるが，考えている相互作用のない参照系の運動を記述するハミルトニアン

H_{s} は

$$H_{\mathrm{s}} = \sum_{i\sigma} \varepsilon_i c_{i\sigma}^+ c_{i\sigma} \tag{1.357}$$

であるので，式 (1.355)～(1.357) から，

$$\rho(\boldsymbol{r}t) = \sum_{ii'\sigma} c_{i'\sigma}^+ c_{i\sigma} \phi_{i'}^*(\boldsymbol{r}) \phi_i(\boldsymbol{r}) e^{i(\varepsilon_{i'} - \varepsilon_i)t} \tag{1.358}$$

を得る．これを式 (1.345) のような形で定義される $Q_{\rho\rho}^{(s:R)}(\boldsymbol{r}t, \boldsymbol{r}'t')$ の表式に代入すると

$$\begin{aligned} Q_{\rho\rho}^{(s:R)}(\boldsymbol{r}t, \boldsymbol{r}'t') = -i\theta(t-t') \sum_{ii'\sigma} \sum_{jj'\sigma'} \phi_{i'}^*(\boldsymbol{r}) \phi_i(\boldsymbol{r}) \phi_{j'}^*(\boldsymbol{r}) \phi_j(\boldsymbol{r}) \\ \times e^{i(\varepsilon_{i'} - \varepsilon_i)t} e^{i(\varepsilon_{j'} - \varepsilon_j)t'} \langle [c_{i'\sigma}^+ c_{i\sigma}, c_{j'\sigma'}^+ c_{j\sigma'}] \rangle \end{aligned} \tag{1.359}$$

ということになる．しかるに，この式中の交換関係の期待値もハミルトニアン H_{s} を基準として計算するので，

$$\begin{aligned} \langle [c_{i'\sigma}^+ c_{i\sigma}, c_{j'\sigma'}^+ c_{j\sigma'}] \rangle &= \delta_{\sigma\sigma'} \delta_{ij'} \langle c_{i'\sigma}^+ c_{j\sigma} \rangle - \delta_{\sigma\sigma'} \delta_{ji'} \langle c_{j'\sigma}^+ c_{i\sigma} \rangle \\ &= \delta_{\sigma\sigma'} \delta_{ij'} \delta_{i'j} [f(\varepsilon_{i'}) - f(\varepsilon_i)] \end{aligned} \tag{1.360}$$

となる．ここで，$f(x)$ はフェルミ分布関数である．この結果を式 (1.359) に代入すると，最終的に $Q_{\rho\rho}^{(s:R)}(\boldsymbol{r}t, \boldsymbol{r}'t')$ は

$$\begin{aligned} Q_{\rho\rho}^{(s:R)}(\boldsymbol{r}t, \boldsymbol{r}'t') = -i\theta(t-t') \sum_{ii'\sigma} e^{i(\varepsilon_{i'} - \varepsilon_i)(t-t')} [f(\varepsilon_{i'}) - f(\varepsilon_i)] \\ \times \phi_i(\boldsymbol{r}) \phi_{i'}^*(\boldsymbol{r}) \phi_i^*(\boldsymbol{r}') \phi_{i'}(\boldsymbol{r}') \end{aligned} \tag{1.361}$$

ということになる．この表式で，$t < t'$ では $Q_{\rho\rho}^{(s:R)}(\boldsymbol{r}t, \boldsymbol{r}'t') = 0$ になるが，これは因果則の結果である．

この式 (1.361) を書き直して，$t - t'$ に関してのフーリエ積分の形にすると，

$$\begin{aligned} Q_{\rho\rho}^{(s:R)}(\boldsymbol{r}t, \boldsymbol{r}'t') = \int_{-\infty}^{\infty} \frac{d\omega}{2\pi} e^{-i\omega(t-t')} \\ \times \sum_{ii'\sigma} [f(\varepsilon_{i'}) - f(\varepsilon_i)] \frac{\phi_i(\boldsymbol{r}) \phi_{i'}^*(\boldsymbol{r}) \phi_i^*(\boldsymbol{r}') \phi_{i'}(\boldsymbol{r}')}{\omega + i0^+ - \varepsilon_i + \varepsilon_{i'}} \end{aligned} \tag{1.362}$$

が得られる．この表式を一様密度の電子ガス系に適用すると (1.6.3 項での議論からも推測されるように)，この $Q_{\rho\rho}^{(s:R)}$ は RPA の (遅延) 分極関数 $\Pi^{(0:R)}$ とは $Q_{\rho\rho}^{(s:R)} = -\Pi^{(0:R)}$ の関係式で結びついていることが分かる．

このTDDFT における線形応答理論の展開に関連して，いくつかの注意を与えておこう．

① 今は $V_1(\boldsymbol{r},t)$ を小さいと仮定して，この $V_1(\boldsymbol{r},t)$ と同じ大きさのオーダー (すなわち，1 次の効果) のみを調べるという線形応答を考えたが，もともと，TDKS 法は $V_1(\boldsymbol{r},t)$ の大きさに何らの制限もなく適用できるものなので，1 次の効果を越えて非線形効果も同じような枠組みで取り扱うことができる．実際，イオンの引力に匹敵するような強い電場を発生する強レーザー場の中に置かれた原子やイオン系における電子のダイナミクスはこの TDKS 法で研究されている[101]．

② 式 (1.352) において，たとえば，$Q_{\rho\rho}^{(R)}(\boldsymbol{r}t,\boldsymbol{r}'t')$ は "演算子"$Q_{\rho\rho}$ の時空表示，すなわち，$Q_{\rho\rho}^{(R)}(\boldsymbol{r}t,\boldsymbol{r}'t') = \langle \boldsymbol{r}t|Q_{\rho\rho}|\boldsymbol{r}'t'\rangle$，のように解釈し，同様に，$Q_{\rho\rho}^{(s:R)}(\boldsymbol{r}t,\boldsymbol{r}'t') = \langle \boldsymbol{r}t|Q_{\rho\rho}^{(s)}|\boldsymbol{r}'t'\rangle$ や $f_{\rm xc}(\boldsymbol{r}t,\boldsymbol{r}'t') = \langle \boldsymbol{r}t|f_{\rm xc}|\boldsymbol{r}'t'\rangle$ で "演算子" $Q_{\rho\rho}^{(s)}$ や $f_{\rm xc}$ を，さらに，クーロン・ポテンシャル "演算子" V を $\langle \boldsymbol{r}t|V|\boldsymbol{r}'t'\rangle = e^2\delta(t-t')/|\boldsymbol{r}-\boldsymbol{r}'|$ で導入すると，式 (1.352) は記号的に

$$Q_{\rho\rho} = Q_{\rho\rho}^{(s)} + Q_{\rho\rho}^{(s)}(V + f_{\rm xc})Q_{\rho\rho} \tag{1.363}$$

と書き表すことができる．さらに，$Q_{\rho\rho}$ や $Q_{\rho\rho}^{(s)}$ の "逆演算子"，$Q_{\rho\rho}^{-1}$ や ${Q_{\rho\rho}^{(s)}}^{-1}$，を導入すると，この式 (1.363) は

$$Q_{\rho\rho}^{-1} = {Q_{\rho\rho}^{(s)}}^{-1} - V - f_{\rm xc} \tag{1.364}$$

のように書き直せる．これは $Q_{\rho\rho}$ の形式的な解を与えている式と解釈できると同時に，交換相関核 $f_{\rm xc}$ の定義式ともみることができる．

③ この項での議論と，第 9 巻の 4.5 節 (および 1.6.3 項) でのそれとを比較すれば，ここで導入されている $f_{\rm xc}(\boldsymbol{r}t,\boldsymbol{r}'t')$ は局所場補正 G_+ に深く関連したものであることが分かる．たとえば，一様密度の電子ガス中の $f_{\rm xc}(\boldsymbol{r}t,\boldsymbol{r}'t')$ は空間的には $\boldsymbol{r}-\boldsymbol{r}'$ の，時間的には $t-t'$ の関数であるが，

これをフーリエ変換して $f_{\rm xc}(\boldsymbol{q},\omega)$ を考えると，これは波数 $\boldsymbol{q}$ と振動数 ω に依存する密度ゆらぎのチャネルにおける局所場補正 $G_+(\boldsymbol{q},\omega)$ とは

$$f_{\rm xc}(\boldsymbol{q},\omega) = -V(\boldsymbol{q})G_+(\boldsymbol{q},\omega) \tag{1.365}$$

の関係で結びついている．ここで，$V(\boldsymbol{q})$ はクーロン・ポテンシャルのフーリエ成分 $4\pi e^2/\Omega_{\rm t}\boldsymbol{q}^2$ である．

ちなみに，この式 (1.365) が正しいことを納得するには，一様密度の電子ガス系では $Q^{(s)}_{\rho\rho} = -\Pi^{(0)}$ であることに注意して，式 (1.363)(あるいは，式 (1.364)) を用いれば，

$$Q_{\rho\rho} = -\frac{\Pi^{(0)}}{1+(V+f_{\rm xc})\Pi^{(0)}} \tag{1.366}$$

が得られるが，これと第 9 巻の式 (I.4.279) 中で与えられている $Q_{\rho\rho}$ の表式と比べればよい．

④ $V_{\rm xc}(\boldsymbol{r},t)$ に対して断熱局所密度近似 (ALDA) を採用する場合，それと整合的な近似は，式 (1.353) を考慮すれば，

$$\begin{aligned} f_{\rm xc}(\boldsymbol{r}t,\boldsymbol{r}'t') &= \delta(\boldsymbol{r}-\boldsymbol{r}')\delta(t-t')\frac{\delta\mu_{\rm xc}(n)}{\delta n}\bigg|_{n=n(\boldsymbol{r},t)} \\ &= \delta(\boldsymbol{r}-\boldsymbol{r}')\delta(t-t')\frac{\delta^2\Big(n\varepsilon_{\rm xc}(n)\Big)}{\delta n^2}\Bigg|_{n=n(\boldsymbol{r},t)} \end{aligned} \tag{1.367}$$

である．そして，これが交換相関核に対する断熱局所密度近似ということになるが，この近似では $f_{\rm xc}(\boldsymbol{q},\omega)$ の $\boldsymbol{q}$ 依存性 (非局所性) や ω 依存性 (遅延性) をまったく無視していることになる．

⑤ この $f_{\rm xc}(\boldsymbol{q},\omega)$ を直接的に観測できる可能性のあるものとして，金属中の低速イオンの阻止能測定実験を挙げることができる[102]．そして，この阻止能の理論計算の枠組みを詳しく調べたところ，もしも $f_{\rm xc}(\boldsymbol{q},\omega)$ における非局所性をまったく無視すると，金属電子密度がゼロの極限 (真空ともいえる状態) でも，その中に打ち込まれた低速イオンは減速されるという矛盾に直面することが分かった．この矛盾を回避する鍵は $f_{\rm xc}(\boldsymbol{q},\omega)$ の非

局所性であり[103)]，この意味で $f_{\rm xc}(\boldsymbol{q},\omega)$ における非局所性の重要性が認識された重要な例といえる．

⑥ 式 (1.339) で定義された $V_{\rm xc}(\boldsymbol{r},t)$ を議論している限りではあまり強く意識されていなかったが，式 (1.353) で導入された $f_{\rm xc}(\boldsymbol{r}t,\boldsymbol{r}'t')$ まで考察するようになると，式 (1.339) (というよりも，そこに含まれる $\mathcal{A}_{\rm xc}[n(\boldsymbol{r},t)]$) では不都合であることが分かってきた．

まず，その不都合さを明確にするために，これら 2 つの式を組み合わせよう．すると，

$$
\begin{aligned}
f_{\rm xc}(\boldsymbol{r}t,\boldsymbol{r}'t') &= \frac{\delta V_{\rm xc}(\boldsymbol{r},t)}{\delta n(\boldsymbol{r}',t')} = \frac{\delta^2 \mathcal{A}_{\rm xc}[n(\boldsymbol{r},t)]}{\delta n(\boldsymbol{r},t)\delta n(\boldsymbol{r}',t')} = \frac{\delta^2 \mathcal{A}_{\rm xc}[n(\boldsymbol{r},t)]}{\delta n(\boldsymbol{r}',t')\delta n(\boldsymbol{r},t)} \\
&= \frac{\delta V_{\rm xc}(\boldsymbol{r}',t')}{\delta n(\boldsymbol{r},t)} = f_{\rm xc}(\boldsymbol{r}'t',\boldsymbol{r}t)
\end{aligned}
\tag{1.368}
$$

の関係式が得られる．これが示唆することは，$f_{\rm xc}(\boldsymbol{r}t,\boldsymbol{r}'t')$ が $(\boldsymbol{r},t)$ と $(\boldsymbol{r}',t')$ の入れ替え操作において対称的ということである．しかしながら，本来，$f_{\rm xc}(\boldsymbol{r}t,\boldsymbol{r}'t')$ は因果則によって $t<t'$ ではゼロになるので，$t \leftrightarrow t'$ の入れ替えで対称的であってはならないはずである．これは理論の構成の中に矛盾があることを示している．

ファンリューベン (R. van Leeuwen) はこの矛盾は式 (1.330) における作用積分汎関数 $\mathcal{A}_{\lambda}[n(\boldsymbol{r},t)]$ 自身の定義の不備から派生していることを指摘した[104)]．実際，この $\mathcal{A}_{\lambda}[n(\boldsymbol{r},t)]$ では変分の際の境界条件として，式 (1.331) のように時刻 $t=t_0$ での初期条件だけでなく，時刻 $t=t_1$ での終条件も指定しているが，もともと，ルンゲ–グロスの定理では初期条件しか指定していなかったので，整合性がなかったわけである．そこで，ファンリューベンは $t=t_0$ における境界条件を与えるだけで定義できる作用積分汎関数として，ケルディシュ(Keldysh) 形式の時間積分径路を導入した．具体的な表式はここでは述べないが，興味があれば原著論文を参照されたい．いずれにしても，作用積分汎関数を修正することによって，因果則を満たすように $V_{\rm xc}(\boldsymbol{r},t)$ や $f_{\rm xc}(\boldsymbol{r}t,\boldsymbol{r}'t')$ が再定義され，それらを使うと前項で展開した TDKS 法や今項の線形応答理論は，形式上はまったく同様に，しかし原理的な矛盾はない形で展開されている．

⑦ TDDFT は電子密度を基本変数にして応答関数を考えるので，密度応答関数が自然に導出される．同様に，もしもスピン密度応答関数が知りたければ，電子スピン密度を基本変数にして理論を展開すればよい．しかしながら，電子場演算子を基本変数に選ぶことができないので，1 電子グリーン関数 (やそれの中核である自己エネルギー関数) はこの TDDFT の枠組みでは決して得られないものである．このあたりの事情は第 9 巻の 4.6 節で解説した STLS 理論の場合とまったく同じ事情である．

ちなみに，STLS 理論は (局所場補正を自己完結的に決定しながら) 静的な相関関数を計算する枠組みであったが，この理論の観点からいえば，TDDFT とは (局所場補正に対応する交換相関核は自己完結的に決定できないという欠点があるものの) この STLS 理論を動的な相関関数も計算できる枠組みに発展させたものといえよう．

1.7.4 最　　後　　に

本章の構想の段階では，たとえ超伝導に直接的には関係しないとしても，DFT，なかんずく TDDFT に関してこれまであまり教科書に取り上げられてこなかった広範囲の話題を体系的に提供しようと目論んでいた．しかしながら，すでにかなりの紙幅を費やしていること，また，最近，TDDFT に関してかなり包括的な教科書[32)] も出版されたことなどから，本書ではこの当初の目論みを断念し，別の機会に譲ることにした．

最後に，他の物理理論と比較して，DFT を開発する際の物理的なセンス (感覚) の微妙な違いを敢えてコメントしてみたい．通常の物理理論の場合，近似理論開発の各段階で問題にする物理量の結果が (たとえ中間的なものであっても) 物理的に妥当かどうかを絶えずチェックしながらその理論の構築を進めるものである．そして，最終的な答えが得られた場合には，それに付随して得られた他の結果もすべて含めて，物理的な妥当性，実験との適合具合を調べてその理論全体の予言の正しさを総合的に判断している．言い換えれば，物理的に真っ当な理論というものは，最終結果も含めて，その理論に関連して出てくる結果はすべて (厳密とはいわないまでも) 十分に正確で，実験と整合するものであると暗黙裏に想定している．

一方，DFT では基底状態の全エネルギーとその電子密度は (原則的には) 厳密な値が得られるというものの，その厳密な結果に付随して出てくる他の結果，たとえば，コーン–シャム軌道の波動関数やそのエネルギー準位などは観測される物理量ではない．これは，いわば，非物理的な結果を基にして少数の限られた物理量に対して厳密な解を出そうというもので，通常の理論感覚からいえば奇異に映る．

しかしながら，あらゆる物理量を同時に厳密に求めることなどは，少なくとも第一原理のハミルトニアンで表されるような系を取り扱う場合には絶対に不可能という状況下にありながら，近似に満足せずに厳密解を求めようとすれば，DFT のアプローチ (すなわち，実験と比較する物理量を少数に絞り込み，それらについてのみ厳密解を具体的に求めるスキームの構成) が望みうるただ 1 つの道なのかもしれない．

いずれにしても，本書におけるこの章の主たる目的は，第 9 巻の 4 章や 6 章の内容を踏まえつつ，超伝導状態を取り扱う DFT (**密度汎関数超伝導理論**)[36)] を続巻の 4 つ目の章で解説する際の理論的基礎を与えることである．このような目的はこれまでの記述ですでに達成されたと考えられるので，DFT に関する解説をこれで終わりたいと思う．

2

1電子グリーン関数と動的構造因子

2.1 基礎的考察

2.1.1 素励起描像

固体 (あるいは，第一原理のハミルトニアン (1.1) で記述されるような不均一密度の電子ガス) は相互作用をする多体系 (多電子系) である．この多体系の励起状態 (少なくとも励起エネルギーが小さい低励起状態) は基底状態という舞台の上のほとんど独立な「**素励起**」の集まりで表現できるという見方が物性物理学 (もしくは，場の量子論) の基本といえる．さらにいえば，基底状態そのものもこのような素励起で規定されている．したがって，素励起の種類，それぞれの素励起の性質，および，それらの間の (たとえ弱いとしても，必ずしも無視できない) 相互作用の実態を知り，制御することが物性物理学そのものといえなくもない．そして，時間 t (フーリエ変換したとすれば，振動数 ω) に依存する多体系の各種動的応答を調べると，素励起に関するこれらのことが直接的に観測されることになる．

ちなみに，突き詰めて考えてみれば，このような素励起という見方が意味を持つことは経験的な事実，すなわち，帰納的な科学的知識，というしかないように思える．実際，それが意味がないとなれば，人間の能力では一般的，あるいは，普遍的な法則や概念を見いだすことはきわめて困難になり，凝縮系を対象とした物理学を今日のように展開・発展させることができたかどうかすら，怪しくなる．演繹的に自然の有様がこのようなものであるという必然性を示せたらよいのであろうが，少なくとも現在のところ，そのような証明が成功したとは聞かないし，また，すでに存在しているとも思えない．そもそも，どのようにしたら，それが証明できるのかすら，筆者には想像もつかない．いずれにしても，自然がこのような形にできていることは不思議なことである．あるいは，人間はその能力の範囲でのみ自然を規定しているのであろうか．

2.1.2 準粒子の概念

この素励起描像の立場をもう少し具体的に考えてみよう．たとえば，固体中の多電子系が1電子近似で少なくとも定性的にはよく理解される場合がほとんどであるという事実がある．普通には，これは固体中でも電子そのものの性質によく似た性格を持つ素励起 (裸の，すなわち，相互作用の効果を受けていない電子に対して，それと区別する意味で「**準粒子**」と呼ばれるもの) が十分に長い寿命を持って存在していること[105] を意味する．クーロン斥力で強く相互作用している多電子から成る凝縮系で，どうしてこのような準粒子が存在しうるのかという疑問に対して，ランダウのフェルミ流体理論では (準粒子の性質を具体的に計算する処方箋は与えられていないものの，) その存在理由のシナリオは描かれている (第9巻の5章を参照)．そして，その処方箋に関する定量的議論を (もちろん完全な解を与えられるというわけではないにしても) 推し進めることが本章の主たる目的といえる．

実験的にこのような準粒子を直接的に観測する手段として近年注目を浴びているのが「光電子分光」(PES: Photo-Electron Spectroscopy)[106] である．これは図2.1に模式的に示されているように，物質にエネルギーが20～40 eV程度の真空紫外から，それが1～10 keV程度の軟X線の領域に及ぶ光を照射したときに出てくる電子 (光によって叩き出された電子なので**光電子**と呼ばれるもの) を分析するものである．このうち，高エネルギーの軟X線光の場合には，特定の原子に局在した内殻電子を励起し，(すなわち，内殻に電荷 $+e$ でスピン1/2，そして，一定の角運動量 l を持つ正孔を価電子の応答時間に比べて十分に速く作り上げ，) それによってできた空間的に局在した大きな擾乱による価電子状態のゆらぎを観測している．また，20～40 eV程度の低エネルギーの光を使う場合には「**角度分解型光電子分光**」(ARPES: Angle-Resolved Photo-Emission Spectroscopy) と呼ばれる手法が重要になっている．これは，技術革新の結果，

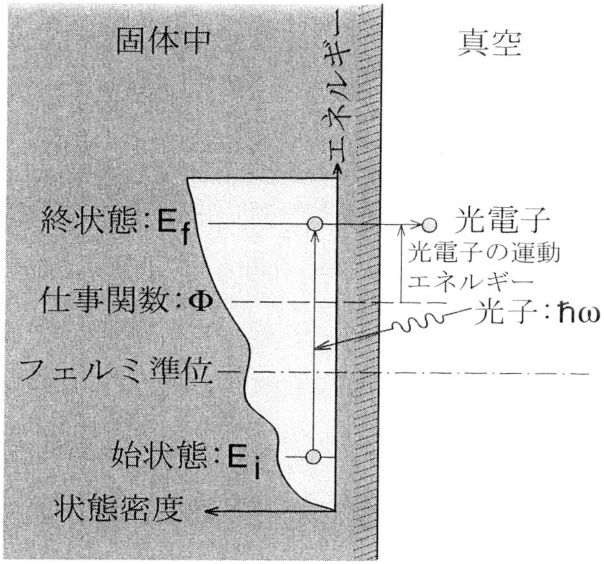

図 2.1 光電子放出過程を表すエネルギー状態の模式図

分解能が 0.1〜1 meV 程度まで小さくできるようになったことを利用して，光電子の放出方向までも測定・分析するものである．そして，この程度の光のエネルギーでは光から電子への移送運動量 (transfer momentum) はブリルアン帯の大きさと比べて無視できるので，この手法によって運動量の関数としてのエネルギーが測定されることになる．ほとんどの場合，このエネルギーと運動量の関係 (分散関係) は準粒子のバンド構造を与えているものとして，また，この実験の際に得られるスペクトルの幅は準粒子の寿命に関連するものとして解釈されている．とりわけ，この種の実験はフェルミ面の同定に輸送実験とは異なる新たな手段を与えるものとして期待され，そして，実際に威力を発揮している．

2.1.3 1 電子遅延グリーン関数

一方，理論的に準粒子の性質を捕らえようとすれば，時刻 $t=0$ で位置 $\boldsymbol{r}'$ のところにスピン σ' の裸の電子を入れた場合，時間の経過とともにその電子がスピン変換の可能性まで含めてどのように変化していくかということを調べればよい．特に，電子の性格のままでいる確率を知れば，準粒子という概念がどの程度有効かが定量的に分かるというわけである．そのためには，時間 $t\ (>0)$ で任意の位置 $\boldsymbol{r}$ におけるスピン σ の電子を数えればよい (図 2.2(a) を参照)．場の量子論的にいえば，電子場の消滅演算子を $\psi_\sigma(\boldsymbol{r})$，生成演算子を $\psi^+_{\sigma'}(\boldsymbol{r}')$ と書くと，期待値 $\langle\psi_\sigma(\boldsymbol{r},t)\psi^+_{\sigma'}(\boldsymbol{r}')\rangle$ を計算すればよいことになる．ここで，演算子に対する時間依存性はハイゼンベルグ表示で考えることとして，系を記述するハミルトニアンを H とすると，$\psi_\sigma(\boldsymbol{r},t)\equiv e^{iHt}\psi_\sigma(\boldsymbol{r})e^{-iHt}$ であり，平均操作 $\langle\cdots\rangle$ は熱平均 $e^{\beta\Omega}\mathrm{tr}(e^{-\beta H}\cdots)$ を意味する．ただし，T を温度として $\beta\equiv 1/T$ であり，また，Ω は熱力学的ポテンシャルで，$\Omega\equiv -T\ln[\mathrm{tr}(e^{-\beta H})]$ により与えられる．ちなみに，この章以降では第 9 巻の 3 章などと同様に熱平均はグランドカノニカル分布にしたがった平均を考えるので，H は通常のハミルトニアンを (たとえば，式 (1.1) で与えられる) H_{e}，化学ポテンシャルを μ

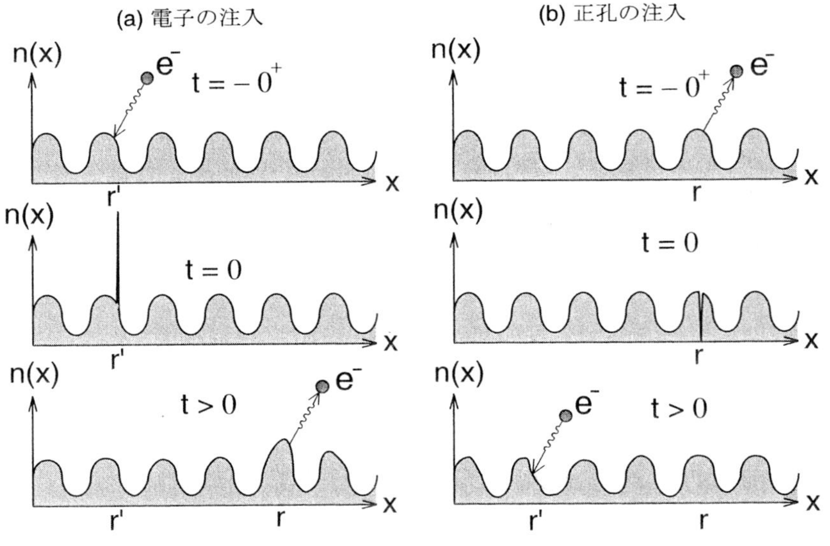

図 2.2　系に (a) 電子，あるいは，(b) 正孔を 1 つ注入したことによる系の変遷過程の概念図．縦軸は電子密度 $n(\boldsymbol{r})$ を模式的に表している．

と書くと，$H = H_{\mathrm{e}} - \mu N$ である．

ところで，電子を“注入”してから“測定”するまでの間，系には元の全電子数を N とすれば，$N+1$ 個の電子がある系の問題を考えたことになる．しかしながら，数式のエレガントな展開のためには，平行してほぼ逆といえるプロセス，すなわち，図 2.2(b) に示したように，時刻 $t=0$，位置 $\boldsymbol{r}$ でスピン σ の電子を 1 つ消し，時刻 t，位置 $\boldsymbol{r}'$ でスピン σ' の電子を 1 つ加える過程も考え，その期待値と $\langle \psi_\sigma(\boldsymbol{r},t)\psi^+_{\sigma'}(\boldsymbol{r}')\rangle$ とを併せて考えた方がよいことが分かっている．この電子を先に消すプロセスにおいては，途中の段階では $N-1$ 個の電子系を観測することになる．これは N 個の電子系を基準として考えれば，ちょうど 1 個の電子が足りない状態，あるいは，1 個の正孔が動いている状態の変遷過程をみることになる．もっとも，1 つの電子の運動と 1 つの正孔のそれが平行的と見なすこと自体が準粒子描像を暗黙裏に仮定しているともいえるので，循環論理に陥っている恐れはなしとはしないが，少なくとも，正孔の運動に関する期待値 $\langle \psi^+_{\sigma'}(\boldsymbol{r}',-t)\psi_\sigma(\boldsymbol{r})\rangle$ も準粒子描像の正否に関する情報を含めて物理的に意味のある量である．ちなみに，$\psi^+_{\sigma'}(\boldsymbol{r}',t)$ ではなく，$\psi^+_{\sigma'}(\boldsymbol{r}',-t)$ としたのは，正孔という考え方では時間の進み方が電子の場合と逆転するからである．また，容易に分かるように，この期待値は $\langle \psi^+_{\sigma'}(\boldsymbol{r}')\psi_\sigma(\boldsymbol{r},t)\rangle$ と書き換えられる．

上で述べたような思考実験的考察をまとめると，2 つの期待値，すなわち，$\langle \psi_\sigma(\boldsymbol{r},t)\psi^+_{\sigma'}(\boldsymbol{r}')\rangle$ と $\langle \psi^+_{\sigma'}(\boldsymbol{r}')\psi_\sigma(\boldsymbol{r},t)\rangle$, の和として定義される次の関数

$$G^{(\mathrm{R})}_{\sigma\sigma'}(\boldsymbol{r},\boldsymbol{r}';t) \equiv -i\theta(t)\langle\{\psi_\sigma(\boldsymbol{r},t),\psi^+_{\sigma'}(\boldsymbol{r}')\}\rangle \tag{2.1}$$

は準粒子に関する重要な定量的情報を含んでおり，この物理量を調べることが肝要ということになる．なお，時間軸方向の境界条件としては階段関数 $\theta(t)$ であらわに示されているように，いわゆる遅延型の因果則を満たすものであるので，この関数は「**1 電子遅延グリーン関数**」と呼ばれている．そして，添字 R はこの遅延性 (retardation) を明示するためのものである．

2.1.4 1 電子温度グリーン関数との関係

前項で 1 電子遅延グリーン関数 $G^{(\mathrm{R})}_{\sigma\sigma'}(\boldsymbol{r},\boldsymbol{r}';t)$ に含まれている物理情報を解説したが，その定義式 (2.1) には $-i$ という係数が付加されていた．もちろん，

この係数の有無はこの関数の物理的な意味合いを何ら変えるものではないが，これが慣用として導入されている理由を知るために，第9巻の式 (I.3.109) などで定義されている「**1電子温度グリーン関数**」との関連をみてみよう．

まず，式 (I.3.109) で定義された1電子温度グリーン関数は運動量空間 (すなわち，平面波基底) における表現であることに注意しよう．ここでは実空間での表現で考えるので，1電子温度グリーン関数 $G_{\sigma\sigma'}(\boldsymbol{r},\boldsymbol{r}';\tau)$ の定義はハイゼンベルグ表示の電子場演算子 $\psi_\sigma(\boldsymbol{r},\tau)$ と T_τ 積の演算子を用いると，

$$
\begin{aligned}
G_{\sigma\sigma'}(\boldsymbol{r},\boldsymbol{r}';\tau) &\equiv -\langle T_\tau \psi_\sigma(\boldsymbol{r},\tau)\psi^+_{\sigma'}(\boldsymbol{r}')\rangle \\
&\equiv -\theta(\tau)\langle \psi_\sigma(\boldsymbol{r},\tau)\psi^+_{\sigma'}(\boldsymbol{r}')\rangle + \theta(-\tau)\langle \psi^+_{\sigma'}(\boldsymbol{r}')\psi_\sigma(\boldsymbol{r},\tau)\rangle \qquad (2.2)
\end{aligned}
$$

で与えられることになる．

ところで，第9巻の3.4節での応答関数に関する議論では，一般的に，レーマン表示を用いれば，遅延グリーン関数は ω 平面上の解析接続で温度グリーン関数に直接的に結びつくことが示されていた．このような関係は，応答関数のみならず，1電子グリーン関数についても成り立つことを示そう．

そのために系のハミルトニアン H を対角化する完全系，すなわち，

$$
H|n\rangle = E_n|n\rangle \qquad (2.3)
$$

を満たす正規直交完備基底を $\{|n\rangle\}$ と書こう．そして，定義式 (2.1) にしたがって $G^{(\mathrm{R})}_{\sigma\sigma'}(\boldsymbol{r},\boldsymbol{r}';t)$ のフーリエ変換を考えると，それは

$$
\begin{aligned}
G^{(\mathrm{R})}_{\sigma\sigma'}(\boldsymbol{r},\boldsymbol{r}';\omega) &\equiv \int_{-\infty}^{\infty} dt\, e^{i\omega t}\, G^{(\mathrm{R})}_{\sigma\sigma'}(\boldsymbol{r},\boldsymbol{r}';t) \\
&= -i\int_0^{\infty} dt\, e^{i\omega t}\langle\{\psi_\sigma(\boldsymbol{r},t),\psi^+_{\sigma'}(\boldsymbol{r}')\}\rangle \\
&= \sum_{nm} e^{\beta(\Omega-E_n)}[e^{\beta(E_n-E_m)}+1]\frac{\langle n|\psi^+_{\sigma'}(\boldsymbol{r}')|m\rangle\langle m|\psi_\sigma(\boldsymbol{r})|n\rangle}{\omega+i0^+ +E_m-E_n} \qquad (2.4)
\end{aligned}
$$

のように書き換えられることは簡単に分かる．なお，式 (2.4) の右辺第2式の t 積分で，$t\to+\infty$ で積分が収束するように収束因子 e^{-0^+t} の導入を暗黙裏に仮定したが，これは ω を $\omega+i0^+$ と見なすこと，すなわち，ω 平面において上半面から実軸に近づくことを意味している．

そこで，スペクトル関数 $A_{\sigma\sigma'}(\boldsymbol{r},\boldsymbol{r}';\omega)$ を[107)]

$$
\begin{aligned}
A_{\sigma\sigma'}(\boldsymbol{r},\boldsymbol{r}';\omega) &\equiv -\frac{1}{\pi}\mathrm{Im}\,G^{(\mathrm{R})}_{\sigma\sigma'}(\boldsymbol{r},\boldsymbol{r}';\omega)\\
&= \sum_{nm} e^{\beta(\Omega-E_n)}\langle n|\psi^{+}_{\sigma'}(\boldsymbol{r}')|m\rangle\langle m|\psi_{\sigma}(\boldsymbol{r})|n\rangle\\
&\qquad\times(e^{\beta\omega}+1)\,\delta(\omega+E_m-E_n)
\end{aligned}
\tag{2.5}
$$

という定義で導入すると，$G^{(\mathrm{R})}_{\sigma\sigma'}(\boldsymbol{r},\boldsymbol{r}';\omega)$ や $G^{(\mathrm{R})}_{\sigma\sigma'}(\boldsymbol{r},\boldsymbol{r}';t)$ は，それぞれ，

$$
G^{(\mathrm{R})}_{\sigma\sigma'}(\boldsymbol{r},\boldsymbol{r}';\omega) = \int_{-\infty}^{\infty} dE\,\frac{A_{\sigma\sigma'}(\boldsymbol{r},\boldsymbol{r}';E)}{\omega+i0^{+}-E}
\tag{2.6}
$$

$$
\begin{aligned}
G^{(\mathrm{R})}_{\sigma\sigma'}(\boldsymbol{r},\boldsymbol{r}';t) &= \int_{-\infty}^{\infty}\frac{d\omega}{2\pi}e^{-i\omega t}G^{(\mathrm{R})}_{\sigma\sigma'}(\boldsymbol{r},\boldsymbol{r}';\omega)\\
&= -i\theta(t)\int_{-\infty}^{\infty}dE\,e^{-iEt}\,A_{\sigma\sigma'}(\boldsymbol{r},\boldsymbol{r}';E)
\end{aligned}
\tag{2.7}
$$

と書くことができる．

一方，同じスペクトル関数 $A_{\sigma\sigma'}(\boldsymbol{r},\boldsymbol{r}';\omega)$ を使うと，1 電子温度グリーン関数 $G_{\sigma\sigma'}(\boldsymbol{r},\boldsymbol{r}';\tau)$ の定義式 (2.2) から

$$
\begin{aligned}
G_{\sigma\sigma'}(\boldsymbol{r},\boldsymbol{r}';\tau) &= \int_{-\infty}^{\infty}dE\,A_{\sigma\sigma'}(\boldsymbol{r},\boldsymbol{r}';E)\,e^{-E\tau}\\
&\qquad\times[-\theta(\tau)f(-E)+\theta(-\tau)f(E)]
\end{aligned}
\tag{2.8}
$$

の関係式がただちに得られる．ここで，$f(E)=1/(1+e^{\beta E})$ はフェルミ分布関数である．このレーマン表示を使うと，第 9 巻の 3.4 節での議論を繰り返せば，

$$
G_{\sigma\sigma'}(\boldsymbol{r},\boldsymbol{r}';\tau+\beta) = -G_{\sigma\sigma'}(\boldsymbol{r},\boldsymbol{r}';\tau)
\tag{2.9}
$$

であることが容易に証明される．これは τ の関数としてみれば，$G_{\sigma\sigma'}(\boldsymbol{r},\boldsymbol{r}';\tau)$ が周期 β の反周期関数であることを示すので，次のようなフーリエ級数で展開できることになる．すなわち，フェルミオンの松原振動数 $\omega_p=\pi T(2p+1)$(ただし，p は整数:$p=0,\pm1,\pm2,\cdots$) とすれば，

$$
G_{\sigma\sigma'}(\boldsymbol{r},\boldsymbol{r}';\tau) = T\sum_{\omega_p}e^{-i\omega_p\tau}G_{\sigma\sigma'}(\boldsymbol{r},\boldsymbol{r}';i\omega_p)
\tag{2.10}
$$

と書くことができ，また，対応するフーリエ逆展開は

$$G_{\sigma\sigma'}(\boldsymbol{r},\boldsymbol{r}';i\omega_p) \equiv \int_0^\beta d\tau\, e^{i\omega_p\tau} G_{\sigma\sigma'}(\boldsymbol{r},\boldsymbol{r}';\tau)$$
$$= \int_{-\infty}^{\infty} dE\, \frac{A_{\sigma\sigma'}(\boldsymbol{r},\boldsymbol{r}';E)}{i\omega_p - E} \tag{2.11}$$

である．この式 (2.11) で表される1電子温度グリーン関数 $G_{\sigma\sigma'}(\boldsymbol{r},\boldsymbol{r}';i\omega_p)$ と式 (2.6) での1電子遅延グリーン関数 $G^{(\mathrm{R})}_{\sigma\sigma'}(\boldsymbol{r},\boldsymbol{r}';\omega)$ とを見比べると，これら2つの1電子グリーン関数は ω 平面上での変換 $i\omega_p \leftrightarrow \omega + i0^+$ で結びついていることが分かる．したがって，後者を求めるには前者を計算して，

$$G^{(\mathrm{R})}_{\sigma\sigma'}(\boldsymbol{r},\boldsymbol{r}';\omega) = G_{\sigma\sigma'}(\boldsymbol{r},\boldsymbol{r}';i\omega_p)\Big|_{i\omega_p\to\omega+i0^+} \tag{2.12}$$

のような公式で虚軸上から実軸上に解析接続すればよいことになる[108)]．

ここで導入されたスペクトル関数 $A_{\sigma\sigma'}(\boldsymbol{r},\boldsymbol{r}';\omega)$ に対して，$\{|n\rangle\}$ の完備性と電子場の演算子の交換関係を使うと

$$\int_{-\infty}^{\infty} dE\ A_{\sigma\sigma'}(\boldsymbol{r},\boldsymbol{r}';E) = \langle\{\psi_\sigma(\boldsymbol{r}),\psi^+_{\sigma'}(\boldsymbol{r}')\}\rangle = \delta_{\sigma\sigma'}\delta(\boldsymbol{r}-\boldsymbol{r}') \tag{2.13}$$

の関係式が容易に証明される．これはスペクトル関数に対する (実空間表現での)「総和則」(sum rule) を与えている．また，この式 (2.13) を使うと，エネルギー ω が大きい場合，式 (2.6) で与えられる1電子グリーン関数 $G^{(\mathrm{R})}_{\sigma\sigma'}(\boldsymbol{r},\boldsymbol{r}';\omega)$ は

$$\lim_{\omega\to\infty} G^{(\mathrm{R})}_{\sigma\sigma'}(\boldsymbol{r},\boldsymbol{r}';\omega) = \frac{1}{\omega}\,\delta_{\sigma\sigma'}\delta(\boldsymbol{r}-\boldsymbol{r}') \tag{2.14}$$

のような漸近形を持つことが分かる．なお，この漸近形は自由電子に対するそれとまったく同じであるが，この事実の物理的意味は第9巻の3.4節ですでに述べた通りである．

ちなみに，すでに第9巻の3.5節で示したように，自由電子系に対して，μ を化学ポテンシャルとして，運動量空間表示の1電子温度グリーン関数は

$$G_{\boldsymbol{p}\sigma\boldsymbol{p}'\sigma'}(i\omega_p) = \delta_{\boldsymbol{p}\boldsymbol{p}'}\delta_{\sigma\sigma'}G^{(0)}_{\boldsymbol{p}}(i\omega_p) \equiv \delta_{\boldsymbol{p}\boldsymbol{p}'}\delta_{\sigma\sigma'}\frac{1}{i\omega_p - \boldsymbol{p}^2/2m + \mu} \tag{2.15}$$

であり，そして，スペクトル関数 $A_{\boldsymbol{p}\sigma\boldsymbol{p}'\sigma'}(\omega)$ は

$$A_{\boldsymbol{p}\sigma\boldsymbol{p}'\sigma'}(\omega)=\delta_{\boldsymbol{p}\boldsymbol{p}'}\delta_{\sigma\sigma'}A_{\boldsymbol{p}}^{(0)}(\omega)\equiv\delta_{\boldsymbol{p}\boldsymbol{p}'}\delta_{\sigma\sigma'}\delta(\omega-\frac{\boldsymbol{p}^2}{2m}+\mu) \tag{2.16}$$

である．したがって，実空間表示のスペクトル関数 $A_{\sigma\sigma'}(\boldsymbol{r},\boldsymbol{r}';\omega)$ は

$$\begin{aligned}A_{\sigma\sigma'}(\boldsymbol{r},\boldsymbol{r}';\omega)&=\frac{1}{\Omega_t}\sum_{\boldsymbol{p}\boldsymbol{p}'}e^{i\boldsymbol{p}\cdot\boldsymbol{r}-i\boldsymbol{p}'\cdot\boldsymbol{r}'}A_{\boldsymbol{p}\sigma\boldsymbol{p}'\sigma'}(\omega)=\delta_{\sigma\sigma'}A^{(0)}(\boldsymbol{r}-\boldsymbol{r}';\omega)\\&\equiv\delta_{\sigma\sigma'}\frac{1}{\Omega_t}\sum_{\boldsymbol{p}}e^{i\boldsymbol{p}\cdot(\boldsymbol{r}-\boldsymbol{r}')}\delta(\omega-\frac{\boldsymbol{p}^2}{2m}+\mu)\end{aligned} \tag{2.17}$$

ということになる．

この式 (2.17) を式 (2.6) に代入すると $G^{(\mathrm{R})}_{\sigma\sigma'}(\boldsymbol{r},\boldsymbol{r}';\omega)$ が求められるが，いま，

$$G^{(\mathrm{R})}_{\sigma\sigma'}(\boldsymbol{r},\boldsymbol{r}';\omega)\equiv\delta_{\sigma\sigma'}G^{(0:R)}(\boldsymbol{r}-\boldsymbol{r}';\omega) \tag{2.18}$$

と書いた場合，$G^{(0:R)}(\boldsymbol{r};\omega)$ は

$$\begin{aligned}G^{(0:R)}(\boldsymbol{r};\omega)&=\frac{1}{\Omega_t}\sum_{\boldsymbol{p}}e^{i\boldsymbol{p}\cdot\boldsymbol{r}}\frac{1}{\omega+\mu+i0^+-\boldsymbol{p}^2/2m}\\&=\frac{1}{(2\pi)^2}\frac{2}{r}\int_0^\infty dp\,\frac{p\sin pr}{\omega+\mu+i0^+-p^2/2m}\\&=\frac{-i}{(2\pi)^2}\frac{1}{r}\int_{-\infty}^\infty dp\,\frac{pe^{ipr}}{\omega+\mu+i0^+-p^2/2m}\\&=-\frac{m}{2\pi}\frac{1}{r}e^{i\sqrt{2m(\omega+\mu+i0^+)}\,r}\end{aligned} \tag{2.19}$$

で与えられることになる．ここで，z 平面上で $\sqrt{z}$ を定義する際にブランチカットは負の実軸としたので，式 (2.19) で $\omega+\mu<0$ の場合，$\sqrt{2m(\omega+\mu+i0^+)}=i\sqrt{2m|\omega+\mu|}$ である．そして，式 (2.11) で定義される $G_{\sigma\sigma'}(\boldsymbol{r},\boldsymbol{r}';i\omega_p)$ は $G_{\sigma\sigma'}(\boldsymbol{r},\boldsymbol{r}';i\omega_p)\equiv\delta_{\sigma\sigma'}G^{(0)}(\boldsymbol{r}-\boldsymbol{r}';i\omega_p)$ と書くと，$G^{(0)}(\boldsymbol{r};i\omega_p)$ は式 (2.19) において $\omega+i0^+\to i\omega_p$ と置き換えたものとなる．

同様に，式 (2.7) に式 (2.17) に代入すると，

$$G^{(\mathrm{R})}_{\sigma\sigma'}(\boldsymbol{r},\boldsymbol{r}';t) \equiv \delta_{\sigma\sigma'}G^{(0:R)}(\boldsymbol{r}-\boldsymbol{r}';t) \tag{2.20}$$

$$\begin{aligned} G^{(0:R)}(\boldsymbol{r};t) &= -i\theta(t)\frac{1}{\Omega_t}\sum_{\boldsymbol{p}} e^{i\boldsymbol{p}\cdot\boldsymbol{r}}\exp\Big[-i\Big(\frac{\boldsymbol{p}^2}{2m}-\mu\Big)t\Big] \\ &= (-i)^2\theta(t)\frac{e^{i\mu t}}{r}\frac{1}{(2\pi)^2}\int_{-\infty}^{\infty}dp\,p\,e^{ipr-i(p^2/2m)t} \\ &= -i\theta(t)e^{i\mu t}\Big(\frac{m}{2\pi it}\Big)^{3/2}e^{i(mr^2/2t)} \end{aligned} \tag{2.21}$$

が得られる．なお，式 (2.8) で与えられる $G_{\sigma\sigma'}(\boldsymbol{r},\boldsymbol{r}';\tau)$ を $G_{\sigma\sigma'}(\boldsymbol{r},\boldsymbol{r}';\tau) \equiv \delta_{\sigma\sigma'}G^{(0)}(\boldsymbol{r}-\boldsymbol{r}';\tau)$ と書いた場合，$G^{(0)}(\boldsymbol{r};\tau)$ は式 (2.21) の $G^{(0:R)}(\boldsymbol{r};t)$ と簡単な関係にはない．実際，$G^{(0)}(\boldsymbol{r};\tau)$ を計算すると，

$$\begin{aligned} G^{(0)}(\boldsymbol{r};\tau) &= \frac{1}{\Omega_t}\sum_{\boldsymbol{p}} e^{i\boldsymbol{p}\cdot\boldsymbol{r}}\exp\Big[-\Big(\frac{\boldsymbol{p}^2}{2m}-\mu\Big)\tau\Big] \\ &\quad\times\Big[-\theta(\tau)f\Big(-\frac{p^2}{2m}+\mu\Big)+\theta(-\tau)f\Big(\frac{p^2}{2m}-\mu\Big)\Big] \\ &= -\theta(\tau)\sum_{n=0}^{\infty}(-1)^n e^{\mu(\tau+n\beta)}\Big(\frac{m}{2\pi(\tau+n\beta)}\Big)^{3/2}e^{-[mr^2/2(\tau+n\beta)]} \\ &\quad+\theta(-\tau)\sum_{n=1}^{\infty}(-1)^{n-1}e^{\mu(\tau+n\beta)}\Big(\frac{m}{2\pi(\tau+n\beta)}\Big)^{3/2}e^{-[mr^2/2(\tau+n\beta)]} \end{aligned} \tag{2.22}$$

となるので，$|\tau| \ll \beta$，かつ，$\beta \to \infty$，すなわち，低温極限 $(T \to 0)$ のときには式 (2.22) の右辺最終式で $n=0$ の項だけ残るので，$G^{(0)}(\boldsymbol{r};\tau)$ は

$$G^{(0)}(\boldsymbol{r};\tau) = -\theta(\tau)e^{\mu\tau}\Big(\frac{m}{2\pi\,\tau}\Big)^{3/2}e^{-mr^2/2\tau} \tag{2.23}$$

となる．したがって，この極限では $G^{(0)}(\boldsymbol{r};\tau)$ は式 (2.21) において $t \to -i\tau$ という置き換えで得られるものとよく対応することが分かる．このように，ω 空間では遅延グリーン関数は解析接続で常に直接的に温度グリーン関数に結びついているが，t 空間では (極限的な場合を除けば) そうではないことに注意されたい．

2.1.5 高速電子ビームの非弾性散乱実験

さて，光電子分光のような非弾性散乱実験では，1 電子グリーン関数を調べて分かるような準粒子に直接関連したものだけが測定されるわけではない．実際のところ，通常の光学吸収 (マイクロ波領域から可視光，軟 X 線領域にわたる物質による光の吸収率のエネルギーや移送運動量依存性) や光散乱，各種の非弾性散乱実験 (図 2.3 を参照) で主として問題になるのは 2 電子グリーン関数を通して分かるような密度ゆらぎのスペクトルであり，それを特徴づける素励起である．

そこで，このことをより具体的に示すために，まず，高速電子ビームの非弾

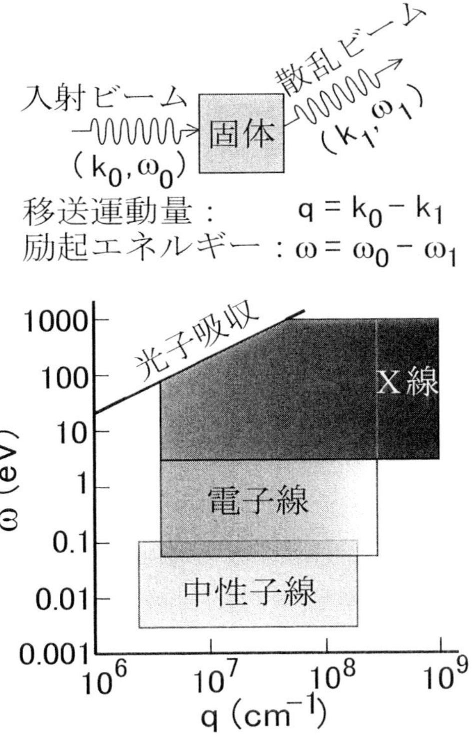

図 2.3　非弾性散乱ビーム実験の概念図とそれぞれのビームによって測定可能な励起エネルギー ω と移送運動量 q の領域を示したもの．

性散乱実験を取り上げよう．この実験では，電子は $\omega_0 \approx 100\text{keV}$ 程度の初期エネルギーとそれに対応する運動量 $\boldsymbol{k}_0$ を持ちながら固体に衝突し，固体を高々 1keV 程度までの励起エネルギー ω と運動量 $\boldsymbol{q}$ を持った状態に励起することにより，最終エネルギーが $\omega_1(=\omega_0-\omega)$ で運動量が $\boldsymbol{k}_1(=\boldsymbol{k}_0-\boldsymbol{q})$ の状態に散乱される．そして，この散乱電子数を数えることによって単位体積・単位時間あたりの遷移確率 $R(\boldsymbol{q},\omega)$ を測定することになる．

この $R(\boldsymbol{q},\omega)$ の表式を求めてみよう．系の全体積を Ω_t と書いた場合，散乱を引き起こす摂動は入射電子による単位体積当たりの電荷密度ゆらぎ $-e\,e^{i\boldsymbol{q}\cdot\boldsymbol{r}-i\omega t}/\Omega_t$ と固体中の電子との間のクーロン斥力であるが，固体中の電子系に働く摂動のハミルトニアン $H_{\rm ext}(t)$ という形で書けば，第 9 巻の式 (I.4.131) を参考にしてクーロン・ポテンシャルのフーリエ変換 $V(\boldsymbol{q})=4\pi e^2/\Omega_t\boldsymbol{q}^2$ と電子密度演算子 $\rho(\boldsymbol{r})\equiv\sum_\sigma \psi_\sigma^+(\boldsymbol{r})\psi_\sigma(\boldsymbol{r})$ を使って，

$$H_{\rm ext}(t)=e^{-i\omega t}\,V(\boldsymbol{q})\int d\boldsymbol{r}\,e^{i\boldsymbol{q}\cdot\boldsymbol{r}}\rho(\boldsymbol{r})\equiv e^{-i\omega t}\,V(\boldsymbol{q})\rho_{\boldsymbol{q}}^+ \tag{2.24}$$

ということになる．ところで，ω に比べて ω_0 が圧倒的に大きいことから，$R(\boldsymbol{q},\omega)$ の計算には $H_{\rm ext}$ に関するボルン近似が十分な精度で適用できる (フェルミの黄金則が使える) ので，たとえば，電子ビームが衝突する前の固体の始状態を $|i\rangle$ でそのエネルギーを E_i と書き，衝突後の終状態を $|f\rangle$ でそのエネルギーを E_f と書くと，この状態 $|i\rangle$ から $|f\rangle$ への遷移確率 $R_{i\to f}(\boldsymbol{q},\omega)$ は

$$\begin{aligned} R_{i\to f}(\boldsymbol{q},\omega)&=2\pi|\langle f|H_{\rm ext}(t)|i\rangle|^2\delta(E_i+\omega_0-E_f-\omega_1)\\ &=2\pi V(\boldsymbol{q})^2|\langle f|\rho_{\boldsymbol{q}}^+|i\rangle|^2\delta(E_i+\omega-E_f) \end{aligned} \tag{2.25}$$

で与えられる．しかるに，実験で測定される $R(\boldsymbol{q},\omega)$ は，始状態については熱平均を取ったものであり，また，終状態については可能性のあるあらゆる状態の和を取ることによって得られるので，

$$\begin{aligned} R(\boldsymbol{q},\omega)&=\sum_i e^{\beta(\Omega-E_i)}\sum_f R_{i\to f}(\boldsymbol{q},\omega)\\ &=2\pi V(\boldsymbol{q})^2\sum_i e^{\beta(\Omega-E_i)}\sum_f\langle i|\rho_{\boldsymbol{q}}|f\rangle\langle f|\rho_{\boldsymbol{q}}^+|i\rangle\int_{-\infty}^{\infty}\frac{dt}{2\pi}\,e^{i(E_i+\omega-E_f)t} \end{aligned}$$

$$= 2\pi V(\boldsymbol{q})^2 \sum_i e^{\beta(\Omega - E_i)} \int_{-\infty}^{\infty} \frac{dt}{2\pi} e^{i\omega t} \langle i | e^{iHt} \rho_{\boldsymbol{q}} e^{-iHt} \rho_{\boldsymbol{q}}^{+} | i \rangle$$
$$\equiv 2\pi V(\boldsymbol{q})^2 S(\boldsymbol{q}, \omega) \tag{2.26}$$

が得られる．ここで，式 (2.26) の右辺第 1 式から第 2 式への変形ではデルタ関数のフーリエ積分表示を用いた．また，2.1.3 項の場合と同様に，H は固体中の多電子系を記述するハミルトニアンであり，熱平均操作を $\langle \cdots \rangle$ で表すと，$S(\boldsymbol{q}, \omega)$ は

$$S(\boldsymbol{q}, \omega) = \int_{-\infty}^{\infty} \frac{dt}{2\pi} e^{i\omega t} \langle e^{iHt} \rho_{\boldsymbol{q}} e^{-iHt} \rho_{\boldsymbol{q}}^{+} \rangle$$
$$= \int_{-\infty}^{\infty} \frac{dt}{2\pi} e^{i\omega t} \int d\boldsymbol{r}\, e^{-i\boldsymbol{q}\cdot\boldsymbol{r}} \int d\boldsymbol{r}'\, e^{i\boldsymbol{q}\cdot\boldsymbol{r}'} \langle \rho(\boldsymbol{r}, t) \rho(\boldsymbol{r}') \rangle \tag{2.27}$$

のように定義されているもので,「**動的構造因子**」と呼ばれている．

2.1.6 軟 X 線非弾性散乱実験

次に，軟 X 線を用いた非弾性散乱実験を考えよう．この実験における入射光子のエネルギーは $\omega_0 \approx 5{\sim}10\,\mathrm{keV}$ 程度であり，これよりはずっと小さなエネルギー ω の励起を固体中に引き起こした後に出てくる散乱光子のエネルギー $\omega_1 (= \omega_0 - \omega)$ と運動量 $\boldsymbol{k}_1$ を (入射運動量 $\boldsymbol{k}_0$ との違いとして) 測定することによって，ω と移送運動量 $\boldsymbol{q}\ (= \boldsymbol{k}_0 - \boldsymbol{k}_1)$ の関数として微分散乱断面積 $d^2\sigma/d\Omega d\omega$ が得られることになる．

この軟 X 線による 2 光子散乱過程を記述する摂動のハミルトニアン $H_{\mathrm{ext}}(t)$ は，軟 X 線の場を記述するベクトルポテンシャルを $\boldsymbol{A}_{\mathrm{ext}}(\boldsymbol{r}, t)$ とし，式 (1.187) で定義された常磁性電流密度演算子 $\hat{\boldsymbol{j}}_p(\boldsymbol{r})$ を用いると，

$$H_{\mathrm{ext}}(t) = -\int d\boldsymbol{r}\, \hat{\boldsymbol{j}}_p(\boldsymbol{r}) \cdot \boldsymbol{A}_{\mathrm{ext}}(\boldsymbol{r}, t) + \frac{e^2}{2m} \int d\boldsymbol{r}\, \rho(\boldsymbol{r}) \boldsymbol{A}_{\mathrm{ext}}(\boldsymbol{r}, t)^2$$
$$\equiv H_{\mathrm{ext}}^{(1)}(t) + H_{\mathrm{ext}}^{(2)}(t) \tag{2.28}$$

というように，$\boldsymbol{A}_{\mathrm{ext}}(\boldsymbol{r}, t)$ の 1 次の項 $H_{\mathrm{ext}}^{(1)}(t)$ と 2 次の項 $H_{\mathrm{ext}}^{(2)}(t)$ の和で与えられる．この摂動による 2 光子散乱過程の始状態 $|\Phi_i\rangle$ は固体の始状態 $|i\rangle$ と光子のそれ $|\boldsymbol{k}_0, \boldsymbol{\epsilon}_0\rangle$ (ここで，$\boldsymbol{\epsilon}_0$ は光子の偏極ベクトル) との直積で表され，また

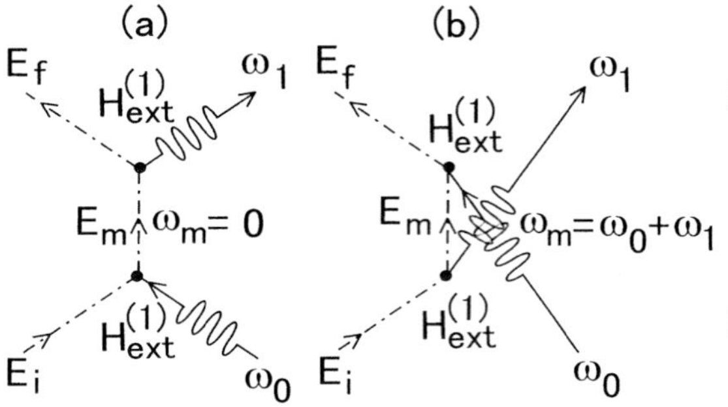

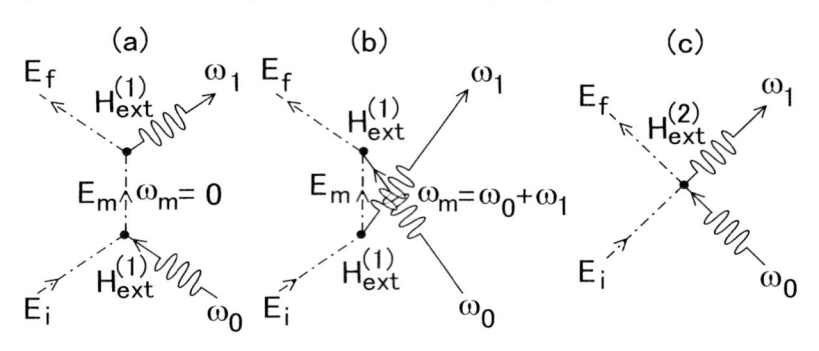

図 2.4 2 光子散乱過程における 3 つの摂動プロセスをダイアグラム的に表したもの.

同様に，終状態 $|\Phi_f\rangle$ は終状態の光子の偏極ベクトルを $\boldsymbol{\epsilon}_1$ として $|f\rangle\otimes|\boldsymbol{k}_1,\boldsymbol{\epsilon}_1\rangle$ であるが，この $|\Phi_i\rangle$ から $|\Phi_f\rangle$ への遷移確率 $R_{i\to f}(\boldsymbol{q},\omega)$ は

$$R_{i\to f}(\boldsymbol{q},\omega)=2\pi\left|\sum_m\frac{\langle\Phi_f|H^{(1)}_{\rm ext}(t)|\Phi_m\rangle\langle\Phi_m|H^{(1)}_{\rm ext}(t)|\Phi_i\rangle}{E_i+\omega_0-E_m-\omega_m}\right.$$
$$\left.+\langle\Phi_f|H^{(2)}_{\rm ext}(t)|\Phi_i\rangle\right|^2\delta(E_i+\omega_0-E_f-\omega_1) \qquad (2.29)$$

で与えられる．ここで，$H^{(1)}_{\rm ext}(t)$ が 2 度作用する 2 次摂動の過程は経由する中間状態 $|\Phi_m\rangle$ における光子状況の違いによって 2 つに分けられる．1 つは始めに作用する $H^{(1)}_{\rm ext}(t)$ で入射光子を消滅させ，その後の $H^{(1)}_{\rm ext}(t)$ で散乱光子を生成するもの (図 2.4(a) のプロセス) である．このとき，中間状態では光子は存在せず，それゆえ，光子系の中間エネルギー ω_m はゼロである．また，$|0\rangle$ を光子の真空状態とすれば，$|\Phi_m\rangle=|m\rangle\otimes|0\rangle$ と書ける．もう 1 つは光子の消滅生成過程を逆にしたもの (図 2.4(b) のプロセス) で，$\omega_m=\omega_0+\omega_1$ である．このほかに，図 2.4(c) に示すように，中間状態が現れずに $H^{(2)}_{\rm ext}(t)$ が 1 度だけ作用するプロセスも $R_{i\to f}(\boldsymbol{q},\omega)$ に寄与する．

ところで，今の実験条件では (すなわち，$\omega_0\approx\omega_1$ が固体中の励起エネルギー $|E_m-E_i|$ よりもずっと大きい場合)，これら 3 つのプロセスのうち，最後の寄与が他の 2 つを圧倒的に凌駕する．それを示すために，まず，プロセス (a) における遷移振幅 $R_{\rm a}$ を評価しよう．この場合，エネルギー分母 $E_i+\omega_0-E_m$ はほぼ一定の ω_0 となる．また，光子場の量子論によれば，ベクトルポテンシャ

ル $\boldsymbol{A}_{\rm ext}(\boldsymbol{r},t)$ の行列要素は

$$\langle 0|\boldsymbol{A}_{\rm ext}(\boldsymbol{r},t)|\boldsymbol{k}_0,\boldsymbol{\epsilon}_0\rangle = \sqrt{\frac{2\pi}{\Omega_t\omega_0}}\,\boldsymbol{\epsilon}_0\,e^{i\boldsymbol{k}_0\cdot\boldsymbol{r}-i\omega_0 t} \tag{2.30}$$

$$\langle \boldsymbol{k}_1,\boldsymbol{\epsilon}_1|\boldsymbol{A}_{\rm ext}(\boldsymbol{r},t)|0\rangle = \sqrt{\frac{2\pi}{\Omega_t\omega_1}}\,\boldsymbol{\epsilon}_1\,e^{-i\boldsymbol{k}_1\cdot\boldsymbol{r}+i\omega_1 t} \tag{2.31}$$

で与えられるので，

$$\begin{aligned} R_{\rm a} \equiv \frac{\langle\Phi_f|H^{(1)}_{\rm ext}(t)|\Phi_m\rangle\langle\Phi_m|H^{(1)}_{\rm ext}(t)|\Phi_i\rangle}{E_i+\omega_0-E_m-\omega_m} &\approx \frac{1}{\omega_0}\frac{2\pi e^{-i\omega t}}{\Omega_t\sqrt{\omega_0\omega_1}} \\ \times\int d\boldsymbol{r}'\,e^{-i\boldsymbol{k}_1\cdot\boldsymbol{r}'}\langle f|\hat{\boldsymbol{j}}_p(\boldsymbol{r}')|m\rangle\cdot\boldsymbol{\epsilon}_1 &\int d\boldsymbol{r}\,e^{i\boldsymbol{k}_0\cdot\boldsymbol{r}}\langle m|\hat{\boldsymbol{j}}_p(\boldsymbol{r})|i\rangle\cdot\boldsymbol{\epsilon}_0 \end{aligned} \tag{2.32}$$

となるが，$\boldsymbol{r}$ や $\boldsymbol{r}'$ の積分の中で $e^{i\boldsymbol{k}_0\cdot\boldsymbol{r}}\approx 1$ や $e^{-i\boldsymbol{k}_1\cdot\boldsymbol{r}'}\approx 1$ と近似 (電気的双極子近似) すると，これらの積分は系の全電流量 $\boldsymbol{J}$ を与えることになる．しかるに，もともと，初期状態では固体中の全電流はゼロだが，それが運動量 $\boldsymbol{k}_0$ を持つ光子が消滅するという衝突によって遷移した中間状態では運動量が $\boldsymbol{k}_0$ に変わり，そのため，$\boldsymbol{J}$ もゼロでなくなったとすると，これらの積分で得られる全電流量は $\boldsymbol{J}=-e\boldsymbol{k}_0/m$ 程度ということになる．したがって，$|R_{\rm a}|$ は

$$|R_{\rm a}| \approx \frac{1}{\omega_0}\frac{2\pi}{\Omega_t\sqrt{\omega_0\omega_1}}\frac{e^2}{m^2}|\boldsymbol{k}_0\cdot\boldsymbol{\epsilon}_1|\,|\boldsymbol{k}_0\cdot\boldsymbol{\epsilon}_0| \approx \frac{2\pi}{\Omega_t}\frac{e^2}{m^2}\sqrt{\frac{\omega_0}{\omega_1}} \tag{2.33}$$

と評価される．なお，われわれは光速 c は $c=1$ という単位系を採用しているので，$|\boldsymbol{k}_0|=\omega_0$ であることに注意されたい．

次に，プロセス (b) における遷移振幅 $R_{\rm b}$ を考えよう．この場合，エネルギー分母は $E_i-\omega_1-E_m\approx-\omega_1\approx-\omega_0$ となり，プロセス (a) と比べると符号が逆なので，$R_{\rm a}$ と $R_{\rm b}$ は相殺する関係にあることが分かる．ただ，ここでは，その相殺関係に頼らずに，$|R_{\rm b}|$ 自体を評価しよう．そのために，$|R_{\rm a}|$ を式 (2.33) のように評価したときと同じような手順を取ると，(今度は中間状態の固体全体での運動量は $-\boldsymbol{k}_1$ になることに注意すれば，)

$$|R_{\rm b}| \approx \frac{1}{\omega_0}\frac{2\pi}{\Omega_t\sqrt{\omega_0\omega_1}}\frac{e^2}{m^2}|\boldsymbol{k}_1\cdot\boldsymbol{\epsilon}_1|\,|\boldsymbol{k}_1\cdot\boldsymbol{\epsilon}_0| \approx \frac{2\pi}{\Omega_t}\frac{e^2}{m^2}\sqrt{\frac{\omega_1}{\omega_0}} \tag{2.34}$$

のような評価が $|R_{\rm b}|$ に対して得られることが分かる．

他方，プロセス (c) における遷移振幅 $R_{\rm c}$ は

$$R_{\rm c} \equiv \langle \Phi_f | H_{\rm ext}^{(2)}(t) | \Phi_i \rangle = \frac{e^2}{2m} \int d\boldsymbol{r} \langle f | \rho(\boldsymbol{r}) | i \rangle \langle \boldsymbol{k}_1, \boldsymbol{\epsilon}_1 | \boldsymbol{A}_{\rm ext}(\boldsymbol{r}, t)^2 | \boldsymbol{k}_0, \boldsymbol{\epsilon}_0 \rangle \tag{2.35}$$

で計算されるが，式 (2.30) や式 (2.31) の結果を用いると，

$$\langle \boldsymbol{k}_1, \boldsymbol{\epsilon}_1 | \boldsymbol{A}_{\rm ext}(\boldsymbol{r}, t)^2 | \boldsymbol{k}_0, \boldsymbol{\epsilon}_0 \rangle = 2 \times \langle \boldsymbol{k}_1, \boldsymbol{\epsilon}_1 | \boldsymbol{A}_{\rm ext}(\boldsymbol{r}, t) | 0 \rangle \cdot \langle 0 | \boldsymbol{A}_{\rm ext}(\boldsymbol{r}, t) | \boldsymbol{k}_0, \boldsymbol{\epsilon}_0 \rangle = \frac{4\pi}{\Omega_t} \frac{\boldsymbol{\epsilon}_1 \cdot \boldsymbol{\epsilon}_0}{\sqrt{\omega_1 \omega_0}} e^{i\boldsymbol{q}\cdot\boldsymbol{r} - i\omega t} \tag{2.36}$$

であるので，$R_{\rm c}$ は式 (2.24) で導入されている $\rho_{\boldsymbol{q}}^+$ を用いると，

$$R_{\rm c} = \frac{e^2}{m} \frac{2\pi}{\Omega_t} \frac{\boldsymbol{\epsilon}_1 \cdot \boldsymbol{\epsilon}_0}{\sqrt{\omega_1 \omega_0}} e^{-i\omega t} \langle f | \rho_{\boldsymbol{q}}^+ | i \rangle \tag{2.37}$$

であることが分かる．なお，式 (2.36) において右辺第 1 式に現れている因子 2 は演算子 $\boldsymbol{A}_{\rm ext}(\boldsymbol{r}, t)^2$ を使って入射光子を消滅させ，散乱光子を生成させる過程は 2 通りあることの反映である．

さて，$\langle f | \rho_{\boldsymbol{q}}^+ | i \rangle$ はこの散乱過程においてその状態が変化する電子の数として評価できるが，今は基本的に固体中の 1 電子による 2 光子散乱過程を考えていることになるので，$\langle f | \rho_{\boldsymbol{q}}^+ | i \rangle \approx 1$ である．したがって，$|R_{\rm c}|$ は

$$|R_{\rm c}| \approx \frac{2\pi}{\Omega_t} \frac{e^2}{m} \frac{1}{\sqrt{\omega_1 \omega_0}} \tag{2.38}$$

であると評価される．そこで，式 (2.38) の $|R_{\rm c}|$ を式 (2.33) の $|R_{\rm a}|$ や式 (2.34) の $|R_{\rm b}|$ と比較すると，

$$\frac{|R_{\rm a}|}{|R_{\rm c}|} \approx \frac{\omega_0}{m}, \quad \frac{|R_{\rm b}|}{|R_{\rm c}|} \approx \frac{\omega_1}{m} \tag{2.39}$$

が得られる．しかるに，この式 (2.39) の分母に現れる $m\ (= mc^2)$ は電子の静止質量であって，エネルギーの単位でいえば 511 keV である．これに対して，$\omega_0 \approx \omega_1 \approx 5 \sim 10$ keV であるので，$R_{\rm c}$ に比べれば $R_{\rm a}$ や $R_{\rm b}$ は無視できる．したがって，式 (2.29) の $R_{i \to f}(\boldsymbol{q}, \omega)$ の計算では $R_{\rm c}$ の寄与だけを取り込めばよいことになるので，

$$R_{i\to f}(\boldsymbol{q},\omega) = 2\pi|R_{\rm c}|^2\delta(E_i+\omega-E_f)$$
$$= 2\pi\left(\frac{2\pi}{\Omega_t}\frac{e^2}{m}\frac{\boldsymbol{\epsilon}_1\cdot\boldsymbol{\epsilon}_0}{\sqrt{\omega_1\omega_0}}\right)^2|\langle f|\rho_{\boldsymbol{q}}^+|i\rangle|^2\delta(E_i+\omega-E_f) \qquad (2.40)$$

である．そして，この式 (2.40) と式 (2.25) の類似性に注目すれば，前項の議論がそのまま使えて，単位体積・単位時間あたりの遷移確率 $R(\boldsymbol{q},\omega)$ は

$$R(\boldsymbol{q},\omega) = 2\pi\left(\frac{2\pi}{\Omega_t}\frac{e^2}{m}\frac{\boldsymbol{\epsilon}_1\cdot\boldsymbol{\epsilon}_0}{\sqrt{\omega_1\omega_0}}\right)^2 S(\boldsymbol{q},\omega) \qquad (2.41)$$

で与えられることになる．

ところで，体積 Ω_t の空間で 2 光子散乱の実験をする場合は，エネルギーが ω_1 から $\omega_1+d\omega_1$ の間にあり，散乱方向が微分立体角 $d\Omega$ の中に入ってくる全散乱光子の数 δN を数えることになるが，そのような散乱光子の状態数 (散乱光子の終状態の数) は ($|\boldsymbol{k}_1|=\omega_1$ に注意すれば，) $\Omega_t d^3\boldsymbol{k}_1/(2\pi)^3 = \Omega_t\omega_1^2|d\omega_1|d\Omega/(2\pi)^3$ であり，また，単位時間あたりの遷移確率は $\Omega_t R(\boldsymbol{q},\omega)$ であるので，δN は

$$\delta N = \Omega_t R(\boldsymbol{q},\omega)\,\frac{\Omega_t}{(2\pi)^3}\omega_1^2|d\omega_1|d\Omega \qquad (2.42)$$

で計算されることになる．したがって，($\omega_1=\omega_0-\omega$ なので，$d\omega_1=-d\omega$ に注意すると，) 最終的に微分散乱断面積 $\delta N/|d\omega_1|d\Omega \equiv d^2\sigma/d\Omega d\omega$ は

$$\frac{d^2\sigma}{d\Omega d\omega} = \left(\frac{e^2}{m}\right)^2\left(\frac{\omega_1}{\omega_0}\right)(\boldsymbol{\epsilon}_1\cdot\boldsymbol{\epsilon}_0)^2 S(\boldsymbol{q},\omega) \qquad (2.43)$$

であることが分かる．この結果に関して次の 3 つの注意を与えておこう．

① この微分散乱断面積に対する式 (2.43) はトムソン (J. J. Thomson) の公式と呼ばれているものである．もともと，これは真空中の自由電子による 2 光子散乱過程の微分散乱断面積を与える公式である．

古典力学的には，この散乱過程は入射光の電場によって強制振動させられた電子がその振動運動に起因して散乱光を発射するものと解釈されている．このような物理的意味を持つトムソン公式が固体中の電子に対しても成り立つ理由は入射光子や散乱光子のエネルギー，ω_0 や ω_1，が固体を特徴づけるエネルギースケールよりもずっと大きいからであって，そのような光子と相互作用するときには電子はあたかも真空中にいるときと同じように振る舞うと考えられる．

② 光子と電子の相互作用の状況は真空中と同じとはいえ，光子との相互作用で振動的に励起された電子のその後の運動状況は真空中のそれとは同じでないことを確認しておこう．いったん励起された電子はハミルトニアン H にしたがって固体中の他の多くの電子と複雑に相互作用することになり，その様子を記述するのが動的構造因子 $S(\boldsymbol{q},\omega)$ ということになる．

③ ①で述べたことに関連して，もしも式 (2.29) において，$\omega_0 \approx \omega_1 \gg |E_m - E_0|$ が成り立たない場合は $|R_{\rm c}| \gg |R_{\rm a}|$ や $|R_{\rm c}| \gg |R_{\rm b}|$ という条件は成り立たなくなる．特に，$\omega_0 \approx |E_m - E_0|$(あるいは，$\omega_1 \approx |E_m - E_0|$) であると，むしろ，$|R_{\rm a}|$(あるいは，$|R_{\rm b}|$) の方が (エネルギー分母がたいへんに小さくなって) 共鳴的に大きくなる．

実際，固体中のバンド間遷移はこのようなエネルギー条件を満たす光子が $H_{\rm ext}^{(1)}(t)$ の作用によって電子を基底状態から励起状態へ共鳴的に励起することによって引き起こされるものである．

ちなみに，自由電子系やたとえ相互作用があったとしても一様密度の電子ガス系では，このような1光子吸収による直接遷移はエネルギー保存則と運動量保存則が同時に満たされないので，決して起こらないことにも注意されたい．

2.1.7 密度ゆらぎと動的構造因子

前の2つの項でみたように，高速電子線 (式 (2.26)) であろうと軟X線 (式 (2.43)) であろうと，高エネルギービームによる非弾性散乱実験の測定によって得られるものは同一の物理量 $S(\boldsymbol{q},\omega)$ である．この $S(\boldsymbol{q},\omega)$ は，その定義式 (2.27) からも明らかなように，電子密度が動的にどの程度ゆらぐかという情報を与えている．もっとも，$V(\boldsymbol{q})$ の強い $\boldsymbol{q}$ 依存性のために測定によって得られる情報の精度は高速電子線と軟X線では多少異なってくる．前者は $q\ (\equiv |\boldsymbol{q}|)$ が小さい領域 (長距離の密度ゆらぎが問題になるところ) で高い実験精度を与えうるが，一方，後者は $q \approx 1\,\text{Å}^{-1}$ 程度の比較的短距離で，それゆえ，10 eV かそれ以上の比較的高い励起エネルギーを持つ密度ゆらぎの測定に適している．なお, 図 2.3 に記されている低速中性子線を使うと，電子の電荷密度ではなく，スピン密度のゆらぎが測定される．そして，この実験手段によって得られる情

報は $S(\boldsymbol{q},\omega)$ を定義する式 (2.27) において，密度ゆらぎの演算子をスピンゆらぎのそれに置き換えたもの (スピンに関する動的構造因子) である．

この章の後半 (特に 2.9 節) では，多電子系における動的構造因子の様相を少し詳しく述べるが，その前に，$S(\boldsymbol{q},\omega)$ が持つ物理的意味合いを解説しつつ，その注目点を明らかにしておこう．

まず，この $S(\boldsymbol{q},\omega)$ は第 9 巻の 4.4 節の式 (I.4.153) で定義されていた動的構造因子とまったく同じものである．したがって，これは電子密度応答関数 $Q^{(\mathrm{R})}_{\rho\rho}(\boldsymbol{q},\omega)$ と式 (I.4.149) の関係，すなわち，

$$S(\boldsymbol{q},\omega) = -\frac{1}{\pi}\frac{1}{1-e^{-\beta\omega}}\,\mathrm{Im}\,Q^{(\mathrm{R})}_{\rho\rho}(\boldsymbol{q},\omega) \tag{2.44}$$

で結びついている．あるいは，$Q^{(\mathrm{R})}_{\rho\rho}(\boldsymbol{q},\omega)$ の代わりに分極関数 $\Pi^{(\mathrm{R})}(\boldsymbol{q},\omega)$ を用い，かつ，誘電関数 $\varepsilon^{(\mathrm{R})}(\boldsymbol{q},\omega)$ を式 (I.4.157) の関係，すなわち，$\varepsilon^{(\mathrm{R})}(\boldsymbol{q},\omega) = 1 + V(\boldsymbol{q})\Pi^{(\mathrm{R})}(\boldsymbol{q},\omega)$ で導入しておくと，$S(\boldsymbol{q},\omega)$ は

$$S(\boldsymbol{q},\omega) = -\frac{1}{\pi V(\boldsymbol{q})}\frac{1}{1-e^{-\beta\omega}}\,\mathrm{Im}\left[\frac{1}{\varepsilon^{(\mathrm{R})}(\boldsymbol{q},\omega)}\right] \tag{2.45}$$

とも書くことができる．

この関係式 (2.44) を証明するには，ハミルトニアン H を対角化する完全系 $\{|n\rangle\}$(式 (2.3) を満たすもの) を使って $S(\boldsymbol{q},\omega)$ や $Q^{(\mathrm{R})}_{\rho\rho}(\boldsymbol{q},\omega)$ に対するスペクトル表現をそれぞれに書き下し，その結果を両者で見比べてみればよい．特に $T=0$ では，

$$S(\boldsymbol{q},\omega) = \sum_n |\langle n|\rho^+_{\boldsymbol{q}}|0\rangle|^2\,\delta(\omega - E_n + E_0) \tag{2.46}$$

と書き下せるが，この表現から，**$S(\boldsymbol{q},\omega)$ とは波数が $\boldsymbol{q}$ で励起エネルギーが $\omega(=E_n - E_0)$ の密度ゆらぎを持つすべての状態 $|n\rangle$ について，それぞれに重み $|\langle n|\rho^+_{\boldsymbol{q}}|0\rangle|^2$ を付けて足し合わせたものであること**が分かる．したがって，電荷揺動によって引き起こされる励起状態のエネルギーと固有関数の情報が (基底状態と比較・参照しながらではあるが) 読み取れることになる．なお，1 電子遅延グリーン関数のスペクトル表現において，それに寄与する状態間では必ず全電子数は 1 だけ違っていた ($N \leftrightarrow N\pm 1$ の遷移を考えていた) が，今の密度

ゆらぎに寄与する状態間では全電子数は不変 ($N \leftrightarrow N$ 間の遷移) であるので，たとえば，基底状態 $|0\rangle$ と結びつく励起状態 $|n\rangle$ は $G^{(\mathrm{R})}_{\sigma\sigma'}(\boldsymbol{r},\boldsymbol{r}';\omega)$ と $S(\boldsymbol{q},\omega)$ では違うこと，それゆえ，基本的にこれらは違う情報を与えていることに注意されたい．

もう少し具体的に $S(\boldsymbol{q},\omega)$ を知るために，一様密度の電子ガス系を考えよう．すると，電子場演算子を平面波の基底関数系 $\{e^{i\boldsymbol{p}\cdot\boldsymbol{r}}/\sqrt{\Omega_t}\}$ で展開することが有効になり，その表現を使うと電子密度演算子 $\rho^+_{\boldsymbol{q}}$ は

$$\rho^+_{\boldsymbol{q}} = \sum_{\boldsymbol{p}\sigma} c^+_{\boldsymbol{p}+\boldsymbol{q}\sigma} c_{\boldsymbol{p}\sigma} \tag{2.47}$$

のように表すことができる．そして，とりあえず簡単のためにRPAでの $S(\boldsymbol{q},\omega)$ を議論してみよう．この近似では，分極関数 $\Pi^{(\mathrm{R})}(\boldsymbol{q},\omega)$ の計算は自由電子ガス系でのそれであると仮定して行うので，第9巻の式 (I.4.50) で定義された分極関数 $\Pi^{(0)}(\boldsymbol{q},i\omega_q)$ を用いて，

$$\Pi^{(\mathrm{R})}(\boldsymbol{q},\omega) = \Pi^{(0:R)}(\boldsymbol{q},\omega) \equiv \Pi^{(0)}(\boldsymbol{q},i\omega_q)\Big|_{i\omega_q\to\omega+i0^+} \tag{2.48}$$

ということになる．これに対応して，誘電関数は第9巻の4.4.7項で説明したリンドハルト (Lindhard) 関数 $\varepsilon^{(\mathrm{R})}_{\mathrm{RPA}}(\boldsymbol{q},\omega)$ になる．$T=0$ では，この関数の解析的な形が知られていて，その実部 $\varepsilon'_{\mathrm{RPA}}(\boldsymbol{q},\omega)$ と虚部 $\varepsilon''_{\mathrm{RPA}}(\boldsymbol{q},\omega)$ は，それぞれ，

$$\begin{aligned}\varepsilon'_{\mathrm{RPA}}(\boldsymbol{q},\omega) = 1 + \frac{2}{\pi}\frac{me^2p_{\mathrm{F}}}{q^2}\Big[1 &+ \frac{1-(z+y)^2}{4z}\ln\Big|\frac{1+y+z}{1-y-z}\Big| \\ &- \frac{1-(z-y)^2}{4z}\ln\Big|\frac{1+y-z}{1-y+z}\Big|\Big]\end{aligned} \tag{2.49}$$

$$\varepsilon''_{\mathrm{RPA}}(\boldsymbol{q},\omega) = \begin{cases} 2m^2e^2\omega/q^3 & (z<1,\ |y|<|z-1|) \\ me^2p_{\mathrm{F}}^2[1-(y-z)^2]/q^3 & (|z-1|<|y|<z+1)\end{cases} \tag{2.50}$$

で与えられる．ここで，p_{F} はフェルミ波数，y は $y\equiv m\omega/qp_{\mathrm{F}}$，そして，$z$ は $z\equiv q/2p_{\mathrm{F}}$ である．

ところで，式 (2.45) から $T=0$ ではRPAでの $S(\boldsymbol{q},\omega)$ は $\omega\le 0$ で恒等的にゼロ，$\omega>0$ では

$$S_{\mathrm{RPA}}(\boldsymbol{q},\omega) = \frac{1}{\pi V(\boldsymbol{q})}\frac{\varepsilon''_{\mathrm{RPA}}(\boldsymbol{q},\omega)}{\varepsilon'_{\mathrm{RPA}}(\boldsymbol{q},\omega)^2+\varepsilon''_{\mathrm{RPA}}(\boldsymbol{q},\omega)^2} \tag{2.51}$$

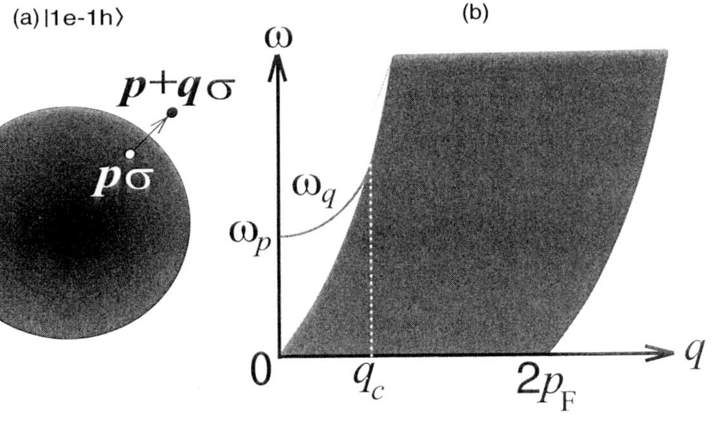

図 2.5 (a) 1 組の電子–正孔対励起状態. (b) RPA における動的構造因子がゼロでない領域. これは電子–正孔 1 対励起領域と ω_q で表されているプラズモン励起の分散線から成り立っている.

で計算されるので, $S_{\rm RPA}(\boldsymbol{q},\omega)\neq 0$ の結果が得られるのは, ⓐ $\varepsilon''_{\rm RPA}(\boldsymbol{q},\omega)\neq 0$ のとき, または, ⓑ $\varepsilon'_{\rm RPA}(\boldsymbol{q},\omega)=\varepsilon''_{\rm RPA}(\boldsymbol{q},\omega)=0$ が成り立つときである. このうち, 前者は $\Pi^{(0)}(\boldsymbol{q},i\omega_q)$ の表式 (I.4.50) でエネルギー分母がゼロになるところであって, 密度ゆらぎが 1 組の電子–正孔対励起によって引き起こされる場合である. この電子–正孔 1 対励起状態は図 2.5(a) に模式的に示されているが, これはフェルミ球の基底状態 $|0\rangle$ から出発して, フェルミ準位より下の軌道にいる電子 1 個が励起してフェルミ準位より上の軌道を占めた状態で, $c^+_{\boldsymbol{p}+\boldsymbol{q}\sigma}c_{\boldsymbol{p}\sigma}|0\rangle\equiv|1e(\boldsymbol{p}+\boldsymbol{q}\sigma)-1h(\boldsymbol{p}\sigma)\rangle$ と表すことができる. そして, この際の励起エネルギーは $\omega=(\boldsymbol{p}+\boldsymbol{q})^2/2m-\boldsymbol{p}^2/2m$ である.

一方, 後者は $\varepsilon^{(\rm R)}_{\rm RPA}(\boldsymbol{q},\omega_q)=0$ という条件が鍵になっていて, これは分散関係が $\omega=\omega_q$ であるプラズモンの励起に対応している (第 9 巻の 201～202 ページを参照). そして, この場合, $S_{\rm RPA}(\boldsymbol{q},\omega)$ は $S_{\rm RPA}(\boldsymbol{q},\omega)\propto\delta(\omega-\omega_q)$ のようにデルタ関数的に振る舞うが, このプラズモンモードは q がある臨界波数 $q_{\rm c}(\approx m\omega_p/p_{\rm F})$ より小さいときのみ存在しうる. ここで, $\omega_p\equiv\sqrt{4\pi e^2N/\Omega_t m}$ は長波長極限でのプラズマ振動数 ($\omega_p=\lim_{q\to 0}\omega_q$) である.

これらⓐとⓑの両方の場合を併せて $S_{\rm RPA}(\boldsymbol{q},\omega)\neq 0$ の領域を (q,ω) 空間で

描いたのが図 2.5(b) である．なお，電子–正孔 1 対励起領域は式 (2.50) の条件式に沿って決められている．もちろん，この条件式はフェルミ球の基底状態 $|0\rangle$ から出発してエネルギーと運動量の両保存則に整合的に電子–正孔 1 対励起状態を作り上げることが可能な範囲を示している．

2.9 節では電子ガス系の (ほぼ) 正確な $S(\boldsymbol{q},\omega)$ の全容を示し，それと比較しつつ，この RPA での動的構造因子 $S_{\mathrm{RPA}}(\boldsymbol{q},\omega)$ の結果を図示するが，ここではいくつかの項目を立てて，$S_{\mathrm{RPA}}(\boldsymbol{q},\omega)$ を通して見えてくる物理に対する補足説明をするとともに，RPA が不十分なために派生する事柄も前もって整理しておこう．

① 式 (2.47) から分かるように，電子密度演算子 $\rho_{\boldsymbol{q}}^{+}$ は無限個の項の和になっているが，ⓐの状況で励起された状態 $|1e(\boldsymbol{p}+\boldsymbol{q}\sigma)-1h(\boldsymbol{p}\sigma)\rangle$ はこのうちのただ 1 つの項が個別に $|0\rangle$ に作用してできたものと考えられるので，これを「**個別励起**」と呼ぶ．そして，これに対応する図 2.5(b) の領域を「個別励起領域」という．

② これに対して，ⓑのプラズモン励起では $\rho_{\boldsymbol{q}}^{+}$ の中のどれか 1 つの項が特別に大きな寄与をするというのではなく，どれもがせいぜい $O(1/N)$ 程度の小さな重みしかないものの，$O(N)$ 個の項が同じ向きの (波動の重ね合わせとして正のコヒーレンスを持った) 電荷ゆらぎを形成して，全体として有限の効果を持ってきたものである．このように，プラズモン励起では非常に多くの電子–正孔対がコヒーレントに集団的に励起され，電気分極を引き起こしているので，これを「**集団励起**」と呼ぶ．

③ 集団励起であるプラズモン状態は元の電子とは定性的にまったく違う素励起と認識されている．そして，それは系の電子数 N がマクロな数であって，しかも，金属状態にある (あるいは，少なくとも考えているエネルギースケールで電子が局在していないと見なせる) ときに初めて発現するものである．

④ RPA では電場に対する応答を自由電子的に捉えるので，この近似下では電子–正孔 1 対励起状態 $|1e(\boldsymbol{p}+\boldsymbol{q}\sigma)-1h(\boldsymbol{p}\sigma)\rangle$ はよい固有励起状態であり，したがって，これは式 (2.46) の右辺に現れる $|n\rangle$ の中の 1 つと見なすことができる．しかしながら，現実には，形成された電子と正孔の間には

クーロン引力が働いており，その相互作用のために $|1e(\boldsymbol{p}+\boldsymbol{q}\sigma)-1h(\boldsymbol{p}\sigma)\rangle$ は固有励起状態ではない．実際，この引力相互作用を (通常，梯子形近似で) 取り込んだベーテ–サルペーター (BS: Bethe–Salpeter) 方程式を解くことによって電子–正孔間の実空間での束縛効果，すなわち,「**励起子効果**」(excitonic effect) を考慮した固有励起状態 $|\text{excitonic}\rangle$ を作り上げることができる．この固有励起状態は電子–正孔 1 対だけで形成されるが，$|\text{excitonic}\rangle=\sum_{\boldsymbol{p}} a_{\boldsymbol{p}}|1e(\boldsymbol{p}+\boldsymbol{q}\sigma)-1h(\boldsymbol{p}\sigma)\rangle$ と書き表すことができるように，個別励起状態の組 $\{|1e(\boldsymbol{p}+\boldsymbol{q}\sigma)-1h(\boldsymbol{p}\sigma)\rangle\}$ の重ね合せになる．そして，その重ね合せの確率振幅 $a_{\boldsymbol{p}}$ は BS 方程式から決定される．

⑤ RPA を越えて電子間相互作用の効果を取り込もうとすれば，上述した励起子効果だけでなく，電子–正孔対が 2 つ以上励起される「**電子–正孔多対励起**」も高次の電子間相互作用で可能になる．なお，先に述べたプラズモン励起も電子–正孔多対励起といえるが，それとの主な違いは多対励起がコヒーレントに起こっているか，否かということになる．どれもが同じ程度の重みで多数の電子–正孔対がインコヒーレントに励起されてしまうと，それぞれの電子–正孔対分極による電荷ゆらぎがお互いに相殺しあって有限の効果が観測しがたくなる．したがって，インコヒーレントな電子–正孔多対励起が物理的な重要性をもって観測されるのは，せいぜい，数対の電子–正孔励起までということが予想される．

⑥ この電子–正孔多対励起の場合，エネルギーと運動量の両保存則を満たすことは電子–正孔 1 対励起のときほどには問題にならない．したがって，(q,ω) 空間の全域で電子–正孔多対励起が可能になる．ただ，励起自体は制限なく起こりうるが，$S(\boldsymbol{q},\omega)$ への寄与の大きさという点では電子–正孔 1 対励起が一番である．たとえば，ω が小さいとき，電子–正孔 1 対励起では，パウリの排他律に起因した位相空間での制限から $S(\boldsymbol{q},\omega)\propto\omega$ である (このことは，直接的には式 (2.50) からもすぐに分かる) が，電子–正孔 n 対励起では，パウリの排他律による制限がより厳しくなって，$S(\boldsymbol{q},\omega)\propto\omega^{2n-1}$ となる．それゆえ，電子–正孔 1 対励起よりもずっと弱い効果しか期待できないことになる．

⑦ プラズモン励起モードはエネルギーと運動量の両保存則が満たされる限り，電子–正孔対励起状態に遷移して減衰しうる．RPA で電子–正孔 1 対励起しか起こらない (考えない) ときは，図 2.5(b) で示したように，$q < q_{\rm c}$ ではプラズモンは電子–正孔 1 対励起領域の外にあるので，決して減衰しない．しかし，$q > q_{\rm c}$ ではプラズモンは電子–正孔 1 対励起を起こして強く減衰してしまう．この減衰機構を「**ランダウ・ダンピング**」と呼ぶ．RPA では，このランダウ・ダンピングを避けるように q が $q_{\rm c}$ 近傍で ω_q が電子–正孔 1 対励起領域の縁に沿って上昇する．もちろん，これが現実の状況を記述しているわけではなく，実際には，電子–正孔 1 対励起領域の外でもプラズモンは電子–正孔多対励起を起こして減衰する．そして，それと同時に，プラズモン励起のコヒーレンス性が劣化してプラズマ振動の要である自発誘起電場が弱くなり，その結果として，RPA での ω_q よりも低いエネルギーの分散関係を持つプラズモンになる．ただし，f 総和則 (第 9 巻の式 (I.4.167)) の要請によって，長波長極限での値 $\lim_{q\to 0}\omega_q$ は ω_p のままで変化しない．

以上まとめると，$S(\boldsymbol{q},\omega)$ は固体中に引き起こされた密度ゆらぎが時間とともにどのように変化していくかを定量的に明らかにするものである．そして，電子系全体の集団励起モードであるプラズモンなどの素励起のエネルギーやその寿命 (すなわち，緩和・減衰過程)，また，準粒子の複合体としての電子–正孔対生成など，個別励起過程についての情報も与えるもので，たいへんに重要な物理量である．本章の目的の 1 つは，RPA を越えて，電子–正孔対励起の詳細，その励起と集団励起との絡み合いなどを調べることである．

2.1.8　有限サイズ系とバルク系の関係

これまで，$G^{(\mathrm{R})}_{\sigma\sigma'}(\boldsymbol{r},\boldsymbol{r}';\omega)$ と $S(\boldsymbol{q},\omega)$ という 2 つの重要な物理量の形式的な定義から始めて，それらが持つ物理的意味合い，そして，自由電子ガス系での具体的な関数形，また，それらがいかに実験で測定されるかという点も含めて解説してきた．

ところで，本来の大きな目標は超伝導の微視的理論，とりわけ，BCS (Bardeen–Cooper–Schrieffer) 理論やエリアシュバーグ (Eliashberg) 理論を詳細に解説し，かつ，これらの理論を越える試みを紹介することであるが，それを行う上でグリーン関数法に慣れてもらうこと，そして，それによって1電子グリーン関数をより深く理解してもらうことは欠かせない．このことを視野に入れて，本章の次節以降では，$G^{(\mathrm{R})}_{\sigma\sigma'}(\boldsymbol{r},\boldsymbol{r}';\omega)$ や $S(\boldsymbol{q},\omega)$ を (専ら正常状態においてではあるが，) さらに検討していく．その際，これらの物理量が，定性的にも定量的にも，相互作用の影響をいかに受けるかを明確にすることが主眼になる．

さて，固体，すなわち，相互作用のある多電子系で全電子数 N が事実上無限大の場合，$G^{(\mathrm{R})}_{\sigma\sigma'}(\boldsymbol{r},\boldsymbol{r}';\omega)$ や $S(\boldsymbol{q},\omega)$ についての確実な (そして，できれば厳密な) 情報を第一原理的に得ることは (少なくとも現在のところ) たいへんに困難である．そこで，相互作用を第一原理的にできるだけ厳密に取り扱うものの，$N\to\infty$ の条件には目をつぶり，まずは N が有限の小さな値の場合を調べてみようとすることは自然な発想であろう．これは式 (1.1) の断熱近似下の第一原理のハミルトニアンに即していえば，系に含まれるイオンの数 N_i が有限個の場合を出発点として考えようということである．

数学的に厳密にいえば，有限の N_i では (熱力学関数の非解析性が決して現れないので) 相転移現象は絶対に起こらないことになるが，物理的には N_i が有限でも十分に大きくなれば，$G^{(\mathrm{R})}_{\sigma\sigma'}(\boldsymbol{r},\boldsymbol{r}';\omega)$，あるいは，$S(\boldsymbol{q},\omega)$ などの相関関数に (少なくとも2次相転移ならば) 相転移現象の兆しが顕著に認められるはずである．それでは，いったい物理的にみて N_i が幾つ位になれば，N_i が数個という原子・分子の状況から質的に新しい (相転移現象が起こりうる) バルク (bulk) の固体の状況へ事実上移り変わったといえるのであろうか．もちろん，この移り変わりはクロスオーバー的なものであろうが，その境目の N_i は次のような考察から簡単に推定できる．

いま，図2.6に模式的に示したように，L 個の原子で一辺が構成された立方体からなる $N_i=L^3$ 個の原子集団のクラスターを考えよう．このとき，表面にある原子の数は，概算でいえば $L\times L$ 個の面が6面あることから $6L^2$ 個 (正確には $6L^2-12L+8$ 個) である．この表面原子の数が立方体内部の原子数の半分以下であるという条件は $6L^2-12L+8\le L^3/2$，すなわち，$L\ge 10$ ということになる．したがって，N_i がおおむね1000までは基本的に “表面” にある

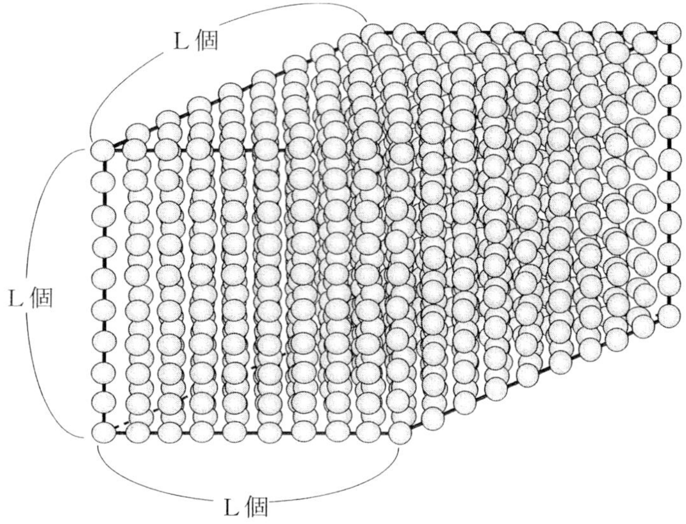

図 2.6　一辺 L 個の原子からなる立方体

原子数が“内部(バルク)”にある原子数よりも大きく，系全体の性質は“表面”原子のそれを反映していることになる．一方，N_i がそれ以上になると“内部”原子の性質が“表面”のそれを凌駕していくことになる．

以上のような見積もりから，$N_i \approx 1000$ が原子・分子の状況からバルクの状況へと質的な変換を遂げるひとつの目安であることが分かる．しかしながら，この N_i が 1000 程度の系を第一原理のハミルトニアンに即して解くことはたいへんな難問で，現在のところ，基底状態については密度汎関数理論 (DFT)，励起状態の情報を含む $S(\boldsymbol{q},\omega)$ などの相関関数については時間依存密度汎関数 (TDDFT) に頼らざるを得ない[109)]が，前章の最後にも触れたように，これら DFT や TDDFT では $G^{(\mathrm{R})}_{\sigma\sigma'}(\boldsymbol{r},\boldsymbol{r}';\omega)$ が得られない．

原理上のことをいえば，この $G^{(\mathrm{R})}_{\sigma\sigma'}(\boldsymbol{r},\boldsymbol{r}';\omega)$ を計算するためには，多体電子波動関数の基底状態，および，それと $\psi_\sigma(\boldsymbol{r})$ や $\psi^+_{\sigma'}(\boldsymbol{r}')$ などの電子場演算子を通して強く結びついている励起状態のすべてが正確に分かっている必要がある．現実問題として，このようなことが可能かもしれないのは N_i がごく小さくて，系全体の電気的中性条件で決まる全電子数 N が数個からせいぜい 10 個程度の場合に限られてしまう．実際，N がこのように小さくなれば，量子モンテカルロ法[110]や量子化学計算のいろいろな手法，たとえば，配位間相互作用 (CI: Configuration Interaction) 法[111]を用いると，多体電子波動関数をかなり正確に取り扱うことができる．そして，少なくとも基底状態は，そして，うまく工夫すれば，いくつかの励起状態[112]が (ほぼ) 厳密に求められることになる．しかしながら，基底状態と電子場演算子で強く結びつく励起状態を網羅することは期待しがたいので，$G^{(\mathrm{R})}_{\sigma\sigma'}(\boldsymbol{r},\boldsymbol{r}';\omega)$ を正しく求めることはたいへんに難しいことになる[113]．さらにいえば，このような小さな系で，たとえ $G^{(\mathrm{R})}_{\sigma\sigma'}(\boldsymbol{r},\boldsymbol{r}';\omega)$ が得られたとしても，その情報から固体中の準粒子の振舞いを想像することは必ずしも自明ではなく，(その正当性が厳密に証明されないような) なにがしかの仮定を導入する必要があろう．

2.1.9 本章の内容

以上，現時点での理論の状況を述べてきたが，このような諸事情を考慮して，本章では (いささか残念ではあるが) 必ずしも第一原理のハミルトニアンで記述される系にこだわらないで，$G^{(\mathrm{R})}_{\sigma\sigma'}(\boldsymbol{r},\boldsymbol{r}';\omega)$ や $S(\boldsymbol{q},\omega)$ を調べたい．その際に，① 考える系を模型化して簡単にするが，その代わりにその模型の厳密解を求めて近似によらない正確な振舞いをきちんと押さえる，あるいは，② 近似理論を展開するが，その代わりに対象とするものは模型ではなく，第一原理系とする，のいずれかに重点を置いて解説を進めたいと思う．

具体的にいえば，まず，2.2 節や 2.3 節では，それぞれ，$N_i = 1$ や $N_i = 2$ など，イオンの数 (サイト数)N_i がたいへんに小さい有限サイズ系の場合に厳密な $G^{(\mathrm{R})}_{\sigma\sigma'}(\boldsymbol{r},\boldsymbol{r}';\omega)$ を求めて，この関数の振舞いと，それが持つ物理的な意味合いを吟味したい．ただ，N_i がこのように小さいといえども，第一原理のハミルトニアンを対象としたのでは厳密解を得るのは難しいので，その代わりに，第 9 巻の式 (I.1.6) で紹介したハバード模型[114,115]に基づいて議論を展開する．このハバード模型では，サイト数 N_i が小さい場合は厳密な $G^{(\mathrm{R})}_{\sigma\sigma'}(\boldsymbol{r},\boldsymbol{r}';\omega)$ を得ることができるので，それを検討し，その 1 電子グリーン関数についての正確な情報をしっかりとつかんでおくことは重要である．そして，これを通して (有限サイズ系であることやトイ (toy) 模型としての限界はあるものの) 多体効果の典型的な発現の様相についての洞察を深めたいと思う．

なお，**ハバード模型やその類縁模型は**固体中の電子の振舞いのうちで，ある一片の真実を捉えているに過ぎない．それゆえ，これらの模型を扱う際には，常に，これらは**現実そのものであるという誤解をしないように**注意しておく必要がある．そして，これらのモデルハミルトニアンに基づく解析が考えている現象・物質にどれほどに本質的かを注意深く検討しなければならない．このことを念頭に置いて，本章でもハバード模型の妥当性に関する考察を (完全というには程遠いものであるが，) 付け加えている．

さて，$N_i \to \infty$ では，たとえ模型を採用したとしても 1 次元系を除けば[116] 厳密解は得られないので，模型を解析する最大のメリットが失われる．これを考慮して，2.4 節で 1 次元系での厳密解から得られている知識を取りまとめた後，式 (1.1) で表される第一原理のハミルトニアンそのものに立脚して $N_i \to \infty$ の場合を取り扱うことにする．特に，そのハミルトニアンをどのような近似理論で解くかということに焦点を絞る．そして，ここでは場の量子論に基づく解析を行うことにするが，近似の導入に先立ち，2.5 節では 1 電子グリーン関数を決定する厳密な方程式群を導く．その次の 2.6 節では，第 9 巻の 3.3.8 項で解説したラッティンジャー–ワード (Luttinger–Ward) の厳密な摂動展開形式[117] の復習から始めて第 9 巻の 3.3.10 項でも述べた**「ベイム–カダノフ (Baym–Kadanoff) の保存近似法」**[118] を紹介し，それに基づく **FLEX** (Fluctuation-exchange) **近似**[119] に軽く触れる．また，2.7 節では**「ヘディン (Hedin) 理論」**[120] とその **GW 近似**[121] を解説し，そして，2.8 節では，これら 2 つの近似理論の統合した形として (第 9 巻の 3.3.11 項では軽く触れた) **「自己エネルギー改訂演算子理論」**[122] と，それから導かれる **GWΓ 法**[123] を説明する．最後に 2.9 節では，この，GWΓ 法を実際に電子ガス系に適用した結果を示す．なお，現実に相互作用のある系では常にそうであるように，$G^{(\mathrm{R})}_{\sigma\sigma'}(\boldsymbol{r},\boldsymbol{r}';\omega)$ と $S(\boldsymbol{q},\omega)$ は相互に依存しているものなので，これらはお互いに自己無撞着に決定されるべきである．ここに挙げた近似理論ではそのような理論構造になっている．

2.2 1サイトのモデル系

2.2.1 陽子1個を中心に置いた系

2.1.4 項では，1電子グリーン関数の例として自由電子ガス系でのそれ，$G^{(0)}_{\boldsymbol{p}\sigma}(i\omega_p)$，および，それから空間的なフーリエ逆変換と $i\omega_p \to \omega + i0^+$ という解析接続によって得られる $G^{(0:R)}(\boldsymbol{r};\omega)$，を具体的に示した．

ところで，第9巻の3.3.7項では，1電子グリーン関数 G に対するダイソン (Dyson) 方程式 (I.3.146) を導き，G の決定は自己エネルギー Σ のそれに帰着されることをみた．この Σ の情報を得るという観点からいえば，自由電子ガス系はあまり適切な例ではない．実際，その系では電子間相互作用を一切考えていないので，自己エネルギー Σ はゼロである．

それでは，相互作用の効果を考慮すると，いったい電子の自己エネルギー Σ はどのような振舞いを示すのであろうか．これを調べるのが本章の主要目的の1つであるが，ここでは，電子間相互作用があるものの，できるだけ簡単な模型を作り上げて Σ の性質を調べてみよう．そのために，まず，イオン1個の場合 (**1サイト系**) を取り扱うことにするが，第一原理のハミルトニアン (1.1) に照らして考えてみると，一番簡単と思えるものは陽子1つの系であろう．

そこで，その質量は無限大と仮定して陽子を1つだけ座標原点に置き，その後，系に含まれる電子の数 N をゼロから順に1つずつ増やしてみよう．図2.7にその状況を模式的に示してみたが，まず，(a) そこに電子がいない ($N=0$ で化学記号でいえば，H^+ の) ときには系全体のエネルギー $E_0^{(0)}$ はゼロである．(あるいは，エネルギーの原点をこのように決めたといえる.) 次に，(b) そこにスピンが上向きか下向きの電子を1つ入れた ($N=1$ で化学記号でいえば，H の) ときには，その基底状態エネルギー $E_0^{(1)}$ は水素原子のそれで，$-13.6057\,\mathrm{eV}$ ($=-0.5\,\mathrm{hartree}$) である．さらに，(c) スピンが上向きと下向きの電子をそれぞれ1つずつ入れた ($N=2$ で化学記号でいえば，H^- の水素負イオンの) ときには，基底状態はこれら2電子の束縛状態を形成し，その水素負イオンのエネルギー $E_0^{(2)}$ は $-14.3608\,\mathrm{eV}$ ($=-0.527751\,\mathrm{hartree}$)[124) である．

ところで，本来，式 (1.1) のハミルトニアンで陽子が1つだとしても，電子

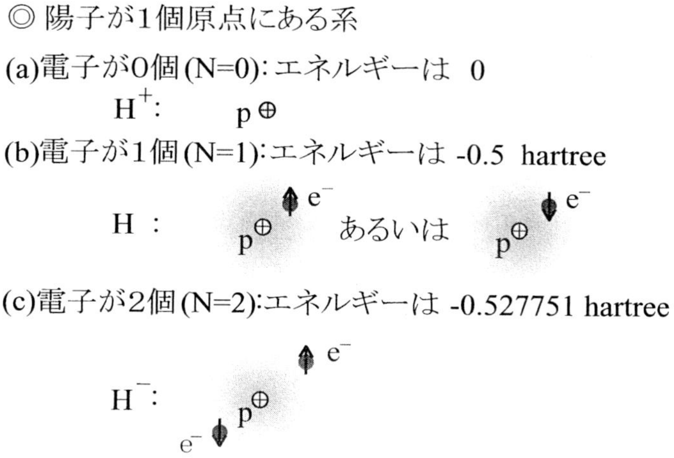

図 2.7 その質量は無限大と仮定した陽子 1 個の系に電子を，(a) 0 個，(b) 1 個，(c) 2 個入れて束縛状態が作られた場合のそれぞれの基底状態エネルギー．なお，陽子による電子の束縛状態の空間的な拡がり方はおおむね 1s 状態の波動関数の形で記述されるが，その拡がり方のサイズは (b) と (c) では違っていて，後者は前者の約 1.4 倍であることに注意されたい．

数 N が 1 以上ならば，基底束縛状態以外にも (離散エネルギースペクトルを持つ束縛，および，連続エネルギースペクトルを形成する非束縛の) 励起状態が無数に存在する．しかしながら，いま，電子が系に入ると，その全電子数に応じた唯一の各基底束縛状態に速やかに緩和してしまうと仮定して (すなわち，基底状態に緩和する時間よりも長い時間スケールで考えることにして)，それぞれの N についてその基底状態のみを考慮するという状況を設定してみよう．すると，これをうまく記述するハミルトニアン H として，

$$H = (\varepsilon_0 - \mu)(n_\uparrow + n_\downarrow) + U n_\uparrow n_\downarrow \tag{2.52}$$

のような第 2 量子化されたモデルが考えられる．ここで，スピン σ の電子数演算子 n_σ はその電子の消滅演算子を c_σ と書くと，$n_\sigma = c_\sigma^+ c_\sigma$ である．(なお，1 サイト系では位置を区別する必要がないので，c_σ にはサイトを表す添字が省かれている．) また，1 体のエネルギー準位ともいうべき ε_0 を $-0.5\,\mathrm{hartree}$ と取

ると中性水素原子の基底状態にうまく対応しており，さらに，有効電子間相互作用 U を 12.8506 eV (= 0.472249 hartree) と選べば，H^- の基底状態の状況もうまく表現されている．なお，グランドカノニカル分布で熱平均を考えるので，式 (2.52) には化学ポテンシャル μ も陽に記してある．

次項以降で式 (2.52) で与えられたモデルハミルトニアン H を解析的に解き，その意味合いを吟味するが，その前にこの陽子 1 個の系に関連して，いくつかの注意を与えておこう．

① 式 (2.52) では全電子数 N の最大値は 2 であるが，それはモデル化を考える際に H^{2-} というイオンが存在しないので，$N \leq 2$ であるとしたからである．もう少し一般的にいうと，原子数 Z の原子核がそのまわりに束縛できる全電子数 N には制限があって，

$$N < 2Z + 1 \tag{2.53}$$

という条件を満たさねばならない[125)]．

ちなみに，陽子と電子を入れ替えて考えときは，H_2^+(水素分子イオン：基底状態エネルギーは −0.60263 hartree[126)]) や H_3^+ (プロトン化水素分子：基底状態エネルギーは −1.3299 hartree) の束縛状態は存在するが，H_3^{2+}(すなわち，陽子が 3 個で電子が 1 個の系) の束縛状態は存在しない．

② 図 2.7 の (b) では電子は 1s 状態の波動関数 $\phi_{1s}(\boldsymbol{r})(= e^{-r/a_1}/\sqrt{\pi a_1^3})$ で記述され，その拡がり a_1 は 1 ボーア半径 $a_B(= 0.5292\text{Å})$ である．一方，(c) においても同様に，電子の空間的な拡がりはおおむね 1s 状態の波動関数で記述される．しかしながら，その拡がり a_2 は a_1 と同じではない．ビリアル定理を用いると，この a_2 は次のように評価される．

まず，N 電子系の基底状態エネルギー $E_0^{(N)}$ は運動エネルギーの期待値 $\langle T\rangle_N$ と $E_0^{(N)} = -\langle T\rangle_N$ の関係式で結びついている．しかるに，$\langle T\rangle_N \approx N/2ma_N^2$ と近似的に評価されるので，

$$\frac{a_2}{a_1} = \sqrt{\frac{2E_0^{(1)}}{E_0^{(2)}}} \approx 1.38 \tag{2.54}$$

ということになり，H^- は H に比べて約 2.6 倍の体積を持つことになる．

なお，式 (2.52) によって記述されたモデル化ではこの体積の違いは捨象されているが，1サイト問題ではなく，多サイト問題になって電子のサイト間の跳び移りを考えるようになると，この点を再考する必要がある．

③ ところで，水素負イオン H^- の存在はハートリー–フォック近似のような1体近似では説明できない．すなわち，H^- の基底状態の波動関数 $\Psi_0(\boldsymbol{r}_1\sigma_1, \boldsymbol{r}_2\sigma_2)$ をスピン1重項のスピン部分の波動関数 $\chi_{S=0}(\sigma_1, \sigma_2)$ と (空間の反転操作で対称になる) 空間部分の波動関数 $\Psi(\boldsymbol{r}_1, \boldsymbol{r}_2)$ との積で書いた場合，

$$\Psi(\boldsymbol{r}_1, \boldsymbol{r}_2) = \frac{e^{-(r_1+r_2)/a_2}}{\pi a_2^3} \tag{2.55}$$

という形では束縛状態は得られず，2つの電子間の避け合いの効果 (**電子間相関効果**) を取り入れなければならない．そのために，式 (2.55) の変分関数ではなく，A を規格化定数として，

$$\Psi(\boldsymbol{r}_1, \boldsymbol{r}_2) = A\, e^{-(r_1+r_2)/a_2}\, f(|\boldsymbol{r}_1 - \boldsymbol{r}_2|) \tag{2.56}$$

の形で与えるとよいことが知られている．ここで，$f(r)$ は「**ジャストロー (Jastrow) 因子**」[127) と呼ばれているもので，r が小さくて2つの電子が近づいている状況では，r が大きいとき (2電子間の距離が大きいとき) よりもずっとその値が小さくなるような関数形である．具体的には β を変分パラメータとして，$f(r) = 1 + \beta r$ なり，$f(r) = 1 - \exp(-\beta r^2)$ なり，$f(r) = \beta r^2/(1 + \beta r^2)$ なりを考えて基底状態エネルギーの期待値を最適化すればよい．

このようなジャストロー因子を持ち込むと，一方の電子から陽子を眺めた場合，他方の電子はおおむね陽子の背後にいることになるので，電子に働く陽子のクーロン引力の効果は格段に強まり，束縛状態が形成されるようになる．

なお，たとえ1体近似を用いたとしても束縛状態を記述できるヘリウム原子の場合でも，同じようにジャストロー因子を導入して電子間相関効果を取り入れることが重要である．そして，この因子の効果で電子の波動関数はハートリー–フォック近似でのそれよりも縮んで，アルファー

粒子の原子核にずっと近づくことになる[128].

④ 量子化学的なアプローチとしては，式 (2.56) のような関数形を考える代わりに CI 法を用いて，いくつかのスレーター行列式の和として展開する方が普通である．ただし，ヘリウム原子と同様にこの場合も水素原子系の基底関数系で展開することは不適当で，通常の MCSCF (Multiconfiguration Self-Consistent-Field) 法[129] のように (陽子の位置でのカスプ定理を正確に満たすことを断念することになるとはいえ)，ガウシアン基底関数系を採用するのがよい．それは前者を用いると，基底関数系のうちで束縛状態の部分ではなく，非束縛の連続エネルギースペクトル状態の部分が重要となり，そのため，たいへんな計算量を覚悟しなければならないからである[128].

2.2.2 1サイト系の1電子グリーン関数

さて，式 (2.52) で与えられるハミルトニアン H で記述される1サイト系における1電子温度グリーン関数 $G_\sigma(\tau)$ は演算子 $c_\sigma(\tau)(\equiv e^{\tau H}c_\sigma e^{-\tau H})$ や $c_{\sigma'}^+$ を用いると，

$$G_{\sigma\sigma'}(\tau) = -\langle T_\tau c_\sigma(\tau) c_{\sigma'}^+ \rangle \tag{2.57}$$

のように定義される．そこで，これを解析的に厳密に解くことを考えてみよう．

一般に，1サイト系に限らず，電子数 N (や考えているサイト数) があまり大きくない (10 個程度からせいぜい 100 個の) 場合に1電子温度グリーン関数を求めようとすると，$N=\infty$ の場合とは少し違った発想 (アプローチ) で問題に取り組むことになる．そして，そのアプローチは大きく分けて次のような2つに分類されよう．

① **スペクトル関数からのアプローチ：**

この手法では，まず，系の固有状態 (できればすべて，できなければ，基底状態と電子場演算子で強く結びつく励起状態すべて) を求め，次に，それらを用いて式 (2.5) にしたがってスペクトル関数 $A_{\sigma\sigma'}(\boldsymbol{r},\boldsymbol{r}';\omega)$ を直接的に計算する．そして，得られたスペクトル関数を式 (2.6)，あるいは，式 (2.11) に代入して1電子グリーン関数を求めるものである．

これは N が数個というような場合は手で計算できるし，それ以上に大きい N の場合はいわゆる「**数値厳密対角化**」の方法で電子計算機を用いて計算すればよい．

② **演算子代数からのアプローチ：**

①の方法は固有状態に焦点を合わせたものといえるが，もう1つの方法は演算子に焦点を合わせたもので，電子場演算子の虚時間 τ 方向の時間発展を追う方法である．その際，リー (Lie) 代数のような微分幾何学の代数演算で計算できるものから，それは不可能で経路積分の形に書き下して量子モンテカルロ計算が必要なものもある．特に，後者の発展した方法の1つとしては，「**蛇行モンテカルロ** (Reptation Monte Carlo) **法**」[113) が提案されている．

ここでは，これら2つのアプローチの実例を紹介するために，両方の立場から式 (2.57) で定義された $G_{\sigma\sigma'}(\tau)$ を求めてみるが，普通は N が10程度以下なら①の，それ以上なら②のアプローチを選択するとよい．

2.2.3　スペクトル関数からのアプローチ

このアプローチでは系のすべての固有状態を考慮することになるので，まず，固有状態の総数を数えてみる必要があるが，式 (2.52) のような1サイト系での状態は各スピンの電子数で指定できる．そして，$n_\uparrow$ が0か1の2通り，同様に，$n_\downarrow$ も0か1の2通りなので，すべての状態は $2 \times 2 = 4$ 通りということになる．

次に，これらの固有状態を保存量によって分類すると便利である．保存量はハミルトニアン H と交換する物理量を探すことになるが，ここでは全電子数 $N = n_\uparrow + n_\downarrow$ を考えればよい．このとき，$[H, N] = 0$ はすぐに確かめられる．

そこで，N の大きさにしたがってすべての固有状態を書き出すことにするが，もちろん，これは図2.7で示した4つの状況に対応するものである．

① $N = 0$ では系に1つの電子もない真空状態 $|0\rangle \equiv |\mathrm{vacuum}\rangle$ で，そのエネルギーはゼロである ($E_0 = 0$)．

② $N = 1$ では系に上向きスピンの電子が1つあるか，下向きスピンの電子が1つあるかのいずれかであるので，状態としては $|1\rangle \equiv c_\uparrow^+|\mathrm{vacuum}\rangle$

か，$|2\rangle \equiv c_{\downarrow}^{+}|\mathrm{vacuum}\rangle$ であるが，エネルギーは 2 重縮重していて，$E_1 = E_2 = \varepsilon_0 - \mu$ である．

③ $N = 2$ では系に上向きスピンの電子と下向きスピンの電子がそれぞれ 1 つずつある場合で，状態は $|3\rangle \equiv c_{\uparrow}^{+}c_{\downarrow}^{+}|\mathrm{vacuum}\rangle$ で表され，エネルギーは $E_3 = 2(\varepsilon_0 - \mu) + U$ である．

このように，すべての状態が決められたので，スペクトル関数はその定義通りに素直に計算すれば求められる．すなわち，

$$A_{\sigma\sigma'}(\omega) = \frac{1}{Z}\sum_{n,m=0}^{3} e^{-\beta E_n}\langle n|c_{\sigma'}^{+}|m\rangle\langle m|c_{\sigma}|n\rangle\delta(\omega + E_m - E_n) + \frac{1}{Z}\sum_{n,m=0}^{3} e^{-\beta E_n}\langle n|c_{\sigma}|m\rangle\langle m|c_{\sigma'}^{+}|n\rangle\delta(\omega + E_n - E_m) \quad (2.58)$$

の定義式に従うと，スペクトル関数は

$$A_{\uparrow\uparrow}(\omega) = A_{\downarrow\downarrow}(\omega) = \frac{1}{Z}\Big[(1 + e^{-\beta(\varepsilon_0-\mu)})\delta(\omega - \varepsilon_0 + \mu) + e^{-\beta(\varepsilon_0-\mu)}(1 + e^{-\beta(\varepsilon_0+U-\mu)})\delta(\omega - \varepsilon_0 - U + \mu)\Big] \quad (2.59)$$

$$A_{\uparrow\downarrow}(\omega) = A_{\downarrow\uparrow}(\omega) = 0 \quad (2.60)$$

のような結果が得られる．ここで，大分配関数 Z は

$$Z = e^{-\beta\Omega} = \sum_{n=0}^{3} e^{-\beta E_n} = 1 + 2e^{-\beta(\varepsilon_0-\mu)} + e^{-\beta(2\varepsilon_0+U-2\mu)} \quad (2.61)$$

で与えられる．

このスペクトル関数の結果を使うと，1 電子温度グリーン関数は

$$\begin{aligned} G_{\uparrow\uparrow}(i\omega_p) &= \int_{-\infty}^{\infty} d\omega\ \frac{A_{\uparrow\uparrow}(\omega)}{i\omega_p - \omega} = \frac{1 + e^{-\beta((\varepsilon_0-\mu)}}{Z}\frac{1}{i\omega_p - \varepsilon_0 + \mu} \\ &\quad + \frac{e^{-\beta(\varepsilon_0-\mu)}(1 + e^{-\beta(\varepsilon_0+U-\mu)})}{Z}\frac{1}{i\omega_p - \varepsilon_0 - U + \mu} \\ &= \frac{1 - \langle N\rangle/2}{i\omega_p - \varepsilon_0 + \mu} + \frac{\langle N\rangle/2}{i\omega_p - \varepsilon_0 - U + \mu} \end{aligned} \quad (2.62)$$

$$G_{\downarrow\downarrow}(i\omega_p) = G_{\uparrow\uparrow}(i\omega_p) \quad (2.63)$$

$$G_{\uparrow\downarrow}(i\omega_p) = G_{\downarrow\uparrow}(i\omega_p) = 0 \quad (2.64)$$

のように計算される．ここで，平均の全電子数 $\langle N \rangle$ は $\Omega = -T \ln Z$ を使って，

$$\langle N \rangle = -\left(\frac{\partial \Omega}{\partial \mu}\right)_T = \frac{2}{Z}\left[e^{\beta(\mu-\varepsilon_0)} + e^{\beta(2\mu-2\varepsilon_0-U)}\right] \tag{2.65}$$

で与えられる．

なお，今の場合，スピンの向きに関して対称であるので，

$$\langle n_\uparrow \rangle = \langle n_\downarrow \rangle = \frac{\langle N \rangle}{2} \tag{2.66}$$

が成り立つ．このことを考慮すると，式 (2.63) から式 (2.65) に書き下されている1電子温度グリーン関数は

$$G_{\sigma\sigma'}(i\omega_p) = \delta_{\sigma\sigma'}\left(\frac{1-\langle n_{-\sigma}\rangle}{i\omega_p - \varepsilon_0 + \mu} + \frac{\langle n_{-\sigma}\rangle}{i\omega_p - \varepsilon_0 - U + \mu}\right) \tag{2.67}$$

のようにまとめて書き表すことができる．

2.2.4 演算子代数からのアプローチ

1電子温度グリーン関数に対するもう1つのアプローチは演算子の代数演算を行うものであるが，ここでは $c_\sigma(\tau) \equiv e^{\tau H} c_\sigma e^{-\tau H}$ を簡単な形に還元して，その τ 依存性を明確にしよう．そのために，第9巻の3.2節で紹介した公式 (I.3.77)，すなわち，

$$e^A B e^{-A} = B + [A,B] + \frac{1}{2!}[A,[A,B]] + \frac{1}{3!}[A,[A,[A,B]]] + \cdots \tag{2.68}$$

を使おう．すると，

$$e^{\tau H} c_\uparrow e^{-\tau H} = c_\uparrow + \tau[H,c_\uparrow] + \frac{\tau^2}{2!}[H,[H,c_\uparrow]] + \frac{\tau^3}{3!}[H,[H,[H,c_\uparrow]]] + \cdots \tag{2.69}$$

ということになるが，たとえば，τ の1次項においては

$$[H, c_\uparrow] = -(\varepsilon_0 - \mu)c_\uparrow - U n_\downarrow c_\uparrow \tag{2.70}$$

であるが，これを

$$[H, c_\uparrow] = \Big((\mu - \varepsilon_0)(1 - n_\downarrow) + (\mu - \varepsilon_0 - U)n_\downarrow\Big)c_\uparrow \tag{2.71}$$

と書き直しておこう．

まったく同様に，τ の 2 次項に関連して，

$$[H, [H, c_\uparrow]] = (-\varepsilon_0 + \mu - Un_\downarrow)^2 c_\uparrow \tag{2.72}$$

が得られるが，これも

$$[H, [H, c_\uparrow]] = \Big((\mu - \varepsilon_0)^2(1 - n_\downarrow) + (\mu - \varepsilon_0 - U)^2 n_\downarrow\Big)c_\uparrow \tag{2.73}$$

のように書き直すことができる．さらに，τ の 3 次項では

$$[H, [H, [H, c_\uparrow]]] = \Big((\mu - \varepsilon_0)^3(1 - n_\downarrow) + (\mu - \varepsilon_0 - U)^3 n_\downarrow\Big)c_\uparrow \tag{2.74}$$

となる．以下，同様に計算して τ の無限次項までの和を取ると，

$$e^{\tau H} c_\uparrow e^{-\tau H} = e^{\tau(\mu - \varepsilon_0)}(1 - n_\downarrow)c_\uparrow + e^{\tau(\mu - \varepsilon_0 - U)} n_\downarrow c_\uparrow \tag{2.75}$$

が得られ，指数関数の引数に演算子が含まれない形に還元できた．

この式 (2.75) を 1 電子温度グリーン関数の定義式 (2.57) に代入すると，

$$\begin{aligned} G_{\uparrow\uparrow}(\tau) &= -\theta(\tau)\langle c_\uparrow(\tau)c_\uparrow^+\rangle + \theta(-\tau)\langle c_\uparrow^+ c_\uparrow(\tau)\rangle \\ &= -\theta(\tau)\Big(e^{\tau(\mu-\varepsilon_0)}\langle(1 - n_\downarrow)(1 - n_\uparrow)\rangle + e^{\tau(\mu-\varepsilon_0-U)}\langle n_\downarrow(1 - n_\uparrow)\rangle\Big) \\ &\quad +\theta(-\tau)\Big(e^{\tau(\mu-\varepsilon_0)}\langle n_\uparrow(1 - n_\downarrow)\rangle + e^{\tau(\mu-\varepsilon_0-U)}\langle n_\uparrow n_\downarrow\rangle\Big) \end{aligned} \tag{2.76}$$

が得られる．これをフーリエ級数に変換すると，

$$\begin{aligned} G_{\uparrow\uparrow}(i\omega_p) &= \int_0^\beta d\tau e^{i\omega_p \tau} G_{\uparrow\uparrow}(\tau) \\ &= \langle(1 - n_\downarrow)(1 - n_\uparrow)\rangle \frac{1 + e^{\beta(\mu-\varepsilon_0)}}{i\omega_p - \varepsilon_0 + \mu} \\ &\quad +\langle n_\downarrow(1 - n_\uparrow)\rangle \frac{1 + e^{\beta(\mu-\varepsilon_0-U)}}{i\omega_p - \varepsilon_0 - U + \mu} \\ &= \frac{1 - \langle n_\downarrow\rangle}{i\omega_p - \varepsilon_0 + \mu} + \frac{\langle n_\downarrow\rangle}{i\omega_p - \varepsilon_0 - U + \mu} \end{aligned} \tag{2.77}$$

が得られる．ここで，第2式から第3式への移行において，

$$\langle n_\uparrow n_\downarrow \rangle = \left(\frac{\partial \Omega}{\partial U}\right)_T = \frac{e^{\beta(2\mu - 2\varepsilon_0 - U)}}{Z} \tag{2.78}$$

の関係式を使っていることに注意されたい．同様に，$G_{\downarrow\downarrow}(i\omega_p)$ や $G_{\uparrow\downarrow}(i\omega_p)$，$G_{\downarrow\uparrow}(i\omega_p)$ なども計算できるが，これら1電子温度グリーン関数の結果は前項で導いたもの，すなわち，式 (2.67) とまったく同じであることは言うまでもあるまい．

2.2.5　1サイト系の自己エネルギー

1電子グリーン関数 $G_{\sigma\sigma}(i\omega_p)$ が解析的に正確に式 (2.67) のように得られたので，次に自己エネルギー $\Sigma_{\sigma\sigma}(i\omega_p)$ を求めてみよう．

まず，式 (2.67) の中で $U = 0$ と取ると，$G_{\sigma\sigma'}(i\omega_p)$ は $\delta_{\sigma\sigma'}/(i\omega_p - \varepsilon_0 + \mu)$ に還元されることに注意しよう．この相互作用の無い系での1電子グリーン関数 $G^{(0)}_{\sigma\sigma'}(i\omega_p)[\equiv \delta_{\sigma\sigma'}/(i\omega_p - \varepsilon_0 + \mu)]$ をダイソン方程式 (I.3.146) に代入すると，$G_{\sigma\sigma}(i\omega_p)$ は

$$G_{\sigma\sigma}(i\omega_p) = \frac{1}{i\omega_p - \varepsilon_0 + \mu - \Sigma_{\sigma\sigma}(i\omega_p)} \tag{2.79}$$

の関係式で $\Sigma_{\sigma\sigma}(i\omega_p)$ と結びついていることになる．そこで，この関係式を逆に解いて $\Sigma_{\sigma\sigma}(i\omega_p)$ を $G_{\sigma\sigma}(i\omega_p)$ で表すと，

$$\begin{aligned} \Sigma_{\sigma\sigma}(i\omega_p) &\equiv G^{(0)}_{\sigma\sigma}(i\omega_p)^{-1} - G_{\sigma\sigma}(i\omega_p)^{-1} \\ &= i\omega_p - \varepsilon_0 + \mu - G_{\sigma\sigma}(i\omega_p)^{-1} \end{aligned} \tag{2.80}$$

になるが，これに式 (2.67) を代入すると，

$$\Sigma_{\sigma\sigma}(i\omega_p) = U\langle n_{-\sigma}\rangle \, \frac{i\omega_p - \varepsilon_0 + \mu}{i\omega_p - \varepsilon_0 + \mu - U(1 - \langle n_{-\sigma}\rangle)} \tag{2.81}$$

が得られる．

ところで，自己エネルギーにおいて相互作用の1次項のみを残す近似はハートリー–フォックの平均場近似と呼ばれるが，この近似での自己エネルギー $\Sigma_{\sigma\sigma,\mathrm{HF}}(i\omega_p)$ は式 (2.81) で与えられた正確な自己エネルギーを U について展

開し，その1次の寄与のみを残せば，

$$\Sigma_{\sigma\sigma,\mathrm{HF}}(i\omega_p) = U\langle n_{-\sigma}\rangle \equiv \Sigma_{\sigma\sigma,\mathrm{H}} \tag{2.82}$$

ということになる．なお，U の1次の項は (相互作用の効果を静的に平均を取った1体ポテンシャルに置き換えるハートリー–フォック近似では常にそうであるように) 振動数 $i\omega_p$ に依存しない．また，式 (2.52) のハミルトニアン H では同じスピン間には相互作用が働かないので交換相互作用はない．したがって，ハートリー–フォック近似といっても自己エネルギーの交換項 (フォック部分) はゼロであるので，式 (2.82) では $\Sigma_{\sigma\sigma,\mathrm{H}}$ と書いた．

ちなみに，この $\Sigma_{\sigma\sigma,\mathrm{H}}$ の結果は次のように考えても得られる．いま，ハミルトニアン H の中の相互作用項 $Un_\uparrow n_\downarrow$ を

$$\begin{aligned} Un_\uparrow n_\downarrow &= U\Big(n_\uparrow - \langle n_\uparrow\rangle\Big)\Big(n_\downarrow - \langle n_\downarrow\rangle\Big) \\ &\quad + U\Big(\langle n_\uparrow\rangle n_\downarrow + n_\uparrow\langle n_\downarrow\rangle - \langle n_\uparrow\rangle\langle n_\downarrow\rangle\Big) \end{aligned} \tag{2.83}$$

のように書き直そう．そして，この式 (2.83) の第1項は平均からのずれを表す“**ゆらぎの寄与**”と見なせるものなので,「平均場」の寄与のみを残すという「平均場近似」を採用するとすれば，これは無視してもよいように思える．そこで，この項を無視する (これを “**切断近似**” と呼ぶ) と，H は

$$\begin{aligned} H \to H_{\mathrm{HF}} &\equiv (\varepsilon_0 - \mu)(n_\uparrow + n_\downarrow) \\ &\quad + U\langle n_\uparrow\rangle n_\downarrow + Un_\uparrow\langle n_\downarrow\rangle - U\langle n_\uparrow\rangle\langle n_\downarrow\rangle \end{aligned} \tag{2.84}$$

のようにハートリー–フォック近似でのハミルトニアン H_{HF} に還元される．なお，この H_{HF} の最終項は定数でハミルトニアン演算子の中では省略しても良さそうに見えるが，これは $\langle H_{\mathrm{HF}}\rangle$ の計算において相互作用に起因するエネルギーの大きさがこの近似における正しい値 $U\langle n_\uparrow\rangle\langle n_\downarrow\rangle$ を再現するように残されている．

そこで，この H_{HF} に基づいて前項で解説した演算子代数を用いて1電子温度グリーン関数 $G_{\sigma\sigma,\mathrm{HF}}(i\omega_p)$ を計算すると，

$$G_{\sigma\sigma,\mathrm{HF}}(i\omega_p) = \frac{1}{i\omega_p - \varepsilon_0 + \mu - U\langle n_{-\sigma}\rangle} \tag{2.85}$$

が簡単に得られる．そして，この式 (2.85) の結果と式 (2.79) を比べると，この近似での自己エネルギーは式 (2.82) で与えられる $\Sigma_{\sigma\sigma,\mathrm{H}}$ であることが分かる．

2.2.6 ハーフフィルドの場合

このように，正確な自己エネルギー $\Sigma_{\sigma\sigma}(i\omega_p)$ とハートリー-フォック近似でのそれ，$\Sigma_{\sigma\sigma,\mathrm{H}}$，が求められたので，これらの物理的意味合いを考えていこう．不必要な複雑さを避けるために，これからは「**電子–正孔対称**」の場合のみを考えることにする．ここで，電子–正孔対称というのは化学ポテンシャル μ として

$$\mu = \varepsilon_0 + \frac{U}{2} \tag{2.86}$$

と選ぶと，2.2.3 項で定義した 4 つの状態 $|n\rangle$ のそれぞれにおけるエネルギー準位 E_n は

$$E_0 = E_3 = 0 \text{ かつ } E_1 = E_2 = -\frac{U}{2} \tag{2.87}$$

ということになり，全電子数 N について $N \leftrightarrow 2 - N$ という変換で対称的なエネルギー配置になるという意味である．このような状況下では温度 T の大きさにかかわらず，

$$\langle n_\uparrow \rangle = \langle n_\downarrow \rangle = \frac{1}{2} \tag{2.88}$$

が得られ，これはそれぞれのスピンについて電子の平均占有数は収容可能最大数のちょうど半分 (**ハーフフィルド**: half-filled) になることを示している．なお，これはかなり特殊な状況と考えられるかもしれないが，自己エネルギーの物理的な意味を考える際には十分に一般的であり，実際，たとえ μ が式 (2.86) を満たさない場合であっても，これから述べること以上に新しい物理が出てくるわけではない．

さて，このハーフフィルドの状況では 1 電子温度グリーン関数は

$$G_{\sigma\sigma}(i\omega_p) = \frac{1}{2}\frac{1}{i\omega_p + U/2} + \frac{1}{2}\frac{1}{i\omega_p - U/2} \tag{2.89}$$

であるので，これを解析接続し，ω 空間でフーリエ逆変換すると 1 電子遅延グ

リーン関数 $G^{(\mathrm{R})}_{\sigma\sigma}(t)$ は簡単に求められて，その結果は

$$G^{(\mathrm{R})}_{\sigma\sigma}(t) = \int_{-\infty}^{\infty} \frac{d\omega}{2\pi} e^{-i\omega t} \frac{1}{2}\left(\frac{1}{\omega + U/2 + i0^+} + \frac{1}{\omega - U/2 + i0^+}\right)$$
$$= -i\theta(t)\frac{1}{2}(e^{iUt/2} + e^{-iUt/2}) = -i\theta(t)\cos(Ut/2) \qquad (2.90)$$

となる．これは周期 $4\pi/U$ の周期関数であり，特に，$t = t_n \equiv \pi(1+2n)/U$(ここで，$n = 0, 1, 2, 3, \cdots$) でゼロになるが，これは 1 電子遅延グリーン関数の元来の意味からいえば，時刻 $t = 0$ で系に注入した裸の電子をちょうど t_n の時間間隔を経て観測すると，その電子をまったく確認できないということを示していて，誠に "奇妙な結果" を得ていることになる．

一方，対応するハートリー–フォック近似のそれ，$G^{(\mathrm{R})}_{\sigma\sigma,\mathrm{HF}}(t)$，は

$$G^{(\mathrm{R})}_{\sigma\sigma,\mathrm{HF}}(t) = \int_{-\infty}^{\infty} \frac{d\omega}{2\pi} e^{-i\omega t} \frac{1}{\omega + i0^+} = -i\theta(t) \qquad (2.91)$$

のようになり，今度は常に 100%の確率で電子を確認できるという一見きわめて真っ当な結果を得ているが，式 (2.90) の正確な結果と比べると，U がゼロでない限り，$G^{(\mathrm{R})}_{\sigma\sigma,\mathrm{HF}}(t)$ は決して (定性的にも) 正しい結果を与えていないことは注目に値する．

2.2.7 自己エネルギーの振動数依存性と平均場描像の破れ

それでは，なぜこのような大きな違いが出るのであろうか．その理由を詳しく探ってみよう．まず，今の場合，遅延自己エネルギー $\Sigma^{(\mathrm{R})}_{\sigma\sigma}(\omega)$ は式 (2.81) より，

$$\Sigma^{(\mathrm{R})}_{\sigma\sigma}(\omega) = \frac{U}{2} + \frac{U^2}{4}\frac{1}{\omega + i0^+} \qquad (2.92)$$

となり，ω に強く依存することが分かるが，一方，ハートリー–フォック近似の $\Sigma_{\sigma\sigma,\mathrm{H}}$ は一定で，その値は

$$\Sigma_{\sigma\sigma,\mathrm{H}} = \frac{U}{2} \qquad (2.93)$$

である．したがって，U が小さくて U の 1 次の項だけで $\Sigma^{(\mathrm{R})}_{\sigma\sigma}(\omega)$ の振舞いが決定されているのであれば，これら 2 つの自己エネルギーはほぼ一致するはず

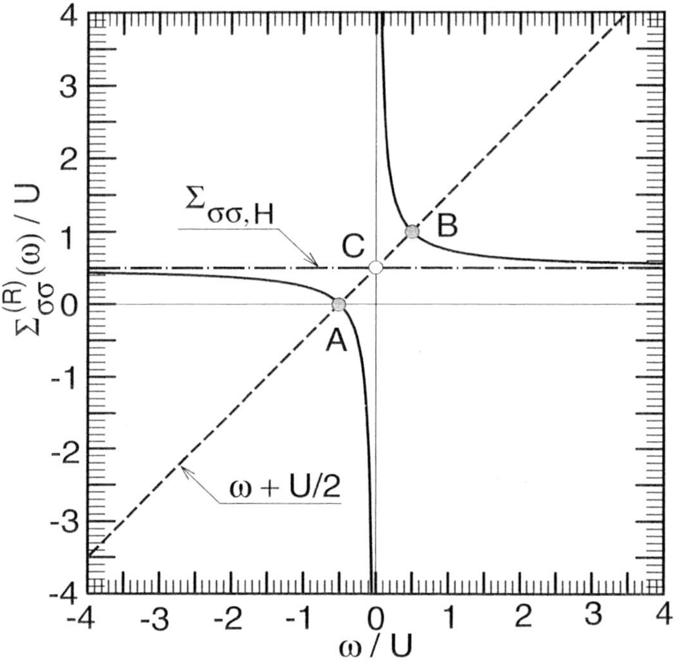

図 2.8　ハーフフィルドの1サイト系における遅延自己エネルギー $\Sigma^{(\mathrm{R})}_{\sigma\sigma}(\omega)$(実線) とそのハートリー–フォック近似での値 $\Sigma_{\sigma\sigma,\mathrm{H}} = U/2$ (1点鎖線). 1電子遅延グリーン関数の極は遅延自己エネルギーと直線 $\omega + U/2$ (破線) との交点 (A点及びB点の2点) で与えられるが，ハートリー–フォック近似ではC点のみが交点である.

であるが，図2.8からも明らかなように，この式(2.92)の第2項は $\omega \to 0$ で発散するので，この第2項が第1項に比べて無視できるためには単に U が小さいというよりも，$|\omega|/U \gg 1$ という条件が必要であることが分かる.

ところで，物理的に問題になる ω は1電子遅延グリーン関数 $G^{(\mathrm{R})}_{\sigma\sigma}(\omega)$ の極での値 (オンシェル値: on-shell value) で，それは

$$\omega + \frac{U}{2} = \Sigma^{(\mathrm{R})}_{\sigma\sigma}(\omega) \tag{2.94}$$

という方程式を解くことで求められる．図2.8に示したように，(ω, y) 平面で直線 $y = \omega + U/2$ と曲線 $y = \Sigma^{(\mathrm{R})}_{\sigma\sigma}(\omega)$ との交点をグラフから読み取るという

方法でこの方程式 (2.94) を実際に解いてみると，正しい自己エネルギーを使った場合には (U がゼロでない限り) 解として 2 つ，A 点 ($\omega = \omega_{\mathrm{A}} \equiv -U/2$) と B 点 ($\omega = \omega_{\mathrm{B}} \equiv U/2$)，があるのに対して，ハートリー–フォック近似の自己エネルギー (一定値 $U/2$) を使った場合には C 点 ($\omega = \omega_{\mathrm{C}} \equiv 0$) の 1 点だけが解となる．数学的にいえば，この解の数の違いが式 (2.90) と式 (2.91) との大きな違いを生む理由といえる．そして，方程式 (2.94) の解が 2 つ出てくるためには**遅延自己エネルギーの ω 依存性が決定的に重要**であったことになる．

これまでの解析で分かってきた状況に関連して，以下のような 6 つの注意を与えておこう．

① **量子干渉効果：**

式 (2.90) の $G^{(\mathrm{R})}_{\sigma\sigma}(t)$ における周期性は A 点に対応する状態 (状態 A) と B 点のそれ (状態 B) の 2 つの状態の量子干渉効果として捉えられる．より詳しくは次項で改めて触れることにする．

② **エネルギー依存有効 1 体ポテンシャル：**

ところで，実際の電子において実現される状態は A か B であるが，そのうち，状態 A (そのエネルギー状態は $-U/2$) では遅延自己エネルギー，すなわち，その電子が感じている 1 体の有効ポテンシャルはゼロであるが，状態 B(そのエネルギー状態は $U/2$) ではそれは U ということになる．このように，この例は電子が感じる有効 1 体ポテンシャルはその電子の状況 (その持っているエネルギー) に依存すること (自己の状況に依存する有効 1 体ポテンシャルエネルギーであること[130]) を明確に示している．

③ **平均場描像の破れ：**

ハートリー–フォック近似での自己エネルギー $\Sigma_{\sigma\sigma,\mathrm{H}}$ は上で考えた 2 つの有効 1 体ポテンシャル (0 と U) の平均値 $U/2$ ということになる．この意味で $\Sigma_{\sigma\sigma,\mathrm{H}}$ で与えられる有効 1 体ポテンシャルというものは正確な有効 1 体ポテンシャルの平均を与えているもの (**平均場近似**) という意味を持つことが分かる．同時に，今の場合，この平均場近似は物理的にまったく間違った結果を与えているが，その理由は実際の電子は状態 C で表される平均的な状態を決して経験するわけではないということである．

もう少し物理的に式 (2.52) のハミルトニアン H に基づいて説明すれ

ば，たとえば，↑スピンの電子が来た場合，平均場近似では↓スピンの電子が平均的にその場にいる確率 $\langle n_\downarrow \rangle$ でその影響を受けた有効1体ポテンシャル $U\langle n_\downarrow \rangle = U/2$ を感じているという描像である．しかしながら，↑スピンの電子がこのような平均的な状況を経験することは決してなく，本当に感じている有効ポテンシャルは↓スピンの電子の状況に依存していて，それが実際にその場にいなければ有効1体ポテンシャルはゼロ (状態 A) であるのに対して，↓スピンの電子がそこにいれば U(状態 B) の有効1体ポテンシャルが働いているのである．

このように，平均場近似の想定している状況を実際の電子は決して経験しない場合には架空の状況を記述するに過ぎない平均場近似は基本的に破れるものであると認識すべきである[131]．

④ **モット転移の物理：**

式 (2.92) の遅延自己エネルギー $\Sigma^{(\mathrm{R})}_{\sigma\sigma}(\omega)$ はたいへんに面白い形をしている．まず，$U \neq 0$ である限り，これは $\omega = 0$ で発散するが，このことは $\omega \to 0$ の状態の電子には無限に大きな有効1体ポテンシャルが働くことを意味し，尋常の状態でないことを示している．あるいは，1電子遅延グリーン関数でいえば，$\omega \to 0$ で $G^{(\mathrm{R})}_{\sigma\sigma}(\omega) \to 0$ ということになり，裸の電子としての性質をまったく失うということになる．

1サイト問題ではなく，多サイト系でこのような状況が起これば，電子は伝搬しない (絶縁的になる) ということも示唆するような性質である．実際，電子間クーロン斥力による多電子系の金属絶縁体転移は**モット転移**[132] と呼ばれ，自己エネルギーの $\omega \to 0$ (すなわち，フェルミ準位における) 発散としても捉えられるものである．

⑤ **摂動展開の切断：**

相互作用 U に関する摂動計算の観点から式 (2.92) を眺めたとき，摂動の3次以上の項はすべて消えていて，2次までの計算で十分である (すなわち，摂動展開が正確に2次で切断されている) という事実はたいへんに興味深い．

実際，2次摂動の寄与を表すファインマン・ダイアグラムは図 2.9 (あるいは，第9巻の図 3.4 の $\Sigma^{(2a)}$) に示された通りであり，これに対応す

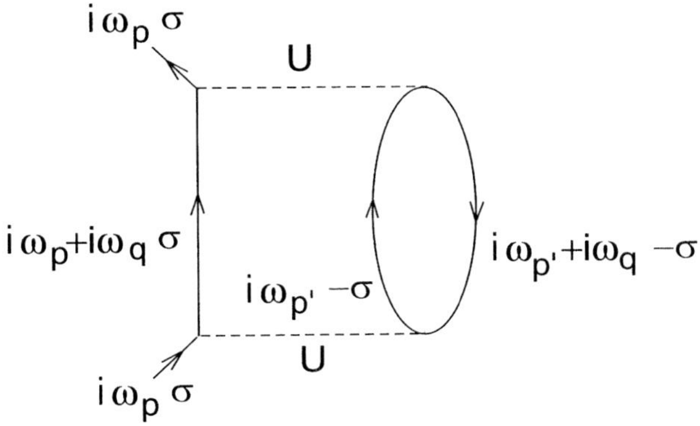

図 2.9 自己エネルギーの 2 次摂動の寄与を表すファインマン・ダイアグラム

る自己エネルギー $\Sigma^{(2)}_{\sigma\sigma}(i\omega_p)$ は

$$\begin{aligned}\Sigma^{(2)}_{\sigma\sigma}(i\omega_p) &= -U^2T\sum_{\omega_q}T\sum_{\omega_{p'}}G^{(0)}(i\omega_p+i\omega_q)G^{(0)}(i\omega_{p'})G^{(0)}(i\omega_{p'}+i\omega_q)\\ &= U^2T\sum_{\omega_q}G^{(0)}(i\omega_p+i\omega_q)\frac{\delta_{\omega_q,0}}{4T}=\frac{U^2}{4}\frac{1}{i\omega_p}\end{aligned}\tag{2.95}$$

のように計算される．そして，この式 (2.95) で $i\omega_p \to \omega + i0^+$ によって解析接続をすると，式 (2.92) の第 2 項が再現されることが分かる．ここで，相互作用のない場合の化学ポテンシャル $\mu^{(0)}$ は式 (2.86) を参考にすると，$\mu^{(0)} = \varepsilon_0$ であることが分かるので，相互作用のない場合の 1 電子温度グリーン関数 $G^{(0)}(i\omega_p)$ は

$$G^{(0)}(i\omega_p) = \frac{1}{i\omega_p - \varepsilon_0 + \mu^{(0)}} = \frac{1}{i\omega_p}\tag{2.96}$$

である．また，第 9 巻の松原振動数の和に関する公式 (I.3.175) を用いて得られる

$$\begin{aligned}T\sum_{\omega_{p'}}G^{(0)}(i\omega_{p'})G^{(0)}(i\omega_{p'}+i\omega_q) &= \lim_{a\to 0}T\sum_{\omega_{p'}}\frac{1}{i\omega_{p'}-a}\frac{1}{i\omega_{p'}+i\omega_q}\\ &= \lim_{a\to 0}\frac{f(a)-f(0)}{a+i\omega_q} = \delta_{\omega_q,0}f'(0) = -\frac{\delta_{\omega_q,0}}{4T}\end{aligned}\tag{2.97}$$

という関係式を使っている．以上の結果を組み合わせると，今の場合，1電子温度グリーン関数 $G_{\sigma\sigma}(i\omega_p)$ は

$$G_{\sigma\sigma}(i\omega_p) = \frac{1}{i\omega_p - U^2 G^{(0)}(i\omega_p)/4} \tag{2.98}$$

のように表されていることが分かる．そして，このことは自己エネルギーに対して同じような摂動計算を U の3次以上の高次項について行うと(それぞれの摂動項は必ずしもゼロにならないが)，ハーフフィルドの状況下ではすべて相殺してしまうことを意味している．

⑥ **状態の緩和効果：**

ハミルトニアン H を式 (2.52) で表すときに，それぞれの N における基底状態への緩和を考慮すべきであると注意したが，その緩和の効果を現象論的に自己エネルギーの中に取り込むことを考えよう．

そのために，たとえば，式 (2.92) で与えられた遅延自己エネルギー $\Sigma^{(\mathrm{R})}_{\sigma\sigma}(\omega)$ において，γ を緩和時間の逆数に比例したある現象論的な定数として，

$$\Sigma^{(\mathrm{R})}_{\sigma\sigma}(\omega) = \frac{U}{2} + \frac{U^2}{4}\frac{1}{\omega + i\gamma} \tag{2.99}$$

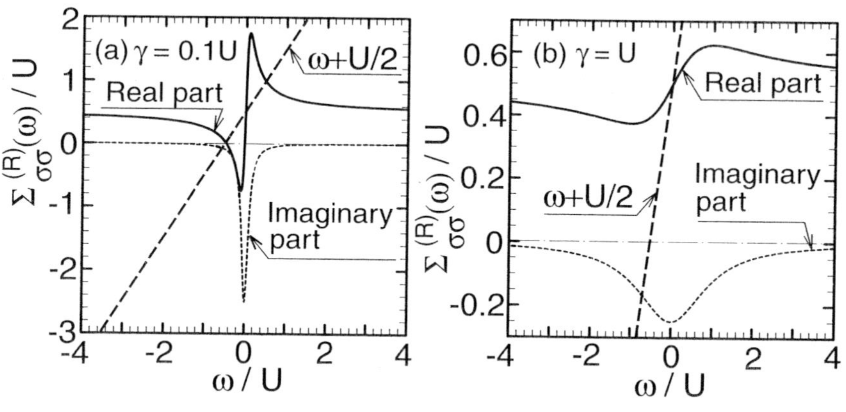

図 2.10　緩和効果を現象論的に考慮した自己エネルギー．(a) $\gamma = 0.1U$ の場合，(b) $\gamma = U$ の場合．

のように書き直そう．すると，自己エネルギー $\Sigma_{\sigma\sigma}^{(\mathrm{R})}(\omega)$ の実部と虚部は図 2.10 のように振る舞う．そして，この図，特に，自己エネルギーの実部を表す曲線 $y = \mathrm{Re}\,\Sigma_{\sigma\sigma}^{(\mathrm{R})}(\omega)$ と直線 $y = \omega + U/2$ との交点の数が γ の大きさによって変化することから分かるように，1 電子遅延グリーン関数 $G_{\sigma\sigma}^{(\mathrm{R})}(\omega)$ の極の構造が γ に依存して定性的に違ってくる．

実際，図 2.10(a) のように γ が U に比べてずっと小さい場合には $\gamma = 0^+$ である図 2.8 の状況と基本的に同じであり，$\omega = \pm U/2$ 近傍にある 2 つの交点は図 2.8 における A，B の 2 点に対応している．なお，この図で $\omega = 0$ 近傍にある真ん中の交点では自己エネルギーの虚部の絶対値がたいへんに大きいので，この交点がただちに 1 電子遅延グリーン関数の極であるとはいえない．

一方，図 2.10(b) のように γ が U と同程度以上になると，そもそも，A 点や B 点に対応する極がなくなり，$\omega = 0$ 近傍における交点だけとなる．ただ，今の場合は，この交点における自己エネルギーの虚部の絶対値がそれほど大きくはないので，式 (2.5) で定義されるスペクトル関数 $A_{\sigma\sigma}(\omega) \equiv -\mathrm{Im}\,G_{\sigma\sigma}^{(\mathrm{R})}(\omega)/\pi$ にはブロードなピーク構造が現れることになる．

このことを数式を通して見るために $A_{\sigma\sigma}(\omega)$ を計算してみると，

$$
\begin{aligned}
A_{\sigma\sigma}(\omega) &= -\frac{1}{\pi}\,\mathrm{Im}\,\frac{1}{\omega + U/2 - \Sigma_{\sigma\sigma}^{(\mathrm{R})}(\omega)} \\
&= \frac{\gamma}{\pi}\,\frac{U^2/4}{(\omega^2 + \gamma^2/2 - U^2/4)^2 + (U^2 - \gamma^2)\gamma^2/4}
\end{aligned}
\tag{2.100}
$$

が得られる．これから，$\gamma < U/\sqrt{2}$ では $A_{\sigma\sigma}(\omega)$ には 2 つのピーク構造が現れるが，$\gamma > U/\sqrt{2}$ では $\omega = 0$ に中心がある 1 つの緩やかなピーク構造を持つように変化していくことが分かる．ちなみに，この 1 つのピーク構造を持つ状況は平均場近似のそれと類似のものであるが，これは緩和を通して図 2.8 における状態 A と状態 B の平均化がもたらされた結果と見なせる．

2.2.8　量子干渉効果

前項の①で触れたように，式 (2.90) の $G^{(\mathrm{R})}_{\sigma\sigma}(t)$ と式 (2.91) の $G^{(\mathrm{R})}_{\sigma\sigma,\mathrm{HF}}(t)$ の振舞いの違いは，前者では $G^{(\mathrm{R})}_{\sigma\sigma}(\omega)$ における (A 状態と B 状態に対応する) 2 つの共鳴ピーク (準粒子ピーク) の量子干渉効果が現れているのに対して，後者では 1 つの準粒子ピークしかないので干渉がまったく現れなかったということである．それでは，$G^{(\mathrm{R})}_{\sigma\sigma}(t)$ における量子干渉効果とは物理的にはどのようなものと理解できるのであろうか．

この疑問に答えるために，たとえば，演算子 $c_{\uparrow,0}$ を

$$c_{\uparrow,0} \equiv (1-n_{\downarrow})c_{\uparrow} \tag{2.101}$$

で定義しよう．これは ↓ スピンの電子がそのサイトにいないことを確定した条件下での ↑ スピンの電子の消滅演算子である．この演算子のハイゼンベルグ表示 $c_{\uparrow,0}(t)$ は式 (2.52) で与えられるハミルトニアン H の下では

$$c_{\uparrow,0}(t) \equiv e^{iHt}c_{\uparrow,0}e^{-iHt} = e^{it(\mu-\varepsilon_0)}c_{\uparrow,0} \tag{2.102}$$

のように計算されるので，

$$G^{(\mathrm{R})}_{\uparrow\uparrow,0}(t) \equiv -i\theta(t)\langle\{c_{\uparrow,0}(t), c^{+}_{\uparrow,0}\}\rangle \tag{2.103}$$

で定義される遅延グリーン関数 $G^{(\mathrm{R})}_{\uparrow\uparrow,0}(t)$ はハーフフィルドの状況では

$$G^{(\mathrm{R})}_{\uparrow\uparrow,0}(t) = -i\theta(t)e^{it(\mu-\varepsilon_0)}\langle 1-n_{\downarrow}\rangle = -\frac{i}{2}\theta(t)e^{itU/2} \tag{2.104}$$

のように簡単に計算されてしまう．この式 (2.104) によれば，この $G^{(\mathrm{R})}_{\uparrow\uparrow,0}(t)$ には量子干渉効果はまったく見られないことになる．

まったく同様に，演算子 $c_{\uparrow,1}$ を

$$c_{\uparrow,1} \equiv n_{\downarrow}c_{\uparrow} \tag{2.105}$$

として，↓ スピンの電子がいることを確定した条件下での ↑ スピンの電子の消滅演算子を定義しよう．そして，

$$c_{\uparrow,1}(t) \equiv e^{iHt}c_{\uparrow,1}e^{-iHt} = e^{it(\mu-\varepsilon_0-U)}c_{\uparrow,1} \tag{2.106}$$

であることに注意すれば，遅延グリーン関数 $G^{(\mathrm{R})}_{\uparrow\uparrow,1}(t)$ はハーフフィルドで

$$
\begin{aligned}
G^{(\mathrm{R})}_{\uparrow\uparrow,1}(t) &\equiv -i\theta(t)\langle\{c_{\uparrow,1}(t), c^{+}_{\uparrow,1}\}\rangle \\
&= -i\theta(t)e^{it(\mu-\varepsilon_0-U)}\langle n_\downarrow\rangle = -\frac{i}{2}\theta(t)e^{-itU/2}
\end{aligned}
\tag{2.107}
$$

となり，やはり量子干渉効果は見られない．

これら式 (2.104) や式 (2.107) の結果と式 (2.90) の $G^{(\mathrm{R})}_{\sigma\sigma}(t)$ に対する結果を総合的に判断すれば，今の量子干渉効果は量子力学の初歩を教えている教科書の冒頭に紹介されている「**2 スリットにおける量子干渉問題**」[133) とまったく同じ性格のものであることが分かる．すなわち，↓スピンの電子がいない状況 (A 状態) といる状況 (B 状態) ということで定義される 2 つの "スリット" を考え，その両方を開けておいて現実にどちらが実現しているのかが分からないとき ($G^{(\mathrm{R})}_{\sigma\sigma}(t)$ を観測するとき) には量子干渉効果が現れるが，どちらか一方の "スリット" を閉じてしまって実現している状況が A 状態 ($G^{(\mathrm{R})}_{\uparrow\uparrow,0}(t)$ の観測) か，B 状態 ($G^{(\mathrm{R})}_{\uparrow\uparrow,1}(t)$ の観測) かを明確に限定してしまうと，途端に量子干渉効果が消えてしまうのである．

2.2.9　グリーン関数法の柔軟な活用

最後に，少々蛇足ではあるが，1 サイトのモデル系での 1 電子グリーン関数に関する様々な議論を踏まえて，物理の解明に当たってグリーン関数法をいかに柔軟に用いるべきかということにも触れておこう．1.1 節でも述べたように，根本的には多体系の状態はその波動関数が分かればすべて把握できるが，この多体波動関数に含まれる情報量はあまりにも多すぎて，たとえそれを得たとしても，それを解析してそこから重要な知識を導くことが容易でない．一方，実験的には，いくつかの物理量を観測し，得られた情報を総合的に判断しながら重要な知識を得ることになるので，現実問題として必要なものは，観測される物理量に含まれる程度の情報が正しく導かれる方法論ということになる．そして，波動関数そのものではなく，(任意の) 物理量の期待値を正確に計算する理論手法の 1 つとして「グリーン関数法」がある．

ところで，2.1.3 項では，裸の電子の物質中での振舞いを調べる目的で 1 電

子グリーン関数 $G^{(\mathrm{R})}_{\sigma\sigma'}(\boldsymbol{r},\boldsymbol{r}';t)$ を式 (2.1) で天下り的に導入したので，グリーン関数法というと，専らこの1電子グリーン関数にまつわる理論手法と理解されたかもしれない．しかしながら，それは正しくはない．実際，$G^{(\mathrm{R})}_{\sigma\sigma'}(\boldsymbol{r},\boldsymbol{r}';t)$ が導入されたのは，それが光電子分光実験で測られる物理量と直接的に関連しているからであって，もしも，他の実験で測られる別の物理量があれば，それに対応するグリーン関数を新たに定義して，それを解析すればよい．2.1節で述べた動的構造因子 $S(\boldsymbol{q},\omega)$，あるいは，電子密度応答関数 $Q^{(\mathrm{R})}_{\rho\rho}(\boldsymbol{q},\omega)$ などは物理量である電子密度 $\rho_{\boldsymbol{q}}$ に関するグリーン関数である．

さらにいえば，それが必ずしも容易に観測できないとしても，系の物理的特質を明らかにするような適当な物理量であれば，それに関するグリーン関数を定義して議論すればよい．前項で述べた $G^{(\mathrm{R})}_{\uparrow\uparrow,0}(t)$ や $G^{(\mathrm{R})}_{\uparrow\uparrow,1}(t)$ などはこのような考え方にしたがって導入されたものである．これを推し進めると，たとえば，準粒子を正確に定義できる演算子を知っていれば，それに関するグリーン関数を構成して，その振舞いを調べてみるのも興味深い．

今後，続巻の2番目の章ではBCS超伝導体中のクーパー対の様子を知るために，そのグリーン関数 (**電子対のゆらぎの伝搬子**) が定義され，その発散の様子が議論される．一見すれば，これは単なる数学的な観点から導入されたものと考えられるかもしれないが，物理的には裸の電子2個が対として系に注入されたときの系の応答を知りたい (観測したい) という目的の下での導入である．同様に，裸の電子ではなく，準粒子2個の対が注入されたときは一体どうなるかということも強相関系での超伝導機構解明という観点からたいへんに重要な問題であろう．

2.3　2サイトのモデル系

2.3.1　2サイト問題の意義

前節で取り扱ったような1サイト問題は基本的に原子の研究といえるものなので，固体物理における重要課題，たとえば，原子集団の凝集機構や電子の原子間の跳び移り (量子トンネル機構) とそれによる電子の伝搬・輸送現象などを研究することはできない．もっとも，真空中ではなく，媒質中の1原子問題を考えることによって，多原子系でのこのような課題を近似的に取り扱おうとする試み(**有効媒質近似**)[134]があり，その有用性は否定し難いが，その近似の定性的，および，定量的な評価も含めて多サイト系を直接的に考察する必要がある．特に，複数サイトにわたる電子の束縛状態，いわゆる弱局在性の問題やそれを含む電子輸送問題は有効媒質近似では取扱いが難しいものである．また，超伝導に関連してもクーパー対の大きさ(コヒーレンス長)が1サイトに収まらない場合は1サイト系での考察は適当でなく，多サイト系での研究が必須になってくる．

ところで，上に挙げた重要課題を研究する場合，多サイト系といってもすでに2サイト系を調べれば，その物理(少なくともその一端)は理解できる．この意味で2サイト問題は1サイト問題とは質的に異なる新しい局面を研究する舞台を与えていて，たいへんに基本的で重要なものといえる．実際，具体的な2サイト系の絶好の例であり，また，第一原理のハミルトニアン(1.1)で記述されるものの中で最も簡単な系である陽子2個の問題(水素分子)は化学結合機構研究の基礎中の基礎[135]である．

また，2サイト問題の研究は多サイトのモデル系における強結合極限での物理を解明する上でも欠かせないものである．これは次のような一般的な考察から分かることである．

そもそも，量子力学によって規定される電子系の状態は遍歴化を促す運動エネルギーの効果と局在化を求めるポテンシャルエネルギーの効果の競合下で決定されているものであるが，後者が前者を凌駕する場合には基本的に電子は局在化傾向を持つ．特に，相互作用の強い極限では電子は完全に局在し，その意味で，1サイト問題に還元されてしまうことになる．

さて，その極限状況よりも少し相互作用が弱い場合(相互作用の漸近状況では)，あるサイトに局在していた電子はごくたまに隣のサイトに跳び移ることになる．したがって，この状況下の物理を調べるには複数サイト系を取り扱わねばならないことが分かるが，ただ，跳び移った電子が(跳び移ったという記憶を残したまま)また別の新しいサイトに跳び移ることはごくごく稀なことなので，それを無視してしまうと，結局，相互作用の漸近状況では2サイト系の物理を究めるだけでよいことになる．そして，この議論は空間次元によらずに成り立つことなので，2サイト問題を通して強結合領域における電子状態の特徴を(特に相互作用の効果が電子のサイト間移動による運動エネルギー項の効果と競合することによっていかに変化していくかを)，空間の次元数に無関係に普遍的に捉えられることになる．とりわけ，2サイトのモデル系を用いれば(それが単純なトイ模型に過ぎないかもしれないとはいえ)，解析解に基づいて具体的なイメージをつかみながら強相関極限における電子の振舞いを議論できる可能性がある[136]．

2.3.2 2サイト・ハバード模型の導入

前節では式(2.52)で定義されたモデルハミルトニアン H に基づいて1サイトのモデル系を解析的な厳密解を与えて議論したが，この模型を拡張してできるだけ簡単な2サイトのモデル系を考えてみよう．

まず，2サイト系ではサイト内の問題とサイト間のそれに分けることができる．そして，前者については1サイト系のハミルトニアンをそのまま継承しよう．すなわち，サイト $j\ (=1,2)$ におけるハミルトニアン H_j は式(2.52)の形をそのまま採用して，

$$H_j = (\varepsilon_0 - \mu)(n_{j\uparrow} + n_{j\downarrow}) + U n_{j\uparrow} n_{j\downarrow} \tag{2.108}$$

としよう．ここで，j サイトにおけるスピン σ の電子の消滅演算子を $c_{j\sigma}$ とすると，$n_{j\sigma} = c_{j\sigma}^{+} c_{j\sigma}$ である．なお，2つのサイトは同等と仮定したので，1電子準位 ε_0 や有効電子間斥力 U はサイトによらない(j に依存しない)とした．

次に，サイト間の問題であるが，これは電子間の直接的な相互作用 V の効果と量子トンネル機構による電子の跳び移り効果に大別することができる．このうち，1体問題として取り扱うことができる後者の方が簡単であるので，とりあえずはこれのみを考えることにして，そのハミルトニアン H_t を

$$H_t = -t \sum_{\sigma} (c_{1\sigma}^{+} c_{2\sigma} + c_{2\sigma}^{+} c_{1\sigma}) \tag{2.109}$$

と書こう．ここで，t は「**跳び移り積分**」と呼ばれるパラメータである[137]．す

ると，全系のハミルトニアン H は

$$\begin{aligned}H &\equiv H_t + \sum_{j=1,2} H_j \\ &= -t\sum_{\sigma}(c_{1\sigma}^+ c_{2\sigma} + c_{2\sigma}^+ c_{1\sigma}) + \sum_{j\sigma}(\varepsilon_0 - \mu)n_{j\sigma} + \sum_{j} U n_{j\uparrow} n_{j\downarrow}\end{aligned} \tag{2.110}$$

となる．これが2サイト・ハバード模型である．

ところで，この H は**サイト表示**と呼ばれる $\{c_{j\sigma}\}$ を使った表現になっている．そして，この表現では H の中のサイト部分 $\sum_j H_j$ は ($n_{j\sigma}$ だけで書かれていることからも分かるように) 対角化されているが，H_t はそうはなっていない．そこで，この H_t を対角化する表現を考えてみよう．

もともと，H_t は 1 つの電子が同等の 2 つのサイト間を量子トンネルで往来する運動を表すものであるが，初等的な量子力学によれば，そのような量子トンネルによって作られる固有状態は基本的に 2 種類あって，1 つは各サイトの波動関数の和からなる状態 (**結合軌道**状態)，もう 1 つはそれらの差からなるもの (**反結合軌道**状態) である．そこで，これらに対応するものとして，$\{c_{j\sigma}\}$ の表現からユニタリー変換で得られる表現 $\{c_{k\sigma}\}$ を

$$c_{k\sigma} \equiv \frac{1}{\sqrt{2}}\Big(c_{1\sigma} + e^{-ik}\, c_{2\sigma}\Big) = \frac{1}{\sqrt{2}}\sum_{j=1,2} e^{-ik(j-1)} c_{j\sigma} \tag{2.111}$$

で定義しよう．ここで，k は結合軌道に対しては $k=0$，反結合軌道には $k=\pi$ を対応させることにする．そして，これら k は “運動量空間” 内 (さらにいえば，もしも 1 次元運動量空間で考えれば，区間 $(-\pi,\pi]$ の第 1 ブリルアン帯中) の点と見なすと，この $\{c_{k\sigma}\}$ を**運動量表示**と呼んでもよい．もちろん，式 (2.111) で定義されたユニタリー変換の逆変換は

$$c_{j\sigma} = \frac{1}{\sqrt{2}}\sum_{k=0,\pi} e^{ik(j-1)} c_{k\sigma} \tag{2.112}$$

である．この式 (2.112) を式 (2.109) に代入すると，

$$H_t = -t\sum_{\sigma}\Big(c_{0\sigma}^+ c_{0\sigma} - c_{\pi\sigma}^+ c_{\pi\sigma}\Big) = -t\sum_{k=0,\pi}\sum_{\sigma} \cos k\; c_{k\sigma}^+ c_{k\sigma} \tag{2.113}$$

が得られ，確かに H_t は運動量表示で対角化されている．

しかしながら，この表示ではサイト部分 $\sum_j H_j$ は対角化されていない．それを見るために，サイト表示でのスピン σ の電子密度演算子 $n_{j\sigma}$ を変換して，運動量表示での電子密度演算子，$\rho_{0\sigma}$ と $\rho_{\pi\sigma}$，を

$$\rho_{0\sigma} = n_{1\sigma} + n_{2\sigma} = c_{0\sigma}^+ c_{0\sigma} + c_{\pi\sigma}^+ c_{\pi\sigma} = \sum_{k=0,\pi} c_{k\sigma}^+ c_{k\sigma} \tag{2.114}$$

$$\rho_{\pi\sigma} = n_{1\sigma} - n_{2\sigma} = c_{0\sigma}^+ c_{\pi\sigma} + c_{\pi\sigma}^+ c_{0\sigma} = \sum_{k=0,\pi} c_{k\sigma}^+ c_{k+\pi\sigma} \tag{2.115}$$

でそれぞれ導入する (ただし，$c_{k+2\pi\sigma} = c_{k\sigma}$ と解釈する) と，$\sum_j H_j$ は

$$\sum_{j=1,2} H_j = (\varepsilon_0 - \mu) \sum_\sigma \rho_{0\sigma} + \frac{U}{2} \sum_{k=0,\pi} \rho_{k\uparrow} \rho_{k\downarrow} \tag{2.116}$$

のように書き直すことができる．なお，式 (2.114) や式 (2.115) から分かるように，$\rho_{0\sigma}$ は運動量表示で対角的であるが，$\rho_{\pi\sigma}$ はそうではない．この非対角な演算子 $\rho_{\pi\sigma}$ が相互作用部分に含まれるために式 (2.116) は運動量表示では対角的でないのである．

いずれにしても，式 (2.110) の H では電子のサイト間移動を表現する H_t と電子間のサイト内相互作用を記述する $\sum_j H_j$ を同時に対角化する表示は存在せず，したがって，これら拮抗する 2 つの効果の競合によってどのような電子状態が出現するか (すなわち，H を対角化しながらも，H_t や $\sum_j H_j$ を対角化しない状態はどのようなものか) を調べることが本節の主たる目的といえる．

2.3.3　2 サイト・ハバード模型での保存量

この電子状態の研究のために，この H の全固有状態を求めることになるが，その前に固有状態を分類する際に有用になる保存量を考察しておこう．系の保存量を探すことはハミルトニアン H と可換な演算子を見つけることと同等であるが，この系では以下に述べる全電子数演算子 N と全スピン演算子 $\boldsymbol{S}$ が考えられる．

a.　全電子数演算子

全電子数の演算子 N は式 (2.114) で定義された $\rho_{0\sigma}$ を用いると，$N = \rho_{0\uparrow} + \rho_{0\downarrow}$ であるが，簡単に分かるように，

$$[H, n_{1\sigma}] = [H_t, n_{1\sigma}] = -t\Big(-c_{1\sigma}^+ c_{2\sigma} + c_{2\sigma}^+ c_{1\sigma}\Big) \tag{2.117}$$

$$[H, n_{2\sigma}] = [H_t, n_{2\sigma}] = -t\Big(c_{1\sigma}^+ c_{2\sigma} - c_{2\sigma}^+ c_{1\sigma}\Big) \tag{2.118}$$

である．したがって，$[H, \rho_{0\sigma}] = 0$ を導くことができるので，$[H, N] = 0$ ということになり，N が保存量であることが示された．なお，これらの式 (2.117) や式 (2.118) から同時に $[H, \rho_{\pi\sigma}] \neq 0$ であることも分かる．

b. 全スピン演算子

全スピン演算子 $\boldsymbol{S}$ を考える前に，サイト j でのスピン演算子 $\boldsymbol{s}_j$ は

$$\boldsymbol{s}_j \equiv \sum_{\sigma\sigma'} \langle \sigma | \boldsymbol{s} | \sigma' \rangle c_{j\sigma}^+ c_{j\sigma'} \tag{2.119}$$

で定義されることに注意しよう．より具体的にベクトル $\boldsymbol{s}_j$ の各成分に分けて書くと，

$$s_{jz} = \frac{1}{2}(n_{j\uparrow} - n_{j\downarrow}) \tag{2.120}$$

$$s_{j+} = s_{jx} + is_{jy} = c_{j\uparrow}^+ c_{j\downarrow} \tag{2.121}$$

$$s_{j-} = s_{jx} - is_{jy} = c_{j\downarrow}^+ c_{j\uparrow} \tag{2.122}$$

となる．そして，$\boldsymbol{S} \equiv \boldsymbol{s}_1 + \boldsymbol{s}_2$ とすると，この $\boldsymbol{S}$ について，たとえば，その z 成分に関しては式 (2.117) や式 (2.118) を用いると，容易に $[H, S_z] = 0$ であることが分かる．また，S_+ については

$$[n_{j\uparrow}, s_{j+}] = -[n_{j\downarrow}, s_{j+}] = s_{j+} \tag{2.123}$$

に注意すると，

$$[H, s_{1+}] = [H_t, s_{1+}] = -t\Big(-c_{1\uparrow}^+ c_{2\downarrow} + c_{2\uparrow}^+ c_{1\downarrow}\Big) \tag{2.124}$$

$$[H, s_{2+}] = [H_t, s_{2+}] = -t\Big(c_{1\uparrow}^+ c_{2\downarrow} - c_{2\uparrow}^+ c_{1\downarrow}\Big) \tag{2.125}$$

を導くことができるので，$[H, S_+] = 0$ であることが分かる．同様に，(あるいは，エルミート共役を取って)$[H, S_-] = 0$ も示されるので，$[H, \boldsymbol{S}] = 0$ である．したがって，$\boldsymbol{S}^2 = S(S+1)$ で定義される全スピンの大きさ S と $\boldsymbol{S}$ の z 成分 S_z は保存量ということになる．

2.3.4　2サイト・ハバード模型の固有状態

2.2.3項で考えたように，各サイトあたりで取り得る状態の総数は4であるので，今の2サイト系では $4 \times 4 = 16$ 通りの固有状態がある．この16個の状態をこの系の保存量である全電子数 N，全スピンの大きさ S，および，全スピンの z 成分 S_z によって分類しながら，その固有状態と対応する固有エネルギーを具体的に書き下しておこう．

① $N = 0$ の場合 (このときは，もちろん，$S = S_z = 0$ である):

電子が存在しない真空状態なので，固有関数は

$$|N\!=\!0\rangle \equiv |\mathrm{vacuum}\rangle \tag{2.126}$$

であり，固有エネルギーは

$$E^{(N=0)} = 0 \tag{2.127}$$

である．

② $N = 1$ の場合 (このとき，$S = 1/2$):

スピンが上向き ($S_z = 1/2$) か下向き ($S_z = -1/2$) いずれかの電子が1つある状態なので，固有関数は

$$|N\!=\!1\!:\!k\sigma\rangle \equiv c^{+}_{k\sigma}|\mathrm{vacuum}\rangle \tag{2.128}$$

であり，対応する固有エネルギーは

$$E^{(N=1)}_{k} = -t\cos k\ + \varepsilon_0 - \mu \tag{2.129}$$

である．なお，k は0と π の2通りあるが，固有エネルギーはスピン量子数 σ $(= \pm 1/2)$ に依存しないので，それぞれの k で2重縮退している．したがって，$N = 1$ の場合には全部で4つの固有状態がある．

③ $N = 2$ で $S = 1$ の場合:

2電子系では2つの電子スピンを合成すると，合成スピンの大きさ S が $S = 1$ のスピントリプレット (3重項) の場合と $S = 0$ のスピンシングレット (単項) の場合とに大別される．ここでは，まず，$S = 1$ について

考えると，固有関数は $S_z(=1,0,-1)$ の違いによって，

$$|N=2,S=1:S_z=\ 1\rangle \equiv c_{1\uparrow}^{+}c_{2\uparrow}^{+}|\mathrm{vacuum}\rangle = c_{\pi\uparrow}^{+}c_{0\uparrow}^{+}|\mathrm{vacuum}\rangle \tag{2.130}$$

$$\begin{aligned}|N=2,S=1:S_z=\ 0\rangle &\equiv 2^{-1/2}(c_{1\uparrow}^{+}c_{2\downarrow}^{+}+c_{1\downarrow}^{+}c_{2\uparrow}^{+})|\mathrm{vacuum}\rangle \\ &= 2^{-1/2}(c_{\pi\uparrow}^{+}c_{0\downarrow}^{+}-c_{0\uparrow}^{+}c_{\pi\downarrow}^{+})|\mathrm{vacuum}\rangle\end{aligned} \tag{2.131}$$

$$|N=2,S=1:S_z=-1\rangle \equiv c_{1\downarrow}^{+}c_{2\downarrow}^{+}|\mathrm{vacuum}\rangle = c_{\pi\downarrow}^{+}c_{0\downarrow}^{+}|\mathrm{vacuum}\rangle \tag{2.132}$$

のように書くことができる．これら 3 つの固有状態に対する固有エネルギーはどれも同じ (3 重縮退) で，

$$E^{(N=2,S=1)} = 2(\varepsilon_0-\mu) \tag{2.133}$$

で与えられる．

④ $N=2$ で $S=0$ の場合:

スピンシングレットのときは即座に固有関数を書き下すことはできないが，$c_{1\uparrow}^{+}c_{1\downarrow}^{+}|\mathrm{vacuum}\rangle$，$2^{-1/2}(c_{1\uparrow}^{+}c_{2\downarrow}^{+}-c_{1\downarrow}^{+}c_{2\uparrow}^{+})|\mathrm{vacuum}\rangle$，$c_{2\uparrow}^{+}c_{2\downarrow}^{+}|\mathrm{vacuum}\rangle$ の 3 つの状態を取り，これらを基底関数と考えてハミルトニアンを展開すると，H は 3×3 の行列として書き換えられる．その行列を対角化すると固有関数と固有エネルギーが得られる．少々手間はかかるが，計算自体はストレートフォワードなので詳細は省略し，結果のみを示すと次のようになる．

まず，固有エネルギーの一番低い状態は

$$\alpha \equiv \frac{U}{\sqrt{U^2+16t^2}} \tag{2.134}$$

で定義されるパラメータ α を用いると，

$$\begin{aligned}|N=2,S=0:0\rangle &\equiv \frac{1}{2}\sqrt{1-\alpha}\,(c_{1\uparrow}^{+}c_{1\downarrow}^{+}+c_{2\uparrow}^{+}c_{2\downarrow}^{+})|\mathrm{vacuum}\rangle \\ &\quad+\frac{1}{2}\sqrt{1+\alpha}\,(c_{1\uparrow}^{+}c_{2\downarrow}^{+}-c_{1\downarrow}^{+}c_{2\uparrow}^{+})|\mathrm{vacuum}\rangle \\ &= \frac{1}{2}\sqrt{1-\alpha}\,(c_{0\uparrow}^{+}c_{0\downarrow}^{+}+c_{\pi\uparrow}^{+}c_{\pi\downarrow}^{+})|\mathrm{vacuum}\rangle \\ &\quad+\frac{1}{2}\sqrt{1+\alpha}\,(c_{0\uparrow}^{+}c_{0\downarrow}^{+}-c_{\pi\uparrow}^{+}c_{\pi\downarrow}^{+})|\mathrm{vacuum}\rangle\end{aligned} \tag{2.135}$$

となり，また，対応する固有エネルギーは

$$E_0^{(N=2,S=0)} = 2(\varepsilon_0 - \mu) + \frac{U}{2} - \sqrt{4t^2 + \frac{U^2}{4}} \tag{2.136}$$

である．その次に固有エネルギーの低い状態は

$$\begin{aligned}|N=2, S=0:1\rangle &\equiv \frac{1}{\sqrt{2}}(c_{1\uparrow}^+ c_{1\downarrow}^+ - c_{2\uparrow}^+ c_{2\downarrow}^+)|\text{vacuum}\rangle \\ &= \frac{1}{\sqrt{2}}(c_{0\uparrow}^+ c_{\pi\downarrow}^+ + c_{\pi\uparrow}^+ c_{0\downarrow}^+)|\text{vacuum}\rangle\end{aligned} \tag{2.137}$$

で与えられ，その固有エネルギーは

$$E_1^{(N=S=0)} = 2(\varepsilon_0 - \mu) + U \tag{2.138}$$

である．最後に，固有エネルギーの一番高い状態は

$$\begin{aligned}|N=2, S=0:2\rangle \equiv\ & \frac{1}{2}\sqrt{1+\alpha}\,(c_{1\uparrow}^+ c_{1\downarrow}^+ + c_{2\uparrow}^+ c_{2\downarrow}^+)|\text{vacuum}\rangle \\ & -\frac{1}{2}\sqrt{1-\alpha}\,(c_{1\uparrow}^+ c_{2\downarrow}^+ - c_{1\downarrow}^+ c_{2\uparrow}^+)|\text{vacuum}\rangle \\ =\ & \frac{1}{2}\sqrt{1+\alpha}\,(c_{0\uparrow}^+ c_{0\downarrow}^+ + c_{\pi\uparrow}^+ c_{\pi\downarrow}^+)|\text{vacuum}\rangle \\ & -\frac{1}{2}\sqrt{1-\alpha}\,(c_{0\uparrow}^+ c_{0\downarrow}^+ - c_{\pi\uparrow}^+ c_{\pi\downarrow}^+)|\text{vacuum}\rangle\end{aligned} \tag{2.139}$$

であり，その対応する固有エネルギーは

$$E_2^{(N=2,S=0)} = 2(\varepsilon_0 - \mu) + \frac{U}{2} + \sqrt{4t^2 + \frac{U^2}{4}} \tag{2.140}$$

で与えられる．

⑤ $N=3$ の場合 (このとき，$S=1/2$):

基本的に，これは $N=1$ で電子と正孔を入れ替えて考えたものであるので，$k(=0,\pi)$ によって指定される状態が 2 つで，それぞれがスピンについて 2 重縮退しているので合計 4 つの固有状態がある．固有関数の具体形は

$$|N=3:k\sigma\rangle \equiv c_{k-\sigma}^+ c_{1\sigma}^+ c_{2\sigma}^+|\text{vacuum}\rangle = c_{k-\sigma}^+ c_{\pi\sigma}^+ c_{0\sigma}^+|\text{vacuum}\rangle \tag{2.141}$$

であり，その固有エネルギーは

$$E_k^{(N=3)} = -t\cos k + 3(\varepsilon_0 - \mu) + U \tag{2.142}$$

である．

⑥ $N = 4$ の場合 (このとき，$S = 0$):

これは電子が系の収容能力一杯に入った状態なので，固有関数は

$$|N=4\rangle \equiv c_{1\uparrow}^+ c_{2\uparrow}^+ c_{1\downarrow}^+ c_{2\downarrow}^+ |\mathrm{vacuum}\rangle = c_{\pi\uparrow}^+ c_{0\uparrow}^+ c_{\pi\downarrow}^+ c_{0\downarrow}^+ |\mathrm{vacuum}\rangle \tag{2.143}$$

であり，その固有エネルギーは

$$E^{(N=4)} = 4(\varepsilon_0 - \mu) + 2U \tag{2.144}$$

である．

2.3.5 ハーフフィルドの状況

以後，不必要な煩雑さを避けるために，1サイト系のときと同様にハーフフィルドの場合に限って議論しよう．

ハーフフィルドの条件は電子–正孔対称性が成り立つとき，すなわち，$E^{(N=4)} = E^{(N=0)}$ ということなので，化学ポテンシャル μ は1サイト系の場合と同じく，式 (2.86) の $\mu = \varepsilon_0 + U/2$ で与えられる．この μ に対する各固有エネルギー準位を U の関数として表したものが図 2.11 に示されている．この図からも分かるように，ハーフフィルドの条件下では基底状態は常に $|N = 2, S = 0 : 0\rangle$ であることが分かるが，第1励起状態は $U < 2t$ では $|N=1{:}0\sigma\rangle$，あるいは，$|N=3{:}0\sigma\rangle$ である (全部で4重に縮退していて，半分が $N = 1$ の状態，もう半分が $N = 3$ の状態の混合で，平均すれば $N = 2$ となる) が，$U > 2t$ では $|N=2, S=1{:}S_z\rangle$ の状態 (3重縮退) に入れ替わる．特に，$U \gg t$ では第1励起エネルギー ΔE は

$$\Delta E \equiv E^{(N=2,S=1)} - E_0^{(N=2,S=0)} = \sqrt{4t^2 + \frac{U^2}{4}} - \frac{U}{2} \approx \frac{4t^2}{U} \tag{2.145}$$

となる．したがって，基底状態と3重縮重した第1励起状態の状態空間に限定

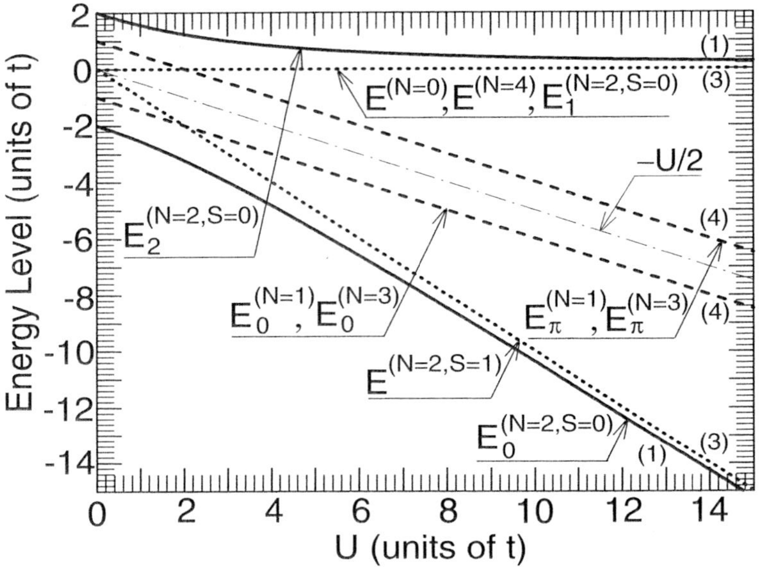

図 2.11　ハーフフィルドの2サイト・ハバード模型の各固有エネルギー準位を U の関数として表したもの．単位は t であり，各準位の縮退度は括弧内に示されている．この場合，固有エネルギー準位の分布が $-U/2$ に関してちょうど上下で対称的になっていることに注意されたい．

した運動を考える際の有効ハミルトニアン H_{eff} は (定数項を別にして)

$$H_{\mathrm{eff}} = -2J\boldsymbol{s}_1 \cdot \boldsymbol{s}_2 \tag{2.146}$$

のように2サイト・ハイゼンベルグ模型の形に書けることが分かる．ここで，J は交換相互作用定数であり，式 (2.145) の ΔE の結果を再現するためには $J = -2t^2/U$ と取ればよい．なお，強結合極限でハバード模型がスピン自由度のみが考慮されるハイゼンベルグ模型に (ちょうど同じ大きさの J で) 還元されることは第9巻の 1.3.2 項から 1.3.3 項にかけて説明しておいたが，ここでもそれが改めて確認された．

2.3.6　基底状態の解析

2.3.4 項で得られた固有状態のうちで，ハーフフィルド下で基底状態になる $|N=2, S=0\colon 0\rangle$ の構造をもう少し詳しく調べておこう．

もしも相互作用 U がゼロの場合，基底状態 $|0\rangle$ は結合軌道 ($k=0$ の状態) に上向きスピンと下向きスピンの電子を詰めたものになるので，

$$|0\rangle \equiv c_{0\uparrow}^{+} c_{0\downarrow}^{+} |\text{vacuum}\rangle \tag{2.147}$$

と表すことができる．これはこの系における“スレーター行列式で表された状態”ともいえる．

一方，式 (2.135) の $|N=2, S=0\colon 0\rangle$ は $|0\rangle$ とは別の状態 $|1\rangle$ を

$$|1\rangle \equiv c_{\pi\uparrow}^{+} c_{\pi\downarrow}^{+} |\text{vacuum}\rangle \tag{2.148}$$

という定義で導入すると，

$$|N=2, S=0\colon 0\rangle = \frac{\sqrt{1+\alpha}+\sqrt{1-\alpha}}{2} \times\left(|0\rangle - \frac{\sqrt{1+\alpha}-\sqrt{1-\alpha}}{\sqrt{1+\alpha}+\sqrt{1-\alpha}}|1\rangle\right) \tag{2.149}$$

と書き直すことができる．それではなぜ，$|N=2, S=0\colon 0\rangle$ は $|0\rangle$ と $|1\rangle$ という 2 つの状態の重ね合せになったのであろうか．

この問いに摂動論の立場から考えよう．そのためにハミルトニアン H を非摂動項 H_0 と摂動項 H_1 の和，$H = H_0 + H_1$，と書こう．ここで，H_0 は $H_0 = H_t + (\varepsilon_0 - \mu)\sum_{\sigma} \rho_{0\sigma}$ であり，また，式 (2.116) を参考にすれば，相互作用を表す摂動項 H_1 は

$$H_1 = \frac{U}{2} \sum_{k=0,\pi} \rho_{k\uparrow}\rho_{k\downarrow} \tag{2.150}$$

ということになる．さて，第 9 巻の式 (I.3.106) で示したように，相互作用のある系での基底状態 $|\Phi_0\rangle$ は H_0 の基底状態である $|0\rangle$ に H_1 を用いて構成される S 行列を作用させたものである．具体的には，H_0 の固有状態を $|n\rangle$，その固有エネルギーを $E_n^{(0)}$ と書くと，規格化定数を別にすれば，$|\Phi_0\rangle$ は

$$|\Phi_0\rangle = |0\rangle - \sum_{n\neq 0} |n\rangle \frac{\langle n|H_1|0\rangle}{E_n^{(0)} - E_0^{(0)}} + \cdots \tag{2.151}$$

という展開形で表される．しかるに，式 (2.114) や式 (2.115) で定義された $\rho_{k\sigma}$ について，

$$\rho_{0\uparrow}\rho_{0\downarrow}|0\rangle = |0\rangle, \ \rho_{0\uparrow}\rho_{0\downarrow}|1\rangle = |1\rangle, \ \rho_{\pi\uparrow}\rho_{\pi\downarrow}|0\rangle = |1\rangle, \ \rho_{\pi\uparrow}\rho_{\pi\downarrow}|1\rangle = |0\rangle \tag{2.152}$$

の関係式が成り立つので，式 (2.151) の摂動展開によって出現する状態は $|0\rangle$，あるいは，$|1\rangle$ の 2 つしかあり得ないことになる．

この摂動展開を第 9 巻の 4.1.10 項で説明した「有効ポテンシャル展開 (EPX) 法」の考え方で実行してみよう．EPX の立場では，裸の相互作用 U の代わりに，それよりはずっと小さな有効相互作用 $\tilde{U}$ で展開を行うものであり，また，摂動項はできるだけ簡単な相互作用の形を仮定してもよいので，たとえば，有効ハミルトニアン $H_{\rm EPX}$ として $H_{\rm EPX} = H_0 + H_1^{\rm EPX}$ と書いた場合，摂動項 $H_1^{\rm EPX}$ は

$$H_1^{\rm EPX} = \frac{\tilde{U}}{2}\rho_{\pi\uparrow}\rho_{\pi\downarrow} \tag{2.153}$$

と取ればよい．そして，$\tilde{U}$ の 1 次まで考えると，$|\Phi_0\rangle$ は

$$|\Phi_0\rangle = |0\rangle - |1\rangle \frac{\langle 1|H_1^{\rm EPX}|0\rangle}{E_1^{(0)} - E_0^{(0)}} = |0\rangle - \frac{\tilde{U}}{8t}|1\rangle \tag{2.154}$$

となる．なお，式 (2.154) の第 2 式におけるエネルギー分母 $E_1^{(0)} - E_0^{(0)}$ は，結合軌道にいる電子が 2 個ともに反結合軌道に移ったので，$4t$ となる．この式と式 (2.149) を比較すると，$\tilde{U}$ は

$$\tilde{U} = 8t\,\frac{\sqrt{1+\alpha} - \sqrt{1-\alpha}}{\sqrt{1+\alpha} + \sqrt{1-\alpha}} \tag{2.155}$$

と取ればよい (換言すれば，$\tilde{U}$ をこのように設定することで U での展開における無限次までの寄与を取り込んでいる) ことが分かる．式 (2.134) で定義される α の振舞いを考慮すると，この $\tilde{U}$ は $U \to 0$ では U それ自体に還元されるが，$U \to \infty$ では $8t\,(1 - 4t/U)$ のように振る舞う．図 2.12 では，この $\tilde{U}$ と U

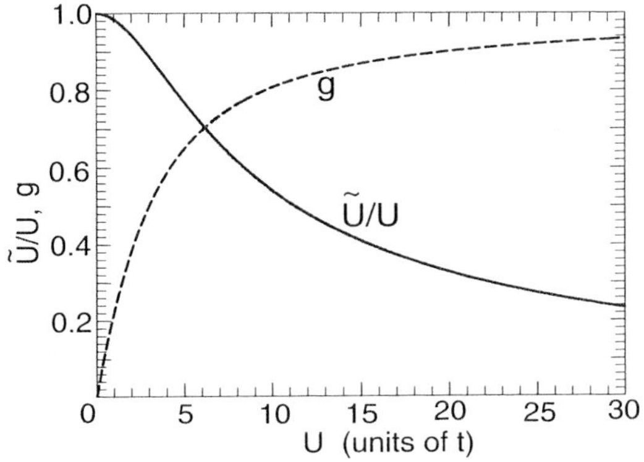

図 2.12　ハーフフィルドの2サイト・ハバード模型の基底状態を有効ポテンシャル展開 (EPX) 法で解析した場合の有効相互作用定数 $\tilde{U}$ と裸の相互作用 U との比 (実線)，および，同じ基底状態をグッツビラーの試行関数の形に書いた場合のグッツビラー定数 g(破線) のそれぞれを U の関数として描いたもの.

の比を U の関数として実線でプロットされている.

さて，$|\Phi_0\rangle$ を構成する際に，これまでは $|0\rangle$ に作用させる相互作用因子を運動量表示で考えてきたが，これをサイト表示で考えることも有力である．とりわけ，ハバード模型のようなオンサイトの斥力だけが働くような場合には，グッツビラー (Gutzwiller) は $1 - g\, n_{j\uparrow} n_{j\downarrow}$ の因子を作用させて，電子の2重占有の確率を弱めることがたいへん有効に働くことを見いだしている[115]．ここで，g は「**グッツビラー定数**」と呼ばれるものであり，これは元来は変分的に決定されるべきものとして導入された．ただ，今の場合は変分法を用いなくても，g を

$$g = 1 - \sqrt{\frac{1-\alpha}{1+\alpha}} \tag{2.156}$$

と定義すれば，式 (2.135) の $|N=2, S=0: 0\rangle$ は

$$|N=2, S=0: 0\rangle = \frac{\sqrt{1+\alpha}+\sqrt{1-\alpha}}{2\sqrt{1+\alpha}} \prod_{j=1,2} (1 - g\, n_{j\uparrow} n_{j\downarrow})|0\rangle \tag{2.157}$$

とも書き直すことができるので，少なくともハーフフィルドの2サイト・ハバード模型に関する限り，グッツビラーの $|\Phi_0\rangle$ に関する予想は厳密に正しいことを

示している．ちなみに，式 (2.157) を導く際には，

$$n_{1\uparrow}n_{1\downarrow}+n_{2\uparrow}n_{2\downarrow}=\frac{1}{2}\Big(\rho_{0\uparrow}\rho_{0\downarrow}+\rho_{\pi\uparrow}\rho_{\pi\downarrow}\Big) \tag{2.158}$$

$$n_{1\sigma}n_{2\sigma}=c^+_{0\sigma}c_{0\sigma}c^+_{\pi\sigma}c_{\pi\sigma} \tag{2.159}$$

の関係式を用いている．なお，式 (2.156) で与えられた g は U が小さいときは $g\approx U/4t$ であるが，$U\to\infty$ では $g\to 1-2t/U$ のように振る舞う．一般の U におけるパラメータ g の様子は図 2.12 の破線で示されている．

2.3.7 1電子グリーン関数の解析解

前項までの議論ですでに得られている固有状態や固有エネルギー準位を用いて，ハーフフィルドで十分に低温のとき (すなわち，温度 T が常に第1励起エネルギー ΔE よりもずっと小さくて，実質上 $T=0$ と見なせる場合) に1電子グリーン関数を求めよう．

まず，1サイト系における1電子温度グリーン関数の定義式 (2.57) を拡張して，サイト $j,j'\ (=1,2)$ にわたる1電子温度グリーン関数 $G_{jj'}(\tau)$ を

$$G_{jj'}(\tau)=-\langle T_\tau c_{j\sigma}(\tau)c^+_{j'\sigma}\rangle \tag{2.160}$$

で導入しよう．なお，1サイト問題のときと同様にスピン依存性はないので，ここでは初めから添字 σ を省略して書いた．また，サイト間の対称性から，

$$G_{11}(\tau)=G_{22}(\tau)\equiv G_{\rm onsite}(\tau) \tag{2.161}$$

$$G_{12}(\tau)=G_{21}(\tau)\equiv G_{\rm intersite}(\tau) \tag{2.162}$$

の関係式が成り立っている．

この1電子温度グリーン関数を運動量表示で定義すれば，

$$G_{kk'}(\tau)=-\langle T_\tau c_{k\sigma}(\tau)c^+_{k'\sigma}\rangle \tag{2.163}$$

となるが，この表示とサイト表示との関連を考えると，

$$\begin{aligned}G_{kk'}(\tau)&=\delta_{kk'}G_k(\tau)\\&\equiv\delta_{kk'}\Big(G_{\rm onsite}(\tau)+\cos k\,G_{\rm intersite}(\tau)\Big)\end{aligned} \tag{2.164}$$

が得られる．このように，1電子温度グリーン関数は k については対角的なので，先に $G_k(\tau)$ を求めよう．(なお，式 (2.164) を逆に解けば，サイト表示のものは簡単に得られる．)

さて，2.1.4項でも触れた1電子温度グリーン関数の一般論から，この $G_k(\tau)$ を松原振動数表示に変換した $G_k(i\omega_p)$ は

$$G_k(i\omega_p) = -\int_0^\beta d\tau\, e^{i\omega_p\tau}\langle T_\tau c_{k\sigma}(\tau)c_{k\sigma}^+\rangle = \int_{-\infty}^{\infty} dE\,\frac{A_k(E)}{i\omega_p - E} \qquad (2.165)$$

のようにスペクトル関数 $A_k(E)$ を通して得られる．しかるに，すでに2.3.4項ですべての固有状態の表式が分かっているので，それらを用いると，$A_k(E)$ はその定義にしたがって具体的に書き下すことができる．実際の計算を実行するには少々手間がかかるが，$A_k(E)$ に対するその結果は

$$\begin{aligned} A_0(E) = &\frac{(\sqrt{1+\alpha}-\sqrt{1-\alpha})^2}{4}\,\delta\Big(E - E_\pi^{(N=3)} + E_0^{(N=2,S=0)}\Big) \\ &+\frac{(\sqrt{1+\alpha}+\sqrt{1-\alpha})^2}{4}\,\delta\Big(E + E_0^{(N=1)} - E_0^{(N=2,S=0)}\Big) \end{aligned} \qquad (2.166)$$

$$\begin{aligned} A_\pi(E) = &\frac{(\sqrt{1+\alpha}+\sqrt{1-\alpha})^2}{4}\,\delta\Big(E - E_0^{(N=3)} + E_0^{(N=2,S=0)}\Big) \\ &+\frac{(\sqrt{1+\alpha}-\sqrt{1-\alpha})^2}{4}\,\delta\Big(E + E_\pi^{(N=1)} - E_0^{(N=2,S=0)}\Big) \end{aligned} \qquad (2.167)$$

である．そして，式 (2.165) に式 (2.166) や式 (2.167) を代入すると，最終的に $G_k(i\omega_p)$ は

$$\begin{aligned} G_k(i\omega_p) = &\frac{(\sqrt{1+\alpha}-\cos k\,\sqrt{1-\alpha})^2/4}{i\omega_p - t\cos k\, - \sqrt{4t^2+U^2/4}} \\ &+\frac{(\sqrt{1+\alpha}+\cos k\,\sqrt{1-\alpha})^2/4}{i\omega_p - t\cos k\, + \sqrt{4t^2+U^2/4}} \end{aligned} \qquad (2.168)$$

であることが分かる．また，1電子遅延グリーン関数 $G_k^{(\mathrm{R})}(\omega)$ は上の式で $i\omega_p \to \omega + i0^+$ と置き換えて得られる．なお，スペクトル関数は $A_k(\omega) = -\mathrm{Im}\,G_k^{(\mathrm{R})}(\omega)/\pi$ という関係式でこの $G_k^{(\mathrm{R})}(\omega)$ と結びついていることは一般論が示す通りである．

上記の式 (2.166) や式 (2.167) によれば，$A_k(\omega)$ がピークを持つ (対応する

$G_k^{(\mathrm{R})}(\omega)$ が極を持つ) 条件は，ω が基底状態 $|N=2,S=0:0\rangle$ に正孔を1つ付加するエネルギーに等しくなること，すなわち，$\omega=E_k^h\equiv E_0^{(N=2,S=0)}-E_k^{(N=1)}$ $=t\cos k-\sqrt{4t^2+U^2/4}$ であるか，ω が基底状態に電子を1つ付加するエネルギーに等しくなること，すなわち，$\omega=E_k^e\equiv E_{k+\pi}^{(N=3)}-E_0^{(N=2,S=0)}=$ $t\cos k+\sqrt{4t^2+U^2/4}$ である．したがって，この系では $A_k(\omega)$ は2つのピーク ($G_k^{(\mathrm{R})}(\omega)$ は2つの極) を常に持つことが分かる．

ただ，これら2つのピークの強度比 (極の留数) は一定でなく，U の関数である．特に $U\to 0$ では，$k=0$ のときは $\omega=E_0^e$，$k=\pi$ では $\omega=E_\pi^h$ での強度はゼロになってしまうので，$G_k^{(\mathrm{R})}(\omega)$ はそれぞれの k に対して実質上唯一の極を持つことになる．そして，その極の位置は $k=0$ では $\omega=E_0^h$ で，これは $U\to 0$ で $E_0^h\to -t$ であり，また，$k=\pi$ では $\omega=E_\pi^e$ で，$U\to 0$ の極限で $E_\pi^e\to t$ という "分散関係" を満たす "準粒子" という描像で全体を理解できるものである．

しかしながら，$U\to\infty$ では，$A_k(\omega)$ における2つのピークは同じ1/2の強度を持ち，しかもピークの位置は $\pm U/2+t\cos k$ に漸近するので，$G_k^{(\mathrm{R})}(\omega)$ における2つの極のエネルギー差は U になっている．このように，この相互作用の強い極限では1サイト系とよく似た状況になっているといえる．ちなみに，$U\to 0$ での "準粒子" では結合軌道 ($k=0$ の場合) の方がエネルギーが低くなっていたが，$U\to\infty$ では $E_0^h>E_\pi^h$ や $E_0^e>E_\pi^e$ が示すとおり，逆に反結合軌道 ($k=\pi$ の場合) の方がエネルギーが低くなっている．これは反結合軌道の波動関数の方が結合軌道のそれよりも2つの電子がより避け合っている状態なので，電子間斥力の効果が支配的になる強結合の状況下では前者が有利になるからである．

中間的な強さの U では $A_k(\omega)$ には大小2つのピークがあるが，このうち，大きいピークは $U\to 0$ での "準粒子" 描像につながるものであるが，小さいピークは基底状態 $|N=2,S=0:0\rangle$ が相関効果で式 (2.148) で定義された $|1\rangle$ の成分を含むために現れたものであり，この意味で，このピーク強度は基底状態における相関効果の定量的な大きさを明示したものといえる．

上で解説したスペクトル関数のピーク強度やピーク位置の U 依存性を可視化

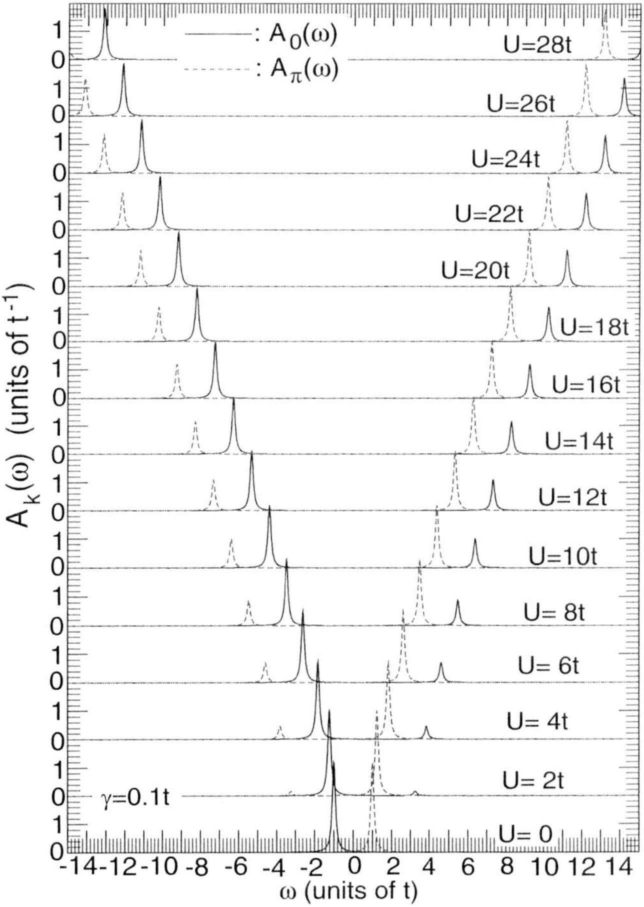

図 2.13 ハーフフィルドの 2 サイト・ハバード模型における運動量表示でのスペクトル関数 $A_k(\omega)$ を ω の関数として示したもの．実線は $A_0(\omega)$，破線は $A_\pi(\omega)$ を示し，U は 0 から $28t$ まで変化させた．なお，$A_k(\omega) = -\mathrm{Im}\, G_k^{(\mathrm{R})}(\omega + i\gamma)/\pi$ とし，人工的に与えたスペクトル幅 γ は $0.1t$ とした．

するために，$G_k^{(\mathrm{R})}(\omega)$ において $\omega \to \omega + i\gamma$ と置換し，その虚部 (の符号を変えて π で割ったもの) を図示したのが図 2.13 である．U の増加とともに，単一ピーク構造が徐々に複ピーク構造に変化していく様子が見て取れる．なお，この図では(とりあえず，一例として) γ を U には依存させずに $0.1t$ と選んだが，このγがスペクトルの幅を決めている．

2.3.8　2サイト・ハバード模型の自己エネルギー

1電子グリーン関数 $G_k(i\omega_p)$ が求められたので，それを使って自己エネルギー $\Sigma_k(i\omega)$ の解析的な表式も与えておこう．

1サイト系での式 (2.79) に対応して，今の2サイト系において運動量表示で考えると，$G_k(i\omega_p)$ と $\Sigma_k(i\omega_p)$ は

$$G_k(i\omega_p) = \frac{1}{i\omega_p + t\cos k - \varepsilon_0 + \mu - \Sigma_k(i\omega_p)} \tag{2.169}$$

という関係式で結びついている．ハーフフィルドで $\mu = \varepsilon_0 + U/2$ と取り，$G_k(i\omega_p)$ に式 (2.168) を代入すると，簡単な計算の後，$\Sigma_k(i\omega_p)$ は

$$\Sigma_k(i\omega_p) = \frac{U}{2} + \frac{U^2}{4}\frac{1}{i\omega_p - 3t\cos k} \tag{2.170}$$

であることが分かる．

同様に，サイト表示での自己エネルギーも式 (2.161) や式 (2.162) で定義された $G_{\text{onsite}}(\tau)$ や $G_{\text{intersite}}(\tau)$(というよりも，これらの松原振動数表示した $G_{\text{onsite}}(i\omega_p)$ や $G_{\text{intersite}}(i\omega_p)$) を通して $\Sigma_{\text{onsite}}(i\omega_p)$ や $\Sigma_{\text{intersite}}(i\omega_p)$ として導入できるが，これらは

$$\Sigma_{\text{onsite}}(i\omega_p) = \frac{\Sigma_0(i\omega_p) + \Sigma_\pi(i\omega_p)}{2} \tag{2.171}$$

$$\Sigma_{\text{intersite}}(i\omega_p) = \frac{\Sigma_0(i\omega_p) - \Sigma_\pi(i\omega_p)}{2} \tag{2.172}$$

の関係で $\Sigma_k(i\omega_p)$ と結びついている．そして，$\Sigma_k(i\omega_p)$ に式 (2.170) を代入し，$i\omega_p \to \omega + i0^+$ にしたがって解析接続すると，遅延自己エネルギー，$\Sigma^{(\mathrm{R})}_{\text{onsite}}(\omega)$ や $\Sigma^{(\mathrm{R})}_{\text{intersite}}(\omega)$，は

$$\Sigma^{(\mathrm{R})}_{\text{onsite}}(\omega) = \frac{U}{2} + \frac{U^2}{8}\left(\frac{1}{\omega + i0^+ - 3t} + \frac{1}{\omega + i0^+ + 3t}\right) \tag{2.173}$$

$$\Sigma^{(\mathrm{R})}_{\text{intersite}}(\omega) = \frac{U^2}{8}\left(\frac{1}{\omega + i0^+ - 3t} - \frac{1}{\omega + i0^+ + 3t}\right) \tag{2.174}$$

ということになる．

さて，この $\Sigma^{(\mathrm{R})}_{\mathrm{onsite}}(\omega)$ に対する結果，式 (2.173)，を1サイト系での遅延自己エネルギー $\Sigma^{(\mathrm{R})}_{\sigma\sigma}(\omega)$ の結果である式 (2.92) と比較してみると，一見して両者の類似性が分かるであろう．違いは ω に新しいエネルギースケールである t が加わっただけであるので，特に $t=0$ では両者はまったく一致する．それゆえ，U や $|\omega|$ に比べて t が無視できるような状況では，これらの自己エネルギーによって導かれる物理は1サイト系でも2サイト系でも違いはないと判断できる．

しかしながら，$|\omega| \ll 3t$ の状況では $\Sigma^{(\mathrm{R})}_{\mathrm{onsite}}(\omega)$ は $U/2$ というハートリー–フォック近似の値に還元される．これは，このエネルギースケール t が重要になるという状況下では電子のサイト間運動が頻繁に起こり，その結果として2つのサイトの状況を平均的に見るという平均場の描像 (あるいは，図 2.8 における状態 A と B の間の平均化が行われた結果) が正当性を持つようになったからであると理解できる．

2.3.9　陽子2個の系と化学結合の本質

1サイト系を取り扱った前節では，モデルの導入に際して第一原理系との対応をつけるために陽子1個の系を考察したが，それと同じように，2サイト系については陽子2個の系を参照すればよいように思われる．実際，いくつかの教科書ではハバード模型で表現される電子のサイト間移動による運動エネルギーとサイト内クーロン斥力に起因する電子相関効果の競合に関する物理と水素分子の電子状態を支配している物理がまるで同じであるかのような議論がなされている．しかしながら，物理的に正確にいえば，このような議論は必ずしも正しくはないので，この項ではこの点に注意しながら，陽子2個の系の物理に触れておこう．

まず，1陽子系と同様に，陽子の質量は無限大と仮定しよう．そして，陽子2個の系に含まれる総電子数 N に応じて，それぞれの N で基底状態のみを考慮の対象にしよう．これは，2つの陽子間の距離 R の最適化も含めて，N の変化に伴ってそれぞれの基底状態に速やかに緩和するものと仮定したことになる．なお，N としてはハーフフィルドの1電子グリーン関数を計算する際に必要になる3つの状況，すなわち，$N=1,2,3$ を考えて，式 (2.110) で与えられているハミルトニアンに含まれる3つのパラメータ，t，U，そして，ε_0 を物理的に無理のない範囲で決定されるかどうかを調べてみよう．なお，$N=2$ では基底状態はスピンシングレットのときであるので，水素分子の電子状態もスピンシングレットでのみ考える．また，エネルギーの原点が不定であることを反映して，ε_0 というよりも $\varepsilon_0-\mu$ を決めることになる．

すると，(a) $N=1$ のときは，2.2.1項で触れた水素分子イオン H_2^+ に対応していて，この場合，R の最適値 R_e は $2.000a_\mathrm{B}$ であり，また，基底状態エネルギー $E_{\text{ground state}}^{(N=1)}$ は $-16.398\,\mathrm{eV}$ $(=-0.60263\,\text{hartree})$ である．次に，(b) $N=2$ は水素分子 H_2 であるが，このとき，$R_\mathrm{e}=1.4011a_\mathrm{B}$，$E_{\text{ground state}}^{(N=2)}=-31.957\,\mathrm{eV}$ $(=-1.17441\,\text{hartree})$ である．最後に，(c) $N=3$ では，もしも束縛状態が存在するとすれば，その基底状態エネルギーの大きさは水素分子の電子親和エネルギーを測ることによって得られるはずであるが，実験ではこの電子親和エネルギーは得られない(負になる)ので，H_2^- は束縛状態としては存在しないことになる．したがって，この場合の基底状態は水素分子と電子1個が $R=\infty$ の距離にあると考えるか，あるいは，水素負イオンと水素原子が $R=\infty$ の距離にあると考えるかであるが，これら2つの場合の全エネルギーを比較すると，前者が基底状態であると分かり，そのエネルギーは $E_{\text{ground state}}^{(N=3)}=-31.957\,\mathrm{eV}$ $(=-1.17441\,\text{hartree})$ である．なお，細かくいうと，水素分子と電子の間には水素分子の分極によって $R\gg a_\mathrm{B}$ では $-\alpha_{\mathrm{H}_2}/2R^4$ の引力が働いている．(ここで，α_{H_2} は水素分子の分極率である．) したがって，(電子の質量を無限大と仮定した)断熱近似では電子はある有限の R で束縛されてもよいように思われるかもしれないが，電子のゼロ点振動を考慮して計算すると，やはり H_2^- という束縛状態は存在しないことになる．

そこで，これら3つの $E_{\text{ground state}}^{(N)}$ を2.3.4項で与えられた各 N に対する固有エネルギーの最小値であるとして，t，U，$\varepsilon_0-\mu$ を決定する3組の連立方程式を立てて解くと，

$$t=7.76\,\mathrm{eV},\quad U=1.73\,eV,\quad \varepsilon_0-\mu=-8.64\,\mathrm{eV} \tag{2.175}$$

$$t=0.44\,\mathrm{eV},\quad U=16.35\,\mathrm{eV},\quad \varepsilon_0-\mu=-15.95\,\mathrm{eV} \tag{2.176}$$

という2種類の解の組が得られる．前者は $U/t=0.22$ が示すように弱相関領

域の解に対応し，後者は $U/t = 37$ という強相関極限に近い状況になる．いずれにしても，物理的に妥当なパラメータの組が見つからないという不都合な結果に終わる．

このような不都合が起こる一因として水素分子の化学結合の物理は決してハバード模型では記述されないのではないかという疑念が起こる．そこで，もしもハバード模型の立場で水素分子形成機構を理解しようとすれば，どのような議論になるかを振り返っておこう．

初歩の量子力学から分かるように，電子は1つの陽子に捕らえられているよりも2つの陽子の間を跳び回っている方がその運動領域が拡大され，そのため，運動エネルギーが低下させられる．しかしながら，電子が2個ある場合には，一方の電子が他方の電子の存在を意識しないような自由な運動では電子間クーロン斥力によるポテンシャルエネルギーの上昇が大きすぎて，必ずしも十分な結合エネルギーは得られない．そこで，2電子の間に相関を持たせて運動させると，クーロン・ポテンシャルの上昇を最小限に抑えつつ，運動エネルギーの十分な減少で化学結合が形成されると考えられる．このような描像がハバード模型に基づく水素分子形成のメカニズムである．また，この描像に忠実な第一原理的なアプローチは「ハイトラー–ロンドン–杉浦 (Heitler–London–Sugiura) 近似」[138] である．これは電子相関を強く取り入れた試行波動関数を仮定した変分理論であるが，その波動関数は陽子2つの距離 R が a_{B} よりもずっと大きな漸近領域では中性水素原子2個，H+H，を表現する正しい波動関数に漸近する．(もっとも，この試行波動関数では R^{-6} に比例するファンデアワールスの引力ポテンシャルの効果が入っていない.)

しかしながら，化学結合の駆動力を電子の運動エネルギーの利得である (それと同時に，電子のポテンシャルエネルギーは化学結合の前後で上昇する) とするこの説明は根本のところで間違いであることは第9巻の2.2.2項で紹介したビリアル定理に則った以下の議論から明らかである．

一般に，原子極限でも，また，安定な分子が形成された後でも，それぞれ独立にビリアル定理が成り立つ．すなわち，$R \to \infty$ で中性水素原子2個になった極限では，電子の全運動エネルギー $\langle T_{\mathrm{e}} \rangle_{R\to\infty}$ と全ポテンシャルエネルギー $\langle V \rangle_{R\to\infty}$，および，基底状態エネルギー $E_0(R \to \infty)$ の間には

$$\langle T_e \rangle_{R\to\infty} = -\frac{\langle V \rangle_{R\to\infty}}{2} = -E_0(R\to\infty) = 1\,\mathrm{hartree} \tag{2.177}$$

の関係がある．また，安定な分子が形成された状態 ($R = R_e \equiv 1.4011a_B$) でも，

$$\langle T_e \rangle_{R=R_e} = -\frac{\langle V \rangle_{R=R_e}}{2} = -E_0(R_e) = 1.17441\,\mathrm{hartree} \tag{2.178}$$

が成り立つので，両者の差を取ると，

$$\Delta\langle T_e \rangle = -\frac{\Delta\langle V \rangle}{2} = -E_0(R_e) + E_0(R\to\infty) > 0 \tag{2.179}$$

が得られる．これは化学結合によって運動エネルギーは常に損をし，一方，ポテンシャルエネルギーは常に得をするということを意味し，上で考えたハバード模型 (あるいは，ハイトラー–ロンドン–杉浦近似) に基づく議論と正反対の結論を導いている．

それでは，水素分子形成の物理とは何であろうか．詳しくは専門的な文献[135)]を参照し，よく検討されることを勧めるが，まず知るべきことは水素分子イオン H_2^+ のように電子が1個であっても (それゆえ，電子相関効果などは初めから存在しない場合であっても)，陽子2個は化学的に束縛されることである．そして，この場合にもビリアル定理が適用され，その結果，この化学結合によって電子の運動エネルギーは損をし，ポテンシャルエネルギーは得をしているのである．この H_2^+ 形成の状況は次のように解説される．

量子力学によれば，もともと，束縛状態のエネルギー準位は運動エネルギーとポテンシャルエネルギーの相克によって一意的に決まってくるものであるが，電子の運動領域が1陽子系から2陽子系に変わって増大すると，運動エネルギーによるプレッシャーが下がり，それによって引力ポテンシャルの効果が勝ってくる．そのため，電子の波動関数が陽子のまわりで縮まり，(すなわち，電子の軌道波動関数の収縮が起こり，) 束縛エネルギー準位が下がってくる．このように，この電子軌道波動関数の収縮が化学結合におけるポテンシャルエネルギーの利得を生み出しているのである．一方，運動エネルギーの方はこの収縮効果で増大し，その増大量は運動領域の拡大による運動エネルギーの減少量を上回るため，それらの総和として化学結合によって全運動エネルギーは増大しているのである．

ところで，H_2^+ の結合エネルギーはこのイオンの乖離極限 (すなわち，中性水素原子と陽子が無限に離れた系) でのエネルギーとの差から評価して 0.10263 hartree であるが，水素分子の場合，それは約 1.7 倍の 0.17441 hartree である．これら 2 つの状況を比較すると，1 電子の働きで形成されていた H_2^+ における "化学糊" が，同じような働きをするもう 1 個の電子を導入することによって，ごくごく大雑把に言えば，約 2 倍の強さに強化されたと考えられる．したがって，水素分子の化学結合機構は H_2^+ のそれと基本的に同じものと考えられるので，水素分子結合機構における一番重要な効果も電子の軌道波動関数の各陽子のまわりでの収縮ということになる．なお，2 電子系でも 1 電子系の約 1.7 倍という高いスケーラビリティの "化学糊" をもたらすためには，それぞれの電子が相手の電子の働きをあまり邪魔しないように動いている (電子同志が避け合いながら "化学糊" として働いている) と解釈できるので，電子相関も (化学結合における主役ではないとしても) それなりに無視できない役割を果たしていることは容易に想像できる．

この項での議論をまとめると，水素分子における化学結合の本質は**軌道波動関数の収縮による電子と陽子との引力的ポテンシャルエネルギーの減少**に求められるということである．そして，たとえ水素分子のような簡単な系といえども，その化学結合機構は決して単純なものではなく，量子力学における波動関数の変化の妙が端的に現れているものなのである．

それでは，ここで理解した物理を式 (2.110) で表されるようなハバード模型 (あるいは，それを拡張した模型) に反映させるにはどうすればよいであろうか．基本的には，電子の軌道波動関数の変化は ε_0 や t に反映されるべきであるので，これらが一定のパラメータではなく，電子数を始めとした物理量に依存して自己無撞着に決められるべきものであろう．この観点からのハバード模型の改良は第一原理からのアプローチとモデル系からのそれとの交点に位置する重要な課題と考えられ，今後の進展が期待される[139]．

2.4 無限サイトの1次元モデル

2.4.1 1次元ハバード模型

このハバード模型におけるサイト数 N_i を無限大にする際に各サイトを1次元的に配列した「1次元ハバード模型」では，1次元系の特殊性を生かした特別の数学的な取扱い，具体的には「ベーテ仮説法」(Bethe Ansatz)[140] の適用が可能になり，それによって厳密解が得られている[116]．この1次元ハバード模型の詳細な解説は本書の本来の狙いではないが，厳密解が教えることを学ぶ価値を考慮して，この節ではこの厳密解から得られるいくつかの知識をとりまとめておこう．なお，この節のうち，2.4.4項までの議論は本書の中では脇道であるので，これらをまったくスキップしてもよい．また，この節(特に前半)では数式の導出を数学的にきちんと解説する余裕はないので，単に最終結果を示すだけのことになる場合も多々あるが，お許し願いたい．ちなみに，数学的な取扱いに興味のある読者は1次元模型の専門書がすでに多数出版されているので，それらを参考にされたい[141]．

さて，1次元ハバード模型を記述するハミルトニアン H は式(2.110)を一般化してサイト j を $j=1, 2, 3, \cdots, N_i-1, N_i$ とすると，

$$H=-t\sum_{j\sigma}(c_{j\sigma}^{+}c_{j+1\sigma}+c_{j+1\sigma}^{+}c_{j\sigma})+(\varepsilon_0-\mu)\sum_{j\sigma}n_{j\sigma}+U\sum_{j}n_{j\uparrow}n_{j\downarrow} \tag{2.180}$$

で与えられる．なお，通常，周期境界条件が課されるので，$c_{N_i+1\sigma}=c_{1\sigma}$ ということになる．そして，式(2.111)に対応して運動量表示 $\{c_{k\sigma}\}$ を

$$c_{k\sigma}=\frac{1}{\sqrt{N_i}}\sum_{j=1}^{N_i}e^{-ik(j-1)}c_{j\sigma} \tag{2.181}$$

で導入しよう．ここで，結晶運動量 k は

$$k=2\pi\frac{m}{N_i},\quad m=1, 2, 3, \cdots, N_i-1, N_i \tag{2.182}$$

の N_i 個の点を考えればよいが，k は 2π を単位として不定性があるので，通常

は式 (2.182) で示唆される $(0,2\pi]$ の区間ではなく，第1ブリルアン帯といわれる区間 $(-\pi,\pi]$ に 2π を単位として還元して考えるものとする．この運動量表示では，H の中で電子のサイト間移動を記述する部分 H_t は

$$H_t \equiv -t\sum_{j\sigma}(c_{j\sigma}^{+}c_{j+1\sigma}+c_{j+1\sigma}^{+}c_{j\sigma}) = -2t\sum_{k\sigma}\cos k\ c_{k\sigma}^{+}c_{k\sigma} \tag{2.183}$$

のように対角化される．なお，式 (2.113) では分散関係は $-t\cos k$ であったが，今は $-2t\cos k$ に変わったことに注意されたい．(これは，式 (2.180) のような定義で $N_i=2$ とすると，サイト1と2の間の移動積分を2重に数えているからである.) この分散関係が示すように，今の H において相互作用 U がない場合のバンド幅は $4t$ ということになる．

ところで，この系を特徴づける対称性 (保存則) は数多くある．2.3.3 項で触れたような全電子数 N や全スピン演算子 $\boldsymbol{S}$，とりわけ，その z 成分 $S_z=(1/2)\sum_j(c_{j\uparrow}^{+}c_{j\uparrow}-c_{j\downarrow}^{+}c_{j\downarrow})$ の保存則から，上向きスピンの全電子数 $N_\uparrow$ と下向きスピンのそれ $N_\downarrow$ $(N_\uparrow+N_\downarrow=N)$ がそれぞれに保存することは自明であろう．そして，この SU(2) 対称性の反映として，もしも $\boldsymbol{S}$ の大きさが S の場合に $S_z=S$ の固有状態の多体波動関数 Ψ_S が分かれば，$S_z=S-m$ の固有状態 $(m=1,,2,\cdots,2S$ で，Ψ_S に対するものと同じエネルギー固有値を持つもの) の多体波動関数 Ψ_{S-m} は演算子 $S_-=\sum_j c_{j\downarrow}^{+}c_{j\uparrow}$ を Ψ_S に m 回作用させることによって得られることになる．

この他にも，もしも N_i が偶数の場合には偶数の j のサイトと奇数の j のサイトに分割して考え，偶数サイトでは $c_{j\sigma}^{+}\to c_{j\sigma}$，奇数サイトでは $c_{j\sigma}^{+}\to -c_{j\sigma}$ と変換すると H の中の H_t の項と相互作用の項 H_U を不変に保ったまま，$N_\uparrow\to N_i-N_\uparrow$，かつ，$N_\downarrow\to N_i-N_\downarrow$ の変換 (ハーフフィルド以上に電子が詰まった場合をハーフフィルド以下の場合に対応させる変換) が可能になる．また，下向きスピンはそのままにして，上向きスピンだけを上述の変換 (これは「斯波変換」といわれるもの) をした場合には，H_t は不変であるが，$H_U\to -H_U$ となり，斥力ハバード模型と引力ハバード模型の間の変換が可能になる．この斯波変換に関連して，さらに $\boldsymbol{\eta}$ 演算子[142] が導入され，それについてもスピン演算子 $\boldsymbol{S}$ と同様に H が SU(2) 対称性を満たすことが示されてい

る．そして，次の項で解説するベーテ仮説法によって得られる固有関数系の完全性が議論されている[143]．

2.4.2　ベーテ仮説法による厳密解

式 (2.180) で定義されたハミルトニアン H の固有状態はベーテ仮説法で解析的に厳密に解かれている．そのようなことが可能になっているポイントは3つある．1つ目は2電子系として1次元デルタ関数型相互作用ポテンシャルによる散乱問題を考えた場合，2体衝突の効果を取り込んだ波動関数が結晶運動量 $\{k_j\}$ を用いて解析的に簡単に求められるということである．2つ目は多電子散乱問題として考えたとしても衝突の素過程はパウリの排他原理のおかげで決して3電子以上が同時に関与することがなく，そのため，多体の散乱行列が2体の散乱行列に因子化されることになるが，その際，電子の交換操作でお互いに区別できない散乱過程を矛盾なく記述できるかどうかが焦点になる．その無矛盾性を保証する条件が「**ヤン–バクスター** (Yang–Baxter) **方程式**」といわれるもので，それがこの系では満たされているのである．最後のポイントはスピンの自由度をいかに扱うかということで，$S_z = S$ の最高スピンウェイトの状態を求める場合，$N_\downarrow\,(= N/2 - S)$ 個の下向きスピンの状態を指定する量子数の組 $\{\lambda_j\}$ を導入して，スピンの自由度を含む一般化されたベーテ仮説法 (nested Bethe Ansatz) が開発されたことである．

もう少し具体的にいえば，まず2電子問題では，相互作用がデルタ関数型のために2つの電子がある1つのサイトに同時に来て衝突しない限りは，それぞれの電子は H_t で表される自由運動をしているので，その固有状態を指定する量子数は結晶運動量，k_1 と k_2，スピン量子数，σ_1 と σ_2，ということになる．そして，この固有状態のエネルギーは

$$E_{k_1 k_2;\sigma_1,\sigma_2} = -2\cos k_1 - 2\cos k_2 + 2(\varepsilon_0 - \mu) \tag{2.184}$$

で与えられ，また，シュレディンガー方程式を解くことによって，これらの量子数で指定された2電子系の波動関数はスピンシングレット状態についてはその空間部分の波動関数 $\Psi_{\mathrm{s}}(x_1, x_2)$ は (規格化定数は別として)

$$\Psi_{\mathrm{s}}(x_1,x_2)=\begin{cases} e^{i(k_1x_1+k_2x_2)}+\dfrac{s_1-s_2-iU/2t}{s_1-s_2+iU/2t}e^{i(k_1x_2+k_2x_1)} & (x_1\le x_2) \\ \dfrac{s_1-s_2-iU/2t}{s_1-s_2+iU/2t}e^{i(k_1x_1+k_2x_2)}+e^{i(k_1x_2+k_2x_1)} & (x_1\ge x_2) \end{cases} \tag{2.185}$$

のように与えられる．ここで，$s_j=\sin k_j$ $(j=1,\,2)$ である．一方，スピントリプレット状態についてはパウリの排他原理のために同じサイトに 2 電子が同時に来ることはないので相互作用の効果はまったくなくなり，それゆえ，この場合の空間部分の波動関数 $\Psi_t(x_1,x_2)$ は

$$\Psi_t(x_1,x_2)=e^{i(k_1x_1+k_2x_2)}-e^{i(k_1x_2+k_2x_1)} \tag{2.186}$$

で与えられる．これらの波動関数が $\Psi(x_1+N_i,x_2)=\Psi(x_1,x_2+N_i)=\Psi(x_1,x_2)$ という周期境界条件を満たすためには，スピントリプレット状態では式 (2.186) から

$$e^{ik_1N_i}=e^{ik_2N_i}=1 \tag{2.187}$$

となり，これは k_j $(j=1,\,2)$ が式 (2.182) で与えられている相互作用がない場合とまったく同じ値を取ることを意味している．これに対して，スピンシングレットの場合は式 (2.185) から

$$e^{ik_1N_i}=\frac{s_1-s_2+iU/2t}{s_1-s_2-iU/2t},\quad e^{ik_2N_i}=\frac{s_2-s_1+iU/2t}{s_2-s_1-iU/2t}=e^{-ik_1N_i} \tag{2.188}$$

ということになり，k_j の値が U によってシフトすることを表している．そして，このシフトが式 (2.184) におけるエネルギー固有値の (相互作用がない系におけるそれからの) 変化に反映されることになる．

この 2 電子問題では全スピン S のスピン部分の固有状態がスピンシングレット $(S=0)$ でもトリプレット $(S=1)$ でもともに簡単に分かっているので，スピン自由度を簡単に取り扱えたが，一般の多電子系ではこのスピン自由度の取扱いは容易ではない．これを解決するために，まず，スピン交換演算子を導入して 2 体衝突の散乱行列を書き直し，それが多電子系ではヤン–バクスター方程式を満たすことを示しながら，さらに下向きスピンの状態を指定する量子数

(スピン波を指定する擬運動量というべき量) λ_l $(l = 1, 2, \cdots, N_\downarrow)$ を導入して $S = S_z = N/2 - N_\downarrow$ の解が求められた.

ここでは，このような取扱いの詳細は省いて得られた結果だけを示すことにしよう．下向きスピンの電子数が $N_\downarrow$ の N 電子系では，式 (2.188) を拡張した条件式として，結晶運動量 k_j $(j = 1, 2, \cdots, N)$ に対しては

$$e^{ik_j N_i} = \prod_{l=1}^{N_\downarrow} \frac{\lambda_l - \sin k_j - iU/4t}{\lambda_l - \sin k_j + iU/4t} \tag{2.189}$$

が得られており，そして，この右辺に現れるスピン波の擬運動量 λ_l $(l = 1, 2, \cdots, N_\downarrow)$ が満たすべき条件式は

$$\prod_{j=1}^{N} \frac{\lambda_l - \sin k_j - iU/4t}{\lambda_l - \sin k_j + iU/4t} = \prod_{m\neq l,\, m=1}^{N_\downarrow} \frac{\lambda_l - \lambda_m - iU/2t}{\lambda_l - \lambda_m + iU/2t} \tag{2.190}$$

である．この 2 つの条件式を満たす $\{k_j\}$ を使うと，この固有状態のエネルギー固有値 $E_{\{k_j;\lambda_l\}}$ は

$$E_{\{k_j;\lambda_l\}} = -2t\sum_j \cos k_j + N(\varepsilon_0 - \mu) \tag{2.191}$$

であり，また，全結晶運動量 $P_{\{k_j;\lambda_l\}}$ は (2π を単位として還元するものとして)

$$P_{\{k_j;\lambda_l\}} = \sum_j k_j \tag{2.192}$$

で与えられる．もちろん，この固有状態の全スピンは $S = S_z = N/2 - N_\downarrow$ である．

なお，$N = 2$ で $N_\downarrow = 1$ の場合は式 (2.190) を解くと $\lambda_1 = (\sin k_1 + \sin k_2)/2$ が得られ，これを式 (2.189) に代入すると，式 (2.188) の結果が得られることが分かり，2 電子系の結果を含む形に拡張されていることが確かめられる．

また，ある $\{k_j;\lambda_l\}$ の組が式 (2.189) と式 (2.190) を満たすとすると，$\{-k_j;-\lambda_l\}$ の組も同じ方程式群を満たすことは容易に見て取れる．すなわち，解の組全体としてみれば，正負の対称性を持つことが分かる．

さて，式 (2.189) と式 (2.190) を使ってすべての固有エネルギーを求めるため

には，固有状態を指定する変数 $\{k_j; \lambda_l\}$ を実数の範囲だけで探したのでは十分ではなく，複素数の範囲で考えなければならない．特に，熱力学的極限 $(N_i \to \infty)$ では解を与えるこれらの変数は複素平面上で特殊な対称構造を取ること (**「ストリング仮説」**[144]) が知られている．(たとえば，$\{k_j\}$ については $\mathrm{Im}\, k_j \neq 0$ ならば，必ず複素共役の対が含まれることなどである.) この対称構造は $N_i \to \infty$ で $\mathrm{Im}\, k_j < 0$ $(\mathrm{Im}\, k_j > 0)$ では式 (2.189) の左辺が指数関数的に発散する (あるいはゼロになる) こと，そして，それに対応して右辺の関数の極 (ゼロ点) が決まることから導かれる．ちなみに，$\mathrm{Im}\, k_j \neq 0$ で指定される固有状態の波動関数は (必ずしもその固有エネルギーが低いものではないが，) 空間的には局在したものになる．

しかしながら，基底状態および低励起状態については，それらを指定する変数 $\{k_j; \lambda_l\}$ はすべて実数であることが分かっている．そこで，ここではそのような状況のみを考慮することにして，式 (2.189) の両辺の対数を取り，それらの虚部を考えると，

$$k_j N_i = 2\pi I_j - 2\sum_{l=1}^{N_\downarrow} \tan^{-1}\left(\frac{4t(\sin\, k_j - \lambda_l)}{U}\right) \tag{2.193}$$

が得られる．ここで，$I_j - N_\downarrow/2$ は整数であり，また，$\tan^{-1}(x)$ については $0 \leq \tan^{-1}(x) < \pi$ のブランチを取ることにして $a > 0$ とすると，

$$\ln \frac{-a+ib}{a+ib} = i\left(\pi - 2\tan^{-1}\frac{b}{a}\right) \tag{2.194}$$

であることを用いた．同様に，式 (2.190) からは

$$2\sum_{j=1}^{N} \tan^{-1}\left(\frac{4t(\lambda_l - \sin\, k_j)}{U}\right) = 2\pi J_l + 2\sum_{m=1}^{N_\downarrow} \tan^{-1}\left(\frac{2t(\lambda_l - \lambda_m)}{U}\right) \tag{2.195}$$

が得られる．ここで，$J_l - (N - N_\downarrow + 1)/2$ は整数である．そして，$\{k_j; \lambda_l\}$ に代わって $\{I_j; J_l\}$ が固有状態を特徴づける (前者が電荷の，そして，後者がスピンの自由度を記述する) パラメータとして導入されたことになる．

ところで，これら I_j や J_l を用いると，熱力学的極限で $\{k_j\}$ や $\{\lambda_l\}$ の分布密度，$\rho(k)$ や $\sigma(\lambda)$，を次のように定義できる．まず，$N_i \to \infty$ では k_j や λ_l

はほぼ連続的に分布するので，式 (2.193) や式 (2.195) 中での和は分布関数を使って，

$$\sum_{j=1}^{N} \to N_i \int \rho(k_j)dk_j, \quad \sum_{l=1}^{N_\downarrow} \to N_i \int \sigma(\lambda_l)d\lambda_l \tag{2.196}$$

のような積分形に書き換えられる．そして，たとえば，区間 $[k_j, k_{j+1})$ 中に含まれる解の数は 1 つ (すなわち，k_j のみ) であるが，それは $\Delta k_j = k_{j+1} - k_j$ として，$N_i\rho(k_j)\Delta k_j = 1$ であることを意味する．

一方,「**計数関数**」(counting function)，$z_{\rm c}(k)$ と $z_{\rm s}(\lambda)$ をそれぞれ

$$z_{\rm c}(k) \equiv k + \frac{2}{N_i}\sum_{l=1}^{N_\downarrow}\tan^{-1}\left(\frac{4t(\sin\,k - \lambda_l)}{U}\right) \tag{2.197}$$

$$\begin{aligned} z_{\rm s}(\lambda) \equiv & \frac{2}{N_i}\sum_{j=1}^{N}\tan^{-1}\left(\frac{4t(\lambda - \sin k_j)}{U}\right) \\ & - \frac{2}{N_i}\sum_{m=1}^{N_\downarrow}\tan^{-1}\left(\frac{2t(\lambda - \lambda_m)}{U}\right) \end{aligned} \tag{2.198}$$

で定義すると，式 (2.193) に注意すれば，$N_i[z_{\rm c}(k_{j+1}) - z_{\rm c}(k_j)] = 2\pi(I_{j+1} - I_j) = 2\pi$ となるから，これと分布関数による解の数の数え方とを比較すると，$\rho(k_j)\Delta k_j = \rho(k_j)(k_{j+1} - k_j) = [z_{\rm c}(k_{j+1}) - z_{\rm c}(k_j)]/(2\pi)$ ということになる．同様の考え方から，式 (2.195) を使えば，$\sigma(\lambda_l)(\lambda_{l+1} - \lambda_l) = [z_{\rm s}(\lambda_{l+1}) - z_{\rm s}(\lambda_l)]/(2\pi)$ が得られる．そして，$N_i \to \infty$ の極限では $k_{j+1} \to k_j$ や $\lambda_{l+1} \to \lambda_l$ になることを考慮すれば,

$$\rho(k) = \frac{1}{2\pi}\frac{dz_{\rm c}(k)}{dk}, \quad \sigma(\lambda) = \frac{1}{2\pi}\frac{dz_{\rm s}(\lambda)}{d\lambda} \tag{2.199}$$

ということになる．この式 (2.199) と式 (2.196)～(2.198) とを組み合わせると，最終的に

$$\rho(k) = \frac{1}{2\pi} + \frac{\cos\,k}{\pi}\int \frac{U/4t}{(U/4t)^2 + (\sin\,k - \lambda)^2}\,\sigma(\lambda)d\lambda \tag{2.200}$$

$$\sigma(\lambda)=\frac{1}{\pi}\int\frac{U/4t}{(U/4t)^2+(\lambda-\sin\,k)^2}\,\rho(k)dk$$
$$-\frac{1}{\pi}\int\frac{U/2t}{(U/2t)^2+(\lambda-\lambda')^2}\,\sigma(\lambda')d\lambda' \qquad (2.201)$$

が得られる．なお，これらの分布関数を用いると，

$$N=N_i\int\rho(k)dk,\quad N_\downarrow=N_i\int\sigma(\lambda)d\lambda,\quad P_{\{k_j;\lambda_l\}}=N_i\int k\,\rho(k)dk$$
$$E_{\{k_j;\lambda_l\}}=-2tN_i\int\cos\,k\,\rho(k)dk+(\varepsilon_0-\mu)N \qquad (2.202)$$

によって全電子数 N，下向きスピンの全電子数 $N_\downarrow$，全運動量 $P_{\{k_j;\lambda_l\}}$，および，全エネルギー $E_{\{k_j;\lambda_l\}}$ が計算される．そして，この際，各固有状態は式 (2.200)〜(2.202) における k 積分や λ 積分の積分領域の取り方 (そして，それによって自己無撞着に決まってくる分布関数の形) で区別される．特に，基底状態では全エネルギーが最小で全運動量がゼロ，そして，リープ–マティス (Lieb–Mattis) の定理[145] によって N が偶数の場合，全スピンもゼロ (したがって，$N_\downarrow=N/2$) になることが分かっている．このような条件を満たす $\{k_j\}$ の分布は原点のまわりで対称的で，できるだけ $|k_j|$ が小さいものになることはエネルギーの表式 (2.191) から容易に想像できる．これを k 積分の積分区間でいえば，B を $0\le B\le\pi$ のある定数として $[-B,B]$ ということになる．そして，いったん，$\{k_j\}$ の分布が原点のまわりで対称的になると，$\{k_j;\lambda_l\}$ は解の組全体としての正負の対称性を持つので，$\{\lambda_l\}$ の分布も原点のまわりで対称的になる．したがって，Q を $0\le Q<\infty$ のある定数とすると，λ 積分の積分区間は $[-Q,Q]$ ということになる．

2.4.3 ハーフフィルドの基底状態

ハバード模型のような格子上の電子系においては，電子数とサイト数の比 (フィリング因子)$\nu(\equiv N/N_i)$ は系の性質を決定する上で重要な役割を果たす．特に，1 次元ハバード模型の熱力学的極限では，ハーフフィルド ($\nu=1$) の系はそうでない場合とは著しく異なる基底状態を持つ. (なお，一般的にいって，サイト数が小さい有限サイズ模型では ν が多少違ってもこれほどの顕著な差にはならない.) そこで，ここでは，前項で得られた厳密解を基にして，この $\nu=1$

の状況を考えておこう．

まず，この場合の基底状態では k 積分や λ 積分の積分区間は，それぞれ，$[-B,B]$ と $[-Q,Q]$ において $B=\pi$ と $Q\to\infty$ のように取ればよい．実際，このように積分領域を選べば，式 (2.200) を式 (2.201) に代入して，

$$\sigma(\lambda)=\frac{1}{\pi}\int_{-\pi}^{\pi}\frac{dk}{2\pi}\frac{U/4t}{(U/4t)^2+(\lambda-\sin k)^2} -\frac{1}{\pi}\int_{-\infty}^{\infty}\frac{U/2t}{(U/2t)^2+(\lambda-\lambda')^2}\,\sigma(\lambda')d\lambda' \tag{2.203}$$

が得られるが，この式はフーリエ変換

$$\sigma(\lambda)=\int_{-\infty}^{\infty}d\omega\, e^{-i\lambda\omega}\sigma(\omega),\quad \sigma(\omega)=\int_{-\infty}^{\infty}\frac{d\lambda}{2\pi}\,e^{i\lambda\omega}\sigma(\lambda) \tag{2.204}$$

を利用すれば，$\sigma(\omega)$ に対する次のような方程式

$$\sigma(\omega)=\frac{e^{-U|\omega|/4t}}{2\pi}\int_{-\pi}^{\pi}\frac{dk}{2\pi}e^{i\omega\sin k}-e^{-U|\omega|/2t}\sigma(\omega) \tag{2.205}$$

に変換される．なお，この変形に際しては $a>0$ として

$$\frac{a}{a^2+\lambda^2}=\int_{-\infty}^{\infty}d\omega\, e^{-i\lambda\omega}\frac{e^{-a|\omega|}}{2},\quad \frac{e^{-a|\omega|}}{2}=\int_{-\infty}^{\infty}\frac{d\lambda}{2\pi}\,e^{i\lambda\omega}\frac{a}{a^2+\lambda^2} \tag{2.206}$$

というフーリエ変換とその逆変換の関係式を使っている．この式 (2.205) から $\sigma(\omega)$ を求め，式 (2.204) に代入すると，$\sigma(\lambda)$ は

$$\sigma(\lambda)=\frac{1}{4\pi}\int_{-\pi}^{\pi}\frac{dk}{2\pi}\int_{-\infty}^{\infty}d\omega\, e^{i\omega(\sin k-\lambda)}\mathrm{sech}\left(\frac{U\omega}{4t}\right) \tag{2.207}$$

で与えられることになる．そこで，$a>0$ として

$$\int_{-\infty}^{\infty}d\omega\, e^{i\omega\lambda}\,\mathrm{sech}\,(a\omega)=\frac{\pi}{a}\,\mathrm{sech}\left(\frac{\pi}{2}\frac{\lambda}{a}\right) \tag{2.208}$$

という関係に注意すれば，最終的に $\sigma(\lambda)$ は

$$\sigma(\lambda)=\frac{t}{U}\int_{-\pi}^{\pi}\frac{dk}{2\pi}\,\mathrm{sech}\left(\frac{2\pi t}{U}(\lambda-\sin k)\right) \tag{2.209}$$

となる．そして，この式 (2.209) を式 (2.200) に代入すれば，$\rho(k)$ は

$$\rho(k)=\frac{1}{2\pi}+\cos k\int_{-\pi}^{\pi}\frac{dk'}{2\pi}\,R(\sin k-\sin k') \tag{2.210}$$

の形に書き上げられる．ここで，関数 $R(x)$ は

$$R(x)\equiv\frac{1}{\pi}\frac{t}{U}\int_{-\infty}^{\infty}\frac{d\lambda}{2\pi}\frac{U/4t}{(U/4t)^2+(x-\lambda)^2}\,\mathrm{sech}\left(\frac{2\pi t}{U}\lambda\right) \tag{2.211}$$

のように定義されているが，これは式 (2.206) を用いると，

$$\begin{aligned}R(x)&=\frac{t}{U}\int_{-\infty}^{\infty}\frac{d\lambda}{2\pi}\,\mathrm{sech}\left(\frac{2\pi t}{U}\lambda\right)\int_{-\infty}^{\infty}d\omega\,e^{-U|\omega|/4t}e^{-i(\lambda-x)\omega}\\&=\int_{-\infty}^{\infty}\frac{d\omega}{2\pi}\frac{e^{ix\omega}}{1+e^{U|\omega|/2t}}\end{aligned} \tag{2.212}$$

という形に還元されることが分かる．このようにして得られた $\rho(k)$ や $\sigma(\lambda)$ を式 (2.202) に代入すると，容易に $N=2N_{\downarrow}=N_i$ や $P_{\{k_j;\lambda_l\}}=0$ が確認される．全エネルギー $E_{\{k_j;\lambda_l\}}$ の結果を得るためには少し計算が必要で，

$$E_{\{k_j;\lambda_l\}}=E_0+(\varepsilon_0-\mu)N \tag{2.213}$$

と書いた場合，E_0 は

$$\begin{aligned}E_0&=-2tN_i\int_{-\pi}^{\pi}dk\,\cos k\,\rho(k)\\&=-2tN_i\int_{-\pi}^{\pi}\frac{dk}{2\pi}\cos^2 k\int_{-\pi}^{\pi}\frac{dk'}{2\pi}\int_{-\infty}^{\infty}d\omega\,\frac{e^{i(\sin k-\sin k')\omega}}{1+e^{U|\omega|/2t}}\\&=-2tN_i\int_{-\infty}^{\infty}\frac{d\omega}{\omega}\,\frac{J_0(\omega)J_1(\omega)}{1+e^{U|\omega|/2t}}\end{aligned} \tag{2.214}$$

となる．ここで，$J_n(\omega)$ は n 次のベッセル (Bessel) 関数で，

$$J_0(\omega)=\int_{-\pi}^{\pi}\frac{d\theta}{2\pi}e^{-i\omega\sin\theta},\quad J_0''(\omega)=-J_0(\omega)+J_1(\omega)/\omega \tag{2.215}$$

というベッセル関数の積分表示と漸化式を用いている．このベッセル関数を用いると，式 (2.207) で与えられた $\sigma(\lambda)$ は

$$\sigma(\lambda)=\int_{-\infty}^{\infty}\frac{d\omega}{4\pi}\,J_0(\omega)\,e^{-i\lambda\omega}\mathrm{sech}\left(\frac{U\omega}{4t}\right) \tag{2.216}$$

のように書き直すことができる．

ちなみに，式 (2.180) で表されたハミルトニアン H の中で $(\varepsilon_0-\mu)\sum_{j\sigma} n_{j\sigma}$ の部分を除いたものを $H_{\rm H}(t,U)$ と書き，この $H_{\rm H}(t,U)$ について上向きスピンの全電子数が $N_\uparrow$，下向きスピンのそれが $N_\downarrow$ である場合の基底状態の規格化された波動関数を $\Psi_0^{N_\uparrow,N_\downarrow}$，そのエネルギーを $E_0(N_\uparrow,N_\downarrow;t,U)$ と書くと，

$$E_0(N_\uparrow,N_\downarrow;t,U)=\langle\Psi_0^{N_\uparrow,N_\downarrow}|H_{\rm H}(t,U)|\Psi_0^{N_\uparrow,N_\downarrow}\rangle \tag{2.217}$$

であるが，式 (2.214) の E_0 は式 (2.217) で定義された $E_0(N_i/2,N_i/2;t,U)$ の熱力学極限における厳密に正確な表式を与えている．そして，式 (2.217) にヘルマン–ファインマンの定理を適用すると，ある1つのサイトが上下両スピンの電子で2重に占有される確率 (2重占有率) d が

$$\begin{aligned} d&\equiv\frac{1}{N_i}\sum_j\langle\Psi_0^{N_\uparrow,N_\downarrow}|n_{j\uparrow}n_{j\downarrow}|\Psi_0^{N_\uparrow,N_\downarrow}\rangle=\frac{1}{N_i}\langle\Psi_0^{N_\uparrow,N_\downarrow}|\frac{\partial H_{\rm H}(t,U)}{\partial U}|\Psi_0^{N_\uparrow,N_\downarrow}\rangle\\ &=\frac{1}{N_i}\frac{\partial E_0(N_\uparrow,N_\downarrow;t,U)}{\partial U} \end{aligned} \tag{2.218}$$

で計算される．

この $E_0(N_\uparrow,N_\downarrow;t,U)$ のこの他の性質としては，たとえば，先に触れたハーフフィルド以上に電子が詰まった系とハーフフィルド以下の系との対称性を反映したものがある．具体的には，N_i が偶数の場合に偶数サイトでは $c_{j\sigma}^+\to c_{j\sigma}$，奇数サイトでは $c_{j\sigma}^+\to -c_{j\sigma}$ と変換すると $H_{\rm H}(t,U)$ は $H_{\rm H}(t,U)+U(N_i-\hat N_\uparrow-\hat N_\downarrow)$ に変換されるので，

$$\begin{aligned} E_0(N_\uparrow,N_\downarrow;t,U)&=\langle\Psi_0^{N_\uparrow,N_\downarrow}|H_{\rm H}(t,U)|\Psi_0^{N_\uparrow,N_\downarrow}\rangle\\ &=\langle\Psi_0^{N_i-N_\uparrow,N_i-N_\downarrow}|H_{\rm H}(t,U)+U(N_i-\hat N_\uparrow-\hat N_\downarrow)|\Psi_0^{N_i-N_\uparrow,N_i-N_\downarrow}\rangle\\ &=E_0(N_i-N_\uparrow,N_i-N_\downarrow;t,U)+U[N_i-(N_i-N_\uparrow)-(N_i-N_\downarrow)]\\ &=E_0(N_i-N_\uparrow,N_i-N_\downarrow;t,U)+U(N_\uparrow+N_\downarrow-N_i) \end{aligned} \tag{2.219}$$

という関係式が成り立つ．同様に，斯波変換を考えると，$H_{\rm H}(t,U)$ は $H_{\rm H}(t,-U)+U\hat N_\uparrow$ に変換されるので，

$$E_0(N_\uparrow, N_\downarrow; t, U) = \langle \Psi_0^{N_\uparrow, N_i - N_\downarrow} | H_{\rm H}(t, -U) + U\hat{N}_\uparrow | \Psi_0^{N_\uparrow, N_i - N_\downarrow} \rangle$$
$$= E_0(N_\uparrow, N_i - N_\downarrow; t, -U) + UN_\uparrow \tag{2.220}$$

ということになる．この式と式 (2.214) とを組み合わせると，U の正負にかかわらず，$E_0(N_i/2, N_i/2; t, U)$ はベッセル関数の偶奇性も考慮して

$$E_0(N_i/2, N_i/2; t, U) = -4tN_i \int_0^\infty \frac{d\omega}{\omega} \frac{J_0(\omega)J_1(\omega)}{1 + e^{|U|\omega/2t}} + N_i \frac{U - |U|}{4} \tag{2.221}$$

で与えられることになる．

ところで，この $E_0(N_i/2, N_i/2; t, U)$ は t や U の関数として連続関数であるが，その t での 1 回微分 $\partial E_0/\partial t \equiv \partial E_0(N_i/2, N_i/2; t, U)/\partial t)$ や U でのそれ $\partial E_0/\partial U \equiv \partial E_0(N_i/2, N_i/2; t, U)/\partial U$ は $t = U = 0$ で特異点を持つ．(ちなみに，これら 2 つの 1 回微分関数は $\partial E_0/\partial t = E_0/t - (U/t)(\partial E_0/\partial U)$ という関係でお互いに結びついている．) 実際，式 (2.221) を $t \gg |U|$ の場合に，a を正の定数，n, m を整数としてベッセル関数の定積分

$$\int_0^\infty \frac{d\omega}{\omega} J_n(a\omega)J_m(a\omega) = \frac{2\sin\frac{\pi}{2}(m-n)}{\pi(m^2 - n^2)} \tag{2.222}$$

および，$J_1(\omega) = -J_0'(\omega)$ の関係に注意しつつ評価すると，

$$E_0(N_i/2, N_i/2; t, U) \approx -2tN_i \int_0^\infty \frac{d\omega}{\omega} J_0(\omega)J_1(\omega)\Bigl(1 - \frac{|U|\omega}{4t}\Bigr)$$
$$+ N_i \frac{U - |U|}{4} = -\frac{4}{\pi}tN_i + \frac{1}{4}UN_i \tag{2.223}$$

となるが，逆に，$t \ll |U|$ の場合には，

$$E_0(N_i/2, N_i/2; t, U) = -4tN_i \int_0^\infty \frac{d\omega}{\omega} \frac{J_0(2t\omega/|U|)J_1(2t\omega/|U|)}{1 + e^\omega}$$
$$+ N_i \frac{U - |U|}{4} \approx -\frac{4t^2N_i}{|U|} \int_0^\infty d\omega \frac{1}{1 + e^\omega} + N_i \frac{U - |U|}{4}$$
$$= \begin{cases} -4\ln 2\,(t^2/U)N_i & (U > 0) \\ 4\ln 2\,(t^2/U)N_i + UN_i/2 & (U < 0) \end{cases} \tag{2.224}$$

となる．これらの表式を使って $\partial E_0/\partial U$，あるいは同じことであるが，これを N_i で割った式 (2.218) で定義された d を計算すると，

① まず，$t \gg |U|$ の場合，式 (2.223) にしたがって d を計算すると，$d = 1/4$ になる．この場合は $U = 0$ (これは元のハミルトニアンに戻ると1次元格子上の自由電子系) としてから $t \to 0$ という極限を含んでいるが，ハーフフィルドの自由電子系では上下スピンの間には何の相関もないので，$d = \langle N_\uparrow/N_i \rangle \langle N_\downarrow/N_i \rangle = 1/4$ ということが予想され，その通りの結果が得られていることになる．

② 次に，$t \ll |U|$ の場合，式 (2.224) にしたがって d を計算すると，

$$d = \begin{cases} 4\ln 2\,(t/U)^2 & (U > 0) \\ 1/2 - 4\ln 2\,(t/U)^2 & (U < 0) \end{cases} \tag{2.225}$$

ということになる．この場合は $t = 0$ (これは1サイトのモデルに還元された系) としてから $U \to 0$ という極限を含んでいるが，d は U の符号に依存した値を持ち，$U \to 0^+$ では $d = 0$，$U \to -0^+$ では $d = 1/2$ ということになる．物理的には，$U > 0$ としてある1つのサイトで考えると常に上向きスピンの電子か，下向きスピンの電子が1個いるだけなので，$d = 0$ となる．一方，$U < 0$ では上下両方のスピンの電子が同時にいるか，両方ともいないかのどちらかが実現し，しかもその確率はハーフフィルドではともに1/2なので，$d = (1+0)/2 = 1/2$ ということになる．

このように，$t = U = 0$ は d (そして，$\partial E_0/\partial t$) の特異点であり，極限の取り方に依存した値になる．

2.4.4　ハーフフィルドでの電荷励起とスピン励起

前項でみたように，熱力学関数 $E_0(N_\uparrow, N_\downarrow; t, U)$(の微分) は $t = U = 0$ で特異点を持つことが分かったが，これは何らかの相転移を示唆しているものと考えられる．この点をもう少し詳しくみるために，$E_0(N_\uparrow, N_\downarrow; t, U)$ の $N_\uparrow$ や $N_\downarrow$ 依存性も調べてみよう．

この依存性のうち，まず，$N_\downarrow$ を $N_i/2$ に固定したままで $N_\uparrow$ を $N_i/2$ からひとつだけ変化させる場合を考えよう．これは，通常，「電荷励起」のエネルギー Δ_{c} と呼ばれているものを計算することであるが，その定義は1.3.6項の式 (1.136) で考えたバンドギャップ E_{g} に対するものとまったく同じである．すなわち，

$$
\begin{aligned}
\Delta_{\rm c} &\equiv E_0(N_i/2+1, N_i/2; t, U) + E_0(N_i/2-1, N_i/2; t, U) \\
&\quad - 2E_0(N_i/2, N_i/2; t, U) \\
&= U + 2\Big(E_0(N_i/2-1, N_i/2; t, U) - E_0(N_i/2, N_i/2; t, U)\Big) \qquad (2.226)
\end{aligned}
$$

である．ここで，右辺の第 1 式から第 2 式への変形は式 (2.219) の関係を用いている．

そこで，$E_0(N_i/2-1, N_i/2; t, U)$ を求めることになるが，これはハーフフィルドの基底エネルギー $E_0(N_i/2, N_i/2; t, U)$ から上向きスピンの電子を 1 つ減らしたときのエネルギー変化を知ればよい．この電子数の変化はハーフフィルドの基底状態を与えている $\{k_j; \lambda_l\}$ の組全体の中で $\{k_j\}$ のうちの 1 つ (k_0 と書こう) を省くことによって得られる．この k_0 を省いたことによって他の $\{k_j; \lambda_l\}$ も変化を受けるが，これは分布関数が式 (2.210) の $\rho(k)$ や式 (2.216) の $\sigma(\lambda)$ から $\tilde{\rho}(k)$ や $\tilde{\sigma}(\lambda)$ に変化したとして，まず，これらを求めることから始めよう．

さて，k_0 を省くということは式 (2.197) で定義された計数関数 $z_{\rm c}(k)$ を $\tilde{z}_{\rm c}(k)$ と書いた場合，$\tilde{z}_{\rm c}(k)$ は $k < k_0$ ならば $z_{\rm c}(k)$ と同じ定義でよいが，$k > k_0$ では $2\pi/N_i$ の単位で 1 つ分減らすことになる．すなわち，$\theta(x)$ をヘビサイドの階段関数として，$\tilde{z}_{\rm c}(k) = z_{\rm c}(k) - 2\pi\theta(k-k_0)/N_i$ ということになり，したがって，分布関数 $\tilde{\rho}(k)$ は

$$
\begin{aligned}
\tilde{\rho}(k) = \frac{1}{2\pi}\frac{d\tilde{z}_{\rm c}(k)}{dk} &= \frac{1}{2\pi} - \frac{1}{N_i}\delta(k-k_0) \\
&\quad + \frac{\cos\,k}{\pi}\int \frac{U/4t}{(U/4t)^2 + (\sin\,k - \lambda)^2}\,\tilde{\sigma}(\lambda)d\lambda \qquad (2.227)
\end{aligned}
$$

で与えられる．一方，$z_{\rm s}(\lambda)$ の定義式は変わらないので，$\tilde{\sigma}(\lambda)$ を決める方程式は式 (2.201) において単に $\{\rho(k); \sigma(\lambda)\} \to \{\tilde{\rho}(k); \tilde{\sigma}(\lambda)\}$ と置き換えればよい．

ところで，今は熱力学的極限を考えているので，電子数 1 個の変化は小さく，それゆえ，ハーフフィルドの状況からの変化が $O(N_i^{-1})$ の変化量だけを考えることにしよう．そこで，$\tilde{\rho}(k) = \rho(k) + \rho_1(k)/N_i$ や $\tilde{\sigma}(\lambda) = \sigma(\lambda) + \sigma_1(\lambda)/N_i$ と書くと，$\rho_1(k)$ の満たすべき方程式は

$$
\rho_1(k) = -\delta(k-k_0) + \frac{\cos k}{\pi}\int_{-\infty}^{\infty} \frac{U/4t}{(U/4t)^2 + (\sin k - \lambda)^2}\,\sigma_1(\lambda)d\lambda \qquad (2.228)
$$

となり，また，$\sigma_1(\lambda)$ は

$$\sigma_1(\lambda) = -\frac{1}{\pi}\frac{U/4t}{(U/4t)^2+(\lambda-\sin k_0)^2} -\frac{1}{\pi}\int_{-\infty}^{\infty}\frac{U/2t}{(U/2t)^2+(\lambda-\lambda')^2}\,\sigma_1(\lambda')d\lambda' \tag{2.229}$$

である．これらの方程式系は前項で取り扱ったものと類似の形をしており，フーリエ変換を用いると簡単に解ける．その結果，$\sigma_1(\lambda)$ は

$$\begin{aligned}\sigma_1(\lambda) &= -\frac{1}{4\pi}\int_{-\infty}^{\infty} d\omega\, e^{i\omega(\sin k_0-\lambda)}\mathrm{sech}\left(\frac{U\omega}{4t}\right)\\ &= -\frac{t}{U}\ \mathrm{sech}\left(\frac{2\pi t}{U}(\lambda-\sin k_0)\right)\end{aligned} \tag{2.230}$$

で与えられ，また，$\rho_1(k)$ は

$$\begin{aligned}\rho_1(k) &= -\delta(k-k_0) - \cos k\int_{-\infty}^{\infty}\frac{d\omega}{2\pi}\frac{e^{i\omega(\sin k_0-\sin k)}}{1+e^{U|\omega|/2t}}\\ &= -\delta(k-k_0) - \cos k\ R(\sin k-\sin k_0)\end{aligned} \tag{2.231}$$

となる．この式 (2.231) で与えられた $\rho_1(k)$ を用いると，k_0 を省いたときのエネルギー変化 $\epsilon_{\rm c}(k_0)$ は

$$\begin{aligned}\epsilon_{\rm c}(k_0) &\equiv -2tN_i\int_{-\pi}^{\pi}dk\ \cos k\left(\tilde{\rho}(k)-\rho(k)\right)\\ &= -2t\int_{-\pi}^{\pi}dk\ \cos k\,\rho_1(k)\\ &= 2t\cos k_0 + 2t\int_{-\pi}^{\pi}dk\ \cos^2 k\ R(\sin k-\sin k_0)\\ &= 2t\cos k_0 + 4t\int_0^{\infty}d\omega\ \frac{J_1(\omega)}{\omega}\frac{\cos(\omega\sin k_0)}{1+e^{U\omega/2t}}\end{aligned} \tag{2.232}$$

であり，これが最小になるのは $k_0=\pi$(あるいは，$k_0=-\pi$) のときで，この最小値 $\epsilon_{\rm c}(\pi)$ を使うと，$E_0(N_i/2-1, N_i/2; t, U)$ が $E_0(N_i/2, N_i/2; t, U)+\epsilon_{\rm c}(\pi)$ で与えられる．

以上の計算は $U>0$ を仮定して行ってきたが，$U<0$ の場合も斯波変換にしたがって式 (2.221) を使えば同様に計算することができて，これらの結果を

まとめ上げると，式 (2.226) で定義された電荷励起エネルギー $\varDelta_{\rm c}$ は

$$\varDelta_{\rm c} = |U| - 4t + 8t\int_0^\infty d\omega\, \frac{J_1(\omega)}{\omega}\frac{1}{1+e^{|U|\omega/2t}} \tag{2.233}$$

ということになる．この式で $U=0$ とすれば $J_1(\omega)/\omega$ の積分が出てくるが，これは ($\varGamma(x)$ をガンマ関数として)，次のウェーバー (Weber) の積分

$$\int_0^\infty dx\, x^{\mu-1}J_\nu(ax) = \frac{2^{\mu-1}\varGamma\Bigl((\mu+\nu)/2\Bigr)}{a^\mu\varGamma\Bigl((\nu-\mu)/2+1\Bigr)} \tag{2.234}$$

で，$\mu=0$，$\nu=1$，$a=1$ を代入すれば 1 になることが分かり，したがって，$\varDelta_{\rm c}=0$ となる．すなわち，系は金属的な様相を示す．しかしながら，$U\neq 0$ では t の大きさにかかわらず常に $\varDelta_{\rm c}>0$ となり，絶縁体の様相を示す．これは $U=0$ で「**金属絶縁体転移 (モット転移)**」を起こしていることを意味する．なお，この $\varDelta_{\rm c}$ は

$$\varDelta_{\rm c} = \begin{cases} \sqrt{8t|U|}\exp(-2\pi t/|U|) & (|U|\ll 4t) \\ |U|-4t+8\ln 2\; t^2/|U| & (|U|\gg 4t) \end{cases} \tag{2.235}$$

という漸近形を持つ．

ちなみに，絶縁体の場合には電子はマクロなスケールでみると局在していることになるが，格子定数のスケールでみると必ずしも局在している訳ではないことに注意されたい．これは $t\gg|U|$ では，前項でみたように常に $d=1/4$ であって，電子は 1 つの格子点上に局在していないことを示していたが，その場合でも $\varDelta_{\rm c}>0$ で絶縁相になっている (もっとも，$\varDelta_{\rm c}$ は t に比べてずっと小さいので，緩い局在である) ことが分かる．一方，$t\ll|U|$ では $d=0$，あるいは，$d=1/2$ であり，かつ，$\varDelta_{\rm c}/t\gg 1$ で電荷励起エネルギーも大きいので電子は 1 つの格子点上に強く局在された絶縁相であることを示している．

次に，スピンを 1 つだけ反転させることを考えて，$N_\downarrow$ を $N_i/2-1$ に変えると同時に $N_\uparrow$ を $N_i/2+1$ と変化さよう．この変化に伴うエネルギー変化量 $\varDelta_{\rm s}$ は「スピン励起」のエネルギーと呼ばれていて，その定義は

$$\varDelta_{\rm s} \equiv E_0(N_i/2+1, N_i/2-1; t, U) - E_0(N_i/2, N_i/2; t, U) \tag{2.236}$$

である．この $\varDelta_{\rm s}$ の計算では $\{k_j;\lambda_l\}$ の組全体の中で $\{\lambda_l\}$ の 1 つ (λ_0 と書こう) を省くことによって得られる．この λ_0 を省くことは式 (2.198) で定義された計数関数 $z_{\rm s}(\lambda)$ が $\tilde{z}_{\rm s}(\lambda)$ に変わったと考えて，$\tilde{z}_{\rm s}(\lambda)=z_{\rm s}(\lambda)-2\pi\theta(\lambda-\lambda_0)/N_i$ と書き直すことになる．そして，電荷励起のときと同じように，この際の分布関数の変化を $\tilde{\rho}(k)=\rho(k)+\rho_1(k)/N_i$ や $\tilde{\sigma}(\lambda)=\sigma(\lambda)+\sigma_1(\lambda)/N_i$ と書き，$O(N_i^{-1})$ の変化分のみを考えると，$\rho_1(k)$ の満たすべき方程式は

$$\rho_1(k)=\frac{\cos k}{\pi}\int_{-\infty}^{\infty}\frac{U/4t}{(U/4t)^2+(\sin k-\lambda)^2}\,\sigma_1(\lambda)d\lambda \tag{2.237}$$

であり，また，$\sigma_1(\lambda)$ を決める方程式は

$$\begin{aligned}\sigma_1(\lambda)=&-\delta(\lambda-\lambda_0)+\frac{1}{\pi}\int_{-\pi}^{\pi}\frac{U/4t}{(U/4t)^2+(\lambda-\sin k)^2}\,\rho_1(k)\,dk\\&-\frac{1}{\pi}\int_{-\infty}^{\infty}\frac{U/2t}{(U/2t)^2+(\lambda-\lambda')^2}\,\sigma_1(\lambda')d\lambda'\end{aligned} \tag{2.238}$$

となる．そこで，これまでと同じように，フーリエ変換で解くと，

$$\sigma_1(\lambda)=-\int_{-\infty}^{\infty}\frac{d\omega}{2\pi}\,\frac{e^{-i\omega(\lambda-\lambda_0)}}{1+e^{-U|\omega|/2t}} \tag{2.239}$$

$$\rho_1(k)=-\cos k\int_{-\infty}^{\infty}\frac{d\omega}{2\pi}\,\frac{e^{i\omega(\lambda_0-\sin k)}}{e^{U\omega/4t}+e^{-U\omega/4t}} \tag{2.240}$$

が得られる．この $\rho_1(k)$ を用いて λ_0 を省いたときのエネルギー変化 $\epsilon_{\rm s}(\lambda_0)$ を計算すると，

$$\begin{aligned}\epsilon_{\rm s}(\lambda_0)&=-2t\int_{-\pi}^{\pi}dk\,\cos k\,\rho_1(k)\\&=2t\int_0^{\infty}d\omega\,\frac{J_1(\omega)}{\omega}\,\cos(\lambda_0\omega)\,{\rm sech}\left(\frac{U\omega}{4t}\right)\end{aligned} \tag{2.241}$$

となる．

この $\epsilon_{\rm s}(\lambda_0)$ は $\lambda_0\to\pm\infty$ のときに最小値を与え，それはゼロになるので，$\varDelta_{\rm s}=0$ である．すなわち，電荷励起の場合とは異なって，いかなる状況にあろうともスピン励起にはエネルギーギャップがない (電荷応答とスピン応答が異なる) ことになる．また，$\epsilon_{\rm s}(\lambda_0)$ は $\lambda_0=0$ のときに最大値を取り，この $\epsilon_{\rm s}(0)$ が

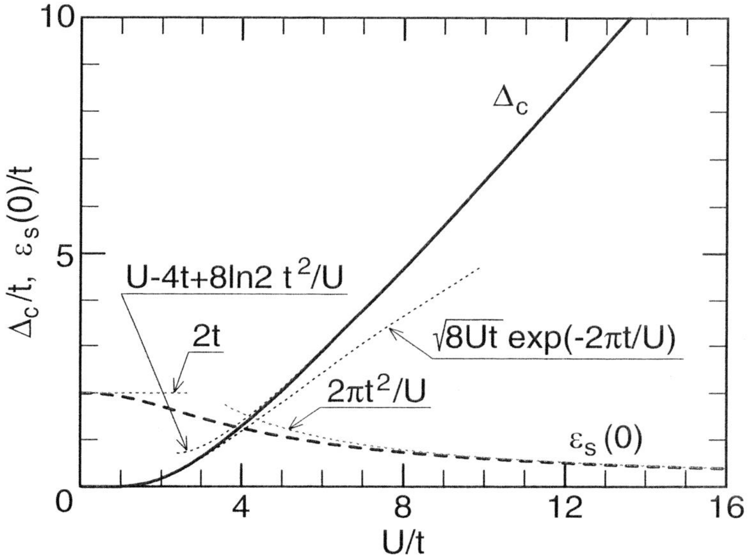

図 2.14 ハーフフィルドの 1 次元ハバード模型における電荷励起エネルギー $\Delta_{\rm c}$ とスピン励起のバンド幅 $\epsilon_{\rm s}(0)$ を U の関数として示したもの．それぞれの弱および強結合極限の関数形とも比較している．

「スピン励起のバンド幅」を与える．なお，この $\epsilon_{\rm s}(0)$ は

$$\epsilon_{\rm s}(0) = \begin{cases} 2t & (|U| \ll 4t) \\ 2\pi t^2/|U| & (|U| \gg 4t) \end{cases} \tag{2.242}$$

という漸近形を持つので，$U \gg 4t$ の強相関極限ではスピン励起のバンド幅は式 (2.146) で定義された交換相互作用定数 $J(=-2t^2/U)$ に比例して小さくなっていくことが見て取れるが，もちろん，これはこの極限ではハバード模型はハイゼンベルグ模型に還元されていくことの反映である．

図 2.14 には，この項で得られた電荷励起エネルギー $\Delta_{\rm c}$ とスピン励起のバンド幅 $\epsilon_{\rm s}(0)$ を U の関数として描いてある．どちらの物理量も $U > 4t$ では強結合極限での漸近形でよく近似されていることが見て取れよう．

2.4.5 朝永–ラッティンジャー模型

このベーテ仮説法を用いた解析によれば，前項で取り扱ったハーフフィルド $(\nu = 1)$ の場合とは異なって，$\nu \neq 1$ である限り，$\Delta_{\mathrm{c}} = \Delta_{\mathrm{s}} = 0$ となり，1次元ハバード模型の基底状態は金属的に振る舞う相であることが分かっている．しかも，$\nu = 0^+$ から $\nu \to 1$ の全領域で相転移現象はないと結論されている．したがって，このような1次元金属相の特徴を詳しく知るためには，$\nu \ll 1$ の状況 (低密度極限) を仮定して調べればよいことになる．ただ，$\nu = 1$ の場合はもちろん，$\nu \ll 1$ としてもベーテ仮説法による厳密解の方法では1電子グリーン関数をはじめとした相関関数の計算が容易ではない．

そこで,「ボゾン化法」[141] などの他の方法に頼ることになるが，これらの方法の主たる対象は1次元ハバード模型そのものではなく,「**朝永–ラッティンジャー (Tomonaga–Luttinger) 模型**」[146, 147] と呼ばれているものである．この模型は基底状態およびそれからの低エネルギー励起のみを考慮した場合の1次元金属相の性質を (特に3次元金属相を一般的に記述していると考えられているフェルミ流体理論から導かれるそれとの違いに注目して) 一般的に調べるという目的で提出されているものである．なお，これはハバード模型のような格子模型ではないが，ハバード模型であっても $\nu \ll 1$ を仮定すれば，物理的に重要になる運動量 k の大きさは逆格子ベクトル $2\pi/a_0$ (a_0: 格子定数) よりもずっと小さくなり，結晶構造が顕示的に現れない連続体極限でのモデルハミルトニアンに還元される．そして，それは朝永–ラッティンジャー模型の範疇に含まれることになる．

さて，まず，朝永–ラッティンジャー模型を記述するモデルハミルトニアン H を具体的に示しておこう．いま，H をその運動エネルギーの部分 H_0 と相互作用の部分 H_{int} とに分割して書いた場合，H_0 は

$$H_0 = \sum_{\alpha=\pm} \sum_{k\sigma} \varepsilon_\alpha(k) a^+_{\alpha,\sigma}(k) a_{\alpha,\sigma}(k) \tag{2.243}$$

という形に仮定されている．ここで，1電子分散関係 $\varepsilon_\alpha(k)$ は式 (2.183) の第2式で与えられているような1電子分散関係 $-2t\cos k$ を k 空間の2つのフェルミ点，k_{F} $(= \pi\nu/2a_0)$ と $-k_{\mathrm{F}}$，のまわりで線形近似して (そして，エネルギーの原点を相互作用のない系でのフェルミ準位として)，右向きに速度 v_{F} で

走る ($\alpha = +$ でその消滅演算子を $a_{+,\sigma}(k)$ とする) 電子と左向きに速度 $-v_{\mathrm{F}}$ で走る ($\alpha = -$ でその消滅演算子を $a_{-,\sigma}(k)$ とする) 電子のそれぞれに対して $\varepsilon_{\alpha}(k) = \alpha v_{\mathrm{F}}(k - \alpha k_{\mathrm{F}})$ で与えられる．

ところで，この $\varepsilon_{\alpha}(k)$ が成り立つ k の範囲は線形近似との整合性からいえば，フェルミ点のごく近傍だけということになる．実際，朝永模型[146] においてはそのように想定されているが，ラッティンジャー模型[147] においては数学的な理論展開が容易になるように $\alpha = \pm$ の両者のブランチを独立と考え，それぞれのブランチは線形分散を保ったまま，ともに大きなバンド幅 $2v_{\mathrm{F}}k_0$ を持つ (すなわち，$-k_0 \leq k \leq k_0$ で，最終的に $k_0 \to \infty$ と取る) とした．このような $\varepsilon_{\alpha}(k)$ を仮定するラッティンジャー模型はあまり物理的に正しくないように思われるかもしれないが，① $\varepsilon_{\alpha}(k) < 0$ でフェルミ点から十分に離れた k の電子は常に占有されていると仮定する，② フェルミ点近傍の電子にしか相互作用の効果が現れないような H_{int} を考える，という2つの条件下では朝永模型と物理的に等価な解を与える．そこで，ここではラッティンジャー模型を採用して議論を進めることにする．なお，このように2つのブランチを独立と考えるのであれば，α ブランチで k の原点を αk_{F} だけずらして考えても何ら本質的な差異は生じないので，今後，フェルミ点は両ブランチともに $k = 0$ にあるとして $\varepsilon_{\alpha}(k)$ を

$$\varepsilon_{\alpha}(k) = \alpha v_{\mathrm{F}} k \tag{2.244}$$

と書くことにし，そして，ずらした後の k は改めて $[-k_0, k_0]$ の範囲にあるとしよう．

次に，朝永–ラッティンジャー模型における相互作用の部分 H_{int} を書き下そう．「**ジーオロジー** (g-ology)」と呼ばれる理論体系[148] の中で，この H_{int} は伝統的に

$$H_{\mathrm{int}} = H_1 + H_2 + H_3 + H_4 \tag{2.245}$$

のように分割されている．そして，各 H_i $(i = 1, \cdots, 4)$ はノーマル積を取る (すなわち，生成演算子は消滅演算子の常に左に来るようにフェルミオン演算子の順序を書き直してから取り扱う) という約束の下で，それぞれ，

$$H_1 = \frac{1}{L}\sum_{q\sigma\sigma'} g_1^{\sigma\sigma'} \rho_\sigma^+(q)\rho_{\sigma'}^-(-q) \tag{2.246}$$

$$H_2 = \frac{1}{L}\sum_{q\sigma\sigma'} g_2^{\sigma\sigma'} \rho_{+,\sigma}(q)\rho_{-,\sigma'}(-q) \tag{2.247}$$

$$H_3 = \frac{1}{2L}\sum_{q\sigma\sigma'} g_3^{\sigma\sigma'}\Big(\rho_\sigma^+(q)\rho_{\sigma'}^+(-q)+\rho_\sigma^-(q)\rho_{\sigma'}^-(-q)\Big) \tag{2.248}$$

$$H_4 = \frac{1}{2L}\sum_{q\sigma\sigma'} g_4^{\sigma\sigma'}\Big(\rho_{+,\sigma}(q)\rho_{+,\sigma'}(-q)+\rho_{-,\sigma}(q)\rho_{-,\sigma'}(-q)\Big) \tag{2.249}$$

のように与えられる．ここで，L はこの1次元系の“体積”であり，$L \equiv N_i a_0$ で定義される．(ちなみに，連続体極限は L を一定に保ちながら $a_0 \to 0^+$ という極限操作を取ることを意味する.) また，各種の密度演算子は

$$\rho_\sigma^+(q) = \sum_k a_{+,\sigma}^+(k)a_{-,\sigma}(k+q) \tag{2.250}$$

$$\rho_\sigma^-(q) = \sum_k a_{-,\sigma}^+(k)a_{+,\sigma}(k+q) \tag{2.251}$$

$$\rho_{\alpha,\sigma}(q) = \sum_k a_{\alpha,\sigma}^+(k)a_{\alpha,\sigma}(k+q) \tag{2.252}$$

のように定義されているので，H_1 は $\alpha=+$ の電子と $\alpha=-$ の電子の交換を伴う相互作用 (αk_{F} だけずらす前の運動量変化 q でいえば，$q=2k_{\mathrm{F}}$ で，これは電子の正面衝突による後方散乱過程を表すもの)，H_2 は $\alpha=+$ の電子と $\alpha=-$ の電子の交換を伴わない相互作用 ($q\approx 0$ の前方散乱過程を表すもの)，H_3 は $\alpha=+$ の2電子が $\alpha=-$ の2電子 (あるいはその逆) へと変換することに伴う相互作用 (いわゆるウムクラップ (Umklapp) 過程を表すもので，$4k_{\mathrm{F}}=2\pi/a_0$ のときのみ可能なもの)，そして，H_4 はそれぞれのブランチ内部での相互作用で $q\approx 0$ 付近が重要になるものである．

このような各種の散乱過程を記述する相互作用 H_i $(i=1,\cdots,4)$ の定義に含まれている $g_i^{\sigma\sigma'}$ はその散乱強度を規定する定数であり，それは同じスピン間の相互作用定数 $g_{i\parallel}$ と異なるスピン間のそれ $g_{i\perp}$ を使って，

$$g_i^{\sigma\sigma'} = g_{i\parallel}\delta_{\sigma\sigma'} + g_{i\perp}\delta_{\sigma,-\sigma'} \tag{2.253}$$

のように書くことができる．そして，これらは，元々，(繰り込まれる前の裸の) 電子間相互作用 $U(r)$ のフーリエ成分 $U(q)$ に直接的に関係しているものである．ちなみに，1 次元ハバード模型では $U(q)$ は異なるスピン間にのみ働く (q には依存しない) 定数 U であったので，この模型から還元される $H_{\rm int}$ では $g_{i\|}=0$，かつ，$g_{i\perp}=Ua_0$ ということになる．(なお，$\nu=1$ でない限り，H_3 は働かない．) しかしながら，通常の長距離クーロン斥力は q に強く依存した相互作用である．この場合，$U(2k_{\rm F})$ に比例する $g_{1\perp}$ は $U(q)$ (ここで，$q \ll k_{\rm F}$) に比例する $g_{2\perp}$ や $g_{4\perp}$ に比べて無視できると考えられる．また，$g_{1\|}$ が記述する過程は $g_{2\|}$ が記述するそれと形式上まったく区別できないので，$g_{1\|}=0$ と選んでも一般性は損なわれない．以上の考察の結果，ハーフフィルドでない長距離クーロン斥力が働いている系では，$H_{\rm int}=H_2+H_4$ と考えてよいので，今後はこのケースに限って議論を進めよう．

2.4.6 ジャロシンスキー–ラーキン理論

この $H=H_0+H_2+H_4$ の系は電子を記述するフェルミオン演算子を含めてすべてボゾン演算子で表現するボゾン化の方法で厳密に解けるモデルであることが分かっている．(これについては，後の項で簡単に触れる．) しかしながら，このボゾン化の方法は 1 次元系の特殊性に根ざしているので，本書では 3 次元系での計算との整合性を考慮し，そこでの理論展開の予行演習も兼ねて，「**ジャロシンスキー–ラーキン** (Dzyaloshinskii–Larkin) **理論**」[149] を中心に解説しよう．なお，この際，余計な複雑さを避けるために，スピンに依存しない相互作用，すなわち，$g_{2\perp}=g_{2\|}=g_2$ や $g_{4\perp}=g_{4\|}=g_4$ を仮定しよう．さらに，最終的に 1 電子グリーン関数の厳密解を解析的に求める際には，それ以上の簡単化も行うなどして，1 次元金属系の物理の本質を損なわない限り，(ハバード模型を含め，いずれにしても模型での話なので) できるだけ簡単な系に還元するという方針で進もう．そして，より一般的な 1 次元系の厳密解に関しては，その分野の専門書[116, 141, 148] を参考にされたい．

a. 密度演算子と電流密度演算子

さて，式 (2.252) で定義した密度演算子 $\rho_{\alpha,\sigma}(q)$ を用いて，全電荷密度演算子 $\rho^{\rm c}(q)$ と電流密度演算子 $j^{\rm c}(q)$ を

$$\rho^{\mathrm{c}}(q) \equiv \rho_{+}^{\mathrm{c}}(q) + \rho_{-}^{\mathrm{c}}(q) = \sum_{\alpha\sigma} \rho_{\alpha,\sigma}(q) \tag{2.254}$$

$$j^{\mathrm{c}}(q) \equiv \rho_{+}^{\mathrm{c}}(q) - \rho_{-}^{\mathrm{c}}(q) = \sum_{\alpha\sigma} \alpha\rho_{\alpha,\sigma}(q) \tag{2.255}$$

で定義しよう．すると，ハミルトニアンの相互作用部分 H_{int} $(= H_2 + H_4)$ は

$$H_{\mathrm{int}} = \frac{1}{2L}\sum_{q}\Big(\frac{g_2+g_4}{2}\rho^{\mathrm{c}}(q)\rho^{\mathrm{c}}(-q) + \frac{g_4-g_2}{2}j^{\mathrm{c}}(q)j^{\mathrm{c}}(-q)\Big) \tag{2.256}$$

のように書き直される．このハミルトニアンの表式を使って，この系が電荷保存則 (連続の式) を満たすことを示そう[150)]．そのために，いろいろな演算子間の交換関係を求めることから始めよう．

まず，密度演算子 $\rho_{\alpha,\sigma}(q)$ とフェルミオン演算子，$a_{\alpha',\sigma'}(k)$ や $a^{+}_{\alpha',\sigma'}(k)$，との交換関係は，$A, B, C$ を任意の演算子とした場合の恒等式 $[AB, C] = A\{B, C\} - \{A, C\}B$ を使って，

$$[\rho_{\alpha,\sigma}(q), a_{\alpha',\sigma'}(k)] = -\delta_{\alpha\alpha'}\delta_{\sigma\sigma'}a_{\alpha,\sigma}(k+q) \tag{2.257}$$

$$[\rho_{\alpha,\sigma}(q), a^{+}_{\alpha',\sigma'}(k)] = \delta_{\alpha\alpha'}\delta_{\sigma\sigma'}a^{+}_{\alpha,\sigma}(k-q) \tag{2.258}$$

であることが容易に導かれる．したがって，

$$[\rho^{\mathrm{c}}(q), a_{\alpha,\sigma}(k)] = -a_{\alpha,\sigma}(k+q),\ \ [j^{\mathrm{c}}(q), a_{\alpha,\sigma}(k)] = -\alpha a_{\alpha,\sigma}(k+q) \tag{2.259}$$

$$[\rho^{\mathrm{c}}(q), a^{+}_{\alpha,\sigma}(k)] = a^{+}_{\alpha,\sigma}(k-q),\quad [j^{\mathrm{c}}(q), a^{+}_{\alpha,\sigma}(k)] = \alpha a^{+}_{\alpha,\sigma}(k-q) \tag{2.260}$$

が得られる．

また，A, B, C, D を任意の演算子であるとした場合の恒等式 $[AB, CD] = A\{B, C\}D - C\{A, D\}B + CA\{B, D\} - \{A, C\}BD$ を使うと，

$$\begin{aligned}
[\rho_{\alpha,\sigma}(q), \rho_{\alpha',\sigma'}(q')] &= \delta_{\alpha\alpha'}\delta_{\sigma\sigma'}\sum_{k}\Big(a^{+}_{\alpha,\sigma}(k)a_{\alpha,\sigma}(k+q+q') \\
&\qquad - a^{+}_{\alpha,\sigma}(k-q')a_{\alpha,\sigma}(k+q)\Big) \\
&= \delta_{\alpha\alpha'}\delta_{\sigma\sigma'}\frac{L}{2\pi}\int_{-k_0}^{k_0} dk\Big(a^{+}_{\alpha,\sigma}(k)a_{\alpha,\sigma}(k+q+q') \\
&\qquad - a^{+}_{\alpha,\sigma}(k-q')a_{\alpha,\sigma}(k+q)\Big)
\end{aligned}$$

$$= \delta_{\alpha\alpha'}\delta_{\sigma\sigma'}\frac{L}{2\pi}\Big(\int_{k_0-q'}^{k_0} dk\, a^+_{\alpha,\sigma}(k)a_{\alpha,\sigma}(k+q+q')$$
$$-\int_{-k_0-q'}^{-k_0} dk\, a^+_{\alpha,\sigma}(k)a_{\alpha,\sigma}(k+q+q')\Big) \tag{2.261}$$

が導かれるが，式 (2.261) の最終項における第 1 の積分では，非積分関数は $\alpha=+$ $(\alpha=-)$ のブランチではバンドの上端 (下端) で相互作用の効果を受けない部分であるので，相互作用のない系での値に還元され，それは $q+q'=0$ の場合にのみ，ゼロでない可能性がある．実際，その場合，非積分関数は相互作用のない系での電子分布関数 $n_{\alpha,\sigma}(k)=0$ $(n_{\alpha,\sigma}(k)=1)$ になり，したがって，この積分の値はゼロ (q') になる．一方，第 2 の積分における非積分関数は $\alpha=+(\alpha=-)$ のブランチではバンドの下端 (上端) が問題になり，これも相互作用のない系に還元できる部分であるので，同じような考察から，非積分関数がゼロでない可能性があるのは $q+q'=0$ の場合であり，そのとき，相互作用のない系での電子分布関数は $n_{\alpha,\sigma}(k)=1(n_{\alpha,\sigma}(k)=0)$ と評価されるので，この積分の値は q'(ゼロ) になる．これらの結果をまとめると，

$$[\rho_{\alpha,\sigma}(q),\rho_{\alpha',\sigma'}(q')]=\delta_{\alpha\alpha'}\delta_{\sigma\sigma'}\frac{L}{2\pi}\alpha\, q\,\delta_{q',-q} \tag{2.262}$$

ということになる．したがって，

$$[\rho^{\rm c}(q),\rho_{\alpha,\sigma}(q')]=\frac{L}{2\pi}\alpha\, q\,\delta_{q',-q},\ \ [j^{\rm c}(q),\rho_{\alpha,\sigma}(q')]=\frac{L}{2\pi}q\,\delta_{q',-q} \tag{2.263}$$

が得られる．

b. 連続の式

次に，H_0 と $a_{\alpha,\sigma}(k)$ や $a^+_{\alpha,\sigma}(k)$，$\rho_{\alpha,\sigma}(q)$ との交換関係を計算すると，

$$[H_0,a_{\alpha,\sigma}(k)]=-\varepsilon_\alpha(k)a_{\alpha,\sigma}(k),\ [H_0,a^+_{\alpha,\sigma}(k)]=\varepsilon_\alpha(k)a^+_{\alpha,\sigma}(k) \tag{2.264}$$

$$[H_0,\rho_{\alpha,\sigma}(q)]=\sum_k\Big(\varepsilon_\alpha(k)-\varepsilon_\alpha(k+q)\Big)a^+_{\alpha,\sigma}(k)a_{\alpha,\sigma}(k+q)$$
$$=-\alpha v_{\rm F}q\,\rho_{\alpha,\sigma}(q) \tag{2.265}$$

が得られる．また，$H_{\rm int}$ と $a_{\alpha,\sigma}(k)$ や $a^+_{\alpha,\sigma}(k)$ との交換関係は

$$[H_{\mathrm{int}}, a_{\alpha,\sigma}(k)] = -\frac{1}{L}\sum_q \Big(\frac{g_2+g_4}{2}\rho^{\mathrm{c}}(-q)a_{\alpha,\sigma}(k+q) \\ + \alpha\frac{g_4-g_2}{2}j^{\mathrm{c}}(-q)a_{\alpha,\sigma}(k+q)\Big) \tag{2.266}$$

$$[H_{\mathrm{int}}, a^+_{\alpha,\sigma}(k)] = \frac{1}{L}\sum_q \Big(\frac{g_2+g_4}{2}a^+_{\alpha,\sigma}(k+q)\rho^{\mathrm{c}}(q) \\ + \alpha\frac{g_4-g_2}{2}a^+_{\alpha,\sigma}(k+q)j^{\mathrm{c}}(q)\Big) \tag{2.267}$$

となる[151]．そして，H_{int} と $\rho_{\alpha,\sigma}(q)$ とのそれは

$$[H_{\mathrm{int}}, \rho_{\alpha,\sigma}(q)] = -\frac{q}{2\pi}\Big(\alpha\frac{g_2+g_4}{2}\rho^{\mathrm{c}}(q) + \frac{g_4-g_2}{2}j^{\mathrm{c}}(q)\Big) \tag{2.268}$$

ということになる．

そこで，全電子密度演算子 $\rho^{\mathrm{c}}(q)$ の τ(虚時間) 依存性をいつものように $\rho^{\mathrm{c}}(q,\tau) \equiv e^{\tau\mathcal{H}}\rho^{\mathrm{c}}(q)e^{-\tau\mathcal{H}}$ によって考慮しよう．ここで，$\mathcal{H}$ は

$$\mathcal{H} \equiv H - \mu\sum_{\alpha=\pm}\sum_{k\sigma} a^+_{\alpha,\sigma}(k)a_{\alpha,\sigma}(k) \tag{2.269}$$

で導入されたが，H と $\mathcal{H}$ の違いはこれまでの $\varepsilon_\alpha(k)$ が $\varepsilon_\alpha(k)-\mu$ に変わっただけということで取り扱えるので，以後，$\mathcal{H}$ を単に H と書くこととし，その上で H_0 の中の $\varepsilon_\alpha(k)$ は $\alpha v_{\mathrm{F}}k-\mu$ であると考えられたい．すると，

$$\frac{\partial\rho^{\mathrm{c}}(q,\tau)}{\partial\tau} = [H, \rho^{\mathrm{c}}(q,\tau)] = e^{\tau H}[H_0 + H_{\mathrm{int}}, \sum_{\alpha\sigma}\rho_{\alpha,\sigma}(q)]e^{-\tau H} \\ = -q\,v_N\,j^{\mathrm{c}}(q,\tau) \tag{2.270}$$

となる．これが「**連続の式**」である．ここで，速度 v_N は

$$v_N = v_{\mathrm{F}} + \frac{g_4-g_2}{\pi} \tag{2.271}$$

のように定義されている．この連続の式は電子密度の局所的保存則を表しているもので，電磁場のゲージ対称性の要請による結論とも同等である．したがって，この式は線形分散を持つか否かにかかわらず，また，系の次元性にもよらずに，どのような系であっても，それぞれの系で電子密度演算子や電流密度演

算子を正しく定義すれば，常に成り立つものである．

しかるに，この線形分散を持つ１次元電子系に特別のこととして，電子密度と電流密度の役割を逆にしても連続の式と類似の関係式が成り立つ．実際，

$$\begin{aligned}\frac{\partial j^{\mathrm{c}}(q,\tau)}{\partial\tau} &= [H, j^{\mathrm{c}}(q,\tau)] = e^{\tau H}[H_0 + H_{\mathrm{int}}, \sum_{\alpha\sigma}\alpha\rho_{\alpha,\sigma}(q)]e^{-\tau H} \\ &= -q\, v_J\, \rho^{\mathrm{c}}(q,\tau)\end{aligned} \tag{2.272}$$

が得られる．ここで，速度 v_J は

$$v_J = v_{\mathrm{F}} + \frac{g_2 + g_4}{\pi} \tag{2.273}$$

であって，式 (2.271) で定義された v_N とは異なる．このように，電子密度演算子と電流密度演算子の間に式 (2.270) と式 (2.272) という２つの独立した関係式が得られたことはたいへんに重要なことである．後に示すように，ジャロシンスキー-ラーキン理論では，この事実を用いてバーテックス関数が正確に求められることになる．

c. １電子グリーン関数の運動方程式

以上の準備の下に１電子グリーン関数 $G_{\alpha\sigma}(k,\tau)$ を計算しよう．演算子の虚時間依存性を $a_{\alpha,\sigma}(k,\tau) \equiv e^{H\tau}a_{\alpha,\sigma}(k)e^{-H\tau}$ として，$G_{\alpha\sigma}(k,\tau)$ は

$$\begin{aligned}G_{\alpha\sigma}(k,\tau) &= -\langle T_\tau a_{\alpha,\sigma}(k,\tau)a^+_{\alpha,\sigma}(k)\rangle = -\theta(\tau)\langle a_{\alpha,\sigma}(k,\tau)a^+_{\alpha,\sigma}(k)\rangle \\ &\quad +\theta(-\tau)\langle a^+_{\alpha,\sigma}(k)a_{\alpha,\sigma}(k,\tau)\rangle\end{aligned} \tag{2.274}$$

で定義される．ここで，第２式に現れる演算子 T_τ はいわゆる "T_τ 積" を表すもの (第９巻の 78 ページ参照) で，具体的な定義が第３式に示されている．そこで，この $G_{\alpha\sigma}(k,\tau)$ を τ で微分しよう．階段関数 $\theta(\pm\tau)$ も微分することにも注意すると，

$$\frac{\partial G_{\alpha\sigma}(k,\tau)}{\partial\tau} = -\delta(\tau) - \langle T_\tau[H, a_{\alpha,\sigma}(k,\tau)]a^+_{\alpha,\sigma}(k)\rangle \tag{2.275}$$

ということになり，これから

$$
\begin{aligned}
&\frac{\partial G_{\alpha\sigma}(k,\tau)}{\partial \tau}+\delta(\tau)+\varepsilon_\alpha(k)G_{\alpha\sigma}(k,\tau)\\
&=\frac{1}{L}\sum_q\Bigl(\frac{g_2+g_4}{2}\langle T_\tau a_{\alpha,\sigma}(k+q,\tau)\rho^{\rm c}(-q,\tau+0^+)a^+_{\alpha,\sigma}(k)\rangle\\
&\qquad\qquad+\alpha\frac{g_4-g_2}{2}\langle T_\tau a_{\alpha,\sigma}(k+q,\tau)j^{\rm c}(-q,\tau+0^+)a^+_{\alpha,\sigma}(k)\rangle\Bigr)\\
&=\sum_q\int_0^\beta d\tau'\,\delta(\tau'-\tau-0^+)\sum_{\mu=0,1}\alpha^\mu\,V_\mu\,K_{\mu,\alpha\sigma}(k+q,\tau;-q,\tau') \qquad (2.276)
\end{aligned}
$$

が得られる．なお，μ は 0 か 1 として相互作用 V_μ は

$$
V_\mu=\begin{cases}(g_2+g_4)/2L & (\mu=0)\\ (g_4-g_2)/2L & (\mu=1)\end{cases} \qquad (2.277)
$$

のように定義され，また，3 点相関関数 $K_{\mu,\alpha\sigma}(k+q,\tau;-q,\tau')$ は

$$
K_{\mu,\alpha\sigma}(k+q,\tau;-q,\tau')\equiv\langle T_\tau a_{\alpha,\sigma}(k+q,\tau)j_\mu(-q,\tau')a^+_{\alpha,\sigma}(k)\rangle \qquad (2.278)
$$

のように定義された．ここで，$j_0(q)=\rho^{\rm c}(q)$，$j_1(q)=j^{\rm c}(q)$ である．

ところで，2.1.4 項で述べたように，$G_{\alpha\sigma}(k,\tau)$ は式 (2.10) のようにフェルミオンの松原振動数 ω_p を使って

$$
G_{\alpha\sigma}(k,\tau)=T\sum_{\omega_p}e^{-i\omega_p\tau}G_{\alpha\sigma}(k,i\omega_p)\equiv T\sum_{\omega_p}e^{-i\omega_p\tau}G_{\alpha\sigma}(K) \qquad (2.279)
$$

のようにフーリエ展開できる．ここで，K は k と $i\omega_p$ を 1 つの記号で表したもの，すなわち，$K=(k,i\omega_p)$ である．また，ボゾンの松原振動数 ω_q を導入してデルタ関数 $\delta(\tau'-\tau)$ のフーリエ展開[152] を

$$
\delta(\tau'-\tau)=T\sum_{\omega_q}e^{-i\omega_q(\tau'-\tau)} \qquad (2.280)
$$

のように表そう．すると，式 (2.276) はそのフーリエ成分に対する等式として

$$
-i\omega_pG_{\alpha\sigma}(K)+1+\varepsilon_\alpha(k)G_{\alpha\sigma}(K)=\sum_{\mu,Q}\alpha^\mu\,V_\mu\,K_{\mu,\alpha\sigma}(K+Q,-Q) \qquad (2.281)
$$

のように書き直すことができる．ここで，Q は $Q=(q,i\omega_q)$ で，その和 $\sum_Q$ は

$\sum_Q \equiv T\sum_{\omega_q}\sum_q$ を意味している．そして，$K_{\mu,\alpha\sigma}(K+Q,-Q)$ は

$$K_{\mu,\alpha\sigma}(K+Q,-Q) = \int_0^\beta d\tau\, e^{(i\omega_p+i\omega_q)\tau}\int_0^\beta d\tau'\, e^{-i\omega_q\tau'} \times e^{i\omega_q 0^+} K_{\mu,\alpha\sigma}(k+q,\tau;-q,\tau') \tag{2.282}$$

のように定義されている[153)]．

この3点相関関数 $K_{\mu,\alpha\sigma}(K+Q,-Q)$(を表現するファインマン・ダイアグラム) から1電子グリーン関数の部分，$G_{\alpha\sigma}(K+Q)$ と $G_{\alpha\sigma}(K)$，を取り出し，かつ，関数の引数を $K+Q$ と $-Q$ の組から $K+Q$ と $K(=(K+Q)+(-Q))$ の組に変えて3点バーテックス関数 $\Lambda_{\mu,\alpha\sigma}(K+Q,K)$ を

$$K_{\mu,\alpha\sigma}(K+Q,-Q) \equiv G_{\alpha\sigma}(K+Q)\,\Lambda_{\mu,\alpha\sigma}(K+Q,K)\,G_{\alpha\sigma}(K) \tag{2.283}$$

によって導入しよう．この関数 $\Lambda_{\mu,\alpha\sigma}(K+Q,K)$ を使うと，式 (2.281) はさらに書き直されて，$G_{\alpha\sigma}(K)$ は (相互作用のない系での1電子グリーン関数 $G^{(0)}_{\alpha\sigma}(K)$ は $1/[i\omega_p-\varepsilon_\alpha(k)]$ であることに注意して)

$$G_{\alpha\sigma}(K) = \frac{1}{i\omega_p-\varepsilon_\alpha(k)-\Sigma_{\alpha\sigma}(K)} = \frac{1}{G^{(0)}_{\alpha\sigma}(K)^{-1}-\Sigma_{\alpha\sigma}(K)} \tag{2.284}$$

のように与えられることが分かる．ここで，自己エネルギー $\Sigma_{\alpha\sigma}(K)$ は

$$\Sigma_{\alpha\sigma}(K) = -\sum_{\mu,Q}\alpha^\mu V_\mu\, G_{\alpha\sigma}(K+Q)\,\Lambda_{\mu,\alpha\sigma}(K+Q,K) \tag{2.285}$$

によって計算されることになる．

d. 3点バーテックス関数とワード恒等式

ここで導入された3点バーテックス関数 $\Lambda_{\mu,\alpha\sigma}(K+Q,K)$ は1電子グリーン関数との間に「ワード恒等式」(Ward identity) という重要な関係式を満たしている．前に導かれた連続の式を用いて，その関係式を導いておこう．

まず，式 (2.278) の定義式において，そこに含まれる T_τ 演算子の作用を $\theta(\tau-\tau')$ や $\theta(\tau'-\tau)$，$\theta(\pm\tau)$，$\theta(\pm\tau')$ などの階段関数を用いて具体的に書き下すと，$K_{\mu,\alpha\sigma}(k+q,\tau;-q,\tau')$ は

$$
\begin{aligned}
&K_{\mu,\alpha\sigma}(k+q,\tau;-q,\tau') \\
&\qquad = \theta(\tau-\tau')\theta(\tau')\langle a_{\alpha,\sigma}(k+q,\tau)j_\mu(-q,\tau')a^+_{\alpha,\sigma}(k)\rangle \\
&\qquad\quad +\theta(\tau'-\tau)\theta(\tau)\langle j_\mu(-q,\tau')a_{\alpha,\sigma}(k+q,\tau)a^+_{\alpha,\sigma}(k)\rangle \\
&\qquad\quad -\theta(\tau-\tau')\theta(-\tau)\langle a^+_{\alpha,\sigma}(k)a_{\alpha,\sigma}(k+q,\tau)j_\mu(-q,\tau')\rangle \\
&\qquad\quad -\theta(\tau'-\tau)\theta(-\tau')\langle a^+_{\alpha,\sigma}(k)j_\mu(-q,\tau')a_{\alpha,\sigma}(k+q,\tau)\rangle \\
&\qquad\quad +\theta(\tau)\theta(-\tau')\langle a_{\alpha,\sigma}(k+q,\tau)a^+_{\alpha,\sigma}(k)j_\mu(-q,\tau')\rangle \\
&\qquad\quad -\theta(\tau')\theta(-\tau)\langle j_\mu(-q,\tau')a^+_{\alpha,\sigma}(k)a_{\alpha,\sigma}(k+q,\tau)\rangle
\end{aligned} \tag{2.286}
$$

のように書き表されるが，この関数を τ' で微分する際には，演算子 $j_\mu(-q,\tau')$ を直接的に微分する部分と θ 関数の微分の和であることに注意すると，

$$
\begin{aligned}
\frac{\partial K_{\mu,\alpha\sigma}(k+q,\tau;-q,\tau')}{\partial\tau'} &= \langle T_\tau a_{\alpha,\sigma}(k+q,\tau)[H,j_\mu(-q,\tau')]a^+_{\alpha,\sigma}(k)\rangle \\
&\quad +\delta(\tau'-\tau)\theta(\tau)\langle[j_\mu(-q,\tau),a_{\alpha,\sigma}(k+q,\tau)]a^+_{\alpha,\sigma}(k)\rangle \\
&\quad -\delta(\tau'-\tau)\theta(-\tau)\langle a^+_{\alpha,\sigma}(k)[j_\mu(-q,\tau),a_{\alpha,\sigma}(k+q,\tau)]\rangle \\
&\quad +\delta(\tau')\theta(\tau)\langle a_{\alpha,\sigma}(k+q,\tau)[j_\mu(-q),a^+_{\alpha,\sigma}(k)]\rangle \\
&\quad -\delta(\tau')\theta(-\tau)\langle[j_\mu(-q),a^+_{\alpha,\sigma}(k)]a_{\alpha,\sigma}(k+q,\tau)\rangle
\end{aligned} \tag{2.287}
$$

となる．しかるに，この式に含まれる交換関係は式 (2.270) や式 (2.272) をはじめとしてすべてすでに計算してあるものばかりなので，それらを代入すると，式 (2.287) は $\mu=0$ の場合，

$$
\begin{aligned}
\frac{\partial K_{0,\alpha\sigma}(k+q,\tau;-q,\tau')}{\partial\tau'} &= qv_N K_{1,\alpha\sigma}(k+q,\tau;-q,\tau') \\
&\quad +\delta(\tau'-\tau)G_{\alpha\sigma}(k,\tau)-\delta(\tau')G_{\alpha\sigma}(k+q,\tau)
\end{aligned} \tag{2.288}
$$

のように書き直され，また，$\mu=1$ では，

$$
\begin{aligned}
\frac{\partial K_{1,\alpha\sigma}(k+q,\tau;-q,\tau')}{\partial\tau'} &= qv_J K_{0,\alpha\sigma}(k+q,\tau;-q,\tau') \\
&\quad +\delta(\tau'-\tau)\alpha\, G_{\alpha\sigma}(k,\tau)-\delta(\tau')\alpha\, G_{\alpha\sigma}(k+q,\tau)
\end{aligned} \tag{2.289}
$$

となる．

そこで，式 (2.282) の逆変換として，$K_{\mu,\alpha\sigma}(k+q,\tau;-q,\tau')$ を

$$K_{\mu,\alpha\sigma}(k+q,\tau;-q,\tau') = T\sum_{\omega_p} T\sum_{\omega_q} e^{-(i\omega_p+i\omega_q)\tau} e^{i\omega_q\tau'} K_{\mu,\alpha\sigma}(K+Q,-Q) \qquad (2.290)$$

のように書くと，式 (2.288) と式 (2.289) からは，それぞれ，

$$i\omega_q K_{0,\alpha\sigma}(K+Q,-Q) - qv_N K_{1,\alpha\sigma}(K+Q,-Q) = G_{\alpha\sigma}(K) - G_{\alpha\sigma}(K+Q) \qquad (2.291)$$

$$i\omega_q K_{1,\alpha\sigma}(K+Q,-Q) - qv_J K_{1,\alpha\sigma}(K+Q,-Q) = \alpha\, G_{\alpha\sigma}(K) - \alpha\, G_{\alpha\sigma}(K+Q) \qquad (2.292)$$

が得られる．そして，式 (2.283) で導入された $\Lambda_{\mu,\alpha\sigma}(K+Q,K)$ を使ってこれらの式を書き直すと，

$$i\omega_q\, \Lambda_{0,\alpha\sigma}(K+Q,K) - qv_N\, \Lambda_{1,\alpha\sigma}(K+Q,K) = G_{\alpha\sigma}(K+Q)^{-1} - G_{\alpha\sigma}(K)^{-1} \qquad (2.293)$$

$$i\omega_q\, \Lambda_{1,\alpha\sigma}(K+Q,K) - q\; v_J\, \Lambda_{0,\alpha\sigma}(K+Q,K) = \alpha\, G_{\alpha\sigma}(K+Q)^{-1} - \alpha\, G_{\alpha\sigma}(K)^{-1} \qquad (2.294)$$

となる．このうち，式 (2.293) で表される 3 点バーテックス関数と 1 電子グリーン関数の間の関係式は連続の式を反映したもので,「ワード恒等式」と呼ばれている．一方，式 (2.294) は今の系だけで特別に成り立つものである．

e.　プロパー 3 点バーテックス関数

ところで，今の 3 点バーテックス関数 $\Lambda_{0,\alpha\sigma}$ は第 9 巻の 3.3.9 項で解説したスカラーバーテックス関数 $\Lambda_{\sigma\sigma'}$ とまったく同じものである．そして，その $\Lambda_{\sigma\sigma'}$ の計算に際して，① 裸の相互作用 V に関して「プロパー」や「インプロパー」という概念と② 電子–正孔対励起に関して「既約」や「可約」という概念の 2 つを考慮して $\Lambda_{\sigma\sigma'}$ を決める積分方程式を導いた (その方程式をダイアグラム的に図示したのが図 I.3.11，あるいは，図 2.15 (a) である) が，今の $\Lambda_{\mu,\alpha\sigma}$ に対しても同様の考察が可能である．ただ，ここでは上の 2 つの概念を別々に取り扱うことにして，プロパーな 3 点バーテックス関数を $\Gamma_{\mu,\alpha\sigma}$ と書くことにしよ

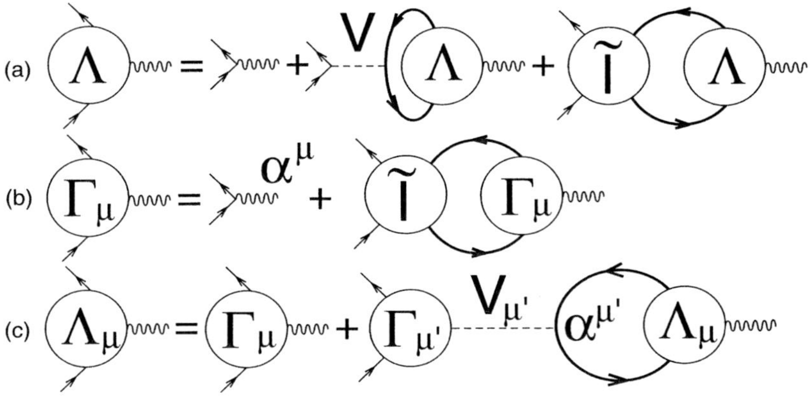

図 2.15　3 点バーテックス関数 $\Lambda_{\mu,\alpha\sigma}$ を決定する方程式をダイアグラムで表現したもの．第 9 巻の 3.3.9 項で示したように，$\Lambda_{\mu,\alpha\sigma}$ は $\widetilde{I}$ を既約電子–正孔有効相互作用として，(a) に示す積分方程式を解くことで決定されるが，$\widetilde{I}$ の代わりに (b) の積分方程式で決められる $\Gamma_{\mu,\alpha\sigma}$ を使うと，(c) に示した方程式で与えられることになる．なお，裸のバーテックスは α^{μ} である．

う．すると，図 2.15(b) に示されたように，この $\Gamma_{\mu,\alpha\sigma}$ は既約電子–正孔有効相互作用 $\widetilde{I}$ を積分核とする積分方程式で決定されることになる．そして，この関数を使えば，図 2.15(c) に記されたように，$\Lambda_{\mu,\alpha\sigma}$ を決める方程式は $\widetilde{I}$ をあからさまに含まない形に書き改めることができる．具体的には，

$$\begin{aligned}\Lambda_{\mu,\alpha\sigma}(K+Q,K) &= \Gamma_{\mu,\alpha\sigma}(K+Q,K)\\ &\quad+\sum_{\mu'}\Gamma_{\mu',\alpha\sigma}(K+Q,K)\,V_{\mu'}\,Q_{\mu'\mu}(-Q)\end{aligned}\qquad(2.295)$$

のように書き下すことができる．ここで，$Q_{\mu'\mu}(-Q)$ は (電流) 密度応答関数 $Q_{\mu'\mu}(-q,\tau')$ のフーリエ成分であり，特に $Q_{00}(-Q)$ は第 9 巻の 4.4 節で議論した (たとえば，式 (I.4.155) などで定義された) 密度応答関数と同じものである．ちなみに，$Q_{\mu'\mu}(-q,\tau')$ の定義は

$$Q_{\mu'\mu}(-q,\tau') \equiv -\langle T_\tau j_{\mu'}(q) j_\mu(-q,\tau')\rangle \qquad (2.296)$$

であり，$Q_{\mu'\mu}(-Q)$ を 3 点バーテックス関数 $\Lambda_{\mu,\alpha\sigma}(K+Q,K)$ を使って書くと，

$$Q_{\mu'\mu}(-Q) = \sum_{\alpha\sigma}\sum_{K} \alpha^{\mu'} G_{\alpha\sigma}(K+Q)\Lambda_{\mu,\alpha\sigma}(K+Q,K)G_{\alpha\sigma}(K) \qquad (2.297)$$

ということになる．

さて，前に導いた連続の式を用いると，これら 4 つの応答関数，$Q_{00}(-Q)$ や $Q_{01}(-Q)$，$Q_{10}(-Q)$，$Q_{11}(-Q)$，の間には有用な関係式が成り立つ．それを導くために，式 (2.296) で定義された $Q_{\mu'\mu}(-q,\tau')$ を τ' で微分すると，

$$\begin{aligned}\frac{\partial Q_{\mu'\mu}(-q,\tau')}{\partial\tau'} &= -\delta(\tau')\langle[j_{\mu'}(q), j_\mu(-q)]\rangle \\ &\quad -\langle T_\tau j_{\mu'}(q)[H, j_\mu(-q,\tau')]\rangle \end{aligned} \qquad (2.298)$$

であるが，この式で，右辺第 1 項における交換関係の計算は式 (2.263) を用い，また，第 2 項においては式 (2.270) や式 (2.272) を用いると，これらの計算は簡単に実行でき，得られた結果のフーリエ成分を取ると，最終的に，

$$i\omega_q\, Q_{00}(-Q) - qv_N\, Q_{01}(-Q) = 0 \qquad (2.299)$$

$$i\omega_q\, Q_{10}(-Q) - qv_N\, Q_{11}(-Q) = L\frac{2}{\pi}q \qquad (2.300)$$

$$i\omega_q\, Q_{01}(-Q) - qv_J\, Q_{00}(-Q) = L\frac{2}{\pi}q \qquad (2.301)$$

$$i\omega_q\, Q_{11}(-Q) - qv_J\, Q_{10}(-Q) = 0 \qquad (2.302)$$

が得られる．

これらの式と式 (2.295) を組み合わせると，

$$\begin{aligned} &i\omega_q\, \Lambda_{0,\alpha\sigma}(K+Q,K) - qv_N\, \Lambda_{1,\alpha\sigma}(K+Q,K) \\ &\quad = i\omega_q\, \Gamma_{0,\alpha\sigma}(K+Q,K) - qv_N\, \Gamma_{1,\alpha\sigma}(K+Q,K) \\ &\qquad +\Gamma_{0,\alpha\sigma}(K+Q,K)\, V_0\Big(i\omega_q\, Q_{00}(-Q) - qv_N\, Q_{01}(-Q)\Big) \\ &\qquad +\Gamma_{1,\alpha\sigma}(K+Q,K)\, V_1\Big(i\omega_q\, Q_{10}(-Q) - qv_N\, Q_{11}(-Q)\Big) \\ &\quad = i\omega_q\, \Gamma_{0,\alpha\sigma}(K+Q,K) - qv_{\mathrm{F}}\, \Gamma_{1,\alpha\sigma}(K+Q,K) \end{aligned} \qquad (2.303)$$

が導かれる．なお，この右辺最終項は v_N に式 (2.271) の結果を代入して得られたものである．そこで，この左辺に式 (2.293) の結果を使うと，最終的に，

$$i\omega_q\,\Gamma_{0,\alpha\sigma}(K+Q,K) - qv_{\rm F}\,\Gamma_{1,\alpha\sigma}(K+Q,K)$$
$$= G_{\alpha\sigma}(K+Q)^{-1} - G_{\alpha\sigma}(K)^{-1} \qquad (2.304)$$

が得られる．この $\Gamma_{\mu,\alpha\sigma}$ に対する関係式もワード恒等式と呼ばれる．

まったく同様に，式 (2.299)〜(2.302) と式 (2.295)，および，式 (2.273) から

$$\begin{aligned}
&i\omega_q\,\Lambda_{1,\alpha\sigma}(K+Q,K) - qv_J\,\Lambda_{0,\alpha\sigma}(K+Q,K)\\
&= i\omega_q\,\Gamma_{1,\alpha\sigma}(K+Q,K) - qv_J\,\Gamma_{0,\alpha\sigma}(K+Q,K)\\
&\quad +\Gamma_{0,\alpha\sigma}(K+Q,K)\,V_0\Big(i\omega_q\,Q_{01}(-Q) - qv_J\,Q_{00}(-Q)\Big)\\
&\quad +\Gamma_{1,\alpha\sigma}(K+Q,K)\,V_1\Big(i\omega_q\,Q_{11}(-Q) - qv_J\,Q_{10}(-Q)\Big)\\
&= i\omega_q\,\Gamma_{1,\alpha\sigma}(K+Q,K) - qv_{\rm F}\,\Gamma_{0,\alpha\sigma}(K+Q,K) \qquad (2.305)
\end{aligned}$$

も得られ，これと式 (2.294) の結果を組み合わせると，

$$i\omega_q\,\Gamma_{1,\alpha\sigma}(K+Q,K) - qv_{\rm F}\,\Gamma_{0,\alpha\sigma}(K+Q,K)$$
$$= \alpha\,G_{\alpha\sigma}(K+Q)^{-1} - \alpha\,G_{\alpha\sigma}(K)^{-1} \qquad (2.306)$$

が成り立つ．そして，式 (2.304) と式 (2.306) を連立して解くと，

$$\begin{aligned}
\Gamma_{0,\alpha\sigma}(K+Q,K) &= \alpha\,\Gamma_{1,\alpha\sigma}(K+Q,K)\\
&= \frac{G_{\alpha\sigma}(K+Q)^{-1} - G_{\alpha\sigma}(K)^{-1}}{i\omega_q - \alpha q v_{\rm F}} \qquad (2.307)
\end{aligned}$$

が得られるが，これは $\Gamma_{\mu,\alpha\sigma}(K+Q,K)$ を決定する厳密に正確な表式である．

f. 応答関数と分極関数

さて，式 (2.295) の両辺に $\alpha^{\mu'}G_{\alpha\sigma}(K+Q)G_{\alpha\sigma}(K)$ を掛けて $\sum_{\alpha\sigma}\sum_K$ で和を取ろう．すると，左辺は式 (2.297) そのものなので，$Q_{\mu'\mu}(-Q)$ ということになるが，右辺の方は

$$\Pi_{\mu'\mu}(-Q) \equiv -\sum_{\alpha\sigma}\sum_K \alpha^{\mu'}G_{\alpha\sigma}(K+Q)\Gamma_{\mu,\alpha\sigma}(K+Q,K)G_{\alpha\sigma}(K) \qquad (2.308)$$

という定義によって「分極関数」(polarization function) $\Pi_{\mu'\mu}(-Q)$ を導入すると，

$$Q_{\mu'\mu}(-Q) = -\Pi_{\mu'\mu}(-Q) - \sum_{\mu''} \Pi_{\mu'\mu''}(-Q)\, V_{\mu''}\, Q_{\mu''\mu}(-Q) \tag{2.309}$$

が得られる．これを 2 × 2 の行列で表現すると，$\boldsymbol{Q}(-Q) = \big(Q_{\mu'\mu}(-Q)\big)$，$\boldsymbol{\Pi}(-Q) = \big(\Pi_{\mu'\mu}(-Q)\big)$，$\boldsymbol{V} = \big(V_\mu \delta_{\mu'\mu}\big)$ として，

$$\boldsymbol{Q}(-Q) = -\boldsymbol{\Pi}(-Q) - \boldsymbol{\Pi}(-Q)\,\boldsymbol{V}\,\boldsymbol{Q}(-Q) \tag{2.310}$$

ということになる．これを行列計算で解くと，

$$\boldsymbol{Q}(-Q) = -\Big(\mathbf{1} + \boldsymbol{\Pi}(-Q)\,\boldsymbol{V}\Big)^{-1} \boldsymbol{\Pi}(-Q) \tag{2.311}$$

が得られるので，$\Pi_{\mu'\mu}(-Q)$ が分かれば，$Q_{\mu'\mu}(-Q)$ も決定されることになる．

そこで，分極関数の計算を先にすることになるが，そのために $\Pi_\alpha(-Q)$ を

$$\Pi_\alpha(-Q) \equiv -\sum_\sigma \sum_K G_{\alpha\sigma}(K+Q)\Gamma_{0,\alpha\sigma}(K+Q,K)G_{\alpha\sigma}(K) \tag{2.312}$$

で定義しよう．すると，$\boldsymbol{\Pi}(-Q)$ の各成分は式 (2.307) の関係式を用いると，

$$\boldsymbol{\Pi}(-Q) = \begin{pmatrix} \Pi_+(-Q) + \Pi_-(-Q) & \Pi_+(-Q) - \Pi_-(-Q) \\ \Pi_+(-Q) - \Pi_-(-Q) & \Pi_+(-Q) + \Pi_-(-Q) \end{pmatrix} \tag{2.313}$$

のように書けることが分かる．そして，$\Pi_+(-Q)$ を具体的に計算すると，

$$\begin{aligned}
\Pi_+(-Q) &= -\sum_{\sigma K} G_{+\sigma}(K+Q)G_{+\sigma}(K)\frac{G_{+\sigma}(K+Q)^{-1} - G_{+\sigma}(K)^{-1}}{i\omega_q - qv_{\mathrm{F}}} \\
&= -\frac{1}{i\omega_q - qv_{\mathrm{F}}} \sum_{\boldsymbol{k}\sigma} T \sum_{\omega_p} \Big(G_{+\sigma}(K) - G_{+\sigma}(K+Q)\Big) \\
&= -\frac{1}{i\omega_q - qv_{\mathrm{F}}} \sum_{\boldsymbol{k}\sigma} \Big(\langle a^+_{+,\sigma}(k)a_{+,\sigma}(k)\rangle - \langle a^+_{+,\sigma}(k+q)a_{+,\sigma}(k+q)\rangle\Big) \\
&= -\frac{2}{i\omega_q - qv_{\mathrm{F}}}\,\frac{L}{2\pi}\int_{-k_0}^{k_0} dk\,\Big(\langle a^+_{+,\sigma}(k)a_{+,\sigma}(k)\rangle \\
&\quad - \langle a^+_{+,\sigma}(k+q)a_{+,\sigma}(k+q)\rangle\Big) \\
&= -\frac{2}{i\omega_q - qv_{\mathrm{F}}}\,\frac{L}{2\pi}\Big(-\int_{k_0}^{k_0+q} dk \langle a^+_{+,\sigma}(k)a_{+,\sigma}(k)\rangle
\end{aligned}$$

$$+\int_{-k_0}^{-k_0+q} dk\langle a^+_{+,\sigma}(k)a_{+,\sigma}(k)\rangle\Bigr)$$
$$= -\frac{L}{\pi}\frac{q}{i\omega_q - qv_{\mathrm{F}}} \tag{2.314}$$

が得られる．なお，第2式から第3式への移行において，松原振動数の和は式 (2.279) において $\tau = -0^+$ と取り，そして，式 (2.274) の定義から $G_{\alpha\sigma}(k,-0^+) = \langle a^+_{\alpha,\sigma}(k)a_{\alpha,\sigma}(k)\rangle$ であることを用いている．また，第5式から最終式への移行においては，以前に式 (2.261)〜(2.262) で交換関係を求めた際に行った議論とまったく同じ議論によって，考えている積分区間では運動量分布関数 $\langle a^+_{+,\sigma}(k)a_{+,\sigma}(k)\rangle$ は相互作用のない系でのそれに帰着されることを用いている．まったく同様の計算をすると，$\varPi_-(-Q)$ は

$$\varPi_-(-Q) = \frac{L}{\pi}\frac{q}{i\omega_q + qv_{\mathrm{F}}} \tag{2.315}$$

となる．したがって，式 (2.314) と式 (2.315) をまとめて書くと，相互作用のある系での分極関数 $\varPi_\alpha(-Q)$ は

$$\varPi_\alpha(-Q) = -\frac{L}{\pi}\,\alpha\,\frac{q}{i\omega_q - \alpha q v_{\mathrm{F}}} \tag{2.316}$$

ということになる．

ちなみに，相互作用のない系での分極関数 $\varPi^{(0)}_\alpha(-Q)$ は

$$\varPi^{(0)}_\alpha(-Q) \equiv -\sum_\sigma\sum_K G^{(0)}_{\alpha\sigma}(K+Q)G^{(0)}_{\alpha\sigma}(K) \tag{2.317}$$

のように定義される．これに $G^{(0)}_{\alpha\sigma}(K) = \bigl(i\omega_p - \varepsilon_\alpha(k)\bigr)^{-1}$ の表式を代入して直接的に計算すると，式 (2.316) の結果が容易に得られることから，$\varPi_\alpha(-Q) = \varPi^{(0)}_\alpha(-Q)$，すなわち，**分極関数の計算では高次の項の寄与はないという結論**になる．もっとも，この結論は分極関数の高次の項が項ごとにすべてゼロであることを意味しているのではなく，**バーテックス関数の表式 (2.307) を通して各次数ごとに摂動項の間に高度の相互打ち消し合いの効果が入っていて**，そのために分極関数に関しては高次の項が全体として寄与しない結果になっているのである．実際，たとえば相互作用の1次の項については，第9巻の図 I.4.23

に示されている $\Pi^{(1a)}$ に対応するファインマン・ダイアグラムの項を計算すると，容易に分かるように，$g_4\,\Pi_\alpha^{(0)}(-Q)^2/2L$ となり，これは決してゼロではないが，$\Pi^{(1b)}$ に対応する項とお互いに打ち消し合うのである．

次に式 (2.311) 中の逆行列を計算するために,「誘電関数」$\varepsilon(-Q)$ を

$$\varepsilon(-Q) \equiv \det\Big(\mathbf{1} + \boldsymbol{\Pi}(-Q)\,\boldsymbol{V}\Big) \tag{2.318}$$

で定義しよう．この関数を具体的に計算すると，

$$\begin{aligned}\varepsilon(-Q) &= 1 + (V_0+V_1)\Big(\Pi_+(-Q)+\Pi_-(-Q)\Big) + 4V_0V_1\Pi_+(-Q)\Pi_-(-Q) \\ &= \frac{(i\omega_q)^2 - (v_\mathrm{F}^* q)^2}{(i\omega_q)^2 - (v_\mathrm{F} q)^2}\end{aligned} \tag{2.319}$$

が簡単に得られる．ここで,「繰り込まれたフェルミ速度」v_F^* は

$$v_\mathrm{F}^* \equiv \sqrt{v_N v_J} = \sqrt{\left(v_\mathrm{F} + \frac{g_4}{\pi}\right)^2 - \left(\frac{g_2}{\pi}\right)^2} \tag{2.320}$$

で与えられる．この誘電関数と分極関数の結果を式 (2.311) に代入すると，応答関数 $\boldsymbol{Q}(-Q)$ の各成分は

$$\begin{aligned}Q_{00}(-Q) &= -\frac{\Pi_+(-Q)+\Pi_-(-Q)+4V_1\Pi_+(-Q)\Pi_-(-Q)}{\varepsilon(-Q)} \\ &= \frac{2L}{\pi}\frac{v_N q^2}{(i\omega_q)^2 - (v_\mathrm{F}^* q)^2}\end{aligned} \tag{2.321}$$

$$\begin{aligned}Q_{01}(-Q) = Q_{10}(-Q) &= -\frac{\Pi_+(-Q)-\Pi_-(-Q)}{\varepsilon(-Q)} \\ &= \frac{2L}{\pi}\frac{i\omega_q q}{(i\omega_q)^2 - (v_\mathrm{F}^* q)^2}\end{aligned} \tag{2.322}$$

$$\begin{aligned}Q_{11}(-Q) &= -\frac{\Pi_+(-Q)+\Pi_-(-Q)+4V_0\Pi_+(-Q)\Pi_-(-Q)}{\varepsilon(-Q)} \\ &= \frac{2L}{\pi}\frac{v_J q^2}{(i\omega_q)^2 - (v_\mathrm{F}^* q)^2}\end{aligned} \tag{2.323}$$

と求められる．ただちに分かるように，これらの結果は式 (2.299)〜(2.302) の関係式を満たす．また，これらの式で $i\omega_q \to \omega + i0^+$ と解析接続すれば，物理的に観測可能な遅延応答関数が得られるが，その各遅延応答関数が発散する

(すなわち，系の固有振動を与える) エネルギー ω はすべての遅延応答関数に共通で，それは $\omega = v_{\rm F}^* q$ である．したがって，この系の**低エネルギー励起はその速度が**(裸の速度 $v_{\rm F}$ ではなく，) **繰り込まれた速度 $v_{\rm F}^*$ の音波**であることが分かる．

2.4.7　朝永–ラッティンジャー模型の1電子グリーン関数

a.　有効電子間相互作用と自己エネルギー

以上の準備の下で自己エネルギー $\Sigma_{\alpha\sigma}(K)$ は計算されうるが，その計算を見通しよくするために，これまでに得られている結果をダイアグラムを用いて模式的に取りまとめて図示 (図 2.16 参照) しておこう．

まず，図 2.16(a) は1電子グリーン関数 $G_{\alpha\sigma}(K)$ を決定する式 (2.284)，すなわち，ダイソン方程式を図示したものである．そして，図 2.16(b) は自己エネルギー $\Sigma_{\alpha\sigma}(K)$ の計算式を表したものであるが，これは2通りの書き方がある．1つは式 (2.285) をそのまま図式化したもので，裸の相互作用 V_μ と3点バーテックス関数 $\Lambda_{\mu,\alpha\sigma}(K+Q,K)$ を用いたものである．しかしながら，プロパー3点バーテックス関数 $\Gamma_{\mu,\alpha\sigma}(K+Q,K)$ は式 (2.307) で具体的に与えられているので，むしろ，これを使った表式に変形したいということで図示されているのが2つ目の書き方である．この書き方では電子間の相互作用は V_μ ではなく,「有効電子間相互作用」$W_{\mu'\mu}(-Q)$ に取って代わられる．

そこで，この $W_{\mu'\mu}(-Q)$ の決定が問題になるが，そもそも，$W_{\mu'\mu}(-Q)$ が導入されたのは $\Lambda_{\mu,\alpha\sigma}(K+Q,K)$ の代わりに $\Gamma_{\mu,\alpha\sigma}(K+Q,K)$ を使いたいということが動機だったので，これら2つの3点バーテックス関数相互の関係と不可分の問題である．しかるに，その相互関係は図 2.16(c)(これは図 2.15(c) と同等のもの) で表された方程式で記述されているので，それを用いれば，$W_{\mu'\mu}(-Q)$ は図 2.16(d) の第1式にしたがって決定すればよいことがすぐに分かる．これは $W_{\mu'\mu}(-Q)$ を裸の相互作用 V_μ と応答関数 $Q_{\mu'\mu}(-Q)$ で表したものであり，物理的にはいえば，$W_{\mu'\mu}(-Q)$ は **V_μ で表される2電子間の直接的な相互作用と $Q_{\mu'\mu}(-Q)$ を使って記述される (電流) 密度ゆらぎを介した相互作用の和である**ということを端的に示すものである．

なお，$Q_{\mu'\mu}(-Q)$ 自体は図 2.16(e) の第1式で計算されるが，その中に含ま

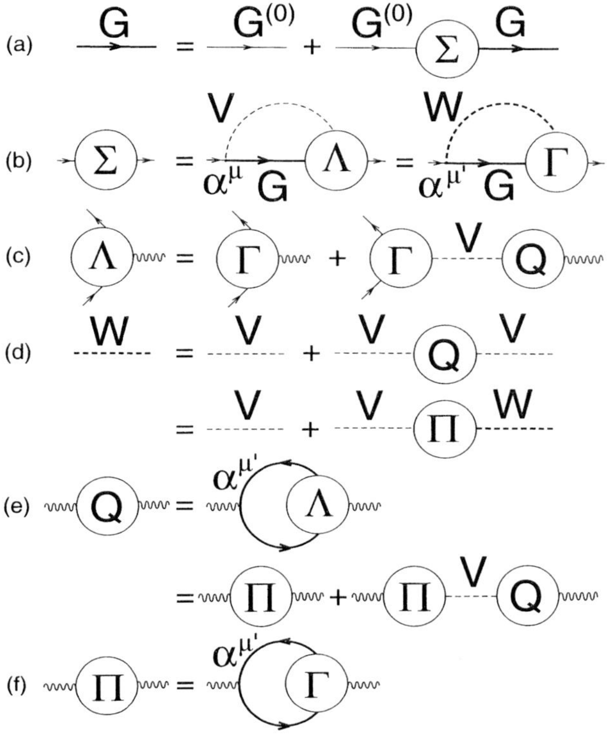

図 2.16 1電子グリーン関数 $G_{\alpha\sigma}(K)$ を決定する一連の方程式群をダイアグラム的に図示したもの．(a) $G_{\alpha\sigma}(K)$，(b) 自己エネルギー $\Sigma_{\alpha\sigma}(K)$，(c) 3点バーテックス関数 $\Lambda_{\mu,\alpha\sigma}(K+Q,K)$，(d) 有効電子間相互作用 $W_{\mu'\mu}(-Q)$，(e) 応答関数 $Q_{\mu'\mu}(-Q)$，(f) 分極関数 $\Pi_{\mu'\mu}(-Q)$．

れる $\Lambda_{\mu,\alpha\sigma}(K+Q,K)$ に図 2.16(c) の方程式を再び用いて $\Gamma_{\mu,\alpha\sigma}(K+Q,K)$ に変換し，さらに，図 2.16(f) で定義される分極関数 $\Pi_{\mu'\mu}(-Q)$ を導入すると，図 2.16(d) の第2式に示したように，$Q_{\mu'\mu}(-Q)$ と $\Pi_{\mu'\mu}(-Q)$ との相互関係を決める方程式 (2.310) が得られている．

以上，ファインマン・ダイアグラムを補助とした解析を進めたが，ここで導入された $W_{\mu'\mu}(-Q)$ に対する数式を書き下しておこう．$Q_{\mu'\mu}(-Q)$ を求めたときと同じように，2×2 の行列表現として $\boldsymbol{W}(-Q) = \big(W_{\mu'\mu}(-Q)\big)$ を定義す

ると，図 2.16(d) の第 1 式で与えられた方程式は

$$\boldsymbol{W}(-Q) = \boldsymbol{V} + \boldsymbol{V}\,\boldsymbol{Q}(-Q)\,\boldsymbol{V} \tag{2.324}$$

と書けるが，式 (2.311) で与えられた $\boldsymbol{Q}(-Q)$ の表式を代入すると，

$$\begin{aligned}\boldsymbol{W}(-Q) &= \boldsymbol{V}\Big(\boldsymbol{1} - \Big(\boldsymbol{1} + \boldsymbol{\Pi}(-Q)\,\boldsymbol{V}\Big)^{-1}\boldsymbol{\Pi}(-Q)\boldsymbol{V}\Big)\\ &= \boldsymbol{V}\,\Big(\boldsymbol{1} + \boldsymbol{\Pi}(-Q)\,\boldsymbol{V}\Big)^{-1}\end{aligned} \tag{2.325}$$

となる．もちろん，図 2.16(d) の第 2 式

$$\boldsymbol{W}(-Q) = \boldsymbol{V} - \boldsymbol{V}\,\boldsymbol{\Pi}(-Q)\,\boldsymbol{W}(-Q) \tag{2.326}$$

を用いても同じ結果が得られることが確かめられる[154)]．

この $\boldsymbol{W}(-Q)$ の各成分は式 (2.325) に $\boldsymbol{\Pi}(-Q)$ の具体的な表式を代入すれば簡単に得られる．その結果は，

$$\begin{aligned}W_{00}(-Q) &= \frac{V_0}{\varepsilon(-Q)}\Big[1 + V_1\Big(\Pi_+(-Q) + \Pi_-(-Q)\Big)\Big]\\ &= V_0\,\frac{(i\omega_q)^2 - v_{\rm F}v_N\,q^2}{(i\omega_q)^2 - (v_{\rm F}^*q)^2}\end{aligned} \tag{2.327}$$

$$\begin{aligned}W_{01}(-Q) = W_{10}(-Q) &= -\frac{V_0V_1}{\varepsilon(-Q)}\,\Big(\Pi_+(-Q) - \Pi_-(-Q)\Big)\\ &= \frac{2L}{\pi}\,V_0V_1\,\frac{i\omega_q\,q}{(i\omega_q)^2 - (v_{\rm F}^*q)^2}\end{aligned} \tag{2.328}$$

$$\begin{aligned}W_{11}(-Q) &= \frac{V_1}{\varepsilon(-Q)}\Big[1 + V_0\Big(\Pi_+(-Q) + \Pi_-(-Q)\Big)\Big]\\ &= V_1\,\frac{(i\omega_q)^2 - v_{\rm F}v_J\,q^2}{(i\omega_q)^2 - (v_{\rm F}^*q)^2}\end{aligned} \tag{2.329}$$

である．

また，図 2.16(b) の第 2 式で与えられた自己エネルギー $\Sigma_{\alpha\sigma}(K)$ の計算式を (図 2.16(b) の第 1 式である式 (2.285) に準えて) 書くと，

$$\Sigma_{\alpha\sigma}(K) = -\sum_{\mu\mu',Q}\alpha^{\mu'}\,W_{\mu'\mu}(-Q)\,G_{\alpha\sigma}(K+Q)\,\Gamma_{\mu,\alpha\sigma}(K+Q,K) \tag{2.330}$$

となるが，$\Gamma_{\mu,\alpha\sigma}(K+Q,K)$ に式 (2.307) の関係式を使って書き直すと，

$$\Sigma_{\alpha\sigma}(K) = -\sum_Q W_\alpha(-Q)\, G_{\alpha\sigma}(K+Q)\, \Gamma_{0,\alpha\sigma}(K+Q,K) \tag{2.331}$$

となる．ここで，α ブランチの電子間に働く有効相互作用 $W_\alpha(-Q)$ は

$$\begin{aligned} W_\alpha(-Q) &= \sum_{\mu\mu'} \alpha^{\mu+\mu'} W_{\mu'\mu}(-Q) \\ &= \frac{g_4}{L} \frac{(i\omega_q)^2 - (v_{\mathrm{F}}q)^2}{(i\omega_q)^2 - (v_{\mathrm{F}}^* q)^2} \left(1 + \alpha\, \frac{g_4^2 - g_2^2}{\pi g_4} \frac{q}{i\omega_q + \alpha v_{\mathrm{F}} q}\right) \end{aligned} \tag{2.332}$$

ということになる．

b. $g_2 = 0$ での 1 電子グリーン関数

この式 (2.331) に式 (2.307) で与えられる $\Gamma_{0,\alpha\sigma}(K+Q,K)$ の結果を代入し，それをダイソン方程式 (2.284) に組み込むと，

$$\begin{aligned} &\Bigl(i\omega_p - \alpha v_{\mathrm{F}} k + \mu + \sum_Q \widetilde{W}_\alpha(-Q)\Bigr) G_{\alpha\sigma}(K) \\ &\qquad = 1 + \sum_Q \widetilde{W}_\alpha(-Q) G_{\alpha\sigma}(K+Q) \end{aligned} \tag{2.333}$$

が得られるが，これが 1 電子グリーン関数 $G_{\alpha\sigma}(K)$ を決める積分方程式になる．ここで，$\widetilde{W}_\alpha(-Q)$ は式 (2.332) で与えられた $W_\alpha(-Q)$ を用いて，

$$\widetilde{W}_\alpha(-Q) \equiv \frac{W_\alpha(-Q)}{i\omega_q - \alpha v_{\mathrm{F}} q} \tag{2.334}$$

のように定義されるが，この $\widetilde{W}_\alpha(-Q)$ を $\sum_Q$ で和を取ったものは定数になり，これが化学ポテンシャル μ の相互作用によるシフトを決めることになる．すなわち，$\mu = -\sum_Q \widetilde{W}_\alpha(-Q)$ であるので，式 (2.333) は

$$\bigl(i\omega_p - \alpha v_{\mathrm{F}} k\bigr)\, G_{\alpha\sigma}(K) = 1 + \sum_Q \widetilde{W}_\alpha(-Q)\, G_{\alpha\sigma}(K+Q) \tag{2.335}$$

のように簡単化される．そして，これを解いて得られる $G_{\alpha\sigma}(K)$ は考えている系の厳密に正確な 1 電子グリーン関数である．(同時に，ダイソン方程式を用いれば，自己エネルギー $\Sigma_{\alpha\sigma}(K)$ の厳密解も得られる．)

しかしながら，この積分方程式 (2.335) を解析的に解くことは容易ではない．そこで，問題を少し簡略にして，$g_2=0$ で $g_4>0$ の場合を考えてみよう．このとき，式 (2.271)，(2.273)，および，(2.320) から，

$$v_N=v_J=v_{\rm F}^*=v_{\rm F}+\frac{g_4}{\pi}>v_{\rm F} \tag{2.336}$$

となる．また，$\widetilde{W}_\alpha(-Q)$ も

$$\begin{aligned}\widetilde{W}_\alpha(-Q)&=\frac{g_4}{L}\,\frac{1}{(i\omega_q)^2-(v_{\rm F}^*q)^2}\left(i\omega_q+\alpha v_{\rm F}q+\alpha\frac{g_4}{\pi}q\right)\\&=\frac{\pi}{L}\,\frac{v_{\rm F}^*-v_{\rm F}}{i\omega_q-\alpha v_{\rm F}^*q}\end{aligned} \tag{2.337}$$

のようにたいへんに簡単化される．そして，この $\widetilde{W}_\alpha(-Q)$ を式 (2.335) に代入した場合，$G_{\alpha\sigma}(K)$ の厳密解はゼロ温度の極限 $(T\to 0^+)$ で

$$G_{\alpha\sigma}(K)=\frac{1}{\sqrt{(i\omega_p-\alpha v_{\rm F}k)(i\omega_p-\alpha v_{\rm F}^*k)}} \tag{2.338}$$

であることが知られている．なお，この天下り的な解が実際に式 (2.335) を満足していることは直接代入によって確かめられるが，この代入証明自体はあまり自明ともいえないので，ここではあえてその代入証明を示しておこう．

まず，式 (2.335) の右辺第 2 項の積分を $I_\alpha(K)$ と書くと，これは

$$\begin{aligned}I_\alpha(K)&\equiv T\sum_{\omega_q}L\int_{-q_0}^{q_0}\frac{dq}{2\pi}\,\frac{\pi}{L}\,\frac{v_{\rm F}^*-v_{\rm F}}{i\omega_q-\alpha v_{\rm F}^*q}\,G_{\alpha\sigma}(K+Q)\\&=\frac{v_{\rm F}^*-v_{\rm F}}{2}\int_{-q_0}^{q_0}dq\,T\sum_{\omega_{p'}}\frac{1}{i\omega_{p'}-i\omega_p-\alpha v_{\rm F}^*q}\\&\qquad\times\frac{1}{\sqrt{[i\omega_{p'}-\alpha v_{\rm F}(k+q)][i\omega_{p'}-\alpha v_{\rm F}^*(k+q)]}}\end{aligned} \tag{2.339}$$

ということになる．ここで，$\omega_{p'}=\omega_p+\omega_q$ としてボゾンの松原振動数 ω_q の和からフェルミオンのそれ $\omega_{p'}$ の和に書き直し，また，運動量空間における相互作用 g_4 の作用範囲を指定するカットオフ運動量の大きさを q_0 として，q の積分は区間 $(-q_0,q_0)$ の範囲で行うことにする．

ところで，第 9 巻の 3.3.12 項で説明したように，フェルミ分布関数 $f(\omega')[=$

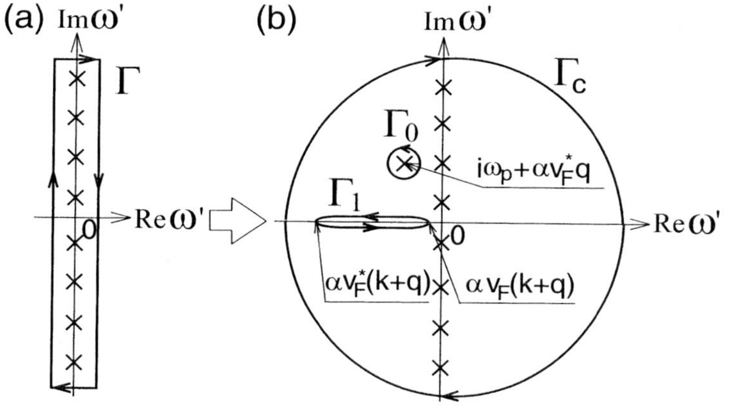

図 2.17 (a) フェルミオンの松原振動数 $\omega_{p'}$ の和を取る際に出てくる複素 ω' 平面上の積分路 Γ と, (b) それを変形して $\Gamma_0 + \Gamma_1 + \Gamma_{\rm c}$ という 3 つに分けたもの. ここで, Γ_0 は極 $\omega' = i\omega_p + \alpha v_{\rm F}^* q$ のまわりを 1 周するもの, Γ_1 は両端を $\alpha v_{\rm F}^*(k+q)$ と $\alpha v_{\rm F}(k+q)$ の 2 点とする平方根関数のブランチカットを 1 周するもの, そして, $\Gamma_{\rm c}$ は無限遠を回るものである.

$(e^{\omega'/T}+1)^{-1}]$ を用いると, この式 (2.339) における $\omega_{p'}$ の和は図 2.17(a)(あるいは, 第 9 巻の図 I.3.12) に示した積分路 Γ に沿った複素 ω' 平面上の積分に変換できる. そして, 非積分関数の解析性に注意しながら, その Γ をさらに変形して図 2.17(b) に記した 3 つの部分, Γ_0, Γ_1, および, $\Gamma_{\rm c}$ の和に分けよう. ここで, Γ_0 は極 $\omega' = i\omega_p + \alpha v_{\rm F}^* q$ のまわりを 1 周する積分路, Γ_1 は両端を $\alpha v_{\rm F}^*(k+q)$ と $\alpha v_{\rm F}(k+q)$ の 2 点とする平方根関数のブランチカットを 1 周するもの, そして, $\Gamma_{\rm c}$ は無限遠を回るものである. このうち, $\Gamma_{\rm c}$ に沿った積分は非積分関数は少なくとも ω'^{-2} で減衰するのでゼロであるから, 式 (2.339) の $I_\alpha(K)$ は

$$
\begin{aligned}
I_\alpha(K) = \frac{v_{\rm F}^* - v_{\rm F}}{2} \int_{-q_0}^{q_0} dq \Biggl(& \frac{f(i\omega_p + \alpha v_{\rm F}^* q)}{\sqrt{[i\omega_p - \alpha v_{\rm F} k + \alpha(v_{\rm F}^* - v_{\rm F})q)](i\omega_p - \alpha v_{\rm F}^* k)}} \\
& + \int_{\Gamma_1} \frac{d\omega'}{2\pi i} \frac{f(\omega')}{\omega' - i\omega_p - \alpha v_{\rm F}^* q} \\
& \times \frac{1}{\sqrt{[\omega' - \alpha v_{\rm F}(k+q)][\omega' - \alpha v_{\rm F}^*(k+q)]}} \Biggr) \qquad (2.340)
\end{aligned}
$$

ということになるが，$T \to 0^+$ で考えるとフェルミ分布関数の効果で $I_\alpha(K)$ の第1項では $\alpha q < 0$ のときのみゼロでなくなり，また，第2項では $\alpha(k+q) < 0$ のときのみ考慮すればよい．したがって，式 (2.340) は

$$
\begin{aligned}
I_\alpha(K) = & \frac{v_{\mathrm{F}}^* - v_{\mathrm{F}}}{2}\alpha \int_{-\alpha q_0}^{0} dq \frac{1}{\sqrt{[i\omega_p - \alpha v_{\mathrm{F}} k + \alpha(v_{\mathrm{F}}^* - v_{\mathrm{F}})q)](i\omega_p - \alpha v_{\mathrm{F}}^* k)}} \\
& + \frac{v_{\mathrm{F}}^* - v_{\mathrm{F}}}{2}\alpha \int_{-\alpha q_0}^{-k} dq \int_{\alpha v_{\mathrm{F}}^*(k+q)}^{\alpha v_{\mathrm{F}}(k+q)} \frac{d\omega'}{\pi} \frac{1}{\omega' - i\omega_p - \alpha v_{\mathrm{F}}^* q} \\
& \times \frac{1}{\sqrt{[\alpha v_{\mathrm{F}}(k+q) - \omega'][\omega' - \alpha v_{\mathrm{F}}^*(k+q)]}}
\end{aligned}
\tag{2.341}
$$

と書き直せる．

このうち，第1項の積分 $I_\alpha^{(1)}(K)$ は初等的に実行できて，

$$
I_\alpha^{(1)}(K) = \sqrt{\frac{i\omega_p - \alpha v_{\mathrm{F}} k}{i\omega_p - \alpha v_{\mathrm{F}}^* k}} - \sqrt{1 + A_\alpha(K)} \tag{2.342}
$$

が得られる．ここで，$A_\alpha(K)$ は

$$
A_\alpha(K) \equiv \alpha\,(v_{\mathrm{F}}^* - v_{\mathrm{F}})\,\frac{k - \alpha q_0}{i\omega_p - \alpha v_{\mathrm{F}}^* k} \tag{2.343}
$$

のように定義されている．

一方，式 (2.341) の第2項の積分 $I_\alpha^{(2)}(K)$ を実行するためには少々工夫を要する．まず，積分変数 ω' を $\omega' = \alpha(k+q)y$ によって積分変数 y に変換し，q 積分の方を y 積分よりも先に実行するようにすると，

$$
\begin{aligned}
I_\alpha^{(2)}(K) &= \int_{v_{\mathrm{F}}}^{v_{\mathrm{F}}^*} \frac{dy}{2\pi} \frac{v_{\mathrm{F}}^* - v_{\mathrm{F}}}{\sqrt{(y - v_{\mathrm{F}})(v_{\mathrm{F}}^* - y)}} \int_{-\alpha q_0}^{-k} dq \frac{\alpha}{\alpha(y - v_{\mathrm{F}}^*)q + \alpha k y - i\omega_p} \\
&= \int_{v_{\mathrm{F}}}^{v_{\mathrm{F}}^*} \frac{dy}{2\pi} \frac{v_{\mathrm{F}}^* - v_{\mathrm{F}}}{\sqrt{(y - v_{\mathrm{F}})(v_{\mathrm{F}}^* - y)}} \frac{1}{v_{\mathrm{F}}^* - y} \ln\left(1 + \alpha \frac{(v_{\mathrm{F}}^* - y)(k - \alpha q_0)}{i\omega_p - \alpha v_{\mathrm{F}}^* k}\right)
\end{aligned}
\tag{2.344}
$$

が得られる．ここで，さらに，$y = [v_{\mathrm{F}}^* + v_{\mathrm{F}} + (v_{\mathrm{F}}^* - v_{\mathrm{F}})\cos\theta]/2$ によって積分変数を θ に変換すると，

$$
\begin{aligned}
I_\alpha^{(2)}(K) &= \int_0^\pi \frac{d\theta}{\pi}\frac{1}{1-\cos\theta}\ln\Bigl(1+\frac{A_\alpha(K)}{2}(1-\cos\theta)\Bigr) \\
&= \int_0^\pi \frac{d\theta}{\pi}\cot\frac{\theta}{2}\,\frac{A_\alpha(K)\sin\theta}{2+A_\alpha(K)(1-\cos\theta)} \\
&= 2\int_0^\pi \frac{d\theta}{\pi}\frac{1+A_\alpha(K)}{2+A_\alpha(K)-A_\alpha(K)\cos\theta}-1 \\
&= \sqrt{1+A_\alpha(K)}-1
\end{aligned}
\tag{2.345}
$$

に到達する．この $I_\alpha^{(2)}(K)$ と式 (2.344) の $I_\alpha^{(1)}(K)$ を合わせて最終的に

$$
I_\alpha(K) = (i\omega_p - \alpha v_{\mathrm{F}} k)G_{\alpha\sigma}(K) - 1 \tag{2.346}
$$

という所期の結果が得られたので，確かに式 (2.338) で与えられた $G_{\alpha\sigma}(K)$ は $T \to 0^+$ で方程式 (2.335) を満たすことが証明された．

さて，式 (2.338) で与えられた $G_{\alpha\sigma}(k, i\omega_p)$ を解析接続して得られる1電子遅延グリーン関数 $G_{\alpha\sigma}^{(\mathrm{R})}(k,\omega)$ は

$$
G_{\alpha\sigma}^{(\mathrm{R})}(k,\omega) = \frac{1}{\sqrt{(\omega-\alpha v_{\mathrm{F}}k+i0^+)(\omega-\alpha v_{\mathrm{F}}^* k+i0^+)}} \tag{2.347}
$$

となり，これから1電子スペクトル関数 $A_{\alpha\sigma}(k,\omega)$ を求めると，

$$
\begin{aligned}
A_{\alpha\sigma}(k,\omega) &= -\frac{1}{\pi}\,\mathrm{Im}G_{\alpha\sigma}^{(\mathrm{R})}(k,\omega) \\
&= \delta(\omega)\delta_{k,0} + \frac{\theta\Bigl((\omega-\alpha v_{\mathrm{F}}k)(\alpha v_{\mathrm{F}}^* k-\omega)\Bigr)}{\pi\sqrt{(\omega-\alpha v_{\mathrm{F}}k)(\alpha v_{\mathrm{F}}^* k-\omega)}}(1-\delta_{k,0})
\end{aligned}
\tag{2.348}
$$

となり，($k = 0$ を除けば) 相互作用のない系での1電子スペクトル関数 $A_{\alpha\sigma}^{(0)}(k,\omega) = \delta(\omega - \alpha v_{\mathrm{F}} k)$ とは根本的に違う関数形になっていることが分かる．すなわち，この1次元系の励起状態はフェルミ流体理論で捉えられるような準粒子の励起としては記述されないということを明確に示している．

c.　$g_2 = g_4 \neq 0$ での1電子グリーン関数

このように，$g_2 = 0$ では式 (2.335) を解析的に解くことができたが，$g_2 = 0$ でないもっと一般的な場合には (数値的には可能だが) 解析的には困難である．しかしながら，$g_2 = g_4 \equiv g(q)$ の場合には $(k, i\omega_p)$ 空間ではなく，実空間 (虚)

時間空間，すなわち，(x,τ) あるいは (x,t) 空間での解析解が知られているので，それを紹介しておこう．この場合，式 (2.334) で定義された $\widetilde{W}_\alpha(-Q)$ は

$$\widetilde{W}_\alpha(-Q) = \frac{g(q)}{L}\,\frac{i\omega_q + \alpha v_{\mathrm{F}} q}{(i\omega_q)^2 - (v_{\mathrm{F}}^* q)^2} \tag{2.349}$$

ということになる．なお，今度は (q 積分の都合を考えて) 相互作用のカットオフを $g(q) = g\,\exp(-|q|/q_0)$ の形で導入しよう．ただし，v_{F}^* の定義の中では相互作用のカットオフを考慮せずに単に $g(q) = g$ と置くので，$v_{\mathrm{F}}^* = v_{\mathrm{F}}\sqrt{1+2g/(\pi v_{\mathrm{F}})}$ は q に依存しない．

いま，$G_{\alpha\sigma}(K)$ の逆フーリエ変換として，$G_{\alpha\sigma}(x,\tau)$ を

$$G_{\alpha\sigma}(x,\tau) = \frac{1}{L}\sum_k e^{ikx} G_{\alpha\sigma}(k,\tau) = \frac{1}{L}\sum_K e^{ikx - i\omega_p\tau} G_{\alpha\sigma}(K) \tag{2.350}$$

で導入しよう．式 (2.274) を用いると，この $G_{\alpha\sigma}(x,\tau)$ は “境界条件”

$$G_{\alpha\sigma}(x,0^+) - G_{\alpha\sigma}(x,-0^+) = -\delta(x) \tag{2.351}$$

を満足することを容易に証明できる．また，相互作用のない系での $G_{\alpha\sigma}(x,\tau)$ を $G^{(0)}_{\alpha\sigma}(x,\tau)$ と書くと，$T\to 0^+$ の極限で $|\tau| \ll \beta$ に対して $G^{(0)}_{\alpha\sigma}(x,\tau)$ は

$$G^{(0)}_{\alpha\sigma}(x,\tau) = \frac{-i}{2\pi}\frac{\alpha}{x + i\alpha v_{\mathrm{F}}\tau} \tag{2.352}$$

で与えられることになる．もちろん，式 (2.352) の $G^{(0)}_{\alpha\sigma}(x,\tau)$ も式 (2.351) の境界条件を満たす．

この $G_{\alpha\sigma}(x,\tau)$ を決める方程式を求めるために，左から $i\partial/\partial\tau + \alpha v_{\mathrm{F}}\partial/\partial x$ という微分演算子をこの関数に作用させよう．すると，式 (2.335) から，

$$\left(i\frac{\partial}{\partial\tau} + \alpha v_{\mathrm{F}}\frac{\partial}{\partial x}\right) G_{\alpha\sigma}(x,\tau) = P_\alpha(x,\tau) G_{\alpha\sigma}(x,\tau) - i\delta(x)\delta(\tau) \tag{2.353}$$

が導かれる．ここで，$P_\alpha(x,\tau)$ は

$$P_\alpha(x,\tau) \equiv -i\sum_Q \frac{g(q)}{L}\, e^{-iqx + i\omega_q\tau}\,\frac{i\omega_q + \alpha v_{\mathrm{F}} q}{(i\omega_q)^2 - (v_{\mathrm{F}}^* q)^2} \tag{2.354}$$

のように定義された．もちろん，$G^{(0)}_{\alpha\sigma}(x,\tau)$ は式 (2.353) において $P_\alpha(x,\tau)$ が

含まれない方程式，すなわち，

$$\left(i\frac{\partial}{\partial\tau}+\alpha v_{\mathrm{F}}\frac{\partial}{\partial x}\right)G^{(0)}_{\alpha\sigma}(x,\tau)=-i\delta(x)\delta(\tau) \tag{2.355}$$

を満たすことになる．

ところで，$P_\alpha(x,\tau)$ の定義式 (2.354) を書き直すと，

$$\begin{aligned}P_\alpha(x,\tau)&=-i\int_{-\infty}^{\infty}dq\frac{g}{4\pi v_{\mathrm{F}}^*}e^{-iqx-|q|/q_0}\\&\quad\times T\sum_{\omega_q}e^{i\omega_q\tau}\left(\frac{v_{\mathrm{F}}^*+\alpha v_{\mathrm{F}}}{i\omega_q-v_{\mathrm{F}}^*q}+\frac{v_{\mathrm{F}}^*-\alpha v_{\mathrm{F}}}{i\omega_q+v_{\mathrm{F}}^*q}\right)\\&=i\int_{-\infty}^{\infty}dq\frac{g}{4\pi v_{\mathrm{F}}^*}e^{-iqx-|q|/q_0}\\&\quad\times\int_\Gamma\frac{d\omega}{2\pi i}n(\omega)e^{\omega\tau}\left(\frac{v_{\mathrm{F}}^*+\alpha v_{\mathrm{F}}}{\omega-v_{\mathrm{F}}^*q}+\frac{v_{\mathrm{F}}^*-\alpha v_{\mathrm{F}}}{\omega+v_{\mathrm{F}}^*q}\right)\end{aligned} \tag{2.356}$$

が得られる．なお，第1式から第2式への移行に際して，ボゾンの松原振動数の和は第9巻の公式 (I.3.172) にしたがって変換された．ここで，$n(\omega)=1/(e^{\beta\omega}-1)$ はボーズ分布関数，複素 ω 平面上の積分路 Γ は図 2.17(a) に描かれているものである．この積分路 Γ はさらに変形できて，図 2.17(b) に示したような無限遠を回る積分路 Γ_{c} と2つの極 $\pm v_{\mathrm{F}}^*q$ を反時計まわりにまわる積分路に分割できる．前者の Γ_{c} においては，$\mathrm{Re}\,\omega>0$ の場合，非積分関数は $e^{(\tau-\beta)\omega}/\omega$ のような変化を示し，また，$\mathrm{Re}\,\omega<0$ の場合，それは $e^{\tau\omega}/\omega$ のような変化を示すので，$0<\tau<\beta$ ではこの積分路 Γ_{c} に沿った積分はゼロになる．したがって，$P_\alpha(x,\tau)$ は

$$\begin{aligned}P_\alpha(x,\tau)=i\int_{-\infty}^{\infty}dq\frac{g}{4\pi v_{\mathrm{F}}^*}e^{-iqx-|q|/q_0}\Big((v_{\mathrm{F}}^*+\alpha v_{\mathrm{F}})n(v_{\mathrm{F}}^*q)e^{v_{\mathrm{F}}^*q\tau}\\+(v_{\mathrm{F}}^*-\alpha v_{\mathrm{F}})n(-v_{\mathrm{F}}^*q)e^{-v_{\mathrm{F}}^*q\tau}\Big)\end{aligned} \tag{2.357}$$

で与えられることになる．ちなみに，式 (2.354) の定義式から直接的に分かるように，$P_\alpha(x,\tau+\beta)=P_\alpha(x,\tau)$ である．また，$T\to0^+(\beta\to+\infty)$ の極限では，式 (2.357) 中の q 積分も実行できて，

$$P_\alpha(x,\tau)=\frac{g}{4\pi v_{\mathrm{F}}^*}\left(\frac{v_{\mathrm{F}}^*+\alpha v_{\mathrm{F}}}{x+iv_{\mathrm{F}}^*\tau+i/q_0}-\frac{v_{\mathrm{F}}^*-\alpha v_{\mathrm{F}}}{x-iv_{\mathrm{F}}^*\tau-i/q_0}\right) \tag{2.358}$$

を得る．

以上の準備の下に方程式 (2.353) を解こう．そのために，(x,τ) の 2 変数から $r=x+i\alpha v_{\mathrm{F}}\tau$ と $s=x-i\alpha v_{\mathrm{F}}\tau$ という関係式で (r,s) の 2 変数に変換して考えよう．すると，$i\partial/\partial\tau+\alpha v_{\mathrm{F}}\partial/\partial x=2\alpha v_{\mathrm{F}}\partial/\partial s$ なので，$G_{\alpha\sigma}(x,\tau)$ は

$$G_{\alpha\sigma}(x,\tau)=G^{(0)}_{\alpha\sigma}(x,\tau)f_1(s)f_2(r) \tag{2.359}$$

のような形を仮定してよい．ここで，式 (2.359) を式 (2.353) に代入した場合に，その右辺第 2 項のデルタ関数項が正しく導かれるためには，式 (2.355) を参照すると，

$$f_1(0)=f_2(0)=1 \tag{2.360}$$

であればよい．そして，関数 $f_1(s)$ を決定する方程式は

$$\frac{df_1(s)}{ds}=\frac{P_\alpha(x,\tau)}{2\alpha v_{\mathrm{F}}}f_1(s) \tag{2.361}$$

であるが，これは簡単に解が求められて，境界条件 (2.360) の下では

$$f_1(s)=\exp\biggl(\frac{1}{2\alpha v_{\mathrm{F}}}\int_0^s P_\alpha(x,\tau)ds\biggr) \tag{2.362}$$

となる．なお，右辺の s 積分に際しては，$P_\alpha(x,\tau)$ に式 (2.358) の表式を代入し，変数を (x,τ) から (r,s) に書き直してからその定積分を実行する．積分自体は初等的で，その結果，$f_1(s)$ は s だけの関数ではなく，r にパラメータ的に依存したもの，すなわち，$f_1(s;r)$ という形になる．さらに，式 (2.351) の境界条件を考慮すると，その $f_1(s;r)$ の r 依存性も含めて，

$$f_2(x)=\frac{1}{f_1(x;x)} \tag{2.363}$$

である必要がある．この式 (2.363) を使うと，すでに分かっている $f_1(x;x)$ の関数形から $f_2(x)$ のそれが一意的に決められて，最終的に $G_{\alpha\sigma}(x,\tau)$ は

$$\begin{aligned}G_{\alpha\sigma}(x,\tau)&=G^{(0)}_{\alpha\sigma}(x,\tau)\biggl(\frac{x+i\alpha v_{\mathrm{F}}\tau+i\alpha/q_0}{x+i\alpha v^*_{\mathrm{F}}\tau+i\alpha/q_0}\biggr)^{1/2}\\&\quad\times\Bigl(q_0^2(x+iv^*_{\mathrm{F}}\tau+i/q_0)(x-iv^*_{\mathrm{F}}\tau-i/q_0)\Bigr)^{-\theta/2}\end{aligned} \tag{2.364}$$

であることが分かる．ここで，$g = \pi(v_{\mathrm{F}}^* - \alpha v_{\mathrm{F}})(v_{\mathrm{F}}^* + \alpha v_{\mathrm{F}})/(2v_{\mathrm{F}})$ の関係式でパラメータ g を消去すると同時に，その代わりに重要なパラメータ θ を

$$\theta \equiv \frac{(v_{\mathrm{F}}^* - v_{\mathrm{F}})^2}{4v_{\mathrm{F}}^* v_{\mathrm{F}}} \equiv \frac{(K_{\mathrm{c}} - 1)^2}{4K_{\mathrm{c}}} \tag{2.365}$$

のような定義で導入した．ここで，$K_{\mathrm{c}} \equiv v_{\mathrm{F}}^*/v_{\mathrm{F}}$ である．

d. 運動量分布関数

式 (2.364) で得られた 1 電子グリーン関数の性質を調べるために運動量分布関数 $n_{\alpha\sigma}(k)$ を計算してみよう．式 (2.274) の定義から，$n_{\alpha\sigma}(k)$ は

$$\begin{aligned} n_{\alpha\sigma}(k) &\equiv \langle a_{\alpha,\sigma}^+(k) a_{\alpha,\sigma}(k) \rangle \\ &= G_{\alpha\sigma}(k, -0^+) = \int_{-\infty}^{\infty} dx\, e^{-ikx}\, G_{\alpha\sigma}(x, -0^+) \end{aligned} \tag{2.366}$$

で与えられることになるが，この式 (2.366) において $G_{\alpha\sigma}(x, -0^+)$ に式 (2.364) の結果を代入すると，

$$\begin{aligned} n_{\alpha\sigma}(k) &= \int_{-\infty}^{\infty} \frac{dx}{2\pi i}\, e^{-ikx} \frac{\alpha}{x - i\alpha 0^+} \frac{1}{(q_0^2 x^2 + 1)^{\theta/2}} \\ &= \frac{1}{2} - \frac{\alpha}{\pi} \int_0^{\infty} dx\, \frac{\sin kx}{x} \frac{1}{(q_0^2 x^2 + 1)^{\theta/2}} \end{aligned} \tag{2.367}$$

が得られる．ここで，0^+ がついた項は q_0^{-1} がついた項に比べて無視できること，P を主値積分を取る演算記号として $1/(x - i\alpha 0^+) = P/x + i\pi\alpha\delta(x)$ の関係式を用いたことに注意されたい．ちなみに，式 (2.367) の第 2 式第 1 項の 1/2 はデルタ関数 $\delta(x)$ がついた項の積分から得られている．残る第 2 項の積分については，一般的な条件下でそれを解析的に遂行することは難しいが，$|k| \ll q_0$ の場合を想定し，かつ，$\theta \ll 1$ (g が小さい弱結合の領域)，あるいは，$\theta \gg 1$(強結合の領域) では解析解が得られる．

まず，前者の領域では積分変数を x から $y = |k|x$ に置き換えて考えよう．すると，積分の主要な寄与は $y \approx 0$ の領域ではないので，$(1 + q_0^2 y^2/k^2)^{\theta/2} \approx |q_0/k|^{\theta} y^{\theta}$ と近似できて，

$$n_{\alpha\sigma}(k) \approx \frac{1}{2} - \frac{\alpha}{2} \operatorname{sgn}(k)\, |k/q_0|^{\theta} \tag{2.368}$$

が得られる．ここで，$\mathrm{sgn}(k)[=\theta(k)-\theta(-k)]$ は符号関数である．また，ガンマ関数 $\Gamma(x)$ を使った次の積分公式

$$\int_0^\infty dy\, y^{-1-\theta}\sin y = -\sin\frac{\pi\theta}{2}\,\Gamma(-\theta) = \sin\frac{\pi\theta}{2}\,\frac{\Gamma(1-\theta)}{\theta} \tag{2.369}$$

を用いていて，これは $\theta\to 0^+$ の極限で $\pi/2$ に収束する．この式 (2.368) は θ が厳密にゼロ (相互作用のない系) では $n_{\alpha\sigma}(k)$ はフェルミ点 ($k=0$) で跳びのある $n_{\alpha\sigma}^{(0)}(k)[=\theta(-\alpha k)]$ に還元されるが，そうでない場合 (たとえ，θ がかなり小さいとしてもゼロでない限り)，$n_{\alpha\sigma}(k)$ には (その変化が急激だとしても) 跳びが現れないことを意味している．したがって，この系は通常のフェルミ流体とは定性的に異なる振舞いを示すことになり，その振舞いを規定する重要な指数 (**臨界指数**) が θ である．

次に，強結合領域での $n_{\alpha\sigma}(k)$ を調べよう．このとき，式 (2.367) における x 積分の主要な寄与は $x\approx 0$ の領域なので，$\sin kx\approx kx$ と近似して，

$$n_{\alpha\sigma}(k)\approx\frac{1}{2}-\frac{\alpha\Gamma\big((\theta-1)/2\big)}{2\sqrt{\pi}\Gamma(\theta/2)}\left(\frac{k}{q_0}\right) \tag{2.370}$$

が得られる．なお，a と b を正の定数で $ab>1$ として，

$$\int_0^\infty dy\,\frac{1}{(y^a+1)^b}=\frac{\Gamma(b-a^{-1})\Gamma(a^{-1})}{a\Gamma(b)} \tag{2.371}$$

という積分公式を用い，かつ，$\Gamma(1/2)=\sqrt{\pi}$ に注意した．この式 (2.370) で与えられる $n_{\alpha\sigma}(k)$ もフェルミ点での跳びがなくなり，しかも，その近傍では k について線形に変化するほどにゆっくりとしたものであるので，$n_{\alpha\sigma}^{(0)}(k)$ との違いはさらに際立ってくる[155)]．

なお，式 (2.338) で与えられる $G_{\alpha\sigma}(K)$ の場合，$n_{\alpha\sigma}(k)$ は

$$n_{\alpha\sigma}(k)=G_{\alpha\sigma}(k,-0^+)=T\sum_{\omega_p}e^{i\omega_p 0^+}G_{\alpha\sigma}(K) \tag{2.372}$$

で計算される．ここで現れる松原振動数の和は式 (2.339)〜(2.340) で用いた手法とまったく同じやり方で変形すると，$T\to 0^+$ では

$$n_{\alpha\sigma}(k)=\int_{\Gamma_1}\frac{d\omega}{2\pi i}\,f(\omega)\,\frac{e^{\omega 0^+}}{\sqrt{(\omega-\alpha v_{\mathrm{F}}k)(\omega-\alpha v_{\mathrm{F}}^*k)}}=n_{\alpha\sigma}^{(0)}(k) \tag{2.373}$$

が得られる．ここで，Γ_1 はブランチカットを1周する積分路 (図 2.17(b) を参照) で，この周回積分からの寄与は相互作用のない系での極 $\omega = \alpha v_{\mathrm{F}} k$ からのそれとまったく同じになる．したがって，$g_2 = 0$ では，1電子グリーン関数自体は相互作用のない系からの定性的な違いが見られるものの，$n_{\alpha\sigma}(k)$ にはその違いが反映されない．このことから，$n_{\alpha\sigma}(k)$ の定性的な違い (臨界指数 θ で表される臨界的な振舞い) を生み出すには $g_2 \neq 0$ の条件が本質的に重要であることが分かる．

2.4.8 ボゾン化法

前2項においては，朝永–ラッティンジャー模型を電子の生成消滅演算子を基本とした場の量子論の手法で厳密解を求めた．そして，通常のフェルミ流体理論で予想される運動量分布関数とは定性的に異なる結果を得た．なお，この手法が成功した一番のポイントは3点バーテックス関数が式 (2.307) で正確に決定されたことで，そうでなければ，(たとえば，バーテックス補正をすべて無視するなどの粗い近似では，) 非フェルミ流体的な様相は決して捉えられなかった．

ところで，朝永–ラッティンジャー模型自体を正確に解くという観点だけからいえば，ジャロシンスキー–ラーキン理論は (場の量子論の王道的なアプローチだが) 簡便な方法とはいえず，あまり推薦されていない．通常，この系に適用される手法は「**ボゾン化法**」(bosonization method) と呼ばれるものである．これは1次元量子系の低エネルギー励起をボゾンの調和振動子の集まりとして記述しようとするもので，たとえ電子のようなフェルミオンでも，1次元系の特殊性の反映としてボゾン演算子で正確に表現されてしまう (ボゾン演算子への写像が存在する) という事実に基づいている．

ちなみに，すべての計算をボゾン演算子を使って行うことのメリットは2つある．1つは数学的なもので，ボゾン演算子を使うとフェルミオン演算子ではとても解析的には行えないようなレベルまでの計算が可能になる．もう1つは物理概念形成上のメリットで，フェルミオン系，ボゾン系，スピン系などの違う系をすべてボゾン演算子で取り扱うため，これらの系における量子臨界現象を統一的に理解しやすくなるということである．

本項では，このボゾン化法のごく初歩の応用例を示すために，前項で考えたものとまったく同じ系，すなわち，朝永–ラッティンジャー模型のハミルトニアン H を $H = H_0 + H_2 + H_4$ と書いたとき，H_0 は式 (2.243) で，そして，$H_2 + H_4$ は式 (2.256) で与えられたものを再考しよう．

まず，基本となるボゾン演算子として式 (2.254) や式 (2.255) で定義された $\rho^{\mathrm{c}}_{\alpha}(q)(\alpha = \pm)$ を取り上げよう．すると，式 (2.262) を用いると，この演算子に対する交換関係は

$$[\rho^{\mathrm{c}}_{\alpha}(q), \rho^{\mathrm{c}}_{\alpha'}(q')] = \delta_{\alpha\alpha'}\,\frac{L}{\pi}\,\alpha\, q\,\delta_{q',-q} \tag{2.374}$$

で与えられる．そして，式 (2.256) の $H_2 + H_4$ は

$$H_2 + H_4 = \frac{1}{2L}\sum_q \Big(2g_2\rho^{\mathrm{c}}_{+}(q)\rho^{\mathrm{c}}_{-}(-q) + g_4\rho^{\mathrm{c}}_{+}(q)\rho^{\mathrm{c}}_{+}(-q) + g_4\rho^{\mathrm{c}}_{-}(q)\rho^{\mathrm{c}}_{-}(-q)\Big) \tag{2.375}$$

のように演算子 $\rho^{\mathrm{c}}_{\alpha}(q)$ だけを使って書き表される．

次に，運動エネルギー項 H_0 を考えることになるが，これは式 (2.243) で与えられたように電子演算子の 2 次形式で表現されたものなので，演算子 $\rho^{\mathrm{c}}_{\alpha}(q)$ だけで正確に書き直せるとは想像しがたいかもしれない．しかしながら，系の運動状態は H そのものではなく，H との交換関係で決定されるということを思い出そう．それを考慮して，H_0 と $\rho^{\mathrm{c}}_{\alpha}(q)$ との交換関係を式 (2.265) を用いて計算すると，

$$[H_0, \rho^{\mathrm{c}}_{\alpha}(q)] = -\alpha v_{\mathrm{F}} q\,\rho^{\mathrm{c}}_{\alpha}(q) \tag{2.376}$$

が得られる．一方，$\tilde{H}_0$ として

$$\tilde{H}_0 \equiv \frac{\pi v_{\mathrm{F}}}{2L}\sum_q \Big(\rho^{\mathrm{c}}_{+}(q)\rho^{\mathrm{c}}_{+}(-q) + \rho^{\mathrm{c}}_{-}(q)\rho^{\mathrm{c}}_{-}(-q)\Big) \tag{2.377}$$

のように定義し，これと $\rho^{\mathrm{c}}_{\alpha}(q)$ との交換関係を計算すると，やはり式 (2.376) とまったく同じ交換関係，$[\tilde{H}_0, \rho^{\mathrm{c}}_{\alpha}(q)] = -\alpha v_{\mathrm{F}} q\,\rho^{\mathrm{c}}_{\alpha}(q)$，が得られるので，$\rho^{\mathrm{c}}_{\alpha}(q)$ の運動状態を調べるためには，系のハミルトニアンとして H の代わりに $\tilde{H} \equiv \tilde{H}_0 + H_2 + H_4$ を考えてもまったく同等の結果が得られることが分かる．

さて，この $\tilde{H}$ は

$$\tilde{H} = \frac{\pi}{2L} \sum_q \Big\{ \Big(v_{\mathrm{F}} + \frac{g_4}{\pi}\Big) \Big(\rho^{\mathrm{c}}_{+}(q)\rho^{\mathrm{c}}_{+}(-q) + \rho^{\mathrm{c}}_{-}(q)\rho^{\mathrm{c}}_{-}(-q)\Big) + 2\frac{g_2}{\pi}\rho^{\mathrm{c}}_{+}(q)\rho^{\mathrm{c}}_{-}(-q)\Big\} \tag{2.378}$$

と書き直されるが，これを対角化するために φ をある実数として，

$$S = i\frac{\pi}{L}\sum_{q\neq 0}\frac{\varphi}{q}\rho^{\mathrm{c}}_{+}(q)\rho^{\mathrm{c}}_{-}(-q) \tag{2.379}$$

で演算子 S を定義すると，これは $\rho^{\mathrm{c}}_{\alpha}(q)^{+} = \rho^{\mathrm{c}}_{\alpha}(-q)$ の関係からエルミート演算子 $(S^{+} = S)$ であることが分かるので，演算子 e^{iS} はユニタリー演算子ということになる．そして，第9巻の公式 (I.3.77) を用いると，このユニタリー演算子を用いた演算子 $\rho^{\mathrm{c}}_{\alpha}(q)$ のユニタリー変換は

$$\begin{aligned} e^{iS}\rho^{\mathrm{c}}_{\alpha}(q)e^{-iS} &= \rho^{\mathrm{c}}_{\alpha}(q) + i[S,\rho^{\mathrm{c}}_{\alpha}(q)] + \frac{i^2}{2!}[S,[S,\rho^{\mathrm{c}}_{\alpha}(q)]] \\ &\quad + \frac{i^3}{3!}[S,[S,[S,\rho^{\mathrm{c}}_{\alpha}(q)]]] + \frac{i^4}{4!}[S,[S,[S,[S,\rho^{\mathrm{c}}_{\alpha}(q)]]]] + \cdots \\ &= \rho^{\mathrm{c}}_{\alpha}(q)\cosh\varphi - \rho^{\mathrm{c}}_{-\alpha}(q)\sinh\varphi \end{aligned} \tag{2.380}$$

のように計算される．したがって，

$$\tanh 2\varphi = \frac{g_2/\pi}{v_{\mathrm{F}} + g_4/\pi} \tag{2.381}$$

を満たすように φ を決定すると，$e^{iS}\tilde{H}e^{-iS}$ は

$$e^{iS}\tilde{H}e^{-iS} = \frac{\pi v^{*}_{\mathrm{F}}}{2L}\sum_q \Big(\rho^{\mathrm{c}}_{+}(q)\rho^{\mathrm{c}}_{+}(-q) + \rho^{\mathrm{c}}_{-}(q)\rho^{\mathrm{c}}_{-}(-q)\Big) \tag{2.382}$$

のように対角化される．ここで，v^{*}_{F} は式 (2.320) で定義された繰り込まれたフェルミ速度である．これは 2.4.6 項 f で見いだされた結果，すなわち，この系の低励起エネルギーは $v^{*}_{\mathrm{F}}q$ であるということを再確認している．

この先さらに進んで，ボゾン化法で1電子グリーン関数を計算するには，電子演算子自身の $\rho^{\mathrm{c}}_{\alpha}(q)$ を使った表現が必要になるが，これも含めてより具体的な詳細は (今後の展開に不要なこともあって) 本書では述べないことにする．興味のある読者は原著論文[156, 157] を参考にされたい．

2.4.9 朝永–ラッティンジャー流体と共形場理論

これまで解説してきたように，1次元金属状態は通常のフェルミ流体理論の範疇にはなく，そのため，これは「**朝永–ラッティンジャー流体**」と呼ばれている．この流体の特徴として，次のようなことが指摘されている．

① 基底状態の運動量分布関数 $n(k)$ は，フェルミ流体でのそれとは異なって，フェルミ波数 k_{F} で不連続に跳ぶのではなく，$|k-k_{\mathrm{F}}|^{\theta}$ のようなべき型 (その指数が θ) の異常を示す．

② 低励起状態については，電子はスピン部分と電荷部分の2つの素励起に分離し，これらの素励起は集団運動モードとしてお互いに分離・独立した長波長ボゾンの励起という形 (それぞれ,「スピノン」と「ホロン」と呼ばれるもの) で完全に表現される．

③ 各種の相関関数を調べると，空間的にべき乗則で変化する．そのため，相関距離は無限大となり，空間スケールの不変性が結論される．これは物理的には「**量子臨界現象**」，すなわち，臨界温度が絶対ゼロ度の相転移現象の反映として捉えられている．そして，この臨界現象はスピノンとホロンのどちらにも現れてくる．

この量子臨界現象はこの系の空間スケールの不変性を活用して「**共形場理論**」(CFT: Conformal field theory)[158] で取り扱われている．そして，線形分散を持つ時空 1+1 次元系では，その静的，および，動的な性質に普遍性 (ユニバーサリティ) が見られることをビラソロ代数 (Virasoro algebra) における無限個のパラメータを持つ対称性 (保存則) の存在の帰着として捉えている．さらに，それらのパラメータの違いとして，各1次元模型をユニバーサリティクラスに分類している．より具体的に，一般の相関関数における量子臨界点近傍の振舞い，特に，その臨界指数はベーテ仮説法などで厳密に計算される全エネルギーなどの物理量の系のサイズ依存性を解析すること (有限サイズスケーリング則) によって求められている．

これらについてより詳しく学びたい読者は通俗的な解説[159]，および，より本格的な教科書[141] がすでにあるので，それらを参照されたい．

2.5　3次元不均一密度電子系

2.5.1　1電子グリーン関数の運動方程式

3次元結晶を含む現実物質中の多電子系における1電子グリーン関数，あるいは，自己エネルギーの計算に際しては，前節で主に取り扱ったハバード模型のようなモデルハミルトニアンから出発するのではなく，式 (1.1) で与えられる第一原理のハミルトニアン $H_{\rm e}$ に忠実でなければならない．しかも，その計算を行う目的としては，フェルミ流体理論を仮定した上での準粒子の分散関係や寿命を評価するという限定的なものに止めるのではなく，そもそも，フェルミ流体なのか，そうではなく朝永–ラッティンジャー流体 (的) なのか，さらには何かまったく新規な状態なのかを判断できる情報が得られるほどに野心的なものが望まれる．また，たとえ低励起状態は定性的にフェルミ流体として理解できるとしても，実際にどのようなエネルギー範囲でそうなのかを定量的に正確に把握できる計算であることが最低限の目的になる．

このような理想を念頭に置いて，本節では $H_{\rm e}$ の下での1電子温度グリーン関数 G を決定する厳密な手順を明らかにする．ここで予めお断りしておくが，この手順導出の過程は多分に形式論的にならざるを得ないので，数学が過多であるとの印象を与える記述になる．また，これは 2.4.6, 2.4.7 項で述べたジャロシンスキー–ラーキン理論における議論と類似しているので，そこでの記述と重複することも多いが，あえて重複を厭わないというスタンスでこの重要な導出を行っていると理解されたい．

さて，$H_{\rm e}$ で表されるような非均一密度電子系での G を座標表示した場合，式 (2.2) で定義された $G_{\sigma\sigma'}(\boldsymbol{r},\boldsymbol{r}';\tau)$ のような関数を考えることになり，これが満たすべき厳密な方程式を導出することがとりあえず取り組むべき課題となる．なお，これ以降の節では余計な煩雑さを避けるために $H_{\rm e}-\mu N$ を H と書き，また，式 (1.1) の中で1体ポテンシャル $V_{ei}(\boldsymbol{r})$ から化学ポテンシャル μ を差し引いたものを単に $v(\boldsymbol{r})$，クーロン斥力ポテンシャル $e^2/|\boldsymbol{r}-\boldsymbol{r}'|$ を $u(\boldsymbol{r},\boldsymbol{r}')$ と書くと，H は

$$H = \sum_\sigma \int d\boldsymbol{r}\, \psi_\sigma^+(\boldsymbol{r})\Big(-\frac{\boldsymbol{\nabla}_{\boldsymbol{r}}^2}{2m} + v(\boldsymbol{r})\Big)\psi_\sigma(\boldsymbol{r})$$
$$+\frac{1}{2}\sum_{\sigma\sigma'}\int d\boldsymbol{r}\int d\boldsymbol{r}'\, \psi_\sigma^+(\boldsymbol{r})\psi_{\sigma'}^+(\boldsymbol{r}')\, u(\boldsymbol{r},\boldsymbol{r}')\, \psi_{\sigma'}(\boldsymbol{r}')\psi_\sigma(\boldsymbol{r}) \qquad (2.383)$$

ということになる．ここで，微分演算子 $\boldsymbol{\nabla}$ は座標 $\boldsymbol{r}$ に作用するものであることを明確にするために $\boldsymbol{\nabla}_{\boldsymbol{r}}$ と書いた．そして，当面この節では $G_{\sigma\sigma'}(\boldsymbol{r},\boldsymbol{r}';\tau)$ においてスピン空間の非対角要素がないと仮定して $\sigma=\sigma'$ の場合のみを残し，さらに，スピンの向きには依存しないとして σ の添字も省くことにする．(スピン依存性が必要な問題に取り組んでいる読者はスピン依存性を顕わに取り入れて定式化し直すことをお勧めする．)

そこで，$G(\boldsymbol{r},\boldsymbol{r}';\tau)$ を τ で微分することによって，この関数の“運動方程式”を求めよう．式 (2.2) の定義式に基づいてその τ 微分を考えると，T_τ 積に付随して現れる階段関数，$\theta(\tau)$ や $\theta(-\tau)$，を微分するものと電子場の演算子を直接微分するものの 2 通りの寄与がある．すなわち，

$$\frac{\partial G(\boldsymbol{r},\boldsymbol{r}';\tau)}{\partial\tau} = -\delta(\tau)\langle\{\psi_\sigma(\boldsymbol{r}),\psi_\sigma^+(\boldsymbol{r}')\}\rangle$$
$$-\langle T_\tau e^{H\tau}[H,\psi_\sigma(\boldsymbol{r})]e^{-H\tau}\psi_\sigma^+(\boldsymbol{r}')\rangle \qquad (2.384)$$

であるが，第 1 項の同時刻の反交換関係は $\delta(\boldsymbol{r}-\boldsymbol{r}')$ を与え，また，第 2 項のハミルトニアン H と $\psi_\sigma(\boldsymbol{r})$ との (同時刻の) 交換関係は電子場演算子の反交換関係を用い，かつ，$u(\boldsymbol{x},\boldsymbol{r})=u(\boldsymbol{r},\boldsymbol{x})$ という対称性に注意すると，簡単に[160]

$$[H,\psi_\sigma(\boldsymbol{r})] = -\Big(-\frac{\boldsymbol{\nabla}_{\boldsymbol{r}}^2}{2m} + v(\boldsymbol{r})\Big)\psi_\sigma(\boldsymbol{r})$$
$$-\sum_{\sigma'}\int d\boldsymbol{x}\, \psi_{\sigma'}^+(\boldsymbol{x})\, u(\boldsymbol{r},\boldsymbol{x})\, \psi_{\sigma'}(\boldsymbol{x})\psi_\sigma(\boldsymbol{r}) \qquad (2.385)$$

のように計算される．(ちなみに，式 (2.384) の右辺第 1 項がこのような簡単な形になるように T_τ 積，あるいは，温度グリーン関数そのものを式 (2.2) で定義したといえる．) そして，得られた結果の式において相互作用 $u(\boldsymbol{r},\boldsymbol{x})$ を含む部分だけを右辺に持ってくるように移項すると，

$$
\frac{\partial G(\boldsymbol{r},\boldsymbol{r}';\tau)}{\partial\tau}+\delta(\tau)\delta(\boldsymbol{r}-\boldsymbol{r}')+\Big(-\frac{\boldsymbol{\nabla}_{\boldsymbol{r}}^2}{2m}+v(\boldsymbol{r})\Big)G(\boldsymbol{r},\boldsymbol{r}';\tau)
$$
$$
=\sum_{\sigma'}\int d\boldsymbol{x}\ u(\boldsymbol{r},\boldsymbol{x})\langle T_\tau\psi_{\sigma'}^+(\boldsymbol{x},\tau)\psi_{\sigma'}(\boldsymbol{x},\tau)\psi_\sigma(\boldsymbol{r},\tau)\psi_\sigma^+(\boldsymbol{r}')\rangle \qquad (2.386)
$$

が得られる．

後の計算に便利なように，この式 (2.386) の右辺をもう少し書き直そう．一般に，$0<\tau<\beta$ を満たす任意の τ に対して

$$
1=\int_0^\beta d\tau'\ \delta(\tau'-\tau) \qquad (2.387)
$$

が成り立つが，この関係式を使って $\delta(\tau'-\tau)$ の τ' 積分を挿入し，さらに，演算子 $\sum_{\sigma'}\psi_{\sigma'}^+(\boldsymbol{x},\tau)\psi_{\sigma'}(\boldsymbol{x},\tau)(\equiv\rho(\boldsymbol{x},\tau)$: 電子密度演算子) の引数 τ を τ' と書き直しておくと，

$$
\frac{\partial G(\boldsymbol{r},\boldsymbol{r}';\tau)}{\partial\tau}+\delta(\tau)\delta(\boldsymbol{r}-\boldsymbol{r}')+\Big(-\frac{\boldsymbol{\nabla}_{\boldsymbol{r}}^2}{2m}+v(\boldsymbol{r})\Big)G(\boldsymbol{r},\boldsymbol{r}';\tau)
$$
$$
=\int d\boldsymbol{x}\,u(\boldsymbol{r},\boldsymbol{x})\int_0^\beta d\tau'\delta(\tau'-\tau)\langle T_\tau\psi_\sigma(\boldsymbol{r},\tau)\sum_{\sigma'}\psi_{\sigma'}^+(\boldsymbol{x},\tau')\psi_{\sigma'}(\boldsymbol{x},\tau')\psi_\sigma^+(\boldsymbol{r}')\rangle
$$
$$
=\int d\boldsymbol{x}\ u(\boldsymbol{r},\boldsymbol{x})\int_0^\beta d\tau'\delta(\tau'-\tau)\langle T_\tau\psi_\sigma(\boldsymbol{r},\tau)\rho(\boldsymbol{x},\tau')\psi_\sigma^+(\boldsymbol{r}')\rangle \qquad (2.388)
$$

が得られる．これが $G(\boldsymbol{r},\boldsymbol{r}';\tau)$ の満たすべき運動方程式である．

この関数 $G(\boldsymbol{r},\boldsymbol{r}';\tau)$ を式 (2.10) のようなフーリエ変換式で $i\omega_p$ の関数として定義された $G(\boldsymbol{r},\boldsymbol{r}';i\omega_p)$ で表そう．そして，それに呼応して，運動方程式 (2.388) を $G(\boldsymbol{r},\boldsymbol{r}';i\omega_p)$ に対するものに書き直ししよう．この書き直しは式 (2.388) に式 (2.10) を代入すれば簡単にできて，その結果，

$$
\Big(i\omega_p+\frac{\boldsymbol{\nabla}_{\boldsymbol{r}}^2}{2m}-v(\boldsymbol{r})\Big)G(\boldsymbol{r},\boldsymbol{r}';i\omega_p)-\int d\boldsymbol{x}\ \widetilde{\Sigma}(\boldsymbol{r},\boldsymbol{x};i\omega_p)G(\boldsymbol{x},\boldsymbol{r}';i\omega_p)
$$
$$
=\delta(\boldsymbol{r}-\boldsymbol{r}') \qquad (2.389)
$$

が得られる．ここで，式 (2.388) の右辺からの寄与を形式的に $\widetilde{\Sigma}(\boldsymbol{r},\boldsymbol{x};i\omega_p)$ という関数を導入して記述した．

この関数 $\widetilde{\Sigma}(\boldsymbol{r},\boldsymbol{x};i\omega_p)$ の具体的な形は次のように導くことができる．まず，

$0<\tau,\tau'<\beta$ の場合，$\delta(\tau'-\tau)$ のフーリエ展開は $\omega_q\equiv 2\pi Tq$ (q は整数) をボゾンの松原振動数として[152)]

$$\delta(\tau'-\tau)=T\sum_{\omega_q}e^{i\omega_q(\tau-\tau')} \tag{2.390}$$

であることに注意しながら，式 (2.388) と式 (2.389) とを見比べると，

$$\begin{aligned}\widetilde{\Sigma}(\boldsymbol{r},\boldsymbol{x};i\omega_p)G(\boldsymbol{x},\boldsymbol{r}';i\omega_p)=&-u(\boldsymbol{r},\boldsymbol{x})\int_0^\beta d\tau e^{i\omega_p\tau}\int_0^\beta d\tau'\\&\times T\sum_{\omega_q}e^{i\omega_q(\tau-\tau')}\langle T_\tau\psi_\sigma(\boldsymbol{r},\tau)\rho(\boldsymbol{x},\tau')\psi_\sigma^+(\boldsymbol{r}')\rangle\end{aligned} \tag{2.391}$$

であることはただちに分かる．そこで，この式 (2.391) において ω_q の和を $\omega_{p'}(=\omega_p+\omega_q)$ の和に書き換え，また，引数 $\boldsymbol{x}$ を $\boldsymbol{z}$ と書き直すと，

$$\begin{aligned}\widetilde{\Sigma}(\boldsymbol{r},\boldsymbol{z};i\omega_p)G(\boldsymbol{z},\boldsymbol{r}';i\omega_p)=&-T\sum_{\omega_{p'}}u(\boldsymbol{r},\boldsymbol{z})\int_0^\beta d\tau\ e^{i\omega_{p'}\tau}\\&\times\int_0^\beta d\tau'\ e^{i(\omega_p-\omega_{p'})\tau'}\langle T_\tau\psi_\sigma(\boldsymbol{r},\tau)\rho(\boldsymbol{z},\tau')\psi_\sigma^+(\boldsymbol{r}')\rangle\end{aligned} \tag{2.392}$$

が得られる．ところで，G を演算子と考えると，その逆演算子 G^{-1} との間には逆演算子の定義そのものから $GG^{-1}=1$ が成り立つ．この関係式を座標表示で表現すると，$G(\boldsymbol{z},\boldsymbol{r}';i\omega_p)$ とその逆関数 $G^{-1}(\boldsymbol{r}',\boldsymbol{x};i\omega_p)$ の間には

$$\int d\boldsymbol{r}'\,G(\boldsymbol{z},\boldsymbol{r}';i\omega_p)\ G^{-1}(\boldsymbol{r}',\boldsymbol{x};i\omega_p)=\delta(\boldsymbol{z}-\boldsymbol{x}) \tag{2.393}$$

の関係式が成り立つ．これに注意しながら，式 (2.392) の両辺に右から $G^{-1}(\boldsymbol{r}',\boldsymbol{x};i\omega_p)$ をかけて $\boldsymbol{r}'$ で積分すると同時に $\boldsymbol{z}$ でも積分すると，

$$\begin{aligned}\widetilde{\Sigma}(\boldsymbol{r},\boldsymbol{x};i\omega_p)=&-T\sum_{\omega_{p'}}\int d\boldsymbol{z}\int d\boldsymbol{r}'\ u(\boldsymbol{r},\boldsymbol{z})\int_0^\beta d\tau e^{i\omega_{p'}\tau}\\&\times\int_0^\beta d\tau' e^{i(\omega_p-\omega_{p'})\tau'}\ \langle T_\tau\psi_\sigma(\boldsymbol{r},\tau)\rho(\boldsymbol{z},\tau')\psi_\sigma^+(\boldsymbol{r}')\rangle G(\boldsymbol{r}',\boldsymbol{x};i\omega_p)^{-1}\end{aligned} \tag{2.394}$$

が導かれる．そこで，さらにもう一度，この式 (2.394) の両辺に左から，

$$1 = \int d\boldsymbol{y}'\ \delta(\boldsymbol{r} - \boldsymbol{y}') = \int d\boldsymbol{y}' \int d\boldsymbol{y}\ G(\boldsymbol{r}, \boldsymbol{y}; i\omega_{p'}) G^{-1}(\boldsymbol{y}, \boldsymbol{y}'; i\omega_{p'}) \qquad (2.395)$$

を作用させると，最終的に

$$\begin{aligned}&\widetilde{\Sigma}(\boldsymbol{r}, \boldsymbol{x}; i\omega_p) \\ &\quad = -T \sum_{\omega_{p'}} \int d\boldsymbol{z} \int d\boldsymbol{y}\ u(\boldsymbol{r}, \boldsymbol{z}) G(\boldsymbol{r}, \boldsymbol{y}; i\omega_{p'}) \widetilde{\Lambda}_0(\boldsymbol{y}, \boldsymbol{z}, \boldsymbol{x}; i\omega_{p'}, i\omega_p)\end{aligned} \qquad (2.396)$$

が得られる．ここで，新たに導入した関数 $\widetilde{\Lambda}_0(\boldsymbol{y}, \boldsymbol{z}, \boldsymbol{x}; i\omega_{p'}, i\omega_p)$ は

$$\begin{aligned}\widetilde{\Lambda}_0(\boldsymbol{y}, \boldsymbol{z}, \boldsymbol{x}; i\omega_{p'}, i\omega_p) &= \int d\boldsymbol{y}' \int d\boldsymbol{x}' \int_0^\beta d\tau\, e^{i\omega_{p'}\tau} \int_0^\beta d\tau'\, e^{i(\omega_p - \omega_{p'})\tau'} \\ &\times G^{-1}(\boldsymbol{y}, \boldsymbol{y}'; i\omega_{p'}) \langle T_\tau \psi_\sigma(\boldsymbol{y}', \tau) \rho(\boldsymbol{z}, \tau') \psi_\sigma^+(\boldsymbol{x}') \rangle G^{-1}(\boldsymbol{x}', \boldsymbol{x}; i\omega_p)\end{aligned} \qquad (2.397)$$

のように定義された．なお，これを導く際には，$\psi_\sigma(\boldsymbol{r}, \tau)$ の引数 $\boldsymbol{r}$ を $\delta(\boldsymbol{r} - \boldsymbol{y}')$ の作用を利用して引数 $\boldsymbol{y}'$ に変えた．

2.5.2　不均一密度電子系のダイソン方程式

以上の結果をまとめると，1 電子温度グリーン関数 $G(\boldsymbol{r}, \boldsymbol{r}'; i\omega_p)$ は式 (2.389) を通して $\widetilde{\Sigma}(\boldsymbol{r}, \boldsymbol{x}; i\omega_p)$ と 1 対 1 に対応している．そして，この式は第 9 巻 3.3 節で解説したダイソン方程式 (I.3.146) と (運動量空間表示と座標空間表示の違いはあるが) 同等のものである．実際，

$$\left(i\omega_p + \frac{\boldsymbol{\nabla}_{\boldsymbol{r}}^2}{2m} - v(\boldsymbol{r})\right) \widetilde{G}^{(0)}(\boldsymbol{r}, \boldsymbol{r}'; i\omega_p) = \delta(\boldsymbol{r} - \boldsymbol{r}') \qquad (2.398)$$

によって相互作用のない系の 1 電子グリーン関数 $\widetilde{G}^{(0)}(\boldsymbol{r}, \boldsymbol{r}'; i\omega_p)$ を定義しよう．そして，この定義式の右からその逆関数 $\widetilde{G}^{(0)\ -1}(\boldsymbol{r}', \boldsymbol{r}''; i\omega_p)$ を作用させて $\boldsymbol{r}'$ で積分すると容易に

$$\left(i\omega_p + \frac{\boldsymbol{\nabla}_{\boldsymbol{r}}^2}{2m} - v(\boldsymbol{r})\right) \delta(\boldsymbol{r} - \boldsymbol{r}'') = \widetilde{G}^{(0)\ -1}(\boldsymbol{r}, \boldsymbol{r}''; i\omega_p) \qquad (2.399)$$

であることが分かる．一方，式 (2.389) の右から $G^{-1}(\boldsymbol{r}', \boldsymbol{r}''; i\omega_p)$ を作用させて $\boldsymbol{r}'$ で積分すると，

$$\left(i\omega_p + \frac{\boldsymbol{\nabla}_{\boldsymbol{r}}^2}{2m} - v(\boldsymbol{r})\right) \delta(\boldsymbol{r} - \boldsymbol{r}'') - \widetilde{\Sigma}(\boldsymbol{r}, \boldsymbol{r}''; i\omega_p) = G^{-1}(\boldsymbol{r}, \boldsymbol{r}''; i\omega_p) \qquad (2.400)$$

であるので，式 (2.399) から式 (2.400) を差し引いて引数 $\boldsymbol{r}''$ を引数 $\boldsymbol{r}'$ に書き直すと，

$$G^{-1}(\boldsymbol{r},\boldsymbol{r}';i\omega_p) = \widetilde{G}^{(0)\,-1}(\boldsymbol{r},\boldsymbol{r}';i\omega_p) - \widetilde{\Sigma}(\boldsymbol{r},\boldsymbol{r}';i\omega_p) \qquad (2.401)$$

が得られるが，これは座標空間表示でのダイソン方程式にほかならない．したがって，関数 $\widetilde{\Sigma}(\boldsymbol{r},\boldsymbol{r}';i\omega_p)$ は自己エネルギーといってもよいが，これは不均一密度電子系における自己エネルギーの通常の定義とは一致しない．これに呼応して，不均一密度電子系の1体近似における通常の1電子グリーン関数 $G^{(0)}(\boldsymbol{r},\boldsymbol{r}';i\omega_p)$ は式 (2.398) で導入した $\widetilde{G}^{(0)}(\boldsymbol{r},\boldsymbol{r}';i\omega_p)$ と同じではない．(これらのことは次項以降で少し詳しく解説する．)

いずれにしても，ダイソン方程式 (2.401) を解いて1電子温度グリーン関数 $G(\boldsymbol{r},\boldsymbol{x};i\omega_p)$ を求めるには $\widetilde{\Sigma}(\boldsymbol{r},\boldsymbol{r}';i\omega_p)$ が決定されねばならないが，それは式 (2.397) を通して与えられる関数 $\widetilde{\Lambda}_0(\boldsymbol{y},\boldsymbol{z},\boldsymbol{x};i\omega_{p'},i\omega_p)$ を式 (2.396) に代入することによって得られる．このように，1電子温度グリーン関数を厳密に決める過程において，式 (2.397) における期待値 $\langle T_\tau\psi_\sigma(\boldsymbol{y}',\tau)\rho(\boldsymbol{z},\tau')\psi_\sigma^+(\boldsymbol{x}')\rangle$ の評価がキーポイントということになる．

2.5.3　ハートリー–フォック近似

この期待値 $\langle T_\tau\psi_\sigma(\boldsymbol{y}',\tau)\rho(\boldsymbol{z},\tau')\psi_\sigma^+(\boldsymbol{x}')\rangle$ の計算において，一番簡単な近似は「**切断 (デカップリング: decoupling) 近似**」といわれるもので，

$$\begin{aligned}
\langle T_\tau\psi_\sigma(\boldsymbol{y}',\tau)\rho(\boldsymbol{z},\tau')\psi_\sigma^+(\boldsymbol{x}')\rangle &= \sum_{\sigma'}\langle T_\tau\psi_\sigma(\boldsymbol{y}',\tau)\psi_{\sigma'}^+(\boldsymbol{z},\tau')\psi_{\sigma'}(\boldsymbol{z},\tau')\psi_\sigma^+(\boldsymbol{x}')\rangle \\
&\approx \langle T_\tau\psi_\sigma(\boldsymbol{y}',\tau)\psi_\sigma^+(\boldsymbol{x}')\rangle\langle\rho(\boldsymbol{z},\tau')\rangle \\
&\quad + \langle T_\tau\psi_\sigma(\boldsymbol{y}',\tau)\psi_\sigma^+(\boldsymbol{z},\tau')\rangle\langle T_\tau\psi_\sigma(\boldsymbol{z},\tau')\psi_\sigma^+(\boldsymbol{x}')\rangle \\
&= -G(\boldsymbol{y}',\boldsymbol{x}';\tau)\langle\rho(\boldsymbol{z})\rangle + G(\boldsymbol{y}',\boldsymbol{z};\tau-\tau')G(\boldsymbol{z},\boldsymbol{x}';\tau') \qquad (2.402)
\end{aligned}$$

のように電子場の生成消滅演算子4つの積の期待値を2つずつの期待値の積に分解する近似である．なお，熱平均計算の際に出てくるトレース演算では演算子を循環的に入れ替えても結果が変わらないということを使えば，

$$\langle\rho(\boldsymbol{z},\tau')\rangle = \langle e^{H\tau'}\rho(\boldsymbol{z})e^{-H\tau'}\rangle = \langle\rho(\boldsymbol{z})\rangle \qquad (2.403)$$

であるので，$\langle\rho(\boldsymbol{z},\tau')\rangle$ は τ' に依存しない．さらに，式 (2.2) の $G(\boldsymbol{r},\boldsymbol{r}';\tau)$ の定義式やそのフーリエ展開の式 (2.10) で $\tau=-0^+$ を代入すると，この量は

$$\langle\rho(\boldsymbol{z})\rangle=\sum_{\sigma}G(\boldsymbol{z},\boldsymbol{z};-0^+)=\sum_{\sigma}T\sum_{\omega_p}G(\boldsymbol{z},\boldsymbol{z};i\omega_p)e^{i\omega_p 0^+} \tag{2.404}$$

のように $G(\boldsymbol{z},\boldsymbol{z};i\omega_p)$ を使って直接的に計算できることも分かる．

ところで，この式 (2.402) を式 (2.397) に代入すると，$\widetilde{\Lambda}_0(\boldsymbol{y},\boldsymbol{z},\boldsymbol{x};i\omega_{p'},i\omega_p)$ は式 (2.402) の 2 項に対応した 2 つの寄与，ハートリー項 $\Lambda_{\mathrm{H}}(\boldsymbol{y},\boldsymbol{z},\boldsymbol{x};i\omega_{p'},i\omega_p)$ とフォック項 $\Lambda_{\mathrm{F}}(\boldsymbol{y},\boldsymbol{z},\boldsymbol{x};i\omega_{p'},i\omega_p)$，の和になる．このうち，ハートリー項は

$$\begin{aligned}\Lambda_{\mathrm{H}}(\boldsymbol{y},\boldsymbol{z},\boldsymbol{x};i\omega_{p'},i\omega_p)&=-\beta\delta_{\omega_{p'},\omega_p}\langle\rho(\boldsymbol{z})\rangle\\&\quad\times\int d\boldsymbol{y}'\int d\boldsymbol{x}'\,G^{-1}(\boldsymbol{y},\boldsymbol{y}';i\omega_{p'})G(\boldsymbol{y}',\boldsymbol{x}';i\omega_{p'})G^{-1}(\boldsymbol{x}',\boldsymbol{x};i\omega_p)\\&=-\beta\delta_{\omega_{p'},\omega_p}\langle\rho(\boldsymbol{z})\rangle G^{-1}(\boldsymbol{y},\boldsymbol{x};i\omega_p)\end{aligned} \tag{2.405}$$

のように，そして，フォック項は

$$\begin{aligned}\Lambda_{\mathrm{F}}(\boldsymbol{y},\boldsymbol{z},\boldsymbol{x};i\omega_{p'},i\omega_p)&=\int d\boldsymbol{x}'\int d\boldsymbol{y}'\,G^{-1}(\boldsymbol{y},\boldsymbol{y}';i\omega_{p'})G(\boldsymbol{y}',\boldsymbol{z};i\omega_{p'})\\&\qquad\times G(\boldsymbol{z},\boldsymbol{x}';i\omega_p)G^{-1}(\boldsymbol{x}',\boldsymbol{x};i\omega_p)\\&=\delta(\boldsymbol{y}-\boldsymbol{z})\delta(\boldsymbol{z}-\boldsymbol{x})\end{aligned} \tag{2.406}$$

のようになり，いずれも非常に簡単な形に還元される．

そこで，式 (2.396) に $\widetilde{\Lambda}_0(\boldsymbol{y},\boldsymbol{z},\boldsymbol{x};i\omega_{p'},i\omega_p)=\Lambda_{\mathrm{H}}(\boldsymbol{y},\boldsymbol{z},\boldsymbol{x};i\omega_{p'},i\omega_p)+\Lambda_{\mathrm{F}}(\boldsymbol{y},\boldsymbol{z},\boldsymbol{x};i\omega_{p'},i\omega_p)$ を代入すると，式 (2.405) と式 (2.406) の 2 つの寄与に対応して $\widetilde{\Sigma}(\boldsymbol{r},\boldsymbol{x};i\omega_p)$ は 2 つの項，$\Sigma_{\mathrm{H}}(\boldsymbol{r},\boldsymbol{x})$ と $\Sigma_{\mathrm{F}}(\boldsymbol{r},\boldsymbol{x})$，の和になる．具体的には，それぞれ，

$$\begin{aligned}\Sigma_{\mathrm{H}}(\boldsymbol{r},\boldsymbol{x})&=\int d\boldsymbol{z}\int d\boldsymbol{y}\;u(\boldsymbol{r},\boldsymbol{z})G(\boldsymbol{r},\boldsymbol{y};i\omega_p)\langle\rho(\boldsymbol{z})\rangle G^{-1}(\boldsymbol{y},\boldsymbol{x};i\omega_p)\\&=\delta(\boldsymbol{r}-\boldsymbol{x})\int d\boldsymbol{z}\;u(\boldsymbol{r},\boldsymbol{z})\langle\rho(\boldsymbol{z})\rangle\end{aligned} \tag{2.407}$$

$$\begin{aligned}\Sigma_{\mathrm{F}}(\boldsymbol{r},\boldsymbol{x})&=-T\sum_{\omega_{p'}}\int d\boldsymbol{z}\int d\boldsymbol{y}\;u(\boldsymbol{r},\boldsymbol{z})G(\boldsymbol{r},\boldsymbol{y};i\omega_{p'})\delta(\boldsymbol{y}-\boldsymbol{z})\delta(\boldsymbol{z}-\boldsymbol{x})\\&=-u(\boldsymbol{r},\boldsymbol{x})T\sum_{\omega_{p'}}G(\boldsymbol{r},\boldsymbol{x};i\omega_{p'})\end{aligned} \tag{2.408}$$

である．なお，これらはともに $i\omega_p$ には依存しないので，$\Sigma_{\mathrm{H}}(\boldsymbol{r},\boldsymbol{x})$ や $\Sigma_{\mathrm{F}}(\boldsymbol{r},\boldsymbol{x})$ には初めから引数 $i\omega_p$ を明示しなかった．また，式 (2.408) の $\omega_{p'}$ の無限和を取る際に和の収束性が問題になる場合には，式 (2.404) に倣って収束因子 $e^{i\omega_{p'}0^+}$ を適宜導入するものと理解されたい．

このようにして得られた $\widetilde{\Sigma}(\boldsymbol{r},\boldsymbol{x};i\omega_p)$ を式 (2.389) に代入すると，$\Sigma_{\mathrm{H}}(\boldsymbol{r},\boldsymbol{x})$ や $\Sigma_{\mathrm{F}}(\boldsymbol{r},\boldsymbol{x})$ の物理的意味が明確になる．まず，前者については系に元々あった局所1体ポテンシャル $v(\boldsymbol{r})$ が，やはり局所的な1体ポテンシャルで

$$V(\boldsymbol{r}) \equiv v(\boldsymbol{r}) + \int d\boldsymbol{z}\ u(\boldsymbol{r},\boldsymbol{z})\langle\rho(\boldsymbol{z})\rangle \tag{2.409}$$

のように定義される $V(\boldsymbol{r})$ に有効的に変化することを表している．この結果は $u(\boldsymbol{r},\boldsymbol{z}) = e^2/|\boldsymbol{r}-\boldsymbol{z}|$ というクーロン斥力の場合，1つの電子に働く1体ポテンシャルは外部ポテンシャル $v(\boldsymbol{r})$ の他に**多電子系自らの電荷分布による静電ポテンシャルの寄与**(ハートリー・ポテンシャル：電磁気学に現れるポアソン方程式を解いて得られるもの) も考慮していることになる．

一方，後者の $\Sigma_{\mathrm{F}}(\boldsymbol{r},\boldsymbol{x})$ は電子はフェルミオンでパウリの排他原理を満たすために同じスピンの電子はお互いに避けあっていること (**交換効果**) に由来したものである．実際，全電子系の波動関数をスレーター行列式で近似した場合には，この項はよく知られている交換積分項に還元される．いずれにしても，ハートリー・ポテンシャルでは取り込みすぎていたクーロン斥力の効果を交換効果による補正で弱める働きを記述しているのが，この非局所的なフォック・ポテンシャル項である．

このように，$\widetilde{\Sigma}(\boldsymbol{r},\boldsymbol{x};i\omega_p)$ にハートリー・ポテンシャル項とフォック・ポテンシャル項の寄与だけを含める近似が非均一密度電子系における**ハートリー–フォック近似**である．もちろん，この近似を電子ガス系に適用すれば，ハートリー項は系全体の電気的中性条件で恒等的にゼロになり，第9巻の4章で述べたハートリー–フォック近似とまったく同等になることはいうまでもあるまい．

2.5.4　自己エネルギーの意味と意義

前項のハートリー–フォック近似の例からも推測されるように，多電子系内のある1つの電子の運動を考える場合，その電子が感じる1体ポテンシャル

は 2 つの寄与の和と考えられる．1 つは外部ポテンシャル $v(\boldsymbol{r})$ そのもので，もう 1 つは $u(\boldsymbol{r},\boldsymbol{r}')$ に起因して様々な高次の効果も含みながら自分自身以外の電子と相互作用することによって生じる「**有効 1 体ポテンシャル**」である．後者は諸々の多電子間交換相関効果を総決算しながら自己無撞着的に決められるものであるが，この有効 1 体ポテンシャルの総体が式 (2.396) で定義された関数 $\widetilde{\Sigma}(\boldsymbol{r},\boldsymbol{r}';i\omega_p)$ ということになる．

ここで重要なのは，この有効 1 体ポテンシャルという物理概念は (ハートリー–フォック近似のような) 何らかの近似下で想定されたものではなく，2.5.1 項で示したように数学的に厳密に導かれた表式 (2.389) に基づく十分に基礎付けられた概念であるという事実である．換言すれば，元々，系には 2 体相互作用が働いているものの，1 電子グリーン関数 $G(\boldsymbol{r},\boldsymbol{x};i\omega_p)$ を通してみる多電子系内の 1 電子の運動は，何ら理論の厳密性を損なうことなく，ある実効的 1 体ポテンシャル $\widetilde{\Sigma}(\boldsymbol{r},\boldsymbol{r}';i\omega_p)$ を使って正確に決定できるのである．もちろん，この有効 1 体ポテンシャル $\widetilde{\Sigma}(\boldsymbol{r},\boldsymbol{r}';i\omega_p)$ は $\delta(\boldsymbol{r}-\boldsymbol{r}')$ に比例するような通常の局所型ではなく (実際，フォック・ポテンシャルはすでに非局所型である)，また，一般には静的なものではなく，$i\omega_p$ にも依存する動的なもので，当該電子自身の運動状態によってその姿を変えていくものである．

ちなみに，密度汎関数理論，とりわけ，コーン–シャム法では基底状態の電子密度を厳密に再現する 1 体問題の局所ポテンシャル ($V_{\mathrm{KS}}(\boldsymbol{r})$: コーン–シャム・ポテンシャル) が存在することを主張している．概念的にいえば，この $V_{\mathrm{KS}}(\boldsymbol{r})$ は $\widetilde{\Sigma}(\boldsymbol{r},\boldsymbol{r}';i\omega_p)$ にかなり近いものといえるが，両者は同じではない．そもそも，今の有効 1 体ポテンシャルという概念は基底状態に限らず，あらゆる励起状態についても成り立つ物理的実体であるが，$V_{\mathrm{KS}}(\boldsymbol{r})$ は基本的に基底状態に対してのみ意味を持つもので，しかも，物理的な実体ではなく，仮想的な参照系でのみ意味を持つものである．また，$V_{\mathrm{KS}}(\boldsymbol{r})$ は静的で，かつ，局所的なものなので，単に $\widetilde{\Sigma}(\boldsymbol{r},\boldsymbol{r}';i\omega_p)$ の中のハートリー・ポテンシャルと同じ性格のものに過ぎない．(逆にいえば，基底状態のエネルギーと電子密度分布の決定ということに問題を限定してしまえば，静的で局所的な有効 1 体ポテンシャルの範囲内で $V_{\mathrm{KS}}(\boldsymbol{r})$ の選択が可能であることを厳密に示したことが密度汎関数理論の非自明で優れたところといえる.)

以上のような観点から，$G(\boldsymbol{r},\boldsymbol{x};i\omega_p)$ の中核をなす関数 $\widetilde{\Sigma}(\boldsymbol{r},\boldsymbol{r}';i\omega_p)$ の中で物理的に面白く，かつ，重要なものはその非局所性と動的性格を持った部分といえる．そこで，$\widetilde{\Sigma}(\boldsymbol{r},\boldsymbol{r}';i\omega_p)$ の中から通常の静的局所ポテンシャルであるハートリー・ポテンシャルの部分 $\Sigma_{\mathrm{H}}(\boldsymbol{r},\boldsymbol{r}')$ を取り出して，$\Sigma(\boldsymbol{r},\boldsymbol{r}';i\omega_p)$ を

$$\Sigma(\boldsymbol{r},\boldsymbol{r}';i\omega_p) \equiv \widetilde{\Sigma}(\boldsymbol{r},\boldsymbol{r}';i\omega_p) - \Sigma_{\mathrm{H}}(\boldsymbol{r},\boldsymbol{r}') \tag{2.410}$$

によって定義し，これを「**自己エネルギー**」(self-energy) と呼ぼう[130)]．

この定義に伴って，式 (2.401) も

$$G^{-1}(\boldsymbol{r},\boldsymbol{r}';i\omega_p) = G^{(0)\,-1}(\boldsymbol{r},\boldsymbol{r}';i\omega_p) - \Sigma(\boldsymbol{r},\boldsymbol{r}';i\omega_p) \tag{2.411}$$

のように書き直そう．ここで，$G^{(0)\,-1}(\boldsymbol{r},\boldsymbol{r}';i\omega_p)$ は

$$G^{(0)\,-1}(\boldsymbol{r},\boldsymbol{r}';i\omega_p) \equiv \widetilde{G}^{(0)\,-1}(\boldsymbol{r},\boldsymbol{r}';i\omega_p) - \Sigma_{\mathrm{H}}(\boldsymbol{r},\boldsymbol{r}') \tag{2.412}$$

で導入したが，式 (2.399) を使って $\widetilde{G}^{(0)\,-1}(\boldsymbol{r},\boldsymbol{r}';i\omega_p)$ を書き直し，また，$\Sigma_{\mathrm{H}}(\boldsymbol{r},\boldsymbol{r}')$ に式 (2.407) を代入すると，$G^{(0)}(\boldsymbol{r},\boldsymbol{r}';i\omega_p)$ を決定する方程式は

$$\left(i\omega_p + \frac{\boldsymbol{\nabla}_{\boldsymbol{r}}^2}{2m} - V(\boldsymbol{r})\right) G^{(0)}(\boldsymbol{r},\boldsymbol{r}';i\omega_p) = \delta(\boldsymbol{r}-\boldsymbol{r}') \tag{2.413}$$

ということになる．ここで，$V(\boldsymbol{r})$ は式 (2.409) で定義された 1 体ポテンシャルである．そして，式 (2.411) で $(\boldsymbol{r},\boldsymbol{r}') \to (\boldsymbol{x},\boldsymbol{y})$ と書き換え，両辺の左から $G(\boldsymbol{r},\boldsymbol{x};i\omega_p)$ を，右から $G^{(0)}(\boldsymbol{y},\boldsymbol{r}';i\omega_p)$ を掛けて座標変数 $\boldsymbol{x}$ と $\boldsymbol{y}$ で全空間にわたって積分し，適宜移項すると，

$$\begin{aligned} G(\boldsymbol{r},\boldsymbol{r}';i\omega_p) &= G^{(0)}(\boldsymbol{r},\boldsymbol{r}';i\omega_p) \\ &\quad + \int d\boldsymbol{x} \int d\boldsymbol{y}\, G(\boldsymbol{r},\boldsymbol{x};i\omega_p) \Sigma(\boldsymbol{x},\boldsymbol{y};i\omega_p) G^{(0)}(\boldsymbol{y},\boldsymbol{r}';i\omega_p) \end{aligned} \tag{2.414}$$

が得られる．これが通常の教科書で紹介されている不均一密度電子系でのダイソン方程式である．

2.5.5　3 点バーテックス関数

前項では，$\widetilde{\Sigma}(\boldsymbol{r},\boldsymbol{r}';i\omega_p)$ からそのハートリー部分 $\Sigma_{\mathrm{H}}(\boldsymbol{r},\boldsymbol{r}')$ を分離して自己エネルギー $\Sigma(\boldsymbol{r},\boldsymbol{r}';i\omega_p)$ を定義したが，これに呼応して，式 (2.397) で導入さ

れた $\widetilde{\Lambda}_0(\boldsymbol{y},\boldsymbol{z},\boldsymbol{x};i\omega_{p'},i\omega_p)$ からそのハートリー項の寄与 $\Lambda_{\mathrm{H}}(\boldsymbol{y},\boldsymbol{z},\boldsymbol{x};i\omega_{p'},i\omega_p)$ を取り除いて，

$$\Lambda_0(\boldsymbol{y},\boldsymbol{z},\boldsymbol{x};i\omega_{p'},i\omega_p)\equiv\widetilde{\Lambda}_0(\boldsymbol{y},\boldsymbol{z},\boldsymbol{x};i\omega_{p'},i\omega_p)-\Lambda_{\mathrm{H}}(\boldsymbol{y},\boldsymbol{z},\boldsymbol{x};i\omega_{p'},i\omega_p) \quad (2.415)$$

によって「**スカラー 3 点バーテックス関数**」と呼ばれる $\Lambda_0(\boldsymbol{y},\boldsymbol{z},\boldsymbol{x};i\omega_{p'},i\omega_p)$ を定義しよう．ちなみに，“スカラー”という言葉は後で定義される“ベクトル”との対比で付けられたものである．また，プロパー 3 点バーテックス関数という概念が 2.4.6 項でも出てきたし，後の項でも出てくるが，それと区別しようとすれば，これは**インプロパーな**スカラー 3 点バーテックス関数というべきものである．そして，この関数とプロパーなスカラー 3 点バーテックス関数との違いとお互いの関係を理解することはたいへん重要であるので，後でもう一度詳しく解説する．

さて，この関数 $\Lambda_0(\boldsymbol{y},\boldsymbol{z},\boldsymbol{x};i\omega_{p'},i\omega_p)$ の相互作用に関して最低次の項は式 (2.406) の $\Lambda_{\mathrm{F}}(\boldsymbol{y},\boldsymbol{z},\boldsymbol{x};i\omega_{p'},i\omega_p)=\delta(\boldsymbol{y}-\boldsymbol{z})\delta(\boldsymbol{z}-\boldsymbol{x})$ である．この最低次の寄与を越えてより高次の寄与を取り入れるためには，式 (2.397) における期待値 $\langle T_\tau\psi_\sigma(\boldsymbol{y}',\tau)\rho(\boldsymbol{z},\tau')\psi^+_\sigma(\boldsymbol{x}')\rangle$ の摂動計算で (非連結なハートリー項を除いた残りの) 連結したダイアグラムで表現される部分 $\langle T_\tau\psi_\sigma(\boldsymbol{y}',\tau)\rho(\boldsymbol{z},\tau')\psi^+_\sigma(\boldsymbol{x}')\rangle_c$ を考えねばならない．なお，この「連結したダイアグラム」という概念に関する解説は第 9 巻の 3.2.5 項を参照されたい．ちなみに，連結項の最低次はフォック項であるが，一般的には $S(\beta,0)$ を第 9 巻の 3.3 節で定義された S 行列として，式 (I.3.94) を参照すると，

$$\begin{aligned}&\langle T_\tau\psi_\sigma(\boldsymbol{y}',\tau)\rho(\boldsymbol{z},\tau')\psi^+_\sigma(\boldsymbol{x}')\rangle_c\\&\quad=\langle T_\tau S(\beta,0)\psi_\sigma(\boldsymbol{y}',\tau)\rho(\boldsymbol{z},\tau')\psi^+_\sigma(\boldsymbol{x}')\rangle_{0c}\end{aligned} \quad (2.416)$$

のように表される．そして，この連結項を使うと $\Lambda_0(\boldsymbol{y},\boldsymbol{z},\boldsymbol{x};i\omega_{p'},i\omega_p)$ は

$$\begin{aligned}\Lambda_0(\boldsymbol{y},\boldsymbol{z},\boldsymbol{x};i\omega_{p'},i\omega_p)&=\int d\boldsymbol{y}'\int d\boldsymbol{x}'\int_0^\beta d\tau\, e^{i\omega_{p'}\tau}\int_0^\beta d\tau'\, e^{i(\omega_p-\omega_{p'})\tau'}\\&\times G^{-1}(\boldsymbol{y},\boldsymbol{y}';i\omega_{p'})\langle T_\tau\psi_\sigma(\boldsymbol{y}',\tau)\rho(\boldsymbol{z},\tau')\psi^+_\sigma(\boldsymbol{x}')\rangle_c G^{-1}(\boldsymbol{x}',\boldsymbol{x};i\omega_p)\end{aligned} \quad (2.417)$$

のように書き表される．この関数を用い，かつ，式 (2.396) を参照すると，自

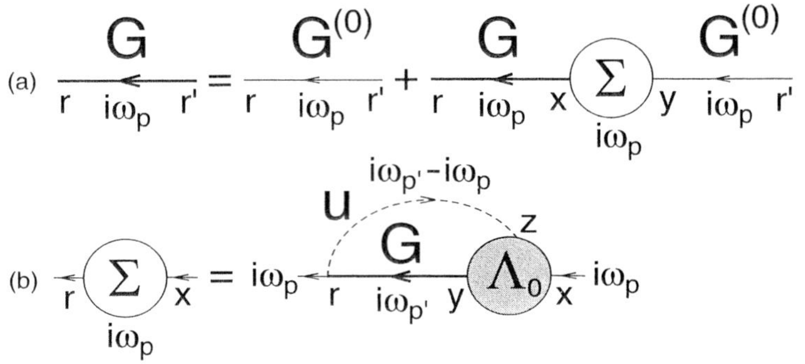

図 2.18　(a) $G(\boldsymbol{r},\boldsymbol{r}';\omega)$ を決定するダイソン方程式 (2.414) と (b) 式 (2.418) の自己エネルギー $\Sigma(\boldsymbol{r},\boldsymbol{x};i\omega_p)$ を表すファインマン・ダイアグラム

己エネルギー $\Sigma(\boldsymbol{r},\boldsymbol{x};i\omega_p)$ は

$$\Sigma(\boldsymbol{r},\boldsymbol{x};i\omega_p) = -T\sum_{\omega_{p'}}\int d\boldsymbol{z}\int d\boldsymbol{y}\,u(\boldsymbol{r},\boldsymbol{z})G(\boldsymbol{r},\boldsymbol{y};i\omega_{p'})\Lambda_0(\boldsymbol{y},\boldsymbol{z},\boldsymbol{x};i\omega_{p'},i\omega_p) \quad (2.418)$$

のように厳密な表式として書き下すことができる．

図 2.18 はダイソン方程式 (2.414) も含めて，自己エネルギーをファインマン・ダイアグラムで模式的に示したものである．なお，この図は座標表示で示してあるが，そこに記したダイアグラムの (位相的な) 構造は第 9 巻の 3.3 節の図 3.7～3.9 における運動量表示のそれらとまったく同じである．したがって，自己エネルギーや 3 点バーテックス関数の場の量子論に基づく摂動論的な解析は，たとえ不均一密度電子系といえども，第 9 巻の 3, 4 章の均一密度の電子ガス系におけるものと形式的にはまったく同等である．それゆえ，今後は第 9 巻の結果を随所で引用し，活用していくことになる．

物理的には，ここで導入したバーテックス関数は自己エネルギーを構成する際の**相互作用の強さに関する繰り込み効果**を記述するもので，より具体的にいえば，裸の電子の電荷 $-e$ が動的効果も含めて有効的な電荷 $-e^*$ に変化したとして，その比 e^*/e を与えるものである．この意味で，これは多電子問題の要の物理量のひとつといえる．また，ハートリー–フォック近似を越えて，電子相関効果を取り込むということは，とりもなおさず，$\Lambda_{\mathrm{F}}(\boldsymbol{y},\boldsymbol{z},\boldsymbol{x};i\omega_{p'},i\omega_p)$ を越えて $\Lambda_0(\boldsymbol{y},\boldsymbol{z},\boldsymbol{x};i\omega_{p'},i\omega_p)$ をより正確に評価するということである．

ところで，$\tilde{\Lambda}_0(\boldsymbol{y},\boldsymbol{z},\boldsymbol{x};i\omega_{p'},i\omega_p)$ を定義する式 (2.397) において，電子密度演算子 $\rho(\boldsymbol{z},\tau')$ の代わりに電子流密度演算子 $j_a(\boldsymbol{z},\tau')$ を挿入すると,「ベクトル (あるいは電子流) **3 点バーテックス関数**」$\Lambda_a(\boldsymbol{y},\boldsymbol{z},\boldsymbol{x};i\omega_{p'},i\omega_p)$ を定義できる．すなわち，$a=x,y,z$ として，$j_a(\boldsymbol{z})$ は

$$j_a(\boldsymbol{z}) \equiv \sum_\sigma \frac{1}{2mi}\Bigl(\psi_\sigma^+(\boldsymbol{z})\frac{\partial}{\partial z_a}\psi_\sigma(\boldsymbol{z})-\Bigl[\frac{\partial}{\partial z_a}\psi_\sigma^+(\boldsymbol{z})\Bigr]\psi_\sigma(\boldsymbol{z})\Bigr) \tag{2.419}$$

で与えられる[161)]が，これを使って 3 点相関関数 $K_a(\boldsymbol{y},\boldsymbol{z},\boldsymbol{x};\tau,\tau')$ を

$$K_a(\boldsymbol{y},\boldsymbol{z},\boldsymbol{x};\tau,\tau') \equiv \langle T_\tau\psi_\sigma(\boldsymbol{y},\tau)j_a(\boldsymbol{z},\tau')\psi_\sigma^+(\boldsymbol{x})\rangle \tag{2.420}$$

という定義式で導入すると，$\Lambda_a(\boldsymbol{y},\boldsymbol{z},\boldsymbol{x};i\omega_{p'},i\omega_p)$ は

$$\begin{aligned}\Lambda_a(\boldsymbol{y},\boldsymbol{z},\boldsymbol{x};i\omega_{p'},i\omega_p) &= \int d\boldsymbol{y}'\int d\boldsymbol{x}'\int_0^\beta d\tau\, e^{i\omega_{p'}\tau}\int_0^\beta d\tau'\, e^{i(\omega_p-\omega_{p'})\tau'}\\ &\times G^{-1}(\boldsymbol{y},\boldsymbol{y}';i\omega_{p'})K_a(\boldsymbol{y}',\boldsymbol{z},\boldsymbol{x}';\tau,\tau')G^{-1}(\boldsymbol{x}',\boldsymbol{x};i\omega_p)\end{aligned} \tag{2.421}$$

ということになる．なお，ベクトルバーテックス関数の場合，定常状態では $\langle j_a(\boldsymbol{z})\rangle=0$ であるので，ハートリー項の寄与はない．したがって，Λ_a と $\widetilde{\Lambda}_a$ との違いはまったくなく，今後ともティルダは一切付けないことにする．また，以後，$\mu=0,1,2,3$ として $j_\mu(\boldsymbol{z})$ や $K_\mu(\boldsymbol{y},\boldsymbol{z},\boldsymbol{x};\tau,\tau')$，$\Lambda_\mu(\boldsymbol{y},\boldsymbol{z},\boldsymbol{x};i\omega_{p'},i\omega_p)$ という記号も用いるが，この場合，$\mu=0$ は電子密度演算子やその 3 点相関関数，そして，そのバーテックス関数を，また，$\mu=1,2,3$ は，それぞれ，$a=x,y,z$ に対応する電子流密度演算子や 3 点相関関数，そして，そのバーテックス関数を表すことにする．

2.5.6　ワード恒等式

さて，式 (2.420) で導入された 3 点相関関数 $K_\mu(\boldsymbol{y},\boldsymbol{z},\boldsymbol{x};\tau,\tau')$ の τ' 微分を考えよう．この微分計算自体は式 (2.287) を導いた計算とまったく同じものであるから，ここでは途中経過を省いてその計算結果を示すと，

$$\frac{\partial K_\mu(\boldsymbol{y},\boldsymbol{z},\boldsymbol{x};\tau,\tau')}{\partial\tau'}=\langle T_\tau\psi_\sigma(\boldsymbol{y},\tau)[H,j_\mu(\boldsymbol{z},\tau')]\psi_\sigma^+(\boldsymbol{x})\rangle$$
$$+\delta(\tau'-\tau)\theta(\tau)\langle[j_\mu(\boldsymbol{z},\tau),\psi_\sigma(\boldsymbol{y},\tau)]\psi_\sigma^+(\boldsymbol{x})\rangle$$
$$-\delta(\tau'-\tau)\theta(-\tau)\langle\psi_\sigma^+(\boldsymbol{x})[j_\mu(\boldsymbol{z},\tau),\psi_\sigma(\boldsymbol{y},\tau)]\rangle$$
$$+\delta(\tau')\theta(\tau)\langle\psi_\sigma(\boldsymbol{y},\tau)[j_\mu(\boldsymbol{z}),\psi_\sigma^+(\boldsymbol{x})]\rangle$$
$$-\delta(\tau')\theta(-\tau)\langle[j_\mu(\boldsymbol{z}),\psi_\sigma^+(\boldsymbol{x})]\psi_\sigma(\boldsymbol{y},\tau)\rangle \qquad (2.422)$$

となる．$\mu=0$ の場合，$[H,j_0(\boldsymbol{z},\tau')](=[H,\rho(\boldsymbol{z},\tau')])$ を計算すると，

$$[H,\rho(\boldsymbol{z},\tau')]=i\sum_{a=x,y,z}\frac{\partial j_a(\boldsymbol{z},\tau')}{\partial z_a} \qquad (2.423)$$

であることが容易に導くことができると同時に，他の同時刻の交換関係も簡単に計算できる．これらの結果を式 (2.422) に代入し，グリーン関数 $G(\boldsymbol{r},\boldsymbol{r}';\tau)$ の定義式 (2.2) にも注意すると，

$$\frac{\partial K_0(\boldsymbol{y},\boldsymbol{z},\boldsymbol{x};\tau,\tau')}{\partial\tau'}=i\sum_{a=x,y,z}\frac{\partial K_a(\boldsymbol{y},\boldsymbol{z},\boldsymbol{x};\tau,\tau')}{\partial z_a}$$
$$+\delta(\tau'-\tau)\delta(\boldsymbol{z}-\boldsymbol{y})G(\boldsymbol{z},\boldsymbol{x};\tau)-\delta(\tau')\delta(\boldsymbol{z}-\boldsymbol{x})G(\boldsymbol{y},\boldsymbol{z};\tau) \qquad (2.424)$$

であることが分かる．

ところで，式 (2.397) において，τ' 積分を部分積分し，被積分関数が周期 β の周期関数であることを用いると，

$$(i\omega_{p'}-i\omega_p)\widetilde{\Lambda}_0(\boldsymbol{y},\boldsymbol{z},\boldsymbol{x};i\omega_{p'},i\omega_p)=\int d\boldsymbol{y}'\int d\boldsymbol{x}'\int_0^\beta d\tau\, e^{i\omega_{p'}\tau}\int_0^\beta d\tau'\, e^{i(\omega_p-\omega_{p'})\tau'}$$
$$\times G^{-1}(\boldsymbol{y},\boldsymbol{y}';i\omega_{p'})\frac{\partial K_0(\boldsymbol{y}',\boldsymbol{z},\boldsymbol{x}';\tau,\tau')}{\partial\tau'}G^{-1}(\boldsymbol{x}',\boldsymbol{x};i\omega_p) \qquad (2.425)$$

であるが，この式に式 (2.424) を代入し，適宜移項し，かつ，式 (2.393) にも注意すると，

$$(i\omega_{p'}-i\omega_p)\Lambda_0(\boldsymbol{y},\boldsymbol{z},\boldsymbol{x};i\omega_{p'},i\omega_p)-i\sum_{a=x,y,z}\frac{\partial\Lambda_a(\boldsymbol{y},\boldsymbol{z},\boldsymbol{x};i\omega_{p'},i\omega_p)}{\partial z_a}$$
$$=\delta(\boldsymbol{z}-\boldsymbol{x})G^{-1}(\boldsymbol{y},\boldsymbol{z};i\omega_{p'})-\delta(\boldsymbol{z}-\boldsymbol{y})G^{-1}(\boldsymbol{z},\boldsymbol{x};i\omega_p) \qquad (2.426)$$

が得られる．この厳密に導かれた等式は「**ワード恒等式**」と呼ばれている．これに関連して3つの注意を与えておこう．

① 式 (2.423) を書き直すと，

$$i\frac{\partial \rho(\boldsymbol{z},\tau')}{\partial \tau'}+\mathrm{div}\,\boldsymbol{j}(\boldsymbol{z},\tau')=i[H,\rho(\boldsymbol{z},\tau')]+\sum_{a=x,y,z}\frac{\partial j_a(\boldsymbol{z},\tau')}{\partial z_a}=0 \quad (2.427)$$

が得られるが，これは $\tau'=it'$ という形で実時間 t' に書き直してみれば容易にわかるように，**局所的な電子数保存則(連続の式)** の成立を意味している．したがって，ワード恒等式 (2.426) はこの局所電子数保存則に由来した関係式であり，その保存則の存在によってスカラー 3 点バーテックス関数とベクトル 3 点バーテックス関数，そして，1 電子グリーン関数とが相互に結びつけられていることになる．

② 式 (2.426) では $\widetilde{\Lambda}_0(\boldsymbol{y},\boldsymbol{z},\boldsymbol{x};i\omega_{p'},i\omega_p)$ ではなく，$\Lambda_0(\boldsymbol{y},\boldsymbol{z},\boldsymbol{x};i\omega_{p'},i\omega_p)$ と書いてあることに疑念を抱かれた読者がいるかもしれないが，これら 2 つの関数の差を与えるハートリー項 $\Lambda_{\mathrm{H}}(\boldsymbol{y},\boldsymbol{z},\boldsymbol{x};i\omega_{p'},i\omega_p)$ は式 (2.405) に示されているように $\omega_{p'}=\omega_p$ でのみゼロではない．しかるに，恒等式 (2.426) では $\omega_{p'}=\omega_p$ の対角項は寄与しないので，$\widetilde{\Lambda}_0$ と Λ_0 のいずれでもこの恒等式を満たすことになる．今後は $\widetilde{\Lambda}_0$ よりも主に Λ_0 を使うので，式 (2.426) では初めからティルダを省略した．

③ 前節で紹介したジャロシンスキー–ラーキン理論では，このワード恒等式からさらに一歩進んで，電子流演算子の保存則も考えることによって 3 点バーテックス関数を厳密に決定した．まったく同じことを今の系でやろうと思えば，$j_a(\boldsymbol{z},\tau')$ と H の交換関係も考えればよいということを暗示している．残念ながら，今の場合はその交換関係から得られる表式は $j_\mu(\boldsymbol{z},\tau')$ だけでは書ききれないので，ジャロシンスキー–ラーキン理論のようにはうまくいかないが，ただ，このアイデアが示唆することは，$[H,\rho(\boldsymbol{z},\tau')]$ だけではなく，$[H,[H,\rho(\boldsymbol{z},\tau')]]$ という 2 重交換関係が多体問題を解く上で重要な役割を果たしうるということである．実際，第 9 巻の 4.6.2 項で紹介した STLS (Singwi–Tosi–Land–Sjölander) 理論では正にこの 2 重交換関係がその理論展開におけるキーポイントの物理量になっている．

2.5.7 密度相関関数

密度相関関数はこれまでに何度も登場してきたが，改めて不均一密度電子系における時空表現での遅延密度相関関数 $Q_{\rho\rho}^{(\mathrm{R})}(\boldsymbol{r},\boldsymbol{r}';t)$ の定義から出発しよう．第9巻の3.4節の議論に基づくと，その定義は

$$Q_{\rho\rho}^{(\mathrm{R})}(\boldsymbol{r},\boldsymbol{r}';t) \equiv -i\theta(t)\langle[\rho(\boldsymbol{r},t),\rho(\boldsymbol{r}')]\rangle \tag{2.428}$$

であり，そのフーリエ変換は

$$Q_{\rho\rho}^{(\mathrm{R})}(\boldsymbol{r},\boldsymbol{r}';\omega)=\int_{-\infty}^{\infty}dt\,e^{i\omega t}Q_{\rho\rho}^{(\mathrm{R})}(\boldsymbol{r},\boldsymbol{r}';t)=\int_{-\infty}^{\infty}dE\,\frac{B_{\rho\rho}(\boldsymbol{r},\boldsymbol{r}';E)}{\omega+i0^{+}-E} \tag{2.429}$$

で与えられる．ここで，スペクトル関数 $B_{\rho\rho}(\boldsymbol{r},\boldsymbol{r}';\omega)$ は $\{|n\rangle\}$ を式 (2.3) で定義されたハミルトニアン H を対角化する完全系とすると，

$$\begin{aligned} B_{\rho\rho}(\boldsymbol{r},\boldsymbol{r}';\omega) = \sum_{nm} & e^{\beta(\Omega-E_n)}(e^{\beta\omega}-1) \\ & \times\langle n|\rho(\boldsymbol{r}')|m\rangle\langle m|\rho(\boldsymbol{r})|n\rangle\delta(\omega+E_m-E_n) \end{aligned} \tag{2.430}$$

のように書き下せる．式 (2.429) を用いれば，ω が大きいときの $Q_{\rho\rho}^{(\mathrm{R})}(\boldsymbol{r},\boldsymbol{r}';\omega)$ の漸近形が分かる．具体的には，$(\omega-E)^{-1}\approx 1/\omega+E/\omega^2$ という展開において，ω^{-1} の係数は $\langle[\rho(\boldsymbol{r}),\rho(\boldsymbol{r}')]\rangle=0$ となるので，ω^{-2} に比例する項が主要項になり，

$$\lim_{\omega\to\infty}Q_{\rho\rho}^{(\mathrm{R})}(\boldsymbol{r},\boldsymbol{r}';\omega)=\frac{\langle[[\rho(\boldsymbol{r}),H],\rho(\boldsymbol{r}')]\rangle}{\omega^2} \tag{2.431}$$

という結果を得る．式 (2.431) の右辺の分子に現れる量はいわゆる「f 総和則」の導出において鍵になる量であり，全電子数の情報を与えるものである．

この関数 $Q_{\rho\rho}^{(\mathrm{R})}(\boldsymbol{r},\boldsymbol{r}';\omega)$ を座標空間についてもフーリエ変換すると，

$$\begin{aligned} Q_{\rho\rho}^{(\mathrm{R})}(\boldsymbol{q},\omega) &= \int d\boldsymbol{r}\,e^{-i\boldsymbol{q}\cdot\boldsymbol{r}}\int d\boldsymbol{r}'\,e^{i\boldsymbol{q}\cdot\boldsymbol{r}'}Q_{\rho\rho}^{(\mathrm{R})}(\boldsymbol{r},\boldsymbol{r}';\omega) \\ &= \int_{-\infty}^{\infty}dt\,e^{i\omega t}\int d\boldsymbol{r}\,e^{-i\boldsymbol{q}\cdot\boldsymbol{r}}\int d\boldsymbol{r}'\,e^{i\boldsymbol{q}\cdot\boldsymbol{r}'}Q_{\rho\rho}^{(\mathrm{R})}(\boldsymbol{r},\boldsymbol{r}';t) \end{aligned} \tag{2.432}$$

によって関数 $Q_{\rho\rho}^{(\mathrm{R})}(\boldsymbol{q},\omega)$ が得られる．ちなみに，この $Q_{\rho\rho}^{(\mathrm{R})}(\boldsymbol{q},\omega)$ を用いると，式 (2.27) で導入された動的構造因子 $S(\boldsymbol{q},\omega)$ は

$$S(\boldsymbol{q},\omega) = -\frac{1}{1-e^{-\beta\omega}}\,\frac{1}{\pi}\,\mathrm{Im}\,Q^{(\mathrm{R})}_{\rho\rho}(\boldsymbol{q},\omega) \tag{2.433}$$

で与えられるので，$Q^{(\mathrm{R})}_{\rho\rho}(\boldsymbol{q},\omega)$ の計算が1つの目標になる．

その計算のために，密度相関温度グリーン関数 $Q_{\rho\rho}(\boldsymbol{r},\boldsymbol{r}';\tau)$ を

$$Q_{\rho\rho}(\boldsymbol{r},\boldsymbol{r}';\tau) \equiv -\langle T_\tau \rho(\boldsymbol{r},\tau)\rho(\boldsymbol{r}')\rangle \tag{2.434}$$

で定義しよう．すると，これは $B_{\rho\rho}(\boldsymbol{r},\boldsymbol{r}';\omega)$ を使うと，

$$Q_{\rho\rho}(\boldsymbol{r},\boldsymbol{r}';\tau) = \int_{-\infty}^{\infty} dE\, B_{\rho\rho}(\boldsymbol{r},\boldsymbol{r}';E)e^{-E\tau} \times[\theta(\tau)n(-E)-\theta(-\tau)n(E)] \tag{2.435}$$

のように書ける．ここで，$n(E)=(e^{\beta E}-1)^{-1}$ はボーズ分布関数である．これから，$Q_{\rho\rho}(\boldsymbol{r},\boldsymbol{r}';\tau)$ は周期 β の周期関数であることが分かるので，そのフーリエ級数展開ではボゾンの松原振動数 $\omega_q=2\pi Tq$ (ここで $q=0,\pm1,\pm2,\cdots$) を使うことになる．すなわち，

$$Q_{\rho\rho}(\boldsymbol{r},\boldsymbol{r}';\tau) = T\sum_{\omega_q} e^{-i\omega_q\tau} Q_{\rho\rho}(\boldsymbol{r},\boldsymbol{r}';i\omega_q) \tag{2.436}$$

であり，このフーリエ逆展開は

$$Q_{\rho\rho}(\boldsymbol{r},\boldsymbol{r}';i\omega_q) = \int_0^\beta d\tau\, e^{i\omega_q\tau} Q_{\rho\rho}(\boldsymbol{r},\boldsymbol{r}';\tau) = \int_{-\infty}^{\infty} dE\, \frac{B_{\rho\rho}(\boldsymbol{r},\boldsymbol{r}';E)}{i\omega_p - E} \tag{2.437}$$

である．これを式 (2.429) の $Q^{(\mathrm{R})}_{\rho\rho}(\boldsymbol{r},\boldsymbol{r}';\omega)$ のスペクトル表現と比べてみると，

$$Q^{(\mathrm{R})}_{\rho\rho}(\boldsymbol{r},\boldsymbol{r}';\omega) = Q_{\rho\rho}(\boldsymbol{r},\boldsymbol{r}';i\omega_q)\Big|_{i\omega_q\to\omega+i0^+} \tag{2.438}$$

という重要な関係式を得る．したがって，摂動展開計算が便利に行える $Q_{\rho\rho}(\boldsymbol{r},\boldsymbol{r}';i\omega_q)$ をまず計算し，それを解析接続すること[162] によって $Q^{(\mathrm{R})}_{\rho\rho}(\boldsymbol{r},\boldsymbol{r}';\omega)$ を得るということが基本戦略になる．

ところで，$Q_{\rho\rho}(\boldsymbol{r},\boldsymbol{r}';\tau)$ の定義式 (2.434) と前節で導入された3点相関関数 $K_0(\boldsymbol{y},\boldsymbol{z},\boldsymbol{x};\tau,\tau')$ の定義式を比較すると，

$$Q_{\rho\rho}(\boldsymbol{r},\boldsymbol{r}';i\omega_q) = \sum_\sigma \int_0^\beta d\tau\, e^{i\omega_q\tau} K_0(\boldsymbol{r}',\boldsymbol{r},\boldsymbol{r}';-0^+,\tau) \tag{2.439}$$

であることは容易に分かる．

一方，式 (2.397) の $\widetilde{\Lambda}_0(\boldsymbol{y},\boldsymbol{z},\boldsymbol{x};i\omega_{p'},i\omega_p)$ の定義から出発して，その左から $G(\boldsymbol{r}',\boldsymbol{y};i\omega_{p'})$ をかけて変数 $\boldsymbol{y}$ で積分し，また，右からは $G(\boldsymbol{x},\boldsymbol{r}';i\omega_p)$ をかけて変数 $\boldsymbol{x}$ で積分したのち，$\boldsymbol{z}$ を $\boldsymbol{r}$ と書き換えると，

$$\begin{aligned}\int d\boldsymbol{y}\int d\boldsymbol{x}\, G(\boldsymbol{r}',\boldsymbol{y};i\omega_{p'})\widetilde{\Lambda}_0(\boldsymbol{y},\boldsymbol{r},\boldsymbol{x};i\omega_{p'},i\omega_p)G(\boldsymbol{x},\boldsymbol{r}';i\omega_p)\\ = \int_0^\beta d\tau\, e^{i\omega_{p'}\tau}\int_0^\beta d\tau'\, e^{i(\omega_p-\omega_{p'})\tau'} K_0(\boldsymbol{r}',\boldsymbol{r},\boldsymbol{r}';\tau,\tau')\end{aligned} \tag{2.440}$$

が得られる．そこで，与えられたボゾン松原振動数 ω_q に対して，$\omega_p=\omega_{p'}+\omega_q$ と取り，式 (2.440) の右辺全体に $e^{i\omega_{p'}0^+}$ をかけてから $\omega_{p'}$ で和を取ると $\delta(\tau+0^+)$ の寄与が出てくるので，それを考慮すると，

$$\begin{aligned}T\sum_{\omega_{p'}} e^{i\omega_{p'}0^+}\int d\boldsymbol{y}\int d\boldsymbol{x}\, G(\boldsymbol{r}',\boldsymbol{y};i\omega_{p'})\\ \times \widetilde{\Lambda}_0(\boldsymbol{y},\boldsymbol{r},\boldsymbol{x};i\omega_{p'},i\omega_{p'}+i\omega_q)G(\boldsymbol{x},\boldsymbol{r}';i\omega_{p'}+i\omega_q)\\ = \int_0^\beta d\tau'\, e^{i\omega_q\tau'} K_0(\boldsymbol{r}',\boldsymbol{r},\boldsymbol{r}';-0^+,\tau')\end{aligned} \tag{2.441}$$

が得られる．この式と式 (2.439) を見比べると，

$$\begin{aligned}Q_{\rho\rho}(\boldsymbol{r},\boldsymbol{r}';i\omega_q) = \sum_\sigma T\sum_{\omega_p} e^{i\omega_p 0^+}\int d\boldsymbol{x}\int d\boldsymbol{y}\, G(\boldsymbol{r}',\boldsymbol{x};i\omega_p)\\ \times \Lambda_0(\boldsymbol{x},\boldsymbol{r},\boldsymbol{y};i\omega_p,i\omega_p+i\omega_q)G(\boldsymbol{y},\boldsymbol{r}';i\omega_p+i\omega_q)\end{aligned} \tag{2.442}$$

であることが分かる．これが，スカラー 3 点バーテックス関数を使った $Q_{\rho\rho}(\boldsymbol{r},\boldsymbol{r}';i\omega_q)$ を計算する厳密な表式である．なお，物理量として意味のある $Q_{\rho\rho}^{(\mathrm{R})}(\boldsymbol{r},\boldsymbol{r}';\omega)$ を求める際に行う解析接続では $\omega_q>0$ を想定するので，その場合には (ハートリー項の寄与はなくなり) $\widetilde{\Lambda}_0$ と Λ_0 とは同一のものであるので，それゆえ，式 (2.442) では $\widetilde{\Lambda}_0$ ではなく，Λ_0 を使って書いた．

2.5.8　電子間有効相互作用とプロパー 3 点バーテックス関数

いま，それぞれ，$\boldsymbol{r}$ と $\boldsymbol{r}'$ の位置にいる 2 電子間の有効相互作用 $W(\boldsymbol{r},\boldsymbol{r}';i\omega_q)$ を考えてみよう．これは直接の相互作用 $u(\boldsymbol{r},\boldsymbol{r}')$ の他に，一方の電子が $u(\boldsymbol{r},\boldsymbol{x})$ を通して電荷のゆらぎを位置 $\boldsymbol{x}$ に引き起こし，そのゆらぎが位置 $\boldsymbol{y}$ に伝搬し，そして，そこでの電荷ゆらぎが $u(\boldsymbol{y},\boldsymbol{r}')$ を通して，もう一方の電子と相互作用するものの和であると考えられる．(もちろん，これは電荷ゆらぎのチャネルを通した場合のみに限った議論である．実際の電子間有効相互作用にはスピンゆらぎのチャネルを通した寄与も加える必要がある．しかしながら，スピンチャネルの効果をきちんと考慮したとしても，そもそも，スピンに依存しない相互作用 $u(\boldsymbol{r},\boldsymbol{r}')$ の下では自己エネルギーを与える最終的な表式を求める際にはスピンの向きを均すようにスピン和が取られるので，スピンチャネルの影響がなくなる.）しかるに，位置 $\boldsymbol{x}$ から $\boldsymbol{y}$ への電荷ゆらぎの伝搬を記述するのがこの節で導入した $Q_{\rho\rho}(\boldsymbol{x},\boldsymbol{y};i\omega_q)$ にほかならないので，$W(\boldsymbol{r},\boldsymbol{r}';i\omega_q)$ は

$$W(\boldsymbol{r},\boldsymbol{r}';i\omega_q)=u(\boldsymbol{r},\boldsymbol{r}')+\int d\boldsymbol{x}\int d\boldsymbol{y}\,u(\boldsymbol{r},\boldsymbol{x})Q_{\rho\rho}(\boldsymbol{x},\boldsymbol{y};i\omega_q)u(\boldsymbol{y},\boldsymbol{r}') \tag{2.443}$$

のように書けることになる．

そこで，自己エネルギーを与える表式 (2.418) において，$u(\boldsymbol{r},\boldsymbol{z})$ の代わりにこの有効相互作用 $W(\boldsymbol{r},\boldsymbol{z};i\omega_p-i\omega_{p'})$ を使った表式を考えよう．そのために，プロパーなスカラー 3 点バーテックス関数 $\Gamma_0(\boldsymbol{y},\boldsymbol{z},\boldsymbol{x};i\omega_{p'},i\omega_p)$ を

$$\begin{aligned}\Lambda_0(\boldsymbol{y},\boldsymbol{z},\boldsymbol{x};i\omega_{p'},i\omega_p)&=\Gamma_0(\boldsymbol{y},\boldsymbol{z},\boldsymbol{x};i\omega_{p'},i\omega_p)\\&+\int d\boldsymbol{z}'\int d\boldsymbol{z}''\,Q_{\rho\rho}(\boldsymbol{z},\boldsymbol{z}';i\omega_p-i\omega_{p'})u(\boldsymbol{z}',\boldsymbol{z}'')\Gamma_0(\boldsymbol{y},\boldsymbol{z}'',\boldsymbol{x};i\omega_{p'},i\omega_p)\end{aligned} \tag{2.444}$$

という定義で導入しよう．そして，この式 (2.444) の両辺に左から $u(\boldsymbol{r},\boldsymbol{z})$ をかけて変数 $\boldsymbol{z}$ で積分しよう．そして，右辺第 2 項の積分で積分変数 $\boldsymbol{z}$ と $\boldsymbol{z}''$ を入れ替えて書くと，

$$\begin{aligned}\int d\boldsymbol{z}\,u(\boldsymbol{r},\boldsymbol{z})\Lambda_0(\boldsymbol{y},\boldsymbol{z},\boldsymbol{x};i\omega_{p'},i\omega_p)=\int d\boldsymbol{z}\Big(u(\boldsymbol{r},\boldsymbol{z})\\+\int d\boldsymbol{z}'\int d\boldsymbol{z}''\,u(\boldsymbol{r},\boldsymbol{z}'')Q_{\rho\rho}(\boldsymbol{z}'',\boldsymbol{z}';i\omega_p-i\omega_{p'})u(\boldsymbol{z}',\boldsymbol{z})\Big)\\\times\Gamma_0(\boldsymbol{y},\boldsymbol{z},\boldsymbol{x};i\omega_{p'},i\omega_p)\end{aligned} \tag{2.445}$$

となるが，この式の右辺の大括弧内は式 (2.443) によれば $W(\boldsymbol{r},\boldsymbol{z};i\omega_p-i\omega_{p'})$ であるので，結局，

$$\int d\boldsymbol{z}\, u(\boldsymbol{r},\boldsymbol{z})\Lambda_0(\boldsymbol{y},\boldsymbol{z},\boldsymbol{x};i\omega_{p'},i\omega_p) = \int d\boldsymbol{z}\, W(\boldsymbol{r},\boldsymbol{z};i\omega_p-i\omega_{p'})\Gamma_0(\boldsymbol{y},\boldsymbol{z},\boldsymbol{x};i\omega_{p'},i\omega_p) \qquad (2.446)$$

ということになる．

この関係式 (2.446) を使うと，式 (2.418) の $\Sigma(\boldsymbol{r},\boldsymbol{x};i\omega_p)$ の表式は

$$\Sigma(\boldsymbol{r},\boldsymbol{x};i\omega_p) = -T\sum_{\omega_{p'}}\int d\boldsymbol{z}\int d\boldsymbol{y}\, W(\boldsymbol{r},\boldsymbol{z};i\omega_p-i\omega_{p'}) \times G(\boldsymbol{r},\boldsymbol{y};i\omega_{p'})\Gamma_0(\boldsymbol{y},\boldsymbol{z},\boldsymbol{x};i\omega_{p'},i\omega_p) \qquad (2.447)$$

のように書き改められる．

2.5.9　分極関数とその物理的意味

前項で導入した $\Gamma_0(\boldsymbol{y},\boldsymbol{z},\boldsymbol{x};i\omega_{p'},i\omega_p)$ を式 (2.442) で $\Lambda_0(\boldsymbol{y},\boldsymbol{z},\boldsymbol{x};i\omega_{p'},i\omega_p)$ の代わりに使うと，「**分極関数**」$\Pi(\boldsymbol{r},\boldsymbol{r}';i\omega_q)$ が定義される．すなわち，

$$\Pi(\boldsymbol{r},\boldsymbol{r}';i\omega_q) = -\sum_{\sigma} T\sum_{\omega_p} e^{i\omega_p 0^+}\int d\boldsymbol{x}\int d\boldsymbol{y}\, G(\boldsymbol{r}',\boldsymbol{x};i\omega_p) \times \Gamma_0(\boldsymbol{x},\boldsymbol{r},\boldsymbol{y};i\omega_p,i\omega_p+i\omega_q)G(\boldsymbol{y},\boldsymbol{r}';i\omega_p+i\omega_q) \qquad (2.448)$$

である．(ここで，通常の分極関数の定義と同じになるように前に負符号をつけた.) そして，この式と式 (2.442)，および，式 (2.444) を組み合わせると，

$$Q_{\rho\rho}(\boldsymbol{r},\boldsymbol{r}';i\omega_q) = -\Pi(\boldsymbol{r},\boldsymbol{r}';i\omega_q) - \int d\boldsymbol{z}\int d\boldsymbol{z}'\, Q_{\rho\rho}(\boldsymbol{r},\boldsymbol{z};i\omega_q)u(\boldsymbol{z},\boldsymbol{z}')\Pi(\boldsymbol{z}',\boldsymbol{r}';i\omega_q) \qquad (2.449)$$

が得られる．なお，この分極関数を使えば，式 (2.443) の $W(\boldsymbol{r},\boldsymbol{r}';i\omega_q)$ は

$$W(\boldsymbol{r},\boldsymbol{r}';i\omega_q)=u(\boldsymbol{r},\boldsymbol{r}')-\int d\boldsymbol{x}\int d\boldsymbol{y}\, W(\boldsymbol{r},\boldsymbol{x};i\omega_q)\Pi(\boldsymbol{x},\boldsymbol{y};i\omega_q)u(\boldsymbol{y},\boldsymbol{r}') \qquad (2.450)$$

で表されることも容易に分かる．ここで導入されたいくつかの物理量を結びつける一連の関係式を模式的に示したのが図 2.19 である．

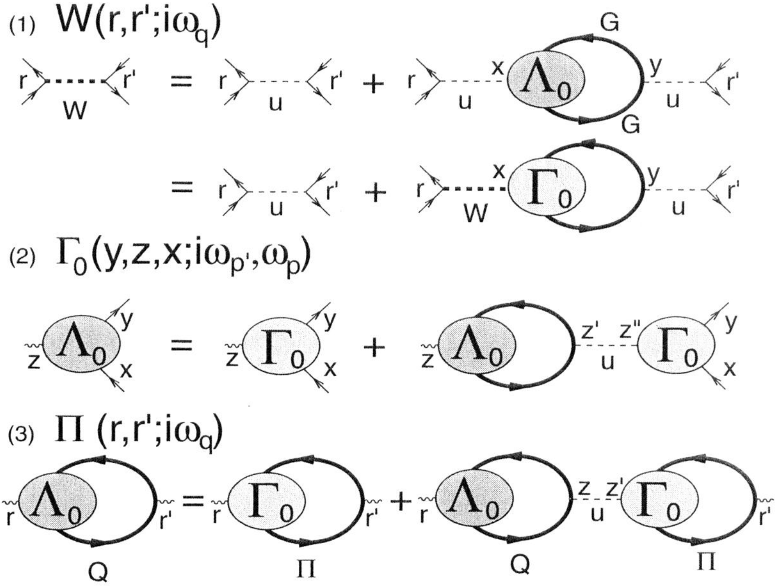

図 2.19　(1) 電子間有効相互作用，(2) プロパー 3 点バーテックス関数，および，(3) 分極関数を決める方程式をファインマン・ダイアグラムの形式で模式的に示した図．

これまで展開してきた式変形における指針をこの節の最後に説明しておこう．本来，求めるべき興味のある物理量は $Q_{\rho\rho}(\boldsymbol{r},\boldsymbol{r}';i\omega_q)$ で，それを計算するには $\Lambda_0(\boldsymbol{y},\boldsymbol{z},\boldsymbol{x};i\omega_{p'},i\omega_p)$ を解析すれば十分であるはずのところを，プロパー 3 点バーテックス関数 $\Gamma_0(\boldsymbol{y},\boldsymbol{z},\boldsymbol{x};i\omega_{p'},i\omega_p)$ や，それに伴って分極関数 $\Pi(\boldsymbol{r},\boldsymbol{r}';i\omega_q)$ を導入し，これらを分析することによって $Q_{\rho\rho}$ を求めようとする物理的な理由は，結局のところ，クーロン斥力の長距離性にある．すなわち，$Q_{\rho\rho}$ や Λ_0 とは異なって，Π や Γ_0 の場合はあたかも短距離力の系を考えているかのような取扱い (や近似) が可能になり，それを利用しようという発想である．

もう少し具体的なイメージを得るために，誘電応答の物理を思い出そう．線形応答理論によれば，外部ポテンシャル $\phi_{\rm ext}(\boldsymbol{r}',t')$ によって引き起こされる誘起電子密度 $n_{\rm ind}(\boldsymbol{r},t)$ は

$$n_{\mathrm{ind}}(\boldsymbol{r},t)=\int d\boldsymbol{r}'\int dt'\ Q_{\rho\rho}^{(\mathrm{R})}(\boldsymbol{r},\boldsymbol{r}';t-t')\phi_{\mathrm{ext}}(\boldsymbol{r}',t') \tag{2.451}$$

で与えられる．これを演算子的に書けば，$n_{\mathrm{ind}}=Q_{\rho\rho}^{(\mathrm{R})}\phi_{\mathrm{ext}}$ であるが，同じ式を分極関数を使って書くと，$n_{\mathrm{ind}}=-\Pi^{(\mathrm{R})}\phi_{\mathrm{eff}}$ となる．すなわち，

$$n_{\mathrm{ind}}(\boldsymbol{r},t)=-\int d\boldsymbol{r}'\int dt'\ \Pi^{(\mathrm{R})}(\boldsymbol{r},\boldsymbol{r}';t-t')\phi_{\mathrm{eff}}(\boldsymbol{r}',t') \tag{2.452}$$

である．ここで，有効ポテンシャル ϕ_{eff} は $\phi_{\mathrm{eff}}=\phi_{\mathrm{ext}}/(1+u\Pi^{(\mathrm{R})})$ である．なぜならば，式 (2.449)(を解析接続した式) を演算子の積の形で書くと，$Q_{\rho\rho}^{(\mathrm{R})}=-\Pi^{(\mathrm{R})}-Q_{\rho\rho}^{(\mathrm{R})}u\Pi^{(\mathrm{R})}$ となり，これを解くと，$Q_{\rho\rho}^{(\mathrm{R})}=-\Pi^{(\mathrm{R})}/(1+u\Pi^{(\mathrm{R})})$ が得られるからである．この式 (2.452) から，分極関数 $\Pi^{(\mathrm{R})}$ というものは (遮蔽されて短距離力になった) 有効ポテンシャルに対する (あるいは，外部試験電荷と内部誘起電荷の和である全電荷に起因する) 密度相関関数という物理的意味を持つことが分かる．(これに対して，$Q_{\rho\rho}^{(\mathrm{R})}$ というものは外部試験電荷に起因する密度相関関数で，内部誘起電荷の効果はその中に暗に含まれているものである．)

ちなみに，電磁気学では ϕ_{ext} というのは外部電荷の場を記述する電束密度 $\boldsymbol{D}$ に対応する量であるが，それを使って議論するよりも，外部電荷とそれによって物質中に誘起された電荷とを加えて巨視的な平均を取った全電荷による電場 $\boldsymbol{E}$ を考える方がクーロン力のような長距離力の下では物理的により妥当であることが電磁気学研究の長い歴史を通して分かっている事柄である．この電場 $\boldsymbol{E}$ に対応するポテンシャルが ϕ_{eff} である．したがって，$\boldsymbol{D}$ よりも $\boldsymbol{E}$ を使うべきだということとまったく同じ理由で，$Q_{\rho\rho}(\boldsymbol{r},\boldsymbol{r}';i\omega_q)$ よりも $\Pi(\boldsymbol{r},\boldsymbol{r}';i\omega_q)$ の方が物理的にはより重要な量であろうということである．そして，その分極関数を式 (2.448) によって作り上げる $\Gamma_0(\boldsymbol{y},\boldsymbol{z},\boldsymbol{x};i\omega_{p'},i\omega_p)$ を扱う方が $\Lambda_0(\boldsymbol{y},\boldsymbol{z},\boldsymbol{x};i\omega_{p'},i\omega_p)$ を扱うよりも物理的により妥当であろうと考えるのである．

ところで，図 2.19 の (2) で明らかなように，この 2 つの 3 点バーテックス関数の違いは，$\Gamma_0(\boldsymbol{y},\boldsymbol{z},\boldsymbol{x};i\omega_{p'},i\omega_p)$ では $\Lambda_0(\boldsymbol{y},\boldsymbol{z},\boldsymbol{x};i\omega_{p'},i\omega_p)$ に含まれる項のうちで，少なくとも 1 本のクーロン線 u でのみつながっているような項はすべて省いたものになっている．(あるいは，そのような項を取り出すことが有効ポテンシャルを作り出す数学過程であるといえる．) この意味で $\Gamma_0(\boldsymbol{y},\boldsymbol{z},\boldsymbol{x};i\omega_{p'},i\omega_p)$

はプロパーであるといい，そのプロパーな部分を複数個 (実際は無限個) 含む $\Lambda_0(\boldsymbol{y},\boldsymbol{z},\boldsymbol{x};i\omega_{p'},i\omega_p)$ はインプロパーと呼ばれている．

なお，このクーロン線 u でつながっている部分はワード恒等式に何ら影響を与えないので，式 (2.426) は Λ_0 や Λ_a を，それぞれ，Γ_0 や Γ_a に読み直すことによってそのまま成り立つことになる．(同じことは 2.4.6 項でもみているので，そこでの証明法にならって具体的にこのことを確かめてみられたい．)

2.6 ベイム–カダノフ理論

2.6.1 摂動展開理論からのアプローチ

前節では，基本的に運動方程式の方法で，実験との比較が可能な物理量である 1 電子グリーン関数 $G(\boldsymbol{r},\boldsymbol{x};i\omega_p)$ や密度相関関数 $Q_{\rho\rho}(\boldsymbol{r},\boldsymbol{z};i\omega_q)$ に関して成り立つ厳密な関係式を導いてきた．具体的には，$G(\boldsymbol{r},\boldsymbol{x};i\omega_p)$ は式 (2.414) のダイソン方程式で自己エネルギー $\Sigma(\boldsymbol{x},\boldsymbol{y};i\omega_p)$ に，そして，$Q_{\rho\rho}(\boldsymbol{r},\boldsymbol{z};i\omega_q)$ は式 (2.449) で分極関数 $\Pi(\boldsymbol{r},\boldsymbol{r}';i\omega_q)$ に直接的に結びついていることをみた．一方，これら核になる物理量である $\Sigma(\boldsymbol{x},\boldsymbol{y};i\omega_p)$ や $\Pi(\boldsymbol{r},\boldsymbol{r}';i\omega_q)$ は，それぞれ，式 (2.447) や式 (2.448) で計算されることになるが，そのためには，プロパーなスカラー 3 点バーテックス関数 $\Gamma_0(\boldsymbol{x},\boldsymbol{r},\boldsymbol{y};i\omega_{p'},i\omega_p)$ と電子間有効相互作用 $W(\boldsymbol{r},\boldsymbol{r}';i\omega_q)$ が分かればよい．このうち，式 (2.450) で決定される後者はあまり問題にならないが，このような明確な決定方程式を持たない前者の存在が今の理論体系全体の中で唯一の問題点となっている．このようなわけで，$\Gamma_0(\boldsymbol{x},\boldsymbol{r},\boldsymbol{y};i\omega_{p'},i\omega_p)$ の取扱い方が今後の焦点になる．

さて，$\Gamma_0(\boldsymbol{x},\boldsymbol{r},\boldsymbol{y};i\omega_{p'},i\omega_p)$ に関してこれまでに分かっていることは，これは式 (2.444) を通してインプロパーなスカラー 3 点バーテックス関数 $\Lambda_0(\boldsymbol{y},\boldsymbol{z},\boldsymbol{x};i\omega_{p'},i\omega_p)$ に直接結びついていること，そして，Λ_0 自体は式 (2.417) で与えられていることである．ところで，式 (2.417) の中核は 3 点相関関数 $\langle T_\tau\psi_\sigma(\boldsymbol{y}',\tau)\rho(\boldsymbol{z},\tau')\psi_\sigma^+(\boldsymbol{x}')\rangle_{\rm c}$ であり，これは裸の相互作用 u に関する摂動展開で解析できるので，それを推し進めるという方法が考えられる．この解析を場の理論的形式論から行うアプローチの代表的なものが第 9 巻の 3.3.8 項で少し触れた「ラッティンジャー–ワード (Luttinger–Ward) 理論」[117] である．そして，これが「ベイム–カダノフ (Baym–Kadanoff) の保存近似」[118] の基礎であり，出発点でもあるので，少し重複はあるものの，ここでは特に $\Lambda_0(\boldsymbol{y},\boldsymbol{z},\boldsymbol{x};i\omega_{p'},i\omega_p)$，あるいは，$\Gamma_0(\boldsymbol{y},\boldsymbol{z},\boldsymbol{x};i\omega_{p'},i\omega_p)$ との関連に特に注意を払いながら，この理論の解説から始めよう．

なお，今後は表記の煩雑さを避けるために，誤解が起こらないと考えられる限りは省略した表記法を用いることにしよう．たとえば，$\Sigma(i\omega_p)G(i\omega_p)$ と書けば，この $(\boldsymbol{r},\boldsymbol{r}')$ 成分が

$$\Big(\Sigma(i\omega_p)G(i\omega_p)\Big)_{\boldsymbol{r},\boldsymbol{r}'}=\int d\boldsymbol{x}\,\Sigma(\boldsymbol{r},\boldsymbol{x};i\omega_p)G(\boldsymbol{x},\boldsymbol{r}';i\omega_p)$$

で与えられる行列 (あるいは演算子) であると理解されたい．さらに，$i\omega_p$ 依存性を暗黙裏に仮定した省略形として，$G(i\omega_p)$ を単に G と書く場合もあることをお断りしておく．そして，$\mathrm{Tr}\,G(i\omega_p)$，あるいは $\mathrm{Tr}\,G$ と書けば，これは空間座標の対角成分についての積分だけでなく，松原振動数についての和 (すなわち，$T\sum_{\omega_p}$) も含むこととしよう．

2.6.2　骨 格 図 形

まず，式 (2.383) で与えられた H に立ち戻り，相互作用 $u(\boldsymbol{r},\boldsymbol{r}')$ に依存しない部分 H_0 と依存する部分 U に分けて考えてみよう．そして，相互作用がない場合の 1 電子グリーン関数を $\widetilde{G}^{(0)}(i\omega_p)$ と書くと，これは式 (2.398) の方程式を満たすことになるので，1 電子ポテンシャル $v(\boldsymbol{r})$(と適当な境界条件) さえ与えられれば，その正確な関数形が得られることになる．そこで，この $\widetilde{G}^{(0)}(i\omega_p)$ から出発して，U についての摂動展開を無限次まで正しく実行して正確な $G(i\omega_p)$ を求めようと考えることはきわめて自然な発想である．特に，この摂動の各次数で現れるいろいろな項の一つ一つに対応して電子の U による散乱効果のそれぞれが記述されるので，物理的にも分かりやすくきわめて妥当な取扱いのように思える．

さて，このアイデアを具体化する際にまず出会う困難は $G(\boldsymbol{r},\boldsymbol{r}';\tau)$ の定義に現れる電子場演算子の τ 依存性もグランドカノニカル分布関数もともに指数関数の肩に H が入る形で規定されていることである．しかし，この困難はいわゆる相互作用表示の導入で解決される．この表示では H_0 で規定された電子

場演算子の τ 依存性や熱統計重みを考えることにより，任意の個数の電子場演算子の期待値は生成消滅の各演算子 1 つずつの組の期待値の積 (に適当な符号を付けた項) の和の形に還元できる. (これについては，第 9 巻の 3.2.4 項のブロッホ–ドドミニシスの定理の解説を参照されたい.) そして，U の効果は変換行列 $e^{\tau H_0}e^{-\tau H}$ を通してのみ現れるので，これを U について展開すれば，自然に $G(\boldsymbol{r},\boldsymbol{r}';\tau)$ の形式的な摂動展開が得られる.

実際，$G(\boldsymbol{r},\boldsymbol{r}';i\omega_p)$ は

$$G(\boldsymbol{r},\boldsymbol{r}';i\omega_p) = -\int_0^\beta d\tau\, e^{i\omega_p\tau} \times \left\langle T_\tau \left[\exp\left(-\int_0^\beta d\tau'\, U(\tau')\right)\psi_\sigma(\boldsymbol{r},\tau)\psi_\sigma^+(\boldsymbol{r}')\right]\right\rangle_{0c} \quad (2.453)$$

のように書き下せる. ここで，期待値記号の添字 “0” は H_0 での τ 依存性や熱平均を取ることを意味し，一方，“c” は連結クラスター定理の適用 (ブロッホ–ドドミニシスの定理に従う項の還元で，$G(\boldsymbol{r},\boldsymbol{r}';\tau)$ の元々の定義の中の電子場，$\psi_\sigma(\boldsymbol{r},\tau)$ か $\psi_\sigma^+(\boldsymbol{r}')$，の少なくとも一方に連結するような項だけを残すこと) を意味する. ちなみに，これらの記号は式 (2.416) や式 (2.417) においてもすでに用いていたものである.

そこで，式 (2.453) に従って指数関数を展開して，G を具体的に U について摂動展開してみよう. すると，ゼロ次の項 G_0 は $\widetilde{G}^{(0)}$ そのものであり，また，1 次の項 G_1 は

$$G_1 = G_0\, \Sigma_{\rm H}[G_0]\, G_0 + G_0\, \Sigma_{\rm F}[G_0]\, G_0 \quad (2.454)$$

であることが容易に分かる. ここで，$\Sigma_{\rm H}[G_0]$ や $\Sigma_{\rm F}[G_0]$ は式 (2.407) や式 (2.408) で定義されたハートリー項 $\Sigma_{\rm H}$ やフォック項 $\Sigma_{\rm F}$ において，G の代わりに G_0 を用いて計算される量であり，ファインマン・ダイアグラムでは図 2.20 の (1) で表現されるものである.

次に，2 次の項 G_2 は図 2.20 の (2) で模式的に表現されている $\Sigma_{2a}[G_0]$ や $\Sigma_{2b}[G_0]$ を用いれば，

$$G_2 = G_0\, \Sigma_{2a}[G_0]\, G_0 + G_0\, \Sigma_{2b}[G_0]\, G_0$$

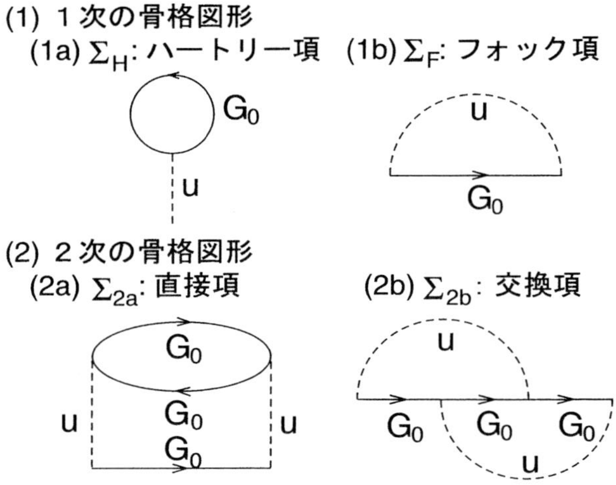

図 **2.20**　自己エネルギーの骨格図形．(1) は 1 次，(2) は 2 次のもの．

$$
\begin{aligned}
&+ G_0\,\Sigma_{\rm H}[G_0\,\Sigma_{\rm H}[G_0]\,G_0]\,G_0 + G_0\,\Sigma_{\rm H}[G_0\,\Sigma_{\rm F}[G_0]\,G_0]\,G_0 \\
&+ G_0\,\Sigma_{\rm F}[G_0\,\Sigma_{\rm H}[G_0]\,G_0]\,G_0 + G_0\,\Sigma_{\rm F}[G_0\,\Sigma_{\rm F}[G_0]\,G_0]\,G_0 \\
&+ G_0\,\Sigma_{\rm H}[G_0]\,G_0\,\Sigma_{\rm H}[G_0]\,G_0 + G_0\,\Sigma_{\rm H}[G_0]\,G_0\,\Sigma_{\rm F}[G_0]\,G_0 \\
&+ G_0\,\Sigma_{\rm F}[G_0]\,G_0\,\Sigma_{\rm H}[G_0]\,G_0 + G_0\,\Sigma_{\rm F}[G_0]\,G_0\,\Sigma_{\rm F}[G_0]\,G_0
\end{aligned}
\tag{2.455}
$$

で与えられるが，式 (2.454) を参考にし，$\Sigma_1[G_0] \equiv \Sigma_{\rm H}[G_0] + \Sigma_{\rm F}[G_0]$ と書くと，式 (2.455) の第 3 項以降の部分は

$$
G_0\,\Sigma_1[G^{(1)}]\,G_0 + G_0\,\Sigma_1[G_0]\,G^{(1)} \tag{2.456}
$$

と書き換えられることが分かるので，2 次で現れる本質的に新しい項は最初の 2 項だけということになる．そこで，この 2 つを表すダイアグラムを 2 次の骨格図形と呼び，その和を $\Sigma_2[G_0]$ と書こう．ちなみに，1 次の骨格図形は $\Sigma_{\rm H}[G_0]$ と $\Sigma_{\rm F}[G_0]$ を表すダイアグラムである．

同様の考え方をより高次の項にも適用すると，一般に，n 次で現れる本質的に新しい項 (n 次の骨格図形で表されるもの) の和を $\Sigma_n[G_0]$ と書けば，結局，G は “骨格” $\Sigma_n[G_0]$ において G_0 を G に入れ替えて “肉付け” した $\Sigma_n[G]$ を

使って，

$$G=\sum_{n=0}^{\infty}G^{(n)}=G_0+G_0\sum_{n=1}^{\infty}\Sigma_n[G]\,G \tag{2.457}$$

で与えられることになる．なお，$\Sigma_{\mathrm{H}}[G]$ や $\Sigma_{\mathrm{F}}[G]$ は Σ_{H} や Σ_{F} にほかならない．

ところで，式 (2.401) のダイソン方程式と式 (2.410) における自己エネルギー Σ の定義を組み合わせると，

$$G=G_0+G_0\left(\Sigma_{\mathrm{H}}+\Sigma\right)G \tag{2.458}$$

ということになるが，この式 (2.458) と式 (2.457) を比較すると，自己エネルギー Σ を具体的に摂動計算する際の公式

$$\Sigma=\Sigma_{\mathrm{F}}[G]+\sum_{n=2}^{\infty}\Sigma_n[G] \tag{2.459}$$

が得られる．この式から，自己エネルギーは (ハートリー項を除く) 肉付けされた骨格図形の全体から構成されていることが分かる．そして，ラッティンジャー–ワード理論では，この**「骨格図形」**という概念が中心的役割を担い，数多ある摂動展開項の中で自己エネルギーの計算に際して考慮すべき必要十分な項の形と数を規定している．しかしながら，2 次を越えると，この骨格図形の数も急激に増えてくるので，それらを具体的に与えることは高次になればなるほど困難になる．

2.6.3 ラッティンジャー–ワードのエネルギー汎関数

さて，この困難は骨格図形を作り出す“母汎関数”ともいうべきラッティンジャー–ワードのエネルギー汎関数 $\Phi[G_0]$ を導入することによって緩和される．この $\Phi[G_0]$ も摂動次数によって分類され，その n 次の項 $\Phi_n[G_0]$ は汎関数微分

$$\frac{\delta\Phi_n[G_0]}{\delta G_0}\equiv\Sigma_n[G_0] \tag{2.460}$$

で定義される．あるいは，まったく同等のことだが，

$$\Phi[G_0]=\sum_{n=1}^{\infty}\Phi_n[G_0]=\sum_{n=1}^{\infty}\frac{1}{2n}\mathrm{Tr}\left(G_0\Sigma_n[G_0]\right) \tag{2.461}$$

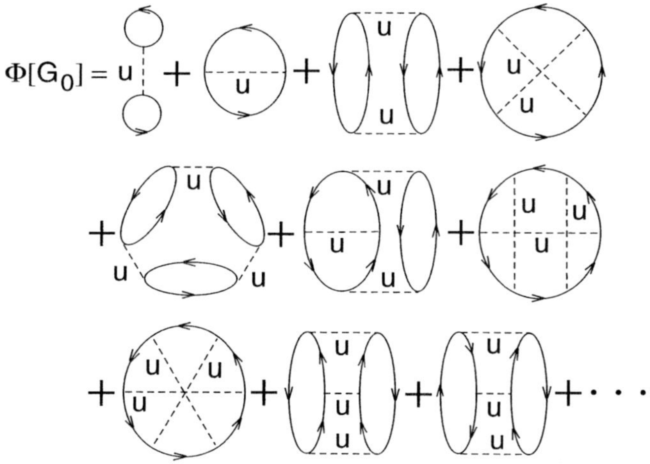

図 **2.21**　ラッティンジャー–ワードのエネルギー汎関数 $\Phi[G_0]$

で与えられる．この $\Phi[G_0]$ をファインマン・ダイアグラムを用いて模式的に表現したものは図 2.21 に示されている．その図では $\Phi[G_0]$ の 3 次まで項がすべて書き下されている．

なお，$\Phi[G_0]$ を G_0 で汎関数微分するというのは，$\Phi[G_0]$ の各項を表すダイアグラムで G_0 線を 1 本取り去ることなので，たとえば，第 1 項を汎関数微分するとハートレー項 $\Sigma_{\mathrm{H}}[G_0]$，第 2 項はフォック項 $\Sigma_{\mathrm{F}}[G_0]$，以下，$\Sigma_{2a}[G_0]$，$\Sigma_{2b}[G_0]$ などが順に導き出せることが容易に分かろう．(ちなみに，n 次の項には $2n$ 本の G_0 線があるので，式 (2.461) 右辺の各項に付いている係数 $1/2n$ は汎関数微分の際に相殺されることになる.) いずれにしても，3 次以上の高次では，$\Phi_n[G_0]$ のように "積分形" で項の形を与える方が "微分形" である $\Sigma_n[G_0]$ の場合よりも考えるべき項の数はずっと少なくてすむというところがポイントである．

このようにして導入された $\Phi[G_0]$ において，G_0 を G に置き換えて肉付けした $\Phi[G]$ を用いれば，自己エネルギー Σ は

$$\Sigma_{\mathrm{H}} + \Sigma = \sum_{n=1}^{\infty} \Sigma_n[G] = \sum_{n=1}^{\infty} \frac{\delta \Phi_n[G]}{\delta G} = \frac{\delta \Phi[G]}{\delta G} \qquad (2.462)$$

で与えられることになる．

ところで，この $\Phi[G]$ を導入した意義はこれだけには止まらない．実際，この $\Phi[G]$ が直接的に熱力学ポテンシャル Ω ($\equiv -T\ln[\mathrm{Tr}\, e^{-\beta H}]$) を与えるということがラッティンジャー–ワード理論の核心であるといえる．具体的にいえば，Ω は

$$\Omega = -\mathrm{Tr}\left\{e^{i\omega_p 0^+}\ln\Bigl(-G^{-1}\Bigr) + G\Bigl(\Sigma_{\mathrm{H}} + \Sigma\Bigr)\right\} + \Phi[G] \tag{2.463}$$

で与えられることが証明できる (第 9 巻の 3.3.8 項を参照)．

なお，式 (2.458) によれば，$\Sigma_{\mathrm{H}} + \Sigma = G_0^{-1} - G^{-1}$ であるから，自己エネルギーも G の汎関数とみなせる．したがって，式 (2.463) の右辺は全体としても G の汎関数となる．そこで，この汎関数 $\Omega[G]$ を G に関して汎関数微分すると，

$$\frac{\delta\Omega[G]}{\delta G} = -G\frac{\delta}{\delta G}\Bigl(G^{-1} + \Sigma_{\mathrm{H}} + \Sigma\Bigr) - \Sigma_{\mathrm{H}} - \Sigma + \frac{\delta\Phi}{\delta G} \tag{2.464}$$

となるが，式 (2.458) や式 (2.462) を代入すると，$\delta\Omega[G]/\delta G = 0$ となることが分かる．すなわち，正確な G は $\Omega[G]$ の停留点を与えることになる．

もちろん，このラッティンジャー–ワード理論は無摂動系から出発した摂動級数が収束することを仮定している (あるいは，U の関数として収束半径内の領域で考えている) ことはいうまでもない．これはフェルミ流体系の正常状態を取り扱っているといってもよい．実際，この理論を発展させて，ノジェールとラッティンジャーはランダウのフェルミ流体理論の微視的な基礎付けを行った[163)]．

2.6.4　ベイム–カダノフの保存近似

さて，摂動論に則った前項の議論から，自己エネルギーは式 (2.462) に従って計算すればよいことになる．しかしながら，$\Phi[G]$ は無限個の骨格図形で定義されるので，力任せに低次の項から順番に計算していくというやり方では (有限の時間内には) すべての項を取り入れることは決してできないことになる．この意味でラッティンジャー–ワード理論は厳密に正確な自己エネルギーを具体的に得るための処方箋を与えるものではないと考えられる．

そこで，この状況の打開策が求められるわけだが，その方策は 2 通り考えられる．1 つはこの段階で近似理論に進むものであり，もう 1 つは $\Phi[G]$ を正確に

作り上げるアルゴリズムを考案することによって厳密理論をもう一段階，発展させよう (そして，もし近似が必要としても，その段階でしよう) というものである．後者の考え方に沿ったものとして「自己エネルギー改訂演算子理論」があるが，2.8 節で紹介するので，本節ではこれ以上触れない．一方，これから紹介するベイム–カダノフ理論は前者の考え方に沿うものなので，その観点から前者の立場をもう少し説明しよう．

基本的に，もし $\Phi[G]$ を与える汎関数級数が絶対収束するならば，たとえ有限個数の骨格図形を計算しただけであっても十分に多数の項さえ考慮してあれば，実質上は厳密な $\Phi[G]$ が得られることになる．しかし，経験によれば，物理的に興味がある多体系において，この汎関数級数 $\Phi[G]$ は絶対収束ではなく，条件収束する．しかも，級数を構成する各摂動項の中には発散するものが無限個あって，それら発散項を足し合わせて初めて収束した答えが得られるという例が決して珍しくはないという事実を知っている[164)]．逆にいえば，絶対収束する系では多体効果に特徴的な物理は含まれておらず，たとえば，$\Phi[G] = \Sigma_{\mathrm{H}}[G] + \Sigma_{\mathrm{F}}[G]$ と 1 次近似 (ハートリー–フォック近似) することが正当化されるときのように，事実上は 1 体問題に帰着されてしまうような場合であるとも考えられる．

したがって，多体問題としておもしろい物理を十分に精度よく記述できるためには，何らかの方法で実際に無限個の項を $\Phi[G]$ の中に取り込まねばならないし，少なくとも各々が発散するような項のすべての和 (**部分和**) は物理的にも数学的にも妥当な方法で取らねばならないことになる．そして，この「取らねばならない」を「取りさえすればよかろう」と期待するのが $\Phi[G]$ の段階で近似を導入する (すなわち，厳密に正確な $\Phi[G]$ ではなく，近似的な $\Phi[G]$ で代用しようとする) 際の行動哲学である．

なお，このような近似が正当かどうかは，それほど自明ではない．確かに，発散しているような各項はそれ以外の項に比べれば圧倒的な大きさであるが，それらを全部足し合わせて出てくる和の収束値が無視した項と比べてもやはり圧倒的な大きさかどうかは，無視したすべての項を評価した後でないと (実際上，これはできることではないが) 分からないというのが本当のところであろう．

ところで，すべての項を正確に取り入れるのではなく，何らかの近似で部分和だけを取るという立場に立つと，そもそも，もともと欲しいのは $\Phi[G]$ そのも

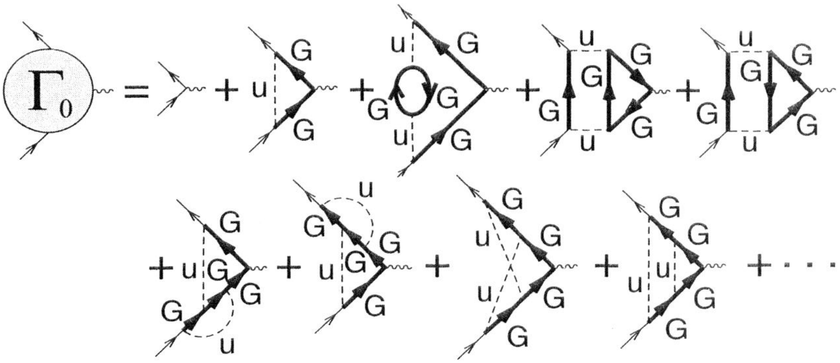

図 2.22 3 点バーテックス関数 Γ_0 の摂動展開．裸の相互作用 U の 2 次までの項がすべて記されている．

のではなく，1 電子グリーン関数 G や密度相関関数 $Q_{\rho\rho}$ などであるので，$\Phi[G]$ を一切考えずに，たとえば，式 (2.459) で表される級数の中で適当な項だけを拾って自己エネルギー Σ を計算すればよかろうという考え方もあり得る．同様に，3 点バーテックス関数についても，式 (2.417) から出発して Λ_0 に対して形式的に摂動展開を行い，それから Γ_0 の摂動展開項を書き下すことができる (実際，図 2.22 には裸の相互作用 U の 2 次までの項がすべて記されている) ので，その級数の中から適当な項を拾ってやれば具体的に Γ_0 が計算できる．これから分極関数，そして，それを使って $Q_{\rho\rho}$ が得られることになる．

しかしながら，このように Σ と Λ_0(あるいは，Γ_0) についてお互いに無関係に近似を導入したのでは，一般的にいってワード恒等式 (2.426) は満たされず，それゆえ，局所的な電子数保存則は満たされないような (非物理的な) 結果が得られることになる．これを避けるためには，Σ と Γ_0 を整合的に近似するスキームが是非とも必要になるが，この要望に見事に応えているのが **「ベイム–カダノフ (Baym–Kadanoff) の保存近似理論」**[118] である．

この理論が教える保存近似スキームとは次の手続きを遂行することである．

① まず，ラッティンジャー–ワードのエネルギー汎関数 $\Phi[G]$ を構成する図形のうちで自分の好きな任意の項 (有限個でもよいし，あるいは，ある部分和に対応するような無限個を拾っても良いが，いずれにしても物理的

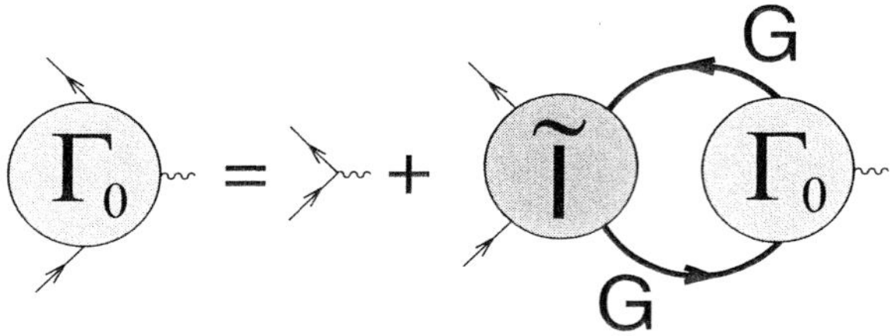

図 2.23　3点バーテックス関数 Γ_0 を決めるベーテ–サルペーター方程式

に妥当で基本的にそれらの和が計算可能なもの) を取って $\Phi[G]$ の近似汎関数形を決める.

② 次に，そのように与えられた $\Phi[G]$ を G で汎関数微分し，式 (2.462) に従って自己エネルギーの汎関数形 $\Sigma[G]$ を決める．そして，その $\Sigma[G]$ と式 (2.458) のダイソン方程式とを連立させて，それらの方程式を自己無撞着に解くことから G を決定する.

③ 最後に，自己エネルギー汎関数 $\Sigma[G]$ をもう一度 G で汎関数微分して電子–正孔有効相互作用 $\widetilde{I}[G]$ の汎関数形を決める．すなわち，$\widetilde{I}[G]$ を

$$\widetilde{I}[G] = \frac{\delta\Sigma[G]}{\delta G} = \frac{\delta^2\Big(\Phi[G] - \Phi_{\mathrm{H}}[G]\Big)}{\delta G\delta G} \tag{2.465}$$

で具体的に与える. (なお，$\Phi[G] - \Phi_{\mathrm{H}}[G]$ というのは $\Phi[G]$ のうちからハートリー項に対応する部分 $\Phi_{\mathrm{H}}[G]$ を差し引いたものである.) そして，図 2.23 で模式的に示されているように，この $\widetilde{I}[G]$ を積分核とするベーテ–サルペーター (Bethe–Salpeter) 方程式を (すでに決定されている G をそのまま使って) 解くことによって3点バーテックス関数 Γ_0 を決定する. (ちなみに，$\Phi[G] - \Phi_{\mathrm{H}}[G]$ ではなく，$\Phi[G]$ の2階汎関数微分を積分核に使ったベーテ–サルペーター方程式は Λ_0 を決定する.) この Γ_0 を式 (2.448) に代入すれば，分極関数が，そして，最終的に式 (2.449) を使えば $Q_{\rho\rho}$ が得られる.

なお，参考までに図 2.24 には $\Phi[G]-\Phi_{\mathrm{H}}[G]$ として，ラッティンジャー–ワードの元々の定義で2次まで正しく与えた場合 (すなわち，図 2.21 の右辺第2〜4項を取った場合) の $\widetilde{I}[G]$ が示されている．この $\widetilde{I}[G]$ を図 2.23

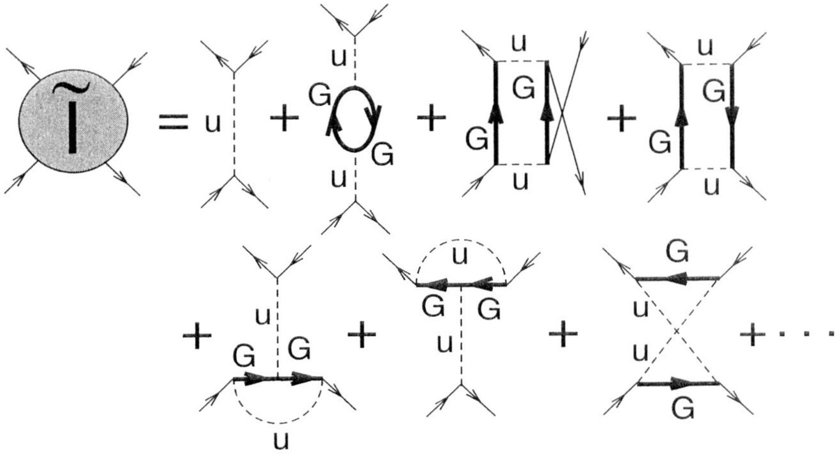

図 2.24 電子–正孔有効相互作用 $\tilde{I}[G]$. その 2 次までの摂動項はすべて明示した.

に代入すると，得られる Γ_0 はその 2 次まで考えれば，図 2.22 の結果を再現することは容易に見て取れよう.

このように母汎関数 $\Phi[G]$ を基準にして近似を導入すれば，いかなる近似形を $\Phi[G]$ に選ぼうとも，エネルギー保存則や運動量保存則などの各種保存則が自動的に満たされる形で各種相関関数 (たとえば，$Q_{\rho\rho}$) が得られることが示されたが，これがベイム–カダノフ理論の神髄である．そして，その証明に際して，唯一必要かつ重要であったことは

$$\frac{\delta\Sigma(\boldsymbol{r}_1\tau_1;\boldsymbol{r}_2\tau_2;[G])}{\delta G(\boldsymbol{r}'_1\tau'_1;\boldsymbol{r}'_2\tau'_2)} = \frac{\delta^2\Big(\Phi[G]-\Phi_{\mathrm{H}}[G]\Big)}{\delta G(\boldsymbol{r}_1\tau_1;\boldsymbol{r}_2\tau_2)\delta G(\boldsymbol{r}'_1\tau'_1;\boldsymbol{r}'_2\tau'_2)}$$
$$= \frac{\delta\Sigma(\boldsymbol{r}'_1\tau'_1;\boldsymbol{r}'_2\tau'_2;[G])}{\delta G(\boldsymbol{r}_1\tau_1;\boldsymbol{r}_2\tau_2)} \tag{2.466}$$

という関係式 (“渦なし場” とたとえられるような条件) である．そして，このベイム–カダノフのスキームに従う近似手法は「**保存近似法**」と呼ばれる.

もちろん，い̇か̇な̇る̇ $\Phi[G]$ も自̇由̇に̇選̇べ̇る̇とはいえ，物理的に妥当なものでない限り，各種保存則を満たしているというだけで十分に精度のある答えが得られるわけではない．実際，ハートリー–フォック近似はこの意味で常に保存近似ではあるが，それは 1 体近似が妥当な系でのみ有効なものである.

2.6.5 局所最小条件

ところで，$\Phi[G]$ を近似的に与える場合，熱力学ポテンシャル Ω も式 (2.463) を使って近似的に計算し，それを評価することができる．そして，式 (2.460) によって自己エネルギーと G との関係をつけているので，この近似熱力学ポテンシャルも G の汎関数と見なせる．そこで，この $\Omega[G]$ の汎関数としての性格を少し見ておこう．

まず，$\Omega[G]$ を G で汎関数微分をすると，$\Phi[G]$ の違いがあるとはいえ，式 (2.464) とちょうど同じ結果が得られる．この式の右辺に式 (2.462) を用いると，やはり，$\delta\Omega[G]/\delta G=0$ が得られるので，この近似スキームにおいても，決定される G は近似熱力学ポテンシャル $\Omega[G]$ の停留点であることが分かる．

この停留点 G が (少なくとも $G\to G+\delta G$ という "局所変化" に対しては) 最小点を与えるかどうかを見るためには，G についての汎関数微分をもう一度取って，その符号を調べればよい．その汎関数微分の際に，$\Sigma_{\rm H}+\Sigma=G_0^{-1}-G^{-1}$ に注意すると，

$$\frac{\delta^2\Omega[G]}{\delta G\delta G}=\frac{\delta(G^{-1})}{\delta G}+\frac{\delta^2\Phi}{\delta G\delta G} \tag{2.467}$$

が得られるが，$GG^{-1}=1$ から導かれる $G\,(\delta(G^{-1})/\delta G)\,G=-1$ という関係式，および，Λ_0 に対するベーテ–サルペーター方程式 $\Lambda_0=1+G\,(\delta^2\Phi[G]/\delta G\delta G)\,G\,\Lambda_0$ を書き直した $\Lambda_0^{-1}=1-G\,(\delta^2\Phi[G]/\delta G\delta G)\,G$ の関係式を使うと，

$$G\,\frac{\delta^2\Omega[G]}{\delta G\delta G}\,G=-\Lambda_0^{-1} \tag{2.468}$$

が得られる．あるいは，この式の両側から G^{-1} を作用させて，式 (2.442) を考慮して密度相関関数 $Q_{\rho\rho}$ を用いて書き換えると，

$$\mathrm{Tr}\Big\{\delta G\,\frac{\delta^2\Omega[G]}{\delta G\delta G}\,\delta G\Big\}=-\mathrm{Tr}\Big\{\delta G\,Q_{\rho\rho}^{-1}\,\delta G\Big\} \tag{2.469}$$

が得られる．この結果から，任意の変分 δG に対して系が安定であるためには，

$Q_{\rho\rho}$ は常にゼロ以下 (つまり，$Q_{\rho\rho}$ を行列と考えれば，そのすべての固有値がゼロ以下) でないといけないことが分かる．物理的には，(少なくとも，考えている近似の範囲では) 電荷ゆらぎに対する系の安定性を要求していることになる．

2.6.6　ゆらぎ交換 (FLEX) 近似

このベイム–カダノフの保存近似スキームをハートリー–フォック近似の段階を越えて実行し，何らかの有用な結果を得るには，電子計算機環境の格段の進歩が必要であった．実際，ハバード模型のように，第一原理のハミルトニアンと比べればかなり簡単化されて，デルタ関数型の短距離極限の電子間斥力が働く (このとき，スピン平行の電子間にはパウリ原理から相互作用は働かず，スピン反平行の電子間にのみ，斥力効果を考えればよい) ような場合ですら，計算が実行されたのはベイム–カダノフの提案がなされて以来，4 半世紀以上を経てからのことであった[119]．

図 2.25 には，その計算の $\Phi[G]$ に含まれている項がダイアグラムの形で記さ

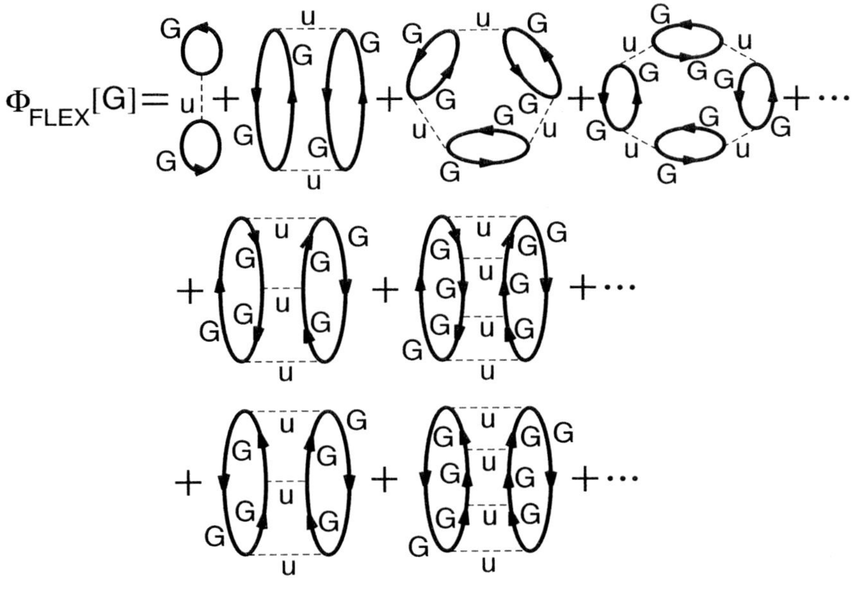

図 **2.25**　ゆらぎ交換 (FLEX) 近似における $\Phi_{\mathrm{FLEX}}[G]$

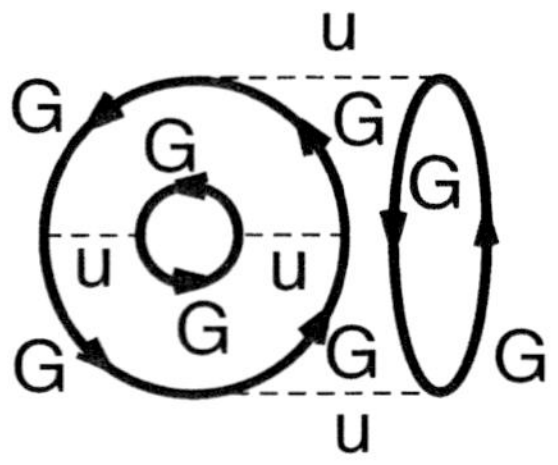

図 **2.26** ゆらぎ交換近似には含まれない項の一例

れている．これはハートリー項の寄与の他に，① 電荷ゆらぎとスピンの縦ゆらぎを考慮する第1行の部分和，② スピンの横ゆらぎを考慮する第2行の部分和，そして，③ クーパー対の超伝導ゆらぎを考慮する第3行の部分和から成り立っている．このように，通常考えられている代表的なゆらぎをすべて取り込んでいるので,「**ゆらぎ交換** (FLEX: Fluctuation Exchange) **近似**」と呼ばれている．なお，ハバード模型ではスピンが反平行の電子間にしか斥力が働かないので，図 2.25 の右辺第3項の寄与はゼロになる．また，(図 2.21 を参照すれば分かるように，) この FLEX 近似でも裸の相互作用 U について3次までは正確な $\Phi[G]$ とまったく同じである．しかし，4次，および，それよりも高次では，たとえば，図 2.26 に示したような項を始めとして，いろいろなゆらぎが干渉する効果などは一切含まれておらず，この意味で複数のゆらぎを同時に考慮する物理的意味は限定的であり，この近似の意義がどれほどあるのか，明確ではない．

1980 年代末のビッカーズ (Bickers) 達の計算以降ここ十数年間，この FLEX 近似を用いた計算が (大抵の場合，ハバード模型とその簡単な拡張模型を対象として) 世界中で広範囲に行われ，磁性や超伝導の発現機構を議論する研究が枚挙に暇がないほどに盛んに行われている[165)]．そして,「保存近似」ということを盛んに強調した多数の論文が書かれている．

しかしながら，FLEX 近似が実際にどれほどの意義があるかは注意深く考え直してみる必要がある．まず，上の説明から明らかなように，FLEX 近似 (遡ってベイム–カダノフの保存近似スキームそのもの) は1電子グリーン関数 G と自己エネルギー Σ の間にダイソン方程式を通しての自己無撞着性を課していて，その結果，全電子数などの“巨視的な”物理量の保存則を自動的に満たすようになってはいるが，ワード恒等式のような“局所的な”電子数保存則を満たすわけではない．したがって，G や Σ の結果それ自体が，たとえ巨視的物理量の保存というようなたいへん緩い制限条件を満たすとしても，「保存近似」でない計算法で得られた G や Σ と比べて格段に優れているという保証はないし，実際に得られた結果もそのようである．

一方，相関関数 (や輸送係数) については，もともと，ベイム–カダノフのスキームはこれらの実験で直接測定できる物理量を正しく評価することを目指したもので，その評価過程で便宜的に求められる G や Σ とは一線を画している．そして，(もしもベイム–カダノフ近似のスキームを愚直に実行したものであれば) 得られた結果は「保存近似」であり，そうでない計算結果と比べて物理的にずっと真っ当なものとなるはずである．しかし，FLEX 近似を 3 次元ハバード模型に適用してスピン反平行の対相関関数を実際に計算した場合，そのオンサイトの値は (これは 2 重占有確率 $\langle \rho_{i\uparrow}\rho_{i\downarrow} \rangle$ に一致するが)，オンサイト・クーロン斥力ポテンシャル U があまり大きくなくても (もっと正確にいえば，U がバンド幅の約 1/4 よりも大きくなると) 負になるという物理的に不都合な結果が得られている[166)]ので，FLEX 近似はあまり推奨できる近似とはいえないとみられる．

2.7 ヘディン理論

2.7.1 有効電子間相互作用による展開

前節では，裸の電子間相互作用 U を展開パラメータとした摂動という立場での摂動展開理論を紹介した．確かに，ラッティンジャー–ワード理論のように，すべての項を正確に取り込むという立場では (結局，どのように考え直しても最終的には同じことになるので)「U での展開」ということでよいが，近似計算で (いくつかの) 部分和を取るという立場では，物理的に最もふさわしい展開パラメータというものは U であるとは限らない．実際，$\Phi[G]$ の構成で部分和を取るという数学的操作は無限級数の中での項の並べ替えを意味し，その並べ替えというのは物理的には電子間に実効的に働く相互作用は U ではなく，ある有

効相互作用 $\widetilde{U}$ であると考えてのものと解釈できる．そして，この $\widetilde{U}$ での展開は，それが物理的に妥当なものであれば，数学的には U でのそれよりもずっと速く収束するに違いないと信じられている．

この節で紹介しようとする「ヘディン (Hedin) 理論」[120] では，U が長距離クーロン斥力である場合を想定して，U での展開ではなく，遮蔽されたクーロン斥力，すなわち，2.5.8 項の式 (2.443)，あるいは，2.5.9 項の式 (2.450) で与えられた W を $\widetilde{U}$ と考えて，それによる摂動展開をしようというものである．

大まかにいえば，無次元化された電子密度パラメータ r_s (これは第 9 巻の式 (I.4.8) で定義されたものであるが，物理的な直感からいえば，ボーア半径を単位とした伝導電子間の平均距離を表すものと考えて良い) を摂動パラメータとして用いるような U での展開ではなく，$r_s/(1+r_s)$ という形で近似的に表しうる展開パラメータの W での展開に変換することになる．前者の場合には，代表的な金属密度領域 $(1.9 < r_s < 5.6)$ では収束がたいへん遅い (もっと正確にいえば，部分和を取らない限り収束しない) が，後者では $0.66 < r_s/(1+r_s) < 0.85$ なので，収束性が大幅に改善される (たとえ有限個の摂動項しか計算しないとしても，物理的に意味のある答えが得られるかもしれない) と期待できるわけである．

2.7.2 ヘディンの方程式群

さて，そこで，U から W への摂動展開パラメータの変換をどのように定式化するかということが問題になる．この課題に対して，ヘディンはラッティンジャー–ワードのエネルギー汎関数 $\Phi[G]$ を基礎にするというような摂動展開的思考をいったんは捨てて，次のような 2 つの段階からなる戦略を考えた．

まず，その第 1 段階では，2.5 節で導いたように (もっとも，そこでの導出法の詳細はヘディンのオリジナルのもの[167] とは少々異なるが)，1 電子グリーン関数 G の定義から始めて非摂動論的手法で直接的に G や自己エネルギー Σ，分極関数 Π，有効電子間相互作用 W，そして，3 点バーテックス関数 Γ_0 の間に厳密に成り立つ一連の関数関係が確立された．図 2.27 には，これらの関数関係をダイアグラムで模式的に表現したものが一括して示されている．このう

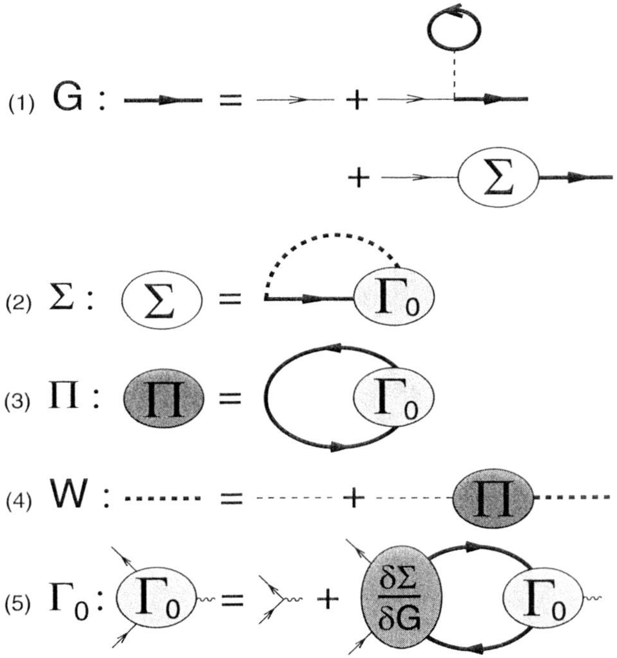

図 2.27 ヘディンの方程式群をダイアグラムによって模式的に表したもの．この 5 つの方程式は 5 つの物理量，1 電子グリーン関数 G，電子自己エネルギー Σ，分極関数 Π，電子間有効相互作用 W，そして，スカラー 3 点バーテックス関数 Γ_0 の間で成り立つ閉じた自己無撞着な関係を与えるものである．

ち，式 (1) は式 (2.414)，あるいは，式 (2.458) のダイソン方程式を表しており，式 (2) は式 (2.447)，式 (3) は式 (2.448) に対応している．そして，式 (4) は ($W(\boldsymbol{r}, \boldsymbol{r}'; i\omega_q)$ は $\boldsymbol{r}$ と $\boldsymbol{r}'$ の入れ替えや $i\omega_q \leftrightarrow -i\omega_q$ に対して対称であることに注意すれば)，ちょうど，式 (2.450) であることが分かる．また，式 (5) は 2.5 節でははっきりとは導かれなかったが，図 2.23 において $\widetilde{I}$ に式 (2.465) を代入したものである．

この 5 つの方程式は 1 電子グリーン関数 G，電子自己エネルギー Σ，分極関数 Π，電子間有効相互作用 W，そして，スカラー 3 点バーテックス関数 Γ_0 の 5 つの物理量のそれぞれが厳密に正確な量であるときに，お互いに自己無撞着に満たすべき一群の関係式を与えている．しかも，この5つの量の間で閉じた関係になっており，その他の物理量が介在しないことが本質的に重要なことである．もっとも，式(5)の積分方程式右辺に現れる積分核は汎関数微分 $\delta\Sigma/\delta G$ で定義されているので，形式的には Σ と G が分かっていれば計算が可能な量であるが，この段階では実際の計算が(特に，数値計算が)容易に実行できるようなスキームではない．

少し問題の本筋からは離れるが，このヘディン理論を1.7節で紹介した時間依存密度汎関数理論と比較しておこう．原理上，どちらの理論体系を取ろうとも，密度相関関数 $Q_{\rho\rho}$ は厳密に計算されることになる．実際，ヘディン理論では正しく計算された分極関数 Π を式(2.449)に代入して，$Q_{\rho\rho}=-\Pi-\Pi\, u\, Q_{\rho\rho}$ を解くことから求められる．この際，Π を正しく計算する上で鍵になる量は $\widetilde{I}=\delta\Sigma/\delta G$ であり，それを積分核とした積分方程式を解いてスカラー3点バーテックス関数 Γ_0 を決定し，それから Π を得ることになる．一方，時間依存密度汎関数理論では，相互作用のない系での分極関数 $\Pi_0(=-Q_{\rho\rho}^{(s)})$ を式(1.363)に代入して，$Q_{\rho\rho}=-\Pi_0-\Pi_0(u+f_{\mathrm{xc}})Q_{\rho\rho}$ を解くことから求められる．そして，この際に鍵になる量は $f_{\mathrm{xc}}=\delta V_{\mathrm{xc}}/\delta n$ である．ここで，Σ も V_{xc} も物理的には電子に働く有効1電子ポテンシャルであるということを思い出せば，これら2つの理論の類似性がよく分かるであろう．ただ，数学的に根本的な違いといえば，Σ の G による汎関数微分はよく定義されているが，V_{xc} の電子密度 n による汎関数微分は注意を要する．もう少し一般的にいえば，G の汎関数微分は常によく定義されたものだが，n の汎関数微分は1.3.6項で述べたバンドギャップの問題をはじめとして，微妙な問題をはらんだ注意すべきものである．

2.7.3　汎関数の逐次展開

上で説明した第1段階に続いて，その一連の方程式から具体的に Σ を得るためのスキームを与えることが第2段階の問題となる．この段階で鍵になるアイデアは5つの物理量をすべて同等とは見なさないで，G と W の2つは主たる"変数"と考えて，残る Σ，Π，Γ_0 はこれらの汎関数(従属変数)と見なすことである．

このアイデアの背景は次のように解説できる．元々，素朴に摂動展開した場合，すべての項は G_0 と U を用いて計算されることになるが，たとえば，G_0 についていえば，前節や前々節で述べたように，G_0 よりはむしろ，ダイソン方程式で結びつけられる G を主役にして，あらゆる物理量は(そのダイソン方程式に現れる自己エネルギーも含めて) G の汎関数と見なすことができる．その理由は多電子系の中では G_0 で表されるような"裸"の電子がこの世界に存在するのではなく(すなわち，裸の電子は仮想的なものであり)，G で表現される"衣"を着た電子が実在するものであると認識されるからである．この観点は G のエネルギー汎関数を考えるラッティンジャー–ワード理論でも採用されていたが，その理論では相互作用については裸の U を使っていた．しかしながら，電子自体が"裸"ではないので，電子間の相互作用についても同様に"裸"の U が働いているはずがない．むしろ，図 2.27 の式 (4) で U と結びつけられる有効電子間相互作用 W が実在の電子間に働く相互作用の実態と考え，それを G と並んで主役として理論を展開しようということである．

そこで，3 つの汎関数 $\Sigma[G,W]$，$\Pi[G,W]$，$\Gamma_0[G,W]$ を決定することが具体的な課題になるが，基本的には，それらを与える方程式は図 2.27 の式 (2), (3), (5) のはずである．しかしながら，このままでは具体的な汎関数形を導出することができないので，とりあえず，W は良い展開パラメータになりうると仮定して，それぞれの汎関数形の W についての展開形を求めようという戦略が考えられる．この立場がヘディン理論の第 2 段階の要となるものである．

さて，その展開形は逐次近似法を用いれば，(あえて，収束性などは問題としなければ) 形式上は組織的に得られることになる．まず，$\Gamma_0[G,W]$ に対して，図 2.27 の式 (5) の右辺第 1 項のみを考慮すると，第 0 次近似として，$\Gamma_0^{(0)}[G]=1$ が得られる．これを図 2.27 の式 (3) に代入すれば，分極関数 $\Pi[G,W]$ の第 0 次近似として，$\Pi^{(0)}[G]=-GG$ が得られ，また，図 2.27 の式 (2) から自己エネルギー $\Sigma[G,W]$ の第 1 次近似として，$\Sigma^{(1)}[G,W]=-GW$ が得られる．これらの結果は図 2.28 において，3 点バーテックス関数の第 0 次近似の欄にダイアグラムで表現されている．

同様に，$\Gamma_0[G,W]$ の第 1 次近似を求めるには，図 2.27 の式 (5) の右辺第 2 項において，$\Gamma_0^{(0)}$，および，$\delta\Sigma^{(1)}[G,W]/\delta G$ を代入すると，図 2.28 の (1) で表されるような $\Gamma_0^{(1)}[G,W]$ が得られることになる．そして，これを使うとそ

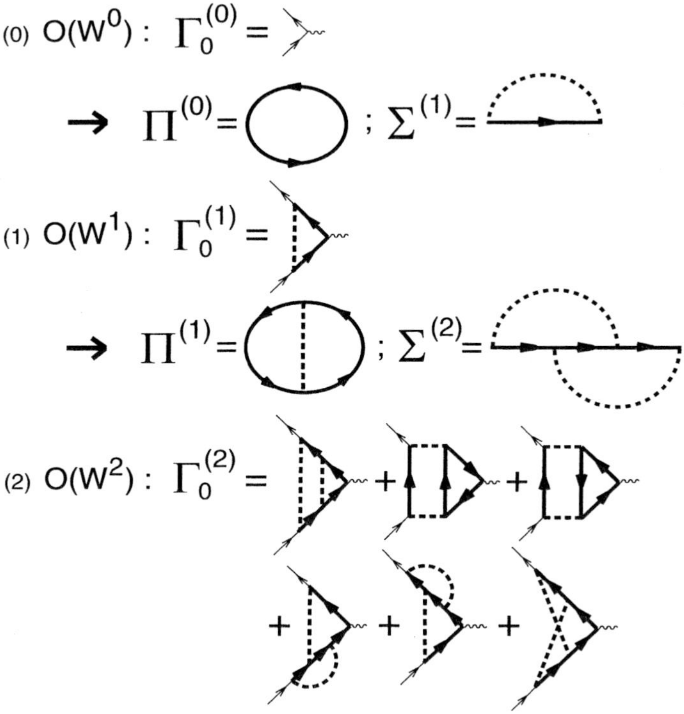

図 **2.28**　2 変数汎関数 $\Gamma_0[G,W]$，$\Pi[G,W]$，および，$\Sigma[G,W]$ の W を展開パラメータとした逐次展開．その展開の第 0 次，第 1 次，第 2 次の各項が，それぞれ，(0)，(1)，(2) に示されている．

の図に示されているような $\Pi^{(1)}[G,W]$ や $\Sigma^{(2)}[G,W]$ が求められる．以下，同じように逐次近似を進めていけばよいが，2 次以上では考えるべき項の数は急激に増加する．たとえば，図 2.28 の (2) にあるように，2 次では $\Gamma_0^{(2)}[G,W]$ は 6 項からなり，それゆえ，$\Pi^{(2)}[G,W]$ や $\Sigma^{(3)}[G,W]$ も 6 項からなる．さらに，3 次のバーテックス関数 $\Gamma_0^{(3)}[G,W]$ を表す項数は 49 個にも上る．

2.7.4　G　W　近　似

このようなやり方で自己エネルギーの汎関数展開形

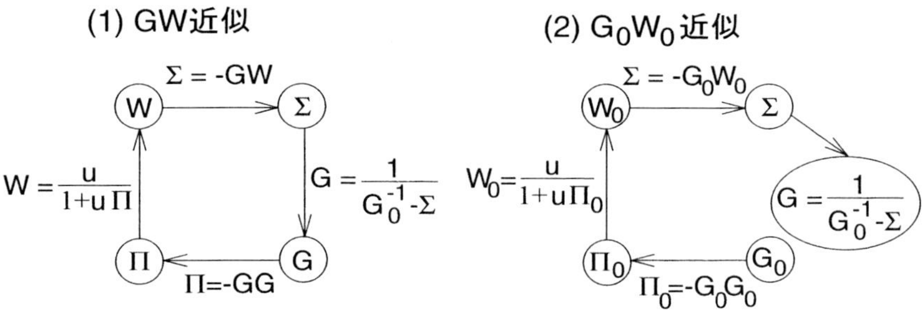

図 **2.29** (1) GW 近似における自己無撞着な計算ループを模式的に示したもの．(2) この GW 近似の自己無撞着性を放棄して，逐次近似の最初の 1 回だけを行うもので,「ワンショット GW 近似」，あるいは,「G_0W_0 近似」と呼ばれる．この G_0W_0 近似は，実質上，(不均一密度電子系における) RPA そのものである．

$$\Sigma[G,W] = \sum_{n=1}^{\infty} \Sigma^{(n)}[G,W] \tag{2.470}$$

が具体的に与えられることになるが，そもそも，この展開理論が有用であるためには，低次から始めて数項，極端にいえば，たとえ第 1 項だけを取ったとしても定性的にはもちろんのこと，定量的にも良い結果を与えることが絶対条件になる．実際，もし，この W についての展開でも無限個の和 (すなわち，"部分和") が必要になるということは，はじめに設定した W が物理的な実態に即していないか，あるいは，そもそも，有効電子間相互作用という概念が成立していないかのどちらかの場合であって，そのときにはこのような展開理論よりもむしろ元々の U の展開に戻って考えた直した方が素直なやり方といえる．

このようなことも考慮に入れて，具体的な計算を行うときには，まず，$\Sigma[G,W] = \Sigma^{(1)}[G,W] = -GW$ という近似計算からはじめるのは至極当然であろう．なお，この汎関数形が G と W の積なので，この段階での近似は「**GW 近似**」[121] と呼ばれている．そして，W 自体は $\Pi^{(0)}[G](= -GG)$ を用いて $W = u/(1 + u\,\Pi^{(0)}[G])$ で与えられることになるので，自己エネルギーは全体として G だけの汎関数ということになり，ダイソン方程式と連立すれば，具体的に Σ が決定されることになる．この近似の Σ を決定する自己無撞着な計算スキームは図 2.29 の (1) に模式的に示されている．

物理的には，図 2.28 の (0) に表されている $\Sigma^{(1)}$ のダイアグラムと図 2.20 の (1b) に示されたフォック項 Σ_{F} のそれを比べれば簡単に分かるように，GW 近似というのはハートリー–フォック近似の一般化で，裸の相互作用 U ではなく，**動的に遮蔽された有効相互作用** W **を使って**(相関効果を含む) **交換項を考えること**である．そして，これによって，たとえば，ハートリー–フォック近似を単純に金属に適用した場合の非物理的な困難点 (フェルミ準位での有効質量がゼロになることなど) が回避できるのである．とはいえ，この段階の近似では，(定量的には違いがあっても定性的には) 基本的に 1 体近似的な結果しか得られず，たとえば，フェルミ流体理論の正否や朝永ラッティンジャー流体の可能性を議論できるようなものではない．

さらにこの近似の問題点として,「保存近似」とはいえ，多くの保存則が満たされないということを挙げざるを得ない．とりわけ，バーテックス補正をまったく無視しながらも自己エネルギー補正は考慮するので，式 (2.426) (を Λ_0 についてではなく，Γ_0 について書き直した式) に示されているワード恒等式が満足されず，それゆえ，電子数の局所保存則が満たされないという根本的な欠陥を持った近似である．また，分極関数を $\Pi^{(0)}$ で近似しているが，これは静的長波長極限での圧縮率総和則 (これについては，第 9 巻の 4.4.6 項を参照されたい) をまったく満たさない．そのため，これを使って計算される密度相関関数 $Q_{\rho\rho}$ も物理的に問題のある結果しか期待できないものと考えざるを得ない．

ところで，近年，第一原理のハミルトニアンに直接的に立脚しつつ，このヘディン理論，特に，その GW 近似を応用した数値計算がたいへん盛ん[121] になってきている．ただ，実際の計算では，現在までのところ，G を自己無撞着には決めずに G_0 のままで $\Pi^{(0)}$ や $\Sigma^{(1)}$ を評価した場合 (図 2.29 の (2) を参照) がほとんどである．また，自己無撞着な計算をわざわざ実行した GW 近似の結果は,「保存近似」の結果とはいえ，かえって実験とは合わなくなる．したがって，むしろ，実験との比較でこの近似の妥当性を議論する場合には，経験的な知恵として，G_0 を決めている 1 電子ポテンシャル $v(\boldsymbol{r})$ の賢い選択がポイントになっている．

この節の最後に FLEX 近似と GW 近似についてコメントすれば，物性理論の主要な研究テーマのひとつは多電子系の物理であるが，その基底状態だけでなく励起状態も大規模数値計算に重きを置きながら研究しているコミュニティは，現在,「強相関系」というキーワードを中心に据えているものと「第一原理計算」というキーワードで括られるものに大きく分けられるようである．そして，前者ではモデルハミルトニアンに対してFLEX近似が，後者では第一原理ハミルトニアンに対してGW近似が普通の計算手段になってきている．

確かに，1990年代以前では，これらの近似手法はいわゆるトイモデルを越えて適用不可能なものであったので，最近の理論の進歩は著しいといえよう．しかしながら，前節および本節でも指摘したように，そのいずれもが「最終理論」にはほど遠く，現在の計算機リソースと相談しながらの中途半端なものというのが筆者の偽らざる感想である．そして，来るべき「最終理論」はこれら2つのコミュニティに共通の理論手段を与えるはずのものであると認識している．

2.8 自己エネルギー改訂演算子理論

2.8.1 理論の位置づけ

本章でこれまで解説してきたように，固体中の多電子系を調べる際に理論が目標とする主な物理量は1電子グリーン関数 G や密度相関関数 $Q_{\rho\rho}$ など (とりわけ，それらの波数及び振動数依存性の全貌) である．その理由は2.1節で説明したように，これらの物理量が実験的に得られる測定量と深く関連しているからである．そして，2.5節では3次元不均一密度系でこれらの物理量を温度グリーン関数法で計算する際の基本をまとめた．特に，自己エネルギー Σ や分極関数 Π などの概念が重要であって，これらが，それぞれ，G や $Q_{\rho\rho}$ の中心を担う物理量であることを述べた．また，これらを決定する一連の方程式群を書き下し，それによってお互いの密接な絡み合いの状況を明確にした．この際，3点バーテックス関数 Γ_0 という物理量がその絡み合いの核心であることも示した．

この形式的ではあるが，厳密な議論を基礎にして，現在，Σ を具体的に得る手段として代表的なものになっている2つの近似理論，すなわち,「ベイム–カダノフの保存近似」と「ヘディンのGW近似」を，それぞれ，2.6節と2.7節で紹介した．これらの理論の要点は次のようにまとめられる．まず，前者は基本的に摂動展開理論であるが，各物理量ごとに別々に近似を考えるのではなく，はじめにラッティンジャー–ワードのエネルギー汎関数 $\Phi[G]$ に対する近似形を与え，すべての物理量はそれを基準として近似計算しようというものである．一方，後者においては，G と電子間有効相互作用 $W(\equiv u/(1+u\Pi)$；ここで，u は裸の電子間相互作用) の 2 つを主役として厳密な方程式群を逐次近似的に解こうという立場のもので，その最低次の近似が GW 近似ということになる．

さて，本節では著者が提唱している (後に明らかになる理由によって **「自己エネルギー改訂演算子理論」** と名付けている) 理論手法[122, 123, 168] を解説したい．この際，この理論が上の 2 つの近似理論を超えて，かつ，それぞれの理論の延長線上の交点に位置するものであることを強調したいと思っている．特に，それぞれの近似理論の立場から見て，この理論の何が革新のためのアイデアであり，その結果，どのような進化なり，改良なりがあるのかを述べたい．また，この理論に沿って具体的に Σ や Π などを計算する際の戦略を密度汎関数理論と局所密度近似との相互関係を格好のアナロジーとして解説したい．

なお，次節では，この理論を一様密度の電子ガス系に適用して得られた計算結果を，その精度や物理的な意味合いも含めて，議論する．これによって，この手法の応用例を供することにする．ちなみに，現在の電子計算機の資源では，この理論の応用は一様密度の電子ガス系に限られているが，近い将来に現実物質に対する応用が可能になるものと期待している．

2.8.2　ベイム–カダノフ理論を超えて

2.6.4 項ではベイム–カダノフの保存近似の概要を述べたが，そのときの議論をフローチャート風にまとめたものが図 2.30 である．この図からも分かるように，鍵は計算実行の冒頭で選択される $\Phi[G]$ の近似形，すなわち，G の汎関数としての $\Phi_{\rm input}[G]$ であり，それがいかに適切に選びうるかがこの近似の死命を制することになる．

逆にいえば，もし，適切な $\Phi_{\rm input}[G]$ 自体が存在しない，あるいは，たとえ存在したとしても容易にはその具体的な形が分からないような場合には，この手法はまったく無力ということになる．さらにいえば，ある程度は適当な $\Phi_{\rm input}[G]$

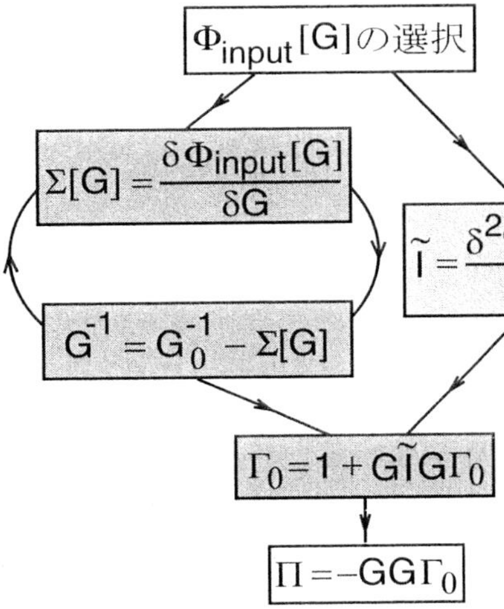

図 **2.30**　ベイム–カダノフの保存近似の手続きをフローチャート風に示したもの

が選べたとしても，それは予め手で与えているものなので，そもそも，決して解析的にコンパクトな形では表現され得ないような項をも含む無限個の項から構成されている正確な $\Phi[G]$ 自体ではあり得ないことになる．このように認識すれば，ベイム–カダノフ理論は初めから近似理論に過ぎないもので，したがって，論理的帰結として，これでは厳密に正確な自己エネルギー Σ は絶対に得られないことになる．

それでは，この近似理論を超えて，少なくとも原理的には厳密な Σ が得られるようなアルゴリズムが存在するのだろうか？ そして，もし存在するとすれば，それはどのようなものだろうか？ 十数年前，著者はこのような疑問を抱き，この問題を何とか解決したいと思った[122]．

その解決に向けての第一歩として，図 2.30 に示されているスキームをよく考え直してみることにした．このスキームの中核は自己エネルギーの汎関数 $\Sigma[G]$ と 1 電子グリーン関数 G を与えるダイソン方程式を組み合わせて Σ や G を自己無撞着に決めることである．そして，それらの決定後，3 点バーテックス関数 Γ_0 はベーテ–サルペーター方程式を解いて決めるようになっている．その様子は図 2.31 の (a) に図式的に示されている．しかしながら，これではいかにも

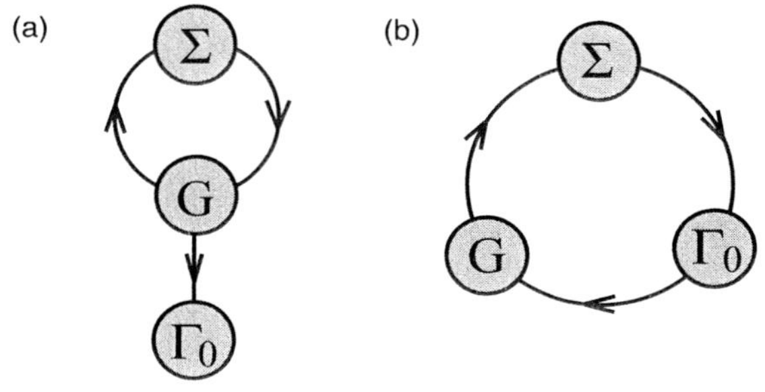

図 2.31　(a) ベイム–カダノフ理論の中で，自己エネルギー Σ と 1 電子グリーン関数 G，そして，3 点バーテックス関数 Γ_0 の関係を取り出して図式化したもの．(b) Σ，G，Γ_0 の間で本来あるべき姿を図式化したもの．

Σ，G，Γ_0 の 3 者のバランスが悪く思われる．理想的には，図 2.31 の (b) で示されるように，この 3 者は並列的に自己無撞着に決定されるべきであり，探しているアルゴリズムはこのような構造を内包するものと期待される．実際，「保存近似」によって Γ_0 は "矯正" されることになるが，この矯正効果が自己エネルギーの結果に反映されるためには，スキーム (a) ではなくて，スキーム (b) でなければならない．FLEX 近似を始めとして，現在実行されているベイム–カダノフの保存近似に沿った計算では，この観点が欠落している．

また，摂動展開理論の核心である $\Phi[G]$ の計算の仕方が，結局のところ，各項を 1 つずつ手で与えていくしかないという認識の段階に止まっていては，どのように考え直したとしても所期の目的は到底達成されそうもないことは容易に想像されよう．したがって，革新のためにはもう 1 つ上の段階の認識が必要で，より具体的にいえば，求めているアルゴリズムには，正確な $\Phi[G]$ を構成するすべての項 (あるいは，正確な Σ を得ようという目的からいえば，$\delta\Phi[G]/\delta G$ に包含されるすべての項) を**網羅的に自動生成できる**という機能が要請されていることになる．この観点からいえば，このアルゴリズムを支える**中心概念は**，$\Phi[G]$ のような汎関数というよりも，このような**汎関数に作用する何らかの演算子**，あるいは，**汎関数を生成する演算子**に違いないと予想される．

2.8.3 自己エネルギー改訂演算子

上述したようなことを手掛かりとしつつ，所期のアルゴリズムをいろいろと探索した結果，自己エネルギーの汎関数全体からなる空間 $\mathcal{S}$ ($\equiv \{\Sigma[G]\}$) を考え，その空間における適切な写像演算子 $\mathcal{F}$

$$\mathcal{S} \ni \Sigma_{\rm input}[G] \mapsto \mathcal{F}\Big[\Sigma_{\rm input}[G]\Big] \equiv \Sigma_{\rm output}[G] \in \mathcal{S} \tag{2.471}$$

を導入するというアイデアに到達した．この $\mathcal{F}$ は $\Sigma_{\rm input}[G]$ という任意の自己エネルギーの汎関数を $\Sigma_{\rm output}[G]$ に "変換" する，あるいは，"改訂" するものなので，**自己エネルギー改訂演算子**という概念で捉えられる．

具体的には，式 (2.383) で与えられるようなハミルトニアン H で記述される系を取り扱う場合，この演算子 $\mathcal{F}$ は次のように定義される．まず，空間 $\mathcal{S}$ の中の任意の要素 $\Sigma_{\rm input}[G]$ が与えられた場合，次のような一連の手順を考える．

① 汎関数微分によって

$$\widetilde{I}_{\rm input} = \frac{\delta \Sigma_{\rm input}[G]}{\delta G} \tag{2.472}$$

を計算する．

② この $\widetilde{I}_{\rm input}$ を積分核とするベーテ–サルペーター方程式

$$\Gamma_0^{\rm input} = 1 + \widetilde{I}_{\rm input}\, G\, G\, \Gamma_0^{\rm input} \tag{2.473}$$

を解いて $\Gamma_0^{\rm input}$ を決定する．

③ 分極関数 $\Pi_{\rm input} = -G\, G\, \Gamma_0^{\rm input}$ を通して

$$W_{\rm input} = \frac{u}{1 + u\, \Pi_{\rm input}} \tag{2.474}$$

を与える．

④ 得られた $W_{\rm input}$ を使って

$$\Sigma_{\rm output}[G] = -G\, W_{\rm input}\, \Gamma_0^{\rm input} \tag{2.475}$$

を計算して，自己エネルギーを $\Sigma_{\rm input}[G]$ から $\Sigma_{\rm output}[G]$ へと改訂する．

この①から④にわたる一連の操作の処方箋は $\Sigma_{\mathrm{input}}[G]$ の具体的な形によらずに普遍的なものであるとともに，いったん $\Sigma_{\mathrm{input}}[G]$ が与えられれば，これらの操作手順は (少なくとも形式上は) 実行可能である．したがって，空間 $\mathcal{S}$ におけるこの写像 $\Sigma_{\mathrm{input}}[G] \mapsto \Sigma_{\mathrm{output}}[G]$ は演算子 $\mathcal{F}$ を明確に定義していることが分かる．

2.8.4　不 動 点 原 理

ところで，原著論文[122) で証明されたように，このようにして導入された自己エネルギー改訂演算子 $\mathcal{F}$ は次のような著しい特徴を持っている．

① **内包性**：ハートリー–フォック近似，すなわち $\Sigma_{\mathrm{input}}[G]=\Sigma_{\mathrm{F}}[G]$ から出発して，m 回 (m は 1 以上の整数) $\mathcal{F}$ を作用させた場合の $\Sigma_{\mathrm{output}}[G]$ を $\Sigma^{(m)}[G]$ と書くと，$\Sigma^{(m)}[G]$ に含まれているすべての項は必ず $\Sigma^{(m+1)}[G](=\mathcal{F}[\Sigma^{(m)}[G]])$ に含まれる．

② **正確性**：上で定義された $\Sigma^{(m)}[G]$ は相互作用 u の $(m+1)$ 次までは摂動展開で得られる厳密に正しい自己エネルギーの表式と一致する．

③ **“初期条件” の任意性**：任意の $\Sigma_{\mathrm{input}}[G]$ を選んでも，一度 $\mathcal{F}$ を作用させると，$\mathcal{F}[\Sigma_{\mathrm{input}}[G]]$ は必ず $\Sigma_{\mathrm{F}}[G]$ を含み，そのため，$\mathcal{F}^m[\Sigma_{\mathrm{input}}[G]]$ は相互作用 u の m 次までは摂動展開を正しく再現する．

そこで，いま，ある適当な $\Sigma_{\mathrm{input}}[G]$ を選び，それに $\mathcal{F}$ を十分に多数回作用させた結果が収束したとしよう．すなわち，

$$\Sigma[G] = \lim_{m\to\infty} \mathcal{F}^m\bigl[\Sigma_{\mathrm{input}}[G]\bigr] \tag{2.476}$$

と書いたときに $\Sigma[G]$ が存在したとすると，上の①から③の性質から，この $\Sigma[G]$ は “初期条件” として与えた $\Sigma_{\mathrm{input}}[G]$ に依存せずに厳密に正確な自己エネルギーであることが分かる．特に，式 (2.476) の収束条件を書き直すと，

$$\mathcal{F}\bigl[\Sigma[G]\bigr] = \Sigma[G] \tag{2.477}$$

という式が得られるが，これは演算子 $\mathcal{F}$ の空間 $\mathcal{S}$ における “**不動点**” が正確な自己エネルギーであること (**自己エネルギー改訂演算子の不動点原理**) を示している．そして，この $\Sigma[G]$ とダイソン方程式を組み合わせて自己無撞着に解く

と G や Σ が具体的に得られることになる．また，その途上で Γ_0 も同時に正確に決められることになる．

このように，正確な自己エネルギーにまつわる問題は，この理論では自己エネルギー改訂演算子 $\mathcal{F}$ の不動点の位置とそのまわりでのこの演算子の性質の解明という問題に帰着されることになる．

なお，ラッティンジャー–ワード理論では正確な自己エネルギーを求めるということは，取りも直さず，$\Phi[G]$ を表すダイヤグラムをひとつひとつ手で与えるという無限に続く (したがって，決して完遂されることのない) 操作の実行を迫っていた．一方，今の場合には，よく定義された演算子 $\mathcal{F}$ の空間 $\mathcal{S}$ での不動点を何らかの方法で探索するということであり，これは必ずしも無限に続く操作を意味しないということが概念上の重要な違いである．

また，ベイム–カダノフ理論と今の理論の違いの原点は，結局のところ，自己エネルギーの自己無撞着な決定ループにおける図 2.31 の (a) と (b) のそれということになる．すなわち，自己エネルギーの改訂の際に $\mathcal{F}$ に従う操作手順では Γ_0 も同時に改訂していることである．そして，この Σ と Γ_0 の**同時改訂**のおかげで演算子 $\mathcal{F}$ は $\delta\Phi[G]/\delta G$ に含まれるあらゆる項を自動生成する機能を得たのである．このように，基本的に正確な Σ や Γ_0 が得られるがゆえに，ベイム–カダノフのような近似理論では肝要なことである「解が各種保存則を満たすかどうかということ」は (正確な解が各種保存則を満たすことは自明なので) もはや検討すべき重要問題ではなくなったのである．

ここで述べた①から③の性質に関連して，ベイム–カダノフ理論における “自己充足性”(self-containment) の問題にも言及しておこう．ベイム–カダノフの保存近似が提出された後，うまく $\Phi_{\mathrm{input}}[G]$ を選べば，たとえそれが正確なものではなく，何らかの部分和であったとしても，ワード恒等式を完全に満たす形で Σ と Γ_0 が決定されるようなもの (この意味で自己充足的な近似) があるのではないかと期待された．そして，それに沿った努力が続けられてきた．たとえば，FLEX 近似，あるいは，もっと一般に「パルケー (parquet) 近似」と呼ばれるものはそうした近似ではないかと考えられていた．しかし，その期待は満たされないことが 1990 年までには分かっていた[169)]．そして，今の不動点原理はこの問題に対して決定的な結論を導いていることに注意されたい．すなわち，自己充足的な近似は一切存在せず，自己充足性は正確な自己エネルギーでのみ成り立つということである．

2.8.5　GW 近似を超えて

前項で解説した通り，自己エネルギー改訂演算子理論はベイム–カダノフ理論の改良を目指すところから生み出された．しかしながら，慧眼な読者にはもうお分かりかと思うが，こうしてでき上がった理論の構成は 2.7 節で紹介したヘディン理論とたいへんよく似ている．

実際，演算子 $\mathcal{F}$ を定義している①から④にわたる操作において，$\Sigma_{\mathrm{input}}[G]$ が正確な $\Sigma[G]$ であると考えた場合には，2.7 節の図 2.27 に示されているヘディンの方程式群にちょうど対応している．(なお，もっと正確にいうと，①から④の操作はヘディンの方程式群のうちの (2) から (5) である．(1) はダイソン方程式で，どのような理論でもこれは常に満たされているように構成されるものである.) したがって，少なくとも $\mathcal{F}$ の不動点 $\Sigma[G]$ の近傍では ($\Sigma_{\mathrm{input}}[G] \approx \Sigma[G]$ なので) 今の理論とヘディン理論の基礎になっている正確な方程式群とはまったく同等ということになる．もっとも，この段階の比較では，どちらの理論も正確な $\Sigma[G]$ を与えるはずのものだから，これら 2 つがまったく同等というのは至極当然といえる．

ところで，ヘディンはこの正確な方程式群を具体的に解く段階で (G とともに) W に注目して，それによる展開理論を考えた．そして，それが GW 近似につながっている．一方，ヘディンの方程式群を解くという脈絡でいえば (すなわち，ヘディン理論の立場から今の理論の位置づけを行うとすれば)，ここでの主役は W ではなく (そして，G でもなく)，Σ のみであると捉え，この観点からヘディン方程式群全体を自己エネルギーの汎関数 $\Sigma[G]$ を改訂するための演算操作 $\mathcal{F}$ を定義しているものと見直したのである．そして，このように見直せば，たとえ逐次近似の出発点に取る $\Sigma[G]$ の形がどのようなものであれ，$\mathcal{F}$ の繰り返し操作の末に得られるものは正確な自己エネルギーであることを証明してみせたのである．

なお，前項でも説明したように，$\mathcal{F}$ の逐次操作で自動的に正確な自己エネルギーが得られるためには，3 点バーテックス関数 Γ_0 の同時改訂が不可欠である．したがって，たとえば，GW 近似のように，Γ_0 の改訂なしにダイソン方程式との自己無撞着な計算をしたところで，その有用性は限られていることは明らかであろう．

このように，**今の理論は GW 近似を超えてバーテックス補正を導入することの必然性も明確にしている**のである．

2.8.6 実用手法の開発の基本戦略

これまでは厳密に正確な Σ を与えるアルゴリズムとしての自己エネルギー改訂演算子理論を解説してきたが，この段階ではまだまだ形式的な議論に過ぎないという面がある．とりわけ，演算子 $\mathcal{F}$ の定義において操作①の汎関数微分 $\delta\Sigma_{\mathrm{input}}[G]/\delta G$ が問題で，この操作をコンピュータ上で (すなわち，ソフトウェアのアルゴリズムとして) いかに実装するかという大問題がクリアされない限り，$\mathcal{F}$ を近似無しに実行して具体的に Σ を得ることはたいへんに難しいといわざるを得ない．

ところで，似たような事情は固体の基底電子状態を第一原理計算で調べる場合にも存在する．現在，このような計算の正当性やその改良に向けての指針は第 1 章で紹介したホーエンバーグ–コーン–シャムの密度汎関数理論によっている．この密度汎関数理論は基底状態の電子密度 $n(\boldsymbol{r})$ を厳密に決める方法論の基礎を提示しているが，その際に鍵になる交換相関エネルギー汎関数 $E_{\mathrm{xc}}[n(\boldsymbol{r})]$ を決める処方箋を示していない．したがって，具体的に $n(\boldsymbol{r})$ を得ようと思えば，$E_{\mathrm{xc}}[n(\boldsymbol{r})]$ の近似形を何らかの形で与えなければならない．そのような近似形のうちで有力なものが局所密度近似 (LDA) といわれているものである．これは，1.6 節でも述べたように，一様密度の電子ガス系における量子モンテカルロ計算の情報を借用して構成され，所期以上の成果を収めている．

そこで，今の自己エネルギー改訂演算子理論を密度汎関数理論が建設された段階 (**基本厳密理論の段階**) に対応すると考え，次に求められているものは局所密度近似に対応する近似の導入 (**実用近似導入の段階**) であると捕らえよう．とりわけ必要なのは，あからさまに $\delta\Sigma_{\mathrm{input}}[G]/\delta G$ のような汎関数微分を用いないで演算子 $\mathcal{F}$ の作用を精度よく再現できるような近似手段の考察である．そして，おそらくこの際には，この理論の枠外から有用な情報を借用する必要があろう．

これから空間的に一様で，それゆえ，運動量が1電子状態を指定するよい量子数となる系（電子ガスのような系）の場合に，どのようにして実用的な近似法を生み出したか[123]を解説しよう．（なお，この近似法を非一様な系に拡張することは形式的には容易である．）表記の簡単のために，運動量 $\boldsymbol{p}$，松原振動数 $i\omega_p$，スピン σ の1電子グリーン関数 $G_\sigma(\boldsymbol{p}; i\omega_p)$ を $G(p)$ などと書こう．そして，$\sum_p$ と書けば，これは $T\sum_{\omega_p}\sum_{\boldsymbol{p}}\sum_{\sigma}$ を意味すると理解されたい．

2.8.7　ワード恒等式の活用

まず，$\mathcal{F}$ を定義する操作①で $\tilde{I}_{\mathrm{input}}$ 得たとしよう．（今後，煩わしいので，"input" という添字を可能な限り省略しよう．）なお，運動量や松原振動数への依存性を明示すれば，これは $\widetilde{I}(p+q,p;p'+q,p')$ ということになる．そして，操作②でベーテ–サルペーター方程式を解いて $\Gamma_0(p+q,p)$ を決めることになるが，同じ $\widetilde{I}(p+q,p;p'+q,p')$ を用いて同時にベクトル3点バーテックス関数 $\Gamma_a(p+q,p)$（ここで，$a=x$，y，z）も定義しよう．すなわち，$\nu=0$ か a とし，裸のバーテックス $\gamma_\nu(p+q,p)$ を

$$\gamma_\nu(p+q,p)=\begin{cases} 1 & (\nu=0\ \text{の場合}) \\ \dfrac{2p_a+q_a}{2m} & (\nu=a=x,y,z\ \text{の場合}) \end{cases} \tag{2.478}$$

のように定義（ここで，m は電子の裸の質量）すると，$\Gamma_\nu(p+q,p)$ は

$$\begin{aligned}\Gamma_\nu(p+q,p)&=\gamma_\nu(p+q,p)\\ &\quad+\sum_{p'}\widetilde{I}(p+q,p;p'+q,p')G(p')G(p'+q)\Gamma_\nu(p'+q,p')\end{aligned} \tag{2.479}$$

のベーテ–サルペーター方程式の解として与えられることになる．そして，2.5.6項で議論したように，これらの3点バーテックス関数と自己エネルギーの間には局所電子数保存則に由来するワード恒等式

$$\begin{aligned}&i\omega_q\,\Gamma_0(p+q,p)-\sum_{a=x,y,z}q_a\,\Gamma_a(p+q,p)\\ &\qquad=G_0(p+q)^{-1}-\Sigma(p+q)-G_0(p)^{-1}+\Sigma(p)\end{aligned} \tag{2.480}$$

が成立する．ここで，裸の1電子グリーン関数 $G_0(p)$ は，裸の電子の分散関係を $\varepsilon_{\boldsymbol{p}} = \boldsymbol{p}^2/2m - \mu$($\mu$ は化学ポテンシャル) として，$1/(i\omega_p - \varepsilon_{\boldsymbol{p}})$ で与えられている．

この式 (2.480) で注目すべき点は，$\widetilde{I}$ の姿が表面上は消えて，3点バーテックス関数が直接的に自己エネルギー Σ (添字をきちんと入れて書けば，Σ_{input}) と結びついている点である．したがって，これは $\Gamma_0^{\mathrm{input}}$ の Σ_{input} に関する汎関数形を与える際に決定的に重要な関係式 (の1つ) と考えられる．そして，$\Gamma_0^{\mathrm{input}}$ さえ求められれば，残りの操作，③と④，は問題なく実行できるので，今後は $\Gamma_0^{\mathrm{input}}$ に対する近似汎関数形の導出に専心しよう．

2.8.8 比関数の導入：その性質と効用

さて，式 (2.480) では $\widetilde{I}$ は隠されたが，その代わりに新たな未知関数として $\Gamma_a(p+q,p)$ が登場してしまったので，このワード恒等式だけでは求めたいスカラー3点バーテックス関数 $\Gamma_0(p+q,p)$ が決まらない．したがって，ワード恒等式以外の，それとは独立した情報を含む新たな関係式が必要である．

この新たな関係式導出の問題を解決するために，**「比関数」** $R(p+q,p)$ という概念を導入しよう．この関数は基本的にスカラー3点バーテックス関数とベクトル3点バーテックス関数の縦成分 $\Gamma_l(p+q,p)$ の比として与えるもので，具体的には，

$$R(p+q,p) \equiv \Gamma_0(p+q,p)\,\frac{\displaystyle\sum_{a=x,y,z} q_a\,\gamma_a(p+q,p)}{\displaystyle\sum_{a=x,y,z} q_a \Gamma_a(p+q,p)}$$

$$\equiv \Gamma_0(p+q,p)\,\frac{\gamma_l(p+q,p)}{\Gamma_l(p+q,p)} \tag{2.481}$$

のような無次元量として定義される．なお，$\Gamma_l(p+q,p)$ は

$$\Gamma_l(p+q,p) = \frac{1}{|\boldsymbol{q}|}\sum_{a=x,y,z} q_a \Gamma_a(p+q,p) \tag{2.482}$$

のように書くことができ，また，相互作用のない系でのそれ $\gamma_l(p+q,p)$ は

$$\gamma_l(p+q,p) = \frac{1}{|\boldsymbol{q}|}\sum_{a=x,y,z} q_a \gamma_a(p+q,p) = \frac{\varepsilon_{\boldsymbol{p}+\boldsymbol{q}} - \varepsilon_{\boldsymbol{p}}}{|\boldsymbol{q}|} \tag{2.483}$$

のように計算される.

しかるに，ワード恒等式 (2.480) は $\Gamma_0(p+q,p)$ と $\Gamma_l(p+q,p)$ の間の 1 つの関係式なので，これと比関数 $R(p+q,p)$ の定義式 (2.481) とを組み合わせると，$\Gamma_0(p+q,p)$ は $R(p+q,p)$ を使って

$$\Gamma_0(p+q,p) = \frac{G_0(p+q)^{-1} - \Sigma(p+q) - G_0(p)^{-1} + \Sigma(p)}{i\omega_q - (\varepsilon_{\boldsymbol{p}+\boldsymbol{q}} - \varepsilon_{\boldsymbol{p}})/R(p+q,p)} \tag{2.484}$$

のように書ける．同様に，$\Gamma_l(p+q,p)$ は

$$\Gamma_l(p+q,p) = \frac{1}{|\boldsymbol{q}|} \frac{G_0(p+q)^{-1} - \Sigma(p+q) - G_0(p)^{-1} + \Sigma(p)}{-1 + R(p+q,p)\, i\omega_q/(\varepsilon_{\boldsymbol{p}+\boldsymbol{q}} - \varepsilon_{\boldsymbol{p}})} \tag{2.485}$$

ということになる.

この式 (2.484) と式 (2.485) の結果は比関数 $R(p+q,p)$ を用いる一つの重要な利点を示している．すなわち，**これらの式において，$R(p+q,p)$ に対して共通の近似式を採用すれば**，それがいかなる近似式であれ，**ワード恒等式を常に満たす 3 点バーテックス関数が得られる**のである.

ところで，比関数を通した近似の導入が優れている理由はこれだけには止まらない．もし，系がフェルミ流体で $\Sigma_{\text{input}}[G]$ が十分に厳密な $\Sigma[G]$ に近い場合には $R(p+q,p)$ は次のような極限値を持つことがフェルミ流体理論から厳密に証明されている[170].

① **ω 極限 (動的極限)**

$$\lim_{\omega_q \to 0} \lim_{\boldsymbol{q} \to 0} R(p+q,p)\Big|_{|\boldsymbol{p}|=p_{\mathrm{F}}} = 1 \tag{2.486}$$

ここで，p_{F} はフェルミ運動量である.

② **q 極限 (静的極限)**

$$\lim_{\boldsymbol{q} \to 0} \lim_{\omega_q \to 0} R(p+q,p)\Big|_{|\boldsymbol{p}|=p_{\mathrm{F}}} = \frac{\kappa}{\kappa_0} \tag{2.487}$$

ここで，κ は圧縮率 (κ_0 は対応する相互作用のない系でのそれ) を表す．なお，これは第 9 巻の 4.4.6 項で議論した圧縮率総和則と深く関連したものである.

したがって，極限値に関するこのような性質を満たすように比関数に対する近似汎関数形を選べば，全体として近似の精度が上がることが期待されるというわけである．

以上の準備の下に，スカラー3点バーテックス関数に対する汎関数形を比関数を経由して求める1つの試みを解説しよう．この試みは式 (2.479) のベーテ–サルペーター方程式の構造をもう一度よく考え直すことから始まる．この方程式はスカラー部分 ($\nu=0$) であっても，ベクトル部分 ($\nu=a$) であっても，共通の既約電子–正孔有効相互作用 $\widetilde{I}$ を積分核にしていることに注目して，まず，一般的に $\widetilde{I}(p+q,p;p'+q,p')$ の平均として関数 $\langle\widetilde{I}(q)\rangle_p$ を

$$\langle\widetilde{I}(q)\rangle_p \equiv \frac{\sum_{p'}\widetilde{I}(p+q,p;p'+q,p')G(p')G(p'+q)\Gamma_0(p'+q,p')}{\sum_{p'}G(p')G(p'+q)\Gamma_0(p'+q,p')} \tag{2.488}$$

という定義で導入しよう．すると，$\nu=0$ の場合の式 (2.479) は

$$\begin{aligned}\Gamma_0(p+q,p) &= 1+\langle\widetilde{I}(q)\rangle_p\sum_{p'}G(p')G(p'+q)\Gamma_0(p'+q,p')\\ &= 1-\langle\widetilde{I}(q)\rangle_p\Pi(q)\end{aligned} \tag{2.489}$$

と正確に書き換えられる．

一方，$\nu=a$ の場合の式 (2.479) に q_a をかけて $a=x,y,z$ について和を取ることから，これも正確に

$$\begin{aligned}\Gamma_l(p+q,p) &= \gamma_l(p+q,p)\\ &\quad+\sum_{p'}\widetilde{I}(p+q,p;p'+q,p')G(p')G(p'+q)\Gamma_l(p'+q,p')\end{aligned} \tag{2.490}$$

が得られる．この右辺の $\Gamma_l(p'+q,p')$ に式 (2.480) から得られる関係式

$$\Gamma_l(p'+q,p') = \frac{i\omega_q\,\Gamma_0(p'+q,p')-G(p'+q)^{-1}+G(p')^{-1}}{|\boldsymbol{q}|} \tag{2.491}$$

を代入すると，

$$\Gamma_l(p+q,p) = \gamma_l(p+q,p) - \frac{i\omega_q}{|\boldsymbol{q}|}\langle \widetilde{I}(q)\rangle_p \Pi(q) + \frac{1}{|\boldsymbol{q}|}\sum_{p'}\widetilde{I}(p+q,p;p'+q,p')[G(p'+q)-G(p')] \qquad (2.492)$$

という正確な式が得られる．

そこで，比関数 $R(p+q,p)$ の定義式 (2.481) に式 (2.489) の $\Gamma_0(p+q,p)$ と式 (2.492) の $\Gamma_l(p+q,p)$ を代入して $R(p+q,p)$ を決定し，さらに，得られた $R(p+q,p)$ を式 (2.484) の右辺分母に代入して整理すると，最終的に $\Gamma_0(p+q,p)$ として，

$$\Gamma_0(p+q,p) = \Big[1 - \langle\widetilde{I}(q)\rangle_p \Pi(q)\Big]\frac{G(p+q)^{-1} - G(p)^{-1}}{\widetilde{G}(p+q)^{-1} - \widetilde{G}(p)^{-1}} \qquad (2.493)$$

が得られる．ここで，$\widetilde{G}(p)$ は

$$\widetilde{G}(p)^{-1} \equiv G_0(p)^{-1} - \sum_{p'}\widetilde{I}(p+q,p;p'+q,p')G(p') \qquad (2.494)$$

と定義されており，また，$\widetilde{G}(p+q)$ は式 (2.494) で $G_0(p)$ と $G(p')$ を，それぞれ，$G_0(p+q)$ と $G(p'+q)$ に置き換えたもので定義されている．

ここで得られた式 (2.493) は厳密に正しい関係式だけを使って導いたものなので，厳密に正しい表式である．実際，式 (2.489) と式 (2.493) は一見違うように見えるが，厳密に正しい $\widetilde{I}(p+q,p;p'+q,p')$ を使えば，式 (2.494) の右辺第 2 項は厳密に正しい自己エネルギーに還元されるので，$\widetilde{G}(p) = G(p)$ ということになる．したがって，式 (2.493) の右辺における第 2 積因子は 1 で，それゆえ，式 (2.493) と式 (2.489) は一致する．

しかしながら，厳密な $\widetilde{I}(p+q,p;p'+q,p')$ は知り得ないので，何らかの近似の導入が不可欠になる．そして，適当な近似を導入して $\widetilde{I}(p+q,p;p'+q,p')$ を決定し，それを使って計算した平均 $\langle\widetilde{I}(q)\rangle_p$ や $\widetilde{G}(p)$ を用いれば，式 (2.489) と式 (2.493) は違う $\Gamma_0(p+q,p)$ を与えることになる．この際，前者はワード恒等式を満たさないが，比関数を通して得られた後者はそれを満たすので，前者よりも物理的に性質のずっとよい $\Gamma_0(p+q,p)$ が得られることになる．

2.8.9　Γ_0 の近似汎関数形

そこで，式 (2.493) を基礎にして Γ_0 の近似汎関数形を求めてみよう．一般に，電子ガス系では関数 $\widetilde{I}(p+q,p;p'+q,p')$ の p や p' 依存性があまり強くなくて，q だけの関数と見なす近似がそれ程悪くないと考えられているので，

$$\widetilde{I}(p+q,p;p'+q,p') \approx \langle \widetilde{I}(q) \rangle_p \approx \bar{I}(q) \tag{2.495}$$

であるとしよう．すると，式 (2.494) の右辺第 2 項の p' の和は簡単に計算できて，それは N を全電子数とすると $-N\bar{I}(q)$ となる．したがって，式 (2.493) の右辺第 2 積因子の分母は $G_0(p+q)^{-1} - G_0(p)^{-1}$ に還元されてしまうので，Γ_0 に対する近似汎関数形は

$$\Gamma_0(p+q,p) = \Big[1 - \bar{I}(q)\,\Pi(q)\Big]\,\frac{G(p+q)^{-1} - G(p)^{-1}}{G_0(p+q)^{-1} - G_0(p)^{-1}} \tag{2.496}$$

ということになる．また，対応する比関数 $R(p+q,p)$ の近似形は

$$R(p+q,p) = \frac{1 - \bar{I}(q)\,\Pi(q)}{1 - \bar{I}(q)\,\Pi(q)\,i\omega_q/(\varepsilon_{\boldsymbol{p}+\boldsymbol{q}} - \varepsilon_{\boldsymbol{p}})} \tag{2.497}$$

である．そして，第 9 巻の 4.4.4 項から 4.4.6 項で明らかにした分極関数 $\Pi(q)$ の性質に注意すると，この式 (2.497) は式 (2.486) の動的極限値は常に満たすが，式 (2.487) の静的極限値を満たすには，

$$\lim_{\boldsymbol{q}\to 0}\Big[1 - \bar{I}(q)\,\Pi(q)\Big]\Big|_{|\boldsymbol{p}|=p_{\mathrm{F}},\,\omega_q\to 0} = \frac{\kappa}{\kappa_0} \tag{2.498}$$

の条件が必要であることが分かる．この条件式は $\bar{I}(q)$ に対して何か適当な近似式を考えた場合，その全般的な大きさを規格化する際に役立つものである．

この汎関数形 (2.496) に関して，いくつかの注目すべき点がある．

① まず，これは

$$\Gamma_0(p+q,p) = \Gamma^{(a)}(p+q,p)\,\Gamma^{(b)}(p+q,p) \tag{2.499}$$

というように，2 つの因子の積になっている．ここで，

$$\Gamma^{(a)}(p+q,p) = 1 - \bar{I}(q)\,\Pi(q) \tag{2.500}$$

$$\Gamma^{(b)}(p+q,p) = \frac{G(p+q)^{-1} - G(p)^{-1}}{G_0(p+q)^{-1} - G_0(p)^{-1}} \tag{2.501}$$

である．もしも，比関数を通さずに式 (2.495) に示した近似で Γ_0 を求めたとすると，式 (2.489) に示したような結果，すなわち，$\Gamma_0 = \Gamma^{(a)}$ となってしまうのだが，比関数を通して近似するとワード恒等式を自動的に満たす近似になり，その結果，$\Gamma_0 = \Gamma^{(a)}\Gamma^{(b)}$ となったのである．この意味で，$\Gamma^{(b)}$ **はワード恒等式**(あるいは，ゲージ不変性) **を強制的に満足させるための因子**といえる．

ちなみに，この点に着目して，著者は $\Gamma_0(p+q,p) = \Gamma^{(b)}(p+q,p)$ と取る近似法を以前に提唱し，それを「GISC (Gauge-Invariant Self-Consistent: ゲージ不変自己無撞着) 法」と名付けていた[171]．

② 一方，因子 $\Gamma^{(a)}$，特に，$\bar{I}(q)$ の意味を知るために，式 (2.496) を使って，まず，分極関数 $\Pi(q)$ を計算してみると，

$$\begin{aligned}\Pi(q) &= -\sum_p G(p+q)G(p)\Gamma_0(p+q,p) \\ &= \Pi^{(b)}(q)\Big[1-\bar{I}(q)\,\Pi(q)\Big]\end{aligned} \tag{2.502}$$

となる．ここで，$\Pi^{(b)}(q)$ は

$$\begin{aligned}\Pi^{(b)}(q) &\equiv -\sum_p G(p+q)G(p)\Gamma^{(b)}(p+q,p) \\ &= \Pi_0(q) - 2\sum_p \mathrm{Re}\left[\frac{G_0(p)\Sigma(p)G(p)}{i\omega_q - \varepsilon_{\boldsymbol{p}+\boldsymbol{q}} + \varepsilon_{\boldsymbol{p}}}\right]\end{aligned} \tag{2.503}$$

のように定義される．なお，$\Pi_0(q)$ は相互作用のない系での分極関数 (電子ガス系では第 9 巻の 4.4.7 項で考えたリンドハルト (Lindhard) 関数) で，

$$\Pi_0(q) = -\sum_p G_0(p+q)G_0(p) = \sum_{\boldsymbol{p}\sigma}\frac{f(\varepsilon_{\boldsymbol{p}+\boldsymbol{q}}) - f(\varepsilon_{\boldsymbol{p}})}{i\omega_q - \varepsilon_{\boldsymbol{p}+\boldsymbol{q}} + \varepsilon_{\boldsymbol{p}}} \tag{2.504}$$

のように与えられる．ここで，$f(x)$ はフェルミ分布関数である．これは 1 対の電子–正孔対励起を記述している．それに対して，この式 (2.503) 右辺第 2 式の第 2 項は多対の電子–正孔対励起までも記述している．

この $\Pi^{(b)}(q)$ を使うと，$\Pi(q)$ は式 (2.502) を解いて，

$$\Pi(q) = \frac{\Pi^{(b)}(q)}{1 + \bar{I}(q)\,\Pi^{(b)}(q)} \tag{2.505}$$

ということになる．

③ 得られた分極関数 $\Pi(q)$ を使えば，系の誘電関数 $\epsilon(q)$ は $u(\boldsymbol{q})$ をクーロン・ポテンシャルのフーリエ成分 $4\pi e^2/\boldsymbol{q}^2$ として

$$\epsilon(q) \equiv 1 + u(\boldsymbol{q})\Pi(q) = 1 + u(\boldsymbol{q})\frac{\Pi^{(b)}(q)}{1 + \bar{I}(q)\,\Pi^{(b)}(q)} \tag{2.506}$$

で与えられる．しかるに，第 9 巻の 4.5.2 項でも解説したように，電子ガス系の誘電応答は，長年，いわゆる「**局所場補正**」で取り扱われてきた．その場合，この系の誘電関数は「**電荷チャネルの局所場補正因子**」$G_+(\boldsymbol{q})$ を用いて[172)]

$$\epsilon(q) = 1 + u(\boldsymbol{q})\frac{\Pi_0(q)}{1 - G_+(\boldsymbol{q})u(\boldsymbol{q})\Pi_0(q)} \tag{2.507}$$

のように書かれてきた．

この式 (2.507) を式 (2.506) と比較すると，次の 2 点が容易に見て取れる．1 つは基礎になる分極関数であって，これまでは一番単純な $\Pi_0(q)$ を使ってきたが，これでは相互作用のない 1 対の電子–正孔対励起しか記述できない．しかし，今の近似ではそれを多対の電子–正孔対励起までも記述できる $\Pi^{(b)}(q)$ に置き換えている．もう 1 つは因子，$-G_+(\boldsymbol{q})u(\boldsymbol{q})$，が今の近似では $\bar{I}(q)$ に置き換えられている．これから，$\bar{I}(q)$ **は局所場補正の物理を記述**していることが分かる．したがって，大まかにいえば，この $\bar{I}(q)$ は $-G_+(\boldsymbol{q})u(\boldsymbol{q})$ と取ればよいことになる．もし，振動数依存性も問題にするならば，$\bar{I}(q)$ は時間依存密度汎関数理論に登場する "振動数に依存した交換相関核" $f_{\mathrm{xc}}(q)$ (1.7.3 項を参照) そのものと考えればよい．

④ ここで現れた分極関数 $\Pi^{(b)}(q)$ の表式 (2.503) はさらに

$$\Pi^{(b)}(q) = 2\sum_{\boldsymbol{p}\sigma} n(\boldsymbol{p})\,\frac{\varepsilon_{\boldsymbol{p}+\boldsymbol{q}} - \varepsilon_{\boldsymbol{p}}}{\omega_q^2 + (\varepsilon_{\boldsymbol{p}+\boldsymbol{q}} - \varepsilon_{\boldsymbol{p}})^2} \tag{2.508}$$

のように書き直すことができる．ここで，$n(\boldsymbol{p})$ は運動量分布関数で，

$$n(\boldsymbol{p}) = T\sum_{\omega_p} G(p)\, e^{i\omega_p 0^+} \tag{2.509}$$

で与えられる．これを $\Pi_0(q)$ の表式

$$\Pi_0(q) = 2\sum_{\boldsymbol{p}\sigma} n^{(0)}(\boldsymbol{p})\, \frac{\varepsilon_{\boldsymbol{p}+\boldsymbol{q}} - \varepsilon_{\boldsymbol{p}}}{\omega_q^2 + (\varepsilon_{\boldsymbol{p}+\boldsymbol{q}} - \varepsilon_{\boldsymbol{p}})^2} \tag{2.510}$$

と比べると，$n^{(0)}(\boldsymbol{p})[\equiv f(\varepsilon_{\boldsymbol{p}})]$(相互作用のない系での運動量分布関数で，絶対ゼロ度では階段関数 $\theta(p_{\rm F} - |\boldsymbol{p}|)$ に還元されるもの) が現実の運動量分布関数 $n(\boldsymbol{p})$ に変化しただけなので，$\Pi^{(b)}(q)$ は「**変形リンドハルト関数**」(modified Lindhard function) と呼ぶべきものである．

ちなみに，運動方程式の方法で密度相関関数を考え，ω や $|\boldsymbol{q}|$ が大きな領域の漸近的な振舞いを調べようとすると，基礎になる分極関数はこの関数 $\Pi^{(b)}(q)$ に還元されること[173, 174] が容易に分かる．しかし，この $\Pi^{(b)}(q)$ がワード恒等式を満たすためのバーテックス関数 $\Gamma^{(b)}$ を分極関数を定義する一般的な定義式 (2.448) に単に代入するだけで簡単に得られることは今回初めて分かったことである．

この $\Pi^{(b)}(q)$ と $\Pi_0(q)$ の違いを見るために，電子ガス系 (その密度パラメータ r_s が 5 で，比較的低密度系) での $\mathrm{Im}\,\Pi^{(\mathrm{R})}(\boldsymbol{q},\omega)$ (すなわち，ω 平面の実軸上に解析接続した分極関数の虚部) をプロットして比較したのが図 2.32 である．なお，この計算のためには，$n(\boldsymbol{p})$ の情報が必要になるが，それは第 9 巻の 4.3.3 項に記した結果[175] をパラメータ化したもの[176] を利用している．$\Pi_0(q)$ の場合 (破線)，1 対の電子–正孔対励起しか取り入れられていないので，$\mathrm{Im}\,\Pi^{(\mathrm{R})}(\boldsymbol{q},\omega)$ がゼロでない部分は $\omega < |\varepsilon_{\boldsymbol{p}+\boldsymbol{q}} - \varepsilon_{\boldsymbol{p}}|$ の領域に限られるが，$\Pi^{(b)}(q)$ の場合 (実線) には多対励起が記述されているので，あらゆる ω で $\mathrm{Im}\,\Pi^{(\mathrm{R})}(\boldsymbol{q},\omega)$ がゼロでなくなることに注意されたい．

以上見てきたように，式 (2.496) は局所場補正という概念によるバーテックス補正の効果とワード恒等式 (あるいはゲージ不変性) に起因するバーテックス補正の両方を考慮した精度の高い近似汎関数形であるといえる．

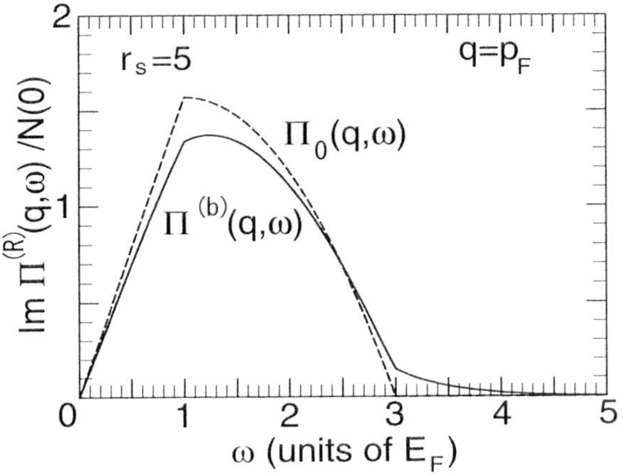

図 2.32 リンドハルト関数と変形リンドハルト関数の比較．$r_s=5$ の電子ガス系 (全体積 Ω_t) で $|\boldsymbol{q}|=p_{\rm F}$ の場合に $\mathrm{Im}\,\Pi^{(\mathrm{R})}(\boldsymbol{q},\omega)$ を ω 平面の実軸に沿って記している．横軸のエネルギースケールはフェルミ・エネルギー $E_{\rm F}$ であり，縦軸は 1 スピンあたりの状態密度 $N(0)=\Omega_t m p_{\rm F}/(2\pi^2)$ で規格化されている．

2.8.10 GWΓ 法の提案

前項で述べたように，式 (2.496) でスカラー 3 点バーテックス関数 $\Gamma_0^{\mathrm{input}}$ に対する汎関数形が確定されると，演算子 $\mathcal{F}$ を規定する残りの操作は自明であるので，たとえば，逐次近似で自己エネルギー Σ を自己無撞着に決めようとすれば，それは図 2.33(a) に示されるようなループで表現される一連の操作[123] を実行すればよいことになる．なお，この実行ループでバーテックス補正を考えない場合，すなわち，$\Gamma_0=1$ と取る場合には，これはヘディンの GW 近似に還元されるので，このスキームを「**GWΓ 法**」と呼ぶのが適当であろう．

ところで，この GWΓ 法の当初のスキームでは分極関数 Π の計算にたいへん時間がかかる．その上，たとえば，電子ガス系では $r_s=5.25$ で圧縮率 κ が発散するが，それに伴って (式 (2.498) を参照すれば分かるように)，Γ_0 にも発散が生じてくる．そのため，$r_s>5$ では，この自己無撞着な決定ループが収束した解を与えなくなる．この発散の物理的な原因やそれに伴う物理的な現象や帰結は次節で解説するが，自己エネルギー Σ 自体は，たとえ Γ_0 が発散したとしても発散するものではない．そこで，$r_s>5$ であっても Σ の結果を安定して得るという目的からすれば，発散する Γ_0 が自己無撞着ループに直接的に立ち入らないスキームに書き直すことが望ましい．

このような観点から改良された GWΓ 法のスキームが図 2.33(b) に提示されている．この書き換えを可能にした要点を挙げれば次のようになる．

① 式 (2.505) に示されているように $\Pi = \Pi^{(b)}/(1 + \bar{I}\,\Pi^{(b)})$ である．

② 式 (2.496) から $\Gamma_0 = (1 - \bar{I}\,\Pi)\Gamma^{(b)} = \Gamma^{(b)}/(1 + \bar{I}\,\Pi^{(b)})$ である．

③ 式 (2.474) で決定される W は $W = u/(1 + u\,\Pi) = (1 + \bar{I}\,\Pi^{(b)})\widetilde{W}$ である．ここで，$\widetilde{W}$ は $\widetilde{W} = u/[1 + (u + \bar{I})\Pi^{(b)}]$ のように定義された．

これら①から③の要点を組み合わせると，自己エネルギー Σ の計算が $\Sigma = -GW\Gamma_0$ から $\Sigma = -G\widetilde{W}\Gamma^{(b)}$ のように還元される．

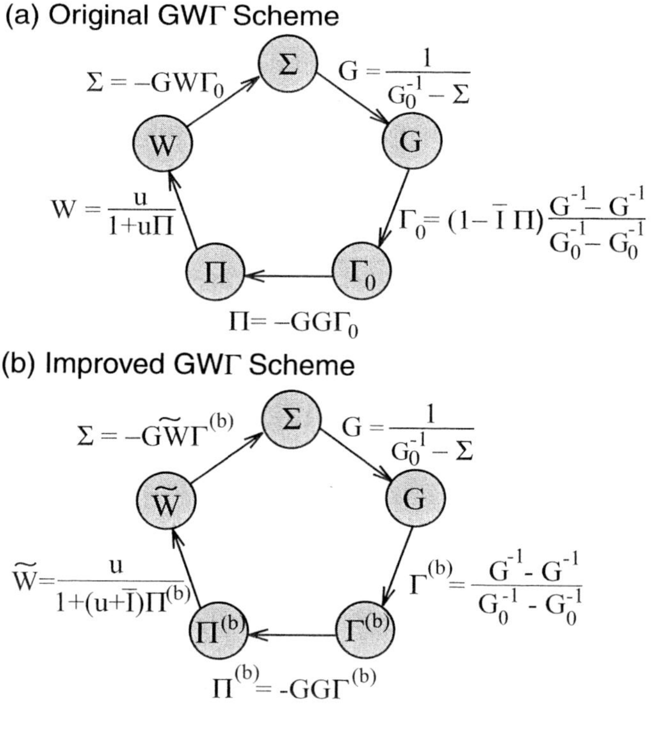

図 2.33　バーテックス補正を含む自己エネルギーの自己無撞着な決定ループを模式的に表したもの．(a) は GWΓ 法の当初のスキーム，(b) は改良されたスキーム．

この改良されたスキームでは分極関数の情報が Π に比べて格段に簡単に計算できる $\Pi^{(b)}$ の情報だけから得られることや自己無撞着ループの内部に発散の困難が生じないことから，$r_s > 5$ の場合にも Σ の収束解が得られるようになっている．また，このスキームでは GW 近似と比べても計算時間が格段に増加することはないので，現実物質を対象とした場合でも，GW 近似が適用可能なものであれば，その GW 近似をこの GWΓ 法にアップグレードすることは可能であろう．

2.9 3次元電子ガス系の動的性質

2.9.1 動的局所場補正因子の選択

前節で紹介した GWΓ 法が具体的に適用されたのは，現在までのところ，一様密度の電子ガス系に限られている．なお，電子ガス系は無次元化された電子密度パラメータ r_s だけで指定される系で，たとえば，$p_{\mathrm{F}} = 1/\alpha r_s a_{\mathrm{B}}$ である．ここで，$\alpha = (4/9\pi)^{1/3} \approx 0.521$ であり，a_{B} はボーア半径である．この系における多体問題は第 9 巻の 4 章でも詳しく述べたが，そのときは主として静的な物理量を議論したが，ここでは動的な側面 (すなわち，物理量の ω 依存性) を強調して議論する．

さて，図 2.33 の GWΓ 法のスキームを具体的に実行するためには，$\bar{I}(q)$ を "外部から与える" 必要がある．しかるに，2.8.8 項の議論からも分かるように，電子ガス系においてはこの $\bar{I}(q)$ は動的局所場補正因子 $G_+(\boldsymbol{q}, i\omega_q)$ に直接関係しているので，この因子に関する長年にわたる研究の成果を借用すればよい．ただ，注意すべきことは，通常，局所場補正因子 $G_+(\boldsymbol{q}, i\omega_q)$ といえば，式 (2.507) のように $\Pi_0(q)$ に準拠して与えられているので，それを $\Pi^{(b)}(q)$ に準拠したもの ($G_+(\boldsymbol{q}, i\omega_q)$ と区別して，これを $\widetilde{G}_+(\boldsymbol{q}, i\omega_q)$ と書こう) に変換する必要がある．この点，リチャードソン–アッシュクロフト (Richardson–Ashcroft) によって与えられた動的局所場補正因子[177] は始めから $\widetilde{G}_+(\boldsymbol{q}, i\omega_q)$ も対象にしているので便利である．しかも，この $\widetilde{G}_+(\boldsymbol{q}, i\omega_q)$ が量子モンテカルロ計算で得られている相関エネルギーを高精度に再現するということもよく知られている[178]．さらに，この $\widetilde{G}_+(\boldsymbol{q}, i\omega_q)$ は $|\boldsymbol{q}| \to \infty$ の極限でニクラソン (G. Niklasson)[173] に

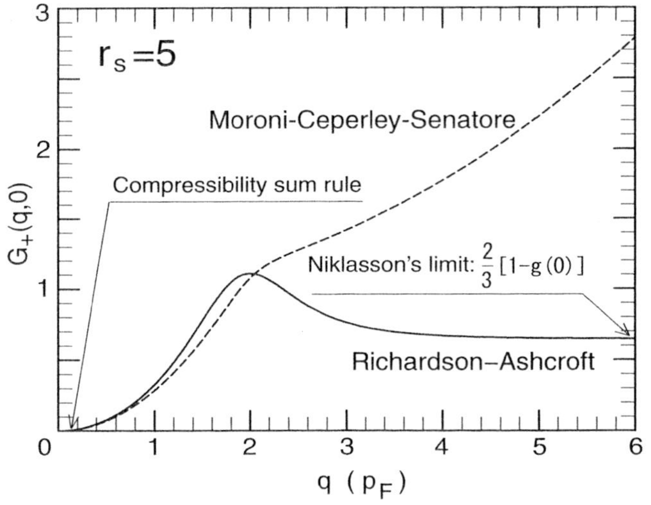

図 2.34 局所場補正因子の静的な値を $|\boldsymbol{q}|$ の関数としてプロットしたもの．リチャードソン–アッシュクロフトによる $\widetilde{G}_+(q)$(実線) がモロニ–セパリ–セナトーレらの量子モンテカルロ計算によって得られた $G_+(q)$(破線) と比較されている．この因子は長波長極限では圧縮率 κ で，短波長極限ではオントップの対相関関数 $g(0)$ で規定されている．

よって示されている厳密に正しい極限値 $2[1-g(0)]/3$ に近づく．ここで，$g(0)$ はスピンで平均化された対相関関数 $g(r)$ の $r=0$ での値である (第 9 巻 4.1.8 項を参照)．

以上のような理由で，この節で示す結果はリチャードソン–アッシュクロフトの $\widetilde{G}_+(q)$ を使って，$\bar{I}(q)=-\widetilde{G}_+(q)\,u(\boldsymbol{q})$ と取った場合のものである．なお，$\widetilde{G}_+(q)$ の具体的な形はいささか複雑なので，ここでは示さないが，その詳細を知りたい読者は原著論文を参照されたい．図 2.34 には，$r_s=5$ の場合に $\widetilde{G}_+(q)$ の静的な ($\omega_q=0$ の) 場合の値 (実線) を量子モンテカルロ計算[179] によって決定されたほぼ正確なものと信じられている $G_+(\boldsymbol{q},0)$(破線) と比較しながら $|\boldsymbol{q}|$ の関数として示している．

なお，第 9 巻の 4.4.8 項で議論したように，局所場補正因子の長波長極限での値は圧縮率 κ によって規定されているので，$\bar{I}(q)$ も同様に κ によって規定されている．そして，GWΓ 法によって最終的に得られる自己エネルギーや分極関数の値は，$\bar{I}(q)$ がこの長波長極限での値を満たしている限り，$\bar{I}(q)$ の選択の詳細にはあまり依存しないことが別の $\bar{I}(q)$ を選んだ結果[168] との比較から確かめられている．

2.9.2　結果の精度と運動量分布関数

得られた結果の精度はいろいろな方法で確かめられる．たとえば，自己エネルギーのフェルミ面での静的な値 $\Sigma(p_{\mathrm{F}},0)$ は化学ポテンシャルの交換相関効果の寄与，μ_{xc}，を与えることになる．ここでは計算結果を示さないが，得られた μ_{xc} の結果は量子モンテカルロ計算の数値誤差の範囲内でほぼ正確な値を再現している．

また，静的密度相関関数 $Q_{\rho\rho}(\boldsymbol{q},0)$ は量子モンテカルロ計算でその (ほぼ) 正確な関数形が数値的に解明されている[179] が，図 2.35 に示すように，GWΓ 法

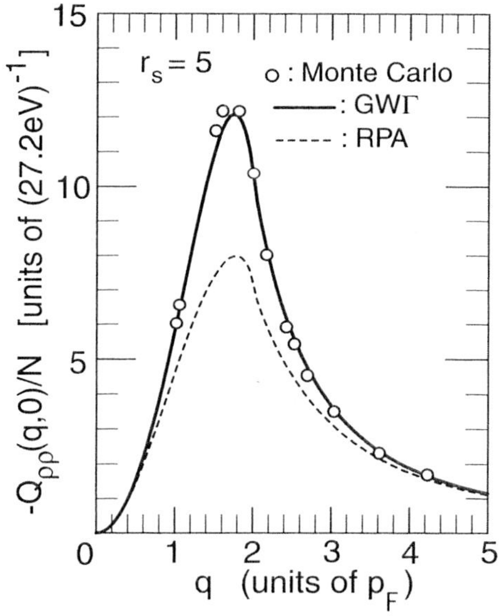

図 2.35　$r_s = 5$ での静的密度相関関数 $Q_{\rho\rho}(\boldsymbol{q},0)$．GWΓ 法 (実線)，RPA(破線)，そして，量子モンテカルロ計算の結果 (白丸) を比較している．

の結果はその量子モンテカルロ計算のそれをよく再現している．なお，今の自己無撞着な計算において，温度 T はフェルミ・エネルギー E_{F} の千分の1に設定しているので，(この物理量に限らず) 得られたあらゆる物理量は，実質上，絶対零度での値と考えてよい．

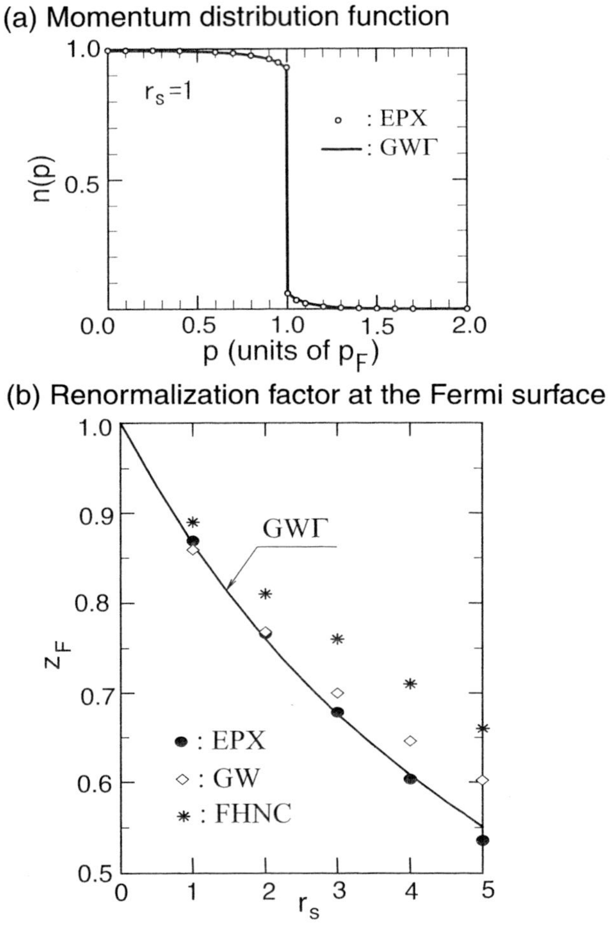

図 2.36 (a) 運動量分布関数の計算例 ($r_s = 1$ の場合) と (b) 電子ガス系でのフェルミ面における繰り込み因子 z_{F}．

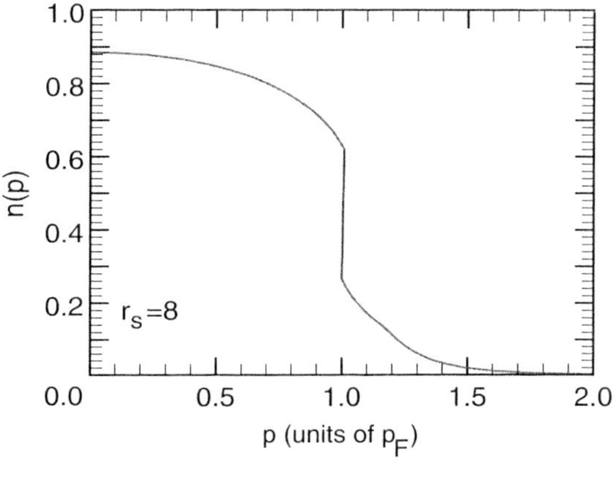

図 **2.37** $r_s = 8$ の場合の運動量分布関数

このほか，自己無撞着計算で直接的に得られている $G(\boldsymbol{p}, i\omega_p)$ から式 (2.509) にしたがって計算される運動量分布関数 $n(\boldsymbol{p})$ も他の手法で得られているものと比較することができる．図 2.36(a) には GWΓ 法によって得られた結果の一例 ($r_s = 1$ の場合) が示されている．この結果 (実線) はほぼ正確な値と信じられている (少なくとも，他の計算結果よりは正しい値に近い) 有効ポテンシャル展開 (EPX: Effective-Potential eXpansion) 法による結果 (白丸)[175] をよく再現している．そして，フェルミ流体の特徴である $n(\boldsymbol{p})$ のフェルミ面での有限の跳びがよく観測されている．

この跳びの大きさはフェルミ面での準粒子の重みを与え，「**繰り込み因子**」z_{F} と呼ばれている．この繰り込み因子を r_s の関数として描いた結果が図 2.36(b) に示されている．この値についても GWΓ 法の結果 (実線) は EPX 法のそれ (黒丸) をよく再現している．また，この結果はヘディンによる GW 法のそれ (白菱形印)[120, 167] から大きくは違っていないが，FHNC (Fermi Hypernetted Chain: フェルミ・ハイパーネッテッドチェイン) 法[180] はかなり異なる (間違った) 結果 (*印) を与えている．

対応する実験や他の理論計算の結果はないものの，かなり低密度の系 ($r_s = 8$ の場合) において求めた運動量分布関数の結果を図 2.37 に示しておこう．この系では得られた $n(\boldsymbol{p})$ は自由電子ガス系における $n^{(0)}(\boldsymbol{p})$ から定量的にかなりずれているが，それでもフェルミ面での跳びは認められ，定性的にはフェルミ流体の特徴をよく残していることが見て取れる．

2.9.3　1電子スペクトル関数

前項でみたような静的な物理量の場合，松原振動数の関数として得られた $\Sigma(\boldsymbol{p}, i\omega_p)$ や $\Pi(\boldsymbol{q}, i\omega_q)$ をそのまま使って結果が得られるが，これから議論する動的な物理量では複素 ω 平面上での解析接続が不可避になる．たとえば，1電子スペクトル関数 $A(\boldsymbol{p}, \omega)$ を求めようと思えば，まず，1電子温度グリーン関数 $G(\boldsymbol{p}, i\omega_p)$ を複素 ω 平面の上半面で虚軸上から実軸上へ解析接続し，(その結果，遅延グリーン関数 $G^{(\mathrm{R})}(\boldsymbol{p}, \omega)$ が得られ，) その虚部から直接的に得られる．すなわち，

$$A(\boldsymbol{p}, \omega) = -\frac{1}{\pi} \operatorname{Im} G^{(\mathrm{R})}(\boldsymbol{p}, \omega) \tag{2.511}$$

である．この解析接続をパデ (Padé) 近似 (第 9 巻の 3.5.3 項参照) を用いて実行した結果の例が図 2.38 に示されている．この図で (a) は $r_s = 1$，(b) は $r_s = 4$ の場合である．前にも述べたように，化学ポテンシャルの交換相関効果によるシフト量 μ_{xc} は量子モンテカルロ計算で得られている正確な値を再現しているが，図ではその化学ポテンシャルのシフトを繰り込んで，フェルミ面上で $\omega = 0$ となるようにエネルギーの原点を選んである．また，図を見やすくするために，ω を $\omega + i\gamma$ に変えて，たとえ $\omega = 0$ (フェルミ面上) でも (この場合，本来はスペクトル幅はゼロであるが)，若干の幅がつくようにした．ここで，$\gamma = \pi T = 0.001\pi E_{\mathrm{F}}$ と取った．

図 2.38 に示されている $A(\boldsymbol{p}, \omega)$ の $|\boldsymbol{p}|$ や ω の依存性の概要をみると，定性的にはフェルミ流体で予想されている結果が再現されている．たとえば，主ピークは「**準粒子**」(電子が仮想励起のプラズモンや電子–正孔励起の雲に囲まれたもの) に対応しており，そのピーク位置の分散関係 $\omega = E_{\boldsymbol{p}}$ は，多少，裸の分散関係 $\omega = \varepsilon_{\boldsymbol{p}}$ よりは広がっている．(少なくとも金属密度領域の電子ガスでは常に $E_{\boldsymbol{p}}$ は $\varepsilon_{\boldsymbol{p}}$ よりも広がっている[181]．)

一方，副ピーク (ピークというよりはダンピングが甚だしくショルダーといってもよいほどに幅が広がっているもの) は「**プラズマロン**」(準粒子と実励起の

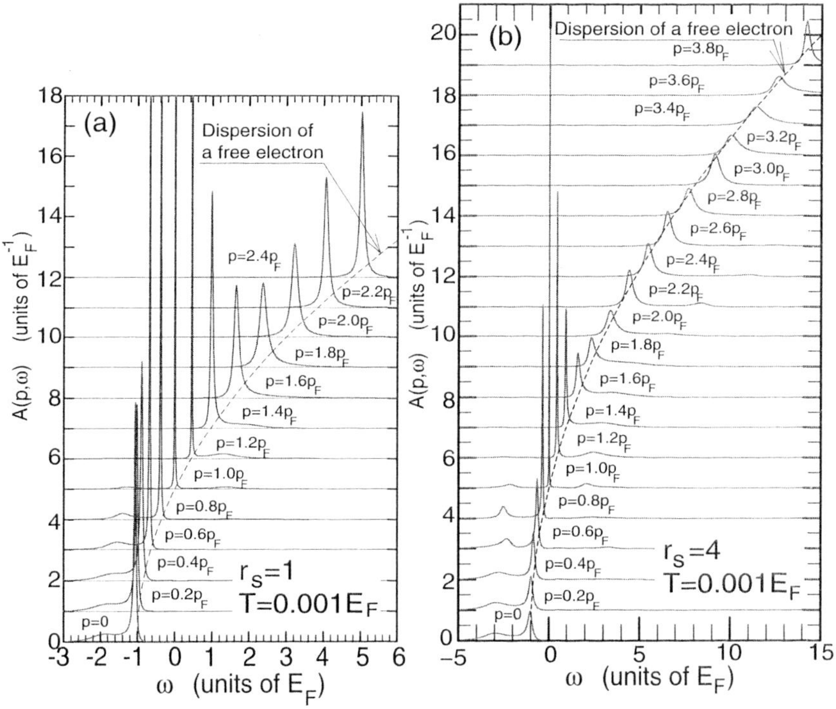

図 2.38　(a) $r_s = 1$, (b) $r_s = 4$ の場合の 1 電子スペクトル関数 $A(\boldsymbol{p}, \omega)$.

プラズモンとの合成系) で，その位置は ω_p をプラズモンのエネルギーとして $|\boldsymbol{p}| < p_{\mathrm{F}}$ ($|\boldsymbol{p}| > p_{\mathrm{F}}$) の場合には $\omega = E_{\boldsymbol{p}} - \omega_p$ ($\omega = E_{\boldsymbol{p}} + \omega_p$) にある.

この主ピークと副ピークの詳細や近似法による結果の違いを示しているのが図 2.39 である. $\mathrm{G_0W_0}$ 近似 (バーテックス補正を無視し，分極関数に $\Pi_0(q)$ を使い，そして，自己無撞着な計算をまったくしていないもので，これは電子ガス系では通常の RPA と同等のもの) のような粗雑な近似は当然としても，GW 近似 (ただし，この計算例では G は自己無撞着に解いているが，W は RPA の電子間有効相互作用のままにしたもの) でもプラズマロンが正しい位置に来ず，大幅にずれている. それが正しいエネルギー位置に来るためにはエネルギー収支が正しく出るような取扱いが必要で，それは GWΓ 法のようにワード恒等式

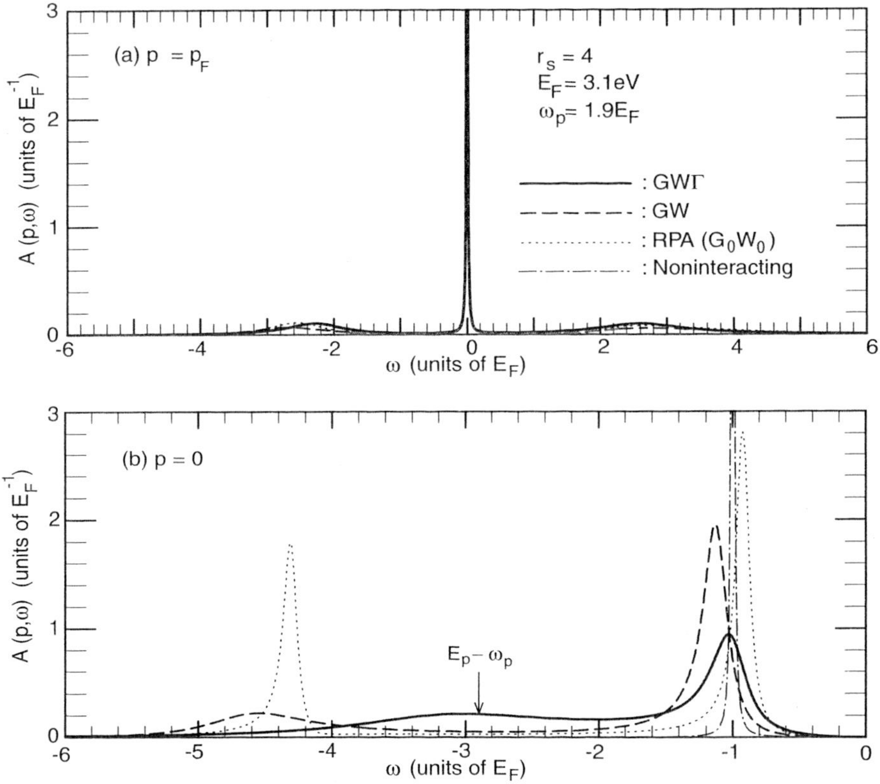

図 2.39　$r_s = 4$ での 1 電子スペクトル関数で，(a) は $|\boldsymbol{p}| = p_{\rm F}$，(b) は $|\boldsymbol{p}| = 0$ の場合に GWΓ 法の結果 (実線) を GW 近似 (破線) や RPA(点線) のそれらと比較したもの．

を正確に満たすバーテックス補正を取り入れておかなければならない[182]．なお，図 2.39(b) の GWΓ 法の結果でピーク位置が若干 $\omega = E_{\boldsymbol{p}} - \omega_p$ よりは下方にずれているが，これはプラズモンエネルギーに分散性がある，すなわち，そのエネルギーは一定の ω_p でないことを反映している．

さて，もう一度，図 2.38 に戻って $A(\boldsymbol{p},\omega)$ の全体的な振舞いを観察すると，さらに次のようなことが分かってくる．主ピーク幅はフェルミ面上ではゼロ (始めに人工的に入れた γ そのもの) になっているが，そこからずれるにつれてフェ

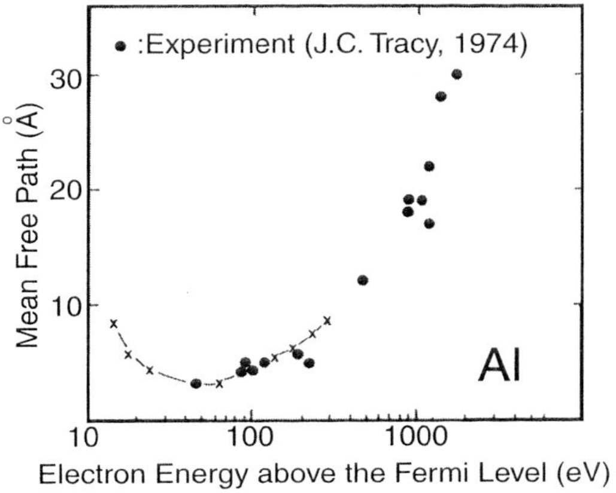

図 2.40 アルミニウムに入射した電子の非弾性散乱による平均自由行程．その入射エネルギー依存性を示している．

ルミ流体理論が教えるように，そのずれるエネルギーの2乗に比例して大きくなっていく．しかしながら，フェルミ面の上下で対称的な振舞いを示すエネルギー領域は限られている．そして，$|\boldsymbol{p}|$ が $p_{\rm F}$ より大きくなるか，小さくなるかでスペクトルの形状がかなり異なってくる (**電子–正孔非対称性**)．これは電子ガス模型のように $\varepsilon_{\boldsymbol{p}}$ が下部には有界で上部には無制限に大きくなりうる場合は当然であるが，特に，$|\boldsymbol{p}|$ が $1.6p_{\rm F}$ あたりより大きくなってプラズモンの直接励起によるダンピングが可能になると主ピーク幅はかなり大きくなる．しかしながら，さらに $|\boldsymbol{p}|$ が $2p_{\rm F}$ よりも大きくなっていくと，自由電子の様相を強めていくので，主ピーク幅は徐々に狭くなっていく．このように，スペクトルの幅は $|\boldsymbol{p}|$ が変化するにつれて決して単純ではない面白い様相を示すことになる．

この様相を実験で調べようとすれば，1つの可能性は金属表面に高速電子を打ち込み，入射電子が非弾性散乱でその運動エネルギーを失いながら金属中を走る行程距離を測ることである．実際，入射電子の初期エネルギーを E として，その非弾性散乱による平均自由行程を $l(E)$ と書くと，

$$l(E)^{-1} = -2\,\frac{\mathrm{Im}\,\Sigma^{(\mathrm{R})}(\boldsymbol{p},E)}{v_{\boldsymbol{p}}} \tag{2.512}$$

で与えられる．ここで，$E = E_{\boldsymbol{p}}$ で $|\boldsymbol{p}|$ を決定するものとし，速度 $v_{\boldsymbol{p}}$ は $v_{\boldsymbol{p}} = |\partial \varepsilon_{\boldsymbol{p}}/\partial \boldsymbol{p}|$ で与えられる．図 2.40 にはアルミニウム ($r_s = 2$) での $l(E)$ の実験値 (丸印) と GWΓ 法での計算値 (バツ印をつないだもの) を比較しているが，よい一致を示している．そして，スペクトル幅の非単調性に対応して，E の変化につれて $l(E)$ が最小値を持っている．ちなみに，この実験結果自体は角度分解型光電子分光 (ARPES) 実験遂行の上で重要な情報を与えるものである．

最後に，通常の金属領域 (r_s が 5 以下) よりもずっと低密度系である $r_s = 8$ での $A(\boldsymbol{p}, \omega)$ の計算結果を図 2.41 に示しておこう．この図を見てすぐに目に付くのは，$\boldsymbol{p} = 0$ (フェルミ球の中心) では準粒子ピークはなだらかになり，その

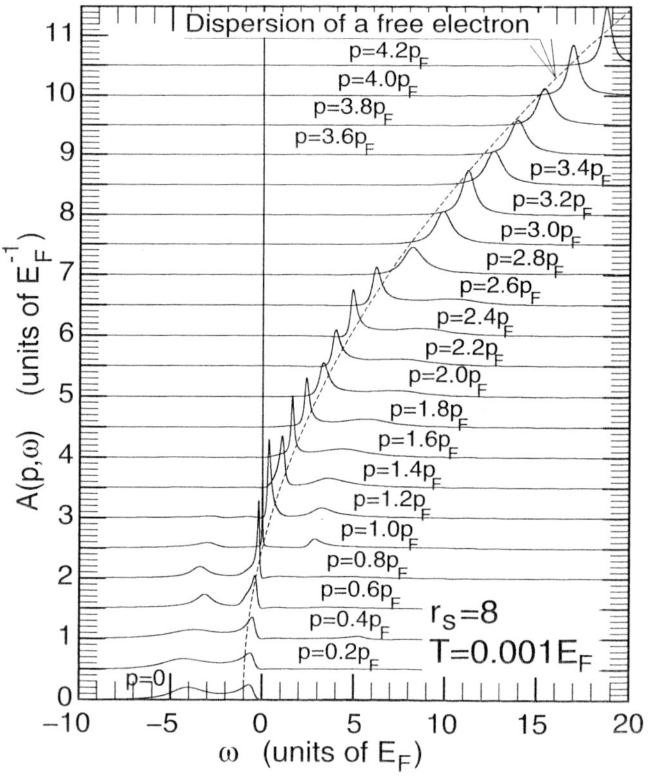

図 2.41 $r_s = 8$ での 1 電子スペクトル関数

高さ自体もよりなだらかなプラズマロンのピークの高さよりも低くなっているので，フェルミ面から随分と離れたこの領域では「準粒子」という概念それ自体がかなり曖昧なものといえる．

それでも，フェルミ面では準粒子はよく定義されているので，$\boldsymbol{p}$ を変えたときにフェルミ面での準粒子につながるピーク位置から $E_{\boldsymbol{p}}$ を決定すると，この $E_{\boldsymbol{p}}$ は新しい振舞いを示していることが見いだされた．すなわち，r_s が金属領域では常に $E_{\boldsymbol{p}}$ は裸の分散関係 $\varepsilon_{\boldsymbol{p}}$ よりも広がっていたが，今の場合，$|\boldsymbol{p}| > 1.4p_{\mathrm{F}}$ ではこれまで通りに $E_{\boldsymbol{p}}$ は $\varepsilon_{\boldsymbol{p}}$ よりも広がっているものの，$|\boldsymbol{p}| < 1.4p_{\mathrm{F}}$ では $E_{\boldsymbol{p}}$ は $\varepsilon_{\boldsymbol{p}}$ よりも狭くなっているのである．これらの結果を準粒子の有効質量 m^* という概念でいえば，(もっとも，ここではフェルミ面から離れた $\boldsymbol{p}$ においても m^* を考えるというように概念を拡張しているが，) m を裸の電子質量として，$|\boldsymbol{p}| < 1.4p_{\mathrm{F}}$ ($|\boldsymbol{p}| > 1.4p_{\mathrm{F}}$) では $m^* > m$ ($m^* < m$) ということで，$|\boldsymbol{p}| = 1.4p_{\mathrm{F}}$ を境として，その上下で有効質量と裸の質量の大小関係が逆転していることを意味する．

物理的には，第9巻の4.3.2項で議論をしたように，交換効果は m^*/m を小さくし，相関効果は逆に m^*/m を大きくしているので，上の結果は $1.4p_{\mathrm{F}}$ を境として，その上下で交換効果と相関効果の相対的な強さが逆転したものと理解される．

2.9.4　自己エネルギー

前項の $A(\boldsymbol{p},\omega)$ を計算する際に，実際には $G(\boldsymbol{p},i\omega_p)$ を解析接続していたのではなく，まず，自己エネルギー $\Sigma(\boldsymbol{p},i\omega_p)$ を解析接続して $\Sigma^{(\mathrm{R})}(\boldsymbol{p},\omega)$ を得た後に，これを使って $G^{(\mathrm{R})}(\boldsymbol{p},\omega)$ を計算していたのである．そこで，ここでは $\Sigma^{(\mathrm{R})}(\boldsymbol{p},\omega)$ の結果自体も示しておこう．

この $\Sigma^{(\mathrm{R})}(\boldsymbol{p},\omega)$ の計算例として，図2.42には，(a) $r_s=1$ で $|\boldsymbol{p}|=p_{\mathrm{F}}$ の場合と (b) $r_s=4$ で $|\boldsymbol{p}|=0$ の場合の $\mathrm{Re}\,\Sigma^{(\mathrm{R})}(\boldsymbol{p},\omega)$(実線) と $\mathrm{Im}\,\Sigma^{(\mathrm{R})}(\boldsymbol{p},\omega)$(破線) が描かれている．なお，$\mathrm{Re}\,\Sigma^{(\mathrm{R})}(\boldsymbol{p},\omega)$ の値はフェルミ面上 ($|\boldsymbol{p}|=p_{\mathrm{F}}$) の $\omega=0$ でゼロになるように，μ_{xc} だけシフトさせている．

これらの例でもそうであるが，ω の関数としての自己エネルギーは比較的簡単な形をしており，その特徴としては，① 常に $\mathrm{Im}\,\Sigma^{(\mathrm{R})}(\boldsymbol{p},0)=0$ を満たすこ

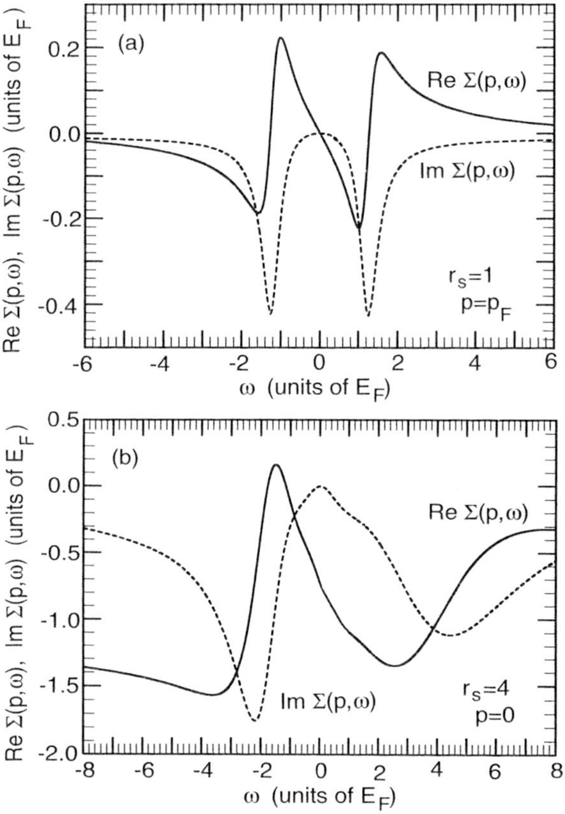

図 2.42　自己エネルギーの実部 (実線) と虚部 (破線) の計算例. (a) は $r_s = 1$ で $|\boldsymbol{p}| = p_{\mathrm{F}}$ の場合であり, (b) は $r_s = 4$ で $|\boldsymbol{p}| = 0$ の場合である.

と, ② 虚部のピーク構造はプラズモン励起に対応していること, ③ その虚部のピーク構造に対応して (あるいは, クラーマース–クローニッヒの関係から) 実部は特徴的な形状を示す. そして, この形状自体は図 2.10 ですでに見たものと定性的にまったく同じであること, などである. なお, (a) の $|\boldsymbol{p}| = p_{\mathrm{F}}$ の場合, ω の正負反転に関して自己エネルギーの実部 (虚部) は反対称 (対称) 的であるが, 完全に反対称 (対称) というわけではない. これは前述したように電子ガス系では E_{F} のオーダーのエネルギースケールでみた場合, 電子–正孔対称

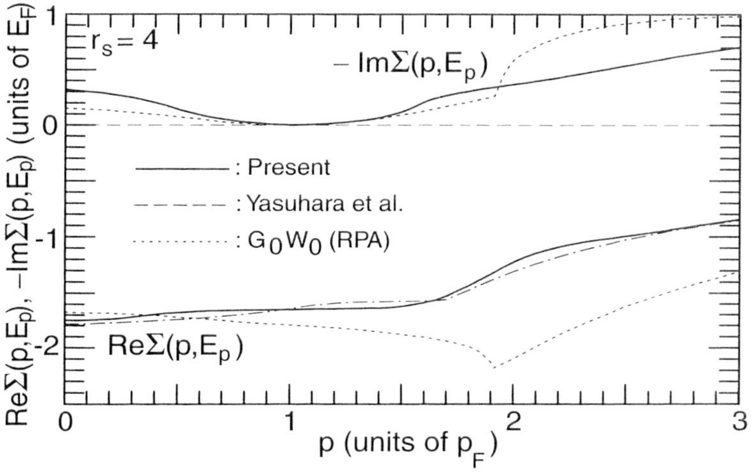

図 2.43　準粒子のエネルギーにおける自己エネルギーの寄与．$r_s = 4$ の場合に，GWΓ 法の結果 (実線) を RPA のそれ (点線) や安原ら[181)] の結果 (一点鎖線) と比較している．

性が成り立たないからである．

次に，$A(\boldsymbol{p}, \omega)$ の準粒子のピーク位置 $\omega = E_{\boldsymbol{p}}$ における自己エネルギーの値 (いわゆるオンシェル (on-shell) 値)，$\mathrm{Re}\,\Sigma^{(\mathrm{R})}(\boldsymbol{p}, E_{\boldsymbol{p}})$ と $\mathrm{Im}\,\Sigma^{(\mathrm{R})}(\boldsymbol{p}, E_{\boldsymbol{p}})$，を考えよう．図 2.43 は $r_s = 4$ での計算例である．今度は μ_{xc} のシフトをさせず，計算したままの $\mathrm{Re}\,\Sigma^{(\mathrm{R})}(\boldsymbol{p}, E_{\boldsymbol{p}})$ そのものをプロットしている．この図から次に述べるようないくつかの特徴が見て取れる．

① $\mathrm{Re}\,\Sigma^{(\mathrm{R})}(\boldsymbol{p}, E_{\boldsymbol{p}})$ は $|\boldsymbol{p}|$ の関数として単調増加関数である．これは $E_{\boldsymbol{p}}$ は裸の分散関係 $\varepsilon_{\boldsymbol{p}}$ よりも広がっている (すなわち，準粒子のバンド幅は裸のそれよりも広がっている) ことを意味する．この傾向は安原らの近似計算[181)] と一致するが，RPA (G_0W_0 近似) では定性的に違う (間違った) 結果になっている．

② しかしながら，バンド幅の増加量は小さなもので，特に，$|\boldsymbol{p}| < 1.5p_{\mathrm{F}}$ では $\mathrm{Re}\,\Sigma^{(\mathrm{R})}(\boldsymbol{p}, E_{\boldsymbol{p}}) \approx \mu_{\mathrm{xc}}$ ということになる．これは密度汎関数理論における LDA が予期以上の成功を収めている理由の 1 つと考えられる．

③ $|\boldsymbol{p}| > 2p_{\mathrm{F}}$ では $\mathrm{Re}\,\Sigma^{(\mathrm{R})}(\boldsymbol{p}, E_{\boldsymbol{p}})$ は大きく変化するようになり，大まかにいって，$1/|\boldsymbol{p}|$ に比例して小さくなっていく．

④ しかし，小さくなるといっても，たとえば，$|\boldsymbol{p}| = 4.5p_{\mathrm{F}}$ で $E_{\boldsymbol{p}} = 66\,\mathrm{eV}$ になったとしても，$\mathrm{Re}\,\Sigma^{(\mathrm{R})}(\boldsymbol{p}, E_{\boldsymbol{p}})$ は決して無視できない．このことは，次項で改めて詳しく述べるように，角度分解型光電子分光 (ARPES) 実験の結果解釈において，たいへんに重要な問題を提起している．

⑤ RPA の計算結果では，$|\boldsymbol{p}| \approx 1.9p_{\mathrm{F}}$ のところに実部にも虚部にもカスプが見られるが，これは RPA では 1 対の電子–正孔対励起しか取り込めないための人為的な間違いである．GWΓ 法では多対の電子–正孔対励起が含まれているので，このようなカスプ構造は一切見られないように改良されている．

2.9.5　ナトリウムのバンド幅問題

上でみたように，$r_s = 4$ では準粒子のバンド幅は裸のそれよりも若干拡がる．しかるに，電子ガス系の代表例と見なされているナトリウム ($r_s = 4$) では準粒子のバンド幅は 18%も縮まっているという ARPES の実験結果がプラマー (E. W. Plummer) らによって報告されていた[183]．したがって，この矛盾をいかに解決するかがたいへんに重要な問題になっていた (第 9 巻の 6.3.4 項を参照)．

この問題を基本的に解決したのは安原である[181]．図 2.1 に示した ARPES 実験のエネルギースキームで，通常，**光電子の終状態は自由電子ガスのエネルギー分散に従うと仮定した上で**実験家は始状態のエネルギー分散を決定しているが，彼はこれに異議を唱えた．前項の最後で注意したように，終状態は決して自由電子ガスではなく，相互作用する電子ガスと考えるべきなので，終状態の自己エネルギー補正も取り入れて始状態のエネルギー分散を決定すべきだというのが彼の主張である．

実際，彼の主張に従ってプラマーらの実験結果を見直してみると，実験で得られている分散関係は準粒子の分散関係 $E_{\boldsymbol{p}} = \varepsilon_{\boldsymbol{p}} + \mathrm{Re}\,\Sigma^{(\mathrm{R})}(\boldsymbol{p}, E_{\boldsymbol{p}})$ ではなく，終状態の自己エネルギー補正を考慮したもので，たとえば，[110] 面での測定なら $\boldsymbol{K}_{[110]}$ をその方向の第 1 逆格子ベクトルとすると，

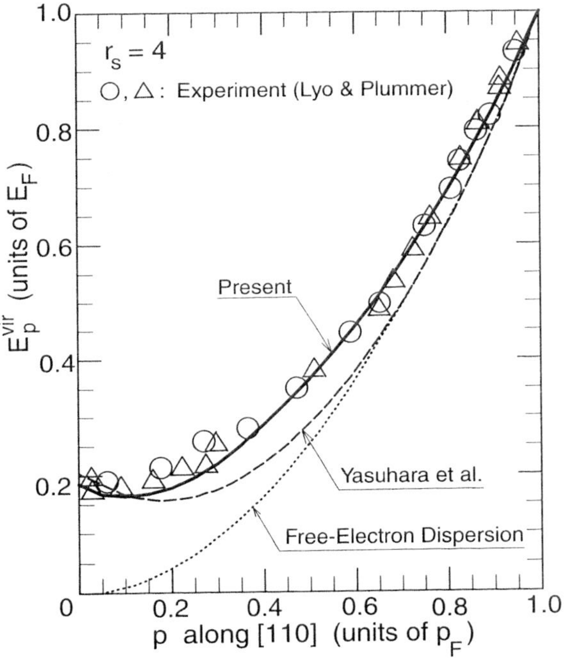

図 2.44 ナトリウム ($r_s = 4$) の準粒子分散関係に関して，APRPES によるプラマーらの実験結果 (白丸や白三角印) と理論 (GWΓ 法の結果は実線，安原らのそれは一点鎖線) を比較したもの．

$$E_{\boldsymbol{p}}^{\mathrm{vir}} \equiv \varepsilon_{\boldsymbol{p}} + \mathrm{Re}\,\Sigma^{(\mathrm{R})}(\boldsymbol{p}, E_{\boldsymbol{p}}) - \mathrm{Re}\,\Sigma^{(\mathrm{R})}(\boldsymbol{p} + \boldsymbol{K}_{[110]}, E_{\boldsymbol{p}+[110]}) \qquad (2.513)$$

で定義される“仮想的な”分散関係 $E_{\boldsymbol{p}}^{\mathrm{vir}}$ と比べるべきものであることが分かる．式 (2.513) に現れる自己エネルギー補正を GWΓ 法で計算し，実験と比較した結果が図 2.44 に示されているが，実験と理論の一致はすばらしく，GWΓ 法の精度の高さを証明している[123]．同時に，ナトリウムの準粒子バンド幅に関する GWΓ 法の結論の正しさが確認された．すなわち，準粒子バンド幅は裸のそれに比べてわずかではあるが，広がっているのである．

ちなみに，「**終状態が自由電子的でなく，相互作用する電子ガスと考えるべきこと**」は，ナトリウムだけに限られることではない．したがって，現在までに報告されているほとんどすべてのARPES実験の結果はこの観点から再吟味されるべきと思われる．近い将来，この点を十分に考慮したARPES実験があらゆる物質について遂行されることを期待している．

2.9.6 動的構造因子

1電子グリーン関数の自己無撞着計算と同時に得られる分極関数 $\Pi(\boldsymbol{q}, i\omega_q)$ に関連して，動的密度ゆらぎの観測量に直接関連する物理量である動的構造因子 $S(\boldsymbol{q},\omega)$ を計算しよう[184]．この $S(\boldsymbol{q},\omega)$ は式(2.433)を通して密度相関関数 $Q^{(\mathrm{R})}_{\rho\rho}(\boldsymbol{q},\omega)$ を計算することから得られる．

図2.45に，この $S(\boldsymbol{q},\omega)$ の計算例が(対応するRPAでの結果とともに)示されている．なお，ここでは $r_s=5$ の系での結果を与えているが，$S(\boldsymbol{q},\omega)$ の定性的な振舞いには際立った r_s 依存性はない．

その $S(\boldsymbol{q},\omega)$ の特徴としては，ある臨界的な $|\boldsymbol{q}|$ の大きさ q_{c} (ここでは約 $0.9p_{\mathrm{F}}$) よりも $|\boldsymbol{q}|$ が小さいと，決して小さくはない幅を伴うプラズモンピークのみが主要な構造になっている．この場合の幅はランダウ・ダンピング機構ではなく，プラズモンのコヒーレントな励起が多対の電子–正孔対励起へとダンピングすることによるものである．したがって，これはRPAのように分極関数を Π_0 で扱っていたのでは決して記述できない物理過程を反映しているものである．

一方，$|\boldsymbol{q}|$ がいったん q_{c} よりも大きくなると，**ランダウ・ダンピング**(プラズモンの1対の電子–正孔対励起への変換)が急激に効いてきて，プラズモンが存在し得なくなってくる．そして，その様子はプラズモンピーク幅の急激な増加で確認できる．こうしてたいへんに幅の広いゆるやかなプラズモンのピーク構造は $|\boldsymbol{q}|$ の更なる増加とともに連続的に電子–正孔対励起の平均エネルギーを与える緩いピーク(矢印bで示したもの)に移行していく．

ところで，プラズモンが存在し得なくなる $|\boldsymbol{q}|$ のあたりから，1対の電子–正孔対励起領域内ではあるが，その領域の低エネルギー側にもう1つのピーク構造(矢印aで示したもので，ピークというよりもショルダーというべきかもしれないもの)が現れてくる．この中間的な $|\boldsymbol{q}|$ の大きさにおける「**2つのピーク構造**」はRPAをはじめとしてこれまでの近似計算ではこれ程に明確には見ら

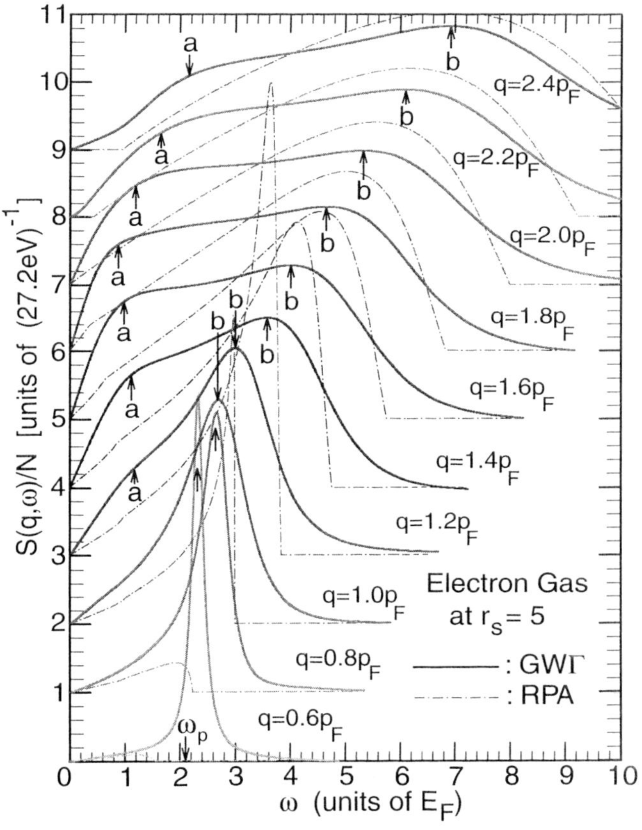

図 **2.45**　$r_s = 5$ での動的構造因子 $S(\boldsymbol{q}, \omega)$

れなかったものである．

この電子ガス系における $S(\boldsymbol{q}, \omega)$ の新しい結果を通して見たアルミニウムの $S(\boldsymbol{q}, \omega)$ の実験結果の解釈は原著論文[184] に詳しく記しているので，興味のある読者はそれを参照されたい．

2.9.7　励起子効果：誘電異常と圧縮率の発散

前述した $S(\boldsymbol{q}, \omega)$ における構造 a を詳しく調べてみよう．この構造は $S(\boldsymbol{q}, \omega)$ を見るよりも誘電関数 $\epsilon^{(\mathrm{R})}(\boldsymbol{q}, \omega)[= 1 + u(\boldsymbol{q})\Pi^{(\mathrm{R})}(\boldsymbol{q}, \omega)]$ を見た方がずっと明

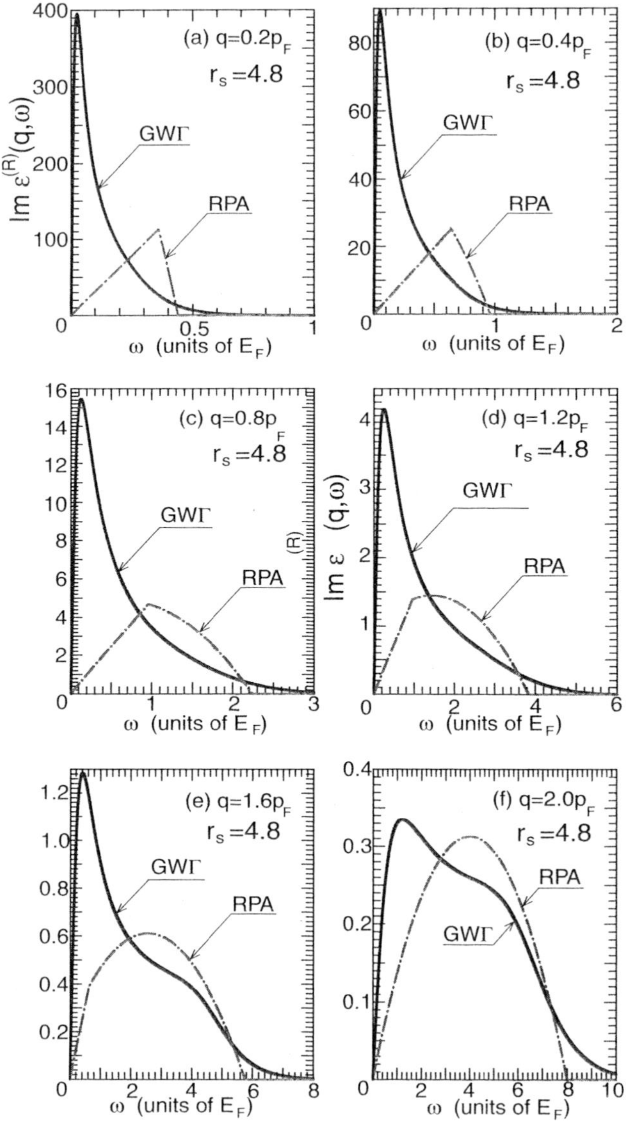

図 2.46　$r_s = 4.8$ での誘電関数 $\epsilon^{(\mathrm{R})}(\boldsymbol{q}, \omega)$ の虚部を ω の関数としていろいろな $|\boldsymbol{q}|$ で描いたもの．縦軸のスケールが大きく変わっていることに注意されたい．

確になる[185]．

図 2.46 には，GWΓ 法で得られた $\mathrm{Im}\,\epsilon^{(\mathrm{R})}(\boldsymbol{q},\omega)$ の結果が RPA でのそれとの比較とともに示されている．この図から分かるように，1 対の電子–正孔対励起領域内に RPA では見られないピーク構造が存在している．この構造が $S(\boldsymbol{q},\omega)$ における構造 a に対応しているわけだが，$\mathrm{Im}\,\epsilon^{(\mathrm{R})}(\boldsymbol{q},\omega)$ で見るとそのピークはたいへんに鋭く，とりわけ，$|\boldsymbol{q}|$ が小さいときにはそうであるが，$|\boldsymbol{q}|$ が $2p_{\mathrm{F}}$ に近づくと急激にその構造は目立たなくなっていく．ちなみに，このピークの位置を $\omega_{\mathrm{ex}}(\boldsymbol{q})$ と書いた場合，この図 2.46 の結果を再現する誘電関数の近似形は

$$\epsilon^{(\mathrm{R})}(\boldsymbol{q},\omega) \approx 1 + \frac{\kappa}{\kappa_0}\frac{q_{\mathrm{TF}}^2}{\boldsymbol{q}^2}\frac{\omega_{\mathrm{ex}}(\boldsymbol{q})}{\omega_{\mathrm{ex}}(\boldsymbol{q}) - i\omega} \tag{2.514}$$

である．ここで，q_{TF} はトーマス–フェルミの遮蔽定数で第 9 巻の式 (I.4.198) で定義されている．

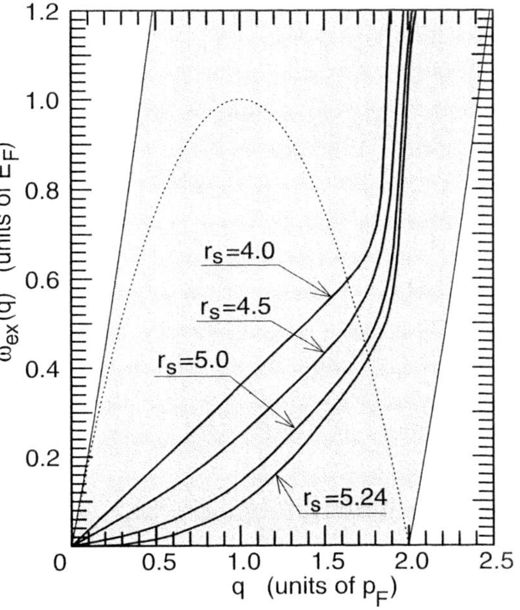

図 2.47 $\mathrm{Im}\,\epsilon^{(\mathrm{R})}(\boldsymbol{q},\omega)$ におけるピーク位置 $\omega_{\mathrm{ex}}(\boldsymbol{q})$ を $(|\boldsymbol{q}|,\omega)$ 空間でプロットしたもの．電子密度パラメータ r_s は 4，4.5，5，そして，5.24 のように変えた．

図 2.47 には，パラメータ r_s を 4 から始めて次第に大きくして 5.25 に近づけながら，この $\omega_{\rm ex}(\boldsymbol{q})$ を $(|\boldsymbol{q}|,\omega)$ 空間でプロットした結果が示されている．(なお，$|\boldsymbol{q}| > 2p_{\rm F}$ ではピーク構造はあまり明確ではないが，$\mathrm{Im}\,\epsilon^{(\mathrm{R})}(\boldsymbol{q},\omega)$ の最大値を与える ω をあえて $\omega_{\rm ex}(\boldsymbol{q})$ と定義した.)

この図 2.47 から，大きなピーク構造が見られている $|\boldsymbol{q}|$ が小さい領域で $\omega_{\rm ex}(\boldsymbol{q})$ は線形に変化している (すなわち，$|\boldsymbol{q}|$ に比例している) ことが分かるので，$\omega_{\rm ex}(\boldsymbol{q}) = c_{\rm ex}|\boldsymbol{q}|$ と書こう．すると，この "速度" $c_{\rm ex}$ は r_s が 5.25 に近づくにつれて急激にゼロに近づいている．

ところで，第 9 巻の図 4.15 でも示したように，3 次元電子ガス系では圧縮率 κ は $r_s = 5.25$ で発散する．あるいは，相互作用のない系でのそれを κ_0 と書くと，圧縮率比 κ_0/κ は図 2.48 に描いたように，$r_s \to 5.25$ で $\kappa_0/\kappa \to 0$ のよう

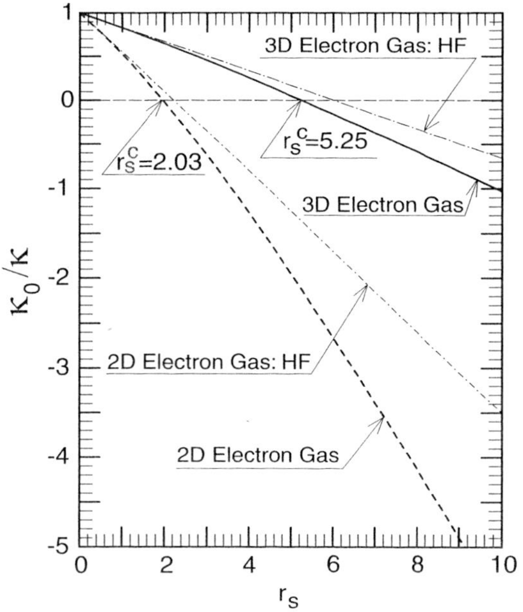

図 **2.48** 2 次元，および，3 次元電子ガスにおける圧縮率比 κ_0/κ を r_s の関数として描いたもの．正確な値 (実線) の他にハートリー–フォック近似における結果 (一点鎖線) も示してある．

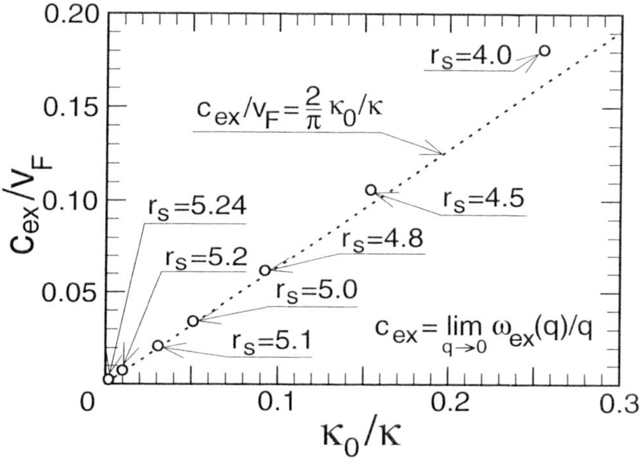

図 2.49 励起子モードの "速度" を κ_0/κ の関数として描いたもの.

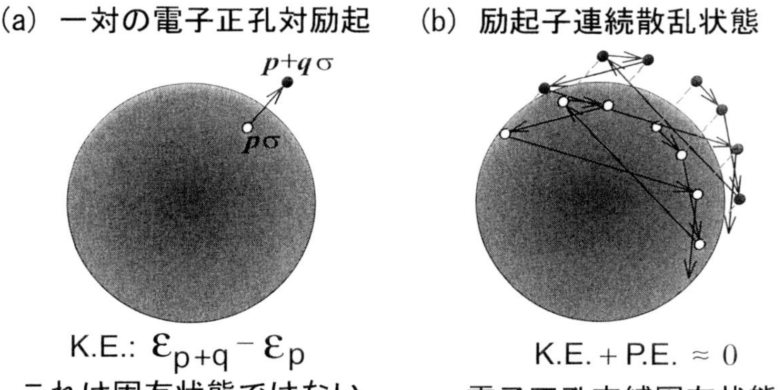

図 2.50 (a) RPA における 1 対の電子–正孔対励起状態でいわば運動エネルギー (K. E.) だけを考えたもの, (b) 励起子形成過程の模式図で, ここでは運動エネルギーの他に電子–正孔間のクーロン引力のポテンシャルエネルギー (P. E.) の効果も考えたもの.

な振舞いを示す.

このことを念頭に置いて,$c_{\rm ex}$ を κ_0/κ の関数としてプロットしたのが図 2.49 である.これから分かるように,κ_0/κ が小さな“臨界領域”では $v_{\rm F}$ $(= p_{\rm F}/m)$ をフェルミ速度として,

$$c_{\rm ex} = \frac{2}{\pi}\,\frac{\kappa_0}{\kappa}\,v_{\rm F} \qquad (2.515)$$

のように書けることが分かる.このように,κ が発散するような r_s が 5.25 近傍の低電子密度の系では $\mathrm{Im}\,\epsilon^{(\mathrm{R})}(\boldsymbol{q},\omega)$ に鋭いピークをもたらす励起モードのエネルギー $\omega_{\rm ex}(\boldsymbol{q})$ は,$|\boldsymbol{q}|$ が小さいが,しかし,かなり広い領域で $|\boldsymbol{q}|$ にはよらずにゼロになるということで,異常を示唆している.この事情を逆の立場から見てみると,このエネルギー $\omega_{\rm ex}(\boldsymbol{q})$ の消失が圧縮率 κ の発散 (および,さらに $r_s > 5.25$ での負の圧縮率の出現) という異常を引き起こす原因になっていると理解される.

この $\omega_{\rm ex}(\boldsymbol{q})$ の励起モードは 1 対の電子–正孔対励起領域内に存在するので,1 対の電子–正孔励起に密接に関係したものであることは容易に想像できよう.この電子–正孔 1 対励起を RPA で考えると,図 2.50(a) に示すように常に有限のエネルギー $\varepsilon_{\boldsymbol{p}+\boldsymbol{q}} - \varepsilon_{\boldsymbol{p}}$ を持ち,決してゼロにならない.なお,RPA では励起された電子–正孔間に相互作用の効果を考えないので,これを“系の固有励起状態”とみなすのであるが,実際には電子–正孔間にはクーロン引力が働くので,その効果を取り入れてはじめて系の本当の固有励起状態が作られることになる.そのクーロン引力による連続的な電子–正孔散乱によって固有束縛状態が作られる様子を模式的に示したのが図 2.50(b) である.これは本質的に半導体中に光励起によって作られる励起子と形成機構は同じなので,ここでも「**励起子**」(exciton) ということにすると,$\omega_{\rm ex}(\boldsymbol{q})$ は励起子形成エネルギーである.そして,$\varepsilon_{\boldsymbol{p}+\boldsymbol{q}} - \varepsilon_{\boldsymbol{p}}$ という励起子の“運動エネルギー”がクーロン引力の“ポテンシャルエネルギー”の利得によって削減された結果,$\omega_{\rm ex}(\boldsymbol{q})$ は $\varepsilon_{\boldsymbol{p}+\boldsymbol{q}} - \varepsilon_{\boldsymbol{p}}$ よりも小さくなり,ひいてはゼロにまでなり得る (そして,その結果,いわば自発的に励起子形成が可能になり得る) ということになる.

このように $\omega_{\rm ex}(\boldsymbol{q})$ の励起子モード形成の起源は電子–正孔間のクーロン引力がなので,“フェルミ球内の正孔”という概念が成立していることが前提になっ

ている．もしも十分に高温になってフェルミ球の概念が崩れたり，あるいは，たとえ低温といっても $|\boldsymbol{q}|$ が大きな励起でフェルミ球が十分に認識されないような場合は $\omega_{\rm ex}(\boldsymbol{q})$ のモードは成立し得ない．実際，図 2.46 で $|\boldsymbol{q}|$ が大きくなると励起子モードが明確でなくなっていた．

最後に付言すれば，最近，$r_s > 5.25$ の場合に起こる $\kappa < 0$ の物理に関連して面白い展開が起こっている．実験としては超臨界状態のアルカリ液体金属，とりわけ，ルビジウムで $r_s > 5.25$ の状況を作り出し，ルビジウム–イオン間の対相関関数に異常を見いだしている[186)]．この異常は r_s を増大させて低密度化させた場合，ルビジウム–イオン間隔は (通常予想されるように広がるのではなく，逆に) 狭まるということである．このルビジウムの結果を含めて，より一般にアルカリ液体金属では，① κ の異常に繋がる物理，とりわけ，準粒子間に働く引力の存在と，② イオンコアの存在という 2 つの効果で定量的に実験を再現した理論が発表された[187)]．また，この理論はアルカリ液体での金属絶縁体転移の理解にもつながるものであることを第一原理的に示した[188)]．

2.9.8 GWΓ 法の展望

本章の 2.5 節以降，電子の自己エネルギー Σ を分極関数 Π と同時に厳密に決定できる新しい理論的枠組みとしての自己エネルギー改訂演算子理論を関連する旧来の理論と比較しながら紹介した．そして，この厳密理論を基礎にしてバーテックス関数に対する新しい実用的な汎関数形を提案した．さらに，その汎関数形を用いて，基本的に GW 近似の遂行に必要な手間と同程度の手間でワード恒等式を常に満たしながらバーテックス補正がフルに入った計算ができるスキームとして，GWΓ 法を解説した．特に，電子ガス系のような場合には，この近似スキームで鍵になる量である $\bar{I}(q)$ は時間依存密度汎関数理論で研究されている振動数に依存する交換相関核 $f_{\rm xc}(q)$ と密接に関連することを指摘し，適切な $\bar{I}(q)$ を選べば Σ や Π がほぼ正確に求められることを確認した．

この GWΓ 法を電子ガス系以外の系に適用しようとすれば，その系にふさわしい $\bar{I}(q)$ についての知識が必要である．そのためには，この量に対応するものを量子モンテカルロ計算から借用するというやり方もあるが，式 (2.488) の定義にしたがって弱結合極限か強結合極限かのいずれか (あるいは両方) を出発点にした摂動計算をすることも考えられる．なお，このような摂動計算の場合，式 (2.488) の分母分子のそれぞれに摂動展開式を代入すれば，自然にパデ近似的な式が得られよう．

ごく最近，今の方法を金属にではなく，半導体や絶縁体などのようにエネルギーギャップがある系に応用することを考えてみた．この場合，$\bar{I}(q)$ の計算過程で必然的にバンド間遷移を伴うために，この $\bar{I}(q)$ が小さいことが分かる．したがって，$\bar{I}(q) \approx 0$ と考えてよい．また，運動量分布関数 $n(\boldsymbol{p})$ が相互作用のない場合のそれ $n^{(0)}(\boldsymbol{p})$ からあまり変化しないので，分極関数 $\Pi^{(b)}$ は Π_0 でよく近似される．すると，GWΓ 法によって自己無撞着に決定される準粒子の分散関係は，驚くべきことに，$\mathrm{G_0W_0}$ 近似によって得られるそれにほぼ等しくなることが証明された[189]．ちなみに，ずっと以前から，半導体や絶縁体ではバンドギャップエネルギーなどの物理量の実験値は $\mathrm{G_0W_0}$ 近似でよく再現されることが分かっていた[190]が，今回，その理由がよく分かった．すなわち，このような系では，$\mathrm{G_0W_0}$ 近似は単なる自己エネルギーの最低次計算というよりは，自己エネルギー補正の高次の項とバーテックス補正項の高度な打ち消し合いを正しく繰り込んだ高精度の計算であると考えられるのである．

さて，この GWΓ 法では準粒子像を一切仮定しないで Σ あるいは G を高精度に計算することになる．確かに，電子ガス系の場合はフェルミ流体的な準粒子像が成り立つことを確認したが，一般の強く相互作用する系で同じ結論が常に得られる保証はない．そこで，原則的には朝永–ラッティンジャー流体も記述しうるこの手法をいろいろな系に適用して準粒子像の破れの可能性を探り，それによって新しい知識や概念が得られることを期待している．

最後に，最近，必ずしも著者と同じ脈絡で導いたのではなく，それゆえ，微妙に違うところもあり，何よりもワード恒等式を満たすものではないが，このGWΓ 法にかなり近い提案がなされ，実際の固体へも応用されている[191]．この方面からの発展が GWΓ 法の進展につながることも期待したい．

A

補遺：第2量子化

第9巻と同様に，本書でも第2量子化は既知のものとした．なお，それをあまり知らない読者のためには，適当な教科書，たとえば，フェッター–ワレッカの名著[192]の第1章を参照されることをお奨めしてきた．しかしながら、第2量子化は量子力学 (と統計力学) を使って自然を (とりわけ，超伝導を) 研究する際の“基本言語”(あるいは，“必需品”) といえるものなので，“習う”よりは“慣れる”べきものである．そして，それに慣れるための第一歩は，その“基本文法”からスタートして何度も何度も“反復練習”することであろう．この観点からからすれば，ここで多電子系 (すなわち，多フェルミオン系) の第2量子化を中心として，そのごく初歩を (特に，その基礎概念の解説に力点を置いて) 振り返ることは満更無駄ではないと思われるので，この補章を付け加えることにした．

A.1　第1量子化から抽象表現へ

ボルン–オッペンハイマーの断熱近似でイオンの位置が適当に与えられたとき，普通の量子力学 (第1量子化) によれば，N 電子系の状態の決定は，電子の位置が $(\boldsymbol{r}_1, \cdots, \boldsymbol{r}_N)$ であるとして (そして，しばらくはスピン依存性を忘れることにして)，

$$
\begin{aligned}
H(\boldsymbol{r}_1, \cdots, \boldsymbol{r}_N) &= -\sum_k \frac{\nabla_k^2}{2m} + \sum_k V(\boldsymbol{r}_k) + \frac{1}{2}\sum_{k\neq k'} \frac{e^2}{|\boldsymbol{r}_k - \boldsymbol{r}_{k'}|} \\
&\equiv \sum_k H_1(\boldsymbol{r}_k) + \frac{1}{2}\sum_{k\neq k'} H_2(\boldsymbol{r}_k, \boldsymbol{r}_{k'}) \qquad \text{(A.1)}
\end{aligned}
$$

というハミルトニアンを解く問題に還元される．なお，この式 (A.1) の第2式から第3式への移行でハミルトニアンの1体部分 $H_1(\boldsymbol{r})$ と2体相互作用の部分 $H_2(\boldsymbol{r},\boldsymbol{r}')$ を定義している．

いま，この問題を解く際に，このままの表示 (すなわち，“言語体系”) ではなく，より容易に解が得られそうな別の表示に変換してから考えることにしよう．この別の表示への変換で鍵になる概念は2つある．ひとつは,「量子力学はユニタリー変換で不変である」ということで，そのため，表示の基底は自由に選択できるということである．これはヒルベルト空間内での “回転不変” という概念でもある．もうひとつは，粒子数 N の空間について，それが一定のサブスペースで考えるのではなく，粒子数の変化も取り入れた N 全体のスペースで取り扱おうとするものである．これはフォック空間という概念で捉えられるもので，統計力学でいえば，ミクロカノニカルアンサンブルからグランドカノニカルアンサンブルへの移行という概念である．

この変換の過程を式 (A.1) のハミルトニアン H で記述される問題に即して述べよう．まず，普通の (すなわち，第1量子化の) 量子力学で考えると，この $H(\boldsymbol{r}_1,\cdots,\boldsymbol{r}_N)$ で規定される定常状態は微分方程式

$$H(\boldsymbol{r}_1,\cdots,\boldsymbol{r}_N)\,\Psi(\boldsymbol{r}_1,\cdots,\boldsymbol{r}_N)=E\,\Psi(\boldsymbol{r}_1,\cdots,\boldsymbol{r}_N) \tag{A.2}$$

を適当な境界条件の下で解くことによって決定される．特に $N=1$ の場合は

$$H(\boldsymbol{r})\,\Psi(\boldsymbol{r})=H_1(\boldsymbol{r})\,\Psi(\boldsymbol{r})=\left[-\frac{\nabla^2}{2m}+V(\boldsymbol{r})\right]\Psi(\boldsymbol{r})=E\,\Psi(\boldsymbol{r}) \tag{A.3}$$

を解くという形になる．そして，この式 (A.3) であれば，物理的に妥当な $V(\boldsymbol{r})$ を与える限り，それがどのようなものであれ，数値的には常に解が得られる．

次に，この式 (A.1) や式 (A.2) の表示から別の表示への変換を考える前に，これらの式は具体的な表示を越えたある抽象的な式に昇華されることを述べよう．具体的にいえば，状態 $\Psi(\boldsymbol{r}_1,\cdots,\boldsymbol{r}_N)$ はある抽象的な状態 $|\Psi\rangle$ において，その “$\boldsymbol{r}$ 表示 (座標表示)” を取ったものであると解釈して，

$$\Psi(\boldsymbol{r}_1,\cdots,\boldsymbol{r}_N)=\langle\boldsymbol{r}_1,\cdots,\boldsymbol{r}_N|\Psi\rangle \tag{A.4}$$

と書こう．同様に，ハミルトニアン $H(\boldsymbol{r}_1,\cdots,\boldsymbol{r}_N)$ もある抽象的なハミルトニ

アン H の“$\boldsymbol{r}$ 表示 (座標表示)”であると解釈して，

$$\langle \boldsymbol{r}_1,\cdots,\boldsymbol{r}_N|H|\boldsymbol{r}'_1,\cdots,\boldsymbol{r}'_N\rangle = \delta(\boldsymbol{r}_1-\boldsymbol{r}'_1)\cdots\delta(\boldsymbol{r}_N-\boldsymbol{r}'_N)H(\boldsymbol{r}_1,\cdots,\boldsymbol{r}_N) \quad \text{(A.5)}$$

と書こう．ここで，H はこの座標表示において対角的であると仮定されている．(ちなみに，座標表示では H はこの意味で大変に単純化されていることになる．そして，それゆえに，解を具体的に求める場合，シュレディンガー方程式は，通常，座標表示で解かれているのである.) このような解釈の下で

$$H\,|\Psi\rangle = E\,|\Psi\rangle \quad \text{(A.6)}$$

という抽象表現の方程式を考え，その $\boldsymbol{r}$ 表示を取った場合 (すなわち，左からブラベクトル $\langle \boldsymbol{r}_1,\cdots,\boldsymbol{r}_N|$ を作用させると)，この表示での完備性を使って，

$$\begin{aligned}\int d\boldsymbol{r}'_1\cdots\int d\boldsymbol{r}'_N\,\langle \boldsymbol{r}_1,\cdots,\boldsymbol{r}_N|H|\boldsymbol{r}'_1,\cdots,\boldsymbol{r}'_N\rangle\,\langle \boldsymbol{r}'_1,\cdots,\boldsymbol{r}'_N|\Psi\rangle \\ = H(\boldsymbol{r}_1,\cdots,\boldsymbol{r}_N)\,\langle \boldsymbol{r}_1,\cdots,\boldsymbol{r}_N|\Psi\rangle \\ = E\,\Psi(\boldsymbol{r}_1,\cdots,\boldsymbol{r}_N)\end{aligned} \quad \text{(A.7)}$$

が得られるが，これは元の N 体系のシュレディンガー方程式 (A.2) に他ならない．このようなわけで，式 (A.6) は抽象的な意味での一般的なシュレディンガー方程式を表現していることが分かる．そして，この書き方では N の大きさすらも具体的には何も指定されておらず，その座標表示を取る際の“基底”$|\boldsymbol{r}_1,\cdots,\boldsymbol{r}_N\rangle$ を考えた場合に初めて N が具体的に与えられることになる．

A.2 数表示の導入

以上の準備の下に抽象表現から出発して次のような表示の導入を考えよう．いま，問題に応じて適当に選択された 1 体ポテンシャル $U(\boldsymbol{r})$ に対して，

$$\widetilde{H}_1(\boldsymbol{r}) = -\frac{\nabla^2}{2m} + U(\boldsymbol{r}) \quad \text{(A.8)}$$

によって 1 体のハミルトニアン $\widetilde{H}_1(\boldsymbol{r})$ を定義し，この $\widetilde{H}_1(\boldsymbol{r})$ の規格完全系を $\{u_\alpha(\boldsymbol{r})\}$ と書こう．すなわち，

$$\widetilde{H}_1(\boldsymbol{r})\,u_\alpha(\boldsymbol{r}) = \varepsilon_\alpha\,u_\alpha(\boldsymbol{r}) \quad (\alpha = 1,\,2,\,3,\,\cdots) \tag{A.9}$$

として，各 $u_\alpha(\boldsymbol{r})$ は規格化されていて，これらはお互いに直交している完全系であるとしよう．そして，N を任意の正整数として，この規格完全系の中から $u_{\alpha_1}(\boldsymbol{r})$，$\cdots$，$u_{\alpha_N}(\boldsymbol{r})$ の N 個の関数を任意に選んで，

$$\Phi_{\alpha_1,\cdots,\alpha_N}(\boldsymbol{r}_1,\cdots,\boldsymbol{r}_N) \equiv \frac{1}{\sqrt{N!}}\det\Big(u_{\alpha_i}(\boldsymbol{r}_j)\Big) \tag{A.10}$$

という関係式により，$\boldsymbol{r}$ 表示での (スレーター行列式型の)N 体波動関数 $\Phi_{\alpha_1,\cdots,\alpha_N}(\boldsymbol{r}_1,\cdots,\boldsymbol{r}_N)$ を定義しよう．基本的に，相互作用する N 電子系の任意の状態は組 $(\alpha_1,\cdots,\alpha_N)$ を変化させて作りあげられるこのような波動関数の全体 $\{\Phi_{\alpha_1,\cdots,\alpha_N}(\boldsymbol{r}_1,\cdots,\boldsymbol{r}_N)\}$ を使って展開可能であるので，この $\{\Phi_{\alpha_1,\cdots,\alpha_N}(\boldsymbol{r}_1,\cdots,\boldsymbol{r}_N)\}$ は N 電子系に対して基底波動関数系を構成している．

さて，この式 (A.10) は組 $(\alpha_1,\cdots,\alpha_N)$ から $\Phi_{\alpha_1,\cdots,\alpha_N}(\boldsymbol{r}_1,\cdots,\boldsymbol{r}_N)$ への一意的な “写像” を定義する関係式とも見なすことができる．実際，$(\alpha_1,\cdots,\alpha_N)$ の組を指定すると，考える電子の数 N の値と同時に，その N 個の電子が占める “軌道”$u_{\alpha_i}(\boldsymbol{r})$ も一意的に決定される．そして，N の変化も含めて，このような組の全てを尽くした基底を作り上げると，ヒルベルト–フォック空間の任意の状態はこの基底関数の 1 次結合として書き上げられることになる．

あるいは，はじめから組 $(\alpha_1,\cdots,\alpha_N)$ で指定するのではなく，下の準位から順次，電子を詰めるか詰めないかを決め，その結果を準位 i のビット情報 n_i(詰めない場合を 0, 詰める場合を 1) として与え，そして，そのビット情報の総体 $\{n_i\}$ で各状態を指定する方法も可能である．たとえば，組 $(\alpha_1,\cdots,\alpha_N)$ に対応する状態は，i がこの組に含まれる N 個の準位のうちの 1 つであれば $n_i = 1$，それ以外の無限個の準位なら $n_i = 0$ とした $\{n_1, n_2, n_3, \cdots\}$ の組で一意的に指定される．

これを考慮して，$\{n_1, n_2, n_3, \cdots\}$ の組と 1 対 1 対応で指定される状態を $|n_1, n_2, n_3, \cdots\rangle$ と書こう．具体的にいえば，たとえば，$n_1 = n_2 = \cdots = n_N = 1$ で，その他の n_i は 0 の場合，$|n_1, n_2, n_3, \cdots\rangle$ の座標表示は $u_1(\boldsymbol{r})$，$\cdots$，$u_N(\boldsymbol{r})$ の N 個の関数を使って，

$$\langle \boldsymbol{r}_1, \cdots, \boldsymbol{r}_N | n_1, n_2, n_3, \cdots \rangle = \langle \boldsymbol{r}_1, \cdots, \boldsymbol{r}_N | 1, 1, \cdots, 1, 0, 0, 0, \cdots \rangle$$
$$= \Phi_{1,\cdots,N}(\boldsymbol{r}_1, \cdots, \boldsymbol{r}_N) = \frac{1}{\sqrt{N!}} \det\Big(u_i(\boldsymbol{r}_j)\Big) \qquad \text{(A.11)}$$

ということ (すなわち，スレーター行列式) になる．

ところで，このようなビット情報で状態を指定する場合，電子の総数を $\sum_i n_i = N$ に制限してから n_i の全体 $\{n_i\}$ を決定する必要はなく，むしろ，このような制限なしに $\{n_i\}$ を決定した方が準位間の関連をまったく考慮せずに自由に各 n_i が選択できて便利である．そもそも，$\sum_i n_i = N$ の条件下で状態の全体を考えてから，その後に $N = 1$ から ∞ まで変化させるのであれば，はじめから何らの制限もなしに $\{n_i\}$ の全体を考えればよいのである．

A.3　消滅–生成演算子

このように，状態空間 $\{|n_1, n_2, n_3, \cdots\rangle\}$ はヒルベルト–フォック空間におけるひとつの基底関数系となり得ることが分かったので，この状態空間内の任意の状態に作用する (かつ，その空間内の状態のみに作用する) 2 つの演算子，消滅演算子 c_i と生成演算子 c_i^+，を考えよう．天下り的ではあるが，これらは

$$c_i|n_1, n_2, n_3, \cdots\rangle = \sqrt{n_i}\,(-1)^{\sum_{j<i} n_j}|\cdots, n_i - 1, \cdots\rangle \qquad \text{(A.12)}$$
$$c_i^+|n_1, n_2, n_3, \cdots\rangle = \sqrt{1 - n_i}\,(-1)^{\sum_{j<i} n_j}|\cdots, n_i + 1, \cdots\rangle \qquad \text{(A.13)}$$

のように定義される．これらの定義式 (A.12) や (A.13) を用いて，任意の状態 $|n_1, n_2, n_3, \cdots\rangle$ に演算子 $\{c_i, c_j\}$，$\{c_i^+, c_j^+\}$，$\{c_i, c_j^+\}$ を作用させて計算すると，容易に

$$\{c_i, c_j\} = \{c_i^+, c_j^+\} = 0,\ \{c_i, c_j^+\} = \delta_{i,j} \qquad \text{(A.14)}$$

であることが分かる．この式 (A.14) から，ここで導入された消滅–生成演算子はフェルミオンの反交換関係を満たすものであることが分かる．

A.4 数表示での量子力学

そこで，抽象化されたシュレディンガー方程式 $H|\Psi\rangle = E|\Psi\rangle$ をこの状態関数空間 $\{|n_1, n_2, n_3, \cdots\rangle\}$ を基底とした表示に投影して量子力学の問題を解くことを考えよう．そのためには，ハミルトニアンの行列要素 $\langle n'_1, n'_2, n'_3, \cdots|H|n_1, n_2, n_3, \cdots\rangle$ を調べることになるが，H は電子の総数を変化させないので，この行列要素は $\sum_i n'_i \neq \sum_i n_i$ ならゼロになる．一方，$\sum_i n'_i = \sum_i n_i = N$ の場合は座標表示を仲立ちとして，

$$\begin{aligned}
&\langle n'_1, n'_2, n'_3, \cdots|H|n_1, n_2, n_3, \cdots\rangle \\
&\quad = \int d\boldsymbol{r}'_1 \cdots \int d\boldsymbol{r}'_N \int d\boldsymbol{r}_1 \cdots \int d\boldsymbol{r}_N \, \langle n'_1, n'_2, n'_3, \cdots|\boldsymbol{r}'_1, \cdots, \boldsymbol{r}'_N\rangle \\
&\qquad\qquad \times \langle \boldsymbol{r}'_1, \cdots, \boldsymbol{r}'_N|H|\boldsymbol{r}_1, \cdots, \boldsymbol{r}_N\rangle\langle \boldsymbol{r}_1, \cdots, \boldsymbol{r}_N|n_1, n_2, n_3, \cdots\rangle \\
&\quad = \int d\boldsymbol{r}_1 \cdots \int d\boldsymbol{r}_N \, \Phi^*_{n'_1, n'_2, \cdots}(\boldsymbol{r}_1, \cdots, \boldsymbol{r}_N) \\
&\qquad \times \left[\sum_k H_1(\boldsymbol{r}_k) + \frac{1}{2} \sum_{k \neq k'} H_2(\boldsymbol{r}_k, \boldsymbol{r}_{k'}) \right] \Phi_{n_1, n_2, \cdots}(\boldsymbol{r}_1, \cdots, \boldsymbol{r}_N) \quad \text{(A.15)}
\end{aligned}$$

を計算することになる．

さて，この式 (A.15) の第 3 式の中で 1 体部分は，

$$\begin{aligned}
&\int d\boldsymbol{r}_1 \cdots \int d\boldsymbol{r}_N \, \Phi^*_{n'_1, n'_2, \cdots}(\boldsymbol{r}_1, \cdots, \boldsymbol{r}_N) \sum_k H_1(\boldsymbol{r}_k) \, \Phi_{n_1, n_2, \cdots}(\boldsymbol{r}_1, \cdots, \boldsymbol{r}_N) \\
&\qquad = \sum_{ij} \langle i|H_1|j\rangle \, \langle n'_1, n'_2, n'_3, \cdots|c_i^+ c_j|n_1, n_2, n_3, \cdots\rangle \qquad \text{(A.16)}
\end{aligned}$$

のように簡単化される．ここで，$\langle i|H_1|j\rangle$ は

$$\langle i|H_1|j\rangle \equiv \int d\boldsymbol{r} \, u_i^*(\boldsymbol{r}) H_1(\boldsymbol{r}) u_j(\boldsymbol{r}) \qquad \text{(A.17)}$$

のように定義されたもので，演算子ではなく，c 数である．ちなみに，この式 (A.16) の導出の概要は次の通りである．まず，$\Phi^*_{n'_1, n'_2, \cdots}(\boldsymbol{r}_1, \cdots, \boldsymbol{r}_N)$ や $\Phi_{n_1, n_2, \cdots}(\boldsymbol{r}_1, \cdots, \boldsymbol{r}_N)$ は N 次の行列式であるが，そこから $\boldsymbol{r}_k$ の引数を持つ

$u_i^*(\boldsymbol{r}_k)$ や $u_j(\boldsymbol{r}_k)$ を取り出し，残りを $N-1$ 次の小行列式で表す．すなわち，

$$\det\Big(u_\alpha(\boldsymbol{r}_\beta)\Big) = \sum_j (-1)^{j+k} u_j(\boldsymbol{r}_k) \Delta^{(j,k)}(\boldsymbol{r}_1,\cdots,\boldsymbol{r}_{k-1},\boldsymbol{r}_{k+1},\cdots,\boldsymbol{r}_N) \quad \text{(A.18)}$$

という行列式の展開公式を用いる．ここで，$\Delta^{(j,k)}(\boldsymbol{r}_1,\cdots,\boldsymbol{r}_{k-1},\boldsymbol{r}_{k+1},\cdots,\boldsymbol{r}_N)$ は元の N 次の行列式 $\det\Big(u_\alpha(\boldsymbol{r}_\beta)\Big)$ から j 行 k 列を省いた $N-1$ 次の小行列式である．次に，式 (A.12) や式 (A.13) の定義式を使って小行列式の行列要素の部分を $c_i^+ c_j$ を用いて書き直す．その際に N 次と $N-1$ 次の規格化因子の違いから $1/N$ の因子が出てくる．そして最後に，k の和は単に全体の N 倍になるだけであることに注意すれば，式 (A.16) が得られる．

まったく同様に (とはいえ計算量はかなり増えるが，基本的に同じやり方で変形していくと)，式 (A.15) 中の第 3 式での 2 体部分は，

$$\begin{aligned}\int d\boldsymbol{r}_1\cdots\int d\boldsymbol{r}_N\, \Phi^*_{n'_1,n'_2,\cdots}(\boldsymbol{r}_1,\cdots,\boldsymbol{r}_N)\sum_{k\neq k'} H_2(\boldsymbol{r}_k,\boldsymbol{r}_{k'})\,\Phi_{n_1,n_2,\cdots}(\boldsymbol{r}_1,\cdots,\boldsymbol{r}_N)\\ = \sum_{ijkl}\langle ij|H_2|kl\rangle\,\langle n'_1,n'_2,n'_3,\cdots|c_i^+c_j^+c_kc_l|n_1,n_2,n_3,\cdots\rangle \quad \text{(A.19)}\end{aligned}$$

のように書き換えられる．ここで，$\langle ij|H_2|kl\rangle$ は

$$\langle ij|H_2|kl\rangle \equiv \int d\boldsymbol{r}\, u_i^*(\boldsymbol{r})u_j^*(\boldsymbol{r}')H_2(\boldsymbol{r},\boldsymbol{r}')u_k(\boldsymbol{r}')u_l(\boldsymbol{r}) \quad \text{(A.20)}$$

で与えられる c 数の行列要素である．

以上の結果をまとめると，状態空間 $\{|n_1,n_2,n_3,\cdots\rangle\}$ に作用するハミルトニアン H の表現としては

$$H = \sum_{ij}\langle i|H_1|j\rangle\, c_i^+c_j + \frac{1}{2}\sum_{ijkl}\langle ij|H_2|kl\rangle\, c_i^+c_j^+c_kc_l \quad \text{(A.21)}$$

と書けばよいことが分かる．そして，これと反交換関係 (A.14) を用いて代数的な計算で量子力学が展開されることになる．

A. 5　電子場消滅–生成演算子

ところで，これまでは，ある 1 体基底関数系 $\{u_\alpha(\boldsymbol{r})\}$ を基礎にして数表示の量子力学を展開してきたが，その $\{u_\alpha(\boldsymbol{r})\}$ 自体もあらわには現れない形に書き

直そう．この際に鍵になる演算子は「電子場消滅演算子」$\psi(\boldsymbol{r})$ と「電子場生成演算子」$\psi^+(\boldsymbol{r})$ であり，

$$\psi(\boldsymbol{r}) = \sum_i c_i\, u_i(\boldsymbol{r}), \quad \psi^+(\boldsymbol{r}) = \sum_i c_i^+\, u_i^*(\boldsymbol{r}) \tag{A.22}$$

のように定義される．この定義と式 (A.14) の反交換関係，および，基底関数系 $\{u_\alpha(\boldsymbol{r})\}$ の完備性から

$$\{\psi(\boldsymbol{r}), \psi(\boldsymbol{r}')\} = \{\psi^+(\boldsymbol{r}), \psi^+(\boldsymbol{r}')\} = 0,\ \{\psi(\boldsymbol{r}), \psi^+(\boldsymbol{r}')\} = \delta(\boldsymbol{r}-\boldsymbol{r}') \tag{A.23}$$

という反交換関係は容易に確かめられる．また，この演算子を用いると，ハミルトニアン H は

$$\begin{aligned} H = &\int d\boldsymbol{r}\, \psi^+(\boldsymbol{r}) H_1(\boldsymbol{r}) \psi(\boldsymbol{r}) \\ &+ \frac{1}{2} \int d\boldsymbol{r} \int d\boldsymbol{r}'\, \psi^+(\boldsymbol{r}) \psi^+(\boldsymbol{r}') H_2(\boldsymbol{r}, \boldsymbol{r}') \psi(\boldsymbol{r}') \psi(\boldsymbol{r}) \end{aligned} \tag{A.24}$$

で表される．実際，式 (A.22) を式 (A.24) に代入すれば式 (A.21) が再現されることは容易に分かるであろう．

ちなみに，式 (A.1) と式 (A.24) を見比べると，第 1 量子化の表現と第 2 量子化のそれとの対応関係が明瞭に分かる．具体的にいえば，1 体の演算子 A_1 に関しては

$$\sum_k A_1(\boldsymbol{r}_k) \longrightarrow \int d\boldsymbol{r}\, \psi^+(\boldsymbol{r}) A_1(\boldsymbol{r}) \psi(\boldsymbol{r}) \tag{A.25}$$

であり，また，2 体の演算子 A_2 に関しては

$$\sum_{k \neq k'} A_2(\boldsymbol{r}_k, \boldsymbol{r}_{k'}) \longrightarrow \int d\boldsymbol{r} \int d\boldsymbol{r}'\, \psi^+(\boldsymbol{r}) \psi^+(\boldsymbol{r}') A_2(\boldsymbol{r}, \boldsymbol{r}') \psi(\boldsymbol{r}') \psi(\boldsymbol{r}) \tag{A.26}$$

ということになる．たとえば，電子密度演算子 $\rho(\boldsymbol{r})$ は第 1 量子化では

$$\rho(\boldsymbol{r}) = \sum_k \delta(\boldsymbol{r} - \boldsymbol{r}_k) \tag{A.27}$$

である．あるいは，式 (A.5) にならって正確にいえば，その座標表示では

$$\langle \boldsymbol{r}_1, \cdots, \boldsymbol{r}_N | \rho(\boldsymbol{r}) | \boldsymbol{r}'_1, \cdots, \boldsymbol{r}'_N \rangle = \delta(\boldsymbol{r}_1 - \boldsymbol{r}'_1) \cdots \delta(\boldsymbol{r}_N - \boldsymbol{r}'_N) \sum_k \delta(\boldsymbol{r} - \boldsymbol{r}_k) \tag{A.28}$$

であるが，式 (A.25) の対応関係を参考にすれば，第 2 量子化では

$$\rho(\boldsymbol{r}) = \int d\boldsymbol{r}' \, \psi^+(\boldsymbol{r}') \delta(\boldsymbol{r} - \boldsymbol{r}') \psi(\boldsymbol{r}') = \psi^+(\boldsymbol{r}) \psi(\boldsymbol{r}) \tag{A.29}$$

で与えられることになる．

これまではスピン依存性をあらわには考えてこなかったが，たとえば，1 体基底関数系の選択でスピン依存性も考えて $\{u_{\alpha\sigma}(\boldsymbol{r})\}$ とすると，式 (A.22) の定義を少し変えて，

$$\psi_\sigma(\boldsymbol{r}) = \sum_\alpha c_{\alpha\sigma} \, u_{\alpha\sigma}(\boldsymbol{r}), \quad \psi^+_\sigma(\boldsymbol{r}) = \sum_\alpha c^+_{\alpha\sigma} \, u_{\alpha\sigma}(\boldsymbol{r}) \tag{A.30}$$

として，$\psi_\sigma(\boldsymbol{r})$ や $\psi^+_\sigma(\boldsymbol{r})$ を導入すればよい．すると，式 (A.23) の反交換関係もスピン依存性を考慮した形に書き換えられて，

$$\begin{aligned} \{\psi_\sigma(\boldsymbol{r}), \psi_{\sigma'}(\boldsymbol{r}')\} &= \{\psi^+_\sigma(\boldsymbol{r}), \psi^+_{\sigma'}(\boldsymbol{r}')\} = 0 \\ \{\psi_\sigma(\boldsymbol{r}), \psi^+_{\sigma'}(\boldsymbol{r}')\} &= \delta(\boldsymbol{r} - \boldsymbol{r}') \delta_{\sigma\sigma'} \end{aligned} \tag{A.31}$$

ということになる．また，式 (A.29) の電子密度演算子 $\rho(\boldsymbol{r})$ は

$$\rho(\boldsymbol{r}) = \sum_\sigma \psi^+_\sigma(\boldsymbol{r}) \psi_\sigma(\boldsymbol{r}) \tag{A.32}$$

のように書き換えられ，そして，式 (A.24) のハミルトニアン H は

$$\begin{aligned} H = &\sum_\sigma \int d\boldsymbol{r} \, \psi^+_\sigma(\boldsymbol{r}) H_1(\boldsymbol{r}) \psi_\sigma(\boldsymbol{r}) \\ &+ \frac{1}{2} \sum_{\sigma\sigma'} \int d\boldsymbol{r} \int d\boldsymbol{r}' \, \psi^+_\sigma(\boldsymbol{r}) \psi^+_{\sigma'}(\boldsymbol{r}') H_2(\boldsymbol{r}, \boldsymbol{r}') \psi_{\sigma'}(\boldsymbol{r}') \psi_\sigma(\boldsymbol{r}) \end{aligned} \tag{A.33}$$

となる．これは式 (1.1) と同じものである．

最後にボゾン系の第 2 量子化についていえば，基本的にはフェルミオン系の場合と同様の考え方で行うことになるが，注意すべきポイントは 3 つある．① 基底状態関数 $\Phi_{n_1, n_2, \cdots}(\boldsymbol{r}_1, \cdots, \boldsymbol{r}_N)$ がスレーター行列式型ではなく，対称化さ

れた波動関数であること，② n_i は 0 か 1 ではなく，$n_i = 0, 1, 2, 3, \cdots$ であること，そして，③ 消滅–生成演算子を定義する式 (A.12) と式 (A.13) をボゾンの交換関係を満たすようなものに変えること，である．より詳しくはフェッター–ワレッカの第 1 章[192] を参照されたい．

参考文献と注釈

第9巻でもそうであったように，本巻も自己完結的で，これを読む上で特に参考書や別の教科書を必要としないように配慮したつもりであるが，より深く理解するため，あるいは，別の角度から考察する機会を与えるために必要と思われる関連する参考書や教科書，文献，および，本文中にはあえて記さなかった議論を注釈として加えておこう．

1) 本巻では第9巻と同様に第2量子化は既知のものとした．しかしながら，第2量子化を導入する際の基本的な考え方とそれに基づく演算子の第1量子化から第2量子化への変換公式の導出はあまり自明とはいえないので，補遺として，本文とは別にこれらの解説を試みた．第2量子化に不慣れな読者は参考にされたい．ちなみに，第1量子化の表示のままで量子多体系における問題を取り扱うと，粒子の統計性に由来する計算の複雑さが問題を余計に難しくする．この複雑さは第2量子化の表示では大幅に軽減されることになるが，それはこの変換公式導出のための計算が案外に複雑で，それがその後の第2量子化での計算を簡便にしているという側面もある．
2) 本書では第9巻と同様に，$\hbar = c = k = 1$ という単位系で考える．
3) 第9巻の2.1節で詳しく議論したように，この式 (1.1) は非相対論近似における主要項 $H_{\rm NR}$ だけを表している．したがって，相対論的補正はスピン–軌道相互作用 $H_{\rm SO}$ を含めて無視されている．この $H_{\rm SO}$ などの効果を考慮する必要がある場合は摂動論的に取り込むことにして，第9巻同様，とりあえず，本巻でも基本的に $H_{\rm NR}$ だけで議論を進める．
4) P. Hohenberg and W. Kohn, Phys. Rev. **136**, 864 (1964).
5) W. Kohn and L. J. Sham, Phys. Rev. **140**, A1133 (1965).
6) DFT を物理の基本理論として紹介している教科書としては，たとえば，W. Kohn and P. Vashishta, "General Density Functional Theory," Chapter 2 in "Theory of the Inhomogeneous Electron Gas," edited by S. Lundqvist and N. H. March, Plenum Press (1983); R. G. Parr and W. Yang, "Density-Functional Theory of Atoms and Molecules," Oxford Press (1989) [狩野　覚・関　元・吉田元二 訳，"原子・分子の密度汎関数法"，シュプリンガー・フェアラーク東京 (1996)]; R. M. Dreizler and E. K. U. Gross, "Density Functional Theory," Springer-Verlag (1990) などが挙げられる．また，"A Primer in Density Functional Theory", edited by C. Fiolhais, N. Nogueira, and M. Marques, Springer-Verlag (2003) が最近の発展状況をよく伝えている．

7) たとえば，もはや古典となっているものとして，V. L. Moruzzi, J. F. Janak, and A. R. Williams, "Calculated Electronic Properties of Metals," Pergamon Press (1978) がある．

8) たとえば，比較的早く出版されたものとして，"Quantum Mechanical Simulation Methods for Studying Biological Systems," edited by D. Biscout and M. Field, Springer-Verlag (1996) があるが，最近はこの分野の出版物を多数見かけるようになった．

9) DFT をバンド計算技法の基礎を与える道具という観点から捕らえて密度汎関数法として紹介し，その応用的側面を解説している和書としては，たとえば，金森順次郎・寺倉清之，"固体—構造と物性"，岩波講座・現代の物理学，第 7 巻第 I 部，岩波書店 (1994); 里子允敏・大西楢平，"密度汎関数法とその応用：分子・クラスターの電子状態"，講談社サイエンティフィク (1994); 川添良幸・三上益弘・大野かおる，"コンピュータ・シミュレーションによる物質科学：分子動力学とモンテカルロ法"，共立出版 (1996); 小口多美夫，"バンド理論：物質科学の基礎として"，内田老鶴圃 (1999) などがある．なお，藤原毅夫，"固体電子構造—物質設計の基礎—"，朝倉書店 (1999) では，密度汎関数理論が紹介されている．

10) 筆者も使ったことがあるのは "wien2k" (ホームページは http://www.wien2k.at) や "abinit" (ホームページは http://www.abinit.org) であるが，この他に，"VASP" (ホームページは http://cms.mpi.univie.ac.at/vasp/) や "Quantum Espresso" (ホームページは http://www.quantum-espresso.org/)，それから，"octopus" (ホームページは http://www.tddft.org/programs/octopus/wiki/index.php/Main_Page)，そして，"siesta" (ホームページは http://www.icmab.es/siesta/) などがよく知られている．日本では "PHASE (Parallel and High performance Applicational Software Exchange) プロジェクト" (ホームページは http://phase.hpcc.jp) の中にいくつかの適当なパッケージがある．それから (今では少し古くなってしまったが)，日本で開発された計算パッケージの一覧が，小口多美夫，"固体物理"，アグネ技術センター，**39**，No. 11，184 (2004) に掲載されている．最後に付け加えると，笠井秀明・赤井久純・吉田博 編，"計算機マテリアルデザイン入門"，大阪大学出版会 (2005) が出版されていて，大阪大学のグループが中心となって開発されたいろいろな計算コードが解説されている．

11) コーン先生が満 80 歳を迎えたことを記念して，"Walter Kohn," edited by M. Scheffler and P. Weinberger, Springer-Verlag (2003) が出版された．この本にはコーン先生に関する逸話が多く収録されており，DFT 誕生前後の様子もよく伝わってくる．

12) この提案では，2 つの物理量だけが，すなわち，基底状態の電子密度 $n(\boldsymbol{r})$ とそのエネルギー E_0 の厳密な値だけは簡便に計算されると主張されていて，他の物理量を厳密に計算しようとすれば，(特段の手法を別途に考案しない限りは) 普通にシュレディンガー方程式を解く場合とほぼ同じ手間がかかることに注意されたい．このことを抽象的にいえば，理論手法開発の上で，すべての物理量を同時に正確に求められるものがよいというこれまでのパラダイムから，ある限られた少数の物理量についてのみ厳密に，かつ，比較的簡便に決定できるものの方が有益であるというパラダイムに変更しようという立場といえる．ちなみに，実験物理学では，たった 1 つの測定手段であらゆる物理量が正確に求められることはないので，常に後者のパラダイムが採用されているといえる．

13) これは "BBGKY (Bogoliubov–Born–Green–Kirkwood–Yvon) の階層構造 (hierarchy)" としてよく知られている．KS 法はこの階層構造を厳密性を失わずに打ち破る可能性を提示したものとも理解できる.

14) L. H. Thomas, Proc. Cambridge Phil. Soc. **23**, 542 (1927); E. Fermi, Rend. Accad. Naz. Linzei **6**, 602 (1927); E. Fermi, Z. Phys. **48**, 73 (1928).

15) D. R. Hartree, Proc. Cambridge Phil. Soc. **24**, 111 (1928); V. Fock, Z. Phys. **61**, 126 (1930).

16) J. C. Slater, Phys. Rev. **81**, 385 (1951); J. C. Slater, "The Self-Consistent Field for Molecules and Solids," Vol. IV, McGraw-Hill (1974).

17) 筆者は 2002 年晩秋に 2ヶ月ほど客員教授としてコーン研究室に滞在する機会を得た. その折りに, DFT 誕生前後のことや DFT の将来について, いろいろとコーン先生にうかがったが, 本巻にはそのときに得られた生情報をできる限り記すことにした.

18) J. P. Perdew, K. Burke, and M. Ernzerhof, Phys. Rev. Lett. **77**, 3865 (1996); Phys. Rev. Lett. **78**, 1396 (1997) (E).

19) 筆者はこのカスプ定理による直感的な証明を 15 年程前に気づいて以降, 大学院講義で披露してきた. 実際, 講義ではこのような直感的な議論の方が手早くできて, しかも, より説得力があるといえる. なお, 筆者より先に誰か他の人がこのことに気づいていたかどうかは調べていなかったが, 今回, 本巻を執筆するにあたり, ある程度広く文献をチェックしてみたところ, 参考文献 8) に収録されている Lecture 1 (N. C. Handy 著) によれば, すでに 1968 年の段階で E. Bright Wilson 氏がこのことを指摘していたそうである. E. Bright Wilson, "Structural Chemistry and Molecular Biology," edited by A. Rich and N. Davison, W. H. Freeman (1968) p. 753.

20) W. Kohn, in "Highlights of Condensed Matter Theory," edited by F. Bassani, F. Fumi, and M. P. Tosi, North-Holland (1985), p. 1.

21) M. Levy, Proc. Natl. Acad. Sci. USA **76**, 6062 (1979).

22) P. A. M. Dirac, Proc. Cambridge Phil. Soc. **26**, 376 (1930).

23) J. F. Janak, Phys. Rev. B **18**, 7165 (1978).

24) J. P. Perdew, R. G. Parr, M. Levy, and J. L. Balduz, Jr., Phys. Rev. Lett. **49**, 1691 (1982).

25) N. D. Mermin, Phys. Rev. **137**, A1441 (1965).

26) U. von Birth and L. Hedin, J. Phys. C: Solid State Phys. **5**, 1629 (1972).

27) O. Gunnarsson and B. I. Lundqvist, Phys. Rev. B **13**, 4274 (1976).

28) G. Vignale and M. Rasolt, Phys. Rev. Lett. **59**, 2360 (1987); Phys. Rev. B **37**, 10685 (1988).

29) J. P. Perdew and A. Zunger, Phys. Rev. B **23**, 5048 (1981).

30) J. K. Nørskov, Phys. Rev. B **20**, 446 (1979); M. J. Puska, R. M. Nieminen, and M. Manninen, Phys. Rev. B **24**, 3037 (1981); M. J. Puska and R. M. Nieminen, Phys. Rev. B **43**, 12221 (1991).

31) E. Runge and E. K. U. Gross, Phys. Rev. Lett. **52**, 997 (1984); E. K. U. Gross and W. Kohn, Phys. Rev. Lett. **55**, 2850 (1985).

32) "Time-Dependent Density Functional Theory," edited by M. A. L. Marques, C. A. Ullrich, F. Nogueira, A. Rubio, K. Burke, and E. K. U. Gross, Springer-Verlag (2006).

33) C.-O. Almbladh and A. C. Pedroza, Phys. Rev. A **29**, 2322 (1984); F. Aryasetiawan

and M. J. Stott, Phys. Rev. B **38**, 2974 (1988); Y. Wang and R. G. Parr, Phys. Rev. A **47**, R1591 (1993); K. Peirs, D. Van Neck, and M. Waroquier, Phys. Rev. A **67**, 012505 (2003).

34) E. S. Kadantsev and M. J. Stott, Phys. Rev. A **69**, 012502 (2004); R. Astala and M. J. Stott, Phys. Rev. B **73**, 115127 (2006).

35) C. J. Umrigar and X. Gonze, Phys. Rev. A **50**, 3827 (1994); C. Filippi, X. Gonze, and C. J. Umrigar, in "Recent Developments and Applications of Density Functional Theory," edited by J. M. Seminario, Elsevier (1996).

36) L. N. Oliveira, E. K. U. Gross, and W. Kohn, Phys. Rev. Lett. **60**, 2430 (1988); S. Kurth, M. Marques, M. Lüders, and E. K. U. Gross, Phys. Rev. Lett. **83**, 2628 (1999); M. Lüders, M. A. L. Marques, N. N. Lathiotakis, A. Floris, G. Profeta, L. Fast, A. Continenza, S. Massidda, and E. K. U. Gross, Phys. Rev. B **72**, 024545 (2005); A. Floris, G. Profeta, N. N. Lathiotakis, M. Lüders, M. A. L. Marques, C. Franchini, E. K. U. Gross, A. Continenza, and S. Massidda, Phys. Rev. Lett. **94**, 037004 (2005); G. Profeta, C. Franchini, N. N. Lathiotakis, A. Floris, A. Sanna, M. A. L. Marques, M. Lüders, S. Massidda, E. K. U. Gross, and A. Continenza, Phys. Rev. Lett. **96**, 047003 (2006); A. Sanna, C. Franchini, A. Floris, G. Profeta, N. N. Lathiotakis, M. Lüders, M. A. L. Marques, E. K. U. Gross, A. Continenza, and S. Massidda, Phys. Rev. B **73**, 144512 (2006); A. Floris, A. Sanna, S. Massidda, and E. K. U. Gross, Phys. Rev. B **75**, 054508 (2007).

37) HK の第 2 定理の証明をよく理解した読者にはくどくなってしまうが，密度汎関数理論のロジックに不慣れな読者のために，もう一度，次の点を明確にしておこう．定義式 (1.21) に現れる波動関数 $|\Phi_0(\lambda;[n(\boldsymbol{r})])\rangle$ は与えられた $n(\boldsymbol{r})$ に対応して一意的に決まる $V_{\rm ei}(\boldsymbol{r}:\lambda;[n_\lambda(\boldsymbol{r})])$ を使って定義されたシュレディンガー方程式の基底状態であるから，$n(\boldsymbol{r})$ の情報だけで決定されている．そして，この $V_{\rm ei}(\boldsymbol{r}:\lambda;[n_\lambda(\boldsymbol{r})])$ は外部から与えられる $V_{\rm ei}(\boldsymbol{r})$ とは何ら関係はないので，$|\Phi_0(\lambda;[n(\boldsymbol{r})])\rangle$ 自体も $V_{\rm ei}(\boldsymbol{r})$ とは何ら関係のないものである．したがって，この $|\Phi_0(\lambda;[n(\boldsymbol{r})])\rangle$ を使って式 (1.24) で定義された $F_\lambda[n(\boldsymbol{r})]$ も $n(\boldsymbol{r})$ だけで決まる普遍汎関数といえるのである．

38) M. Levy, Phys. Rev. A **26**, 1200 (1982); E. H. Lieb, Int. J. Quantum Chem. **24**, 243 (1983).

39) H. Englisch and R. Englisch, Physica **121A**, 253 (1983).

40) T. L. Gilbert, Phys. Rev. B **12**, 2111 (1975).

41) ここでも密度汎関数理論のロジックに不慣れな読者のため (とりわけ，このきわめて数学的な議論を無理に物理的に解釈しようとしていまの議論の流れが見えなくなることを避けるため) に，次のことを明確にしておこう．ポイントは任意に与えられた $n(\boldsymbol{r})$ を再現する波動関数 $|\Phi\rangle$ が "物理的にふさわしい多体系の固有状態" かどうかを問題にしているのではなく，単に，その $n(\boldsymbol{r})$ を再現する N 電子系の波動関数 $|\Phi\rangle$ が少なくとも 1 つはあるということを数学的に証明するだけである．この問題に対して，いろいろな証明法があるうちで最も直接的なものは具体例を 1 つ挙げることであるが，その場合，スレーター型行列式の形で示すのが最も簡単であり，その形の $|\Phi\rangle$ なら，式 (1.33) における探索空間 $\{|\Phi\rangle\}$ に所属するものであることは自明であろう．ちなみに，例は 1 つ挙げれば十分なので，式 (1.38)～(1.42) で定義されたものを少し一般化したり，あるい

は，変化させたものをさらに付け加えることや全く新しい別の波動関数を新たに挙げることなどは，この文脈の中ではあまり意味のないことである．

42) J. E. Harriman, Phys. Rev. A **24**, 680 (1981).

43) G. Zumbach and K. Maschke, Phys. Rev. A **28**, 544 (1983); Phys. Rev. A **29**, 1585 (E) (1984).

44) ^{4}He に対する DFT の応用は古くからあり，たとえば，C. Ebner and W. F. Saam, Phys. Rev. B **12**, 923 (1975); S. Stringari and J. Treiner, Phys. Rev. B **36**, 8369 (1987). ところで，最近，磁場トラップされた気体ボーズ原子系をレーザー冷却してボーズ–アインシュタイン凝縮が実現できるようになったことに呼応して，ボーズ系に対する理論研究が見直されている．DFT の立場からの研究もこの一環である．たとえば，A. Griffin, Can. J. Phys. **73**, 755 (1995); G. S. Nunes, J. Phys. B: At. Mol. Opt. Phys. **32**, 4293 (1999); Y. E. Kim and A. L. Zubarev, Phys. Rev. A **67**, 015602 (2003).

45) ご存じの方も多いと思われるが，コーン先生の大学院時代の指導教官はジュリアン・シュヴィンガー博士である．そのシュヴィンガー博士の晩年 (1994 年に亡くなっている)，精力的に取り組んでいたのが TF 近似を改良する立場からの原子の研究であったことをコーン先生から伺っていた．最近，その研究が教科書の形で出版された．J. Schwinger, "Quantum Mechanics", edited by B.-G. Englert, Springer-Verlag (2001) [清水清孝・日向裕幸 訳，"シュヴィンガー量子力学"，シュプリンガー・フェアラーク東京 (2003)]; この教科書の第 11 章が多電子原子の問題を取り扱っているが，原著論文は，J. Schwinger, Phys. Rev. A **22**, 1827 (1980) である．その後，このテーマについて，いくつもの論文出版があった後に，ほぼ最後になる論文は B.-G. Englert and J. Schwinger, Phys. Rev. A **32**, 47 (1985) である．

46) TF 近似下の原子は古くから議論されている問題で，これを取り扱った教科書も数多ある．参考文献 6 で挙げたパール–ヤングやドライツラー–グロスの教科書にも詳しい説明がある．この他，比較的短い解説でありながらも内容豊富なものは，L. D. Landau and L. M. Lifshitz, "Quantum Mechanics (Non-relativistic Theory)", 3rd edition, Pergamon Press (1977) p. 259 である．

47) D. Eimerl, J. Math. Phys. **18**, 106 (1977).

48) A. Sommerfeld, Z. Phys. **78**, 283 (1932).

49) K. Umeda, J. Phys. Soc. Jpn. **9**, 290 (1954).

50) E. K. U. Gross and R. M. Dreizler, Phys. Rev. A **20**, 1798 (1979).

51) 先に挙げたパール–ヤングやランダウ–リフシッツの教科書では $N(r)/Z = 0.5$ になる r/r_{TF} を 1.50 としているが，正しくない．数値計算の誤差による誤りと思われる．なお，微分方程式 (1.68) を数値的に解く場合，$x = 0$ からはじめて $x \to \infty$ に向かって解いていくと誤差が指数関数的に増大する危険があることが容易に分かる．その危険を避けるためには，逆に $x = \infty$ から出発して $x \to 0$ に向かうのがよい．これに関しては，S. Kobayashi, T. Matsukuma, S. Nagai, and K. Umeda, J. Phys. Soc. Jpn. **10**, 759 (1955) を参照されたい．

52) E. H. Lieb and B. Simon, Phys. Rev. Lett. **31**, 681 (1973); "Studies in Mathematical Physics," ed. by E. H. Lieb, B. Simon, and A. S. Wightman, Princeton University Press (1976).

53) たとえば，L. I. Schiff, "Quantum Mechanics," 3rd edition, McGraw-Hill (1968)

p. 88.

54) たとえば，参考文献 6 で挙げたパール–ヤングの教科書の第 6 章やドライツラー–グロスの教科書の第 5 章などを参照されたい．

55) これは正の背景電荷を与えるジェリウムが決して変形しない場合の結論である．変形可能なジェリウムでは電荷密度波 (CDW: Charge-Density-Wave) 状態が 3 次元電子ガス系の (そのために，いわゆるフェルミ面のネスティングがない) 場合でも出現する可能性がある．A. W. Overhauser, Phys. Rev. **167**, 691 (1968); Phys. Rev. B **29**, 7023 (1984).

56) 第 9 巻の式 (I.4.43) では 1 電子あたりの交換エネルギーを $\varepsilon_{\rm ex}$ $(= -3/2\pi\alpha r_s {\rm Ry})$ と書いたが，DFT の文脈では，普通，これは ε_x と書いているので，以後，この章ではこの記法を採用する．なお，ε_x を電子密度 n の関数であることを強調するときは，$\varepsilon_x(n)$ $(= -3p_F/4\pi$ 原子単位：$p_F[= (3\pi^2 n)^{1/3}]$ はフェルミ波数) と書くことにする．

57) Y. Takada and H. Yasuhara, Phys. Rev. B **44**, 7879 (1991); Y. Takada and T. Kita, J. Phys. Soc. Jpn. **60**, 25 (1991).

58) J. T. Chayes, L. Chayes, and M. B. Ruskai, J. Stat. Phys. **38**, 497 (1985).

59) 通常，この逐次近似法は 1 体ポテンシャル $V_{\rm KS}$ を軸として行われる．すなわち，適当なインプットポテンシャル $V_{\rm KS}^{\rm (in)}$ の下で式 (1.109) と式 (1.111) にしたがって電子密度 $n(\boldsymbol{r})$ を求め，それを用いて (事前に $V_{xc}(\boldsymbol{r}:[n(\boldsymbol{r})])$ に対して仮定されている汎関数形を使って) 式 (1.108) からアウトプットポテンシャル $V_{\rm KS}^{\rm (out)}$ を求める．もし，$V_{\rm KS}^{\rm (in)}$ と $V_{\rm KS}^{\rm (out)}$ が許容誤差の範囲内で一致すれば，今得られている $n(\boldsymbol{r})$ が求める電子密度ということになる．もし，それらが有意に違っていれば，$V_{\rm KS}^{\rm (in)}$ や $V_{\rm KS}^{\rm (out)}$ の情報を用いて新たなインプットポテンシャル $V_{\rm KS}^{\rm (new\ in)}$ を作って同じような操作を繰り返すことになる．なお，$V_{\rm KS}^{\rm (new\ in)}$ を構成する一番単純な方法は $V_{\rm KS}^{\rm (new\ in)} = \alpha V_{\rm KS}^{\rm (in)} + (1-\alpha) V_{\rm KS}^{\rm (out)}$ として，定数 α を 0.5 程度に選んでおくことであるが，より洗練された方法でよく使われるのはブロイデン (Broyden) 法やチェビシェフ加速 (Chebyshev acceleration) 法である．これらについては，たとえば，W. H. Press, S. A. Teukolsky, W. T. Vetterling, and B. P. Flannery, "Numerical Recipes in FORTRAN," Cambridge University Press (1992) で前者は p. 382，後者は p. 859 を参照のこと．

60) 密度汎関数理論のロジックに不慣れな読者にはこのあたりの議論はわかりにくいかもしれないので，もう一度，話の筋道を明確にしておこう．①密度変分原理を $\lambda = 0$ の場合に適用して $E_0(0;[n(\boldsymbol{r})])$ に対する停留条件を考えると，求める電子密度 $n(\boldsymbol{r})$ は式 (1.109) と式 (1.111) を満たすものである．②この停留条件を得るための変分操作では $V_{\rm KS}(\boldsymbol{r}:[n(\boldsymbol{r})])$ は変分対象と考えない．それはこのポテンシャルは変分操作によって決定されるものではなく，停留条件を満たす $n(\boldsymbol{r})$ におけるポテンシャルとして初めから与えられているからである．③これらの理解の下で，式 (1.109) と式 (1.111) の中の $n(\boldsymbol{r})$ はもはやこれ以上の変分操作をする対象ではなく，停留条件を満たす $n(\boldsymbol{r})$ として暗に一意的に決まっているものである．④この暗に決定されている $n(\boldsymbol{r})$ を具体的に求めるためには，あらかじめ決められているはずの $V_{\rm KS}(\boldsymbol{r}:[n(\boldsymbol{r})])$ (なかんずく，$V_{xc}(\boldsymbol{r}:[n(\boldsymbol{r})])$) の $n(\boldsymbol{r})$ 依存性を式 (1.108) の中で明示的に与えて，連立した式 (1.109) と式 (1.111) を逐次近似法で解くことになる．⑤もちろん，逐次近似法で連立した方程式を解くことは変分操作ではないので，たとえ $V_{\rm KS}(\boldsymbol{r}:[n(\boldsymbol{r})])$ に対して仮定した近似汎関数形が何らかのパラメータを含んでいようとも，そのパラメータをこの逐次近似の過程で“最適化を図る”ことなどは正当化されない．

61) R. van Leeuwen and E. J. Baerends, Phys. Rev. A **49**, 2421 (1994).

62) 中性原子の $I^{(N)}$ と $A^{(N)}$ の関係に関しては，あらゆる原子の中で最小の $I^{(N)}$ を持つセシウム (Cs) での値 (3.89eV) は全ての中性原子の中で最大の $A^{(N)}$ を持つ塩素 (Cl) での値 (3.62eV) よりも大きいことが知られている．

63) J. P. Perdew and M. Levy, Phys. Rev. Lett. **51**, 1884 (1983).

64) L. J. Sham and M. Schlüter, Phys. Rev. Lett. **51**, 1888 (1983); Phys. Rev. B **32**, 3883 (1985).

65) J. P. Perdew and M. Levy, Phys. Rev. B **56**, 16021 (1997).

66) 実際には，$N \gg 1$ の条件がなくても，$0 < x < 1$ の場合，η を十分に小さい正数として，$\varepsilon_N(N-1+x) = \varepsilon_N(N-\eta) = \varepsilon_N(N)$ が常に成り立つことが証明されている[65]．この証明には，分数占有という状態はいくつかの整数占有状態の重ね合せでしか表せないということを利用している．同様の証明で，$\varepsilon_{N+1}(N+x) = \varepsilon_{N+1}(N+\eta) = \varepsilon_{N+1}(N+1)$ も成り立つ．

67) 不均一密度でのハートリー–フォック (HF) 近似と DFT の交換相関エネルギー汎関数で交換効果だけを考える近似とは概念的に違うものであることに注意されたい．もう少し詳しくいえば，交換効果の 1 電子軌道波動関数を使った汎関数形は両者で同じであるが，用いる軌道波動関数の意味が違っていて，HF 近似ではこの近似の範囲で (したがって，非局所的なフォックポテンシャルを含めたポテンシャルの下で) 最適な軌道波動関数を使うが，DFT の場合は KS ポテンシャル (したがって，局所的なポテンシャル) の下での最適な軌道波動関数を使う．ちなみに，このことに関しては，たとえば，E. K. U. Gross, M. Petersilka, and T. Grabo, p. 42 in “Chemical Applications of Density Functional Theory,” edited by B. B. Laird, R. B. Ross, and T. Ziegler, ACS Symposium Series 629 (1996) を参照されたい．

68) Z. Qian and V. Sahni, Phys. Rev. B **62**, 16364 (2000).

69) たとえば，A. Seidl, A. Göling, P. Vogl, J. A. Majewski, and M. Levy, Phys. Rev. B **53**, 3764 (1996); K. A. Johnson and N. W. Ashcroft, Phys. Rev. B **58**, 15548 (1998); M. E. Casida, Phys. Rev. B **59**, 4694 (1999); A. Fleszar, Phys. Rev. B **64**, 245204 (2001).

70) これまで，この温度密度汎関数理論の研究はかなり限られた人々によってなされてきた．レビュー論文としては，U. Gupta and A. K. Rajagopal, Phys. Rep. **87**, 259 (1982) があるが，最近の論文としては，たとえば，F. Perrot and M. W. C. Dharma-wardana, Phys. Rev. B **62**, 16536 (2000); Phys. Rev. B **67**, 079901(E) (2003) がある．

71) 制限つき探索法を定義する際に現れる集合 $\{|\Phi\rangle\}_{n(\boldsymbol{r}),\boldsymbol{m}(\boldsymbol{r})}$ がすべての $(n(\boldsymbol{r}),\boldsymbol{m}(\boldsymbol{r}))$ の組に対して空集合であってはならないという理由は，1.2.4 項において式 (1.34) で定義された $\{|\Phi\rangle\}_{n(\boldsymbol{r})}$ が空集合であってはいけないという理由と全く同じである．そのため，ここではその理由をあまり詳しく説明しなかったが，一言でいえば，空集合に対応する $(n(\boldsymbol{r}),\boldsymbol{m}(\boldsymbol{r}))$ に対して $F[n(\boldsymbol{r}),\boldsymbol{m}(\boldsymbol{r})]$ が定義できず，それゆえ，変分操作が完遂できないからである．

72) K. Capelle and G. Vignale, Phys. Rev. Lett. **86**, 5546 (2001); H. Eschrig and W. E. Pickett, Solid State Commun. **118**, 123 (2001).

73) R. A. de Groot, F. M. Müller, P. G. van Engen, K. H. J. Buschow, Phys. Rev. Lett.

50, 2024 (1983); W. E. Pickett and J. S. Moodera, Physics Today, **54**, No. 5, 39 (2001).

74) K. Capelle and E. K. U. Gross, Phys. Rev. Lett. **78**, 1872 (1997).

75) P. Skudlarski and G. Vignale, Phys. Rev. B **48**, 8547 (1993); H. Saarikoski, E. Räsänen, S. Siljamäki, A. Harju, M. J. Puska, and R. M. Nieminen, Phys. Rev. B **67**, 205327 (2003).

76) このような性質をコーン先生は「近視性」(nearsightedness) と呼び，これは多体波動関数における (相互作用があろうがなかろうが波動的な性質の反映としての) 相殺的干渉 (destructive interference) 効果によるものであるという解説をしている．W. Kohn, Phys. Rev. Lett. **76**, 3168 (1996).

77) D. M. Ceperley and B. J. Alder, Phys. Rev. Lett. **45**, 566 (1980); S. H. Vosko, L. Wilk, and M. Nusair, Can. J. Phys. **58**, 1200 (1980).

78) もちろん，$V_{\mathrm{ei}}(\boldsymbol{r})$ には式 (1.209) で与えられる部分だけでなく，電子と (ジェリウムによる) 正の背景電荷との相互作用項も含まれる．この項は負の無限大に発散するが，この発散は電荷中性条件のために電子間，および，正の背景電荷間の相互作用による正の発散項とちょうど打ち消しあう．第 9 巻の 2.4.4 項を参照のこと．

79) たとえば，J. M. Ziman, "Principles of the Theory of Solids," Cambridge University Press (1963) [山下次郎・長谷川彰 訳，"固体物性論の基礎"，丸善 (1966)] の 5.1 節を参照のこと．

80) S. Moroni, D. M. Ceperley, and G. Senatore, Phys. Rev. Lett. **75** 689 (1995).

81) V. U. Nazarov, C. S. Kim, and Y. Takada, Phys. Rev. B **72**, 233205 (2005).

82) M. Corradini, R. Del Sole, G. Onida, and M. Palummo, Phys. Rev. B **57** 14569 (1998).

83) D. A. Kirzhnits, Sov. Phys. -JETP **5**, 64 (1957).

84) L. J. Sham, in "Computational Methods in Band Theory", edited by P. J. Marcus, J. F. Janak, and A. R. Williams (Plenum, New York, 1971) p. 458.

85) E. Engel and S. H. Vosko, Phys. Rev. B **42**, 4940 (1990).

86) S.-K. Ma and K. A. Brueckner, Phys. Rev. **165**, 18 (1968).

87) M. Rasolt and D. J. W. Geldart, Phys. Rev. Lett. **35**, 1234 (1975); D. J. W. Geldart and M. Rasolt, Phys. Rev. B **13**, 1477 (1976); M. Rasolt and D. J. W. Geldart, Phys. Rev. B **21**, 3158 (1980); Phys. Rev. B **25**, 5133 (1982); Phys. Rev. B **34**, 1325 (1986); Phys. Rev. Lett. **60**, 1983 (1988).

88) D. C. Langreth and J. P. Perdew, Solid State Commun. **31**, 567 (1979); Phys. Rev. B **21**, 5469 (1980); Phys. Rev. B **26**, 2810 (1982). D. C. Langreth and S. H. Vosko, Phys. Rev. Lett. **59**, 497 (1987); Phys. Rev. Lett. **60**, 1984 (1988).

89) P. R. Antoniewicz and L. Kleinman, Phys. Rev. B **31**, 6779 (1985); L. Kleinman and T. Tamura, Phys. Rev. B **40**, 4191 (1989).

90) グローバルな尺度変換を拡張して，局所尺度変換 $\boldsymbol{r} \to \lambda(\boldsymbol{r})\boldsymbol{r}$ を導入するのも面白い．これはある基準の電子密度 $n_0(\boldsymbol{r})$ から出発して任意の電子密度 $n(\boldsymbol{r})$ に変化した場合，電子密度が変わったと捉えるのではなく，電子密度はそのままであるが，(ちょうど一般相対論で重力場を考えるように) それを測る座標系が変わった結果であると考えるのである．これに関しては，たとえば，V. V. Karasiev, E. V. Ludeña, and A. N. Artemyev,

Phys. Rev. A **62**, 062510 (2000); K. Kosaka, J. Phys. Soc. Jpn. **72**, 1926 (2003).
91) Yue Wang and J.P. Perdew, Phys. Rev. B **43**, 8911 (1991).
92) D.C. Langreth and M.J. Mehl, Phys. Rev. Lett. **47**, 446 (1981); Phys. Rev. B **28**, 1809 (1983).
93) DFT を論じた教科書のどれもが LDA の評価を詳しく論じているので，本書ではそれ程深くは述べない．これを最初に指摘した論文は，O. Gunnarsson, M. Jonson, and B.I. Lundqvist, Phys. Rev. B **20**, 3136 (1979) である．なお，コーン先生自身による LDA 評価の要約が次のノーベル賞受賞記念論文に記されている．W. Kohn, Rev. Mod. Phys. **71**, 1253 (1998).
94) A. Zupan, K. Burke, M. Ernzerhof, and J.P. Perdew, J. Chem. Phys. bf 106, 10184 (1997).
95) C.-O. Almbladh and U. v. Barth, Phys. Rev. B **31**, 3231 (1985).
96) J.F. Dobson, in "Time-Dependent Density Functional Theory," edited by M.A.L. Marques, C.A. Ullrich, F. Nogueira, A. Rubio, K. Burke, and E.K.U. Gross, Springer-Verlag (2006) p. 443.
97) Y. Andersson, D.C. Langreth, and B.I. Lundqvist, Phys. Rev. Lett. **76**, 102 (1996); M. Dion, H. Rydberg, E. Schröder, D.C. Langreth, B.I. Lundqvist, Phys. Rev. Lett. **92**, 246401 (2004); S.D. Chakarova-Kack, E. Schroder, D.C. Langreth, and B.I. Lundqvist, Phys. Rev. Lett. **96**, 146107 (2006); V.R. Cooper, T. Thonhausr, and D.C. Langreth, J. Chem. Phys. **128**, 204102 (2008).
98) W.M.C. Foulkes and R. Haydock, Phys. Rev. B **39**, 12520 (1989).
99) R. van Leeuwen, Phys. Rev. Lett. **82**, 3863 (1999).
100) T.K. Ng and K.S. Singwi, Phys Rev. Lett. **59**, 2627 (1987).
101) たとえば，TDDFT の教科書[32] の第 V 部，"Application Beyond Linear Response" を参照のこと．
102) V.U. Nazarov, J.M. Pitarke, C.S. Kim, and Y. Takada, Phys. Rev. B **71**, 121106(R) (2005).
103) V.U. Nazarov, J.M. Pitarke, Y. Takada, G. Vignal, and Y.-C. Chang, Phys. Rev. B **76**, 205103 (2007).
104) R. van Leeuwen, Phys. Rev. Lett. **80**, 1280 (1998); Int. J. Mod. Phys. B **15**, 1969 (2001).
105) もう少し定量的に寿命 τ の長さを定義するとすれば，その準粒子を励起するエネルギーを ϵ と書くと，$\tau \gg \epsilon^{-1}$ ということになる．
106) 光電子分光実験を解説した教科書がいろいろ出ている．たとえば，小林俊一 編，"物性測定の進歩 II (シリーズ物性物理の新展開)"，第 3 章電子分光 (藤森　淳)，丸善 (1996); 日本表面科学界 編，"X 線光電子分光法"，丸善 (1998); D.W. Lynch and C.G. Olsen, "Photoemission Studies of High-Temperatue Superconductors," Cambridge University Press (1999); S. Hufner, "Photoelectron Spectroscopy," Springer-Verlag (2003); W. Schülke, "Electron Dynamics by Inelastic X-Ray Scattering," Oxford University Press (2007). また，少し古くなってしまったが，次の解説もお勧めである．高橋　隆,「誌上セミナー：光電子固体物性 (その 1–4)」，固体物理 **29**, 25, 183, 743 (1994); **30**, 102, 929 (1995).

107) 第 9 巻の式 (I.3.114) において定義されたスペクトル関数 $I_{\boldsymbol{p}\sigma\boldsymbol{p}'\sigma'}(\omega)$ は運動量空間 (あるいは，平面波基底) における表現であるが，今度の $A_{\sigma\sigma'}(\boldsymbol{r},\boldsymbol{r}';\omega)$ はその実空間における表現である．なお，第 9 巻とよりよい対応を取るためには，これを $I_{\sigma\sigma'}(\boldsymbol{r},\boldsymbol{r}';\omega)$ と書いた方がよいが，1 電子グリーン関数 $G^{(R)}_{\sigma\sigma'}(\boldsymbol{r},\boldsymbol{r}';\omega)$ のスペクトル関数は $A_{\sigma\sigma'}(\boldsymbol{r},\boldsymbol{r}';\omega)$ と書く方が普通なので，本書ではこちらを採用する．

108) この解析接続においても，第 9 巻の 3.4 節の最後 (122 ページ) に記した注釈は当てはまるので，実際に解析接続を行う際には注意されたい．

109) 現在のところ，完全結晶でないクラスターを取り扱う場合，DFT に基づく大規模計算の最前線は N_i が 23000 程度の Ge/Si 系を取り扱ったものである．D. R. Bowler, R. Choudhury, M. J. Gillan, and T. Miyazaki, Phys. Stat. Sol. (b) **243**, 989 (2006). TDDFT については，これほど大規模なことはできないが，たとえば，K. Yabana, T. Nakatsukasa, J.-I. Iwata, and G. F. Bertsch, Phys. Stat. Sol. (b) **243**, 1121 (2006) を参照されたい．

110) W. A. Lester. Jr., B. L. Hammond, and P. J. Reynolds, “Monte Carlo Methods in Ab Initio Quantum Chemistry,” World Scientific (1994); W. M. C. Foulkes, L. Mitas, R. J. Needs, and G. Rajagopal, Rev. Mod. Phys. **73** 33 (2001).

111) たとえば，A. Szabo and N. S. Ostlund, “Modern Quantum Chemistry,” Macmillian (1982) chap. 4 [大野公男・阪井健男・望月祐志 訳，“新しい量子化学：電子構造の理論入門 (上下)”，東京大学出版会 (1991) 第 4 章].

112) D. M. Ceperley and B. Bernu, J. Chem. Phys. **89**, 6316 (1988).

113) グリーン関数や相関関数を量子モンテカルロ法で直接的に求める 1 つの試みとして，蛇行モンテカルロ法：S. Baroni and S. Moroni, Phys. Rev. Lett. **82**, 4745 (1999) が提案されていて，^{4}He に適用されているが，現在のところ，これで電子系の問題が解けるほどには手法が改良されていない．

114) J. Hubbard, Proc. R. Soc. (London) A **276**, 238 (1963); A **277**, 237 (1964); A **281**, 401 (1964); A **285**, 542 (1965); A **296**, 82 (1967); A **296**, 100 (1967); J. Kanamori, Prog. Theor. Phys. **30**, 275 (1963).

115) M. C. Gutzwiller, Phys. Rev. Lett. **10**, 159 (1963).

116) ハバード模型の 1 次元系ではベーテ仮説法により，厳密解が得られている．E. H. Lieb and F. Y. Wu, Phys. Rev. Lett. **20**, 1445 (1968)．そして，$G^{(R)}_{\sigma\sigma'}(\boldsymbol{r},\boldsymbol{r}';t)$ の振る舞いについてもいくつかの正確な情報が得られている．たとえば，F. H. L. Essler, H. Frahm, F. Göhmann, A. Klümper, and V. E. Korepin, “The One-Dimensional Hubbard Model,” Cambridge University Press (2005) の 9 章や 10 章を参照されたい．これらについては 2.4 節で触れる．ただ，現実の物質は 3 次元空間中にあるので，厳密な 1 次元系はある種の理想化した模型に過ぎないといえる．

117) J. M. Luttinger and J. C. Ward, Phys. Rev. **118**, 1417 (1960).

118) G. Baym and L. P. Kadanoff, Phys. Rev. **124**, 287 (1961); G. Baym, Phys. Rev. **127**, 1391 (1961).

119) N. E. Bickers, D. J. Scalapino, and S. R. White, Phys. Rev. Lett. **62**, 961 (1989); N. Bickers and D. Scalapino, Ann. Phys. (N.Y.) **193**, 206 (1989); N. E. Bickers and S. R. White, Phys. Rev. B **43**, 8044 (1991).

120) L. Hedin, Phys. Rev. **139**, A796 (1965).

121) GW 近似に対するレビューとしては，F. Aryasetiawan and O. Gunnarsson, Rep. Prog. Phys. **61**, 237 (1998); W. G. Aulbur L. Jönsson, and J. W. Wilkins, in "Solid State Physics," edited by H. Ehrenreich and F. Spaepen (Academic Press, 2000), Vol. 54, p. 1 などがある．

122) Y. Takada, Phys. Rev. B **52**, 12708 (1995).

123) Y. Takada, Phys. Rev. Lett. **87**, 226402 (2001).

124) C. L. Pekeris, Phys. Rev. **126**, 1470 (1962).

125) E. H. Lieb, Phys. Rev. A **29**, 3018 (1984).

126) この断熱極限の値は下元正義氏が彼の博士論文 (東京大学，2007 年 12 月) の中で求めたものであるが，陽子の質量効果を取り込んだ水素分子イオンの基底状態エネルギーは -0.59714 ハートリー (H. Li, J. Wu, B.-L. Zhou, J.-M. Zhu, and Z.-C. Yan, Phys. Rev. A **75**, 012504 (2007)) である．また，次の論文も参考にされたい．Y. Takada and T. Cui, J. Phys. Soc. Jpn. **72**, 2671 (2003); M. Shimomoto and Y. Takada, J. Phys. Soc. Jpn. **78**, 034706 (2009).

127) R. Jastrow, Phys. Rev. **98**, 1479 (1955).

128) H. Yamagami and Y. Takada, J. Phys. Soc. Jpn. **67**, 2695 (1998).

129) たとえば，P. Fulde, "Electron Correlations in Molecules and Solids," Springer-Verlag (1991) 第 4 章を参照されたい．

130) 筆者は大学院の講義において，常々，「$\Sigma(\boldsymbol{r}, \boldsymbol{r}'; i\omega_p)$ は当該電子の自己の状況 (都合) によって実効的に刻々変化しているポテンシャルエネルギーであるから**自己エネルギー**と呼ぶのだ」という "珍説" を披露している．

131) なお，もし，状態 A と状態 B とがお互いに素早く入れ替わっているという状況で，しかも，その入れ替わりの時間スケールよりもずっと遅い時間スケールで何らかの物理量を観測する場合，たとえ平均場描像の状態が実現していなくても，その物理量の期待値は平均場近似でかなり正確に計算できると考えられる．これに関してはこの後の⑥で説明する状態の緩和効果や次節で触れるサイト間ホッピング効果の解説を参照のこと．

132) N. F. Mott, Philos. Mag. **6**, 287 (1961); J. Hubbard, Proc. R. Soc. London A **281**, 401 (1964); W. F. Brinkman and T. M. Rice, Phys. Rev. B **2**, 4302 (1970); A. Georges, G. Kotliar, W. Krauth, and M. J. Rozenberg, Rev. Mod. Phys. **68**, 13 (1996).

133) たとえば，L. I. Schiff, "Quantum Mechanics," McGraw-Hill (1968) の図 1 (p. 6); R. P. Feynman, R. B. Leighton, and M. Sands, "The Feynman Lecture on Physics," Vol. III (Quantum Mechanics), Addison-Wesley (1964) chap. 1.

134) 有効媒質の考え方は第 9 巻の 6.2 節で解説した「**有効媒質理論**」があるが，この他にも，(1)「CPA (**コヒーレントポテンシャル近似**：Coherent Potential Approximation)」がある．これは $A_{1-x}B_x$ という合金の場合についていえば，本当はどのサイトを考えても，A，あるいは，B の原子であって，決して中間の性質を持つ原子などがあるわけではないが，あるひとつのサイトの状態を考える場合，その原子の周りの原子は (そのポテンシャルがコヒーレントポテンシャルという) 平均的な性質を持つ仮想原子であると仮定する．そして，そのサイトが A の場合と B の場合に分けて，それぞれで得られた結果について平均 (x による算術平均) を取ったときに得られる原子の性質が仮定した平均原子と同じになるようにコヒーレントポテンシャルを決めるという操作を行う．より詳しくは，F. Yonezawa and K. Morigaki, Suppl. Progress of Theoretical Phys. **53**, 1 (1973) や R. J. Elliot, J. A. Krumhansl, and P. L. Leath, Rev. Mod. Phys. **46**, 465 (1974) を調べられたい．さらに，短距離斥力による局所動的相関で空間的なゆらぎを無視できる場合 (相互作用する多電子系を空間次元が無限大であると仮定して自己エネルギーを計算する際) に有効なものとして，(2)「**動的平均場理論：DMFT** (Dynamical Mean Field Theory)」が 1990 年代になって提唱され，モット絶縁体転移に対して新しい展望を与えた．これに関しては，先に挙げた Georges–Kotliar–Krauth-Rozenberg のレビュー論文の他に G. Biroli and G. Kotliar, Phys. Rev. B **65**, 155112 (2002); T. Maier, M. Jarrell, T. Pruschke, and M. H. Hettler, Rev. Mod. Phys. **77**, 1027 (2005) などを参考にされたい．いずれにしても，考えている有効媒質の性質は具体的に計算している 1 サイト系の性質と自己無撞着に決められるが，この自己無撞着性を保証する関係式がこの種の理論の要である．

135) K. Ruedenberg, Rev. Mod. Phys. **34**, 326 (1962); 石黒英一，日本物理学会誌 **29**, 412 (1974).

136) たとえば，スピン系のフラストレーションを詳しく解析したいのであれば，2 サイト系ではなく，3 サイト環状系の強相関ハーフフィルド・ハバード模型を調べればよい．面白い問題なので，読者自ら解いてみられることを勧める．

137) このパラメータ t を 第 1 原理からのアプローチで理解するためにはいくつかのステップが必要になる．① まず，サイト j に局在した適当な 1 電子波動関数 $\phi_j(\mathbf{r})$ を考えよう．そして，この 1 電子状態を作り上げるサイト j での有効 1 体ポテンシャルを $V_a(\boldsymbol{r})$ と書こう．② 次に，この基底関数系を用いて電子場演算子 $\psi_\sigma(\boldsymbol{r})$ を展開し，$\phi_j(\boldsymbol{r})$ に対応する第 2 量子化された展開係数を考えると，それが $c_{j\sigma}$ となる．もちろん，本当は考えている展開基底系は無限次元のヒルベルト空間を構成しているので，それぞれのサイトで 1 つずつの (必要があれば，お互いに直交する) 基底関数のみを取ることは (少なくとも計算精度の上からは) 決して許されないが，思い切ってそのように取ろう．③ 最後に，全系の有効 1 体ポテンシャル $V_t(\boldsymbol{r})$ を考え，それと $V_a(\boldsymbol{r})$ との差，$V_t(\boldsymbol{r}) - V_a(\boldsymbol{r})$, に $\phi_1^*(\boldsymbol{r})\phi_2(\boldsymbol{r})$ を掛けて全空間で積分したものが $-t$ ということになる．

138) W. Heitler and F. London, Z. Physik **44**, 455 (1927); Y. Sugiura, Z. Physik **45**, 484 (1927).

139) 必ずしも著者の考えている方向ではないが，ハバード模型をもう少し現実の状況を反映したものにしたいという試みとしては，たとえば，J. E. Hirsch, Phys. Rev. Lett. **87**, 206402 (2001); Phys. Rev. B **65**, 184502 (2002); D. M. Newns and C. C. Tsuei, Nature Phys. **3**, 184 (2007).

140) H. A. Bethe, Z. Phys. **71**, 205 (1931); このベーテ仮説法を内部自由度のある系に拡張したものが一般化されたベーテ仮説法 (あるいは，ベーテ仮説法を繰り返して使うので，nested Bethe Ansatz) である．C. N. Yang, Phys. Rev. Lett. **19**, 1312 (1967).

141) 和書としては，川上則雄・梁成吉，“共形場理論と 1 次元量子系”，新物理学選書，岩波書店 (1997). 洋書としては，先に挙げた Essler らのものの他に，D. C. Mattis, “The Many-Body Problem,” World Scientific (1992); M. Stone, “Bosonization,” World Scientific (1994); A. O. Gogolin, A. A. Nersesyan, and A. M. Tsvelik, “Bosonaization and Strongly Correlated Systems,” Cambridge University Press (1998); M. Takahashi, “Thermodynamics of One-Dimensional Solvable Models,” Cambridge

University Press (1999) などがある．
142) C. N. Yang, Phys. Rev. Lett. **63**, 2144 (1989).
143) F. H. L. Essler, V. E. Korepin, and K. Schoutens, Phys. Rev. Lett. **67**, 3848 (1991).
144) M. Takahashi, Prog. Theor. Phys. **47**, 69 (1972).
145) E. H. Lieb and D. Mattis, Phys. Rev. **125**, 164 (1962); J. Math. Phys. **3**, 749 (1962).
146) S. Tomonaga, Prog. Theor. Phys. **5**, 544 (1950).
147) J. M. Luttinger, J. Math. Phys. **4**, 1154 (1963).
148) J. Sólyom, Adv. Phys. **28**, 201 (1979).
149) I. E. Dzyaloshinskii and A. I. Larkin, Sov. Phys.-JETP **38**, 202 (1974).
150) W. Metzner and C. Di Castro, Phys. Rev. B **47**, 16107 (1993).
151) 普通に交換関係を計算すると，式 (2.266) では $a_{\alpha,\sigma}(k)$ に比例する項，また，式 (2.267) では $a^+_{\alpha,\sigma}(k)$ に比例する項も出てくるが，$H_{\rm int}$ はノーマル積で考えるという約束なので，このような余分の項は考慮しない．なお，本来，このような項はハートリー–フォック近似で出てくる寄与であり，それらはすでに $\varepsilon_\alpha(k)$ の中で考慮されていると考える．
152) 正確に言えば，周期 β の周期関数 $f_{\tau'}(\tau) \equiv \sum_{n=0,\pm1,\pm2,\cdots} \delta(\tau'-\tau-n\beta)$ に対するフーリエ展開が式 (2.279) の右辺であるが，$0<\tau,\tau'<\beta$ の場合には $f_{\tau'}(\tau)$ は $\delta(\tau'-\tau)$ に還元されてしまう．
153) 定義式 (2.282) において，収束因子 $e^{i\omega_q 0^+}$ は ω_q に関する和 $T\sum_{\omega_q}$ の収束性が問題になる場合は重要になるが，大抵の場合，そうではないので，この因子は忘れてもよい．
154) 少々トリッキーではあるが，$\boldsymbol{W}(-Q)=\boldsymbol{V}\,\widetilde{\boldsymbol{W}}(-Q)$ とおいて，式 (2.326) を $\widetilde{\boldsymbol{W}}(-Q)$ に対する方程式に書き直すと，

$$\widetilde{\boldsymbol{W}}(-Q)=\boldsymbol{1}-\boldsymbol{\Pi}(-Q)\,\boldsymbol{V}\,\widetilde{\boldsymbol{W}}(-Q)$$

となり，これを解くと，$\widetilde{\boldsymbol{W}}(-Q)=[\boldsymbol{1}+\boldsymbol{\Pi}(-Q)\,\boldsymbol{V}]^{-1}$ となり，元の $\boldsymbol{W}(-Q)$ は式 (2.325) で与えられることが分かる．
155) 弱結合領域と強結合領域の境目は $\theta=1$ であるが，このとき，$n_{\alpha\sigma}(k)$ に対する表式としては式 (2.368) も式 (2.370) も共に適当ではなく，

$$n_{\alpha\sigma}(k)\approx\frac{1}{2}-\frac{\alpha}{\pi}\frac{k}{q_0}\ln\Bigl(\frac{q_0}{|k|}\Bigr)$$

のようにフェルミ点での $n_{\alpha\sigma}(k)$ の変化率が対数発散的になる．
156) A. Luther and I. Peschel, Phys. Rev. B **9**, 2911 (1974).
157) V. Meden and K. Schönhammer, Phys. Rev. B **46**, 15753 (1992).
158) A. A. Belavin, A. M. Polyakov, and A. B. Zamolodchikov, Nucl. Phys. B **241**, 333 (1984).
159) 川上則雄，“1 次元電子系の数理”，岩波講座「物理の世界」物理と数理 3，岩波書店 (2002).
160) この種の交換関係の計算では，A_1, A_2, A_3, $\cdots$, A_{2n}, B を任意の演算子として，

$$[A_1A_2A_3\cdots A_{2n}, B] = A_1A_2A_3\cdots A_{2n-1}\{A_{2n}, B\} \\ -A_1A_2A_3\cdots A_{2n-2}\{A_{2n-1}, B\}A_{2n} \\ +A_1A_2A_3\cdots A_{2n-3}\{A_{2n-2}, B\}A_{2n-1}A_{2n} \\ - \quad \cdots \\ +A_1\{A_2, B\}A_3A_4\cdots A_{2n} \\ -\{A_1, B\}A_2A_3\cdots A_{2n}$$

という恒等式を用いればよい.

161) この演算子 $j_i(\boldsymbol{z})$ に電子の電荷 $-e$ をかけると「電流密度演算子」となるが, $-e$ がないと単に電子流の密度演算子なので「電子流密度演算子」という言葉を用いた.

162) 実際の解析接続の場面で ω の上半面で解析的な (因果律を満たす) $Q_{\rho\rho}(\boldsymbol{r}, \boldsymbol{r}'; \omega)$ を正しく得るには, まず, $\omega_q > 0$ を仮定し, ω の上半面に計算点を設定してから $Q_{\rho\rho}(\boldsymbol{r}, \boldsymbol{r}'; i\omega_q)$ を求め, その後に $i\omega_q \to \omega + i0^+$ に従って接続をする必要がある. この点を含めて, 解析接続を行う上で参考になると思われる事柄が第 9 巻の 3.4.4 項に記されているので, 参照されたい.

163) P. Nozières and J. M. Luttinger, Phys. Rev. **127**, 1423 (1962); J. M. Luttinger and P. Nozières, Phys. Rev. **127**, 1431 (1962); P. Nozières, "Theory of interacting Fermi Systems," W. A. Benjamin (1964) chap. 6.

164) 摂動級数の収束や発散の問題は第 9 巻の 3.3.1 項でも詳しく説明した. とりわけ,「負のフィードバック効果」として, 各摂動項は発散するものの, それらを無限次まですべて足し合わせる形で部分和を取ると, 最終的に収束した解が得られることなどを述べた. なお, 長距離クーロン斥力が働く電子ガス系における「誘電遮蔽効果」を扱った有名なゲルマン–ブリュックナー理論 (M. Gell-Mann and K. A. Brueckner, Phys. Rev. **106**, 364 (1957)) はこの負のフィードバック効果の一例と考えられる. ちなみに, この理論の解説は第 9 巻の 4.1.7 項でなされている.

165) たとえば, R. Putz, R. Preuss, and A. Muramatsu, Phys. Rev. B **53**, 5133 (1996); K. Morita, H. Maebashi, and K. Miyake, J. Phys. Soc. Jpn. **72**, 3164 (2003); V. Drchal, V. Janiš, J. Kudrnovský, V. S. Oudovenko, X. Dai, K. Haule, and G. Kotliar, J. Phys. Cond. Matter **17**, 61 (2005); S. Onari, H. Kontani, and Y. Tanaka, Phys. Rev. B **73**, 224434 (2006).

166) R. Arita, Ph. D. Thesis, University of Tokyo (1999).

167) L. Hedin and S. Lundqvist, in "Solid State Physics," edited by H. Ehrenreich, F. Seitz, and D. Turnbull, Academic Press (1965) Vol. 23, p. 1.

168) Y. Takada, Int. J. Mod. Phys. B **15**, 2595 (2001).

169) R. A. Smith, in "Condensed Matter Theories," Vol. 4, edited by J. Keller, Plenum Press (1989) p. 129; Vol. 5, edited by V. C. Aguilera-Navarro, Plenum Press (1990) p. 365.

170) P. Nozières, "Theory of interacting Fermi Systems," W. A. Benjamin (1964) chap. 6.

171) Y. Takada, J. Phys. Chem. Solids **54**, 1779 (1993).

172) C. A. Kukkonen and A. W. Overhauser, Phys. Rev. B **20** (1979) 550.

173) G. Niklasson, Phys. Rev. B **10**, 3052 (1974).

174) G. Vignale, Phys. Rev. B **38**, 6445 (1988).
175) Y. Takada and H. Yasuhara, Phys. Rev. B **44**, 7879 (1991).
176) P. Gori-Giorgi and P. Ziesche, Phys. Rev. B **66**, 235116 (2002).
177) C. F. Richardson and N. W. Ashcroft, Phys. Rev. B **50**, 8170 (1994).
178) M. Lein, E. K. U. Gross, and J. P. Perdew, Phys. Rev. B **61**, 13431 (2000).
179) S. Moroni, D. M. Ceperley, and G. Senatore, Phys. Rev. Lett. **75**, 689 (1995).
180) L. J. Lantto, Phys. Rev. B **22** (1980) 1380.
181) H. Yasuhara, S. Yoshinaga, and M. Higuchi, Phys. Rev. Lett. **83**, 3250 (1999).
182) Y. Takada, Phys. Rev. B **52**, 12720 (1995).
183) I.-W. Lyo and E. W. Plummer, Phys. Rev. Lett. **60**, 1558 (1988).
184) Y. Takada and H. Yasuhara, Phys. Rev. Lett. **89**, 216402 (2002).
185) Y. Takada, J. Superconductivity, **18**, 785 (2005).
186) K. Matsuda, K. Tamura, and M. Inui, Phys. Rev. Lett. **98**, 096401 (2007).
187) H. Maebashi and Y. Takada, J. Phys. Soc. Jpn. **78**, 053706 (2009).
188) H. Maebashi and Y. Takada, J. Phys.: Condens. Matter **21**, 064205 (2009).
189) S. Ishii, H. Maebashi, and Y. Takada, unpublished.
190) M. S. Hybertsen and S. G. Louie, Phys. Rev. Lett. **55**, 1418 (1985); Phys. Rev. B **34**, 5390 (1986).
191) F. Bruneval, F. Sottile, V. Olevano, R. Del Sole, and L. Reining, Phys. Rev. Lett. **94** (2005) 186402; M. Shinshkin, M. Marsman, and G. Kresse, Phys. Rev. Lett. **99**, 246403 (2007).
192) A. L. Fetter and J. D. Walecka, "Quantum Theory of Many-Particle Systems," McGraw-Hill (1971).

ミスプリントのご指摘を含むご意見・ご要望がありましたら，電子メールにて (takada@issp.u-tokyo.ac.jp) ご連絡下さい．また，最新のミスプリントなどの情報は，ホームページ (http://takada.issp.u-tokyo.ac.jp/) に掲載しております．

索　引

欧　文

ア　行

カ　行

サ　行

タ 行

ナ　行

ハ　行

マ　行

ヤ　行

ラ 行

ワ 行

著 者 略 歴

高田康民（たかだ やすたみ）

1950年　兵庫県に生まれる

1979年　東京大学大学院理学系研究科
博士課程修了（物理学専攻）

現　在　東京大学物性研究所物性理論研究部門・教授
理学博士

朝倉物理学大系 15

多体問題特論

——第一原理からの多電子問題

定価はカバーに表示

2009年11月20日　初版第1刷
2020年 9月25日　　　第5刷

著　者　高　田　康　民

発行者　朝　倉　誠　造

発行所　株式会社　朝　倉　書　店

東京都新宿区新小川町6-29
郵便番号　162-8707
電　話　03(3260)0141
FAX　03(3260)0180
http://www.asakura.co.jp

〈検印省略〉

中央印刷・渡辺製本

ISBN 978-4-254-13685-2　C 3342

Printed in Japan

朝倉物理学大系

荒船次郎・江沢　洋・中村孔一・米沢富美子編集

1	解析力学 I	山本義隆・中村孔一
2	解析力学 II	山本義隆・中村孔一
3	素粒子物理学の基礎 I	長島順清
4	素粒子物理学の基礎 II	長島順清
5	素粒子標準理論と実験的基礎	長島順清
6	高エネルギー物理学の発展	長島順清
7	量子力学の数学的構造 I	新井朝雄・江沢　洋
8	量子力学の数学的構造 II	新井朝雄・江沢　洋
9	多体問題	高田康民
10	統計物理学	西川恭治・森　弘之
11	原子分子物理学	高柳和夫
12	量子現象の数理	新井朝雄
13	量子力学特論	亀淵　迪・表　實
14	原子衝突	高柳和夫
15	多体問題特論	高田康民
16	高分子物理学	伊勢典夫・曽我見郁夫
17	表面物理学	村田好正
18	原子核構造論	高田健次郎・池田清美
19	原子核反応論	河合光路・吉田思郎
20	現代物理学の歴史 I	大系編集委員会編
21	現代物理学の歴史 II	大系編集委員会編
22	超伝導	高田康民